2024

AutoCAD 電腦繪圖與絕佳設計表現

|室內設計基礎|

RECOMMENDETION

推薦序

室內設計是美學與空間的結合應用，相信不管職人與素人都有相當的設計熱忱。這些年室內設計依然熱度不減，各種不同的創意、空間擺設推陳出新，滿足我們的新奇視覺感受與舒適享受。有著許多夢想成為室內設計師的學生、社會新鮮人或是想轉職者，也有許多人夢想幫自己設計一個溫暖的家。

而工欲善其事，必先利其器。一開始必須先學習繪製室內設計圖的工具，而目前 AutoCAD 這套繪圖軟體在室內設計業界擁有最高的市占率及好評。因此，先熟練 AutoCAD 的操作與應用後，再學習室內設計圖面的繪製方法，並於平日累積空間設計的相關理論知識與目前設計趨勢，就能往室內設計師的夢想跨出一大步。

邱老師融合多種空間設計的繪圖技能，且教授超過十年之上的室內設計繪圖課程經驗，課程中也透過各式室內設計空間的專案來介紹圖面的繪製方法，讓同學快速累積實務經驗。而現在邱老師將實務與教學經驗融合，以淺顯易懂的編排方式集結成書，期望能影響與幫助更多對室內設計有興趣的人。相信此書能帶給讀者豐富的收穫。

盧錦融

台南應用科技大學
室內設計系教授

RECOMMENDETION

推薦序

我和邱聰倚老師相識已經超過二十五個年頭，算算從就讀台南市建興國中、台南一中到後來各自進了大學不同領域，邱老師所給我的印象一直沒有改變，他始終秉持一顆赤子之心，以他突出的學習能力及天賦的聰明頭腦，無論在課業上及待人處事上都處理得游刃有餘。

邱老師很早就學會許多電腦的相關技能，尤其是在電腦輔助設計及繪圖這方面展現了過人的知識及技巧。現今電腦輔助設計及繪圖，已經廣泛的被使用在機械設計、工業設計、建築與室內設計等領域。所以當他從事電腦繪圖的教學時，更能迅速的掌握到重點，以實際案例與上機操作，將枯燥乏味的理論以一種生動活潑的教學方式呈現。

除了課堂上的電腦繪圖教學之外，邱老師更加體認到，再好的電腦技能，如果不能與實務結合，也只是紙上談兵罷了。因此，邱老師便商請我把一些實際進行中的案件，提供給學生實際操作，無形中增加了學生相當多的實務經驗，也把教育與實務做了相當程度的結合。

如今，邱聰倚老師將其十多年的教學經驗，有系統的以一種圖文並茂且淺顯易懂的編排方式集結成書，不論是初學者，職場老手或是對於有心想要學習 AutoCAD 的人來說，本書都提供了各式的需求及豐富的內容。

蕭朝明建築師事務所
建築師

RECOMMENDETION

推薦序

建築與室內設計，既是美學與藝術，也是精準的科學與工程表現。想要參與空間設計的人，除了平時涉獵建材選用、色彩學、空間結構比例等理論外，需要有一個好工具來呈現與延伸想法與設計觀點。工具很多，這邊推薦最平實也是最精確的表現軟體 AutoCAD。

從當學生時代就認識邱老師，他的 AutoCAD 的教學讓我能將理論與實務結合。雖然已經成為建築師多年，至今各式各樣的案子還是由之前所學的 AutoCAD 來作建築與空間的呈現。

本書的教學內容就是完整的空間設計的電腦繪圖基礎。先奠定基礎指令的熟悉度，再配合由淺入深的教學範例，很快的可以將繪圖程度由入門帶到中階。當然邱老師還有提供影音教學，相信也是輔助學習的一大利器。

現今的趨勢是不分專家與素人。只要有想法、有合適的表現工具，再進修去取得專業的證照，那麼，人人都可以是設計師。也建議您由這本 AutoCAD 的室內設計書來開始您的設計之路，強力推薦本書。

李昱廷
澳洲墨爾本皇家理工大學建築碩士
McBride Charles Ryan 建築事務所
建築設計師

PREFACE

作者序

每天努力工作完，總是想儘快能回到溫暖的家。如果有量身訂做的舒適環境，再辛苦再疲累還是能快速回復滿滿的能量。所以，量身訂做相信就是每個人對家居裝修的最大期望。不管未來是否想成為室內設計師，或只是單純想設計自己的家，抑或是純欣賞設計師的作品，相信大家心中都想具備設計的能力，想將內心所想家的樣貌以圖面呈現，期盼這本書能讓您邁出第一步，列印出屬於自己的設計圖。

在 AutoCAD 2022 版本新增浮動視窗，更容易一次檢視多個圖面，在繪製方面，新增修剪快速模式，減少操作步驟，對新的使用者來說更簡單、更容易學習。而 AutoCAD 2024 版本修改介面，新增檔案頁籤、配置頁籤，以及圖塊取代的新功能，都是為了優化使用者繪圖的流程。

感謝長期合作的設計師提供實務範例與繪圖參考，使本書得以順利完成。電腦軟硬體的進步一日千里，Autodesk 公司每年推出一個新版本，每年都有好功能推陳出新，讓室內設計者們更加輕鬆快速的來設計圖面。而將這些繪圖的要訣分享給更多喜歡設計的人，是筆者的心願，也是不變的初衷，期待本書能帶動有意從事室內設計的同好或初學者，不要忘記初衷，跟著我們，開始著手您的第一張設計圖。

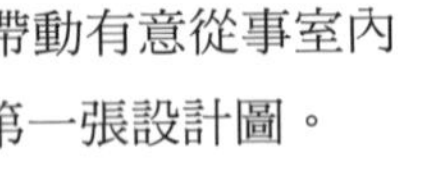

CAD 設計類講師

CONTENTS

目錄

CHAPTER 01 認識 AutoCAD

1-1 了解工作環境 1-2

1-2 滑鼠各功能鍵介紹 1-11

1-3 關於極座標追蹤與正交 1-19

1-4 關於物件鎖點 1-22

1-5 關於物件鎖點追蹤 1-35

1-6 關於動態輸入 1-40

1-7 座標系統 1-41

1-8 浮動視窗、檔案頁籤、配置頁籤 1-45

CHAPTER 02 繪製基本圖面

2-1 LINE - 線 2-2

2-2 CIRCLE - 圓 2-5

2-3 XLINE - 建構線 2-12

2-4 PLINE - 聚合線 2-19

2-5 ARC - 弧 2-27

2-6 ELLIPSE - 橢圓 2-35

2-7 RECTANG - 矩形 2-38

2-8 POLYGON - 多邊形 2-43

2-9 SPLINE - 雲形線 2-53
2-10 DIVIDE - 等分 2-56
2-11 MEASURE - 等距 2-59
2-12 BOUNDARY - 邊界 2-62
2-13 MLINE - 複線 2-67
2-14 TRACKING - 暫時追蹤點 2-75
2-15 HATCH - 填充線 2-77

CHAPTER 03 編輯指令

3-1 框選與窗選的不同 3-2
3-2 其他選取的應用 3-4
3-3 MOVE - 移動 3-9
3-4 COPY - 複製 3-11
3-5 ROTATE - 旋轉 3-21
3-6 OFFSET - 偏移 3-30
3-7 TRIM - 修剪 3-36
3-8 EXTEND - 延伸 3-47
3-9 FILLET - 圓角 3-51
3-10 CHAMFER - 倒角 3-62
3-11 BLEND - 混成曲線 3-70
3-12 MIRROR - 鏡射 3-73
3-13 SCALE - 比例 3-76
3-14 STRETCH - 拉伸 3-84

3-15 ARRAYPOLAR - 環形陣列 3-87

3-16 ARRAYRECT - 矩形陣列 3-94

3-17 ARRAYPATH - 路徑陣列 3-104

3-18 EXPLODE - 分解 3-109

3-19 JOIN - 接合 3-110

3-20 BREAK - 切斷於點 3-113

3-21 ALIGN - 對齊 3-115

3-22 擊點模式靈活運用 3-119

3-23 PROPERTIES - 性質 3-132

3-24 MATCHPROP - 複製性質 3-138

CHAPTER 04 標註與引線

4-1 基本標註 4-2

4-2 進階標註 4-11

4-3 智慧標註 4-25

4-4 文字 4-34

4-5 引線 4-43

4-6 快速測量 4-48

CHAPTER 05 圖層

5-1 圖層性質管理員 5-2

5-2 圖層快速操作 5-13

CHAPTER 06 圖塊

6-1 圖塊的運用 6-2
6-2 動態圖塊 6-16
6-3 圖塊屬性編輯器 6-37
6-4 外部參考 6-42
6-5 計數與圖塊取代（新功能）........ 6-53

CHAPTER 07 臥室

7-1 臥室結構圖繪製 7-2
7-2 平面配置圖 7-12
7-3 天花板燈具圖 7-18
7-4 開關迴路圖 7-29
7-5 插座配置圖 7-34
7-6 衣櫃立面圖 7-36
7-7 床頭立面圖 7-48

CHAPTER 08 廚房與餐廳

8-1 廚房結構圖繪製 8-2
8-2 平面配置圖 8-6
8-3 天花板圖與燈具圖 8-12
8-4 開關迴路圖 8-17

8-5 插座配置圖 8-22
8-6 廚房立面圖 8-24
8-7 餐桌立面圖 8-31
8-8 餐廳櫃體 8-35

CHAPTER 09 配置出圖

9-1 視窗出圖 9-2
9-2 配置出圖（圖框單位為公釐）.......... 9-9
9-3 批次出圖（圖框單位為公分）.......... 9-25
9-4 可註解比例 9-38

CHAPTER 10 室內設計圖面說明 本單元為 PDF 形式，請由線上下載

10-1 室內設計圖案解說 10-2
10-2 結構圖 10-8
10-3 平面配置圖 10-11
10-4 地坪圖 10-13
10-5 天花板圖 10-15
10-6 燈具圖與燈具迴路圖 10-17
10-7 立面圖 10-20
10-8 坪數測量 10-23

CHAPTER 11 客廳 本單元為 PDF 形式，請由線上下載

11-1 客廳平面圖繪製 11-2

11-2 天花板與燈具圖 11-7

11-3 開關迴路圖 11-9

11-4 插座配置圖 11-11

11-5 客廳立面圖 11-13

APPENDIX A 360 全景圖製作 本單元為 PDF 形式，請由線上下載

A-1 360 全景圖 A-2

APPENDIX B 匯入 SketchUp 與 Revit 本單元為 PDF 形式，請由線上下載

B-1 匯入 SketchUP B-2

B-2 匯入 Revit B-4

APPENDIX C AutoCAD 典型工作區的設置 本單元為 PDF 形式，請由線上下載

C-1 方式一：使用指令設定典型工作區 C-2

C-2 方式二：不輸入指令設定典型工作區 C-5

下載說明

本書提供 600 分鐘基礎功能與延伸練習影音教學、範例檔，以及 PDF 形式的室內設計圖面說明、客廳與附錄，請至 http://books.gotop.com.tw/download/AEC010900 下載，檔案為 ZIP 格式，請讀者下載後自行解壓縮即可。其內容僅供合法持有本書的讀者使用，未經授權不得抄襲、轉載或任意散佈。

CHAPTER

1 認識 AutoCAD

工欲善其事，必先利其器。在學習 AutoCAD 的初期，除了了解各個指令的使用方式之外，對於輸入介面的操作，與 AutoCAD 視窗中的介面配置更為重要。

對於使用 AutoCAD 來設計平面圖或 3D 效果圖的使用者來說，準確度與效率是最重要的要件。如何快速的找到所需的指令，如何串聯指令來構建目標造型，就是在學習 AutoCAD 的初期必須先克服的難關。

1-1 了解工作環境

1-2 滑鼠各功能鍵介紹

1-3 關於極座標追蹤與正交

1-4 關於物件鎖點

1-5 關於物件鎖點追蹤

1-6 關於動態輸入

1-7 座標系統

1-8 浮動視窗、檔案頁籤、配置頁籤 (新功能)

1-1 了解工作環境

第一步 - 新建圖檔

1 開啟 AutoCAD 軟體會出現以下畫面，須點擊左上角【 】按鈕來新建圖檔，才能開始繪製。

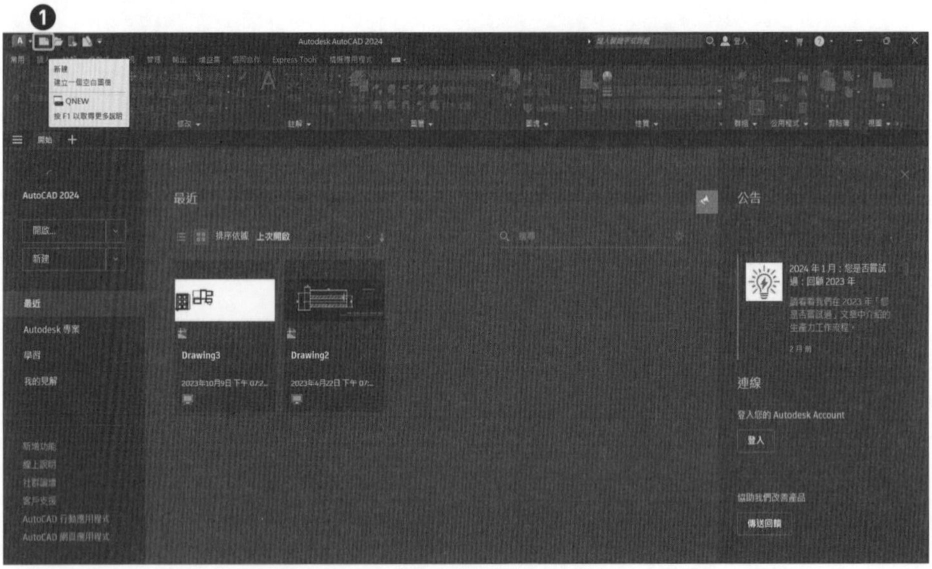

2 點選【acadiso.dwt】樣板檔，不同樣板的初始設定會不同，點擊右下角【開啟】。

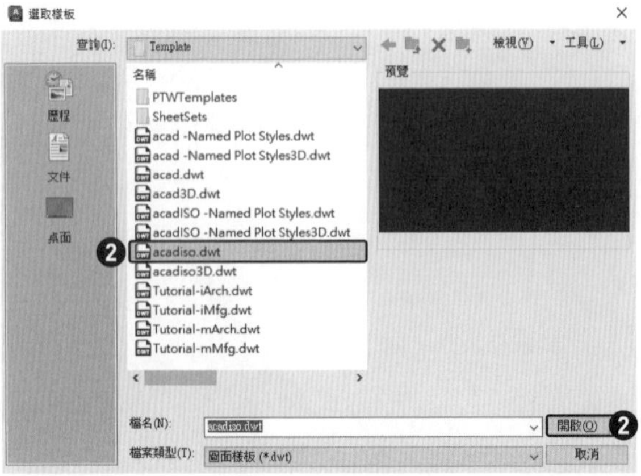

各區域名稱

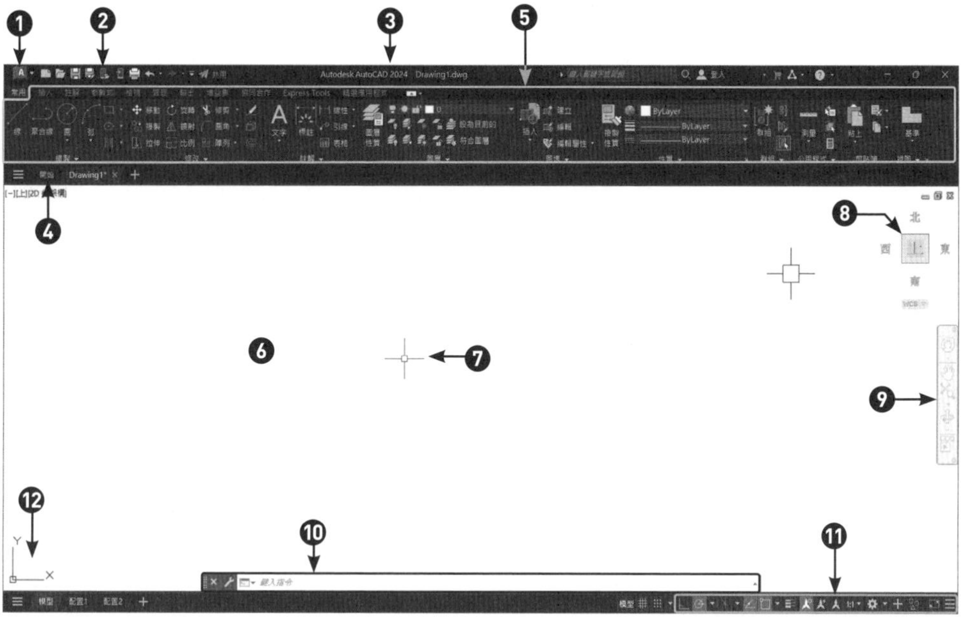

❶ 應用程式按鈕

❷ 快速存取工具列

❸ 標題列

❹ 檔案頁籤

❺ 功能區

❻ 繪圖區

❼ 十字游標

❽ View Cube 視圖方塊

❾ 導覽列

❿ 指令區

⓫ 狀態列

⓬ UCS 座標系

AutoCAD 介面區域較多，可優先記憶編號 2、4、5、7、10、11 的部份。

切換工作區的方法

右下角點擊【⚙ ▾】齒輪按鈕，可依所需的目的來選擇最適合的工作區，本書操作是使用【製圖與註解】工作區。

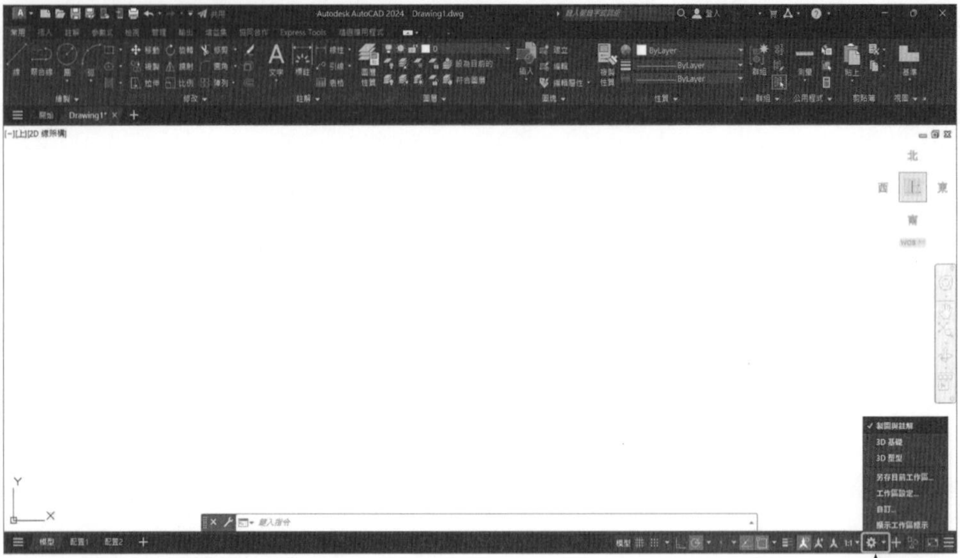

AutoCAD 預設工作區

- **製圖與註解**：2D 工作區，有完整的 2D 繪製與編輯指令

- **3D 基礎**：3D 工作區簡易版，有基本的 3D 指令

- **3D 塑型**：3D 工作區完整版，有完整的 3D 建立、編輯、座標等指令

變換功能區頁籤或面板

- **變換工具頁籤**：在功能區按下滑鼠右鍵，選擇【展示頁籤】後，點選想要新增或移除的頁籤即可。

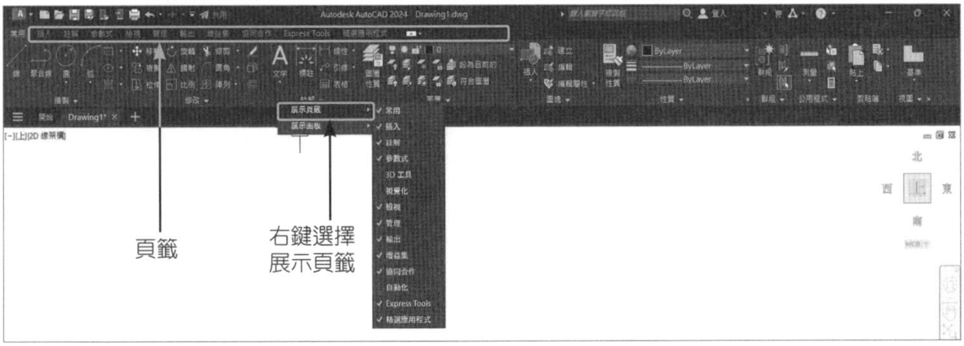

- **變換面板**：在功能區按下滑鼠右鍵，選擇【展示面板】後，點選想新增或移除的面板即可。

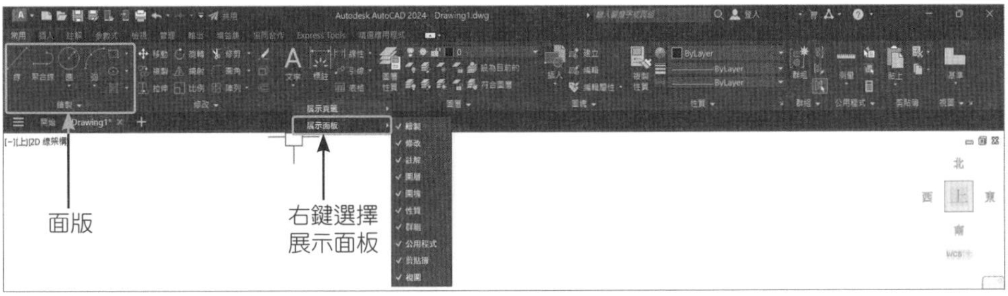

新增工作區

除了預設的工作區外，也可根據實際的需求，變換工作區的項目並儲存。

1. 按下【⚙ ▾】按鈕。
2. 點擊【另存目前工作區 ...】。

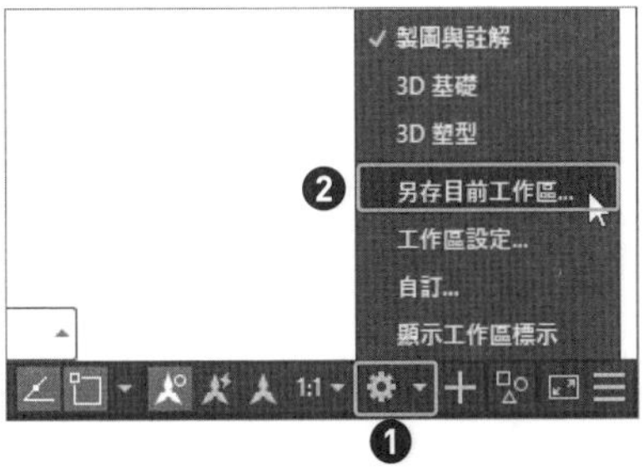

③ 輸入「2D 工作區」後按下【儲存】來新增自訂的工作區。

④ 完成圖。

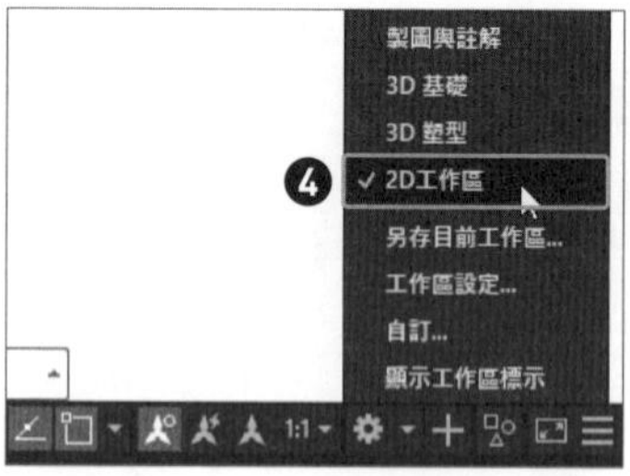

狀態列設定

① 要開啟狀態列沒有顯示的【（動態輸入）】，點擊右下角【自訂】按鈕。

② 勾選【動態輸入】，即可在狀態列顯示。

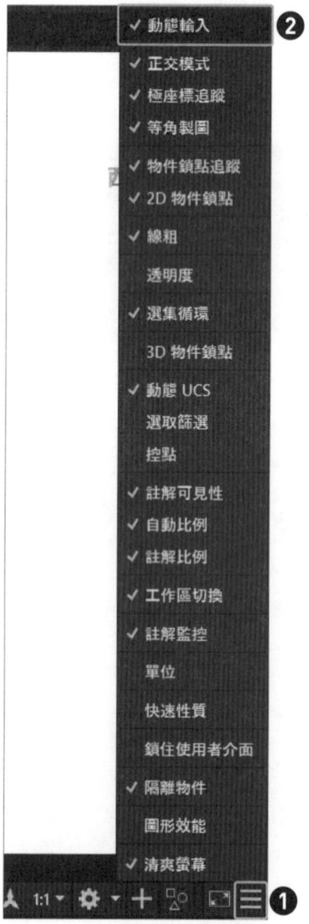

(3) 滑鼠左鍵開啟【極座標追蹤】、【物件鎖點】、【物件鎖點追蹤】、【動態輸入】。圖示藍色表示開啟，反之則表示關閉。

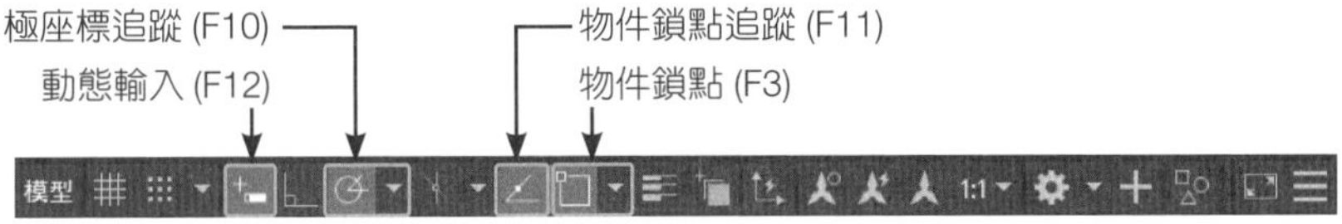

極座標追蹤的設定方法

繪製線段時，當滑鼠移動到你所選擇追蹤的角度，則會出現一條虛線，讓你方便繪製所需角度。

在【極座標追蹤】的圖示上，點擊右鍵選擇【90, 180, 270, 360】，可繪製垂直與水平線。

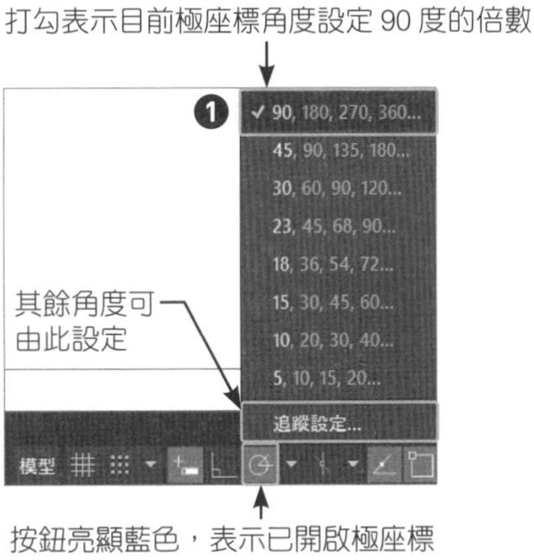

物件鎖點的設定方法

開啟物件鎖點可抓取圖上的特殊點，繪製時可準確抓取所需要的點，以下將幫助你開啟最常用的鎖點模式。

(1) 在【物件鎖點】的圖示上，點擊右鍵選擇【物件鎖點設定】。

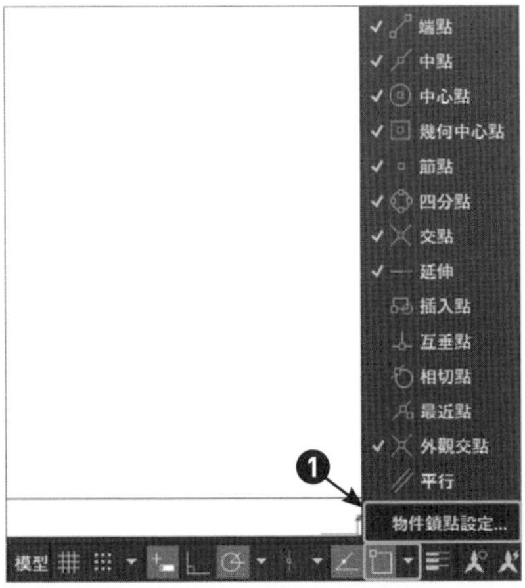

2 左半邊的選項全部勾選，再加上右邊上面第一個【延伸】選項，一般繪製時均保持這些按鈕開啟，點擊【確定】按鈕完成。

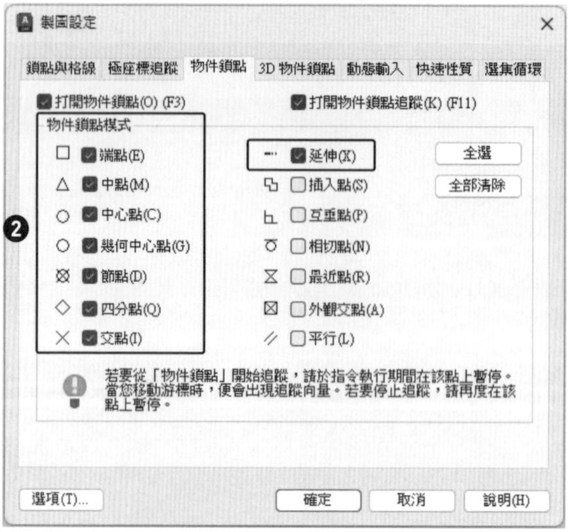

儲存檔案

1 檔案頁籤顯示目前開啟的檔案。

2 點擊快速存取工具列的【儲存】按鈕，可儲存目前的檔案。

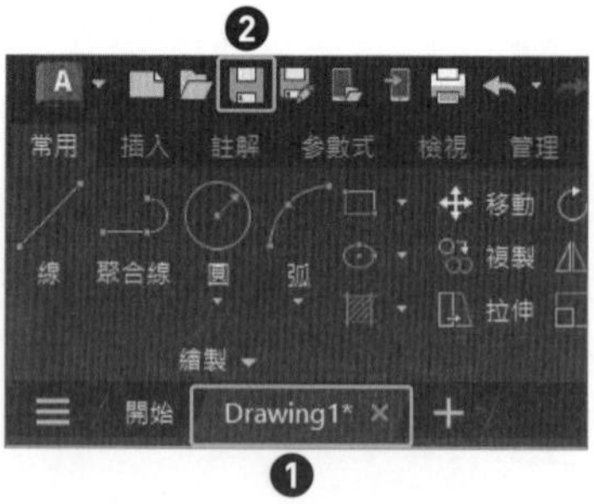

3 檔案類型選擇【AutoCAD 2013】，點擊【儲存】。只要安裝高於 AutoCAD 2013 的版本即可開啟此檔案。

開啟舊檔

1 點擊快速存取工具列的【開啟舊檔】按鈕。

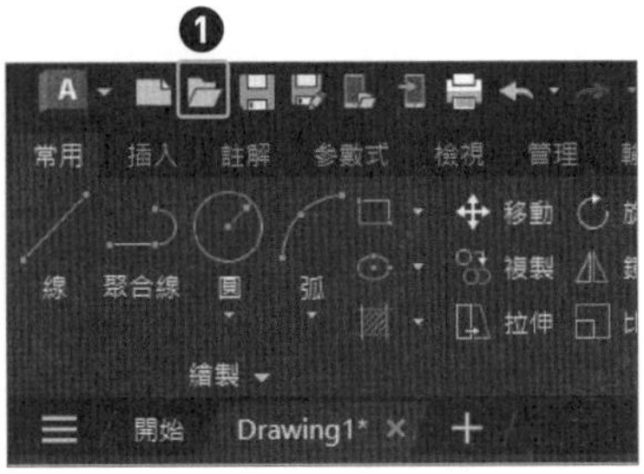

2 選擇範例檔中的〈1-1_ex1.dwg〉檔案，點擊【開啟】，可以開啟圖檔。

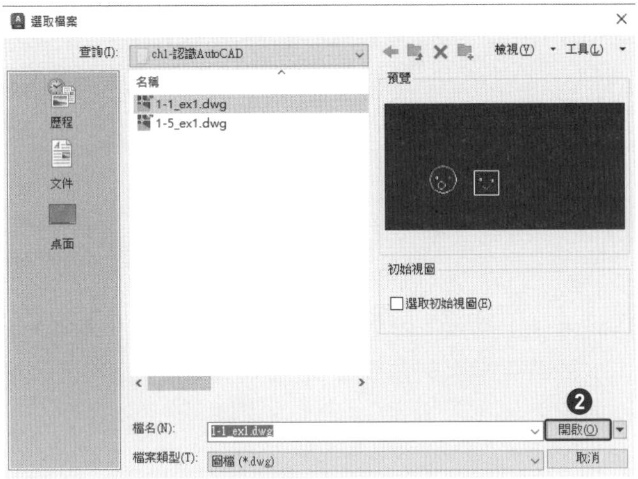

3 點擊檔案頁籤的打叉圖示，可關閉此檔案。

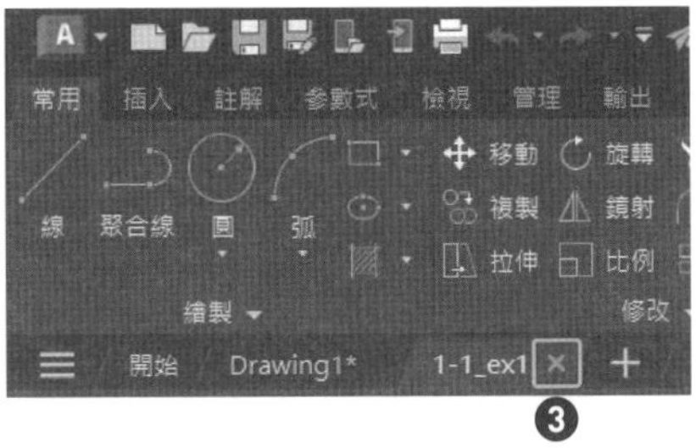

儲存的版本設定

1 在繪圖區點擊滑鼠右鍵 →【選項】。

2 選擇【開啟與儲存】頁籤，點擊另存的下拉式選單，選擇 AutoCAD 2013，如此一來，以後儲存檔案的預設皆是 2013 版本。點擊底下【確定】或按下 Enter 鍵關閉視窗。

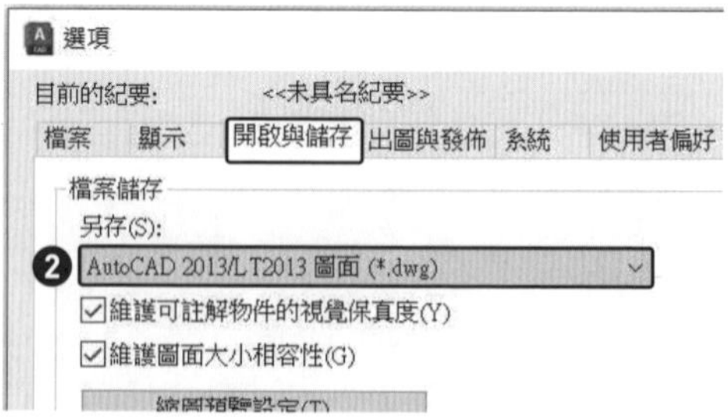

1-2 滑鼠各功能鍵介紹

滑鼠左鍵 - 繪製線物件

正式操作

1 點擊【常用】頁籤 →【繪製】面板 →【線】按鈕。

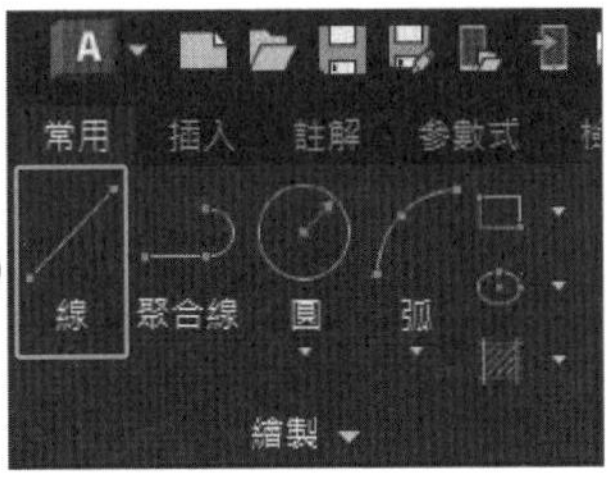

2 點擊左鍵指定任一點為起點。

3 將滑鼠往右側水平移動，會顯示一條無限長虛線，而十字游標會有被吸附至水平方向虛線的感覺，此為極座標追蹤的功能。

4 輸入「50」，按下 Enter 鍵，繪製長度 50 的線段。

5 按下 Enter 鍵或空白鍵來結束繪製。(若看不到線段，快速點擊滑鼠中鍵兩下，可以使線段最大化顯示。)

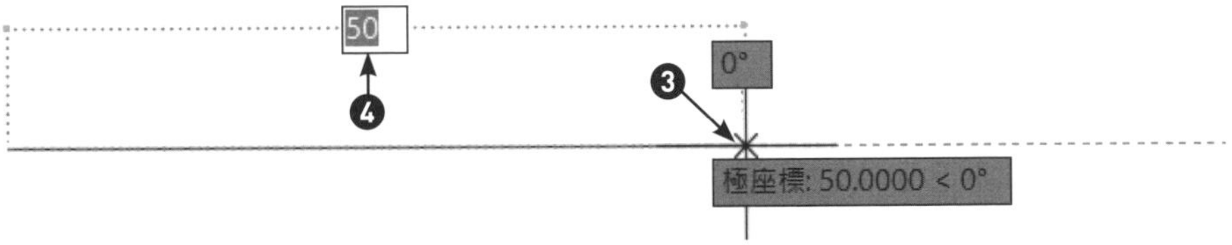

NOTE 在 AutoCAD 中，大部分情況下，Enter 鍵等同於空白鍵。

滑鼠左鍵 - 繪製圓物件

正式操作

1. 點擊【常用】頁籤 →【繪製】面板 →【圓】按鈕。

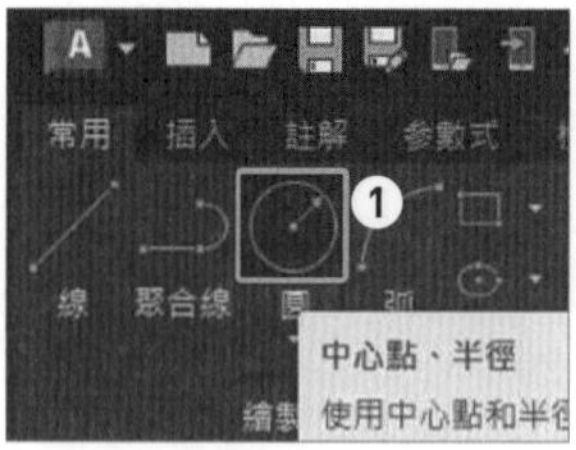

2. 點擊任一點為圓的中心點。
3. 移動滑鼠產生的橡皮線來控制圓的大小。
4. 點擊左鍵來完成圓的繪製。

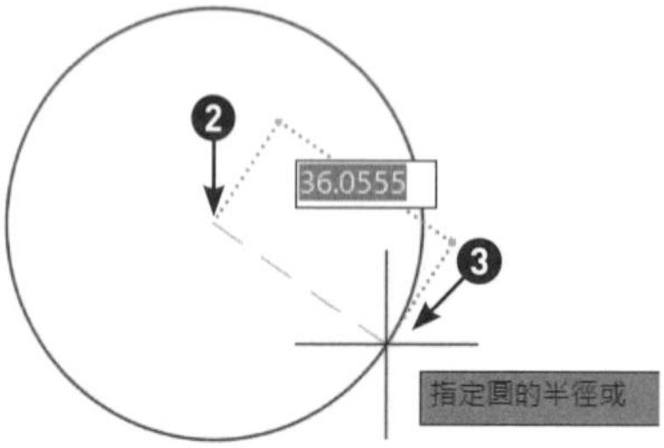

滑鼠左鍵 - 選取物件

準備工作

- 任意繪製一個圓。

正式操作

1. 將滑鼠移動到圓上停留，會出現此圓的顏色、線型等性質提示。

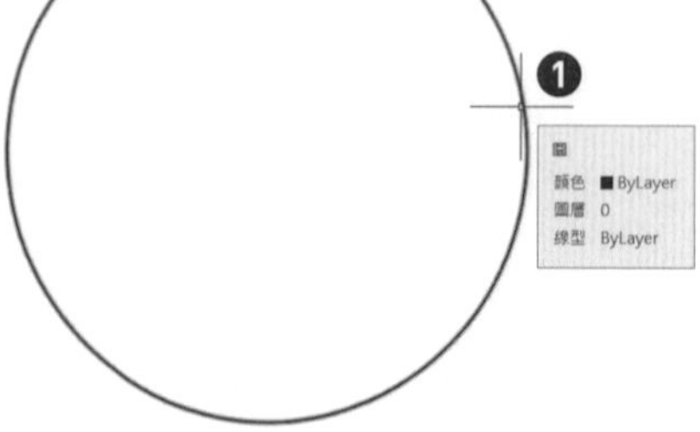

2. 在圓上點擊滑鼠左鍵，圓呈現被選取狀態，圓身上會出現藍色掣點。

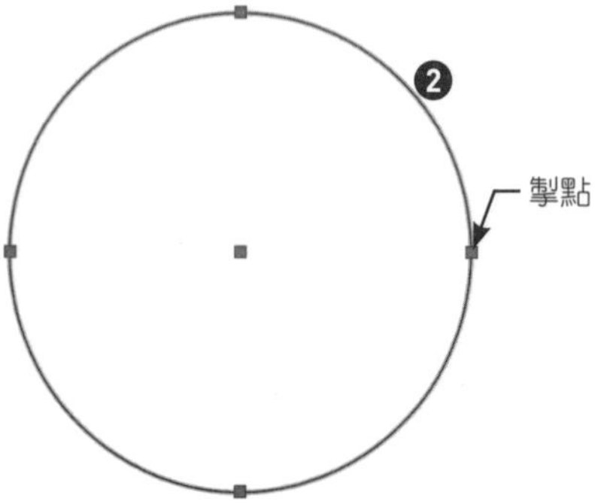

滑鼠中鍵 - 縮放工具

準備工作

● 利用【繪製】面板的線、圓、矩形等指令，點擊滑鼠左鍵任意繪製多個物件。

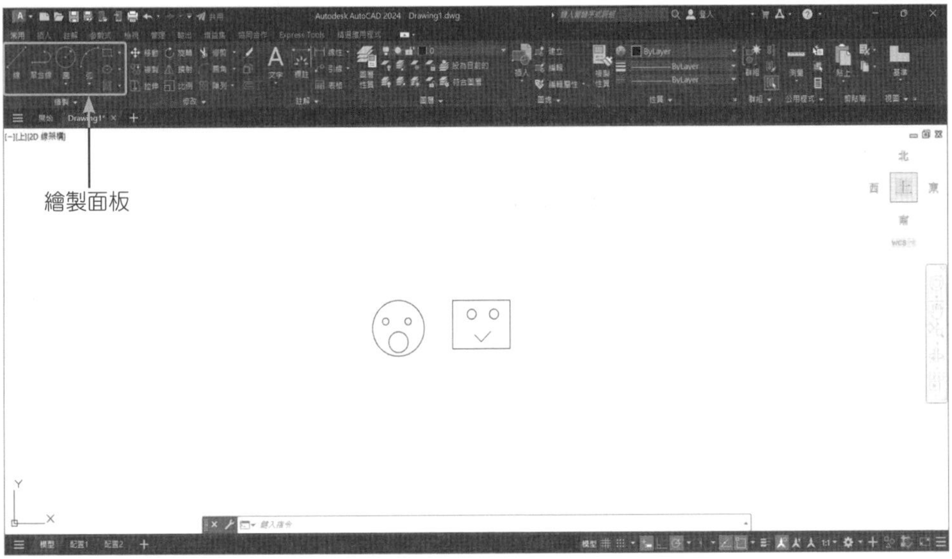

正式操作

1 將滑鼠滾輪向上〈往前〉滾動，則畫面以游標為中心放大。

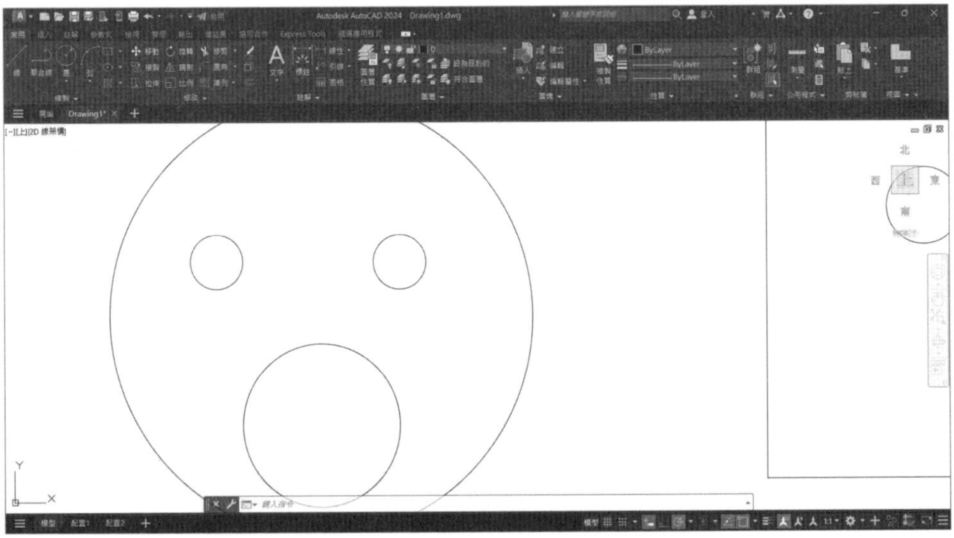

2 將滑鼠滾輪向下〈往後〉滾動，則畫面被縮小。

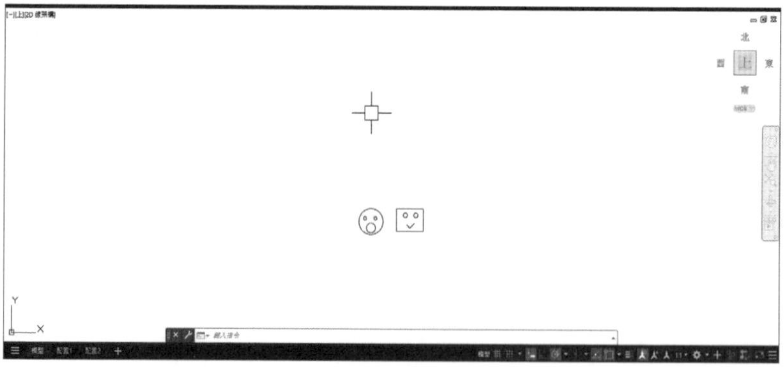

若往後滾動滾輪，而畫面不會縮小時，可在指令區輸入「RE」，並按下 Enter← 執行重生指令，就可再度滾動滾輪來縮小畫面。此情況較常發生在較舊的 AutoCAD 版本。

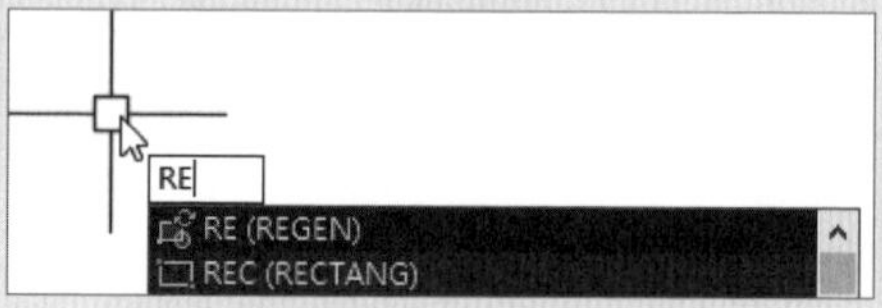

滑鼠中鍵 - 畫面平移

準備工作

- 延續上一小節的圖來操作。

正式操作

1 按住滑鼠中鍵，滑鼠游標會變換為手型圖示，此時進入平移狀態，不要放開中鍵，將滑鼠向左移動，則畫面向左平移。

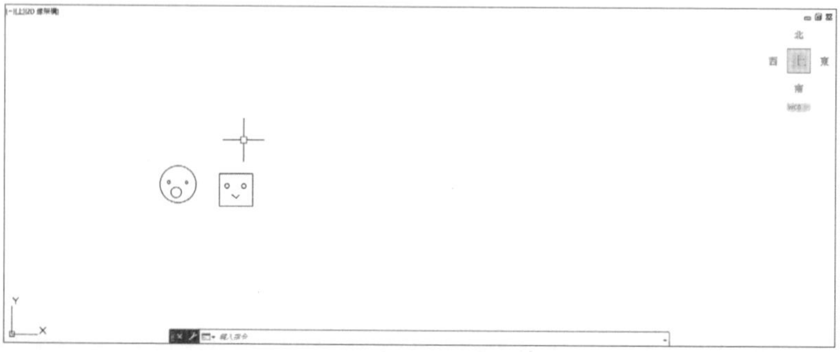

2 按住滑鼠中鍵，將滑鼠向右移動，則畫面向右平移。

滑鼠中鍵 - 圖形置中最大化

正式操作

滑鼠中鍵快壓兩下，畫面會縮放到圖面的實際範圍，所有圖元都會顯示在圖面中。

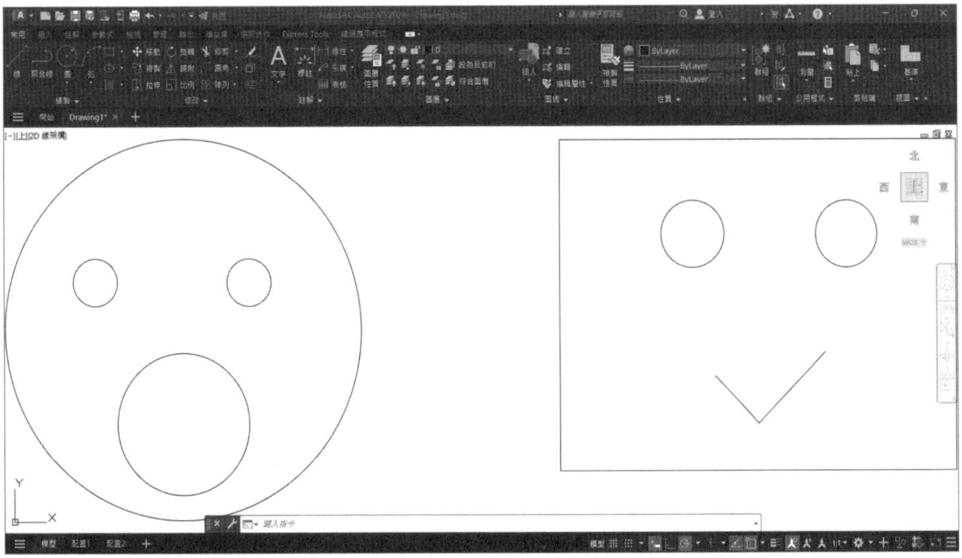

滑鼠中鍵 - 3D 環轉

準備工作

- 延續上一小節的圖來操作。

正式操作

1. 按住 Shift 鍵 + 滑鼠中鍵，將滑鼠向上 (往前) 移動，畫面會呈現 3D 顯示模式，此時的圓，感覺上像是一個橢圓。

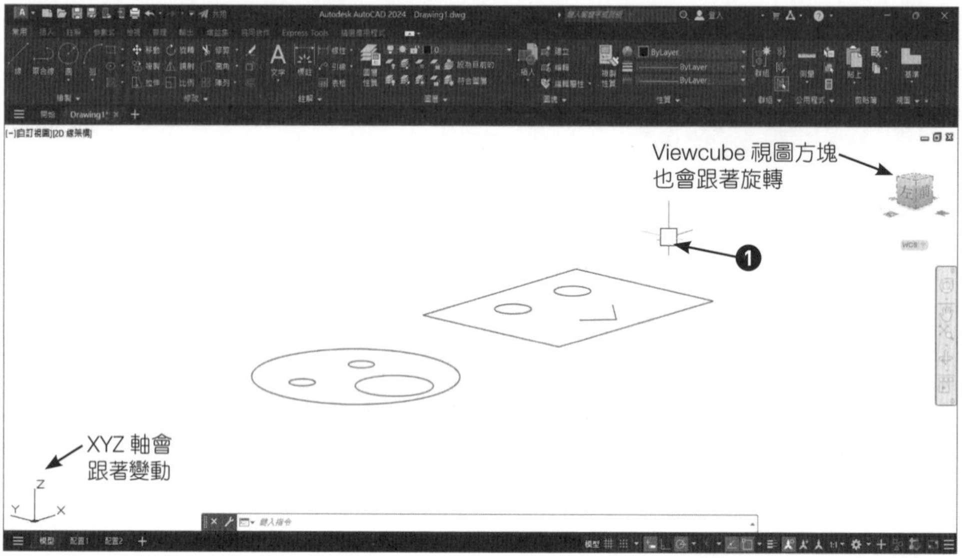

2. 點擊左上角【自訂視圖】，選擇【上】，畫面會回到 2D 視圖上。

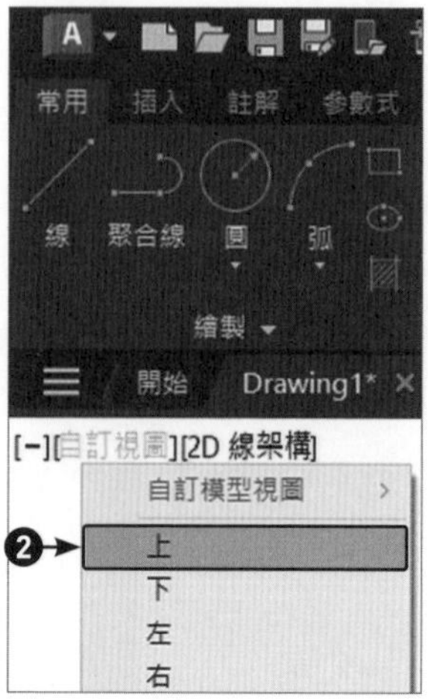

滑鼠右鍵 - 不在指令中

準備工作

- 點擊【常用】頁籤 →【繪製】面板 →【矩形】按鈕。點擊滑鼠左鍵決定矩形對角點位置，繪製任意大小的矩形。

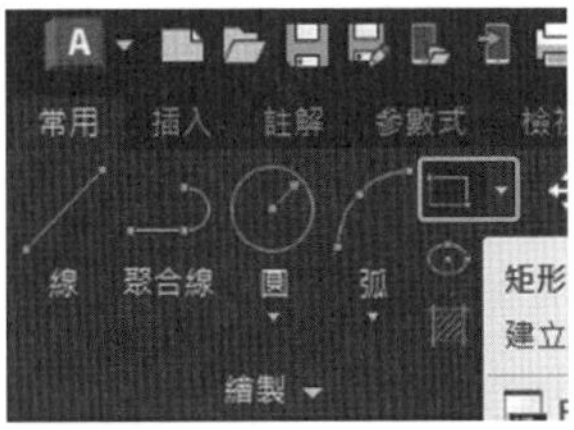

正式操作

1. 將滑鼠移動到矩形的邊緣，並點擊滑鼠左鍵來選擇矩形。

2. 在畫面中按下滑鼠右鍵，選擇【剪貼簿】→【剪下】後，矩形會消失。

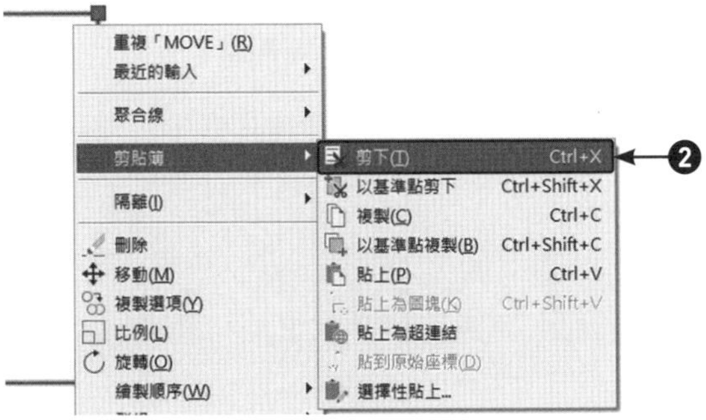

3 在畫面中按下滑鼠右鍵，選擇【剪貼簿】→【貼上】。

4 滑鼠點擊左鍵來指定矩形貼上的位置。

滑鼠右鍵 - 在指令中

準備工作

- 點擊【常用】頁籤 →【繪製】面板 →【線】按鈕，點擊左鍵任意繪製線段，如下圖所示。

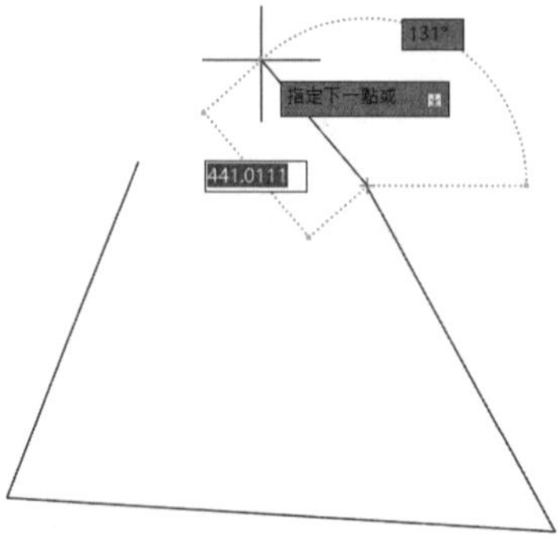

正式操作

在線指令未結束的情況下，在畫面中按下滑鼠右鍵會出現指令的副選項，點擊【封閉】。線段會回到起點，如下右圖。

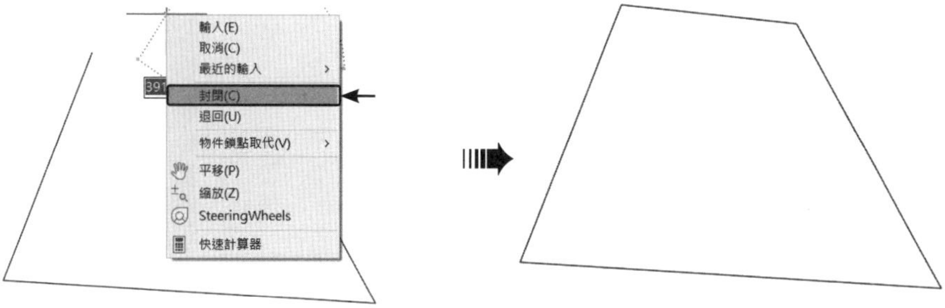

> **NOTE** 在【線】的指令中才可選擇【封閉】與【退回】，在不同的指令下按下滑鼠右鍵出現的內容也會不同。

1-3 關於極座標追蹤與正交

極座標追蹤可以設定為常用的角度，讓使用者可以準確快速地繪製出所需的角度。正交則是將線段鎖定至水平或垂直。兩者只能擇一使用，不能同時開啟。

<table>
<tr><td>指令</td><td>極座標追蹤、正交</td><td>快捷鍵</td><td>F10、F8</td><td>圖示</td><td></td></tr>
<tr><td>工具列按鈕</td><td colspan="5">狀態列 → 極座標追蹤、正交
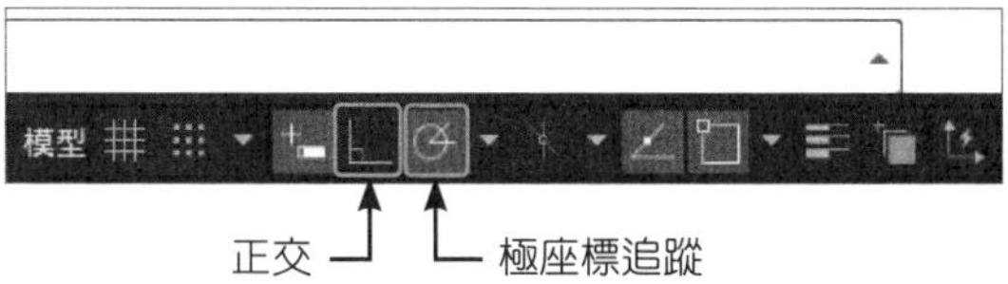</td></tr>
</table>

極座標角度追蹤 - 繪製角度 30 的線段

準備工作

- 任意繪製一條水平線。
- 將【極座標追蹤】開啟，並且選擇【30】度。

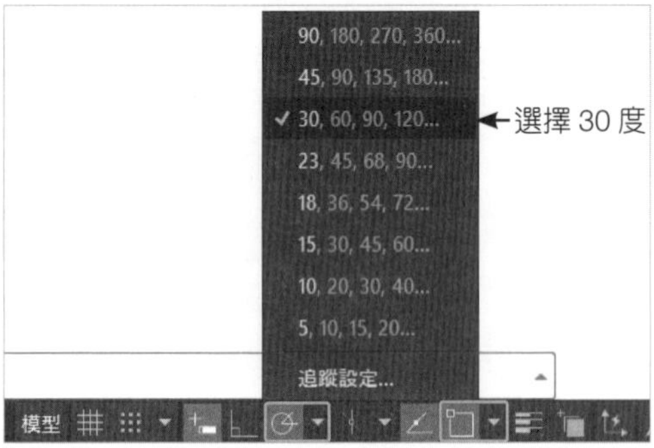

正式操作

1. 點擊【常用】頁籤 →【繪製】面板 →【線】按鈕。
2. 將滑鼠點擊水平線段的左方端點。

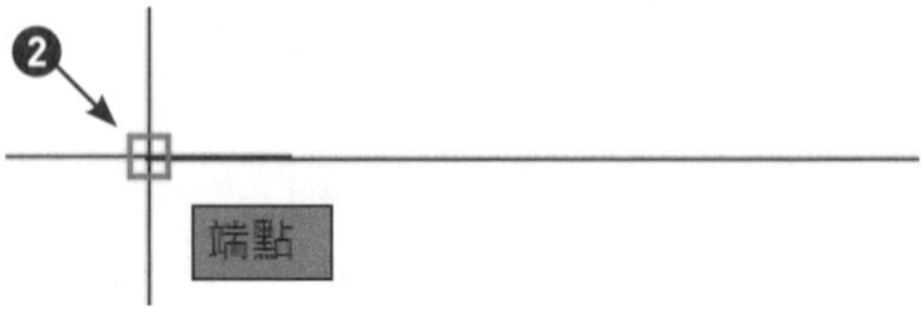

3. 將滑鼠往右上方移動，將會出現 30 度的極座標虛線，點擊左鍵決定線段結束位置。

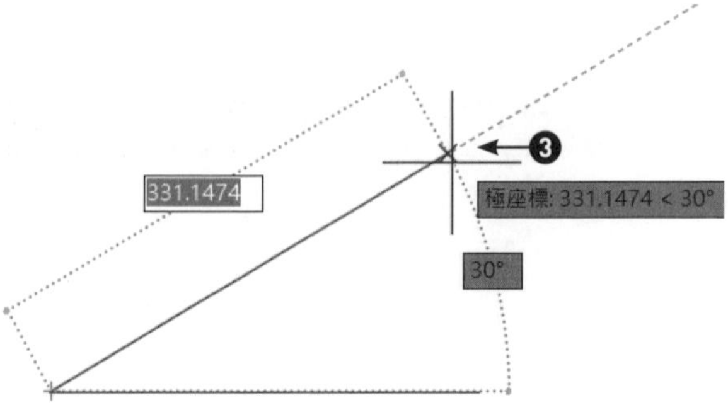

4 按下 Enter← 鍵來結束線段繪製。

5 完成 30 度線的繪製。請將極座標追蹤設定回 90 度，此為常用角度。
（右圖中 30 度角度標註可參考第 4-1 小節。）

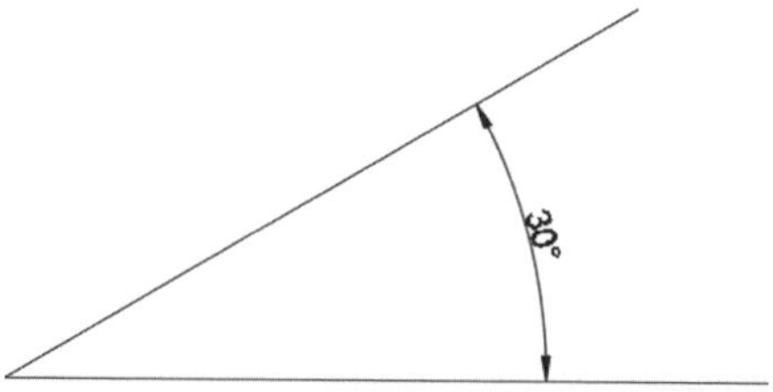

正交

準備工作

- 將【正交】開啟，【極座標追蹤】會自動關閉，因為兩者無法同時使用。

1 點擊【常用】頁籤 →【繪製】面板 →【線】按鈕。

2 點擊線的第一點。

3 依序點擊滑鼠左鍵繪製線段，會發現只能繪製水平與垂直線。若需要減少將水平與垂直線畫成斜線的錯誤，可以使用正交功能，在繪製較為方正的牆面與櫃體等室內圖也是很好用的功能。

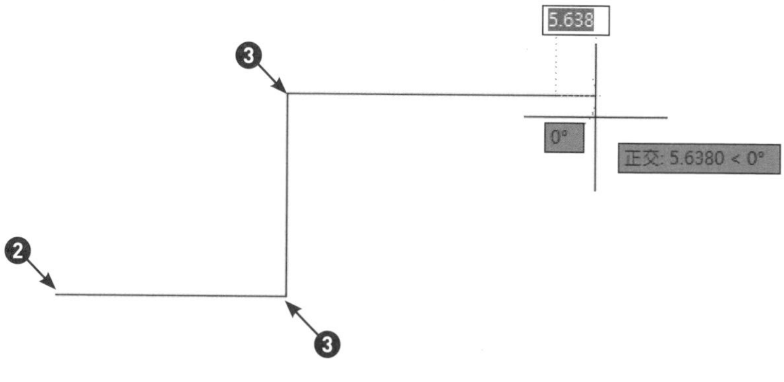

1-4 關於物件鎖點

指令	物件鎖點	快捷鍵	F3	圖示	
工具列按鈕	狀態列 → 物件鎖點 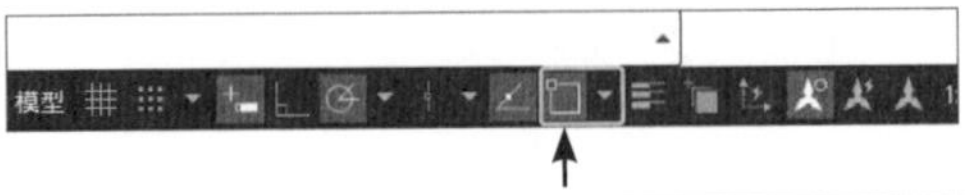				

物件鎖點模式說明

繪製物件或指定位置時，游標會變成十字游標（如下右圖），此時才可以鎖點。

平常模式　　定位模式

類型	圖示	物件鎖點模式	解說
常駐型		端點	將滑鼠移到任意線段的兩端會出現端點。
		中點	將滑鼠移到任意線段靠近中間的位置則會出現中點。
		中心點	將滑鼠移到圓周上則會出現中心點，也就是圓心。
		幾何中心點	將滑鼠移到封閉的聚合線邊緣會出現幾何中心點。
		節點	使線段等分或等距後所產生的點。
		四分點	將滑鼠移到圓的上下左右則會出現四分點。
		交點	將滑鼠移到圖元相交處則會出現交點。

類型	圖示	物件鎖點模式	解說
暫時型		延伸線	將滑鼠移到想延伸的目標端點，接著順著目標圖元的方向滑動十字游標，則會出現延伸線。
		插入點	圖塊、文字…等某些物件上的基準點。
		互垂	鎖點至與目標圖元互相垂直的點。
		相切	鎖點至兩個圖元之間的相切點。
		最近點	圖元上的任意點。
		外觀	3D 繪圖上使用的投影式交點。
		平行	繪製一條與目標圖元互相平行的線。

常駐型 - 端點

準備工作

- 繪製一矩形。
- 開啟【物件鎖點】。

正式操作

1. 點擊【常用】頁籤 → 【繪製】面板 → 【圓】按鈕。
2. 滑鼠移動到線段的右邊，可以鎖點至端點。在端點上按下滑鼠左鍵來指定圓的中心點。

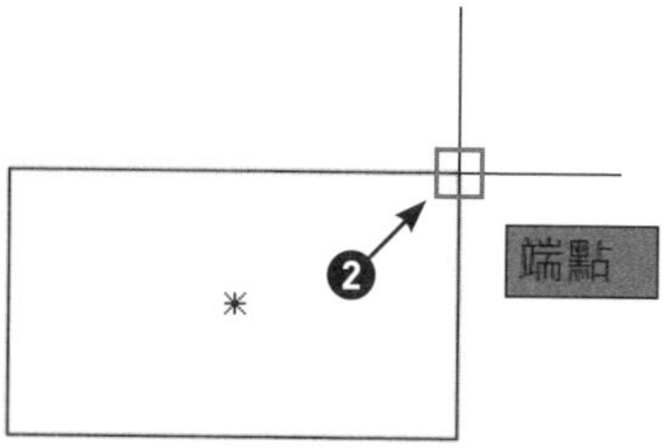

3 繪製一個圓。

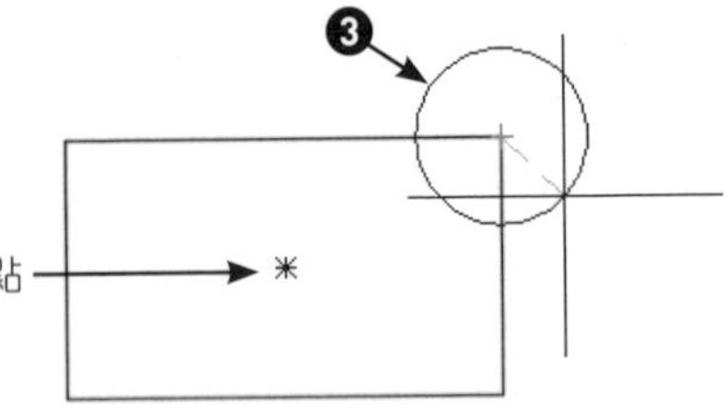

常駐型 - 中點

準備工作

- 請照 1-8 頁的物件鎖點設定，將左半邊的選項全部勾選。
- 延續上小節之矩形。

正式操作

1 點擊【常用】頁籤 →【繪製】面板 →【線】按鈕。

2 滑鼠左鍵點擊矩形上方線條的中點位置。

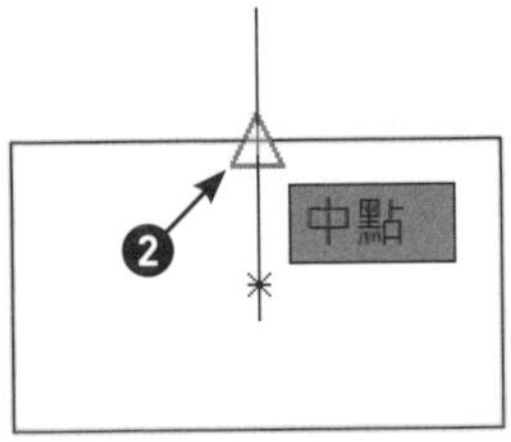

3 滑鼠左鍵點擊矩形下方線條的中點位置，按下 Enter 鍵來結束線段繪製。

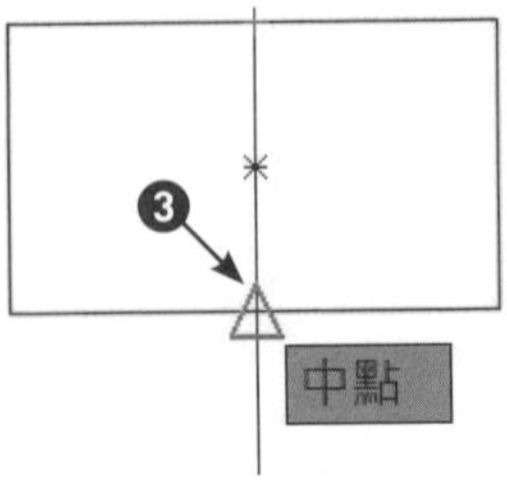

4 點擊【常用】頁籤 →【繪製】面板 →【線】按鈕。

5 滑鼠左鍵點擊矩形左方線條的中點位置。

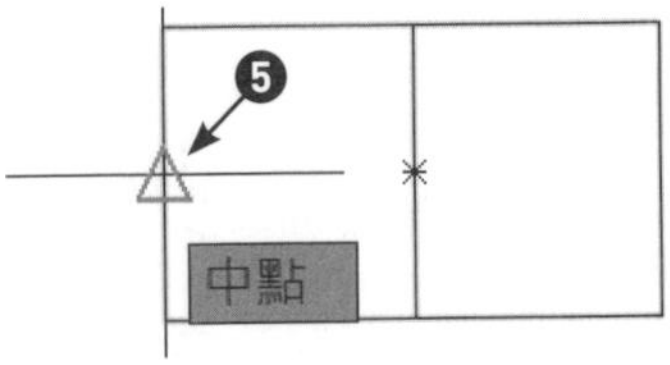

6 滑鼠左鍵點擊矩形右方線條的中點位置，按下 Enter← 鍵來結束線段繪製。

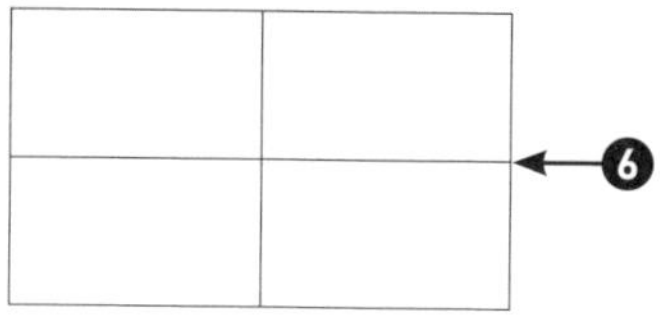

常駐型 - 中心點

準備工作

- 任意繪製兩個圓。

正式操作

1 點擊【常用】頁籤 →【繪製】面板 →【線】按鈕。

2 將滑鼠游標停留在第一顆圓的邊緣，會出現中心點。

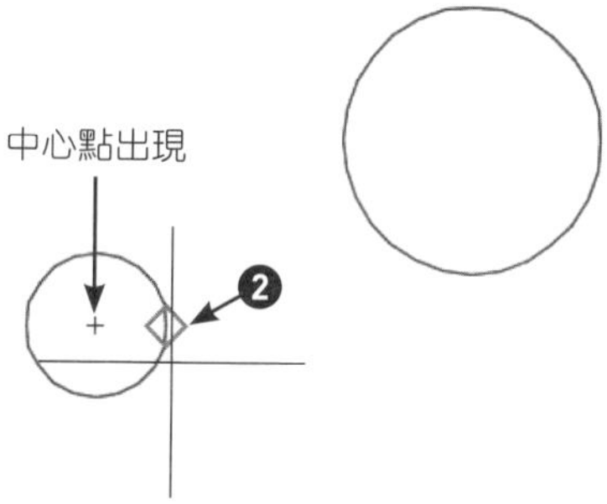

3 將滑鼠移動到第一顆圓的中心點，並點擊滑鼠左鍵。

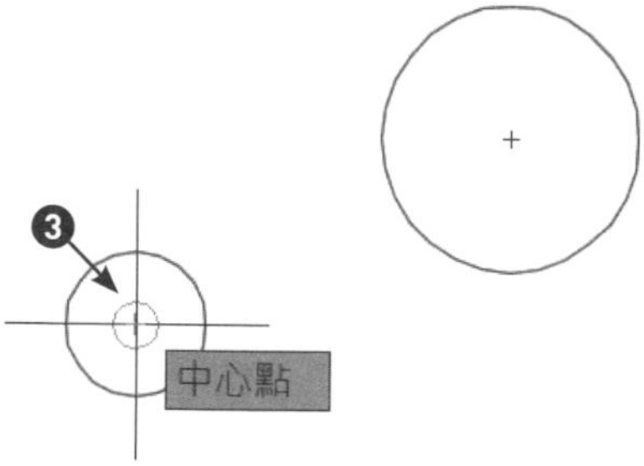

④ 將滑鼠游標停留在第二顆圓的邊緣，會出現中心點。

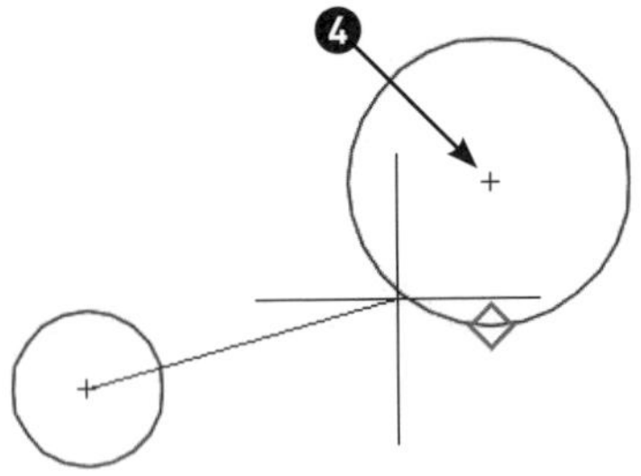

⑤ 將滑鼠移動到第二顆圓的中心點，並點擊滑鼠左鍵，按下 Enter← 鍵來結束線段繪製。

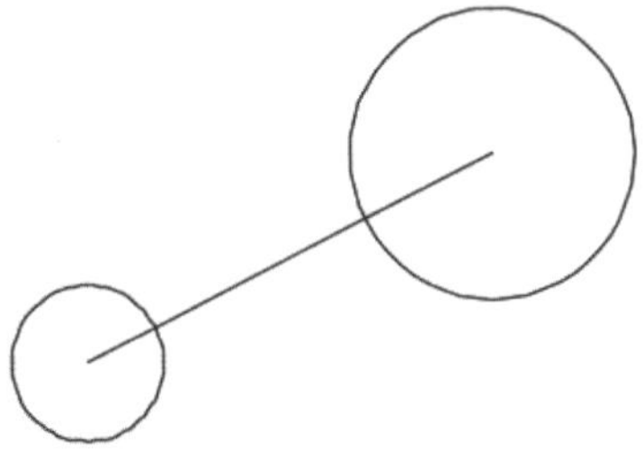

常駐型 - 四分點

準備工作

- 任意繪製一個圓。

正式操作

① 點擊【常用】頁籤 →【繪製】面板 →【線】按鈕。

② 將滑鼠移動至圓的左方，則會出現四分點。

③ 點擊滑鼠左鍵來指定線的起點。

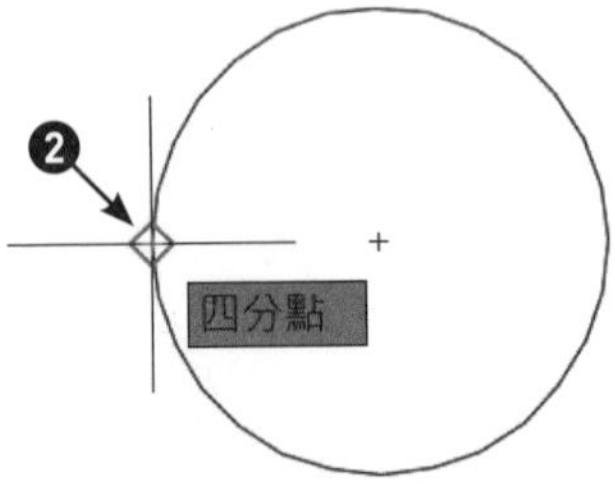

4 將滑鼠向上移動至圓的上方，則會出現另一個四分點。

5 點擊滑鼠左鍵來指定線的第二點。

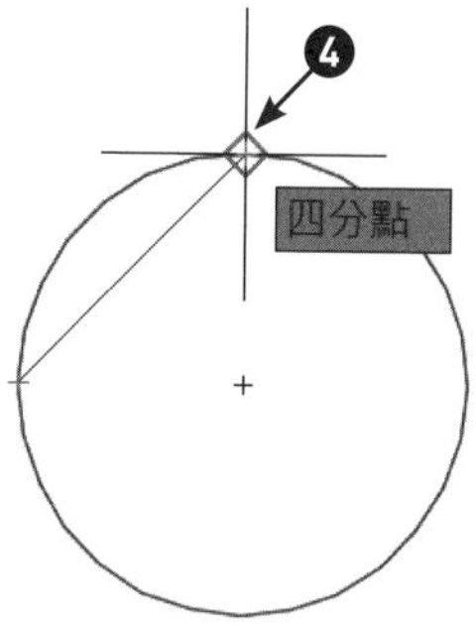

6 依上述步驟點擊圓右側的四分點。

7 再點擊圓下方的四分點，按下 Enter← 鍵來結束線段繪製。

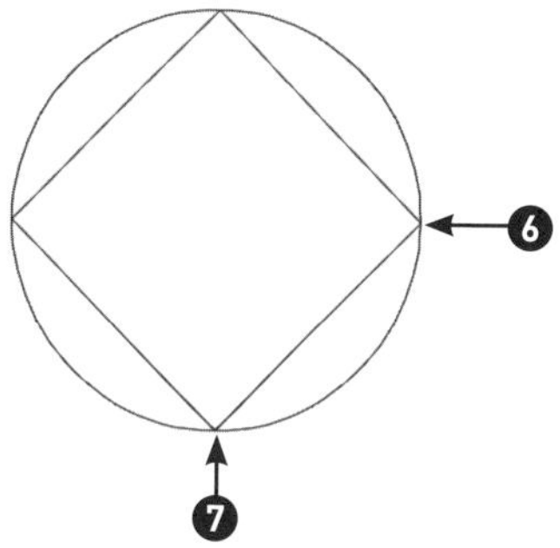

常駐型 - 交點

準備工作

- 點擊【常用】頁籤 →【繪製】面板 →【線】按鈕。任意繪製兩條交叉的線段，如右圖所示。

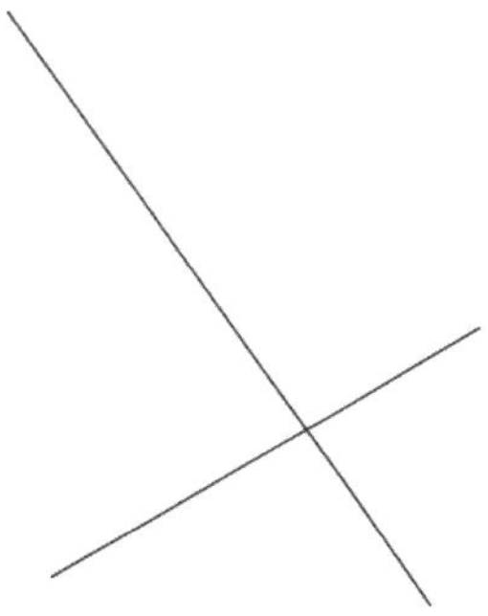

正式操作

1. 點擊【常用】頁籤 →【繪製】面板 →【圓】按鈕。
2. 將滑鼠移動到兩條線的交接處，則會出現交點。
3. 點擊滑鼠左鍵來指定圓的中心點位置。

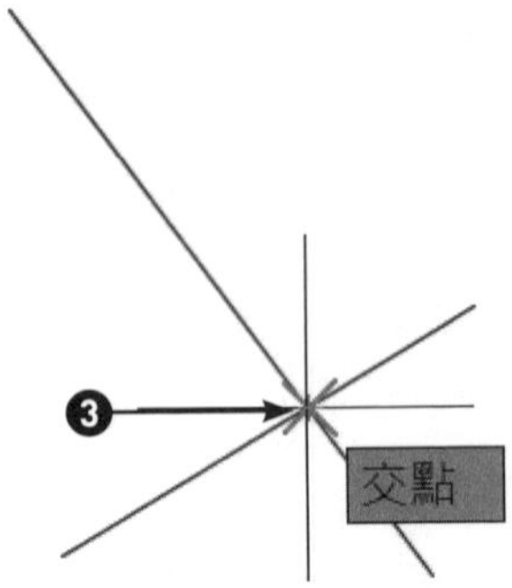

4. 向外繪製一個圓。

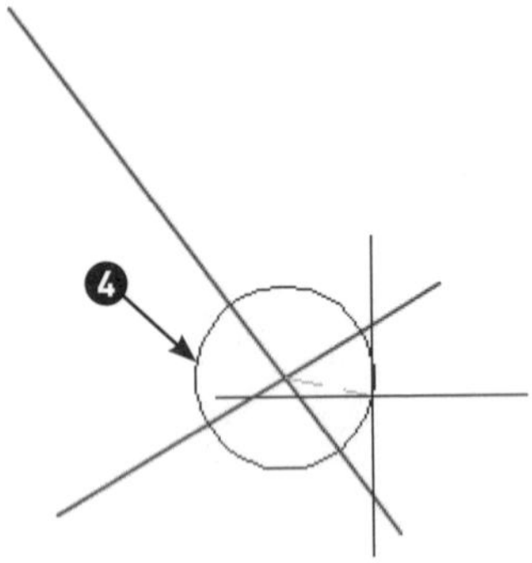

暫時型 - 延伸線

準備工作

- 利用極座標追蹤，繪製一條 60 度的線段。

正式操作

1. 點擊【常用】頁籤 →【繪製】面板 →【圓】按鈕。

[2] 將滑鼠移到線右邊的端點。
將游標放置在端點上不要按下去。

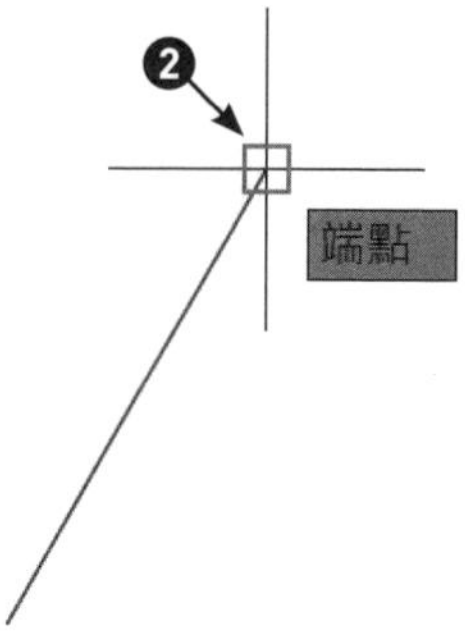

[3] 將滑鼠往右上方移動，則會出現延伸線。

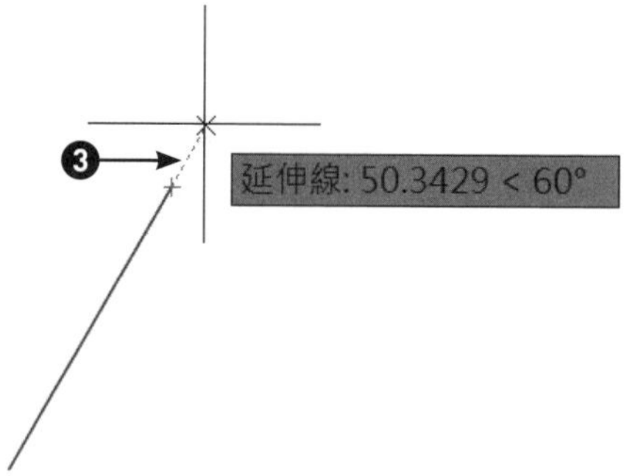

[4] 點擊滑鼠左鍵指定延伸線上的任一點為圓的中心點。

[5] 向外繪製一個圓。

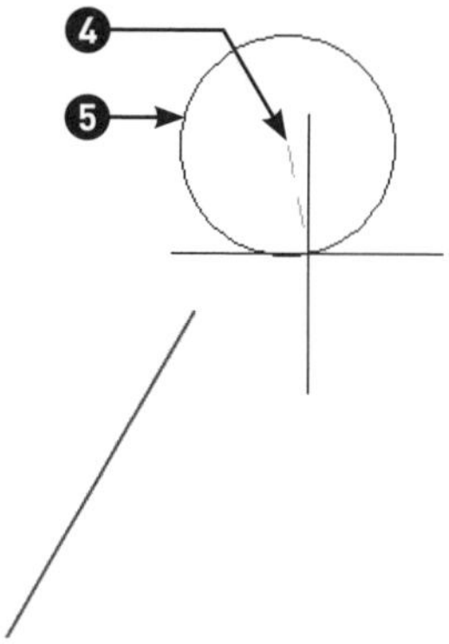

NOTE 如果物件鎖點沒開，可按 Shift 鍵 + 滑鼠右鍵，或是滑鼠右鍵 +【物件鎖點取代】，即可找到所需要的物件鎖點選項。

暫時型 - 互垂

準備工作

- 利用極座標追蹤，延續上一小節的 60 度斜線。

正式操作

1. 點擊【常用】頁籤 →【繪製】面板 →【線】按鈕。
2. 點擊線外任一點為起點。
3. 按住 Shift 鍵 + 滑鼠右鍵，選擇【互垂】。

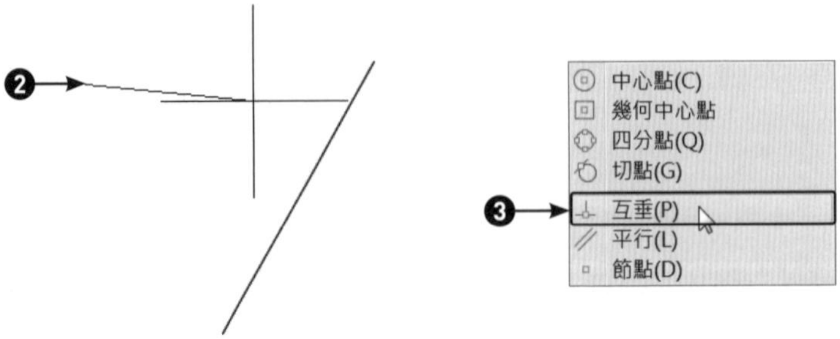

4. 將滑鼠移到線段上方則會產生互垂點記號。
5. 點擊滑鼠左鍵，鎖點至互垂點。

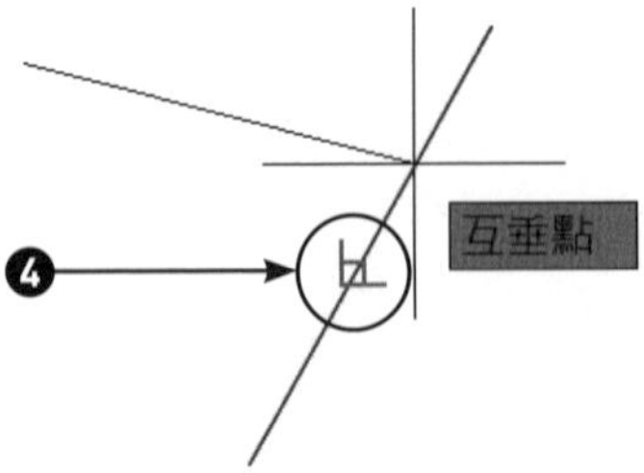

6. 按下 Enter 鍵來結束線段繪製。兩條線段會互相垂直，夾角 90 度。

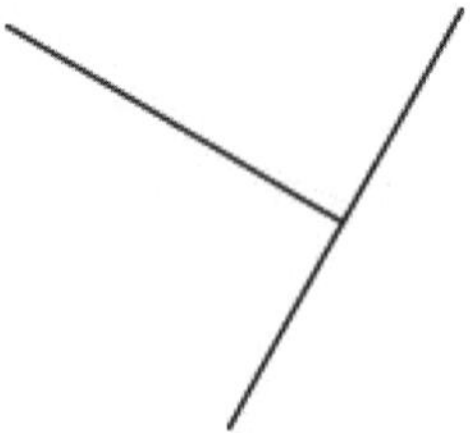

暫時型 - 相切

準備工作

- 任意繪製兩個圓。

正式操作

1. 點擊【常用】頁籤 →【繪製】面板 →【線】按鈕。
2. 按住 Shift 鍵 + 滑鼠右鍵，選擇【切點】。

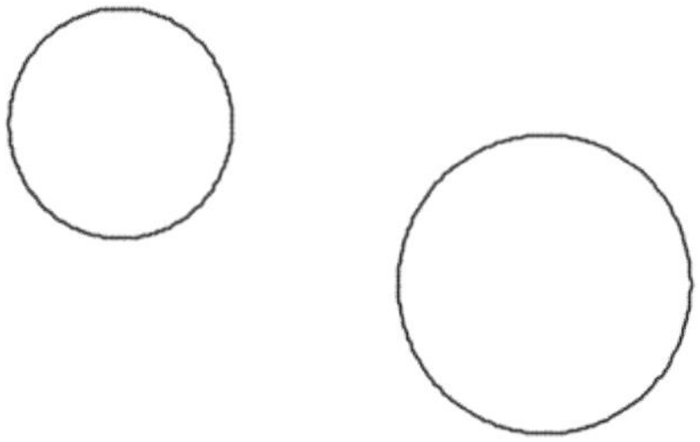

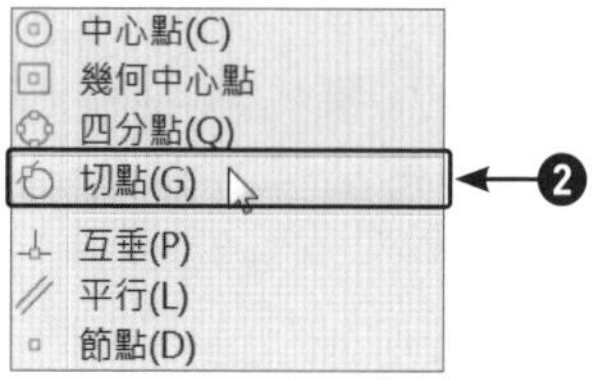

3. 點擊左側圓的上方來決定相切的位置。

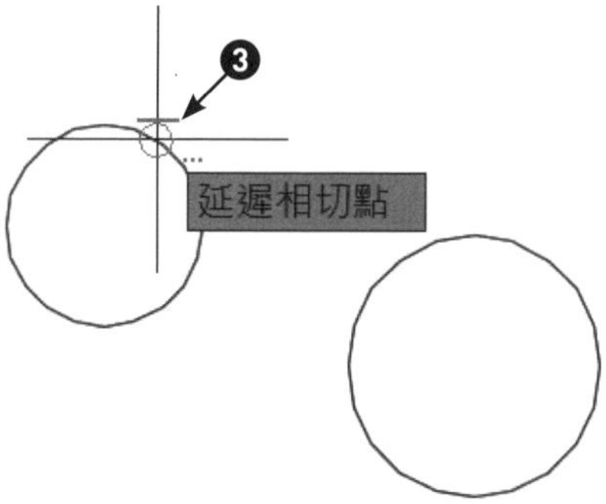

4. 按住 Shift 鍵 + 滑鼠右鍵。

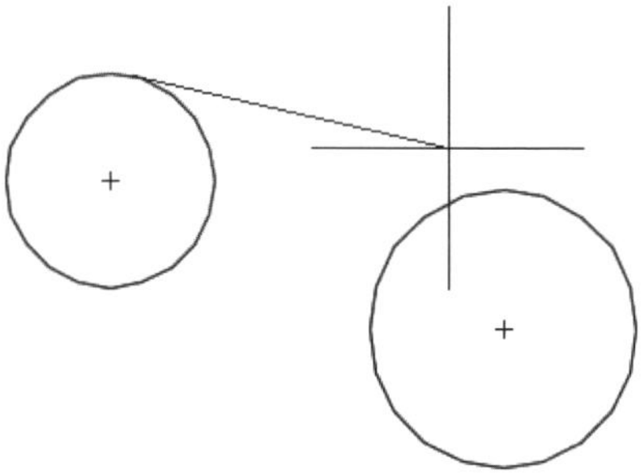

5. 選擇【切點】。

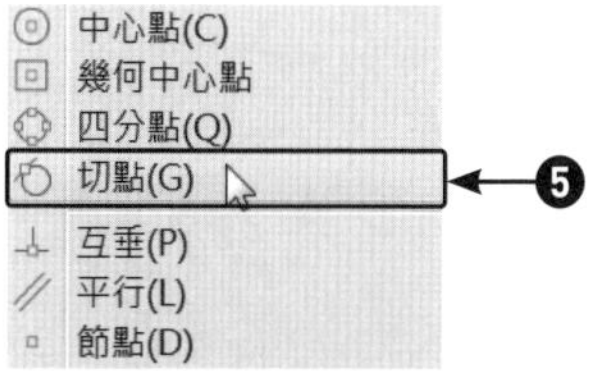

6 點擊右側圓的上方，會自動鎖點至相切位置。

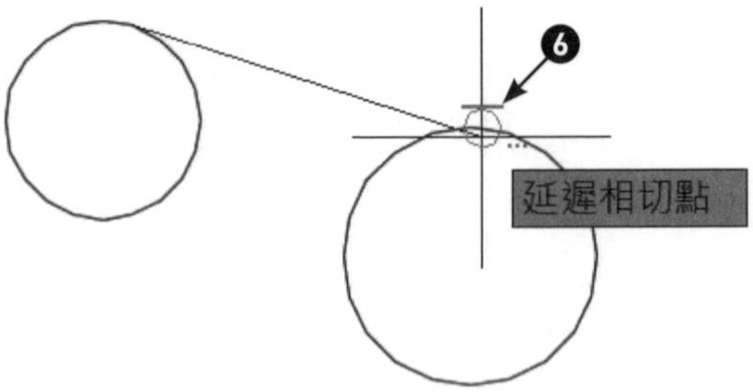

7 按下 Enter← 鍵來結束線段繪製，可自行練習下方相切線的繪製。

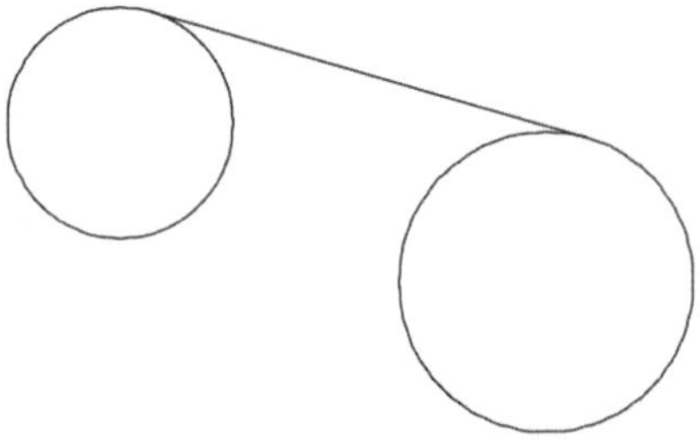

暫時型 - 最近點

準備工作

- 任意繪製兩條線。

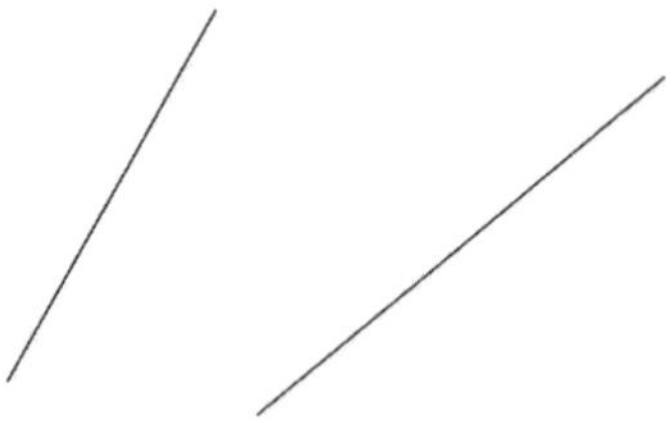

正式操作

1 點擊【常用】頁籤 →【繪製】面板 →【線】按鈕。

2 按住 ⇧Shift 鍵 + 滑鼠右鍵，選擇【最近點】。

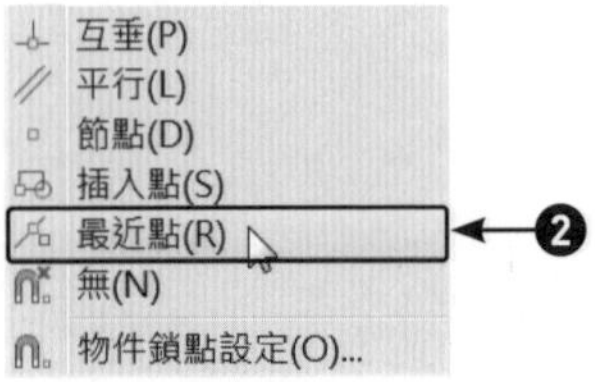

③ 點擊第一條線的任意位置，都可指定為最近點。

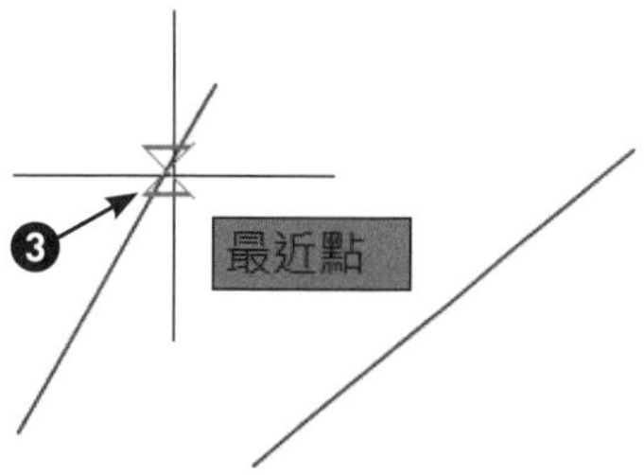

④ 按住 ⇧Shift 鍵 + 滑鼠右鍵。

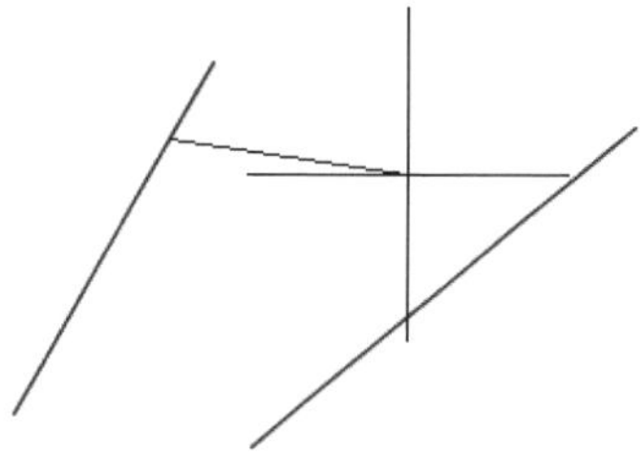

⑤ 選擇【最近點】。

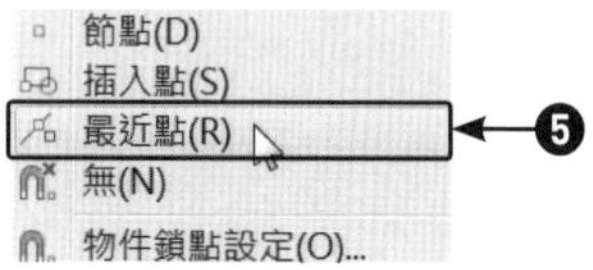

⑥ 選擇第二條線的任意位置，都可指定為最近點。

⑦ 按下 Enter↵ 鍵來結束線段繪製。

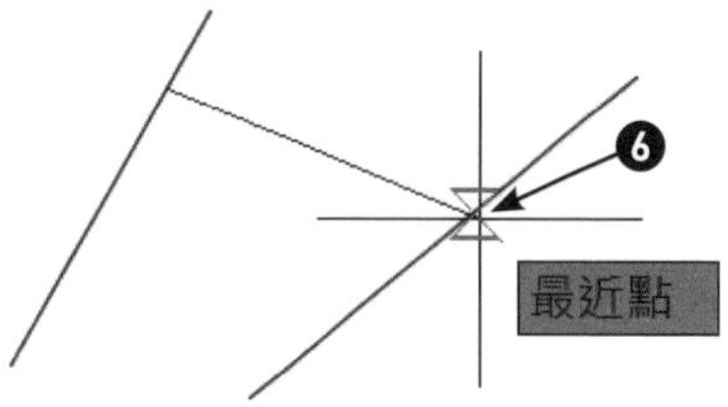

暫時型 - 平行

準備工作

- 延續上一小節的物件。

正式操作

1 點擊【常用】頁籤 →【繪製】面板 →【線】按鈕。

2 指定任一點為起點。

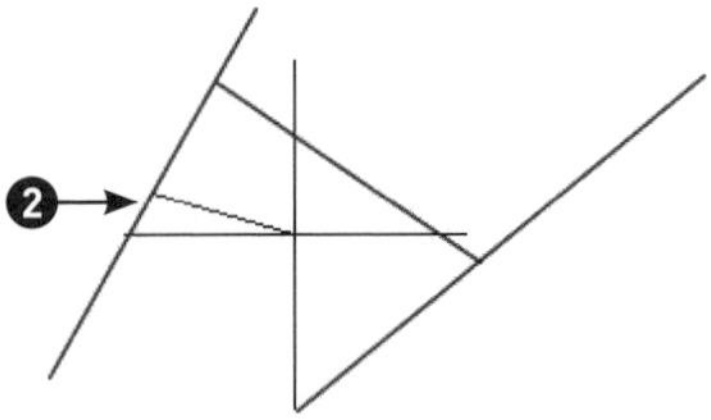

3 按住 ⇧Shift 鍵 + 滑鼠右鍵，選擇【平行】。

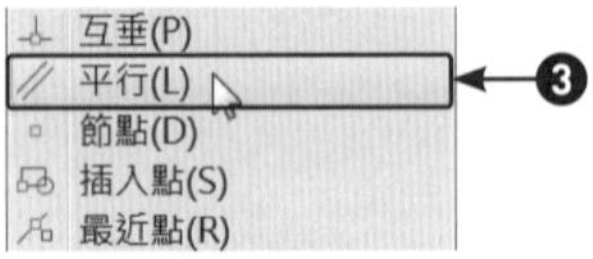

4 將滑鼠移動到要平行的目標做停留動作而非點擊。

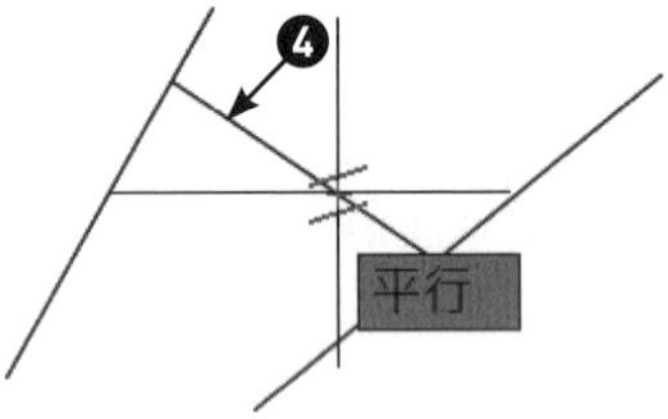

5 再將滑鼠向下移動，則會出現平行線虛線。

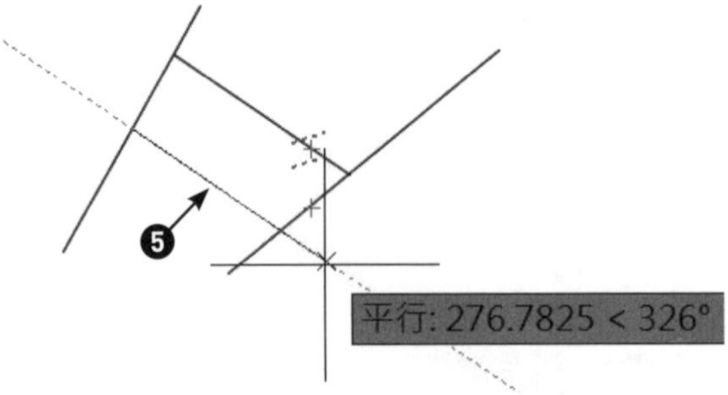

6 點擊滑鼠左鍵來決定線段的長度。

7 按下 Enter↵ 鍵來結束線段繪製。

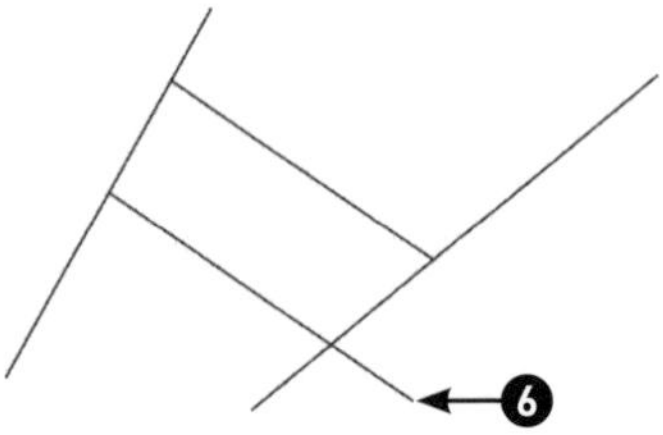

1-5 關於物件鎖點追蹤

將十字游標停留在物件鎖點上，滑行後產生追蹤虛線，追蹤的動作是將滑鼠做停留動作而非點擊。

指令	物件鎖點追蹤	快捷鍵	F11	圖示	
工具列按鈕	狀態列 → 物件鎖點追蹤 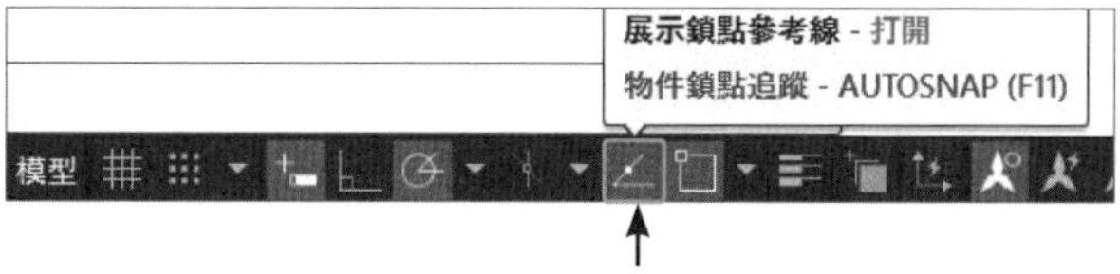 				

物件鎖點追蹤 - 由端點追蹤

準備工作

- 繪製任意如圖所示之垂直線段。
- 開啟【極座標追蹤】、【物件鎖點】、【物件鎖點追蹤】。

正式操作

1. 點擊【常用】頁籤 →【繪製】面板 →【線】按鈕。
2. 滑鼠點擊右邊線段下方的端點。

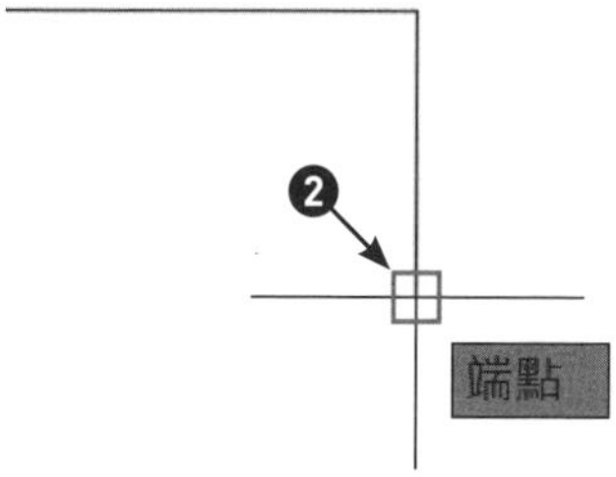

3 將滑鼠移動到上方線段左邊的端點，做停留動作而非點擊。

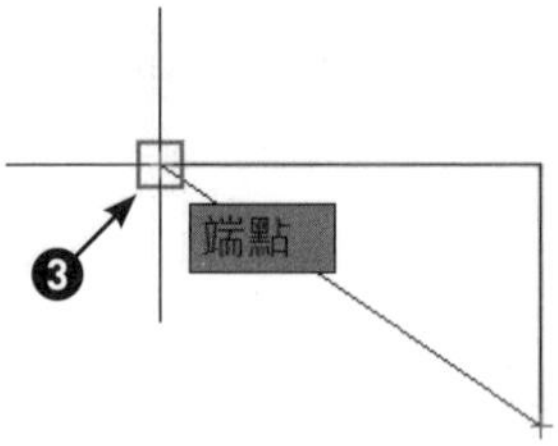

4 滑鼠向下移動，則會有物件鎖點追蹤虛線出現。

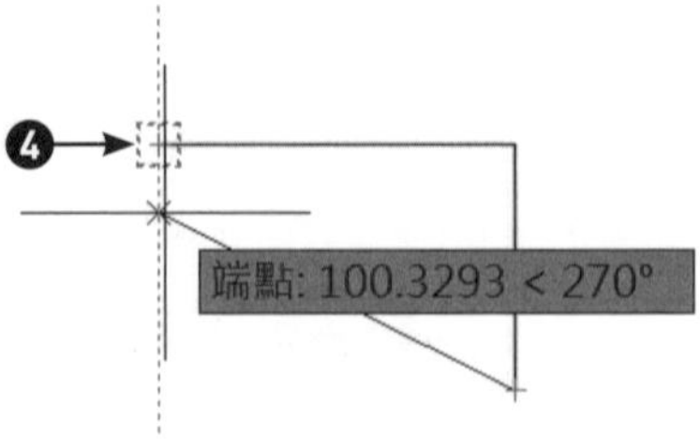

5 將滑鼠向下移動，則會與右下端點的極座標追蹤相交。

6 在交點上點擊滑鼠左鍵。

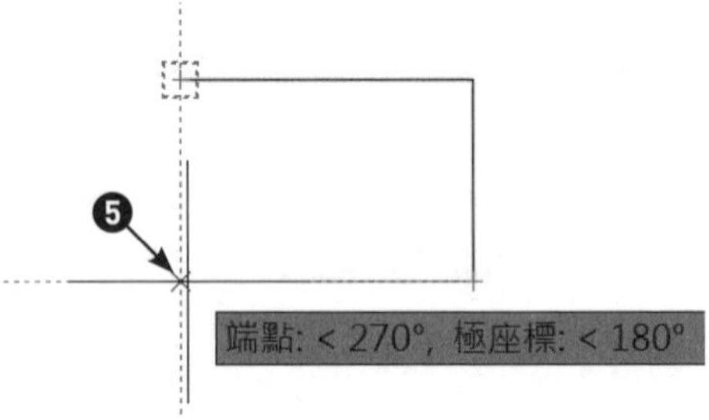

7 滑鼠向上移動至端點，並點擊滑鼠左鍵封閉矩形。

8 按下 Enter 鍵結束繪製。

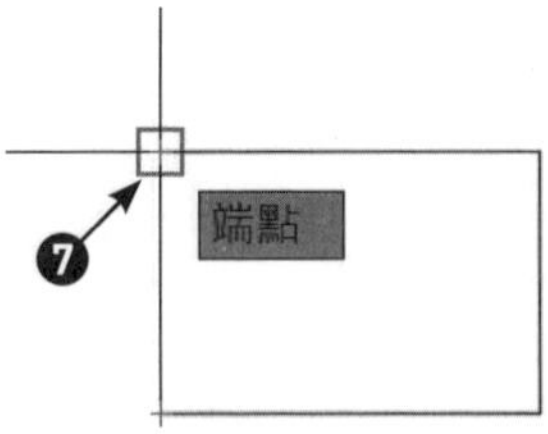

物件鎖點追蹤 - 由中點追蹤

準備工作

- 延續上一小節之物件。

正式操作

1. 點擊【常用】頁籤 →【繪製】面板 →【圓】按鈕。

2. 將滑鼠移動到矩形上方線條的中點位置，做停留動作而非點擊。

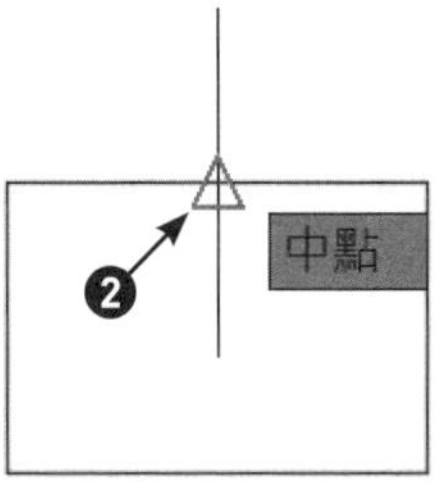

3. 滑鼠往下移動，出現物件鎖點追蹤虛線。

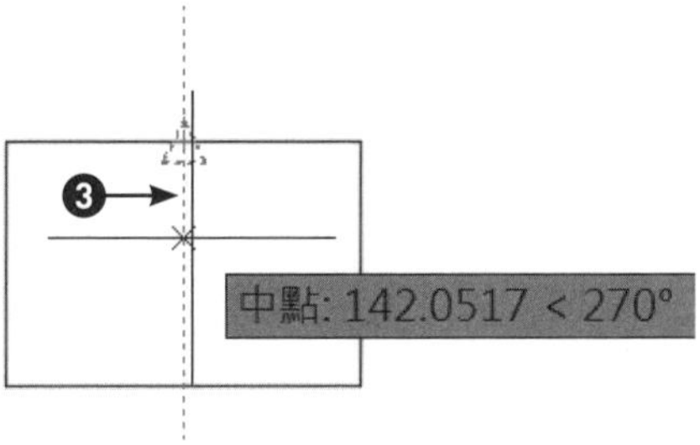

4. 將滑鼠移動到矩形左方線條的中點位置，做停留動作而非點擊。

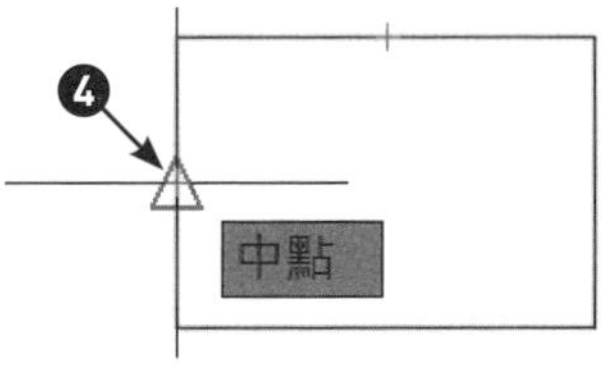

5. 滑鼠往右移動，出現追蹤虛線，滑鼠繼續往右移動，直到產生交點為止。

6. 在交點處，點擊滑鼠左鍵來指定圓的中心點。

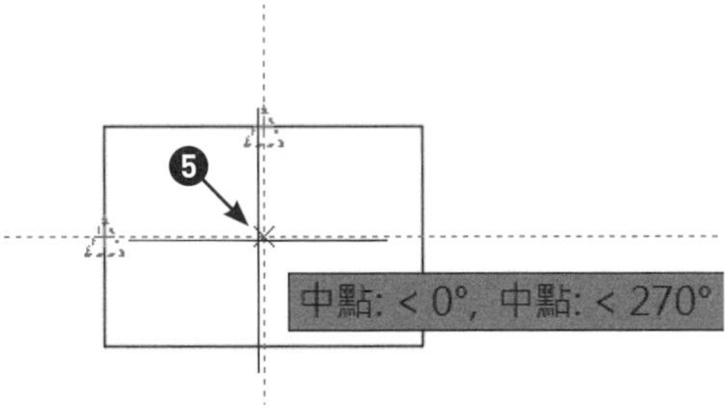

7. 將滑鼠向外移動。

8. 點擊滑鼠左鍵來繪製圓。

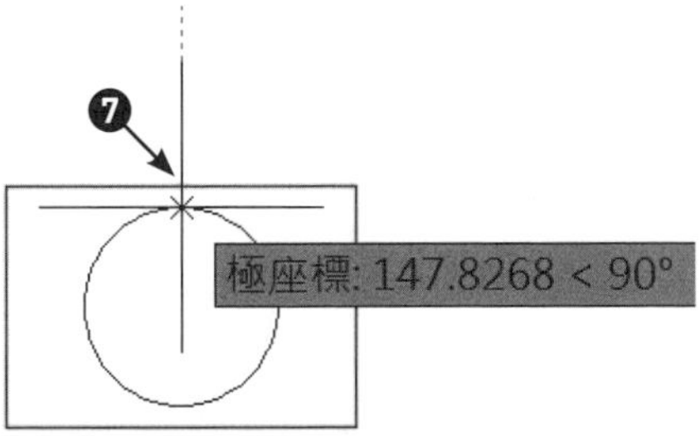

9 完成圖。

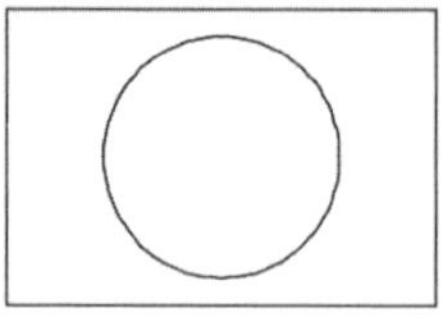

物件鎖點追蹤 - 距離追蹤

準備工作

- 繪製一個半徑 50 的圓（可參考 P2-6 頁指定半徑），或開啟範例檔〈1-5_ex1.dwg〉。

正式操作

1 點擊【常用】頁籤 →【繪製】面板 →【圓】按鈕。

2 將滑鼠移到圓的四分點，做停留動作而非點擊。

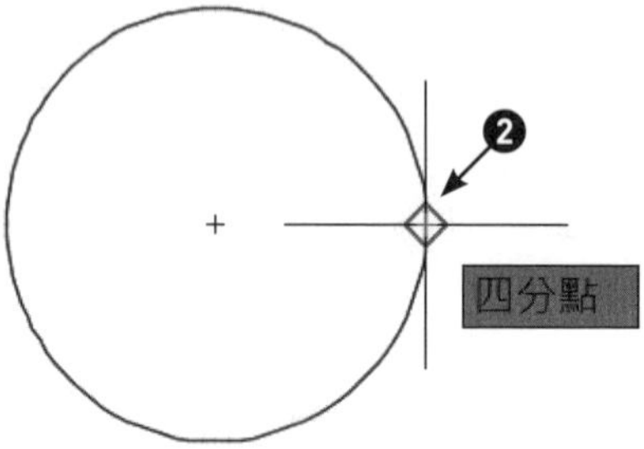

3 將滑鼠向右移動，則會出現一條物件鎖點追蹤虛線。

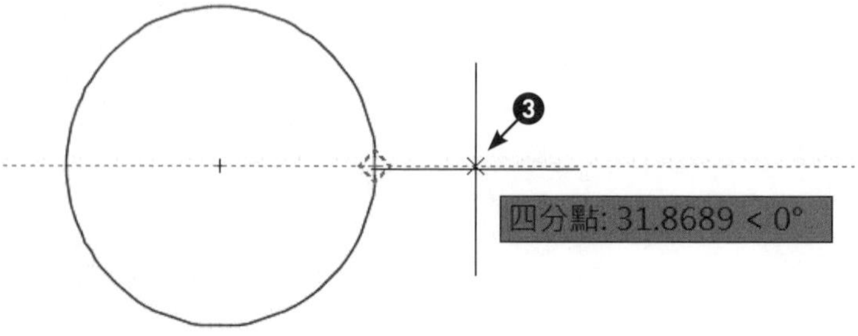

4 輸入「50」為距離的數值 (此動作設定圓的中心點與圓的四分點距離為 50)。

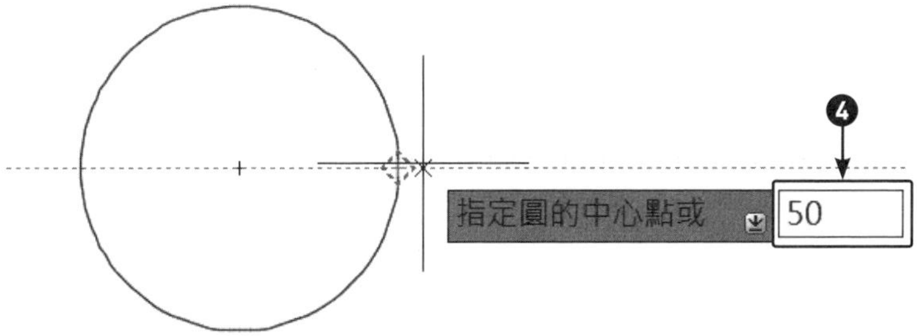

5 按下 Enter 鍵。

6 輸入「20」為半徑的數值。

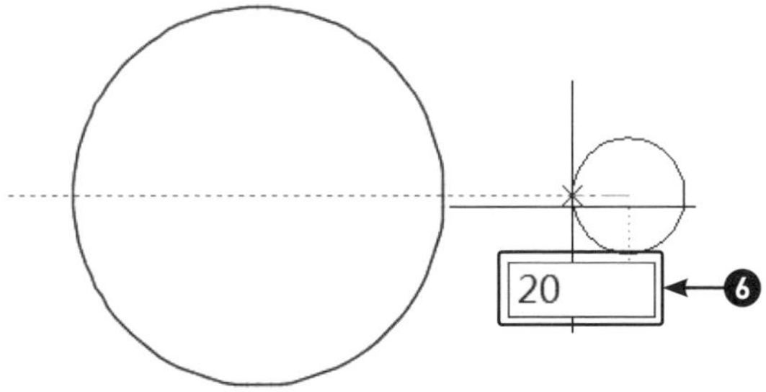

7 按下 Enter 鍵來結束圓繪製。

8 完成圖（尺寸標註可參考第四章）。

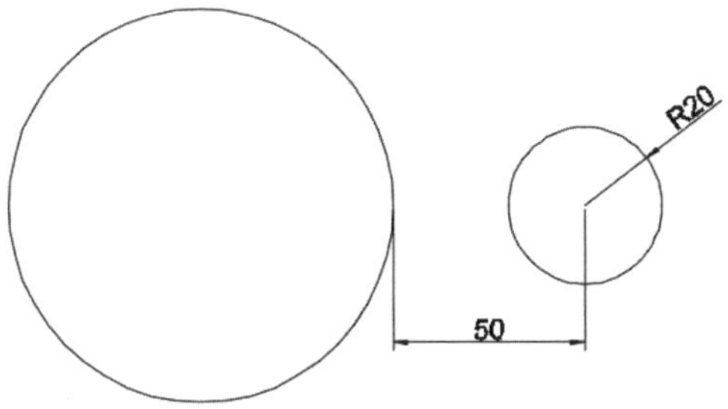

1-6 關於動態輸入

動態輸入可以說是繪製圖元時的抬頭顯示器，所有操作時的提示訊息，會顯示在繪圖區域中，可以讓使用者在繪圖時不需往下看指令區的內容，就能輸入操作。如果動態輸入按鈕未出現，請在右側三條槓的自訂圖示中開啟。

指令	動態輸入	快捷鍵	F12	圖示	
工具列按鈕	狀態列 → 動態輸入  自訂狀態列				

動態輸入的運用

準備工作

- 開啟【 動態輸入】。

正式操作

1 點擊【常用】頁籤 →【繪製】面板 →【線】按鈕。

2 指定任一點為線的起點。

3 將滑鼠向右下移動。

4 輸入「100」為距離的數值。

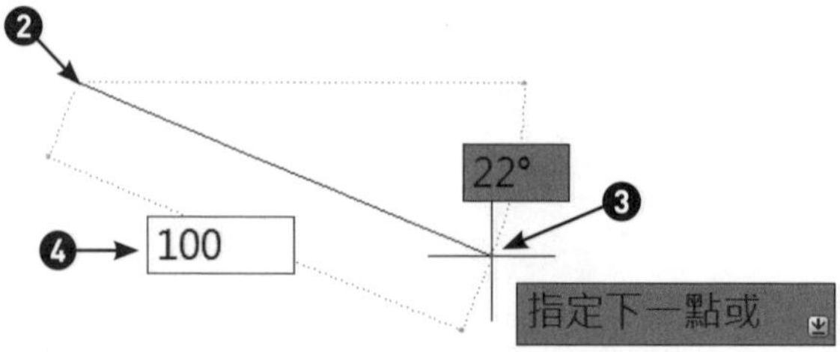

5 按下 Tab 鍵，角度的數值會呈現反白狀態，此時可指定角度的數值。

6 輸入「45」為角度數值，按下 Enter 鍵來結束線的繪製。

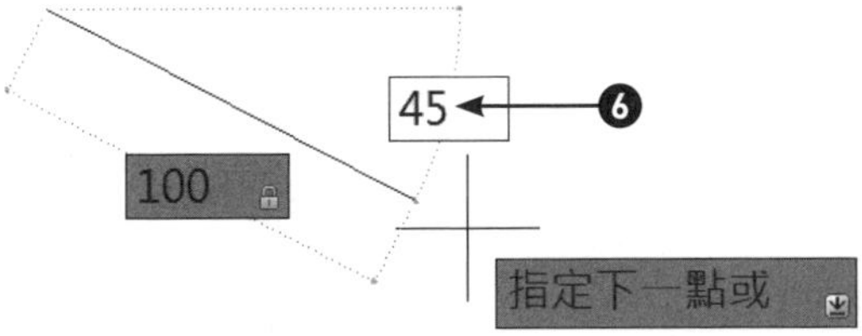

7 完成圖，線段具有 45 度的夾角。輸入角度時，根據滑鼠的位置，線段會有不同方向的角度。

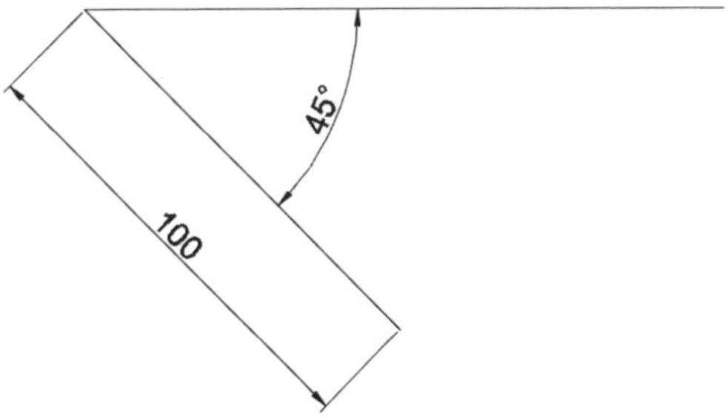

1-7 座標系統

選項	公式	解說
相對極座標	@ 距離 < 角度	距離為線的長度，角度為與 X 軸正向的夾角，角度的計算原則是逆時針為正，順時針為負。
相對直角坐標	@X 距離，Y 距離	輸入 X 與 Y 軸的距離數值。

X、Y 軸正方向如右圖。

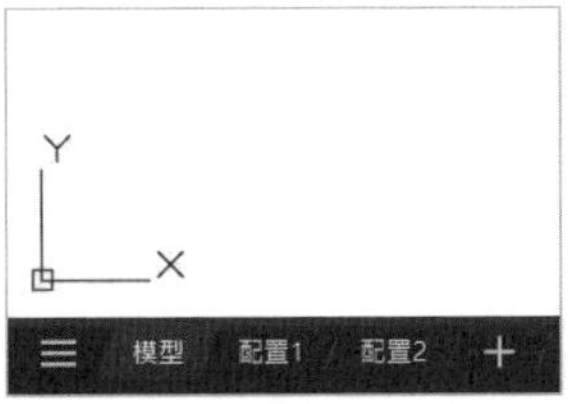

相對極座標 - 繪製距離 100、角度 50 的線

1 點擊【常用】頁籤 →【繪製】面板 →【線】按鈕。

2 指定任一點為線的起點。

3 輸入「@100<45」來指定相對極座標公式。

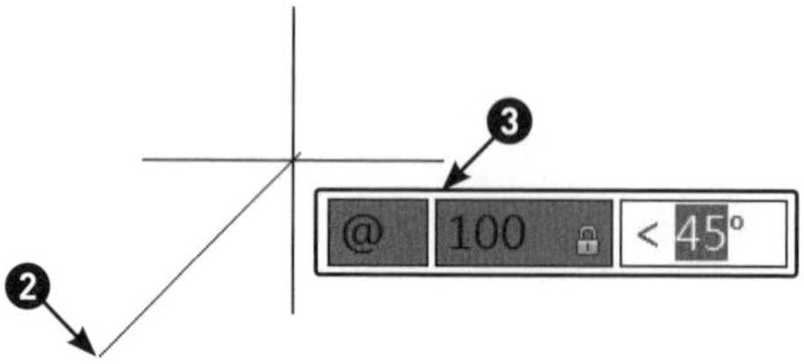

4 按下 Enter 鍵來結束線繪製。

5 完成圖，右圖中標註的顯示是參考用，您可以學會標註後再來進行。

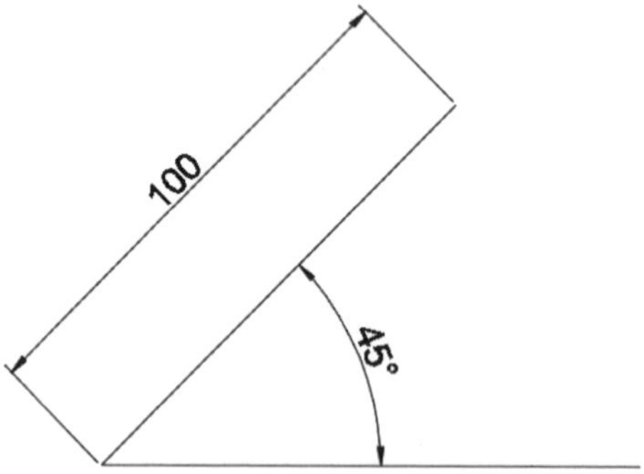

NOTE 相對極座標是逆時針為正向、順時針為負向。

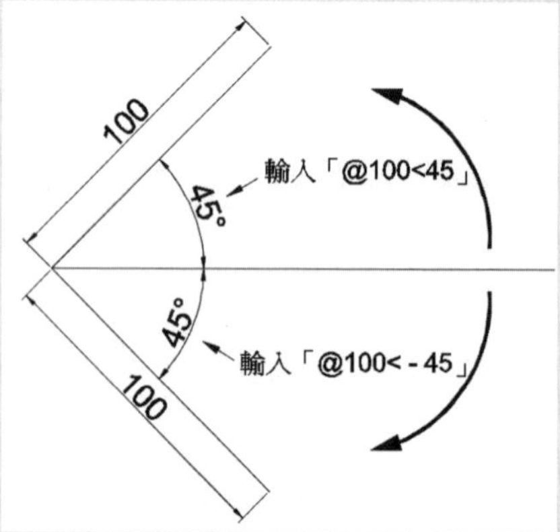

相對直角座標 - 繪製斜線

1 點擊【常用】頁籤 →【繪製】面板 →【線】按鈕。

2 指定任一點為線的起點。

3 輸入「@100,50」來指定相對直角座標公式。

4 按下 Enter 鍵來結束線繪製。

5 完成圖。

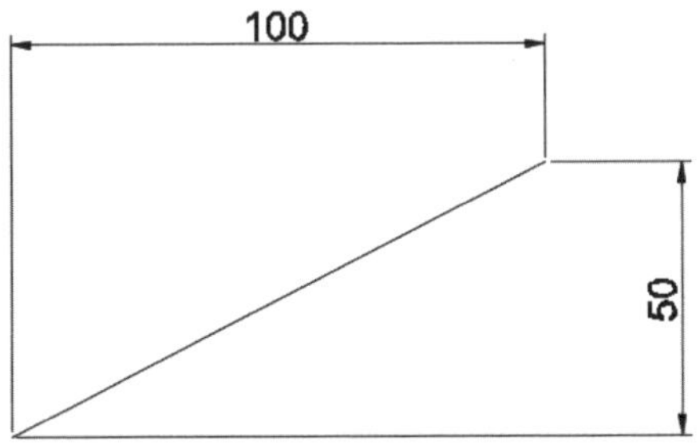

相對直角座標 - 繪製指定長度與寬度的矩形

1 點擊【常用】頁籤 →【繪製】面板 →【矩形】按鈕。

2 點擊滑鼠左鍵，指定任一點為矩形的起點。

3 輸入「@100,50」來指定相對直角座標公式。

4 按下 Enter 鍵來結束矩形繪製。

5 完成圖。

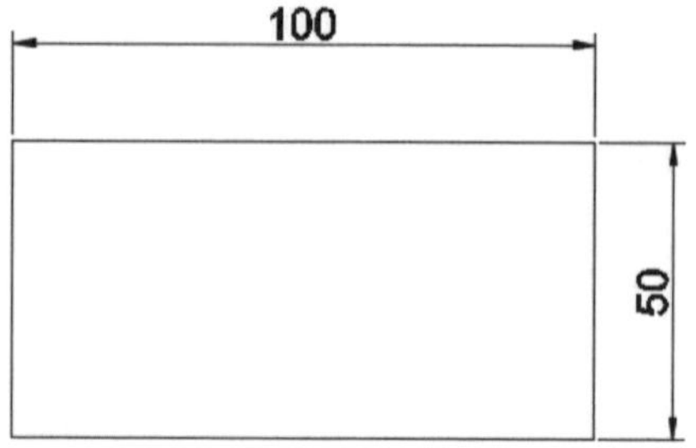

6 若矩形尺寸輸入負的數值，則會往 X、Y 的反向繪製矩形，如下圖，可練習從十字線交點往四個方向繪製矩形。

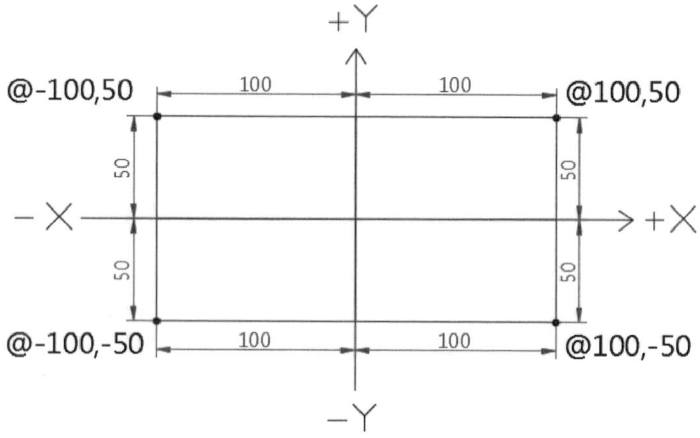

1-8 浮動視窗、檔案頁籤、配置頁籤

浮動視窗（2022 版）

1 在檔案名稱上，按住滑鼠左鍵往下拖曳。

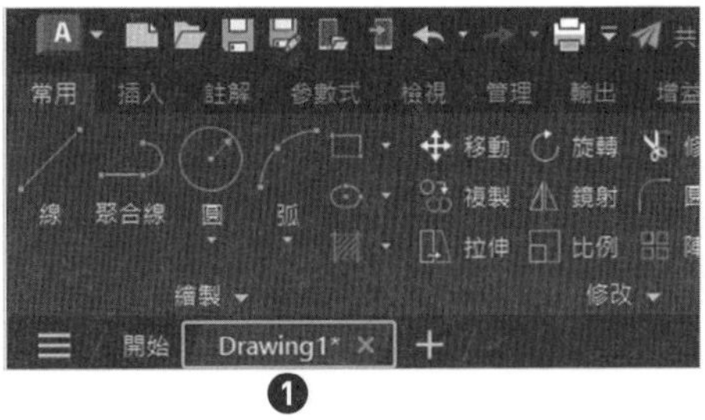

2 可以將檔案視窗與 AutoCAD 分離。

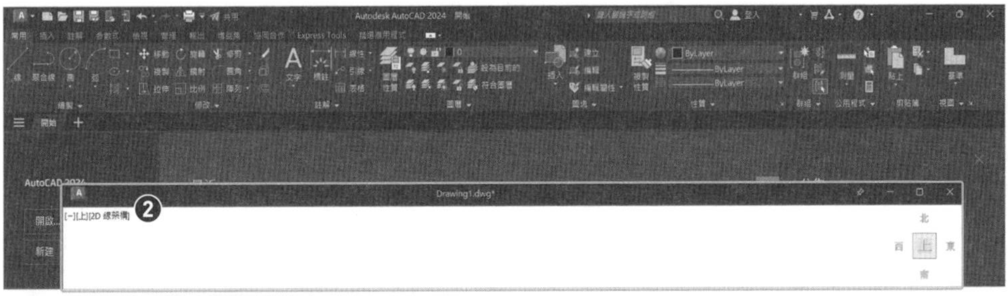

3 可以拖曳視窗邊界來縮小視窗，可同時編輯多個檔案，也可以按下檔案視窗右上角的最大化按鈕。

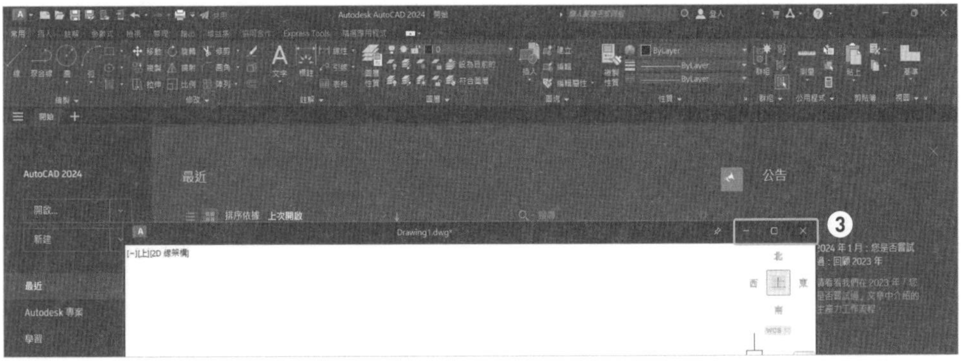

4 可以放大到充滿整個螢幕，增加許多使用空間。點擊右上角的還原視窗按鈕可以恢復。

5 拖曳檔案視窗上方的標題列回到原本位置。

6 或是在檔案名稱上，按滑鼠右鍵→【移至檔案頁籤】。

若沒有檔案頁籤，可以使用「OP」指令，開啟選項視窗，在【顯示】頁籤，勾選【顯示檔案頁籤】。

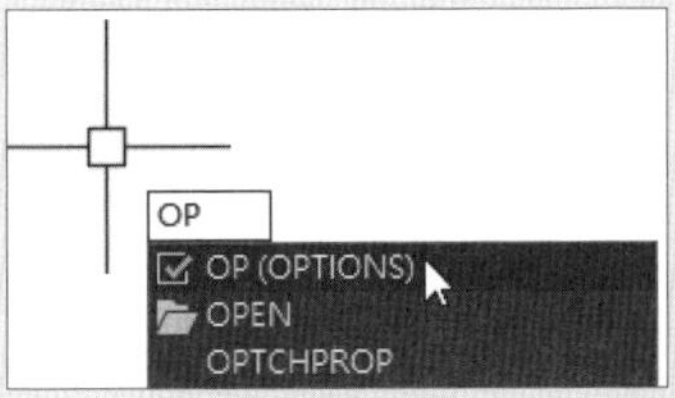

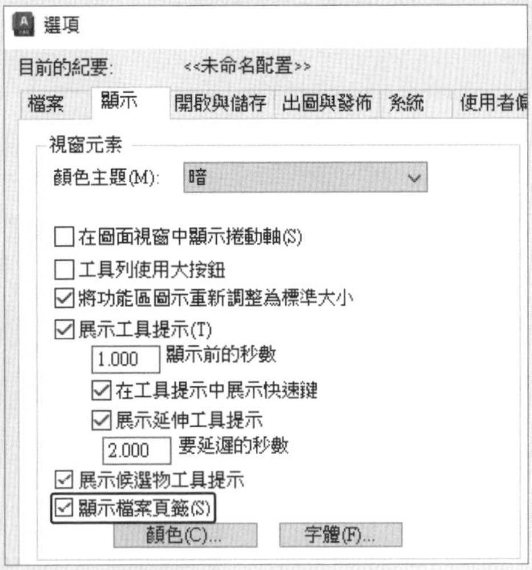

檔案頁籤（2024 版）

1. 從 2024 版本開始，檔案頁籤左側新增了一個按鈕。當您同時開啟很多檔案時，點擊右上角【☰】，可以比較容易找到需要的檔案。

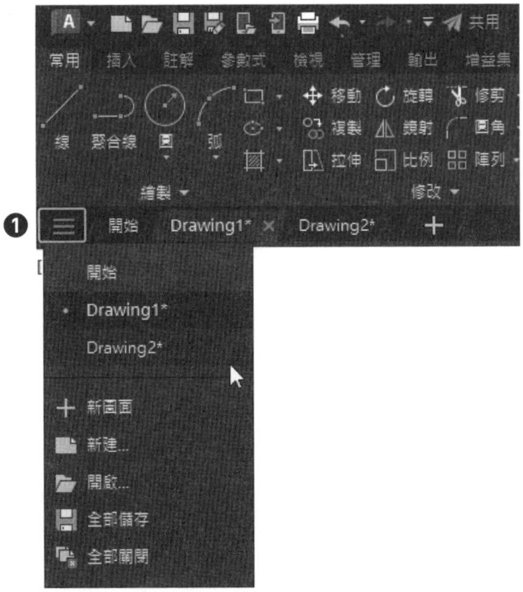

配置頁籤（2024 版）

1 配置頁籤也同樣增加了一個按鈕，點擊【 ☰ 】→【選取所有配置】，可以快速選到全部的配置圖，列印圖面更快速。

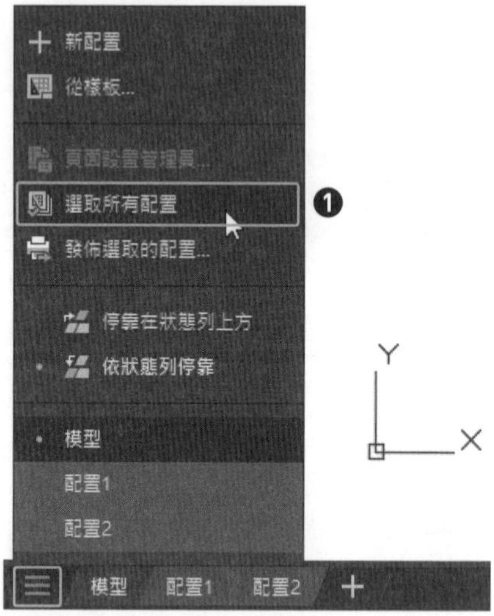

2 也可以選擇【停靠在狀態列上方】，使配置頁籤空間更大。選擇【依狀態列停靠】可以恢復原狀。

CHAPTER

2 繪製基本圖面

再複雜的室設圖面的主要構成也是線段，因此繪製指令是 AutoCAD 中最重要的章節。此章節的目標為學習如何由線、圓、弧等指令來設計圖形與造型，且每小節最後皆有延伸習題，用來熟悉與複習指令。掌握此章節，你的設計之路已經邁進一大步。

2-1 LINE - 線

2-2 CIRCLE - 圓

2-3 XLINE - 建構線

2-4 PLINE - 聚合線

2-5 ARC - 弧

2-6 ELLIPSE - 橢圓

2-7 RECTANG - 矩形

2-8 POLYGON - 多邊形

2-9 SPLINE - 雲形線

2-10 DIVIDE - 等分

2-11 MEASURE - 等距

2-12 BOUNDARY - 邊界

2-13 MLINE - 複線

2-14 TRACKING - 暫時追蹤點

2-15 HATCH - 填充線

2-1 LINE - 線

直線是常用指令，指定起點與終點即可繪製一條線段，也可繪製成其他封閉的幾何物件。

指令	LINE	快捷鍵	L	圖示	
工具列按鈕	常用頁籤 → 繪製面板 → 線 				

右鍵選單說明

先點選【線】指令，左鍵決定線起點後，可輸入快速鍵中的字母，或是在畫面空白處點擊滑鼠右鍵，選擇所需指令。

選項	快速鍵	解說
退回	U	取消上一次的操作。
封閉	C	當繪製兩條以上的線段後，會出現該選項，將線段接回起點，形成一個封閉的區域。

指定線段長度

1. 點擊【常用】頁籤 →【繪製】面板 →【線】按鈕。
2. 指定任一點為線的起點。
3. 滑鼠往上移動，出現綠色的極座標追蹤線。
4. 輸入「50」為距離的數值。
5. 按下 Enter← 鍵來決定數值。

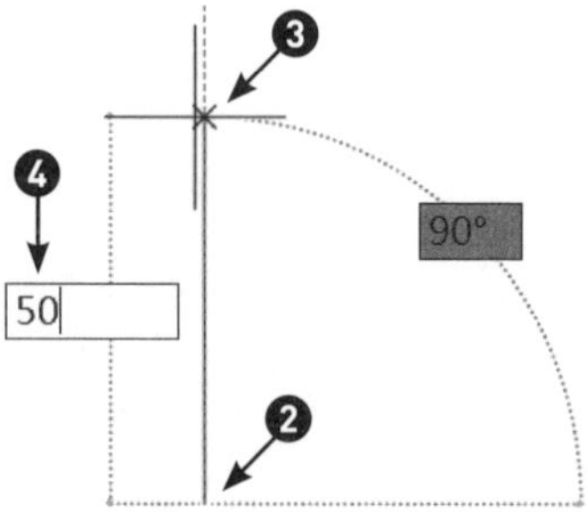

封閉線段

1 點擊【常用】頁籤 →【繪製】面板 →【線】按鈕。

2 選擇任意位置為起點。

3 滑鼠往右移動，出現綠色的極座標追蹤線。

4 輸入「100」為距離的數值，並按下 Enter 鍵。

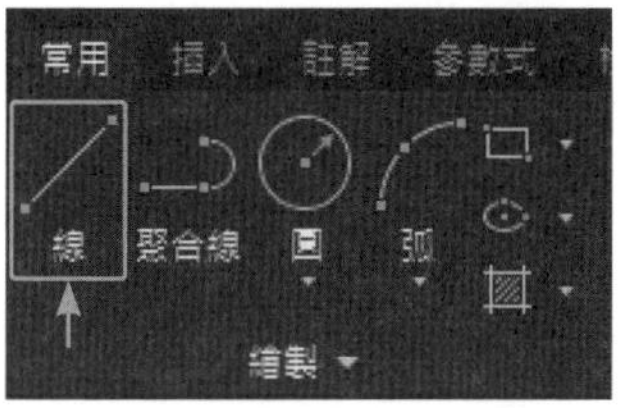

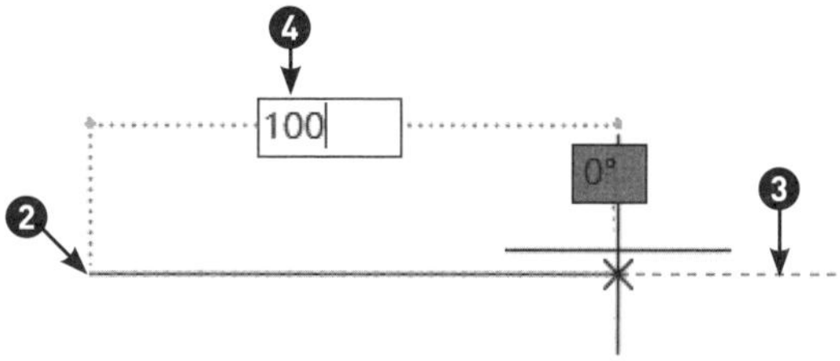

5 輸入「@80<45」，並按下 Enter 鍵來繪製距離 80、角度 45 的線段。

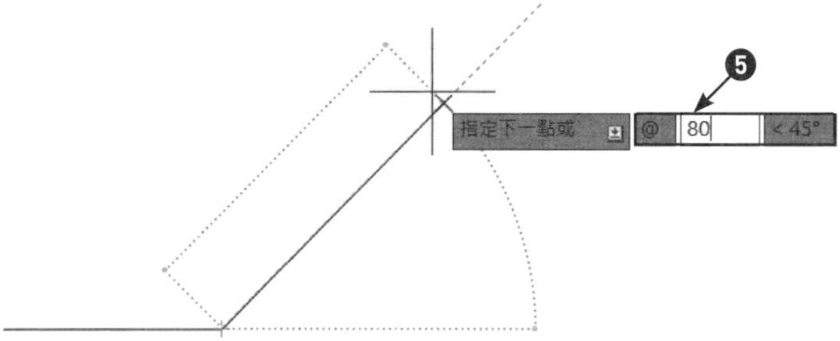

6 滑鼠往左移動，輸入「100」，按下 Enter 鍵來輸入數值。

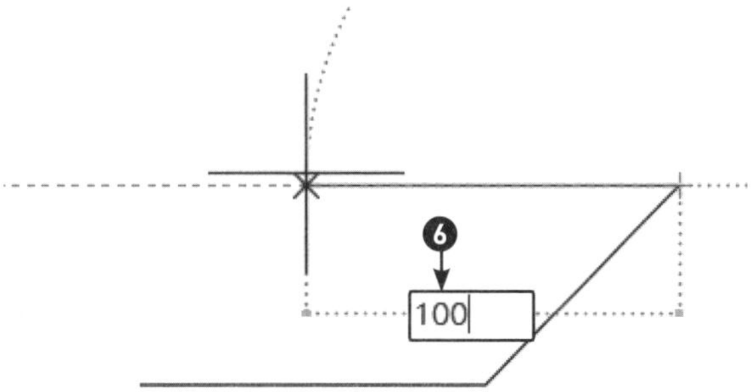

(7) 點擊右鍵，選擇【封閉】(或按下 C 鍵 + Enter↵ 鍵)，來完成此線段繪製。

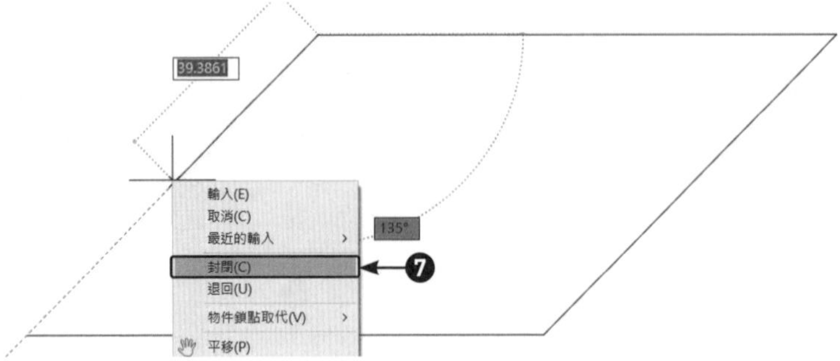

NOTE

除了按右鍵，選擇【封閉】，也可以直接按下括號內英文字母「C」，再按下空白鍵或 Enter↵ 。

延伸練習

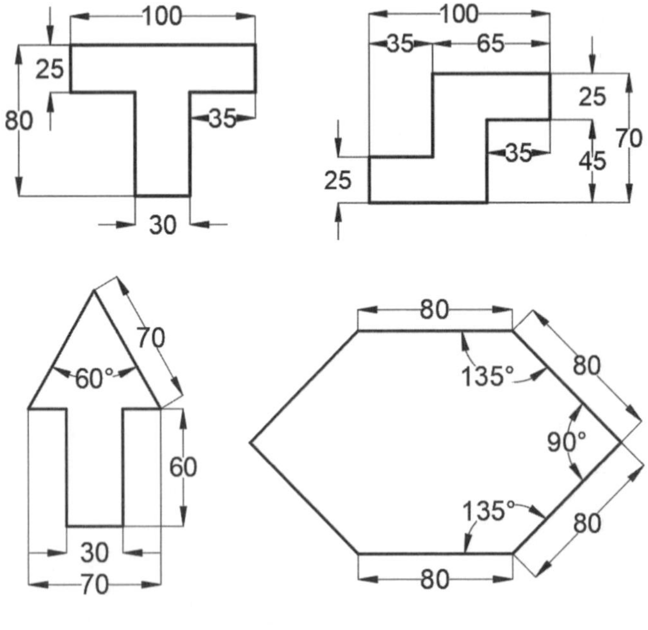

※ 延伸練習的解答請參考影音教學。

2-2 CIRCLE - 圓

圓是常用指令，AutoCAD 提供了許多不同的繪製方法，可由造型來選擇最適合的方式繪製。

指令	CIRCLE	快捷鍵	C	圖示	
工具列按鈕	常用頁籤 → 繪製面板 → 圓 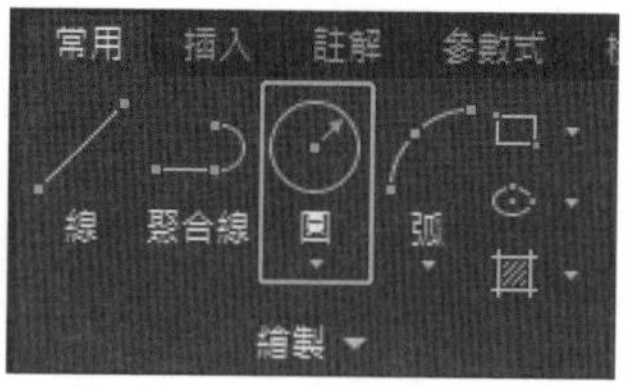 				

下拉式選單內容

可經由圓按鈕下方的黑色下拉箭頭，展開選單執行。

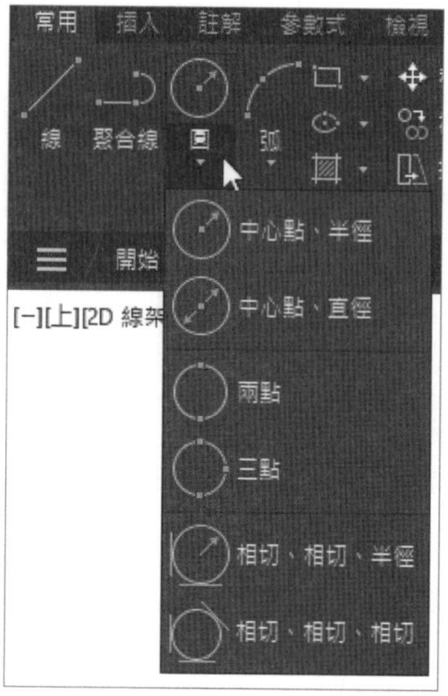

圓的各種繪製模式

也可以執行「中心點、半徑」指令後，輸入快速鍵中的字母，或是在畫面空白處點擊滑鼠右鍵，選擇所需指令。

選項	快速鍵	解說
中心點、半徑	預設	畫面中點擊一下作為圓的中心點，再給定半徑值。
中心點、直徑	D	畫面中點擊一下作為圓的中心點後，下方指令列會出現該選項，右鍵點選或輸入快速鍵後，再給定直徑值。
兩點	2P	選取二個點即可建立二點圓。
三點	3P	選取三個點即可建立三點圓，但此三點不可共同一線。
相切、相切、半徑	T	相切於二個物件，且已知圓的半徑。

指定半徑

1. 點擊【常用】頁籤 →【繪製】面板 →【圓】按鈕中的下拉式選單 →【中心點、半徑】按鈕。
2. 在畫面中指定圓中心點的位置。
3. 輸入「50」為半徑的數值。

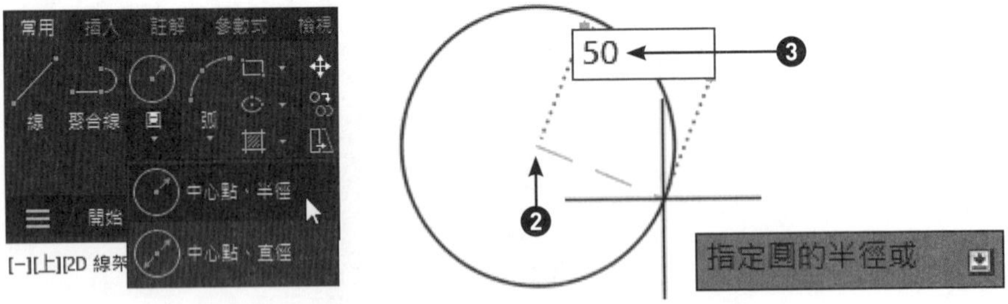

4. 按下 Enter 鍵來輸入數值，完成半徑圓繪製。

指定直徑

1. 點擊【常用】頁籤 →【繪製】面板 →【圓】按鈕中的下拉式選單 →【中心點、直徑】按鈕。
2. 在畫面中指定圓中心點的位置。
3. 輸入「80」為直徑的數值。

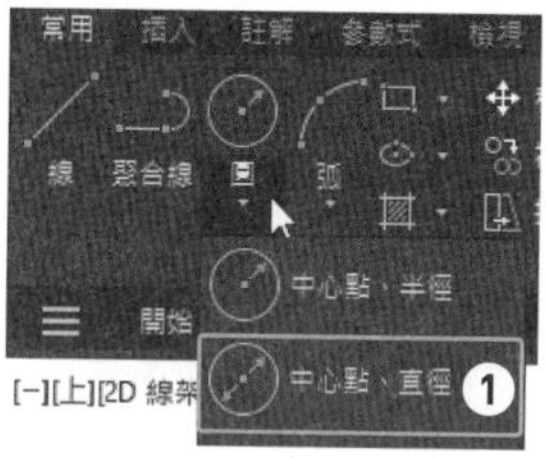

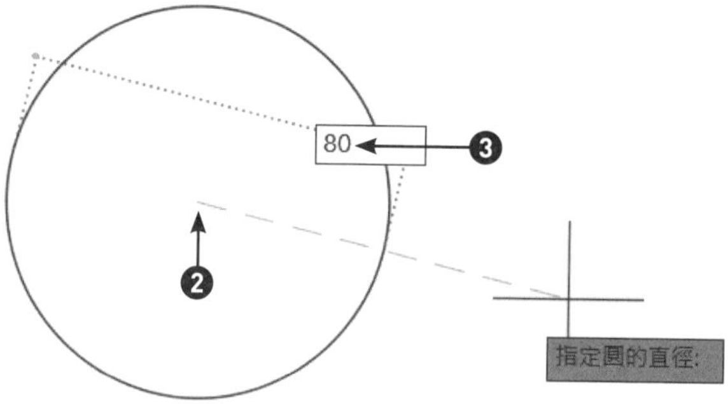

4. 按下 Enter← 鍵來輸入數值，完成直徑圓繪製。

三點圓

1. 點擊【常用】頁籤 →【繪製】面板 →【圓】按鈕中的下拉式選單 →【三點】按鈕。
2. 在畫面中點擊左鍵第一下，指定圓的第一點。
3. 在畫面中點擊左鍵第二下，指定圓的第二點。
4. 在畫面中點擊左鍵第三下，指定圓的第三點，此時已完成三點圓繪製。

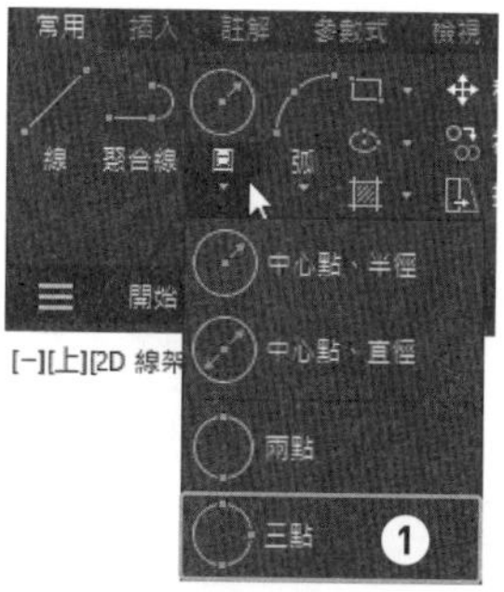

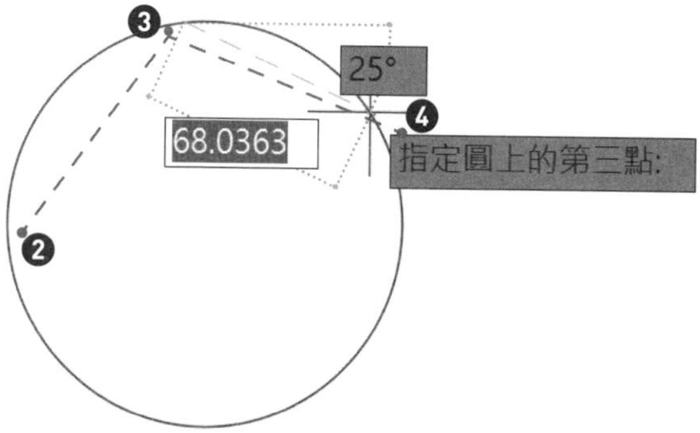

兩點圓

1 點擊【常用】頁籤 →【繪製】面板 →【圓】按鈕中的下拉式選單 →【兩點】按鈕。

2 在畫面中點擊左鍵第一下，指定圓的第一點。

3 在畫面中點擊左鍵第二下，指定圓的第二點，此時已完成兩點圓繪製。兩點距離為圓的直徑。

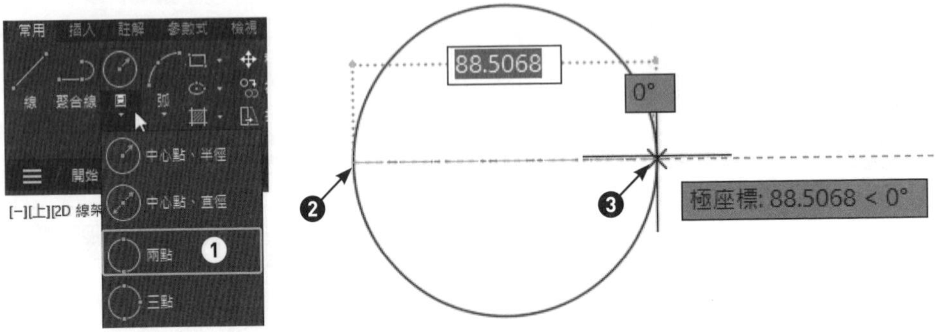

相切、相切、半徑

準備工作

- 先畫出直徑為 60 的圓。
- 再畫出另一直徑為 60 的圓，圓心相距 100，可以利用追蹤的畫法定出另一圓的中心點位置，或開啟範例檔〈2-2_ex1.dwg〉。

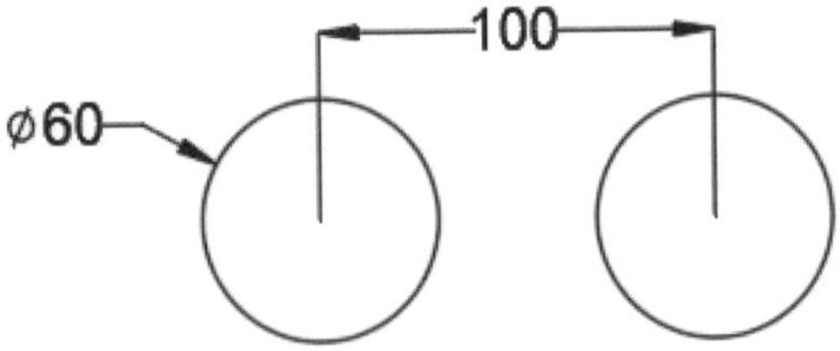

正式繪製

1 點擊【常用】頁籤 →【繪製】面板 →【圓】按鈕中的下拉式選單 →【相切、相切、半徑】按鈕。

2 點擊第一個圓做為相切目標。

3 點擊第二個圓做為另一相切目標。

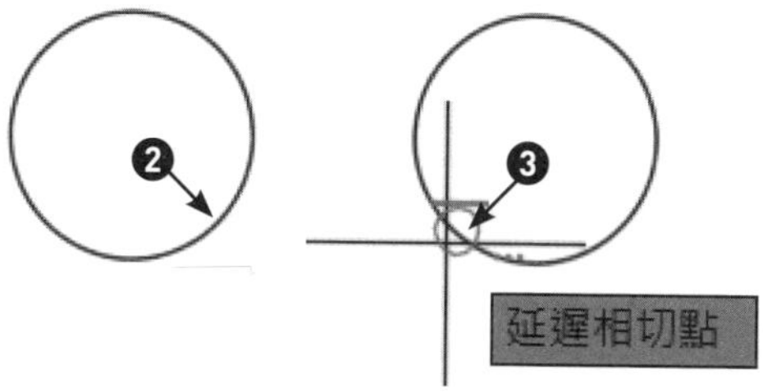

需注意步驟 1、2 點選線段時，要點擊靠近切點的位置，不要靠近外側圓弧，否則結果會不同。

4 輸入「30」為半徑的數值，再按下 Enter 鍵。

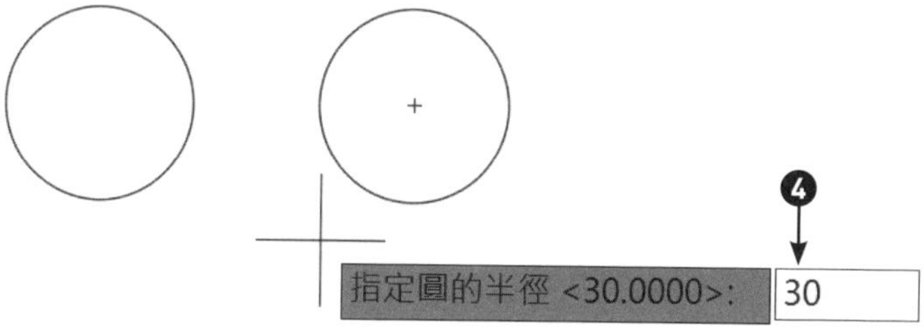

5 完成圖。

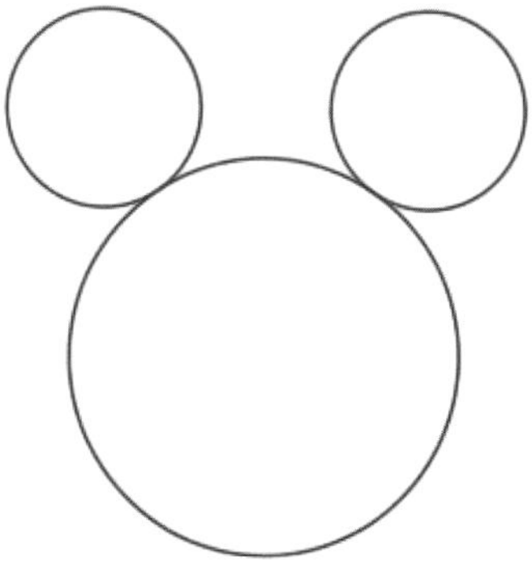

相切、相切、相切

準備工作

- 任意繪製三角形線段（參考 2-1 線的範例）。

正式繪製

1. 點擊【常用】頁籤 →【繪製】面板 →【圓】按鈕中的下拉式選單 →【相切、相切、相切】按鈕。
2. 點擊第一條線段當成相切目標。
3. 點擊第二條線段當成第二相切目標。
4. 點擊第三條線段當成第三相切目標。

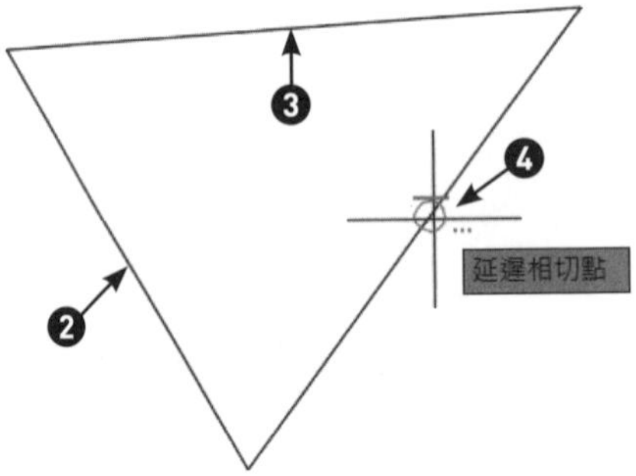

5. 完成圖。

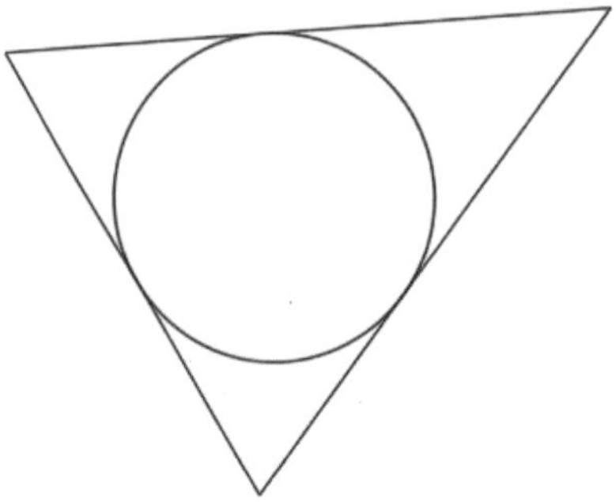

延伸練習

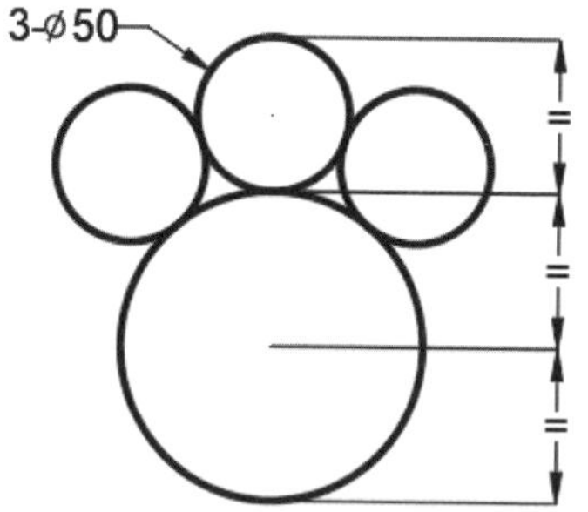

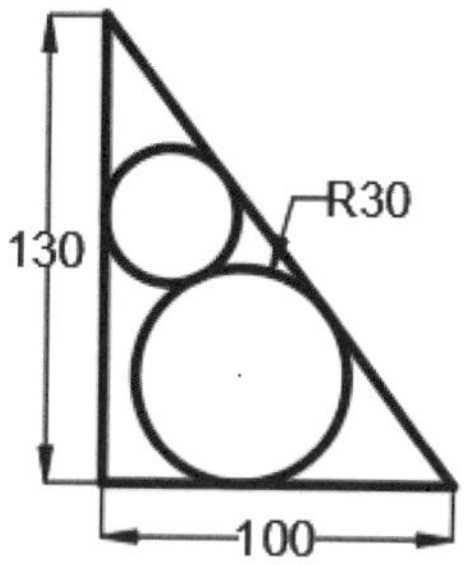

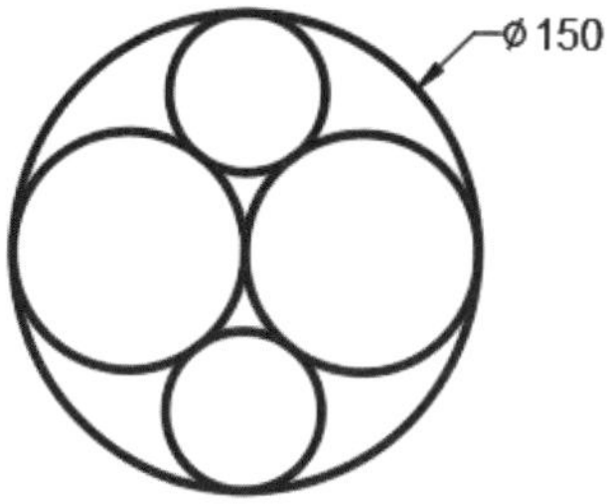

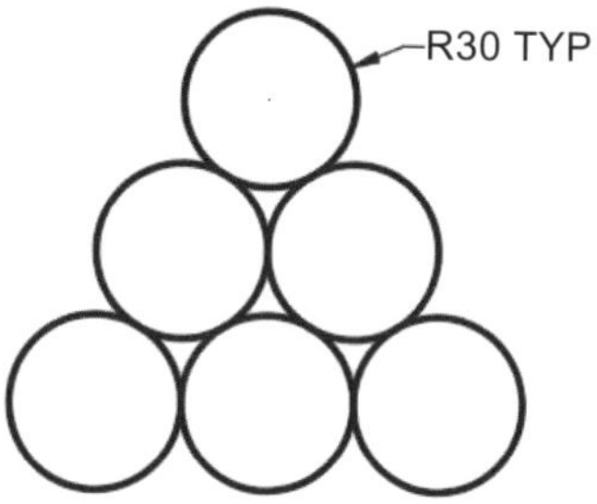

※ 延伸練習的解答請參考影音教學。

常用標註補充說明：

標註	意義
3- ϕ 50	3 個直徑 50 的圓
6-R30	6 個半徑 30 的圓
R30 TYP.	相同結構尺寸皆為半徑 30

2-3 XLINE - 建構線

建構線是往兩個方向無限延伸的直線。

指令	XLINE	快捷鍵	XL	圖示	
工具列按鈕	常用頁籤 ➜ 繪製面板的下拉式功能表 ➜ 建構線 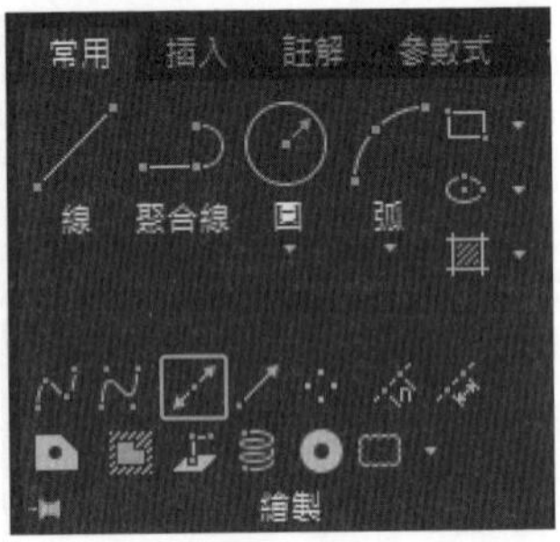				

◆右鍵選單內容

先點選【建構線】指令後，點擊右鍵即可展開選單執行。

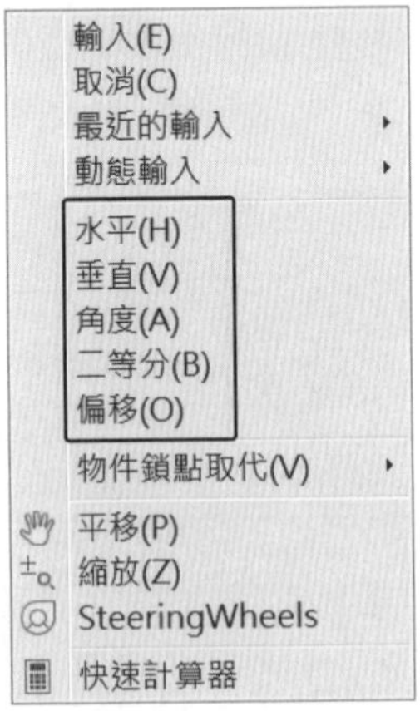

右鍵選單說明

可輸入快速鍵中的字母，或是在畫面空白處點擊滑鼠右鍵，選擇所需指令。

選項	快速鍵	解說
水平	H	建立一條通過指定點的水平建構線。
垂直	V	建立一條通過指定點的垂直建構線。
角度	A	建立一條通過指定點，並與水平線形成角度的建構線。
二等分	B	建立一條通過兩交點並且等分其夾角的建構線。
偏移	O	建立一條平行於選取物件的建構線。

兩點建構線

正式繪製

1. 點擊【常用】頁籤 →【繪製】面板中的下拉式功能表 →【建構線】按鈕。
2. 指定任一點為建構線的第一點。
3. 選擇所需的方位指定建構線的第二點，完成兩點建構線，按下 Enter← 鍵結束指令。

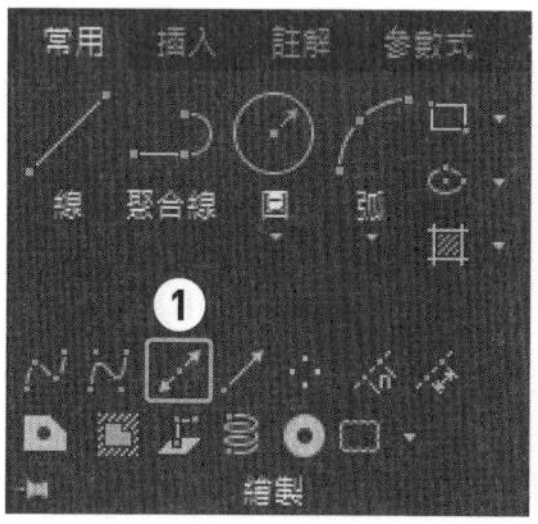

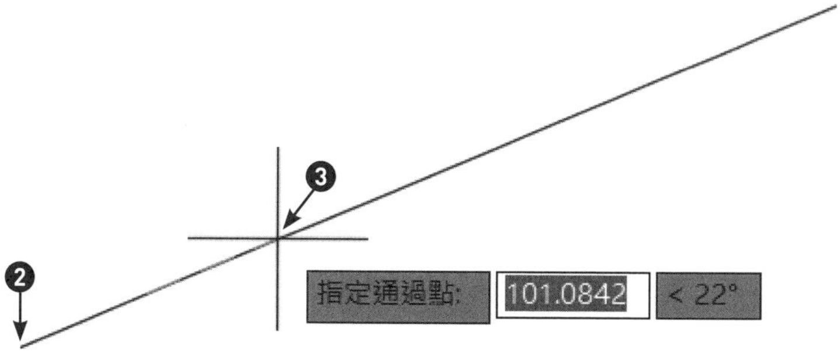

水平建構線

1 點擊【常用】頁籤 →【繪製】面板中的下拉式功能表 →【建構線】按鈕。

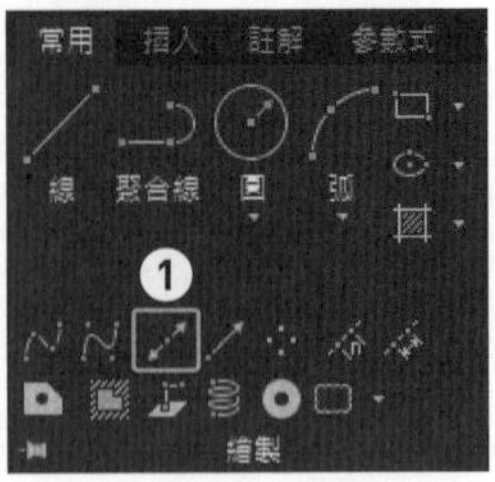

2 點擊右鍵選擇【水平】。

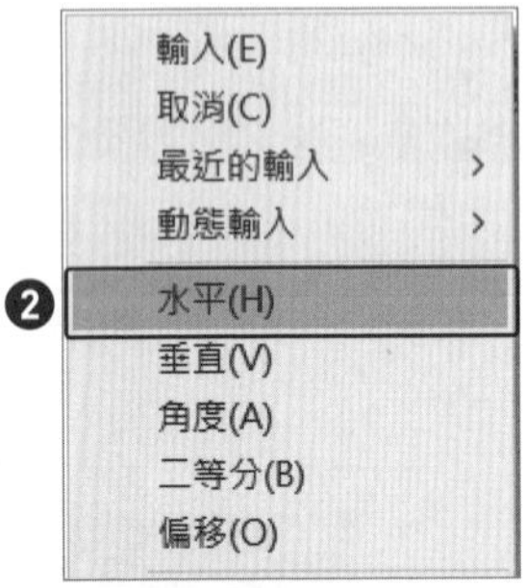

3 點擊左鍵任意繪製水平建構線，按下 Enter ← 鍵結束。

垂直建構線

1 點擊【常用】頁籤 →【繪製】面板中的下拉式功能表 →【建構線】按鈕。

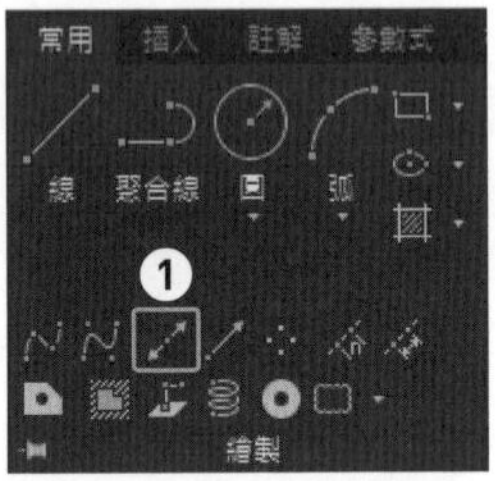

2 點擊右鍵選擇【垂直】。

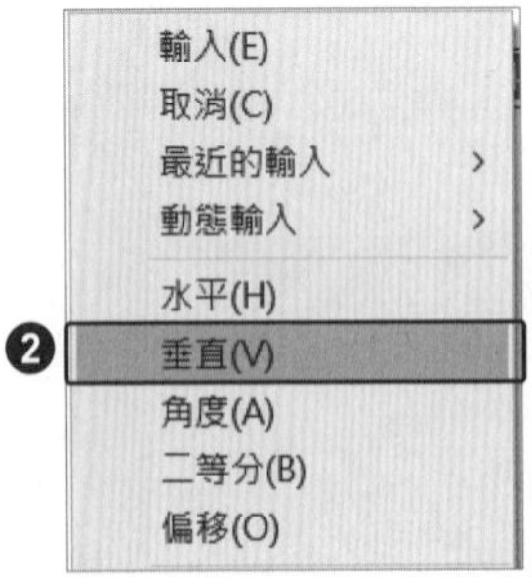

3 任意繪製垂直建構線，按下 Enter ← 鍵結束。

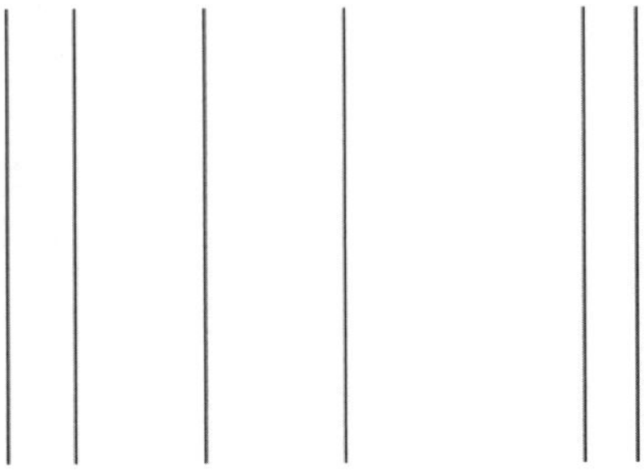

角度建構線

1 點擊【常用】頁籤 →【繪製】面板中的下拉式功能表 →【建構線】按鈕。

2 點擊右鍵選擇【角度】。

3 輸入「60」指定建構線的角度，按下 Enter 鍵確定。

4 任意點擊左鍵來繪製角度 60 建構線，按下 Enter 鍵結束。

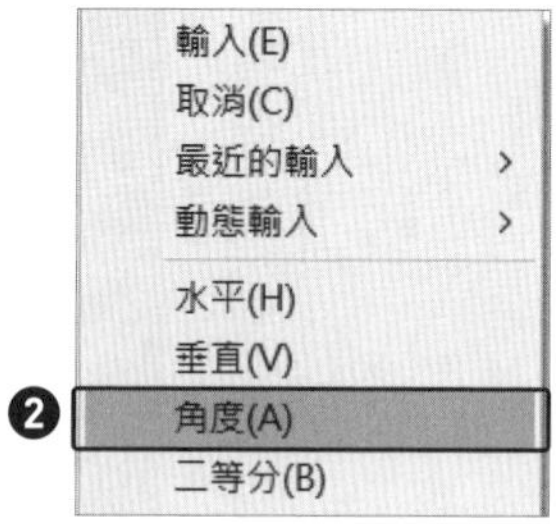

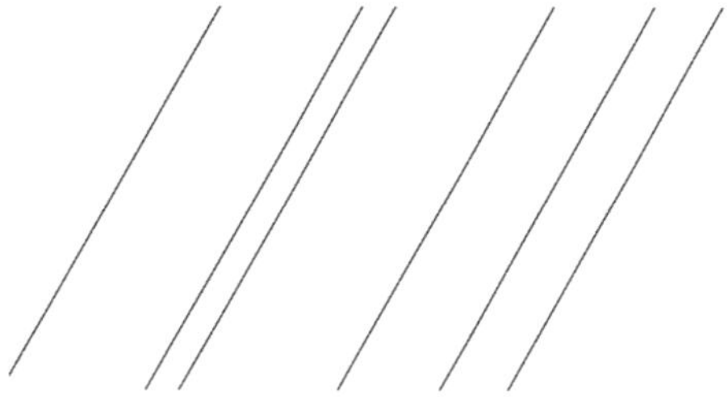

二等分建構線

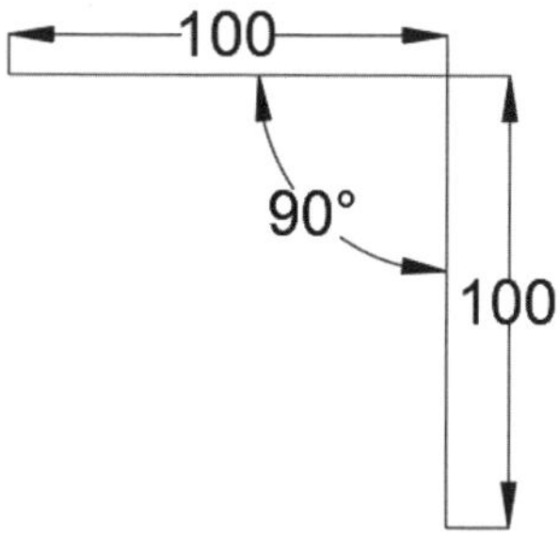

準備工作

- 先畫出水平距離 100 的線段。
- 再畫出垂直距離 100 的線段。

正式繪製

1 點擊【常用】頁籤 →【繪製】面板中的下拉式功能表 →【建構線】按鈕。

2 點擊右鍵選擇【二等分】。

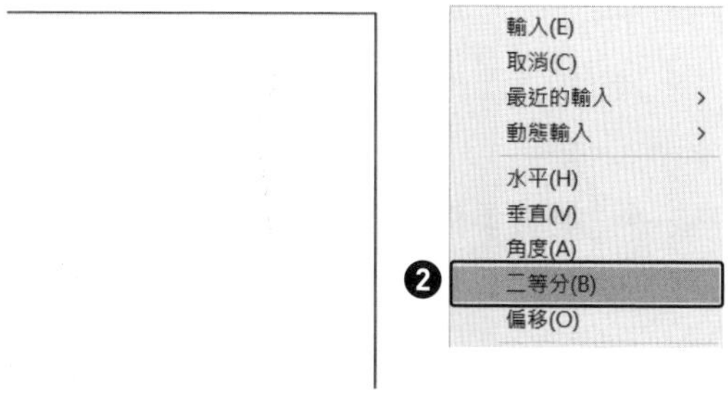

3 指定第一點，此點是角度的頂點。

4 指定第二點。

5 指定第三點。

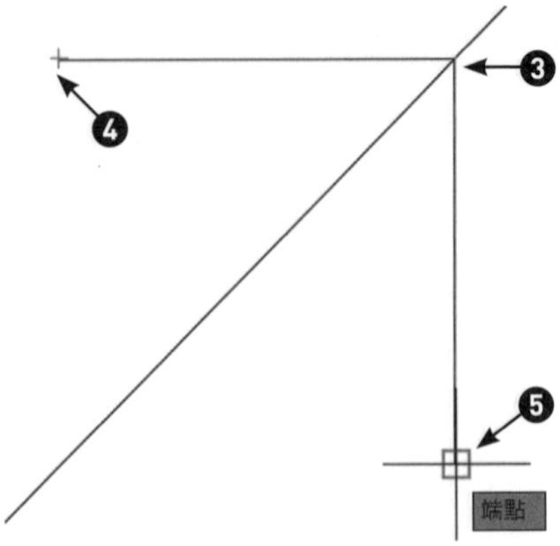

6 按 Enter 鍵來結束指令。

7 完成圖，可以看到直角被建構線分成兩個 45 度。

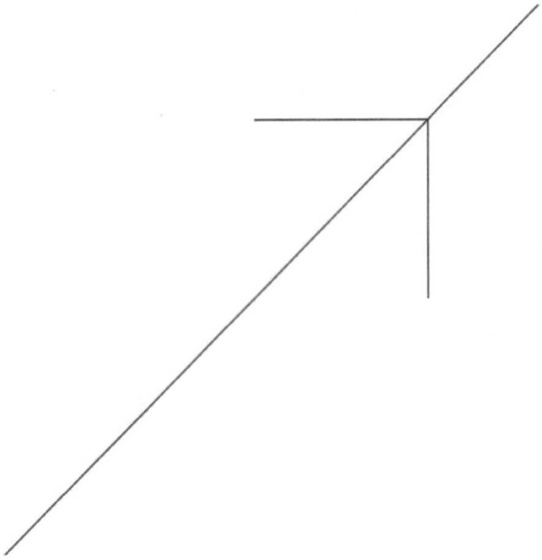

偏移建構線

準備工作

- 任意繪製一長度 80 的線段。

正式繪製

1 點擊【常用】頁籤 →【繪製】面板中的下拉式功能表 →【建構線】按鈕。

2 點擊滑鼠右鍵選擇【偏移】。

3 輸入「20」來指定偏移距離，再按下 Enter 鍵來輸入數值。(偏移距離也可以輸入除法計算，例如：100/2。)

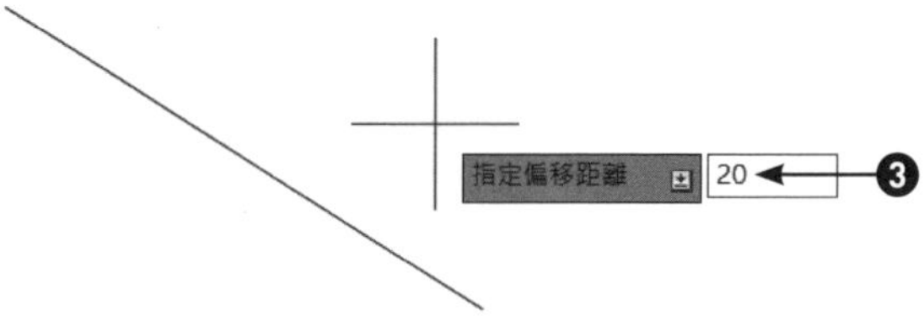

4 選取線段來指定偏移目標。

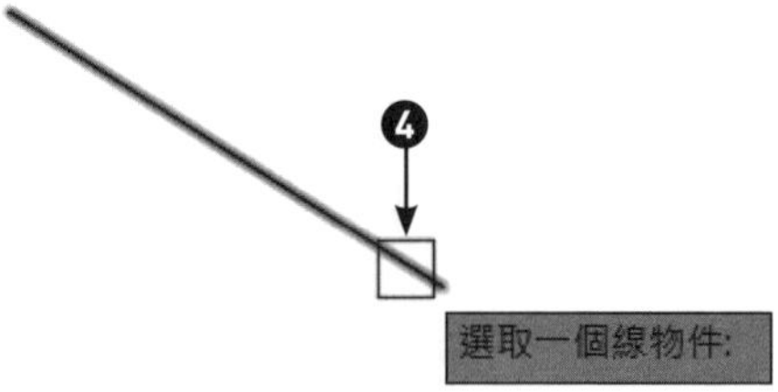

5 往下移動游標確認所需偏移的方向後，點擊滑鼠左鍵按下 Enter 鍵結束。

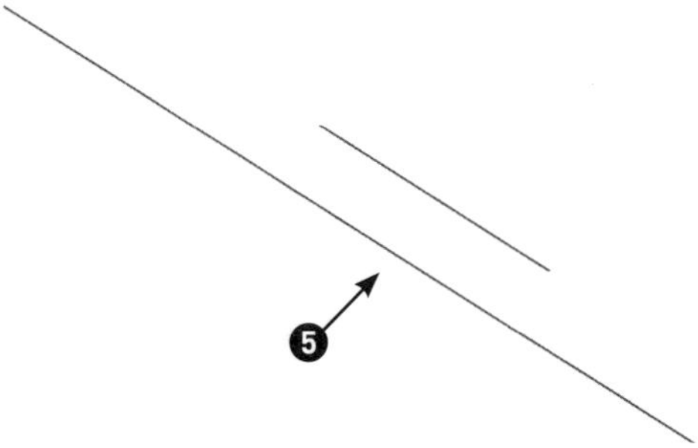

延伸練習

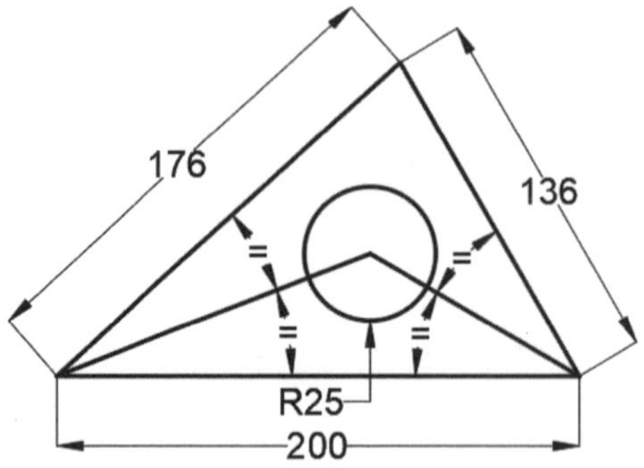

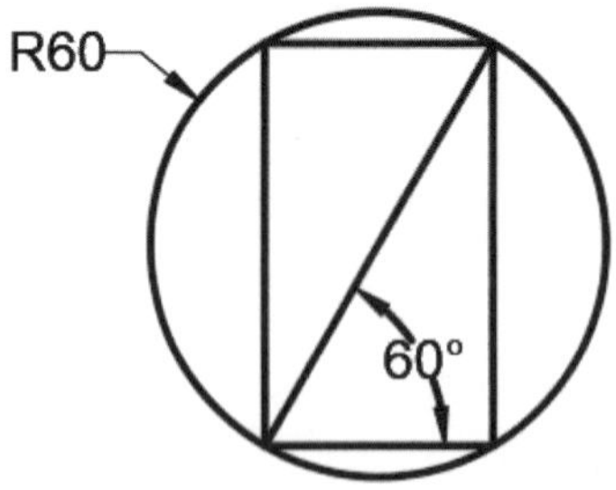

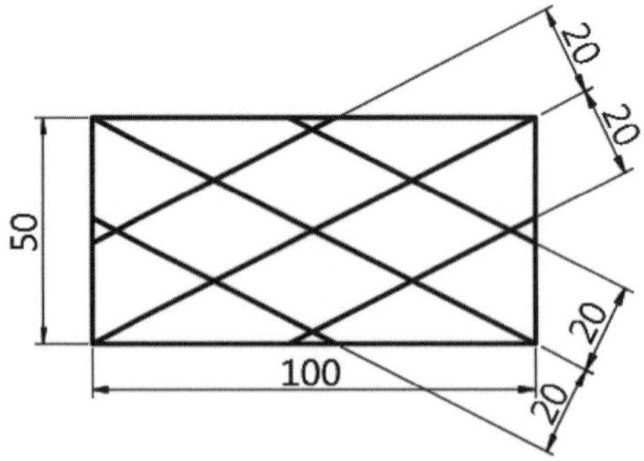

※ 延伸練習的解答請參考影音教學。

2-4 PLINE - 聚合線

聚合線是繪製一體成型的造型線，可以由直線或弧線所組成，並且可變換寬度。

指令	PLINE	快捷鍵	PL	圖示	
工具列按鈕	常用頁籤 → 繪製面板 → 聚合線 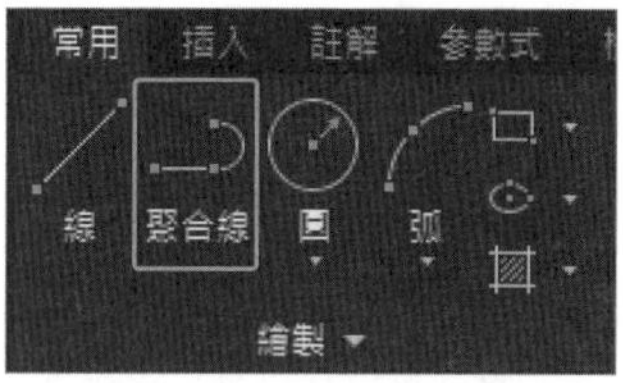				

▼右鍵選單內容

先點選【聚合線】指令，左鍵決定聚合線起點後，點擊右鍵即可展開選單執行。

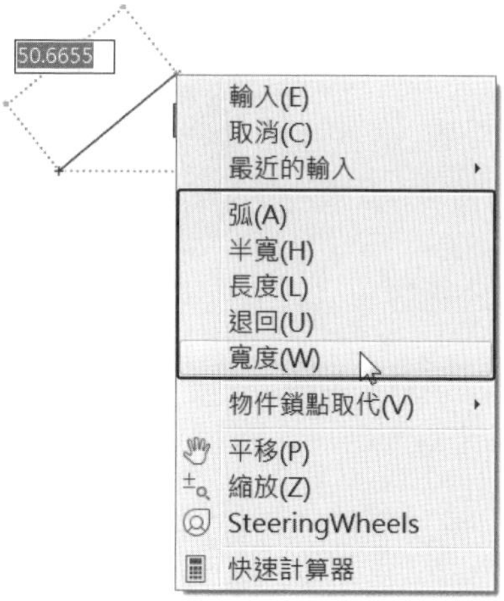

右鍵選單說明

可輸入快速鍵中的字母，或是在畫面空白處點擊滑鼠右鍵，選擇所需指令。

選項	快速鍵	解說
弧	A	繪製弧形聚合線。
半寬	H	設定聚合線的半寬度。
長度	L	設定下一個線段的長度，繪製方向會與上一線段相同。
退回	U	取消上一次的操作，也可以直接按下 Ctrl + Z 復原。
寬度	W	設定聚合線的寬度。

聚合線的運用

1. 點擊【常用】頁籤→【繪製】面板→【聚合線】按鈕。

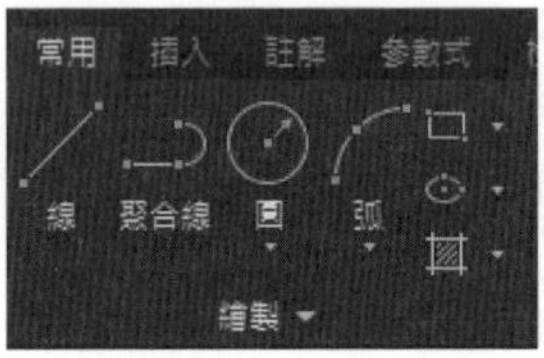

2. 點擊任一點為聚合線的起點。
3. 滑鼠往右移動，輸入「100」為距離的數值，按下 Enter 鍵。
4. 點擊右鍵選擇【弧】。

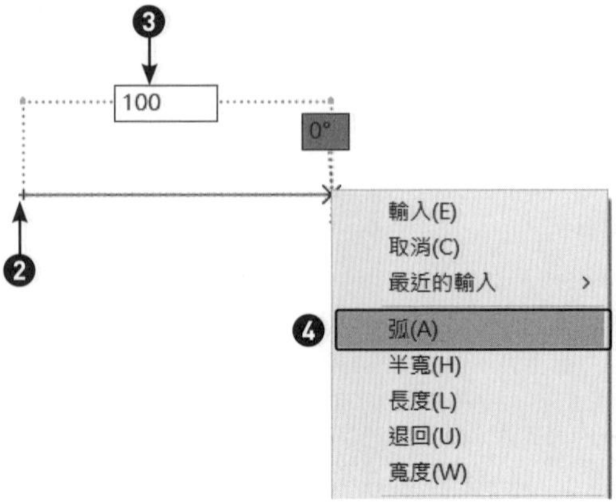

5 再點擊右鍵選擇【角度】。

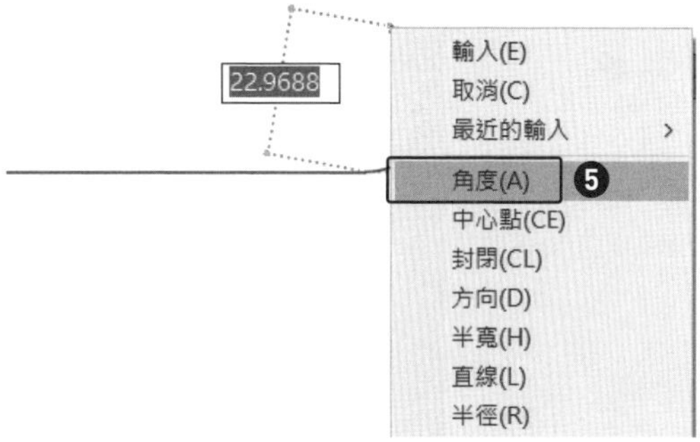

6 輸入「180」指定夾角角度，按下 Enter 鍵確定。（輸入正角度，為逆時針方向；輸入負角度，為順時針方向。）

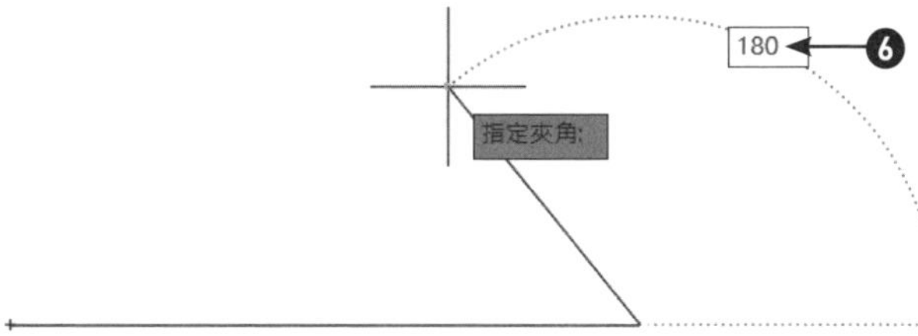

7 開啟【物件鎖點】，並點擊聚合線左邊端點。

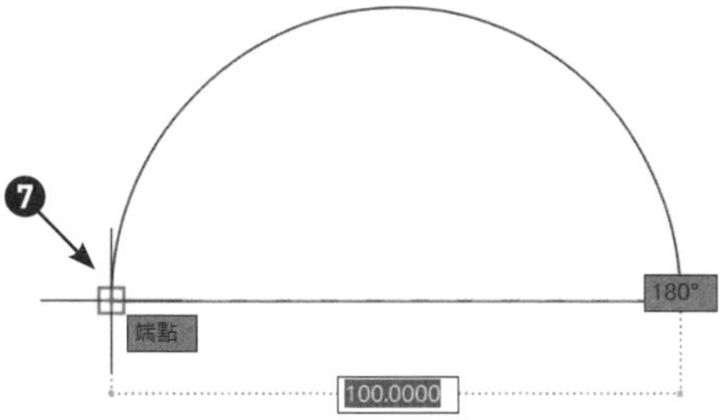

8 再點擊聚合線右邊端點。

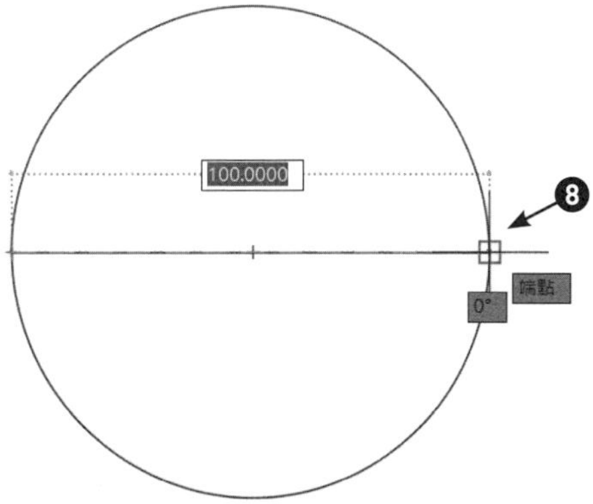

9 將滑鼠向左移動，點擊聚合線中點。

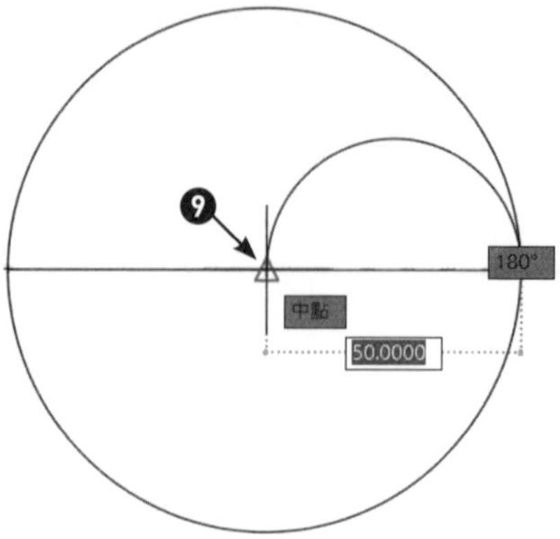

10 將滑鼠向左移動，在線段端點鎖點處再點擊。

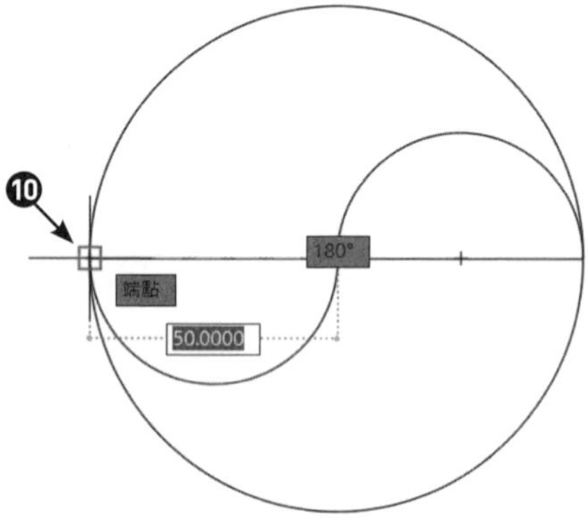

11 再按下 Enter 鍵來結束聚合線指令。

12 完成圖，完成了一體成型的造型線。

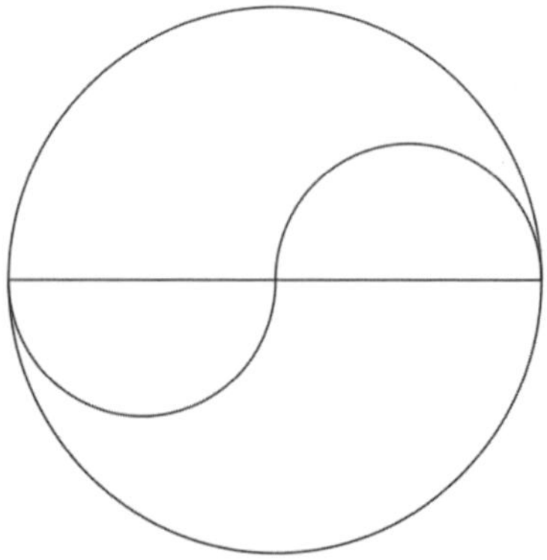

指定聚合線的寬度

1 點擊【常用】頁籤 →【繪製】面板 →【聚合線】按鈕。

2 指定任一起點，點擊右鍵，選擇【半寬】。

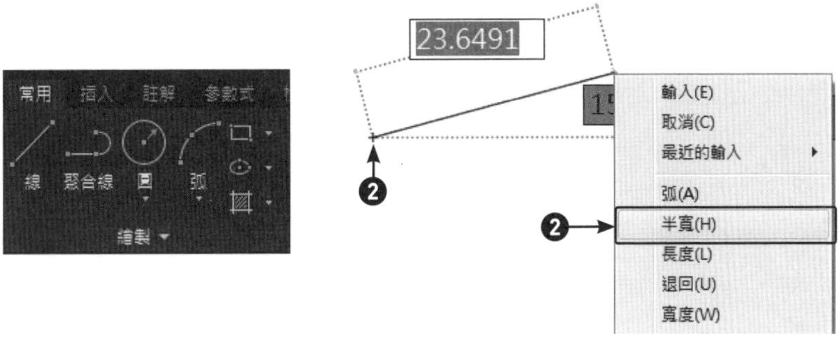

3 輸入「5」指定起點半寬的數值，再按下 Enter 鍵。

4 輸入「5」指定終點半寬的數值，再按下 Enter 鍵。

5 滑鼠向右移動來指定聚合線的方向。

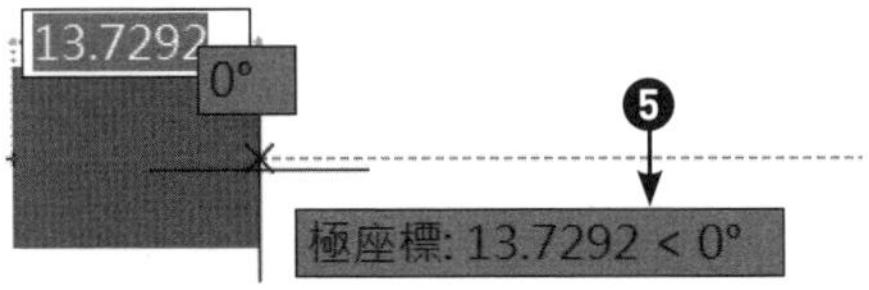

⑥ 輸入「15」指定長度的數值，按下 Enter← 鍵完成繪製。

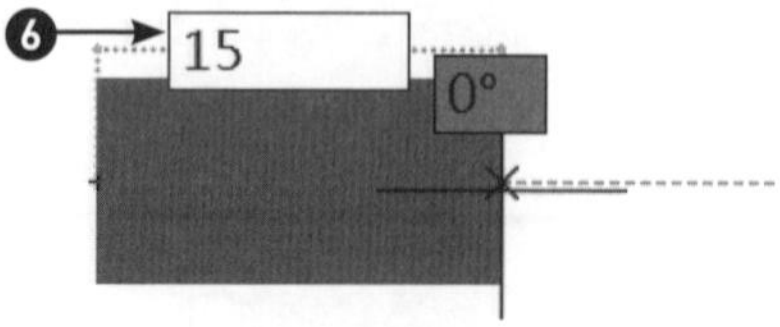

⑦ 點擊右鍵，選擇【寬度】。

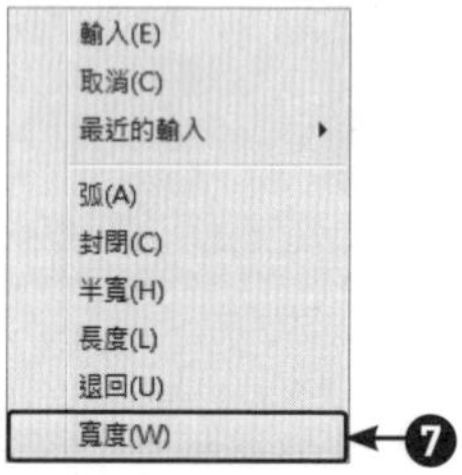

⑧ 輸入「10」指定起點寬度的數值，按下 Enter← 鍵。

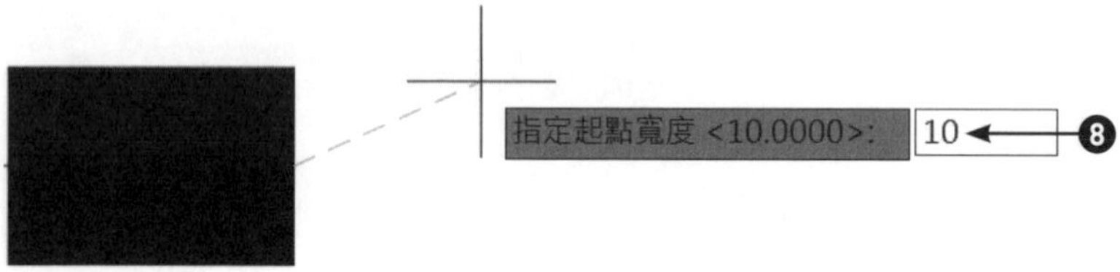

⑨ 輸入「30」指定終點寬的數值，按下 Enter← 鍵。

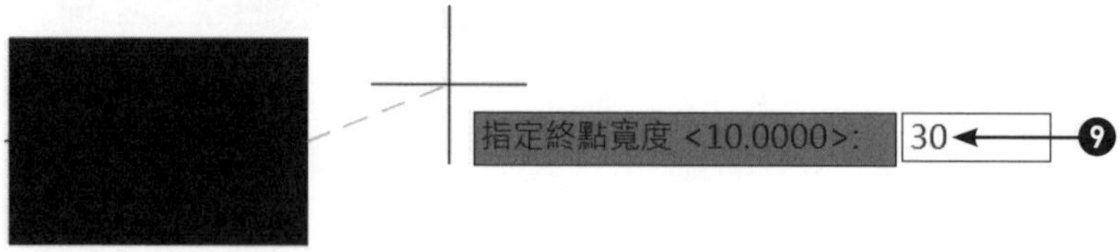

⑩ 滑鼠向右移動來指定聚合線的方向。

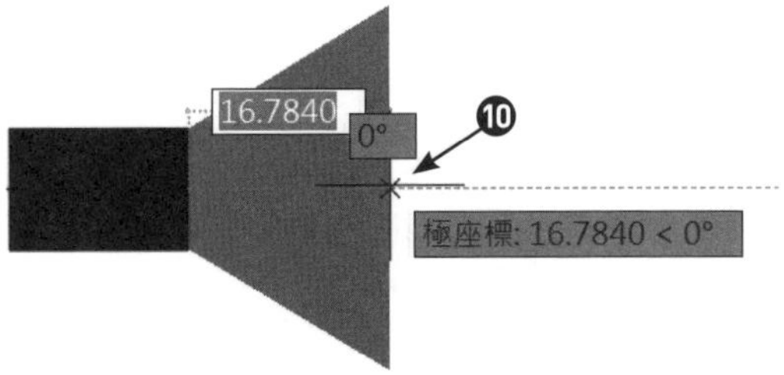

⑪ 輸入「20」指定長度的數值，按下 Enter 鍵完成繪製。

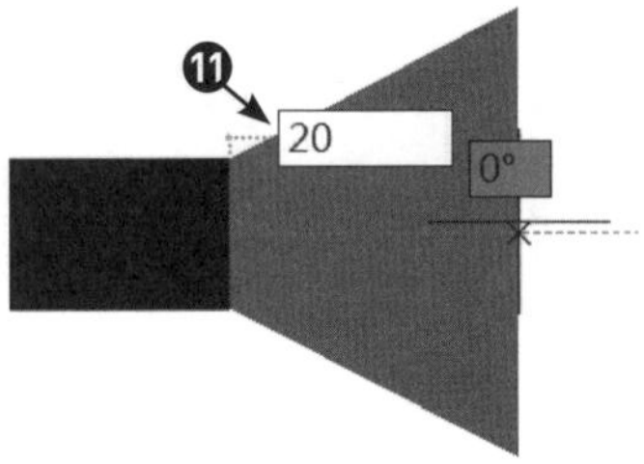

⑫ 再按下 Enter 鍵來結束聚合線指令。

⑬ 完成圖。(聚合線的寬度只是顯示作用，並無法鎖點至它的外型。)

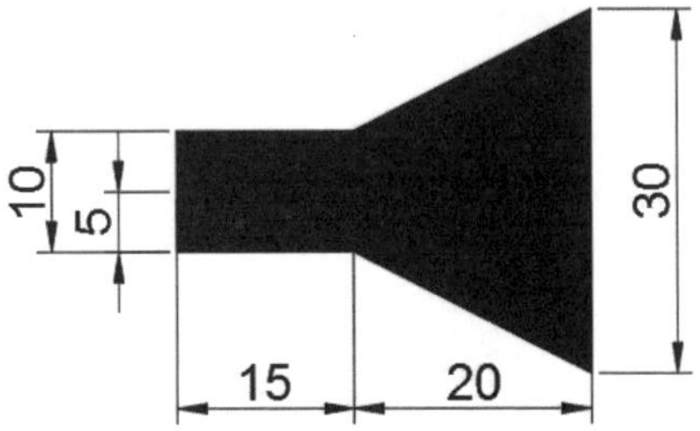

NOTE 聚合線寬度為 0 時，會變回細線。

延伸練習

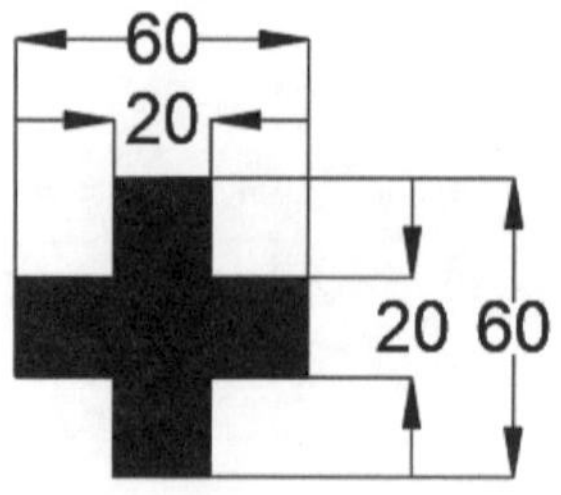

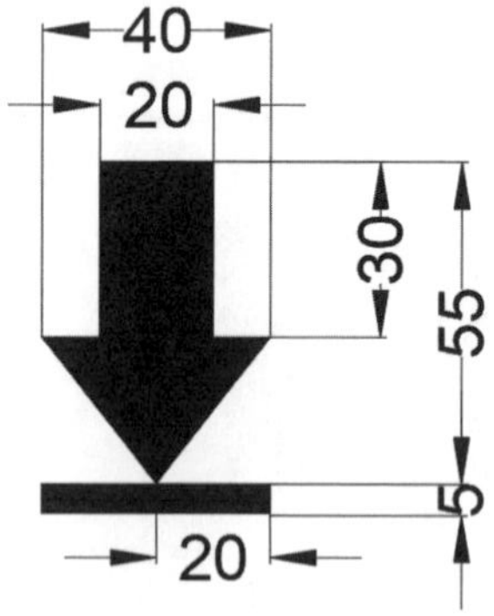

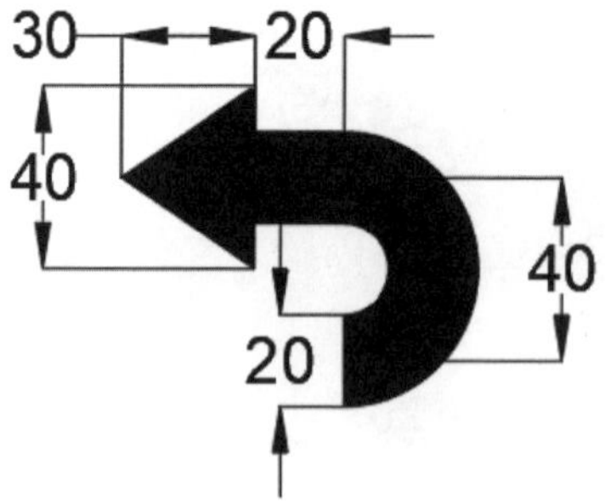

※ 延伸練習的解答請參考影音教學。

2-5 ARC - 弧

弧是常用指令之一，AutoCAD 提供了許多不同繪製的方法，可視造型來選擇最適合的繪製方式。

指令	ARC	快捷鍵	A	圖示	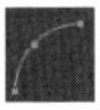
工具列按鈕	常用頁籤 → 繪製面板 → 弧 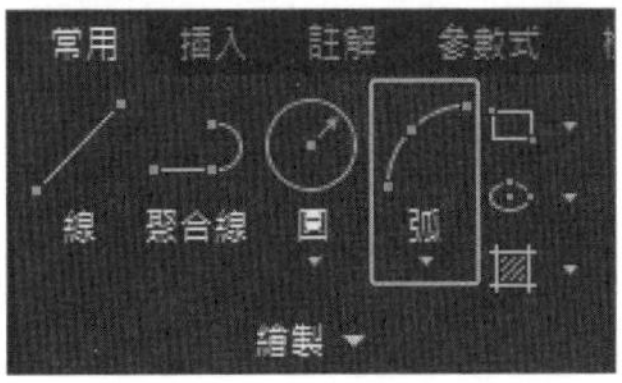				

▼下拉式選單內容

可經由弧按鈕下方的黑色下拉箭頭，展開選單執行。

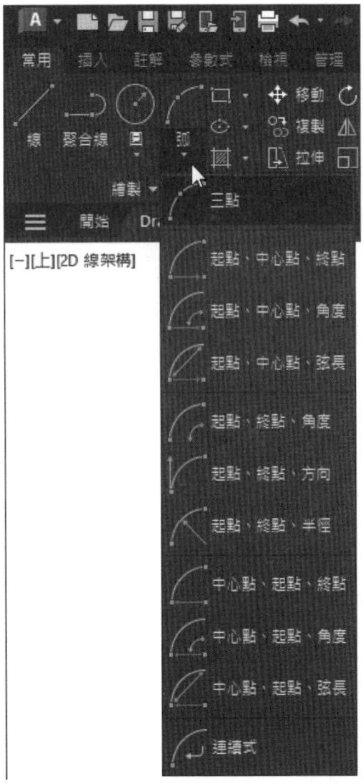

弧的各種繪製模式說明

選項	解說
三點	點選任意三點來建立一個弧。
起點、中心點、終點	利用起點、中心點、終點建立一個弧，產生的弧由起點開始按逆時針的方向建立。
起點、中心點、角度	指定起點和中心點，並輸入角度來指定弧的終點位置。
起點、中心點、弦長	指定起點和中心點，並輸入長度來指定弧的起點到終點之間的弦長。
起點、終點、角度	指定起點和終點，並輸入之間的角度。
起點、終點、方向	指定起點和終點，並選擇弧的切線方向。
起點、終點、半徑	指定起點和終點，並指定半徑數值。
中心點、起點、終點	利用中心點、起點、終點的順序建立一個弧。
中心點、起點、角度	指定中心點和起點，並輸入角度來指定弧的終點位置。
中心點、起點、弦長	指定中心點和起點，並輸入長度來指定弧的起點到終點之間的弦長。
連續式	繪製連續式的弧線，繪製完一次弧線，必須重新執行連續式的指令。

三點弧的運用

準備工作

- 任意繪製一條線及下方四條斜線。

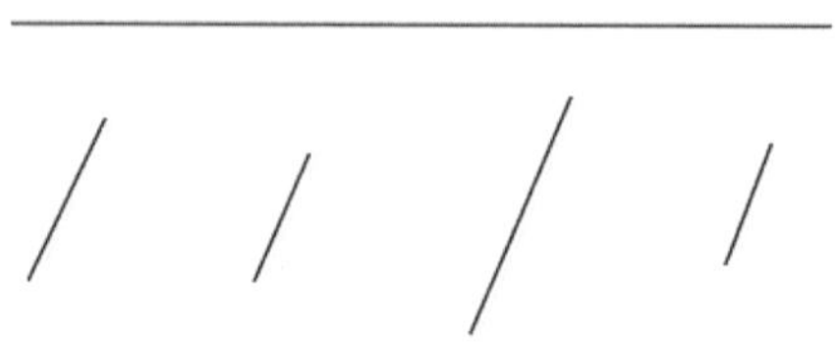

正式繪製

1. 點擊【常用】頁籤 →【繪製】面板 →【弧】→【三點】按鈕。
2. 點擊線段右邊端點，指定弧的第一點。
3. 點擊滑鼠左鍵來指定任一點為弧的第二點。
4. 點擊滑鼠左鍵來指定任一點為弧的第三點，此時完成右側輪廓的繪製。

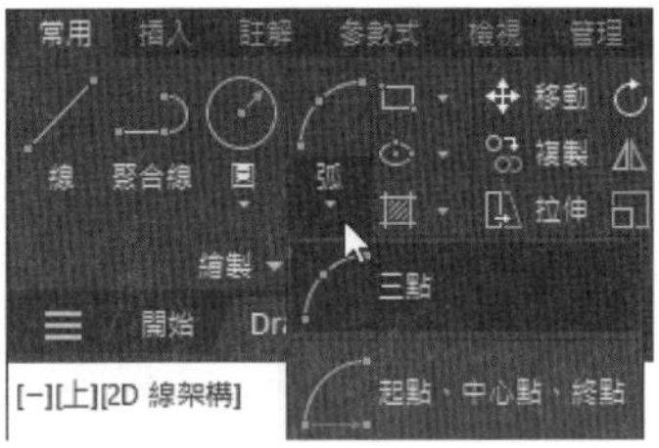

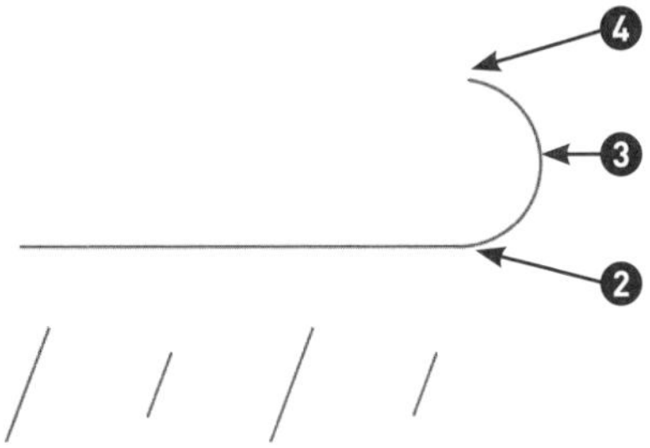

5. 按下 Enter← 鍵來重複三點弧的指令。
6. 點擊滑鼠左鍵來指定任一點為弧的第一點。
7. 點擊滑鼠左鍵來指定任一點為弧的第二點。
8. 點擊滑鼠左鍵來指定任一點為弧的第三點，此時完成一部份上側輪廓的繪製。

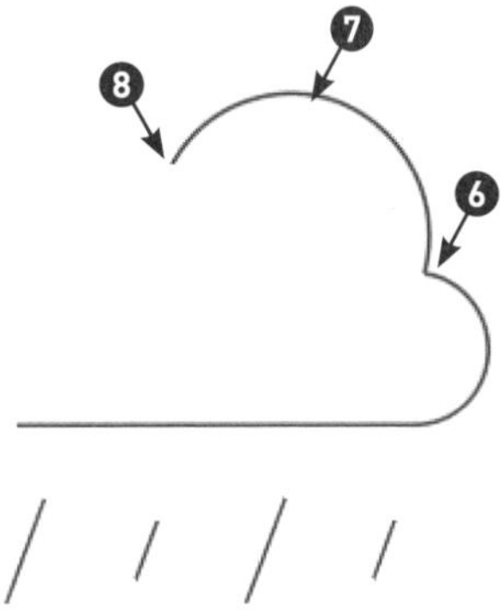

9. 按下 Enter← 鍵來重複三點弧的指令。
10. 點擊滑鼠左鍵來指定任一點為弧的第一點。
11. 點擊滑鼠左鍵來指定任一點為弧的第二點。
12. 點擊滑鼠左鍵來指定任一點為弧的第三點，繼續完成上側輪廓的繪製。

13 按下 Enter 鍵來重複三點圓的指令。

14 點擊滑鼠左鍵來指定任一點為弧的第一點。

15 點擊滑鼠左鍵來指定任一點為弧的第二點。

16 點擊滑鼠左鍵來指定任一點為弧的第三點，繼續完成如右圖輪廓的繪製。

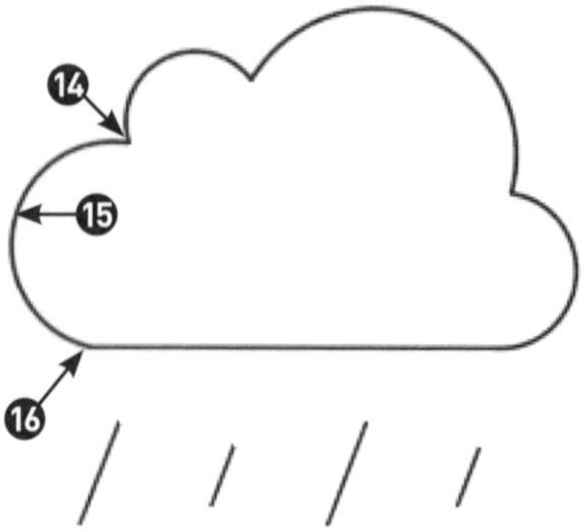

起點、終點、角度

1 點擊【常用】頁籤 →【繪製】面板 →【弧】按鈕中的下拉式選單 →【起點、終點、角度】按鈕。

2 點擊滑鼠左鍵來指定任一點為弧的起點。

3 點擊滑鼠左鍵來指定任一點為弧的終點。

4 輸入「68」為角度的數值，再按下 Enter 鍵。

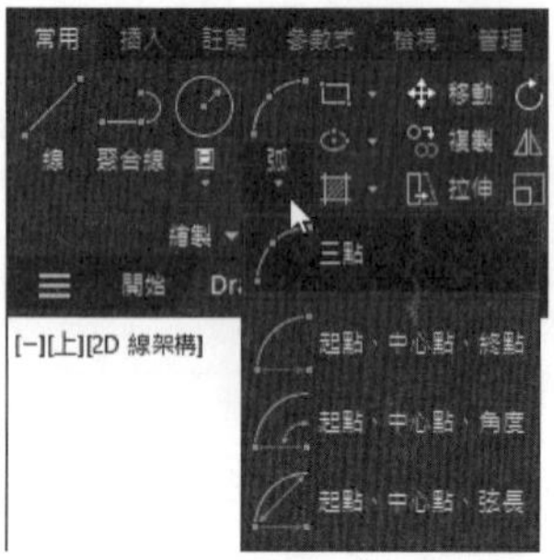

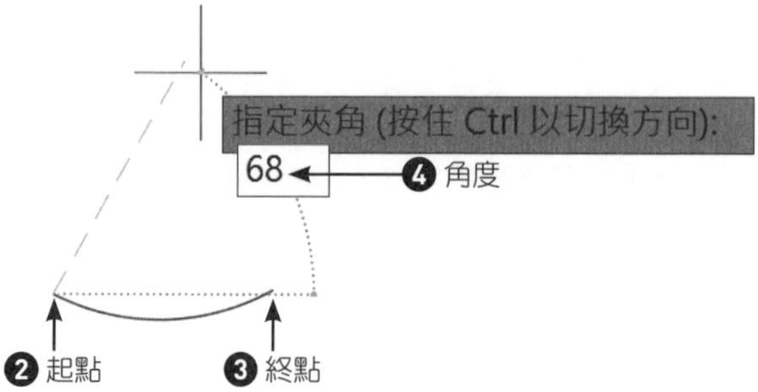

5 完成圖。

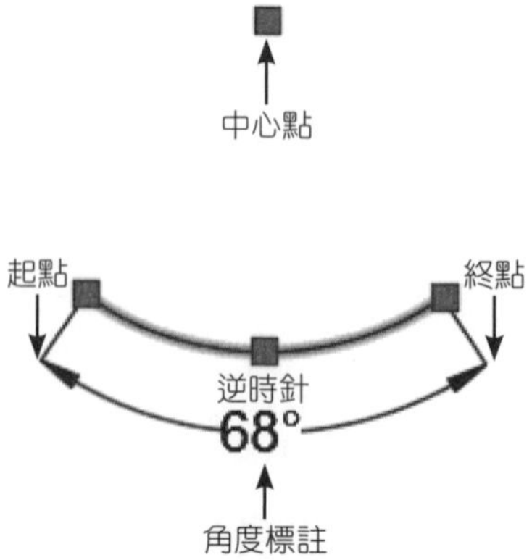

弧是逆時針方向繪製。

起點、終點、方向

1. 點擊【常用】頁籤 ➜【繪製】面板 ➜【弧】按鈕中的下拉式選單 ➜【起點、終點、方向】按鈕。
2. 點擊滑鼠左鍵來指定任一點為弧的起點。
3. 點擊滑鼠左鍵來指定任一點為弧的終點。
4. 輸入「60」為角度的數值，按下 Enter 鍵。或移動滑鼠來控制弧的方向，並點擊滑鼠左鍵來指定弧的角度。(輸入 -60 度可切換方向。)

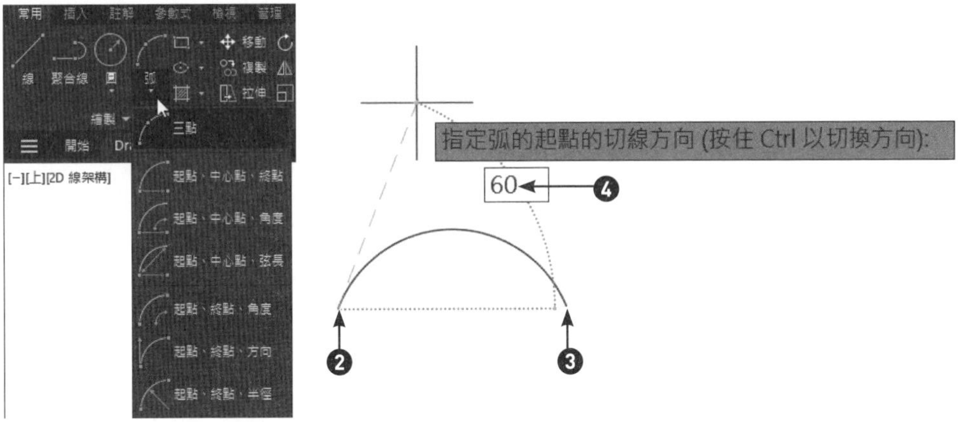

起點、終點、半徑

準備工作

- 繪製一條長度 100 的線段。

正式繪製

1. 點擊【常用】頁籤 ➜【繪製】面板 ➜【弧】按鈕中的下拉式選單 ➜【起點、終點、半徑】按鈕。
2. 滑鼠左鍵點擊線段右側指定為弧的起點。
3. 滑鼠左鍵點擊線段左側指定為為弧的終點。

4 滑鼠移動至圓弧出現，輸入「80」為半徑的數值，再按下 Enter ← 鍵。

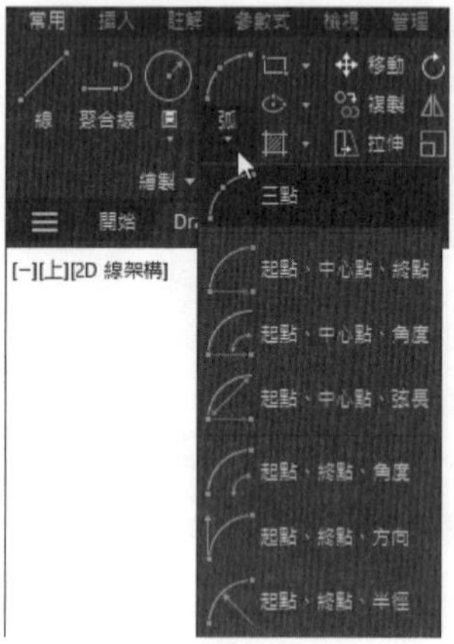

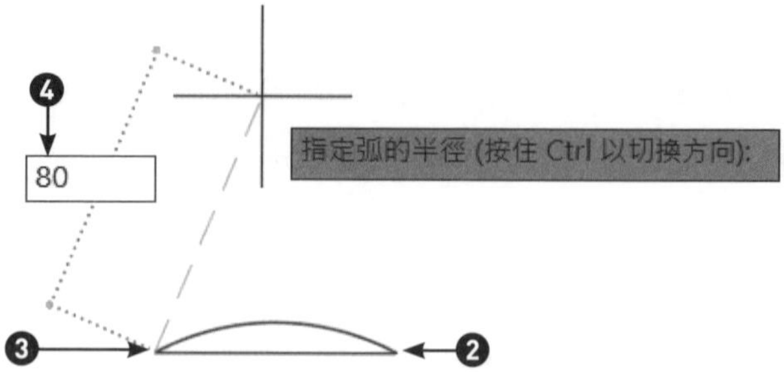

5 完成圖。

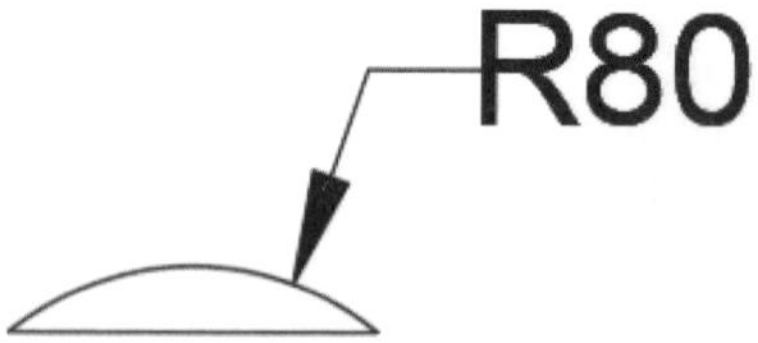

NOTE

弧在繪製時是由起點往逆時針方向出現，因此當起點與終點的位置對調，弧線的方向也會對調。

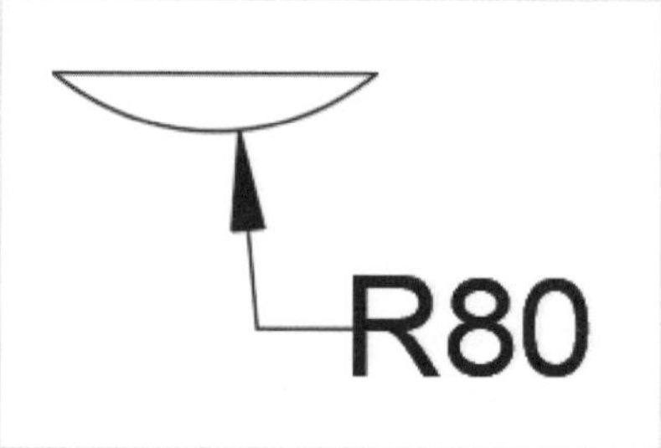

起點、終點、半徑之半徑正負數值的差異

準備工作

- 繪製一條距離 10 的線。

正式繪製

1 點擊【常用】頁籤 →【繪製】面板 →【弧】按鈕中的下拉式選單 →【起點、終點、半徑】按鈕。

2 點擊線的左邊端點當作弧的起點。

3 點擊線的右邊端點當作弧的終點。

4 滑鼠移動至圓弧出現，輸入「-15」為弧的半徑，再按下 Enter 鍵。

5 完成圖。若步驟 3 輸入半徑為「15」，則結果如下右圖。

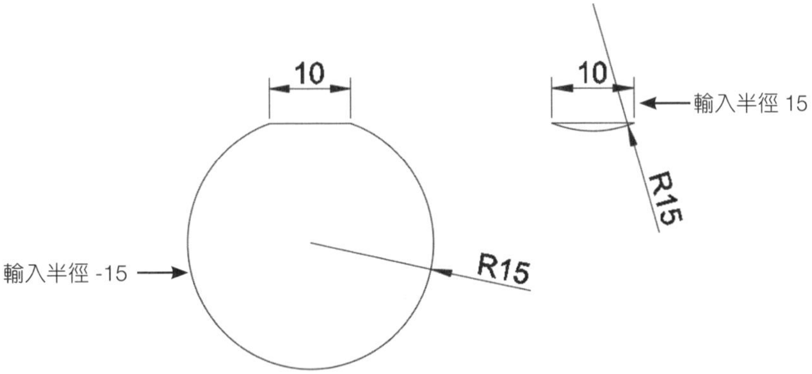

NOTE 負數的弧為大肚弧，大肚弧的形狀比半圓飽滿。有缺口的圓也是大肚弧的一種。注意在使用起點、終點、半徑繪製大肚弧時，半徑一定要給負值。

NOTE 以上的端點半徑系列，都必須先移動滑鼠使圓弧出現，再輸入半徑，所繪製的弧才會正確。

延伸練習

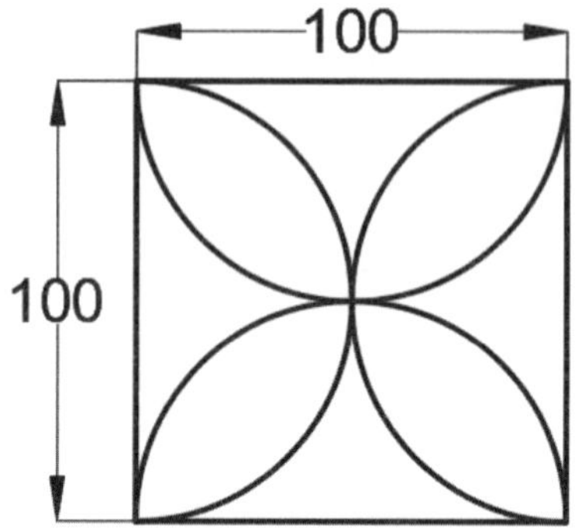

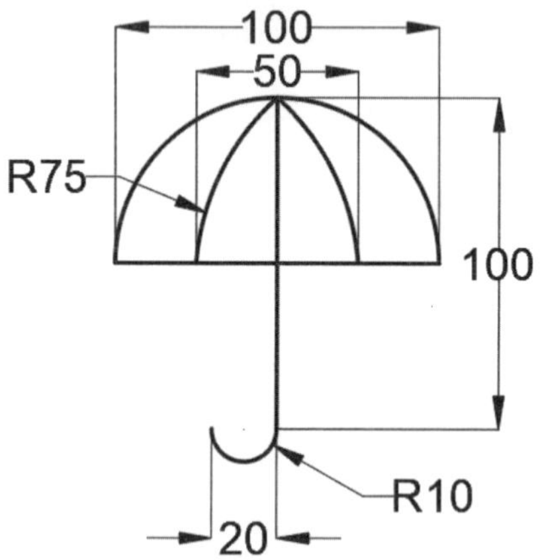

傘的造型為半圓弧

※ 延伸練習的解答請參考影音教學。

2-6 ELLIPSE - 橢圓

橢圓是扁平形狀的圓，可以用長軸與短軸來建立形狀。

<table>
<tr><td>指令</td><td>ELLIPSE</td><td>快捷鍵</td><td>EL</td><td>圖示</td><td></td></tr>
<tr><td>工具列按鈕</td><td colspan="5">常用頁籤 → 繪製面板 → 中心點的下拉式選單 → 軸、終點
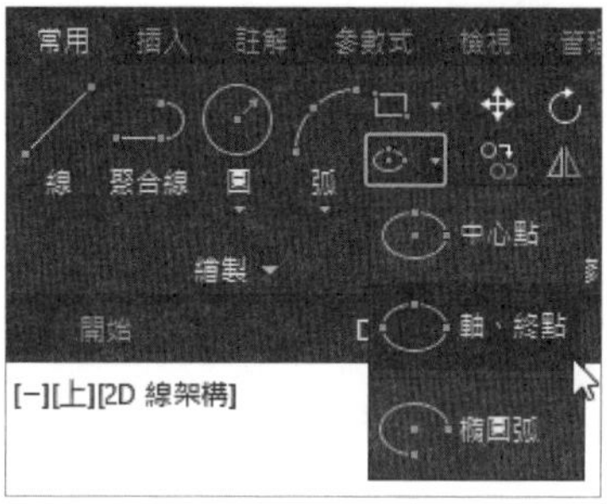
</td></tr>
</table>

橢圓的各種繪製模式

選項	解說
中心點	先指定中心點的位置，再指定第一端點的位置來決定長軸的距離，接著指定第二端點的位置來決定短軸的距離。
軸、端點	先決定第一端點及第二端點的距離，接著指定第三端點到中心點的距離。
橢圓弧	使用橢圓來繪製弧線。

繪製中心點橢圓

1. 點擊【常用】頁籤 →【繪製】面板 →【中心點】按鈕。
2. 指定任一點為橢圓的中心點。
3. 將滑鼠移動到所需方向，並輸入「40」為第一端點的數值，再按下 Enter← 鍵。

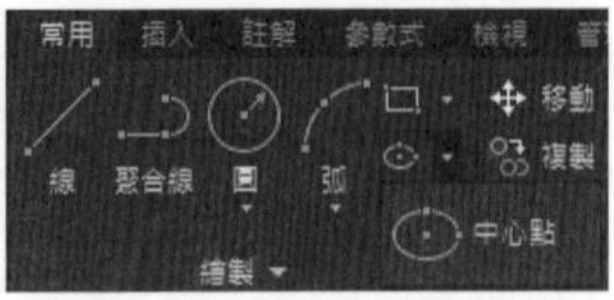

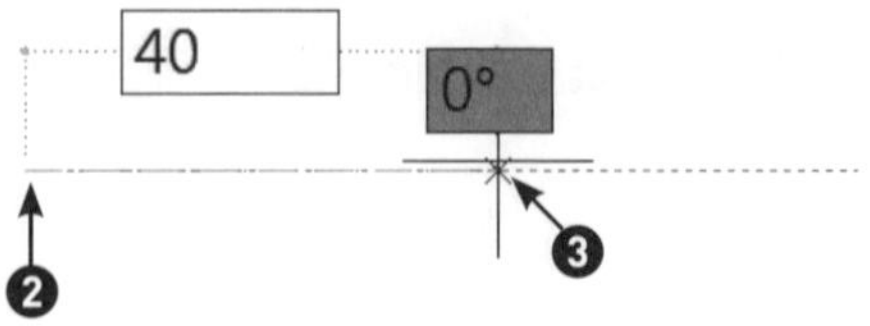

4 輸入「15」為第二端點的數值，再按下 Enter 鍵。

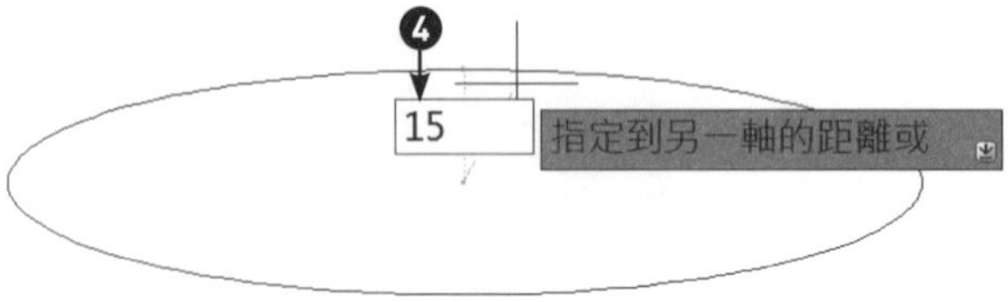

5 完成圖。

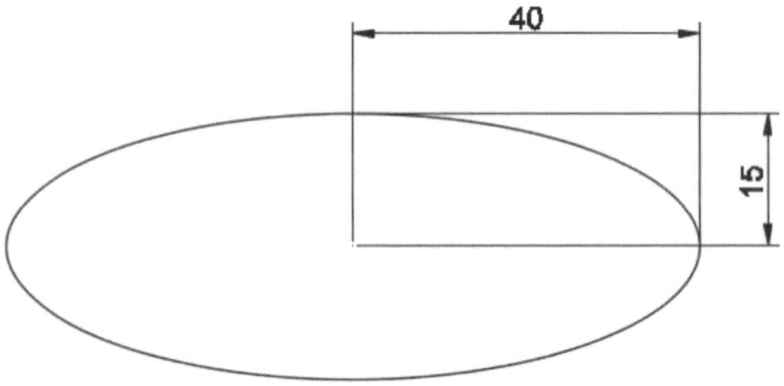

繪製軸、端點橢圓

1 點擊【常用】頁籤 →【繪製】面板 →【軸、終點】按鈕。

2 指定任一點為橢圓的第一端點。

3 將滑鼠移動到所需方向，並輸入「40」為第二端點的數值，再按下 Enter 鍵。

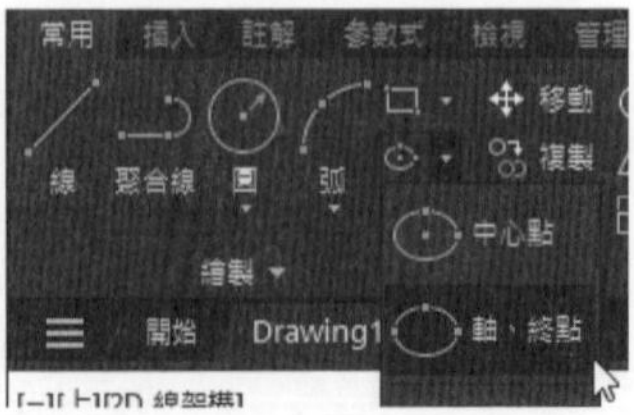

4 輸入「15」為另一軸端點的數值，再按下 Enter 鍵。

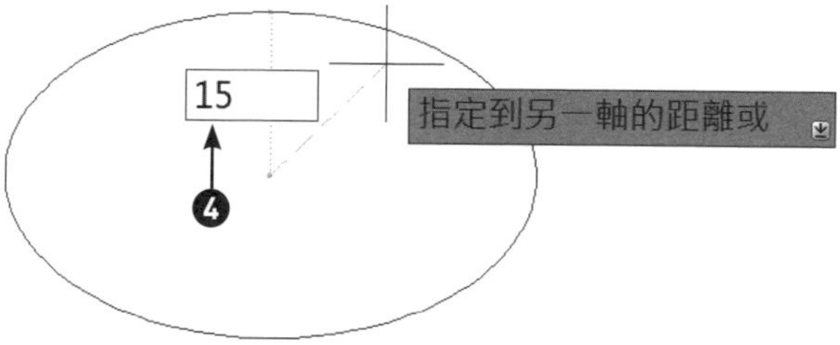

5 完成圖。請注意端點橢圓的畫法，數值決定橢圓的端點的最長距離。

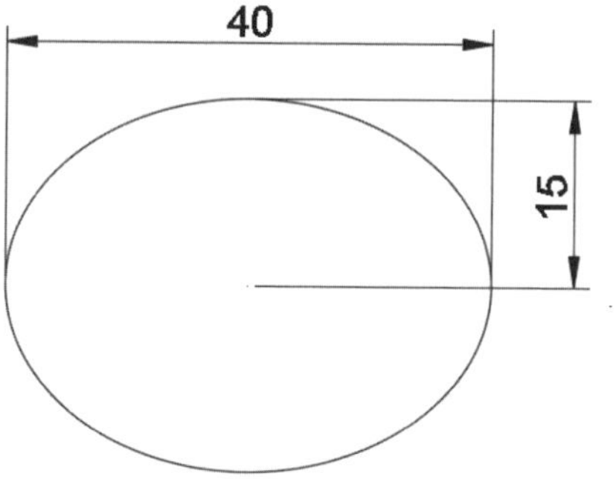

延伸練習

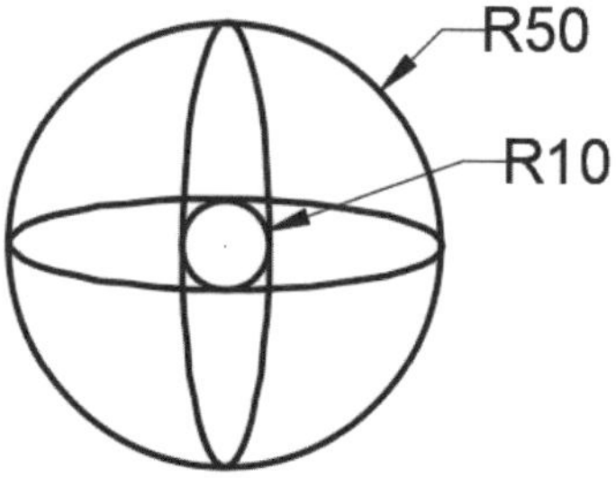

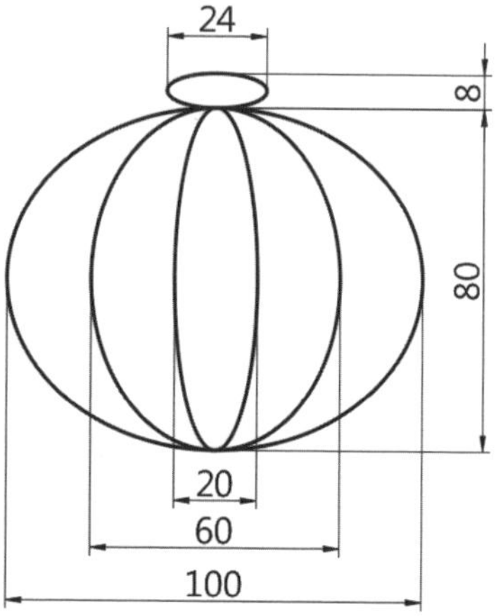

※ 延伸練習的解答請參考影音教學。

2-7 RECTANG - 矩形

由直線段組合而成的，定義兩點繪製矩形。

<table>
<tr><td>指令</td><td>RECTANG</td><td>快捷鍵</td><td>REC</td><td>圖示</td><td></td></tr>
<tr><td>工具列按鈕</td><td colspan="5">常用頁籤 → 繪製面板 → 矩形
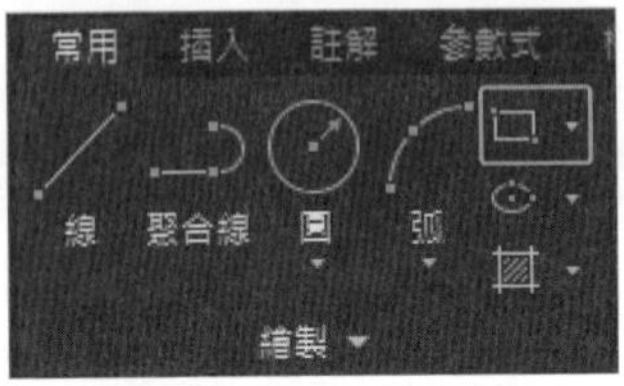
</td></tr>
</table>

右鍵選單內容

可輸入快速鍵中的字母，或是在畫面空白處點擊滑鼠右鍵，選擇所需指令。(決定矩形第一個角點後，才會出現下方三個選項。)

選項	快速鍵	解說
面積	A	根據指定面積，長或寬任何一邊的距離，來繪製矩形。
尺寸	D	以輸入的方式定義矩形的長和寬。
旋轉	R	指定矩形旋轉的角度。

任意繪製矩形

1. 點擊【常用】頁籤 →【繪製】面板 →【矩形】按鈕。
2. 點擊滑鼠左鍵來指定任一點為矩形的起點。
3. 點擊滑鼠左鍵來指定任一點為矩形的終點。

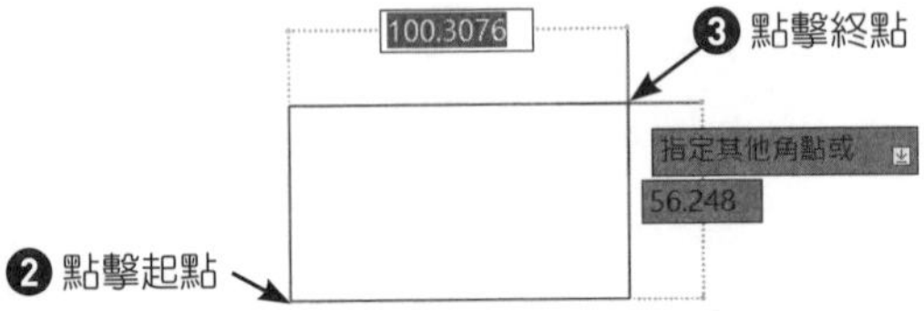

繪製指定尺寸的矩形 - 方式一

1. 點擊【常用】頁籤 →【繪製】面板 →【矩形】按鈕。
2. 點擊滑鼠左鍵來指定任一點為矩形的起點。
3. 輸入「@20,10」來指定矩形的終點，再按下 Enter← 鍵，完成寬 20 高 10 的矩形。

NOTE

此繪製矩形的方法有方向性，若輸入 @20,10 往右上繪製矩形，輸入 @-20,10 往左上繪製矩形，輸入 @20,-10 往右下繪製矩形，輸入 @-20,-10 往左下繪製矩形，請參考第 1-7 小節的座標系統。

繪製指定尺寸的矩形 - 方式二

1. 點擊【常用】頁籤 →【繪製】面板 →【矩形】按鈕。
2. 點擊滑鼠左鍵來指定任一點為矩形的起點。
3. 點擊右鍵，選擇【尺寸】。

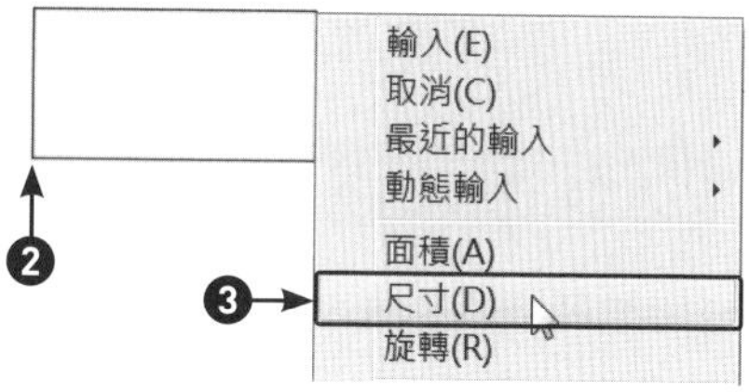

4. 輸入矩形長「80」，按下 Enter← 鍵，再輸入矩形寬「50」，按下 Enter← 鍵。

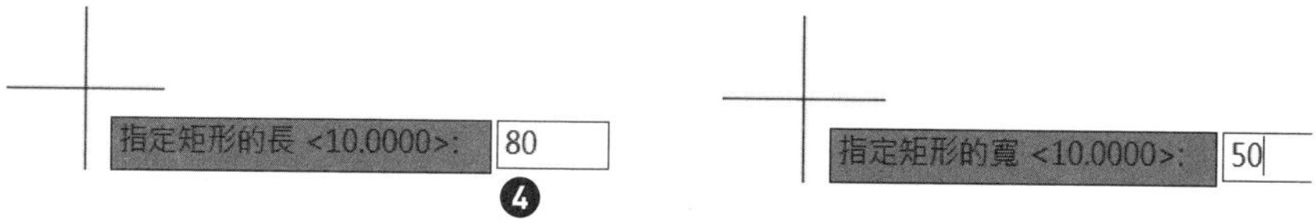

5 移動滑鼠調整角度矩形的位置後，再點擊滑鼠左鍵決定矩形的方位。

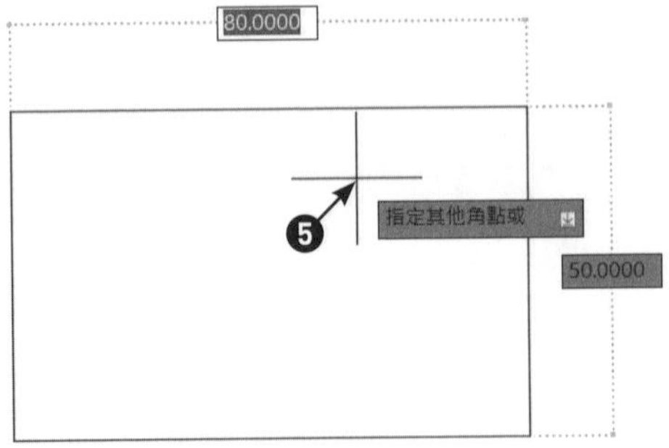

6 完成圖。(可參考第四章來標註尺寸。)

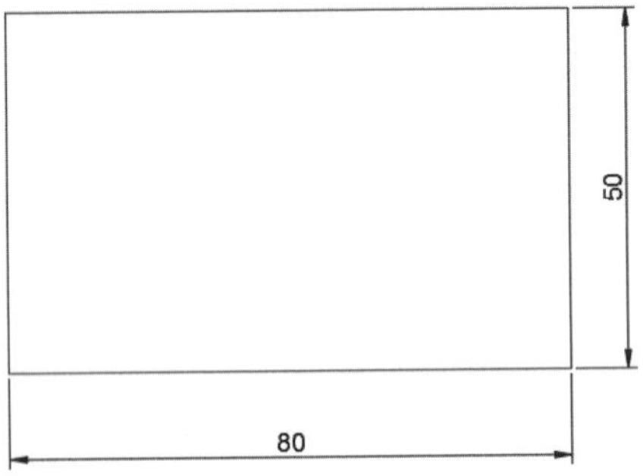

繪製指定尺寸的矩形 - 方式三

1 繪製一個半徑 5 的圓形，點擊【常用】頁籤 ➞【繪製】面板 ➞【矩形】按鈕。

2 點擊圓的中心點為矩形的起點。

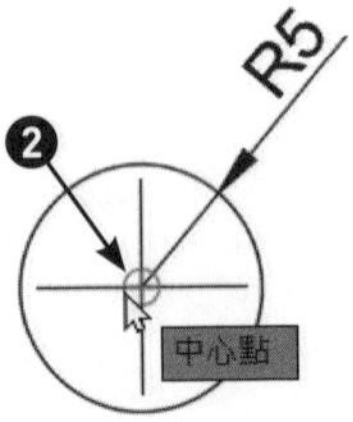

3 滑鼠往圓的右上方移動。

4 輸入矩形寬「20」，按下 Tab 鍵，輸入矩形高「10」，按下 Enter 鍵。
（AutoCAD 2022 版本之後，此繪製方式已經不用輸入負號，矩形會往滑鼠方位來繪製。）

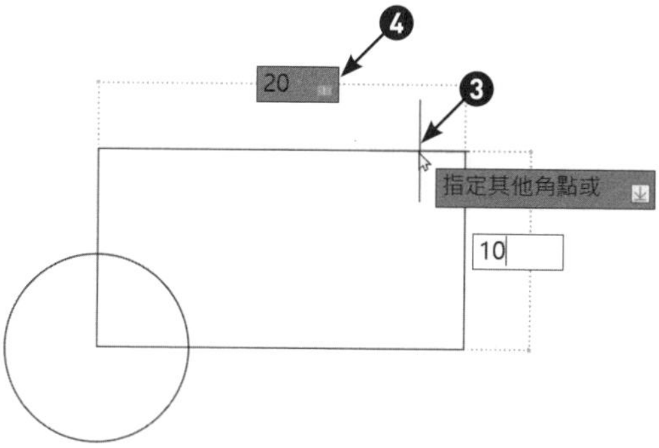

5 點擊【常用】頁籤 →【繪製】面板 →【矩形】，點擊圓的中心點為起點，滑鼠往圓的左上方移動。

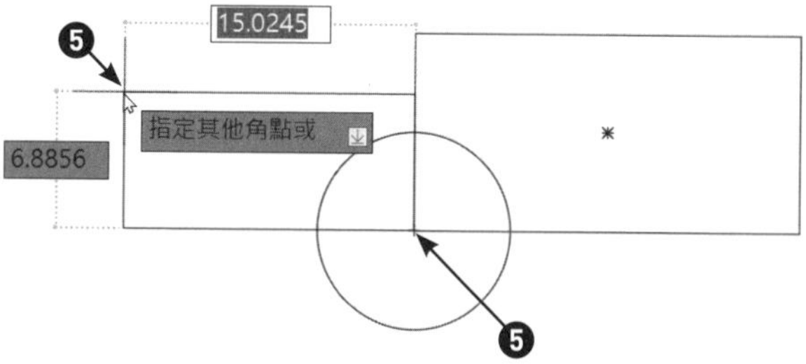

6 輸入矩形寬「15」，按下 Tab 鍵，輸入矩形高「6」，按下 Enter 鍵，就可往左上方繪製矩形。

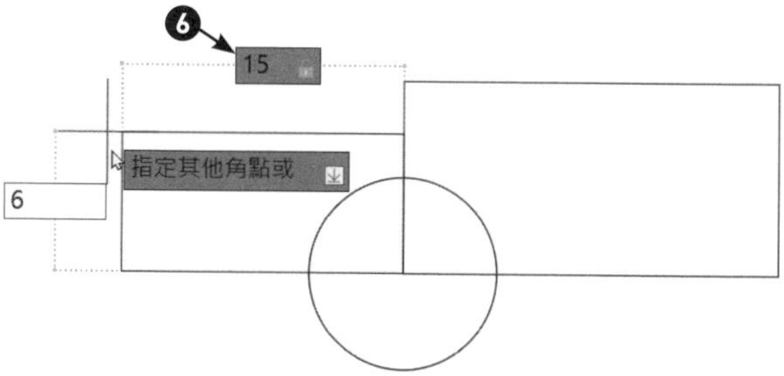

7 完成圖。

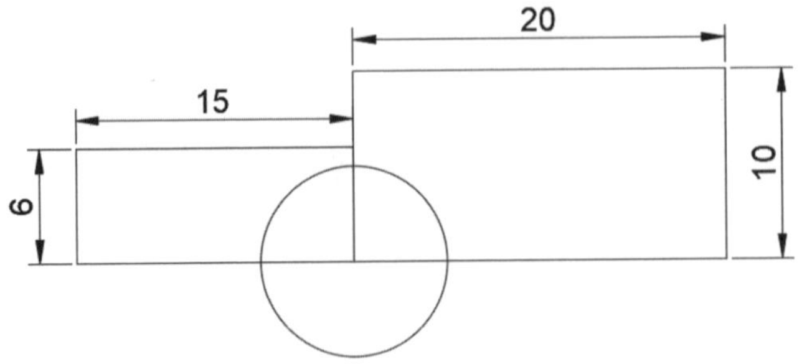

延伸練習

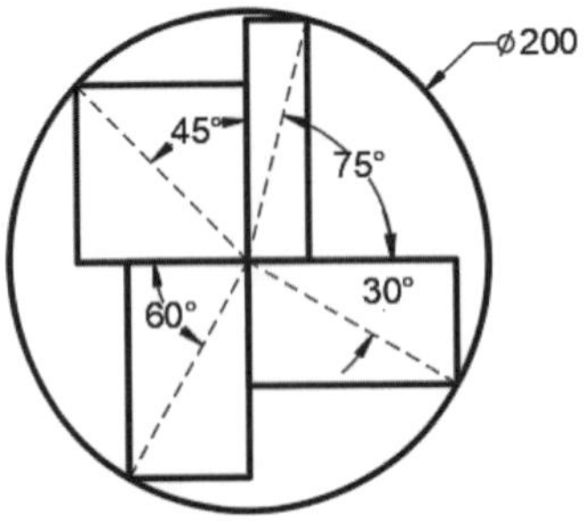

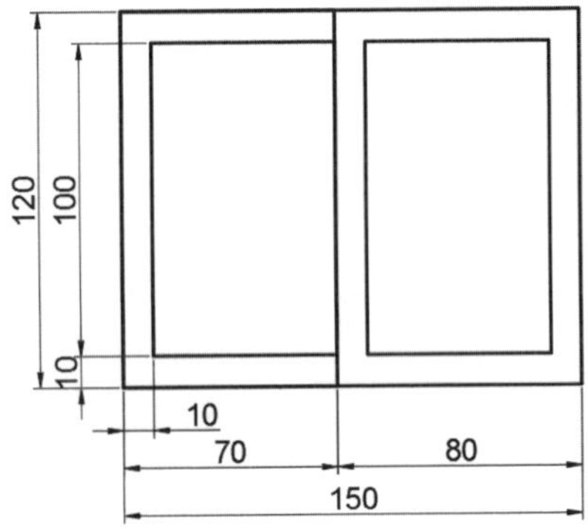

※ 延伸練習的解答請參考影音教學。

2-8 POLYGON - 多邊形

多邊形可以依照需求設定多邊形的邊數，並且提供了許多繪製的方法，無論是使用哪種形式的多邊形，每個邊都是等長。

指令	POLYGON	快捷鍵	POL	圖示	
工具列按鈕	常用頁籤 → 繪製面板 → 矩形的下拉式選單 → 多邊形 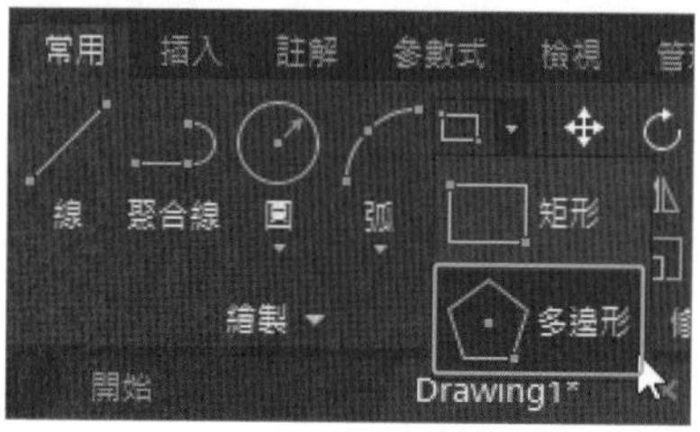				

指令選項

選項	快速鍵	解說
輸入邊的數目		可指定 3 個到 1,024 個邊數。
指定多邊形的中心點	預設	在所需的位置指定多邊形的中心點。
邊	E	設定邊的數目後，按下右鍵出現此選項，根據邊的長度來繪製多邊形。
內接於圓	I	指定中心點後，可指定多邊形的外接圓半徑。
外切於圓	C	指定中心點後，可指定多邊形的內切圓半徑。

指定邊緣長度

1. 點擊【常用】頁籤 →【繪製】面板 →【矩形】按鈕中的下拉式選單 →【多邊形】按鈕。
2. 輸入「5」為邊的數目。

3 點擊右鍵，選擇【邊】。

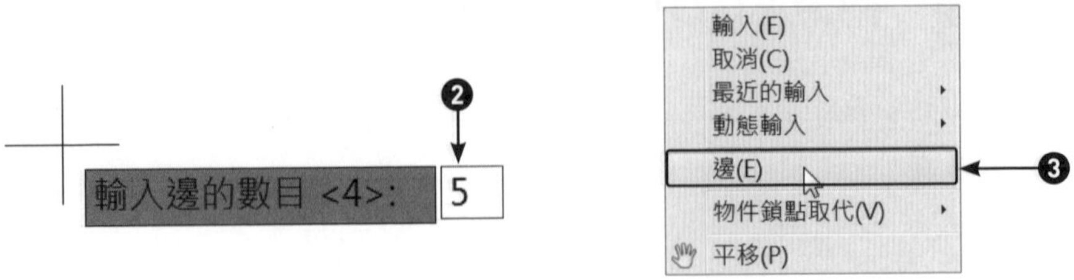

4 點擊滑鼠左鍵來指定任一點為多邊形的第一端點。

5 滑鼠往右水平移動，輸入「20」來指定邊緣長度的數值，再按下 Enter← 鍵。

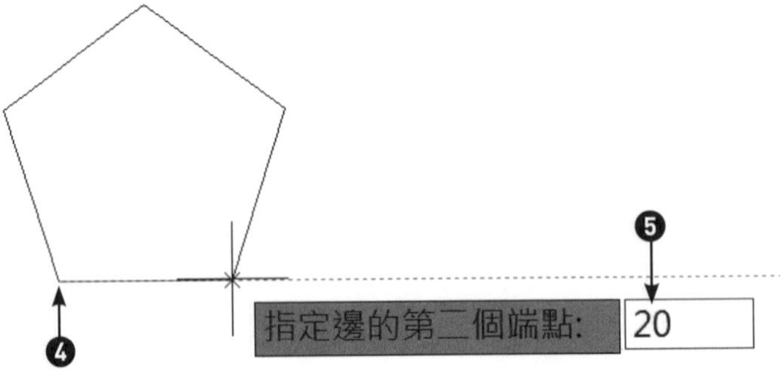

NOTE

繞行方式為逆時針。以左圖為例，先點擊左邊的點，再點擊右邊的點，五邊形朝上，反之則朝下。

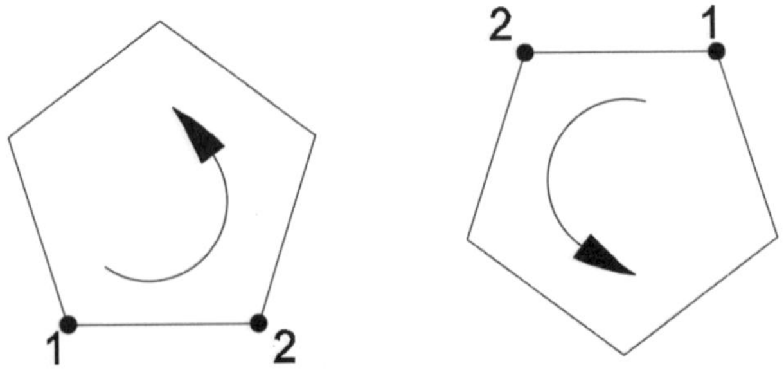

圖一　　圖二

內接於圓

準備工作

- 繪製一個半徑 20 的圓。
- 開啟【物件鎖點】的【四分點】與【中心點】。

正式繪製

1. 點擊【常用】頁籤 →【繪製】面板 →【矩形】按鈕中的下拉式選單 →【多邊形】按鈕。
2. 輸入「5」為邊的數目。

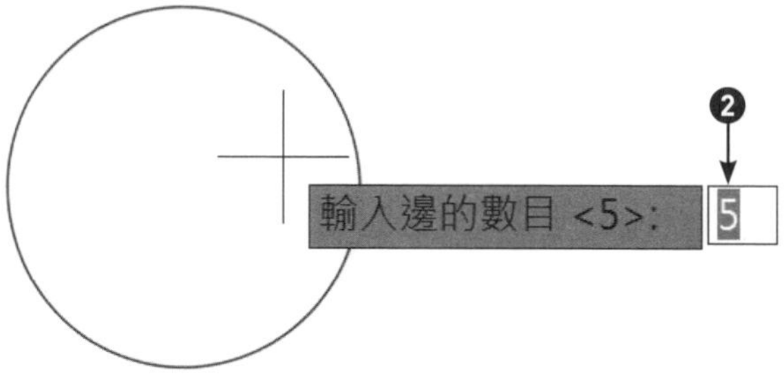

3. 將滑鼠移到圓的邊緣，將會出現圓的中心點。
4. 點擊圓的中心點的位置。

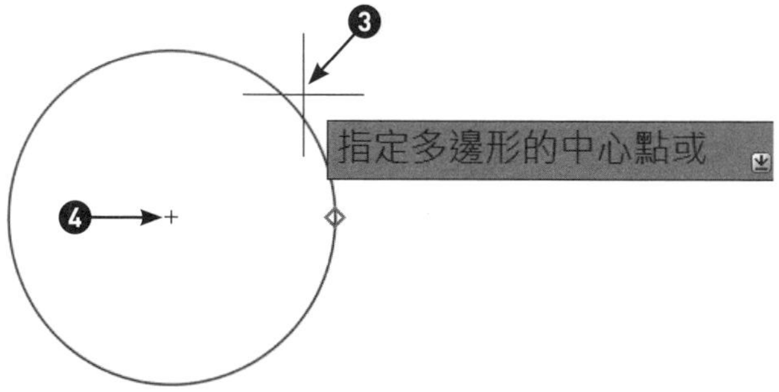

5 選擇【內接於圓】，或輸入快速鍵：「I」。

6 點擊圓的四分點。

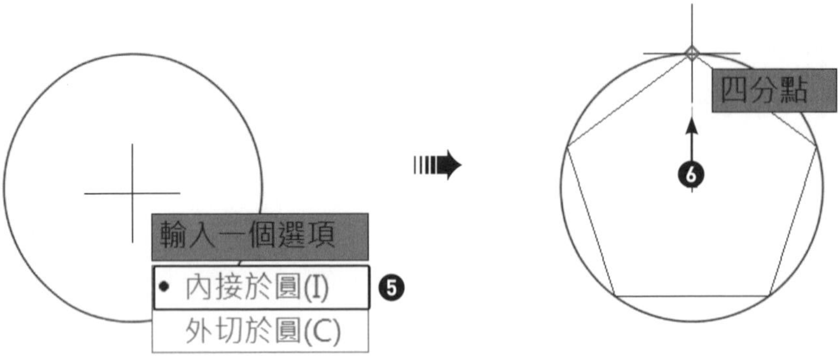

外切於圓

準備工作

- 繪製一個半徑 20 的圓。
- 開啟【物件鎖點】的【四分點】與【中心點】。

正式繪製

1 點擊【常用】頁籤 →【繪製】面板 →【矩形】按鈕中的下拉式選單 →【多邊形】按鈕。

2 輸入「5」為邊的數目。

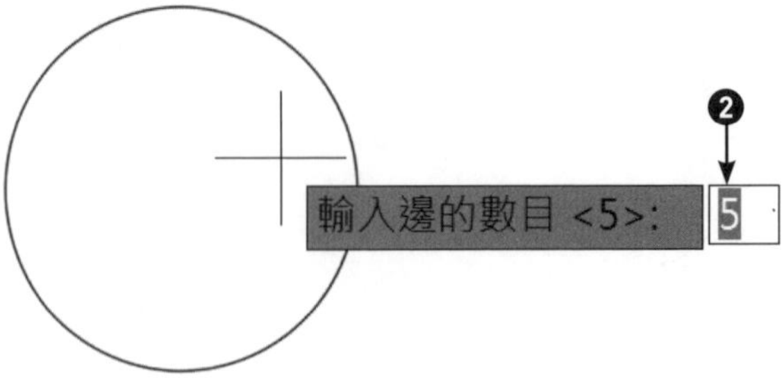

3 將滑鼠移到圓的邊緣，將會出現圓的中心點。

4 點擊圓的中心點的位置。

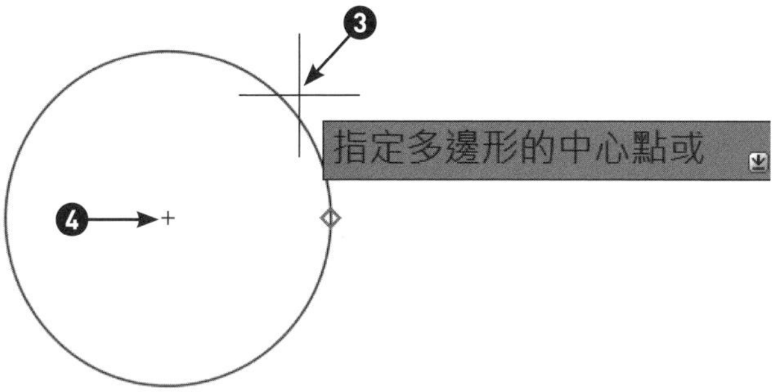

5 選擇【外接切圓】，或輸入快速鍵：「C」。

6 點擊圓的四分點。

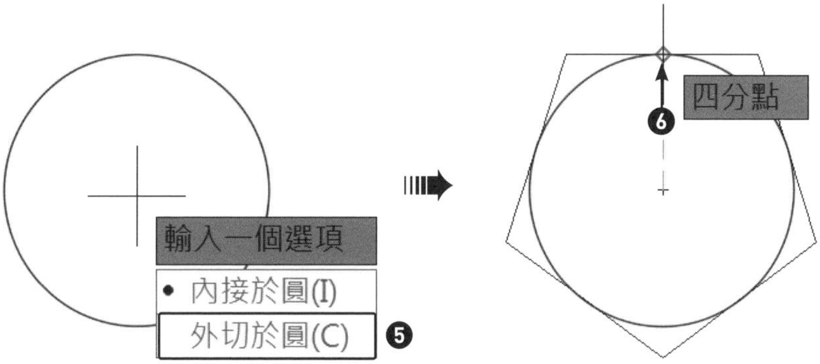

多邊形的運用

準備工作

- 繪製一個半徑 100 的圓。
- 開啟【物件鎖點】的【端點】、【中點】、【中心點】、【四分點】、【幾何四分點】模式。

正式繪製

1. 點擊【常用】頁籤 →【繪製】面板 →【矩形】按鈕中的下拉式選單 →【多邊形】按鈕。
2. 輸入「10」為邊的數目。

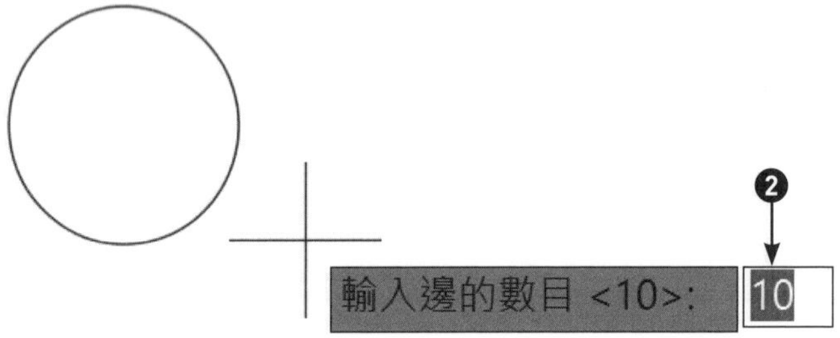

3. 將滑鼠移到圓的邊緣，將會出現圓的中心點。
4. 點擊圓的中心點的位置。

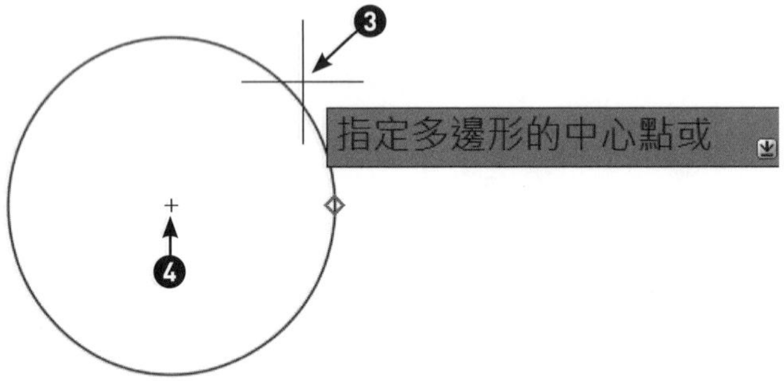

5. 選擇【內接於圓】，或輸入快速鍵：「I」。

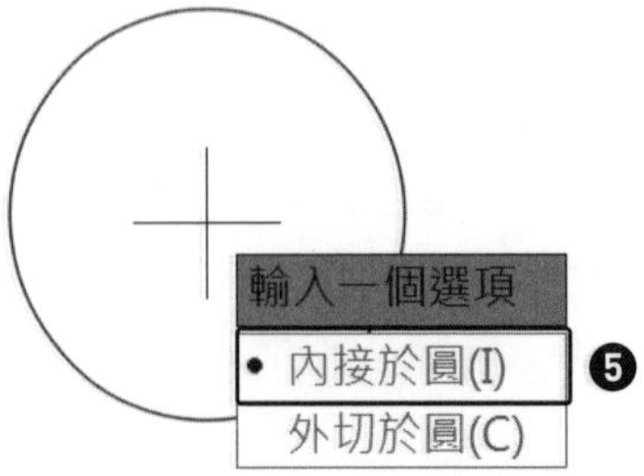

6. 點擊圓的四分點。

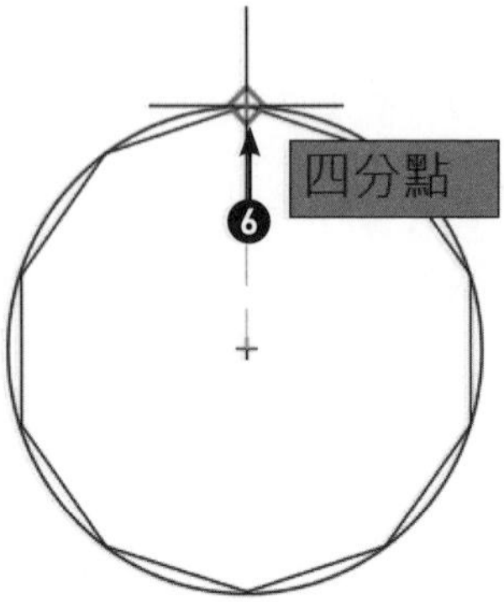

7 點擊【常用】頁籤 →【修改】面板 →【偏移】按鈕。

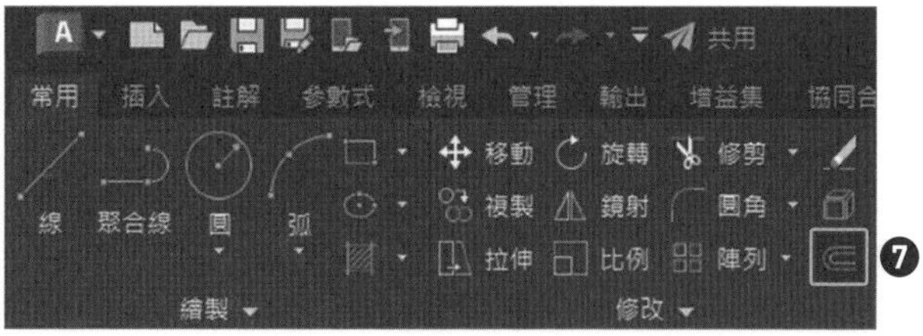

8 輸入「5」來指定偏移的距離，按下 Enter 鍵來輸入數值。

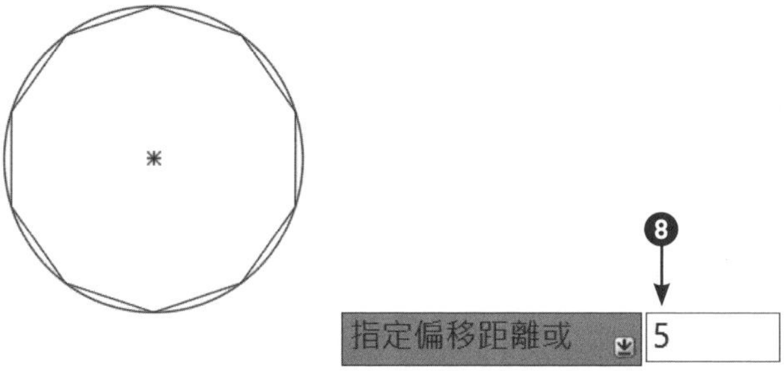

9 點擊十邊形做為偏移的物件並向內移動，再點擊左鍵。

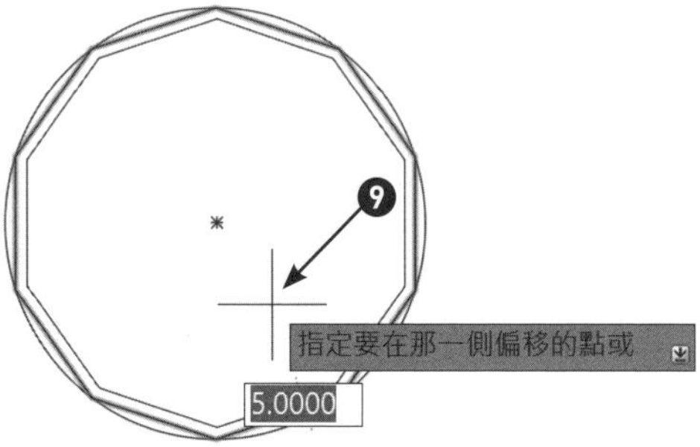

10 按下 Enter 鍵來結束偏移指令。

11 擊【常用】頁籤 →【繪製】面板 →【弧】按鈕。

⑫ 點擊滑鼠左鍵並運用鎖點功能來指定弧的三點，來完成下圖弧的繪製。

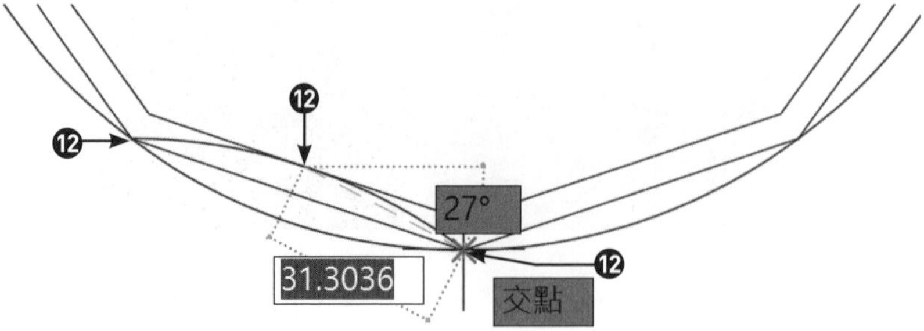

⑬ 選取偏移的多邊形及外圓，按下 Delete 鍵刪除。

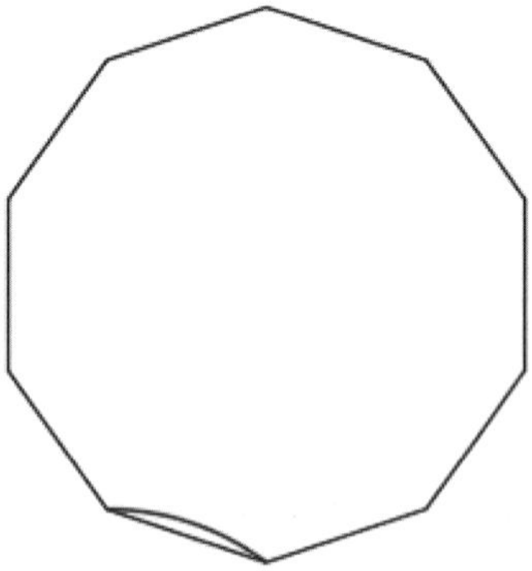

⑭ 點擊【常用】頁籤 →【繪製】面板 →【線】按鈕。

⑮ 繪製線段，連接多邊形的幾何中心點與端點。

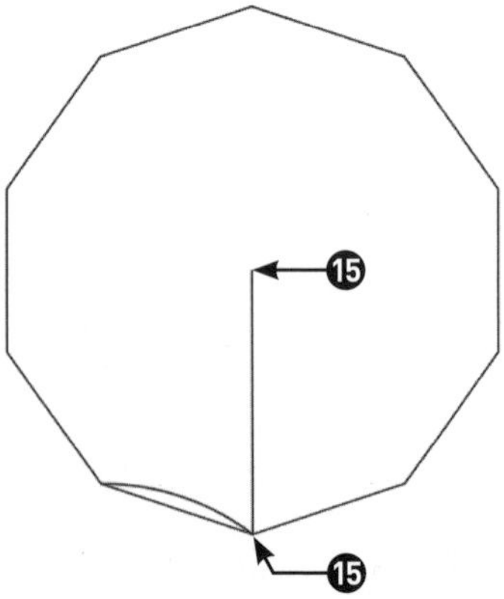

⑯ 點擊【常用】頁籤 →【修改】面板 →【陣列】按鈕中的下拉式選單 →【環形陣列】按鈕，用於環形複製物件。

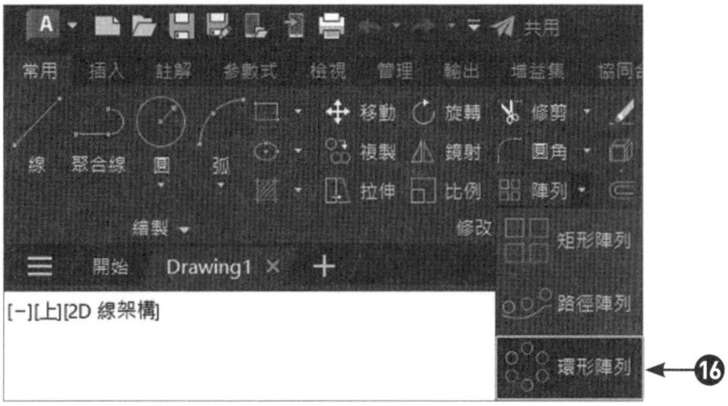

⑰ 選取弧及直線作為陣列物件，按下 Enter 鍵完成選取。

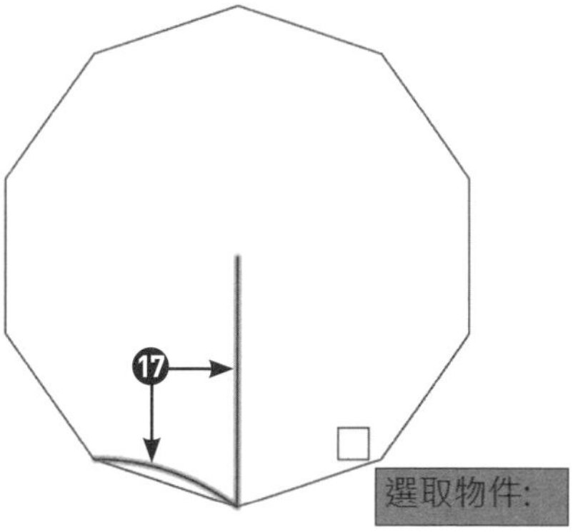

⑱ 運用鎖點模式，點擊多邊形中心點作為陣列中心。

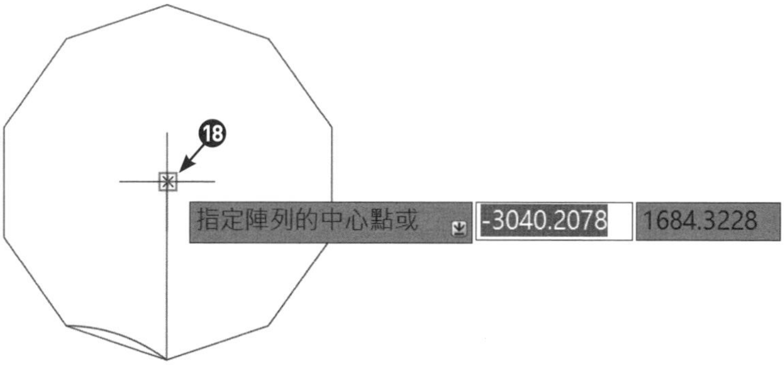

⑲ 環形陣列數為「10」，佈滿角度為「360」度，按下 Enter← 鍵結束（詳細指令介紹可參考 3-15 節的環形陣列）。

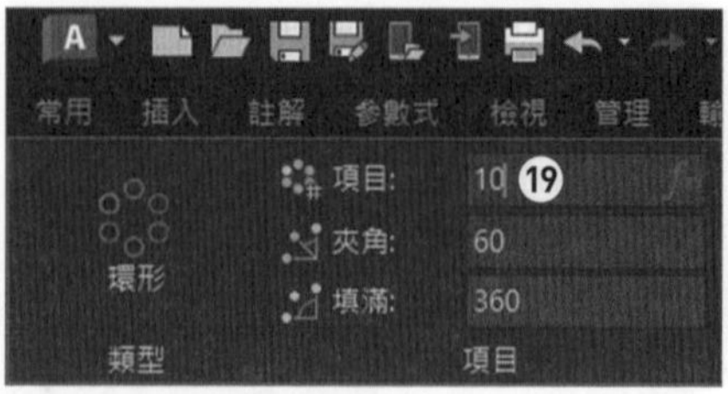

⑳ 選取多邊形，按下 Delete 鍵刪除。

㉑ 雨傘傘面完成圖。

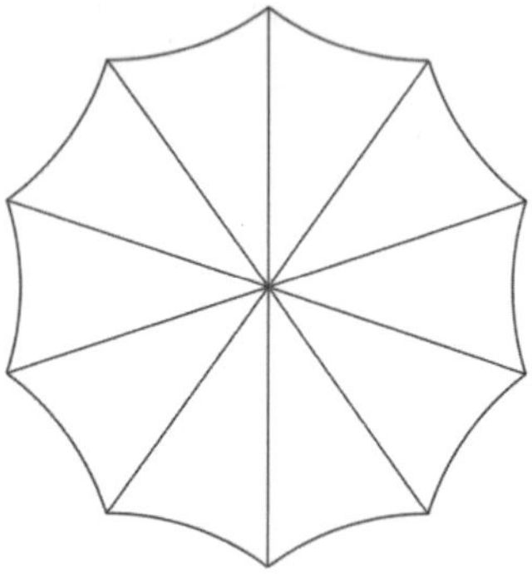

延伸練習

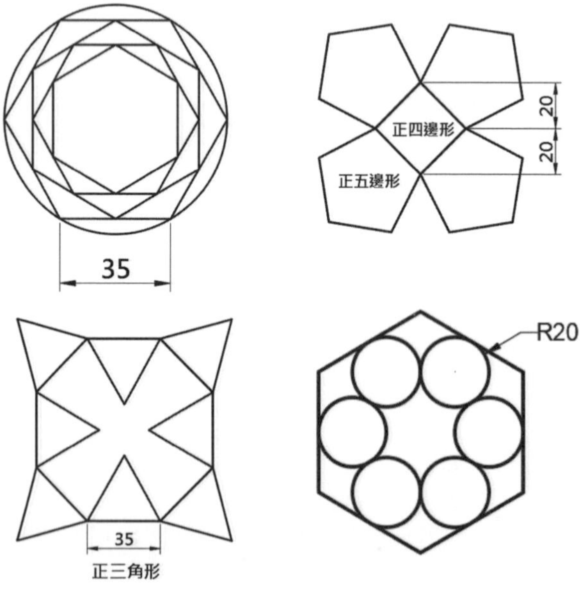

※ 延伸練習的解答請參考影音教學。

2-9 SPLINE - 雲形線

建立一條光滑的曲線。

指令	SPLINE	快捷鍵	SPL	圖示	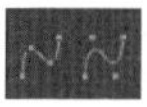
工具列按鈕	常用頁籤 → 繪製面板的下拉式功能表 → 雲形線擬合 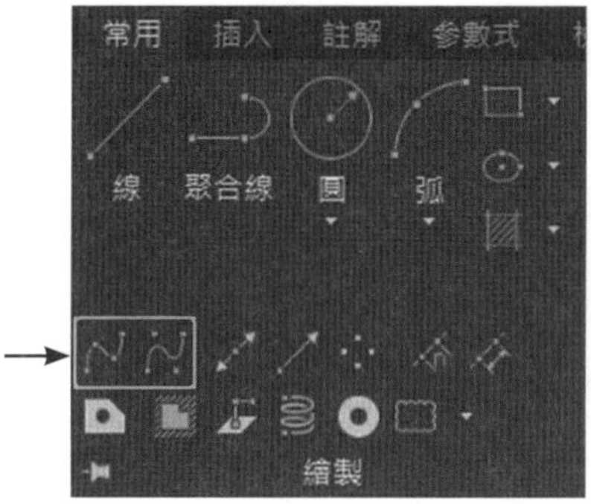				

雲形線擬合

1. 點擊【常用】頁籤 →【繪製】面板中的下拉式功能表 →【雲形線擬合】按鈕。
2. 點擊滑鼠左鍵來指定任一點為雲形線擬合的起點。
3. 點擊滑鼠左鍵來指定任一點為雲形線擬合的第二點。
4. 點擊滑鼠左鍵來指定任一點為雲形線擬合的第三點，以此類推。

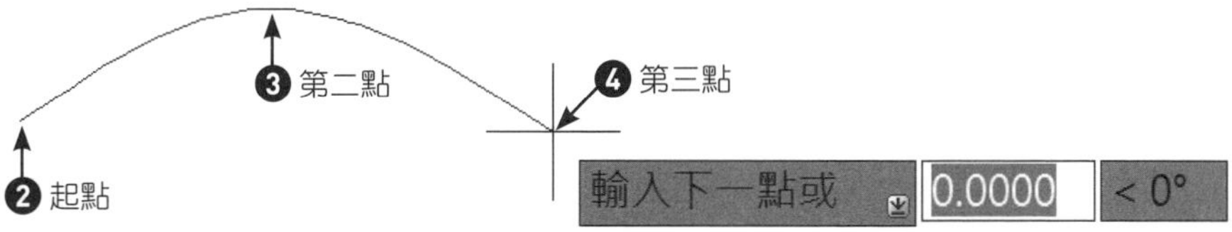

5 按下 Enter← 鍵結束繪製。

6 完成圖。

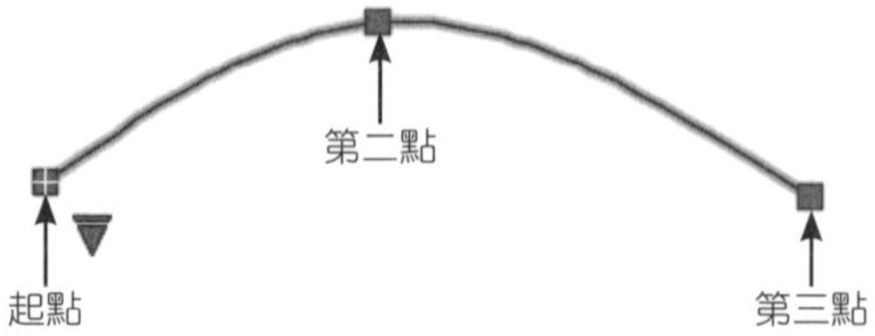

雲形線 CV

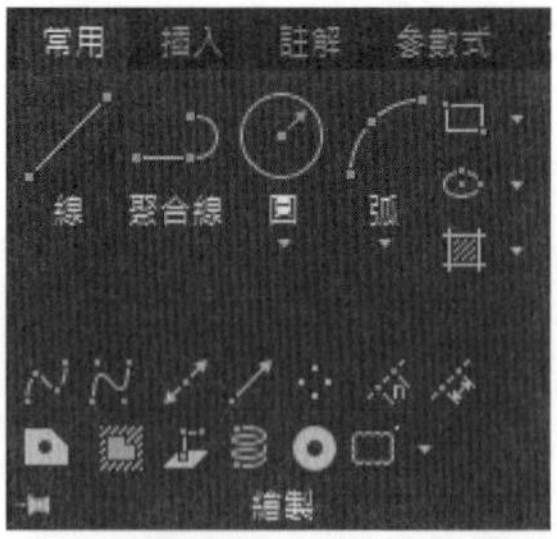

1 點擊【常用】頁籤 →【繪製】面板中的下拉式功能表 →【雲形線 CV】按鈕。

2 點擊滑鼠左鍵來指定任一點為雲形線 CV 的起點。

3 點擊滑鼠左鍵來指定任一點為雲形線 CV 的第二點。

4 點擊滑鼠左鍵來指定任一點為雲形線 CV 的第三點。

5 點擊滑鼠左鍵來指定任一點為雲形線 CV 的第四點。

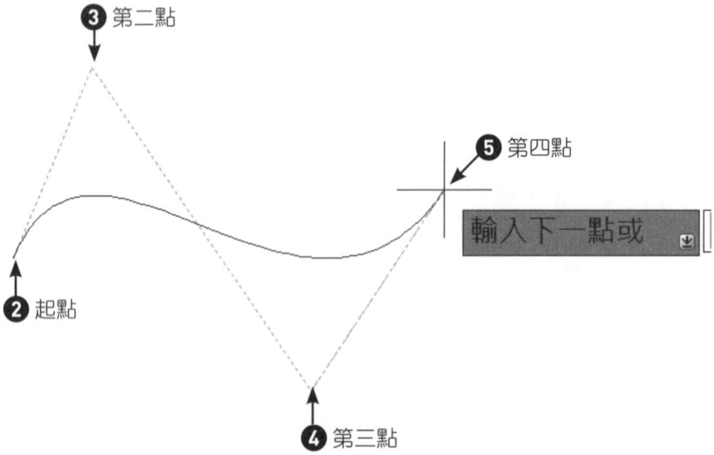

6 按下 Enter← 鍵結束繪製。

7 完成圖。

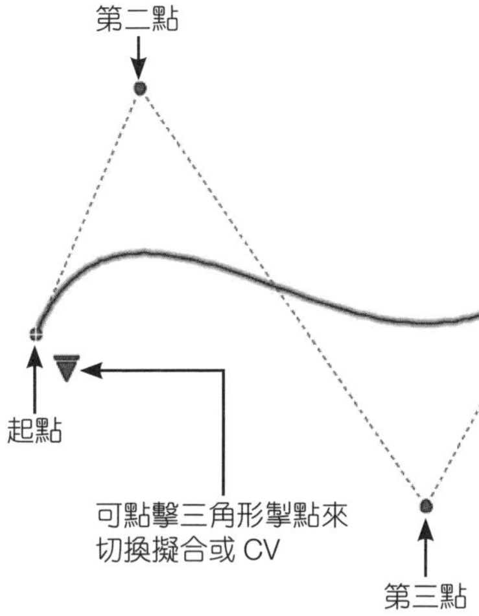

NOTE 雲形線 CV 是根據雲形線的【控制頂點】來繪製曲線。在描繪同樣物件外型時，CV 雲形線會比擬合雲形線來得平滑。

延伸練習

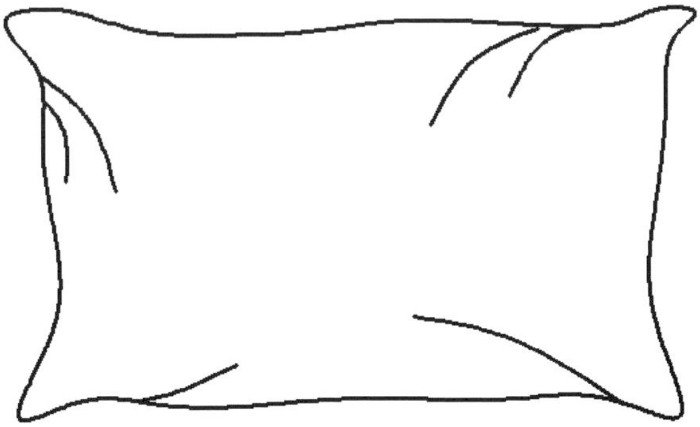

※ 延伸練習的解答請參考影音教學。

2-10 DIVIDE - 等分

將線段等分分配，線段上會出現節點，線段不會被切斷。

指令	DIVIDE	快捷鍵	DIV	圖示	
工具列按鈕	常用頁籤 → 繪製面板的下拉式功能表 → 等分 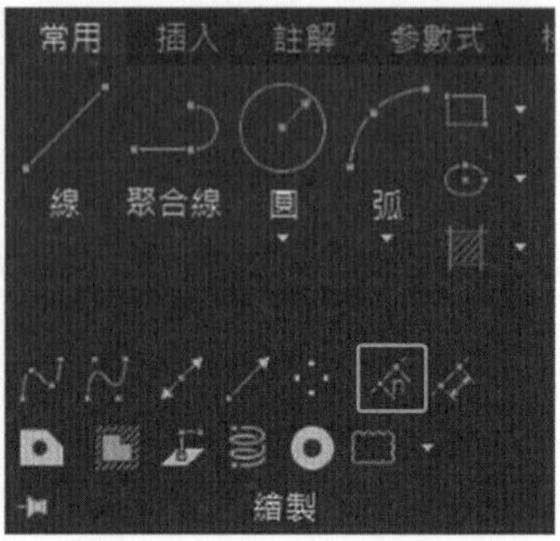				

以點方式等分

準備工作

- 任意繪製一個圓。
- 開啟【物件鎖點】的【節點】模式，才可鎖點至等分點。

正式繪製

1. 點擊【常用】頁籤 →【繪製】面板中的下拉式功能表 →【等分】按鈕。
2. 選取要等分的物件。

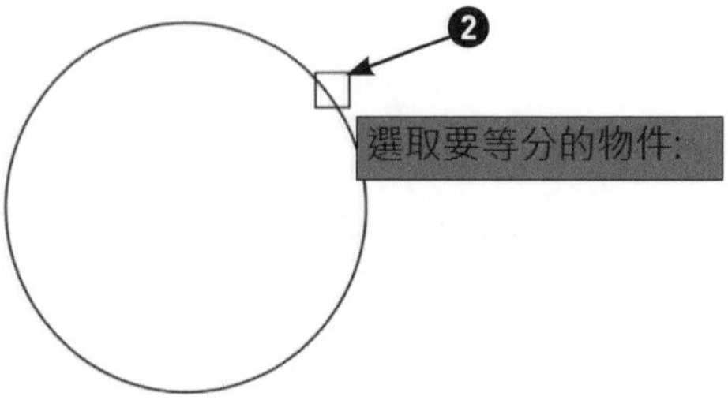

3 輸入「5」為要分段的數目，並按下 Enter← 鍵。

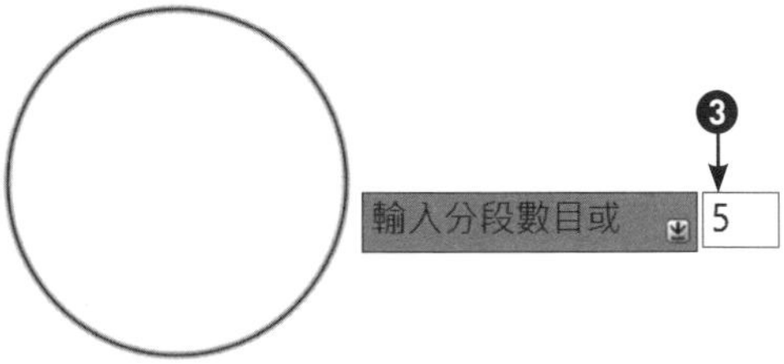

4 點擊【常用】頁籤 →【公用程式】面板 →【點型式】按鈕。(點型式快捷鍵：PT。)

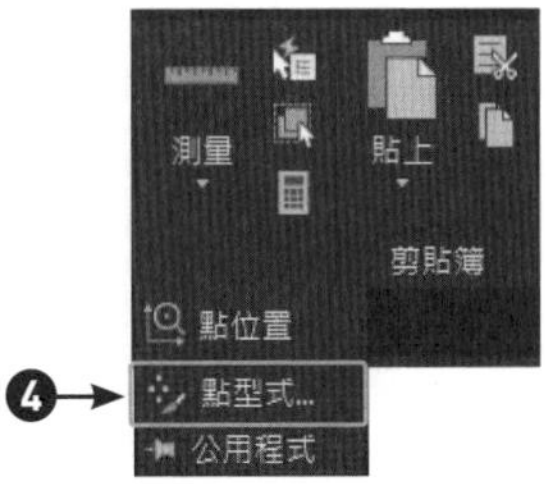

5 選擇如下圖所示的點型式，再點擊【確定】鍵。

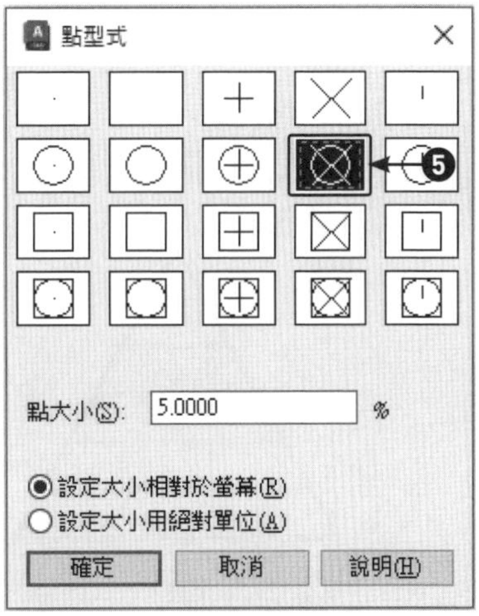

6 點擊【常用】頁籤 →【繪製】面板 →【線】按鈕。

7 繪製如右圖所示的星形線段。

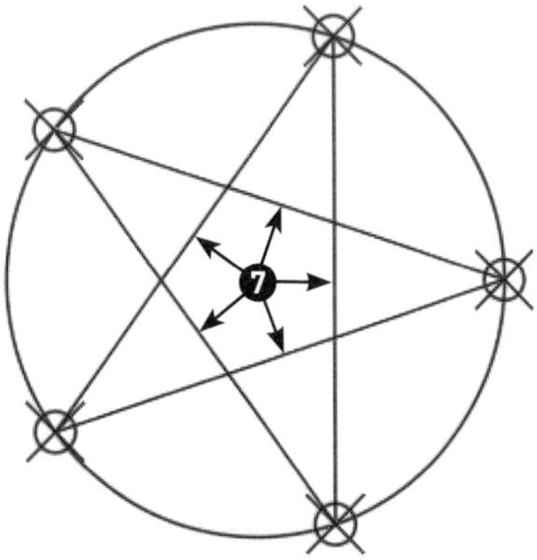

NOTE 等分點必須在【物件鎖點】的【節點】有開啟時，才能捕捉得到。

8 星星完成圖。

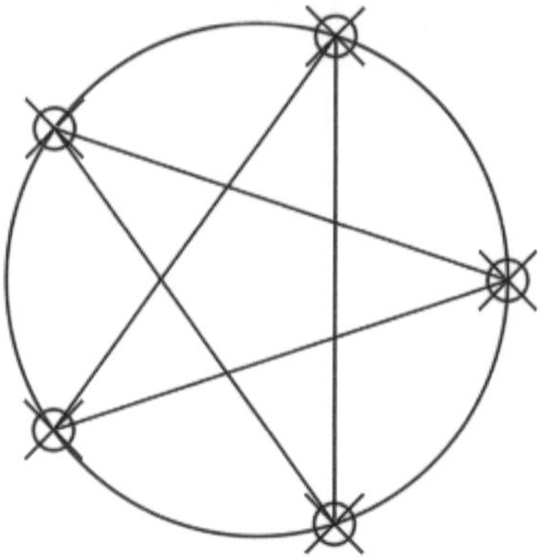

延伸練習

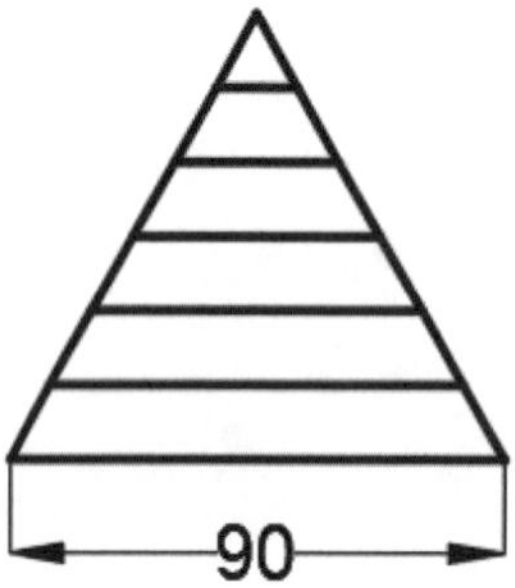

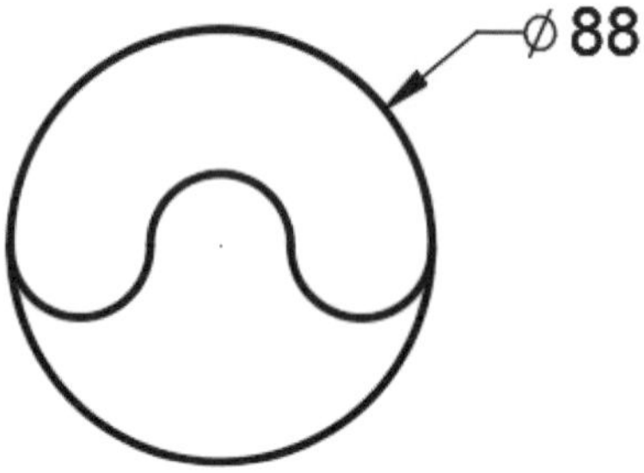

三角形邊長皆為 90，水平線間距相同。

※ 延伸練習的解答請參考影音教學。

2-11 MEASURE - 等距

將線段等距離分配，線段上會出現節點，線段不會被切斷。

指令	MEASURE	快捷鍵	ME	圖示	
工具列按鈕	常用頁籤 ➜ 繪製面板的下拉式功能表 ➜ 等距 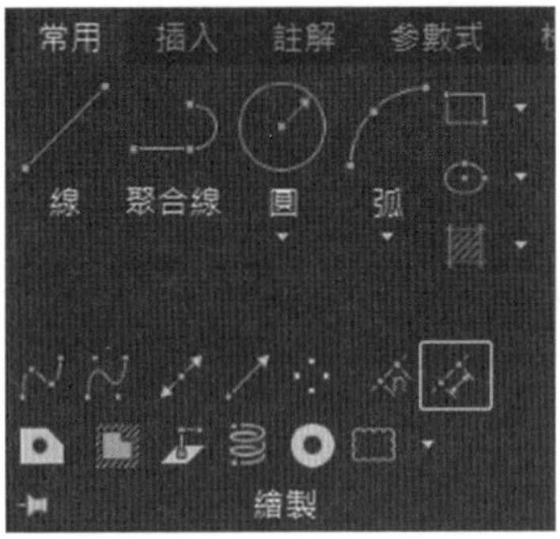				

以點方式等距

準備工作

- 任意繪製一條 100 的線。
- 開啟【點型式】。

正式繪製

1. 點擊【常用】頁籤 ➜【繪製】面板中的下拉式功能表 ➜【等距】按鈕。
2. 選取線段為要等距的物件。

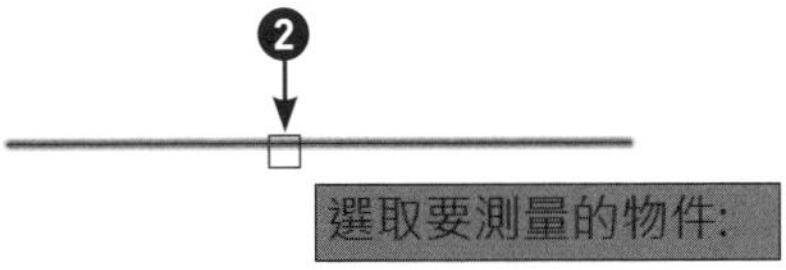

3 輸入「20」為等距的距離，按下 Enter← 鍵。

4 完成圖。

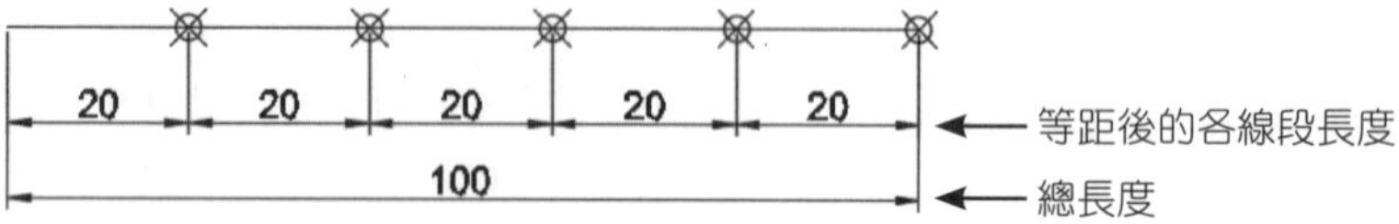

等距的起始點差異

準備工作

- 任意繪製兩條 100 的線。
- 【公用程式】面板 →【點型式】，設定【 ⊗ 】。

正式繪製

1 點擊【常用】頁籤 →【繪製】面板中的下拉式功能表 →【等距】按鈕。

2 選取第一條線的前端。

3 輸入「30」為等距的距離，按下 Enter← 鍵。

4 點擊【常用】頁籤 →【繪製】面板中的下拉式功能表 →【等距】按鈕。

5 選取第二條線的尾端。

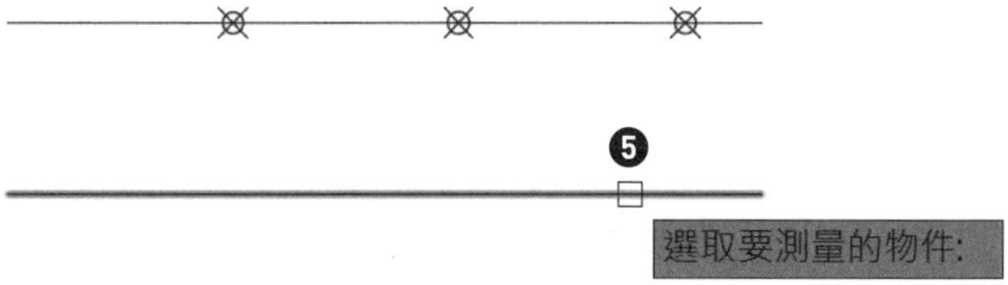

6 輸入「30」為等距的距離，按下 Enter 鍵。

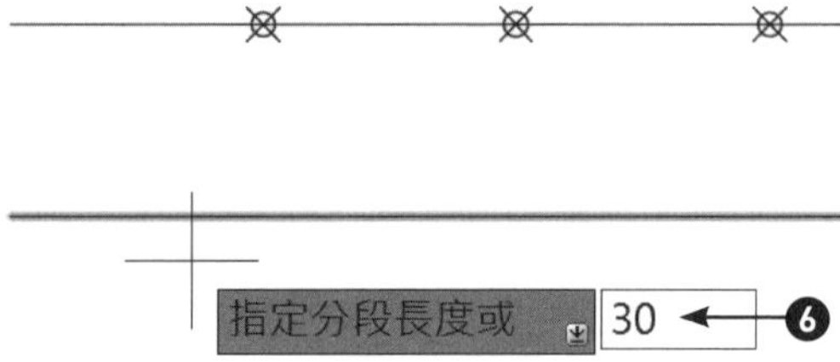

7 完成圖。

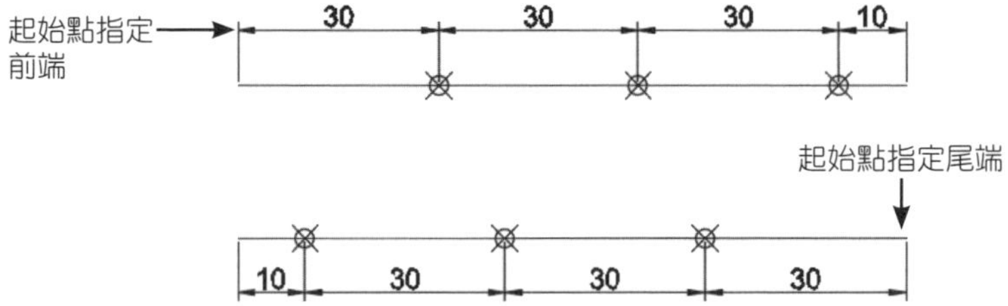

NOTE 將等距的【選取要測量物件】指令出現時，則會從點擊的地方當作起始點開始計算距離的長度，長度不足時則會產生剩餘的距離。

延伸練習

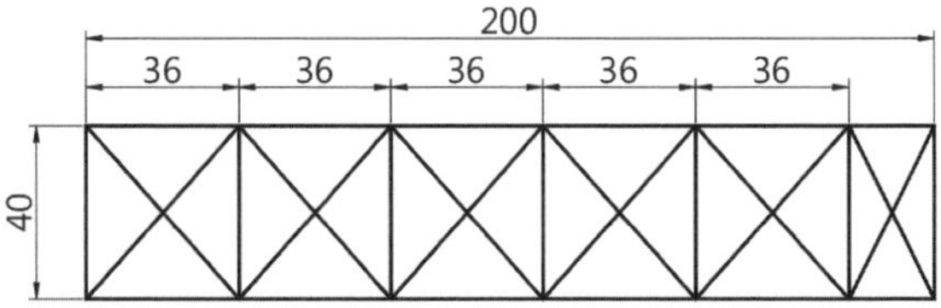

※ 延伸練習的解答請參考影音教學。

2-12 BOUNDARY - 邊界

可將物件之間的外型轉換為封閉邊界，此邊界物件類型為聚合線或面域。

指令	BOUNDARY	快捷鍵	BO	圖示	
工具列按鈕	常用頁籤 → 繪製面板 → 填充線的下拉式選單 → 邊界 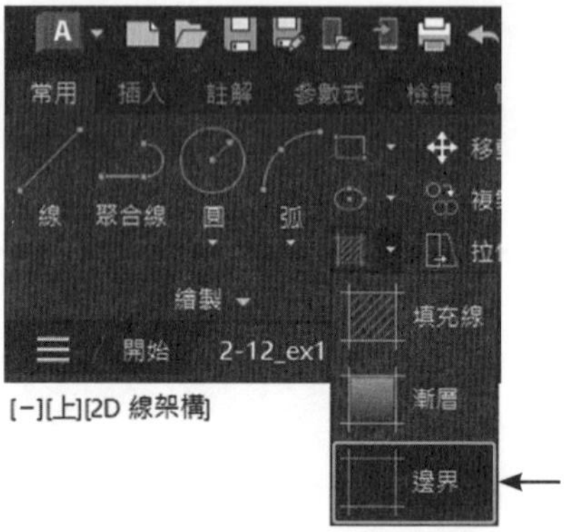				

邊界的運用

準備工作

- 繪製一個邊長為 10 的正十邊形。
- 以正十邊形的幾何中心點為圓心，繪製一個直徑為 80 的圓。
- 在十邊形的上方，繪製一個邊長為 10 的正三角形。
- 也可以直接開啟範例檔〈2-12_ex1.dwg〉。

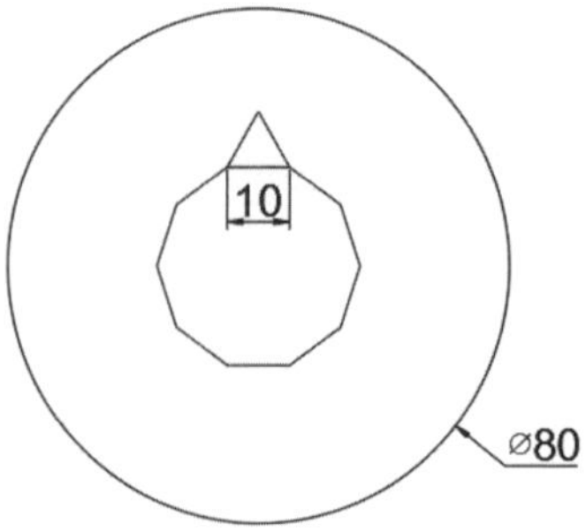

正式繪製

(1) 點擊【常用】頁籤 →【修改】面板 →【陣列】按鈕中的下拉式選單 →【環形陣列】按鈕。

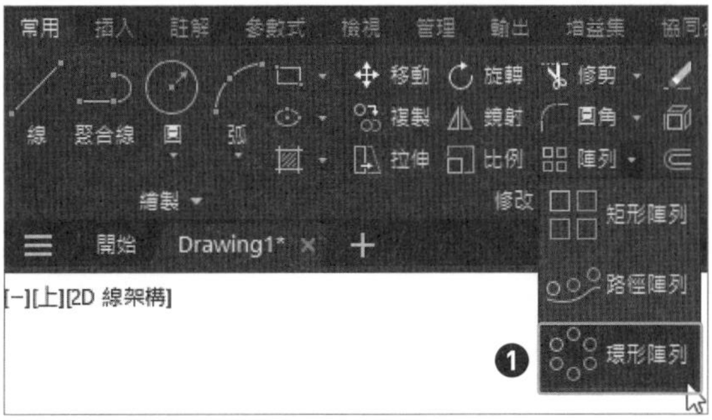

(2) 選擇三角形作為旋轉的物件，按下 Enter← 鍵。

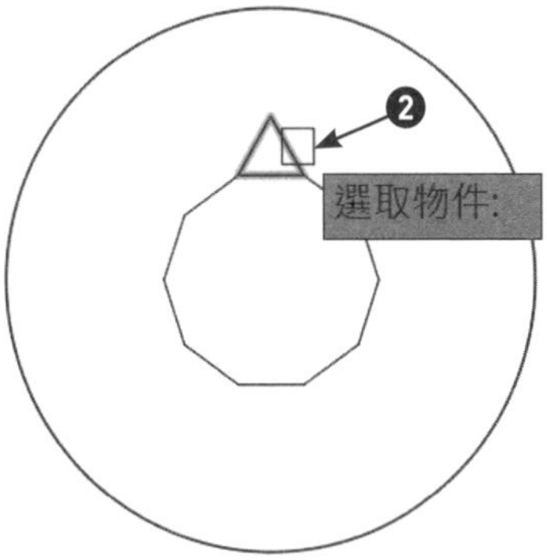

(3) 運用鎖點模式，點擊多邊形中心點作為陣列的中心。

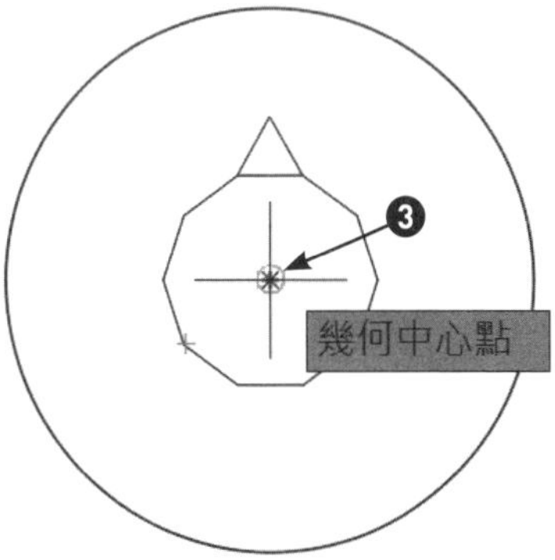

(4) 環形陣列數為「10」，填滿角度為「360」度，按下 Enter ← 鍵結束（詳細指令介紹可參考 3-15 節的環形陣列）。

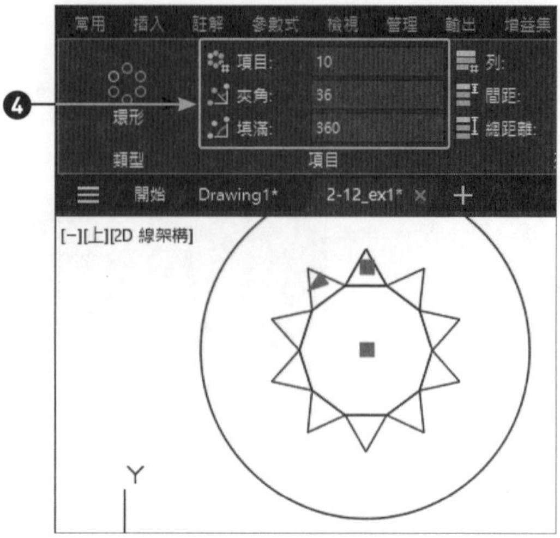

(5) 點擊【常用】頁籤 →【繪製】面板 →【填充線】按鈕中的下接式選單 →【邊界】按鈕。

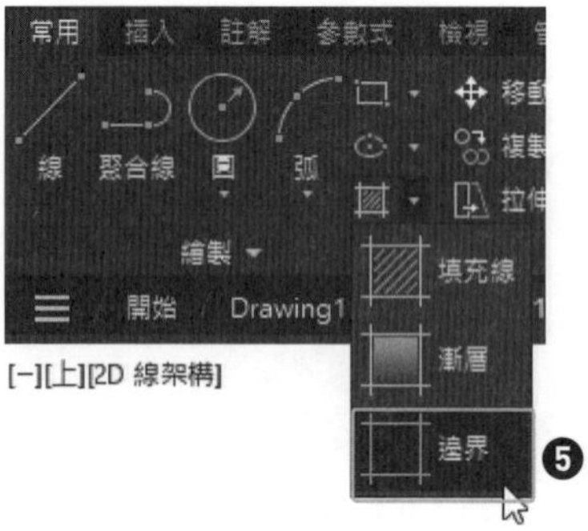

(6) 在邊界建立視窗中，選擇【點選點】。

7 點擊兩個形狀的夾層空間內任一點（右圖中灰色範圍皆可點擊），按下 Enter← 鍵。

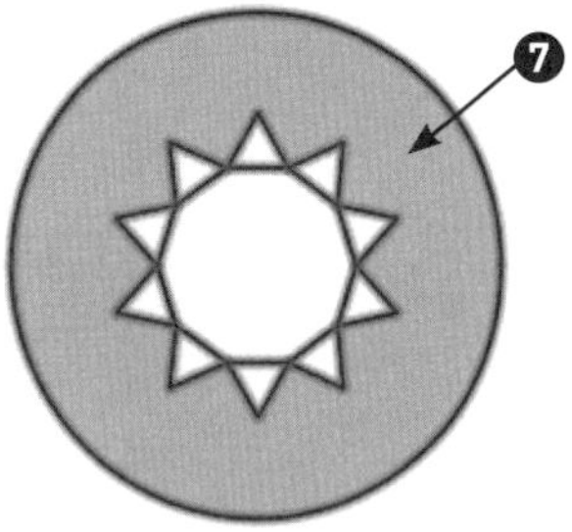

8 步驟 7 灰色區域的邊界會產生聚合線。點擊幾何圖形的外輪廓造型。

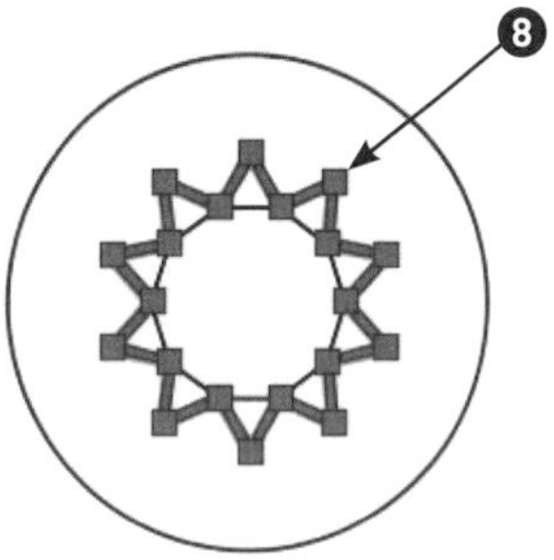

9 點擊【常用】頁籤 →【修改】面板 →【移動】按鈕，任意位置點擊左鍵，將滑鼠向右移動到適當的位置，再點擊左鍵。(詳細指令介紹可參考 3-3 節的移動)。

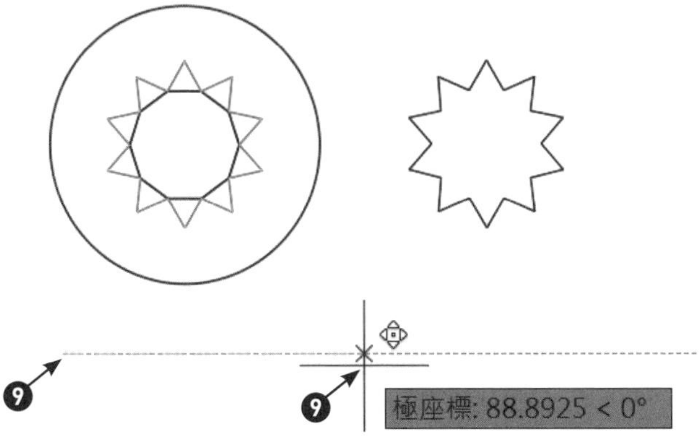

⑩ 完成圖。

延伸練習

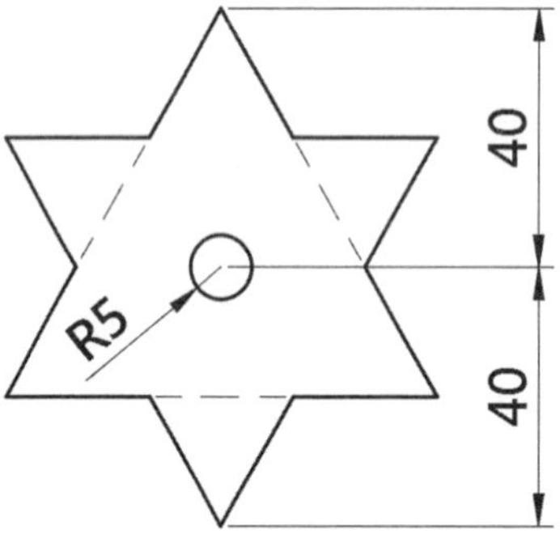

圓心也是正三角形的幾何中心

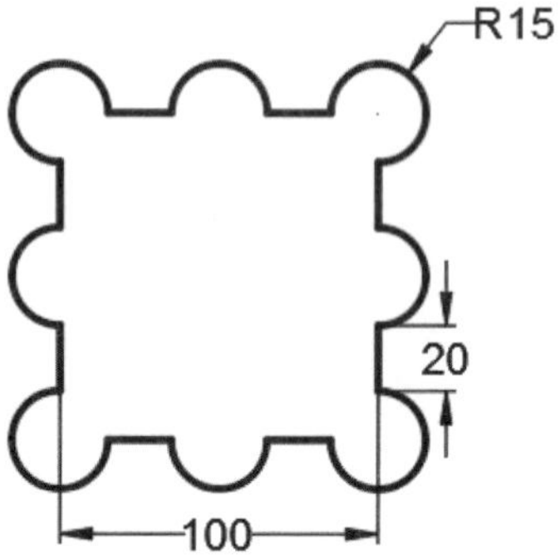

※ 延伸練習的解答請參考影音教學。

2-13 MLINE - 複線

建立平行線，並且可指定複線的間距大小以及選擇對正方式。

指令	MLINE	快捷鍵	ML

▼右鍵選單內容

可輸入快速鍵中的字母，或是在畫面空白處點擊滑鼠右鍵，選擇所需要的指令。

選項	快速鍵	解說
對正方式	J	選擇複線的對正方式，靠上對正、歸零對正、靠下對正。
比例	S	輸入複線的比例，數值越小，平行線的間距越小。
封閉	C	當繪製兩條以上的複線後，會出現該選項，將複線接回起點，形成一個封閉的區域。

複線的比例

準備工作

- 點擊【▼】→【展示功能表列】，開啟功能表。(使用完功能表，再從此處點擊【隱藏功能表列】即可隱藏。)

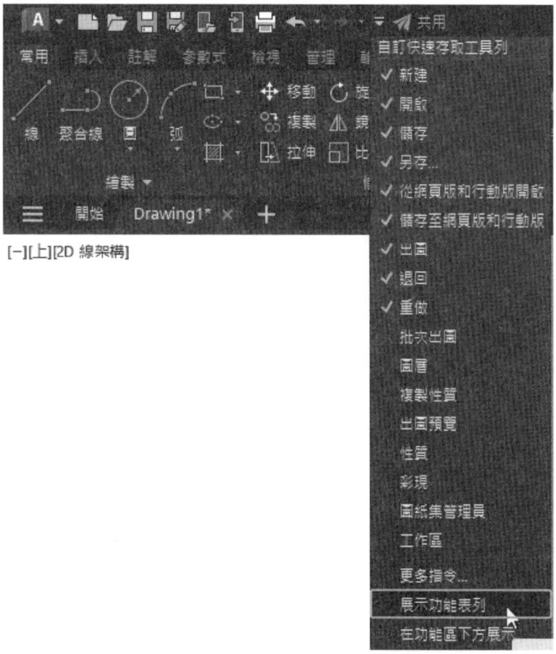

正式繪製

1 點擊功能表的【繪製】→【複線】指令。
（或是指令區輸入複線的快速鍵「ML」。）

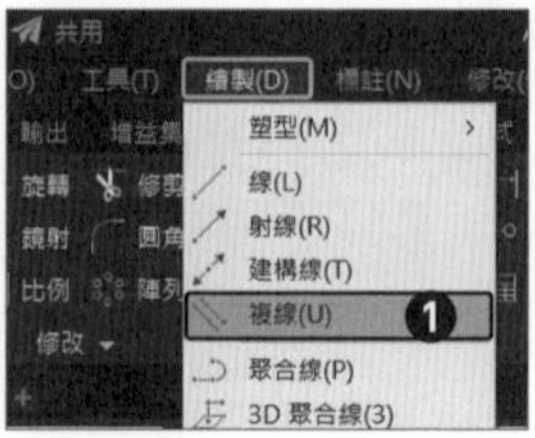

2 點擊右鍵，選擇【比例】。

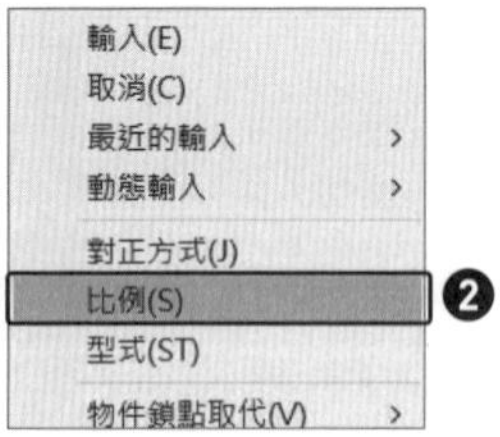

3 輸入「20」為複線比例的數值，按下 Enter 鍵。

4 點擊滑鼠左鍵來指定任一點為複線的第一點。

5 點擊滑鼠左鍵來指定任一點為複線的第二點。

6 點擊滑鼠左鍵來指定任一點為複線的第三點。

7 點擊右鍵，選擇【封閉】。

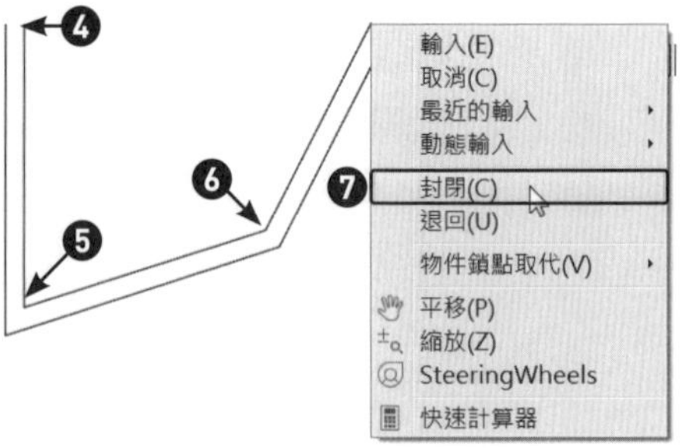

8 完成圖。

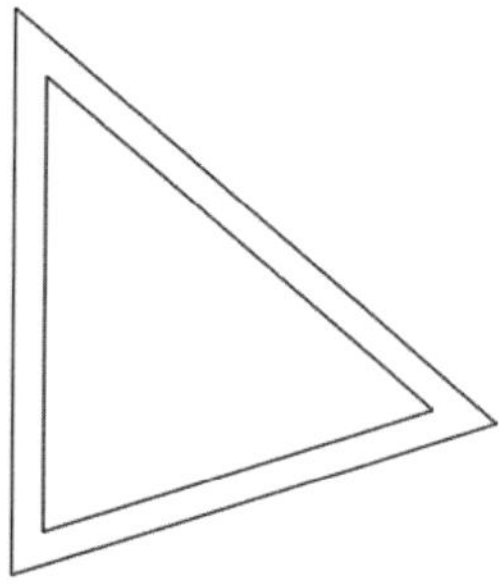

對正的方式

準備工作

- 繪製三條長度 50 的線段當作基準線。

正式繪製

1 輸入複線的快速鍵「ML」，按下 Enter 鍵。

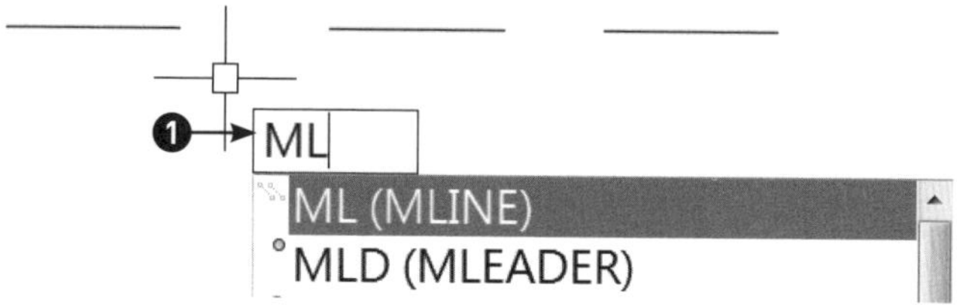

2 點擊右鍵，選擇【對正方式】。

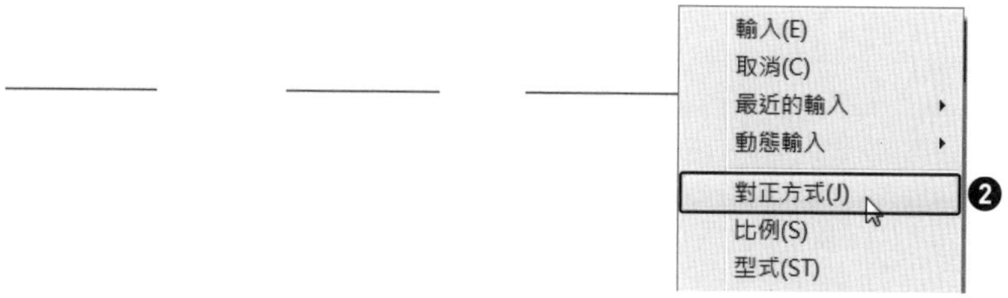

3 選擇【靠上】。

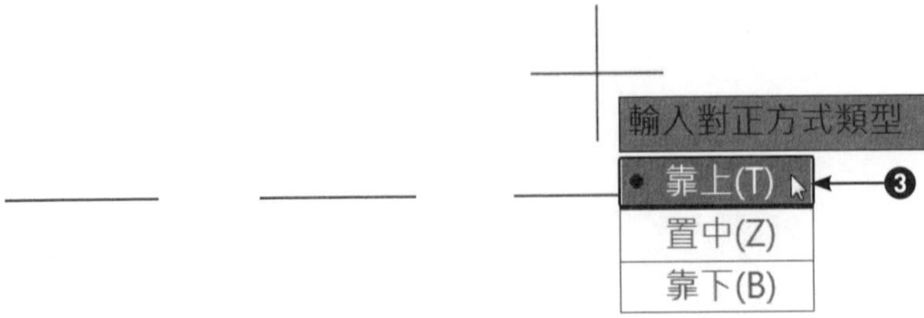

4 點擊第一條基準線的前端。

5 點擊第一條基準線的尾端，按下 Enter 鍵結束。

6 依上述步驟製作置中及靠下的對正方式，完成圖如下。

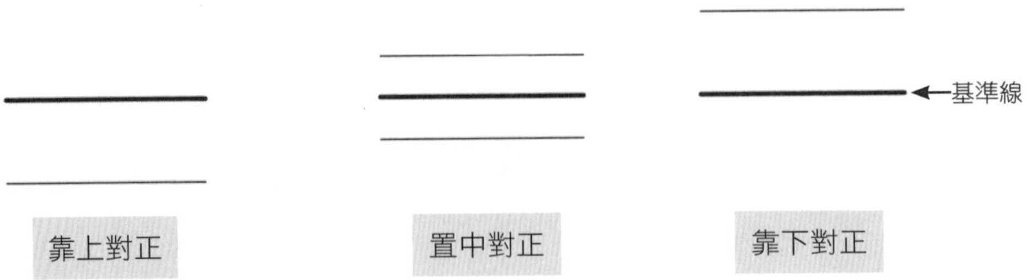

複線的運用

準備工作

- 開啟範例檔〈2-13_ex1.dwg〉。

正式繪製

1 輸入複線的快速鍵「ML」，按下鍵盤的空白鍵執行。

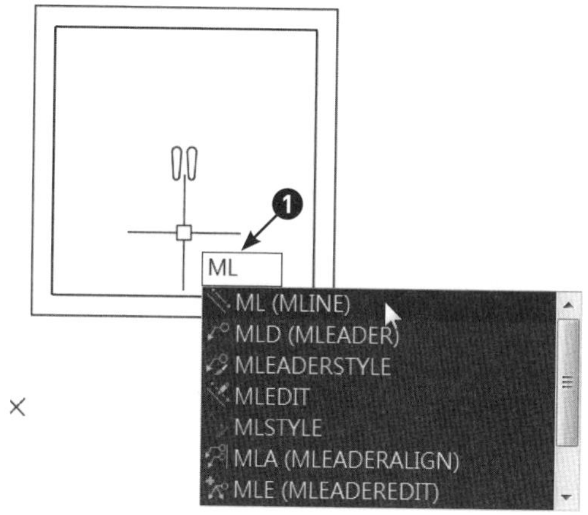

2 點擊右鍵，選擇【比例】。

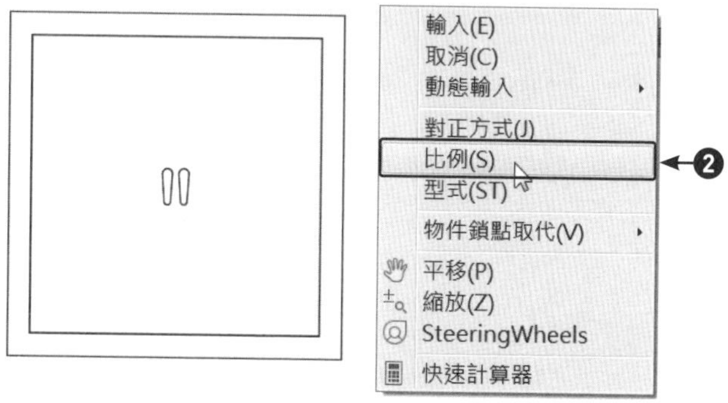

3 輸入「15」為複線比例的數值，按下 Enter 鍵。

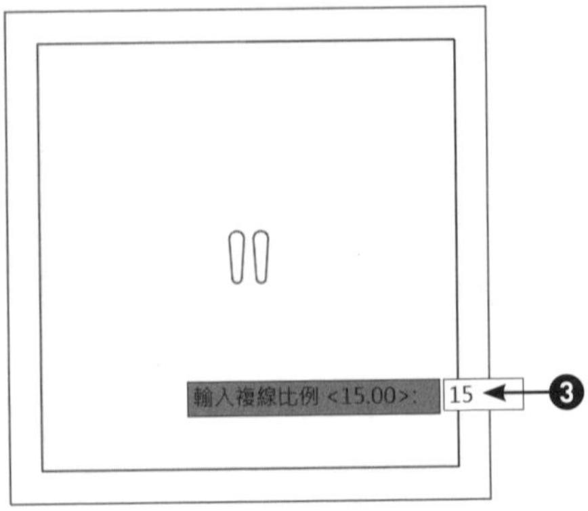

4 點擊右鍵，選擇【對正方式】。

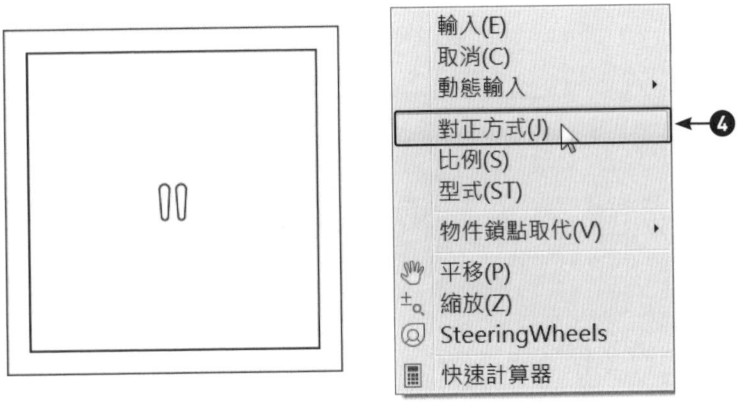

5 選擇【靠上】。

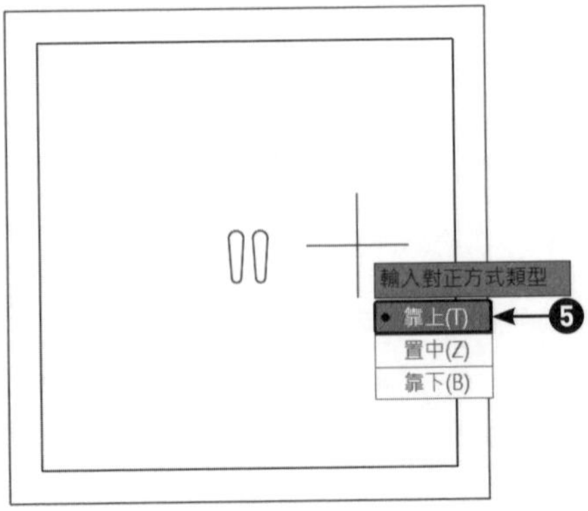

6 點擊內框的左上方。

7 點擊內框的上方中點。

8 點擊內框的下方中點。

9 點擊內框的左下方。

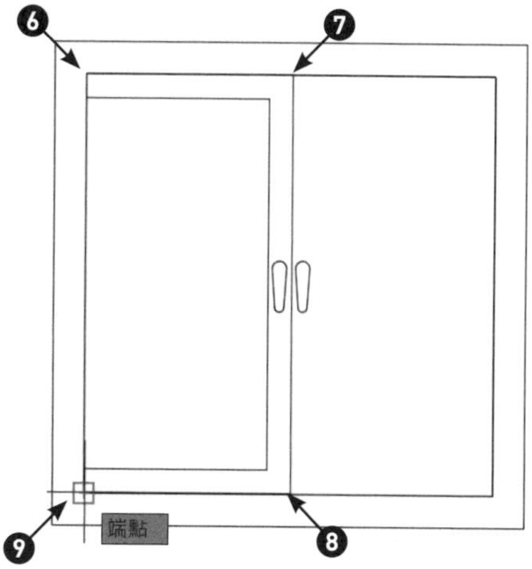

10 點擊右鍵，選擇【封閉】。

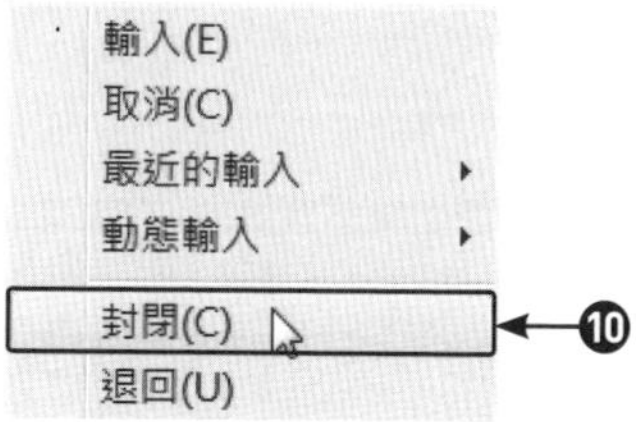

11 依照上述步驟來完成右邊的窗戶。

12 完成圖。(複線使用完後，點擊【 】→【隱藏功能表列】可隱藏起來。)

NOTE 由於對正方式選擇【靠上】，繪製複線時必須為順時針繞行方向，才會如上圖所示。

延伸練習

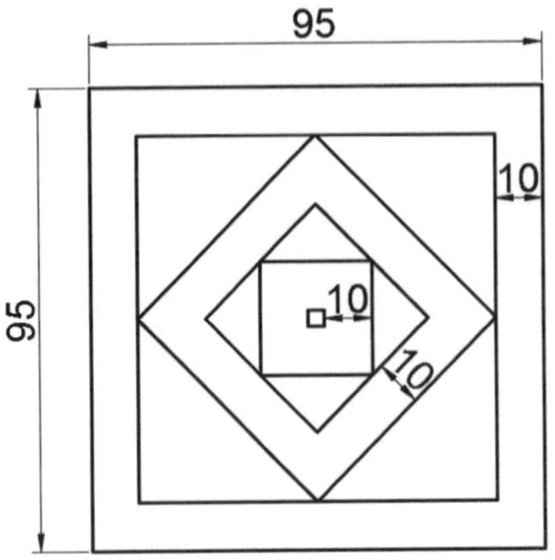

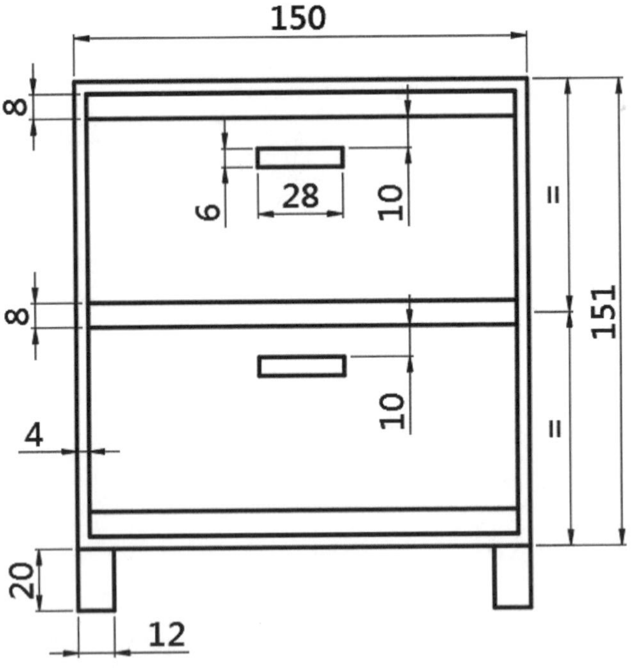

※ 延伸練習的解答請參考影音教學。

2-14 TRACKING - 暫時追蹤點

追蹤指定多個暫時點，輸入值來決定每個點相對於前一個點的距離，最後追蹤到所需的點。(暫時追蹤點為隱藏指令，不在【物件鎖點工具列】中，指令為「TRACKING」，快捷鍵為「TK」。)

準備工作

- 繪製一邊長 20×20 的矩形。

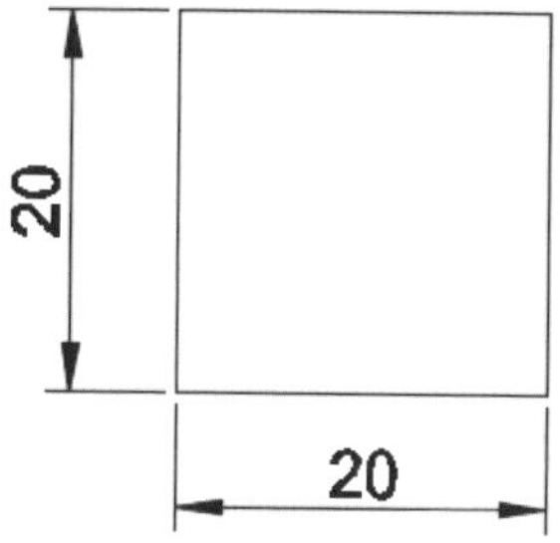

正式繪製

1. 點擊【常用】頁籤 →【繪製】面板 →【圓】按鈕。在決定圓的中心點時，輸入指令「TK」，按下 Enter 鍵來追蹤點。

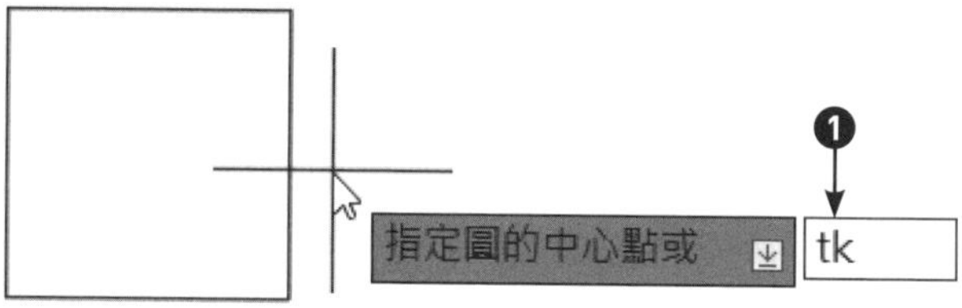

2. 指定矩形左下角點為第一追蹤點。

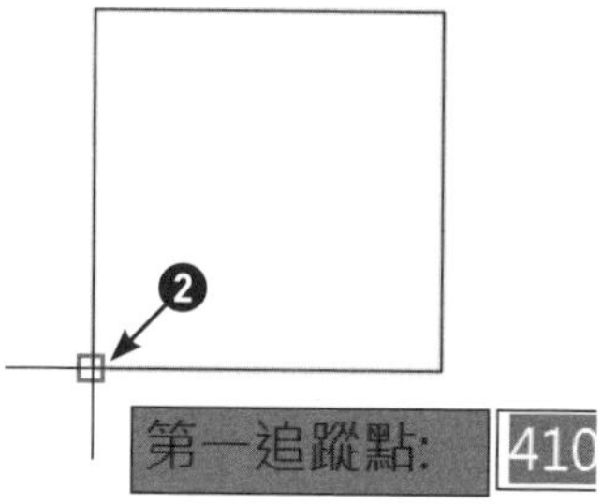

3 滑鼠向右水平移動。

4 輸入「10」並按下 Enter 鍵，往右追蹤 10 的距離。

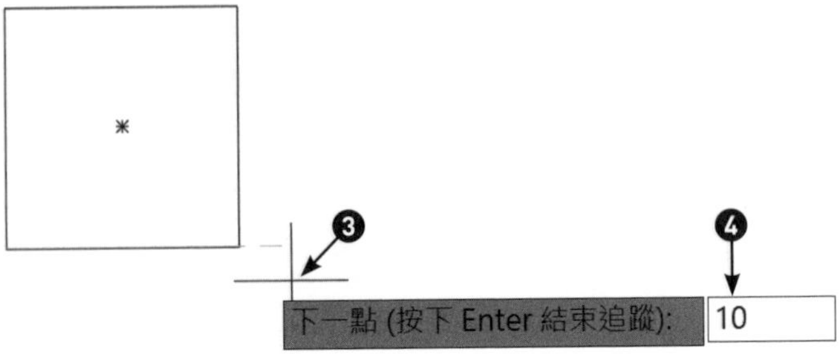

5 滑鼠向上移動，輸入「5」並按下 Enter 鍵。

6 再按下 Enter 鍵來結束追蹤圓心，決定圓心位置，輸入半徑為「2.5」並按下 Enter 鍵。

7 完成圖。

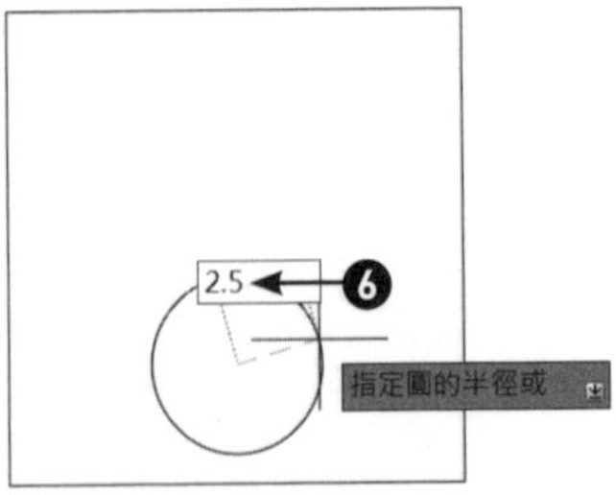

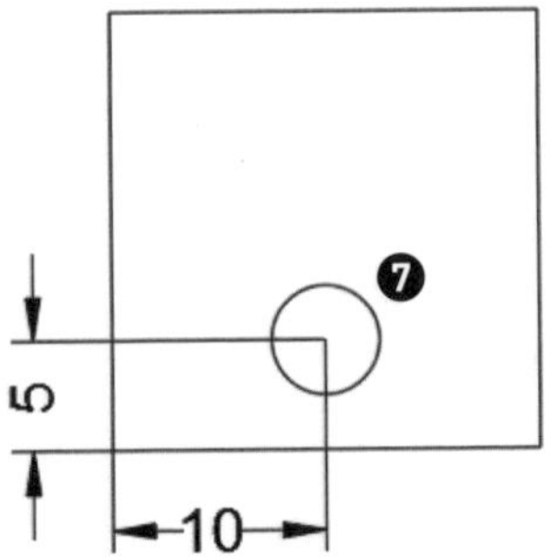

2-15 HATCH - 填充線

指令	HATCH	快捷鍵	H	圖示	
工具列按鈕	常用頁籤 → 繪製面板 → 填充線 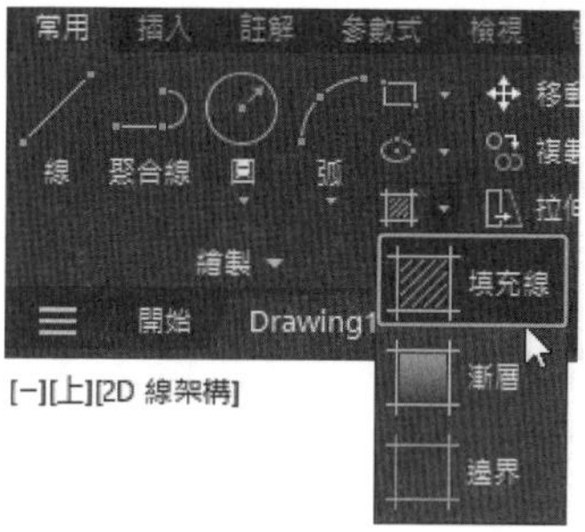				

填充線頁籤

設定填充線樣式

準備工作

- 任意繪製三個圓。

正式操作

1. 點擊【常用】頁籤 →【繪製】面板 →【填充線】按鈕。
2. 在【樣式】面板中，選擇喜愛的樣式。

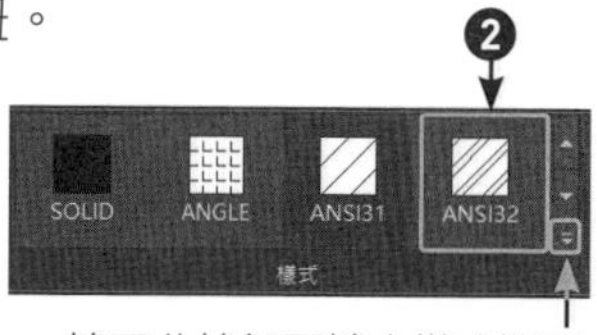

按下此按鈕可擴大樣式版面

3 將滑鼠移到第一顆圓內，並點擊滑鼠左鍵。

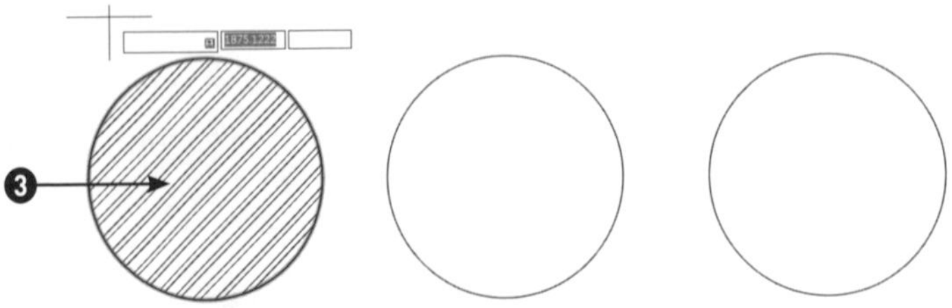

4 按下 Enter↵ 鍵來指定第一顆圓的填充線樣式。

修改填充線角度

準備工作

- 根據上述的圖來操作。

正式操作

1 點擊【常用】頁籤 →【繪製】面板 →【填充線】按鈕。

2 在【性質】面板中，輸入 100 為角度數值。

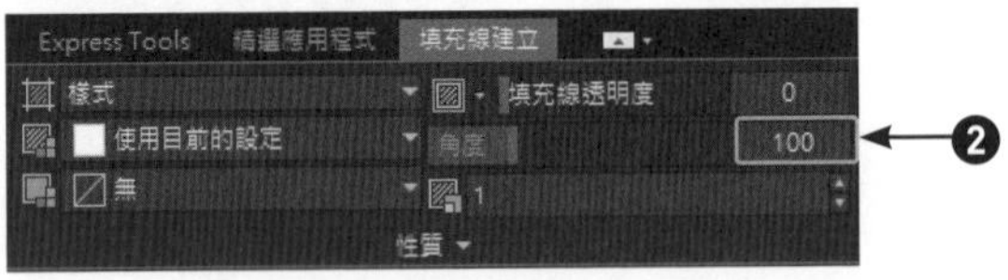

3 將滑鼠移到第二顆圓內，並點擊滑鼠左鍵。

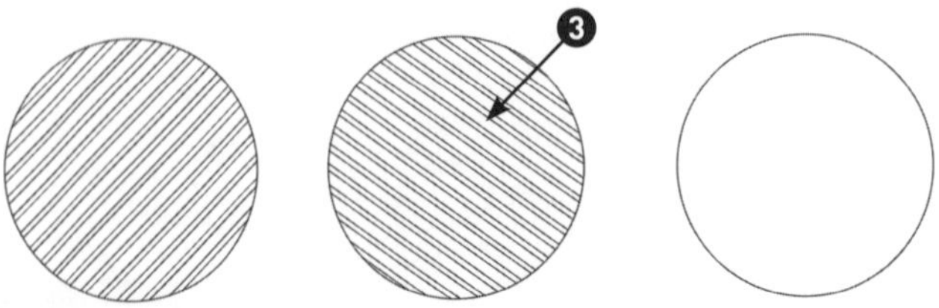

4 按下 Enter↵ 鍵來指定第二顆圓的填充線樣式。

修改填充線比例

準備工作

- 根據上述的圖來操作。

正式操作

1 點擊【常用】頁籤 →【繪製】面板 →【填充線】按鈕。

2 在【性質】面板中，輸入 2 為比例數值。

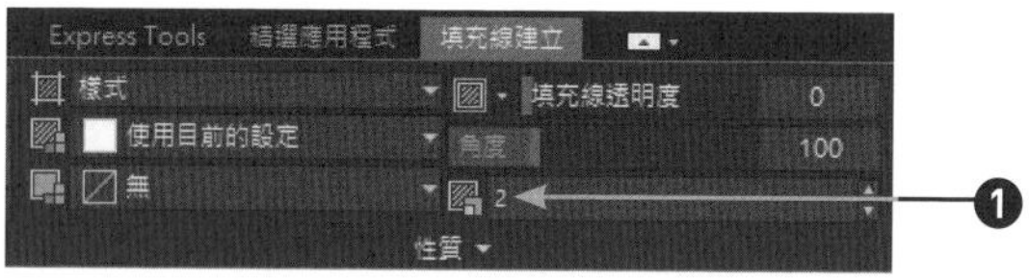

3 將滑鼠移到第三顆圓內，並點擊滑鼠左鍵。

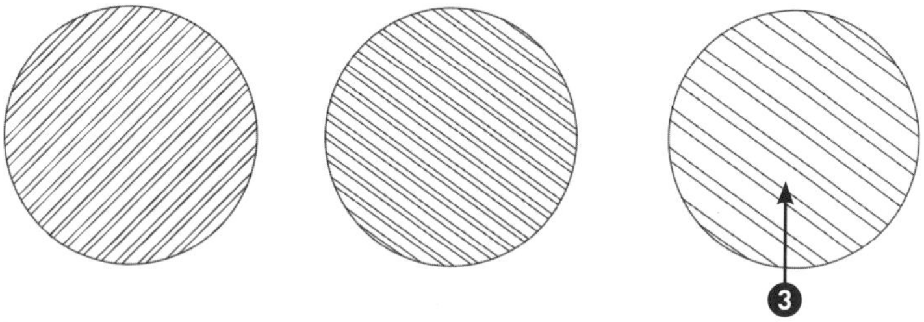

4 按下 Enter 鍵來指定第三顆圓的填充線樣式。

5 完成圖。

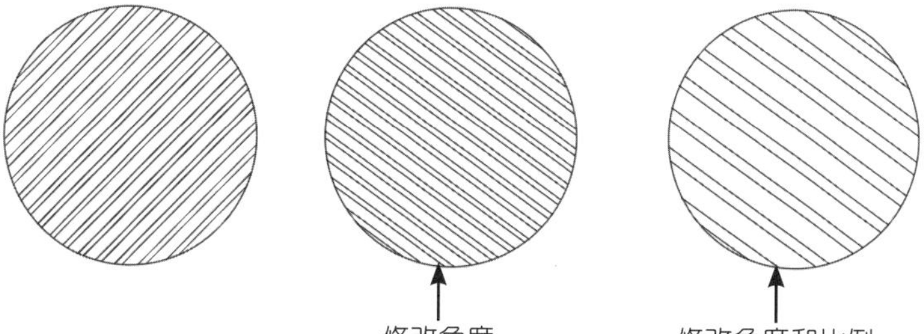

填充線邊界設定

準備工作

- 繪製兩個圓與矩形。

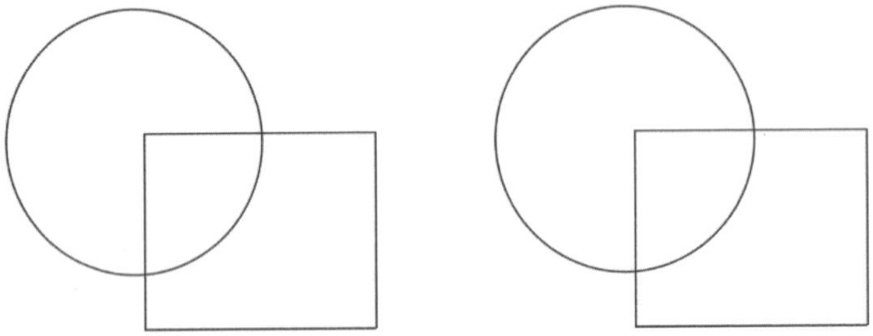

正式操作

1. 點擊【常用】頁籤 →【繪製】面板 →【填充線】按鈕。
2. 點擊【選取】按鈕，此方式是選取物件邊界，將物件內側填入填充線。

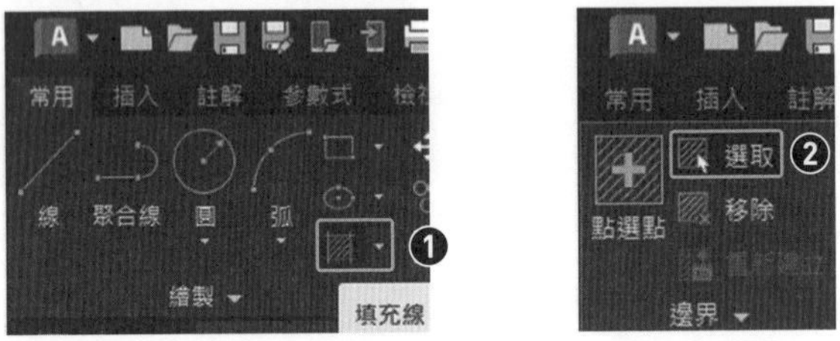

3. 選取矩形，將矩形內填入填充線。

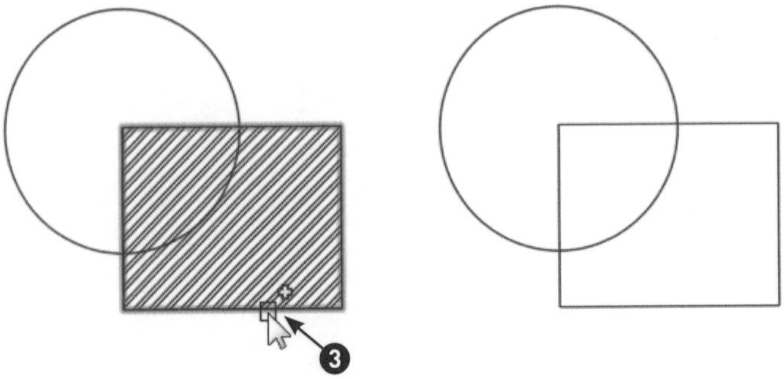

4 點擊【點選點】按鈕，此方式是選取某區域填入填充線。

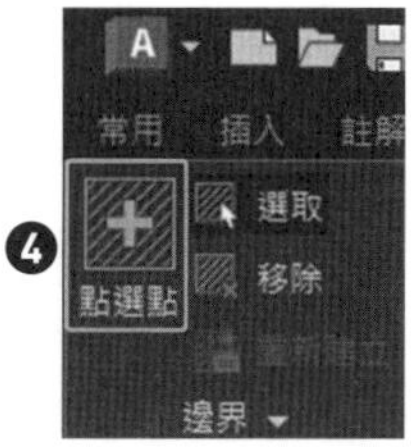

5 點擊矩形內部，將填充線填入此區域內，按下 Enter 鍵完成填充線。

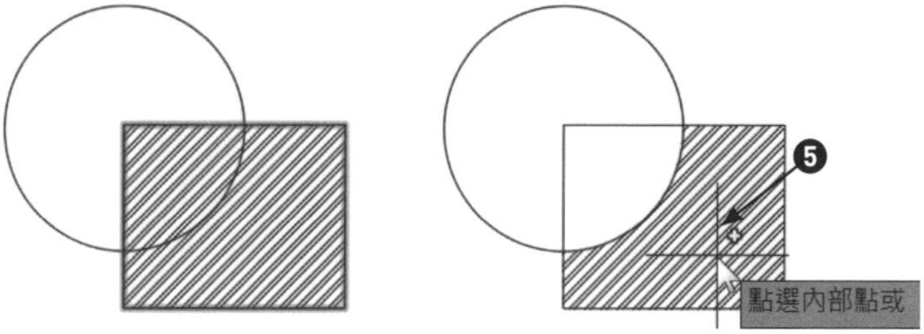

一般孤立物件偵測

準備工作

- 任意繪製三個同心圓。

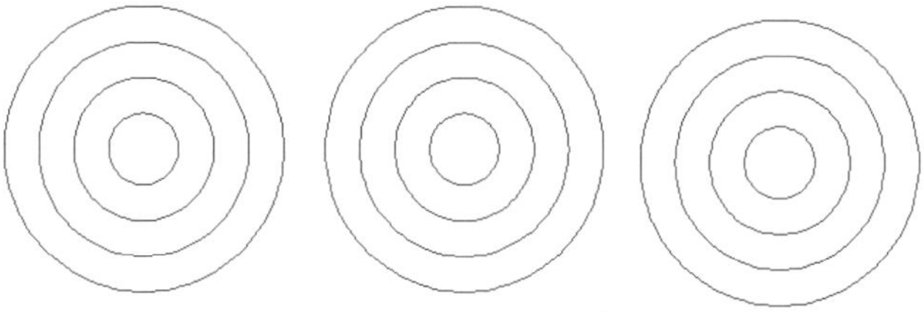

正式操作

1 點擊【常用】頁籤 →【繪製】面板 →【填充線】按鈕。

2 展開【選項】面板。

3 選擇【一般孤立物件偵測】。

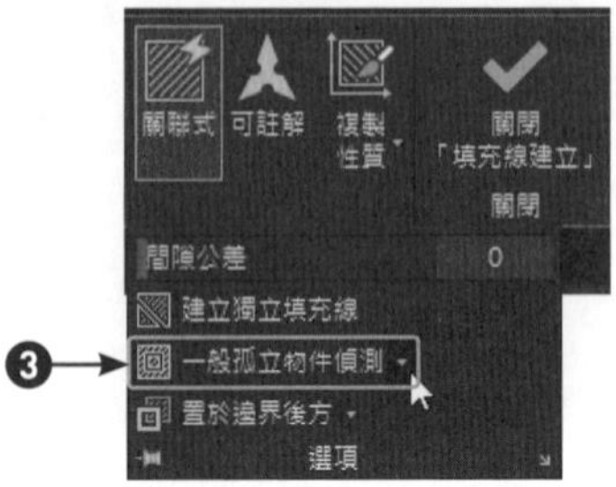

4 將滑鼠移到第一顆圓，並在圓的外圍區域擊滑鼠左鍵。

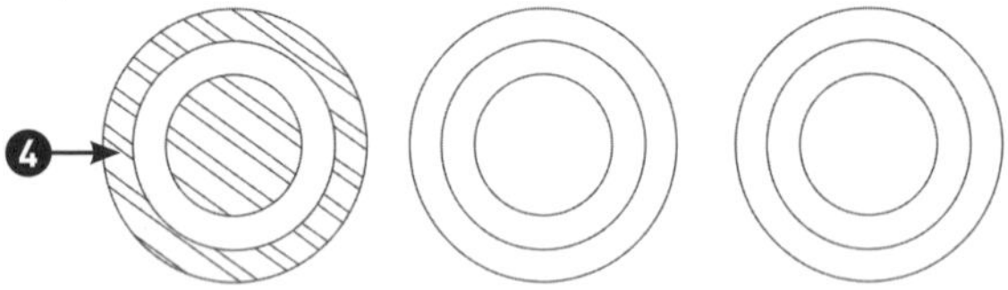

5 按下 Enter 鍵來指定第一顆圓的一般孤立物件偵測。

外部孤立物件偵測

準備工作

- 根據上述的圖來操作。

正式操作

1 點擊【常用】頁籤 →【繪製】面板 →【填充線】按鈕。

2 展開【選項】面板。

3 選擇【外部孤立物件偵測】。

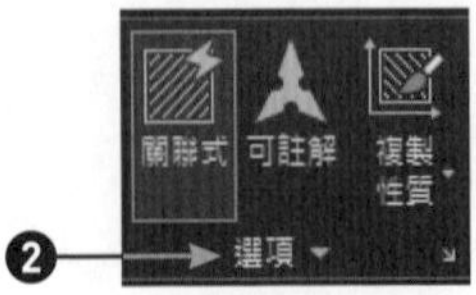

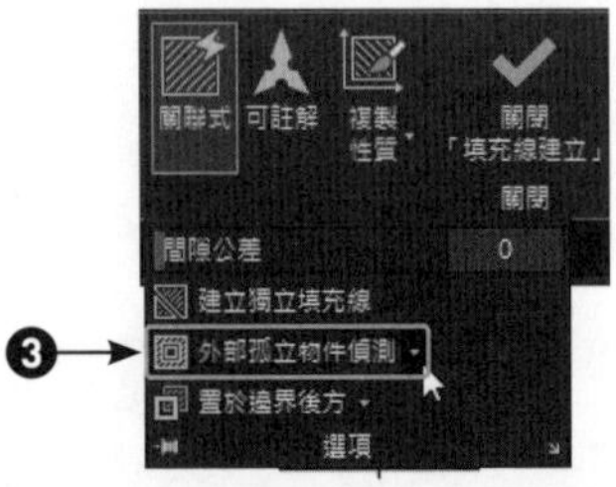

4 將滑鼠移到第二顆圓，並在圓的外圍區域點擊滑鼠左鍵。

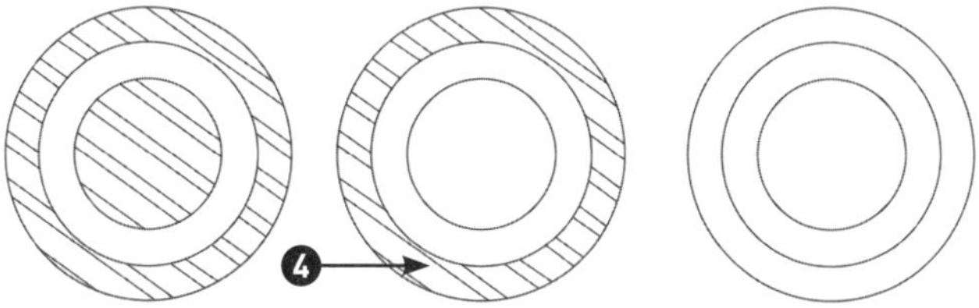

5 按下 Enter 鍵來指定第二顆圓的外部孤立物件偵測，一般皆使用此偵測模式。

忽略孤立物件偵測

準備工作

- 根據上述的圖來操作。

正式操作

1 點擊【常用】頁籤 ➜【繪製】面板 ➜【填充線】按鈕。

2 展開【選項】面板。

3 選擇【忽略孤立物件偵測】。

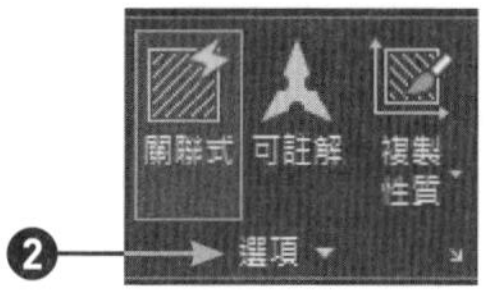

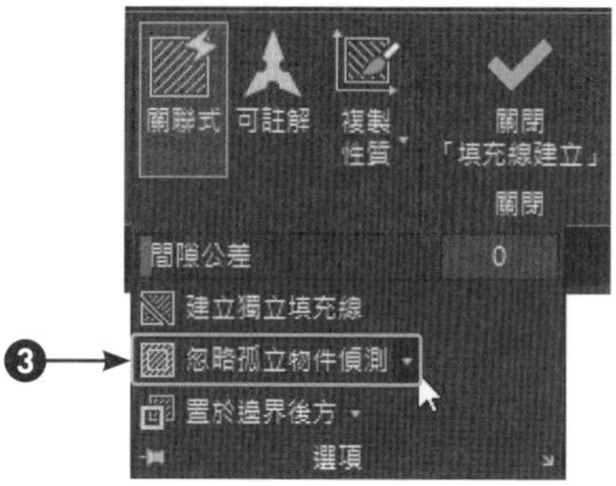

4 將滑鼠移到第三顆圓，並在圓的外圍區域點擊滑鼠左鍵。

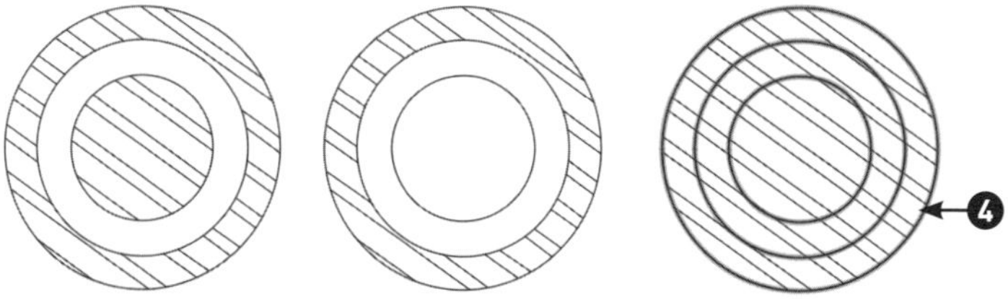

5 按下 Enter← 鍵來指定第三顆圓的忽略孤立物件偵測。

6 完成圖。請將孤立物件偵測設定回【外部孤立物件偵測】。

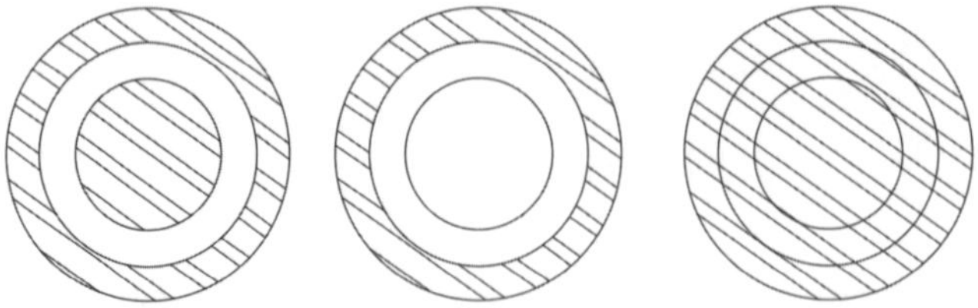

正常孤立物件偵測　外部孤立物件偵測　忽略孤立物件偵測

設定填充線原點

準備工作

- 繪製一個寬 100、高 60 的矩形。

正式操作

1 點擊【常用】頁籤 →【繪製】面板 →【填充線】按鈕。

2 在【樣式】面板中，選擇【AR-B816】樣式。

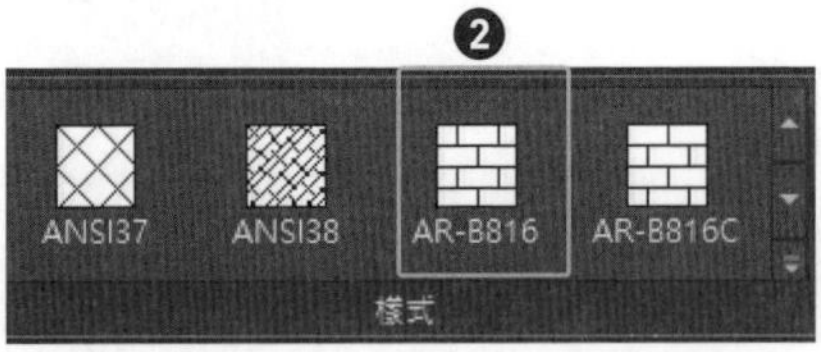

3 在【性質】面板中，輸入角度「0」，比例「0.05」。

4 在【原點】面板中，點擊【設定原點】。

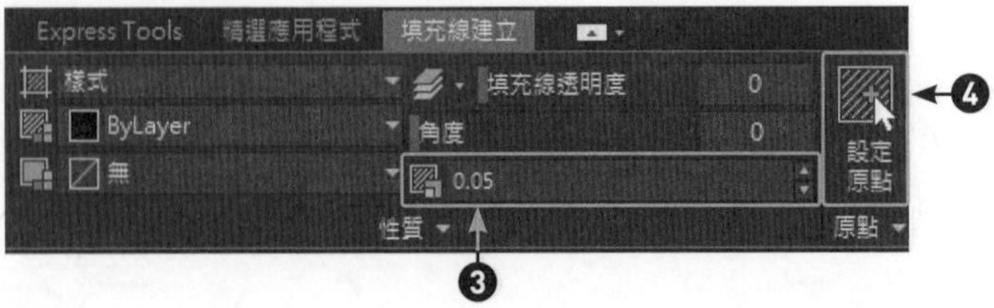

5 點擊矩形左下角來指定原點。

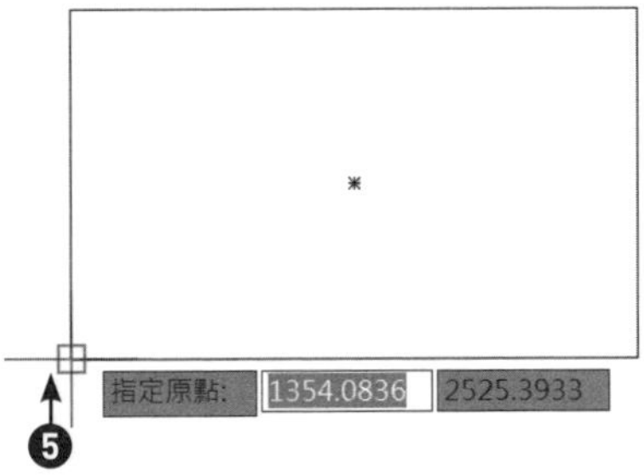

6 點擊矩形內部，填入填充線。

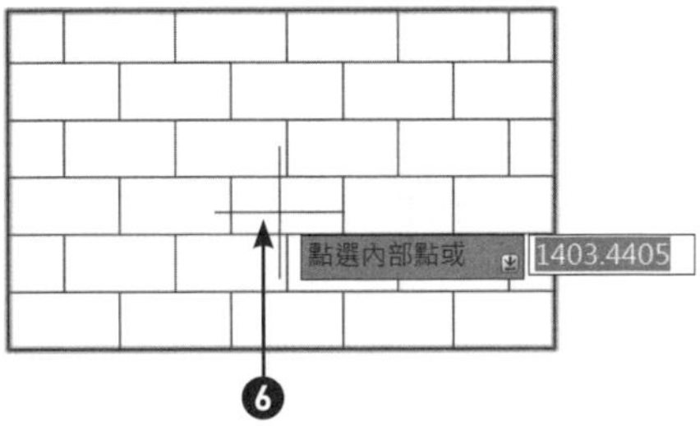

7 按下 Enter 鍵來結束指令。

8 完成圖。

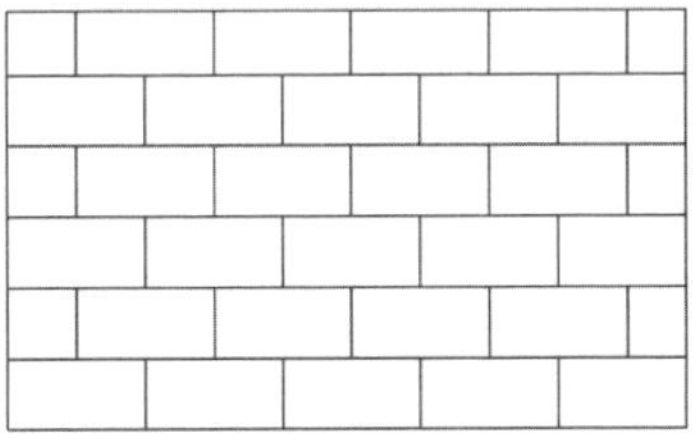

設定原點

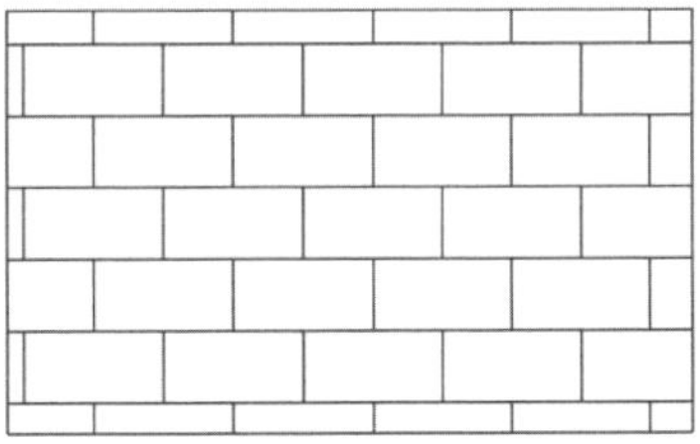

無設定原點

獨立填充線

準備工作

- 任意繪製四個圓形，如下圖所示物件。

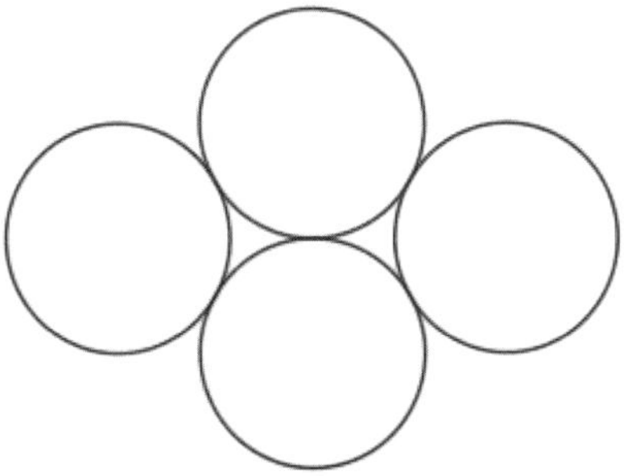

正式操作

1 點擊【常用】頁籤→【繪製】面板→【填充線】按鈕。

2 填充線樣式不拘，並展開【選項】面板。

3 選擇【建立獨立填充線】。

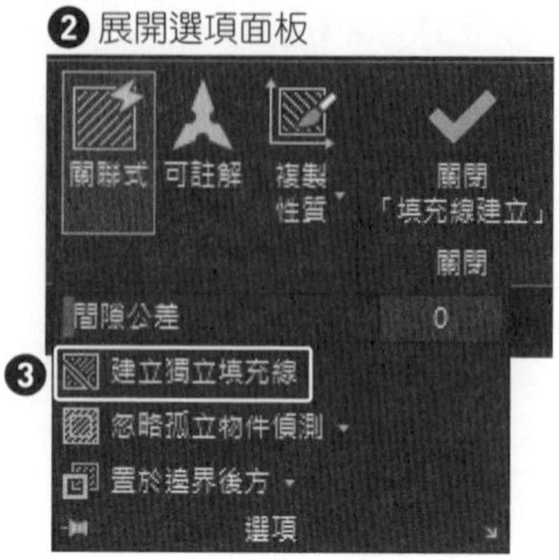

4 點擊上方圓形內部任一點。

5 點擊右方圓形內部任一點。

6 點擊下方圓形內部任一點。

7 點擊左方圓形內部任一點。

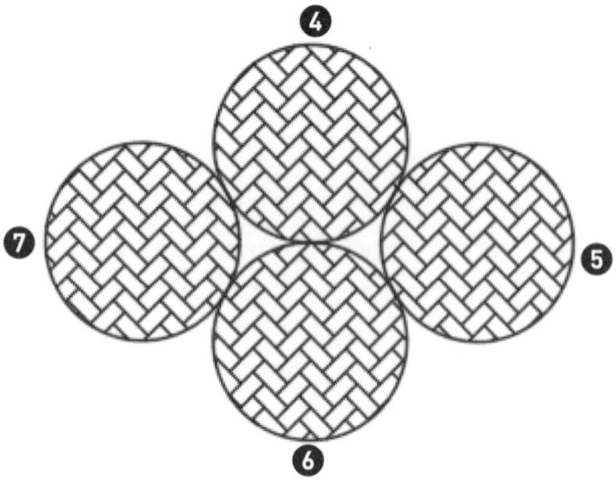

8 按下 Enter← 鍵來結束指令。

9 使用【移動】指令將下方圓形填充線往下移動。

10 完成圖。

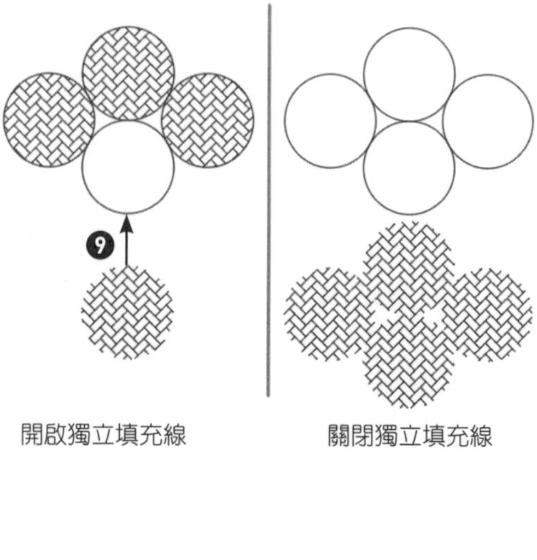

開啟獨立填充線　　關閉獨立填充線

關聯式設定

準備工作

- 任意繪製一個山的造型聚合線。

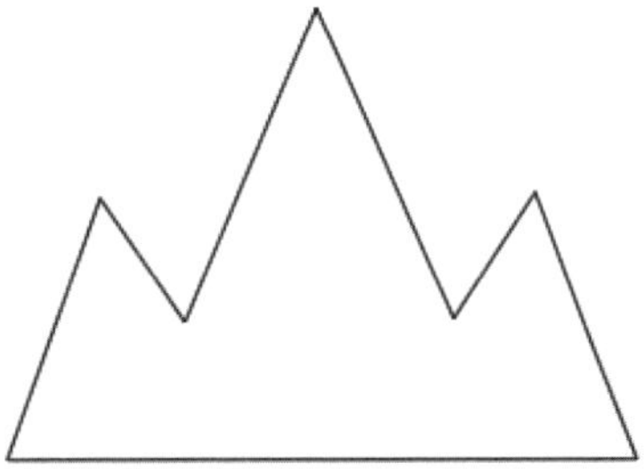

任意繪製一個山的造型聚合線

正式操作

1. 點擊【常用】頁籤→【繪製】面板→【填充線】按鈕。
2. 填充線樣式不拘，並選擇【選項】面板中的【關聯式】。

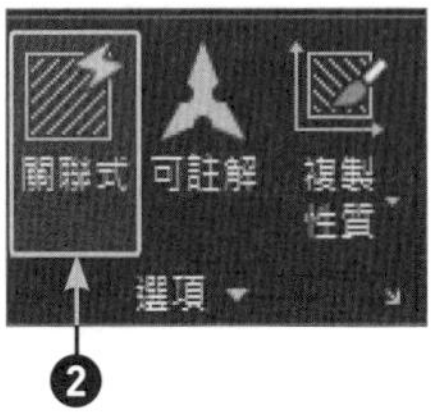

3. 點擊聚合線內部後，並按下 Enter 鍵來結束指令。

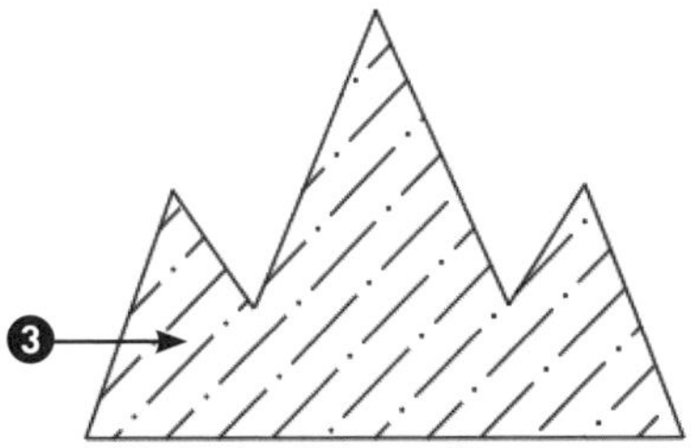

4. 選取聚合線，點擊聚合線中間上方的掣點，將掣點向上拉動來改變聚合線的高度。

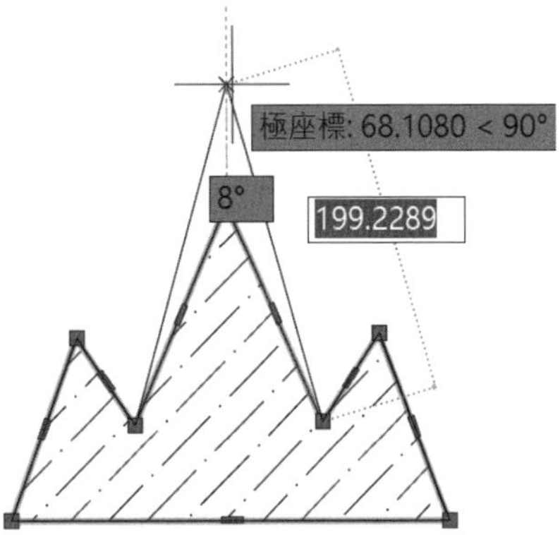

5 完成圖。

開啟關聯式
(外型改變，填充線隨之改變)

關閉關聯式
(外型改變，填充線不改變)

CHAPTER

3 編輯指令

設計變更在設計的流程中往往是比初始設計更加的重要，只了解繪製圖元的功能，而無法適切搭配編輯圖元的使用者，不可能可以設計出令人滿意的成果。

在基本圖元構建完成後，除了利用一般編輯指令，來修整圖形之外，更可以利用掣點模式來進行更快速更有效率的設計變更。

3-1 框選與窗選的不同

3-2 其他選取的應用

3-3 MOVE - 移動

3-4 COPY - 複製

3-5 ROTATE - 旋轉

3-6 OFFSET - 偏移

3-7 TRIM - 修剪

3-8 EXTEND - 延伸

3-9 FILLET - 圓角

3-10 CHAMFER - 倒角

3-11 BLEND - 混成曲線

3-12 MIRROR - 鏡射

3-13 SCALE - 比例

3-14 STRETCH - 拉伸

3-15 ARRAYPOLAR - 環形陣列

3-16 ARRAYRECT - 矩形陣列

3-17 ARRAYPATH - 路徑陣列

3-18 EXPLODE - 分解

3-19 JOIN - 接合

3-20 BREAK - 切斷於點

3-21 ALIGN - 對齊

3-22 掣點模式靈活運用

3-23 PROPERTIES - 性質

3-24 MATCHPROP - 複製性質

AutoCAD 2024

3-1 框選與窗選的不同

框選

準備工作

- 任意繪製多個圓並在外圍繪製一個矩形外框，如下圖所示。

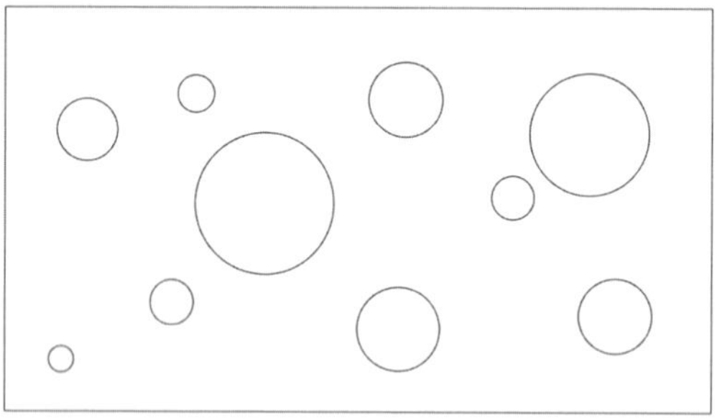

正式操作

1. 以滑鼠左鍵點擊右上方位置。
2. 移動滑鼠往左下方移動，此時會建立一個綠色的框選範圍，此功能會選取到接觸到的圖元與包覆在內部的圖元。
3. 點擊滑鼠左鍵來決定框選的大小。

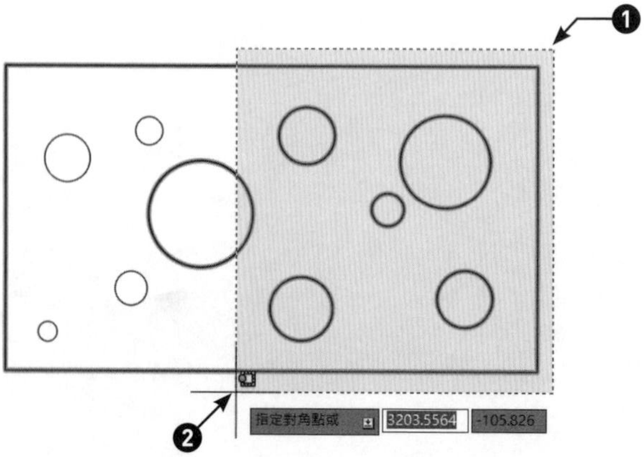

4 完成圖，選取到的物件會呈現藍色。

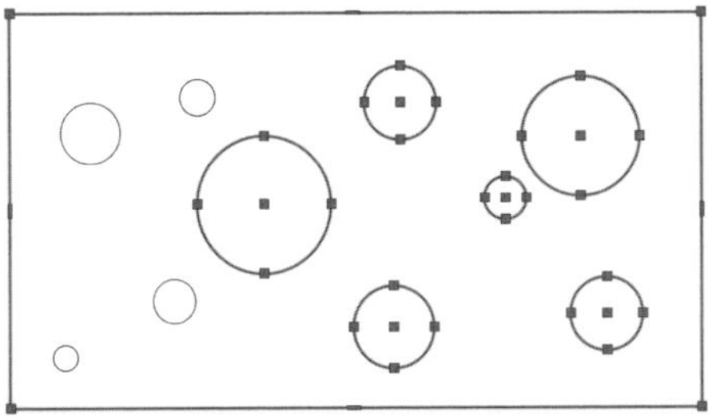

> **NOTE**
> 選取時按住滑鼠左鍵不放會變成不規則範圍選取，而不是矩形範圍。矩形選取是輕點滑鼠左鍵後彈起。

窗選

準備工作

- 延續上一小節的圖元來操作，按下鍵盤的 Esc 鍵取消選取。

正式操作

1 以滑鼠左鍵點擊左上方位置。

2 移動滑鼠往右下方移動，此時則會建立一個藍色的框選範圍，此功能只會將完全包覆在矩形內的物件做選取動作，窗選模式的選取範圍較小，接觸到的圖元並不會納入選集。

3 點擊滑鼠左鍵來決定窗選的大小。

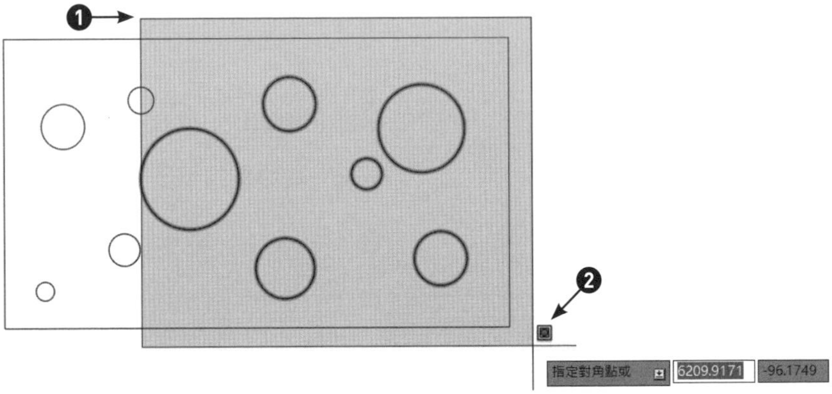

4 完成圖。

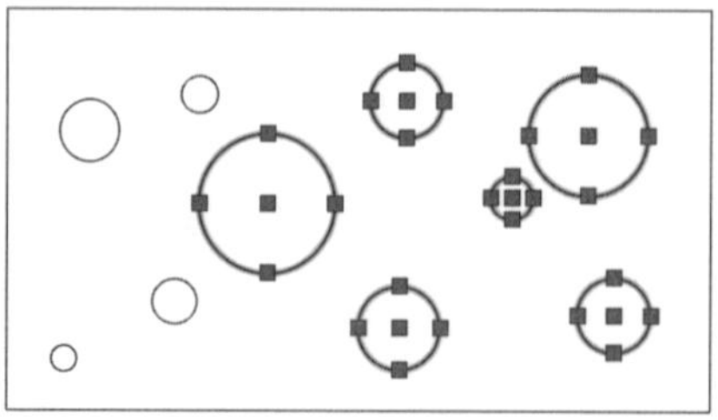

NOTE AutoCAD 2015 版本以後新增套索選取功能。按住滑鼠左鍵不放拖曳滑鼠，將要選取的物件圈起來即可選取。往右套索選取為窗選，往左為框選。

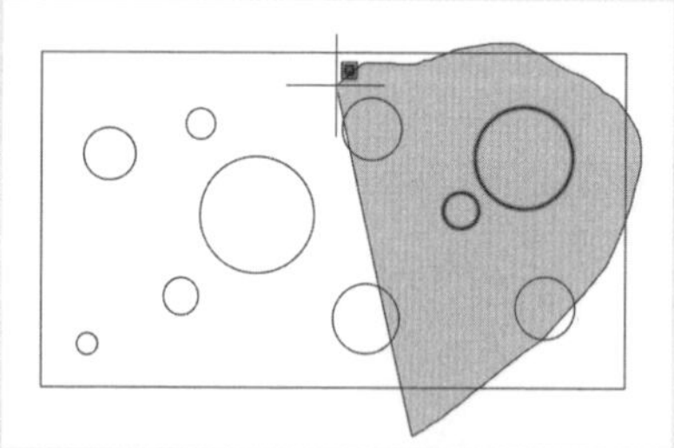

往右套索為窗選

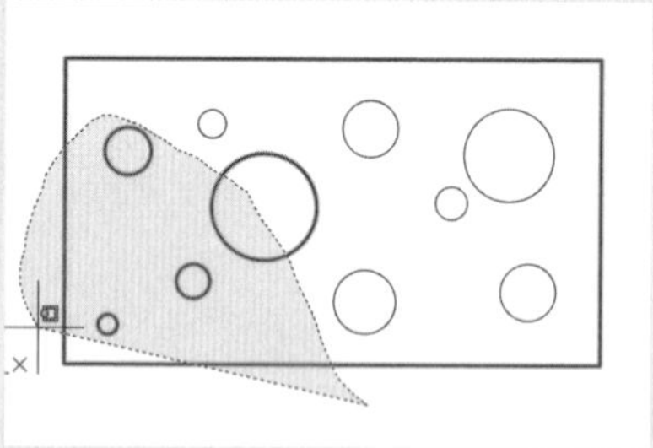

往左套索為框選

3-2 其他選取的應用

移除選取

準備工作

- 開啟範例檔〈3-2_ex1.dwg〉。

正式操作

1 框選全部物件（或按下 Ctrl + A 鍵全選範例檔中所有物件）。

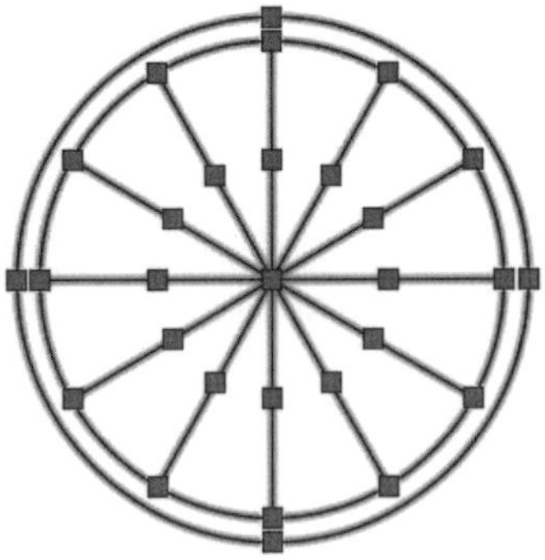

2 按下 ⇧Shift 鍵 + 滑鼠左鍵來點擊外圍的圓，取消選取外圍的圓。

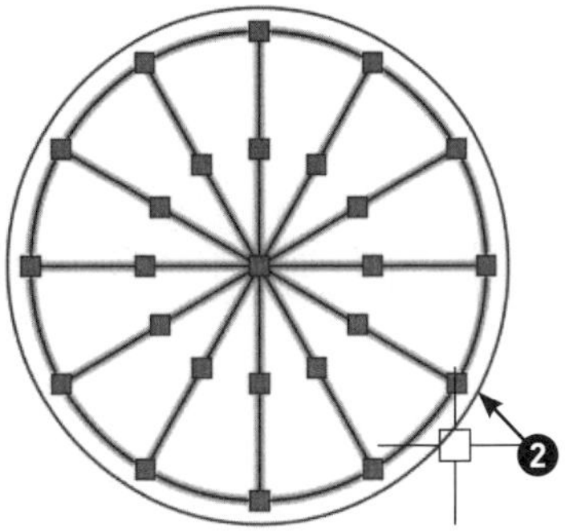

3 再次按下 ⇧Shift 鍵 + 滑鼠左鍵並點擊內圈的圓，來取消選取內圈的圓。

4 按下 Delete 鍵來刪除目前選取的線條。

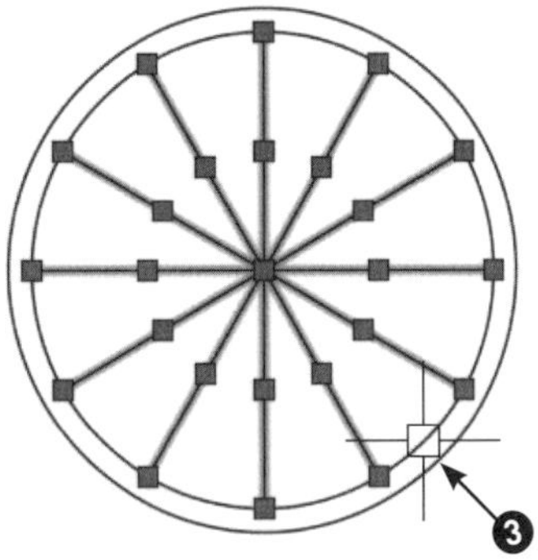

5 完成圖。

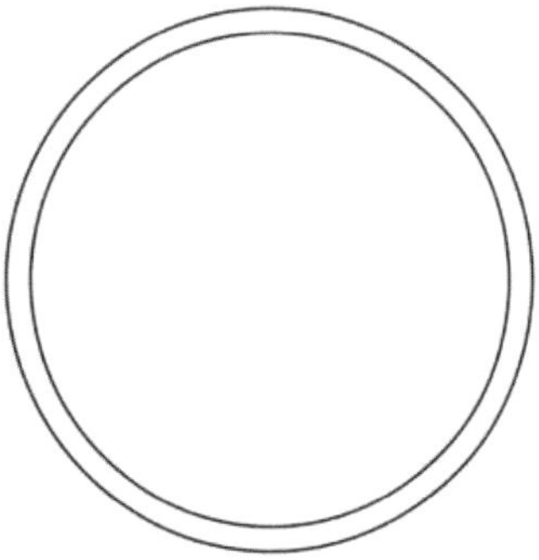

選集循環

準備工作

- 點擊狀態列最右側 ☰ 自訂按鈕，勾選【選集循環】，並開啟狀態列中的【選集循環 】按鈕，或者按下快速鍵 Ctrl 鍵 + W 鍵。

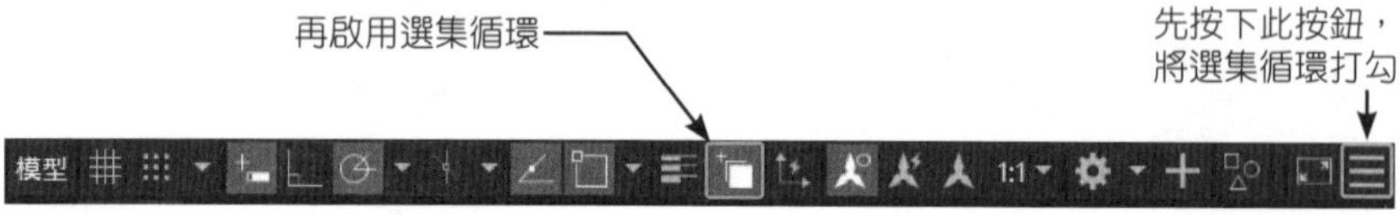

- 開啟範例檔〈3-2_ex2.dwg〉，此範例檔有個圓與重疊在圓上的弧。

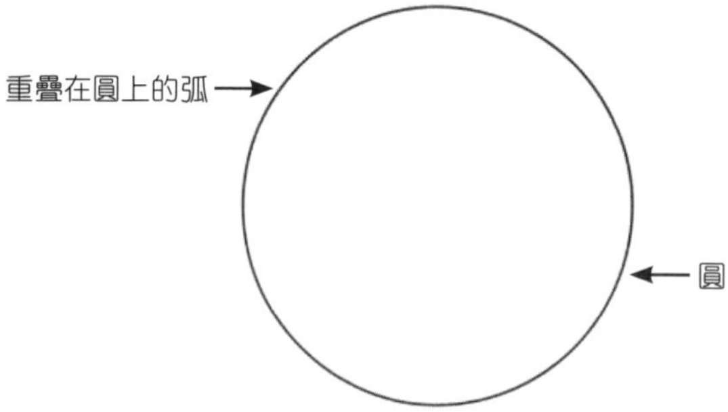

正式操作

1. 將滑鼠移到弧與圓重疊的地方，做停留動作而非點擊，此時十字游標會變成兩個矩形交疊的圖示。

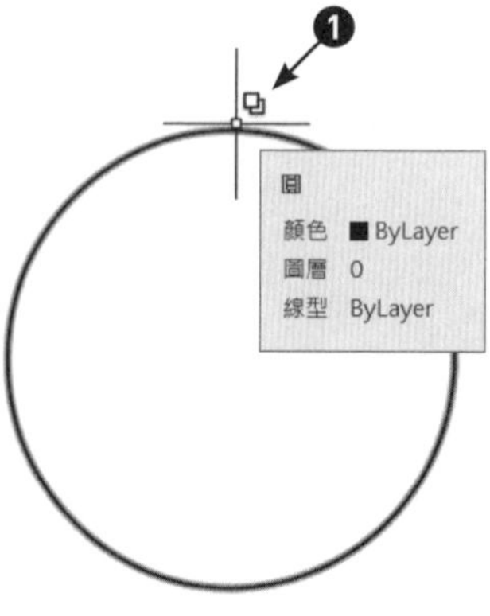

2 點擊滑鼠左鍵來執行選取，此時會出現選取的視窗。

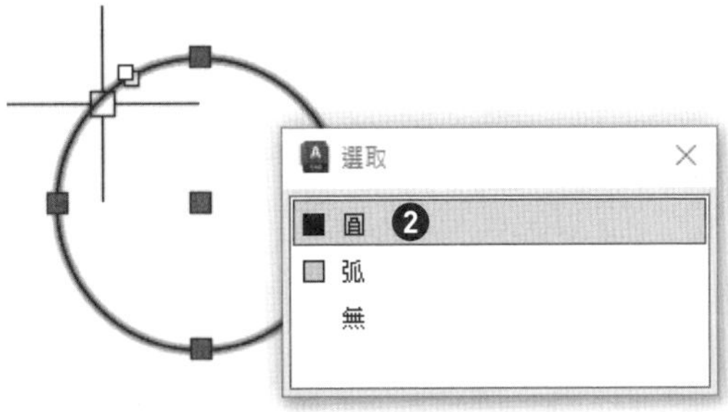

3 點擊滑鼠左鍵來選擇【弧】，此時已選取到弧。

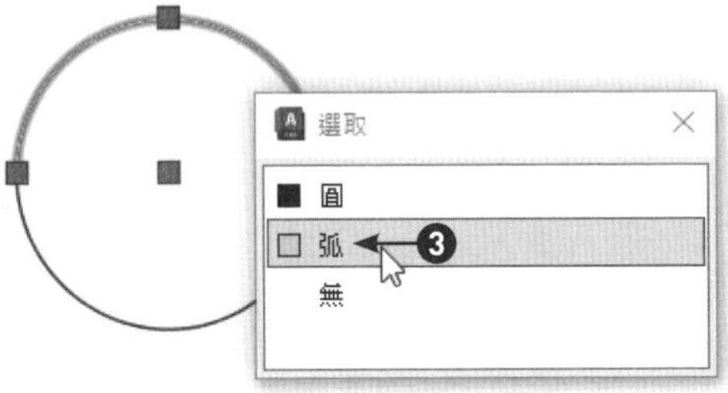

籬選

準備工作

- 開啟範例檔〈3-2_ex3.dwg〉。

正式操作

1 點擊【常用】頁籤 →【修改】面板 →【刪除】按鈕。

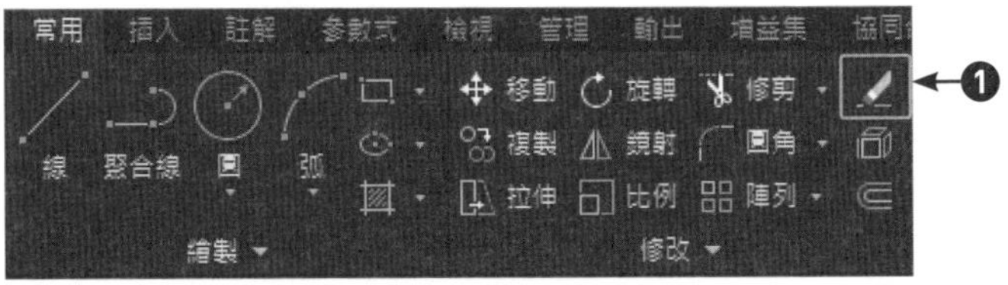

2 輸入「F」來執行籬選，按下 Enter← 鍵來執行輸入。

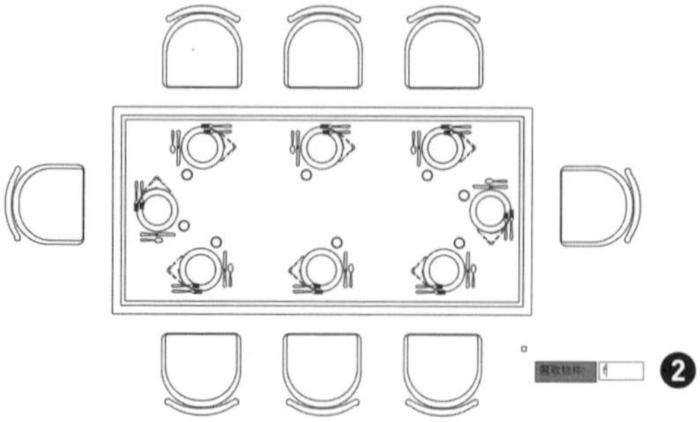

3 點擊滑鼠左鍵來指定籬選的起點。

4 點擊滑鼠左鍵來指定籬選的第二點。

5 點擊滑鼠左鍵來指定籬選的第三點。

6 點擊滑鼠左鍵來指定籬選的第四點。

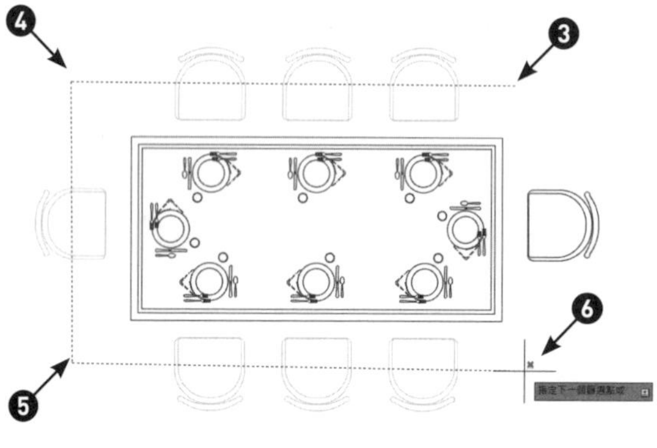

7 按下 Enter← 鍵來確定選取，碰到籬選的線段都會被選取。

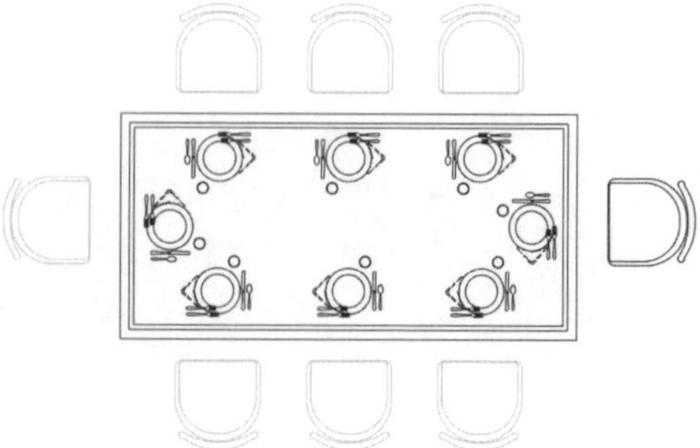

8 再次按下 Enter← 鍵完成刪除指令。

9 完成圖。

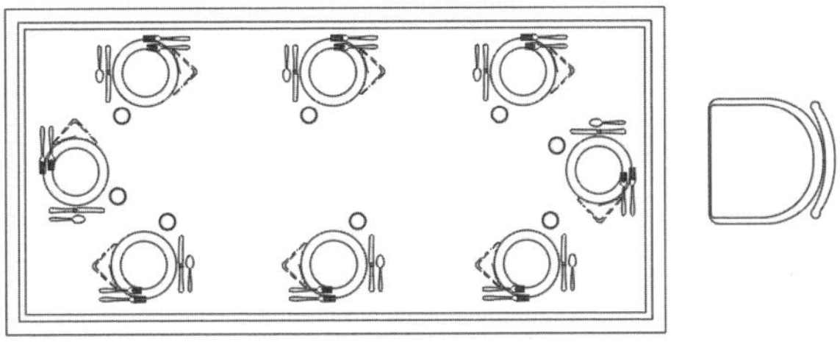

3-3 MOVE - 移動

將完成的圖元，利用移動指令可以變換至新的位置，通常用於組合不同的零件圖形。

<table>
<tr><td>指令</td><td>MOVE</td><td>快捷鍵</td><td>M</td><td>圖示</td><td></td></tr>
<tr><td>工具列按鈕</td><td colspan="5">常用頁籤 → 修改面板 → 移動
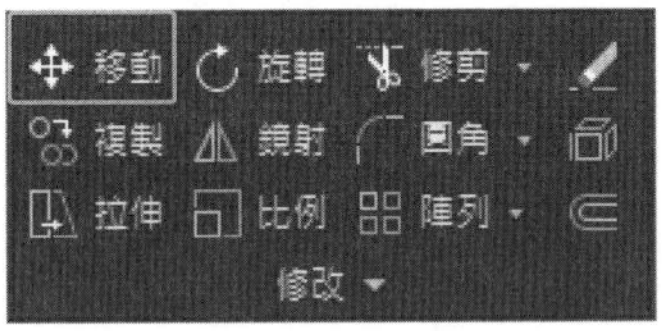
</td></tr>
</table>

移動物件

準備工作

- 任意繪製一個圓與一個矩形。

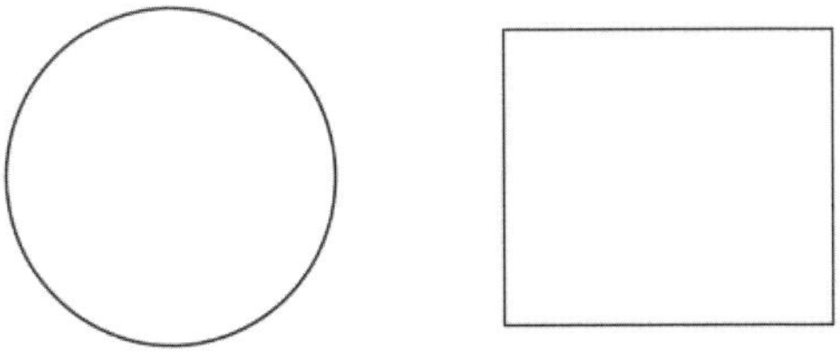

正式操作

1. 點擊【常用】頁籤 →【修改】面板 →【移動】按鈕。

2. 選取矩形來當作要移動的目標，按下 Enter← 鍵結束選取。

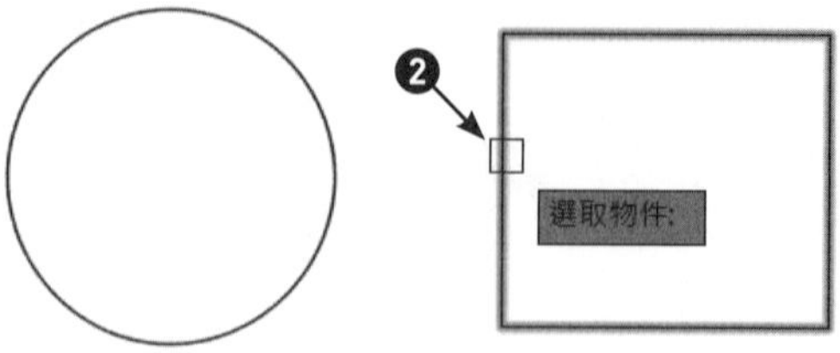

3. 點擊矩形的左邊中點為基準點。

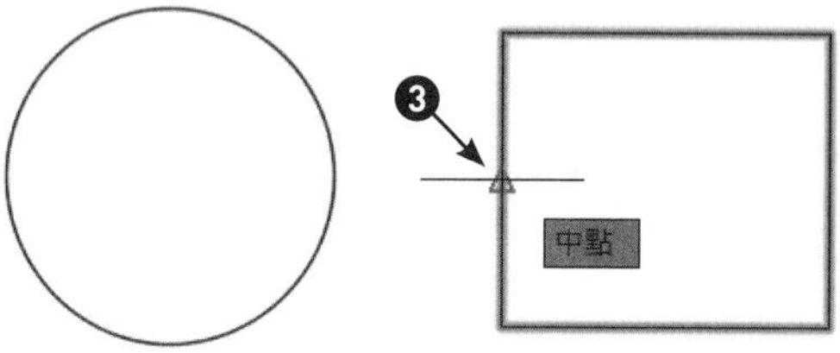

4. 點擊圓右邊的四分點，作為移動的目的地。移動時會有預覽功能，矩形原本的位置會有較淡顏色的矩形殘影。

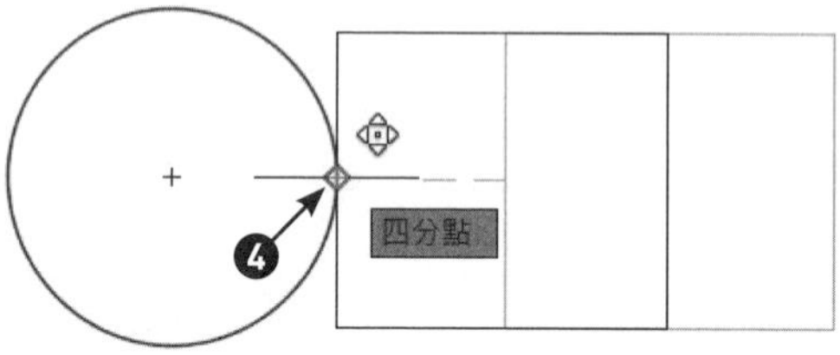

5. 完成圖。

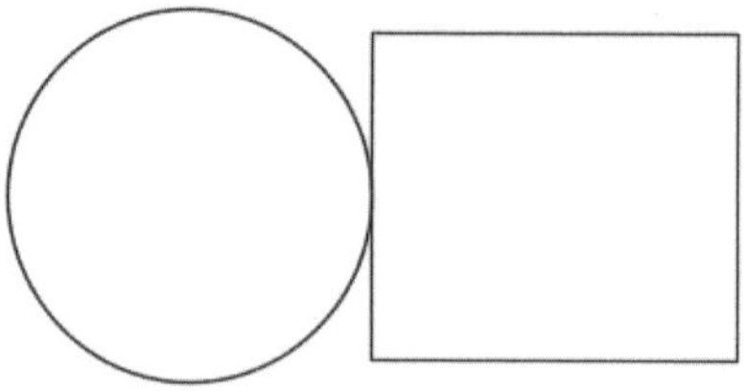

延伸練習

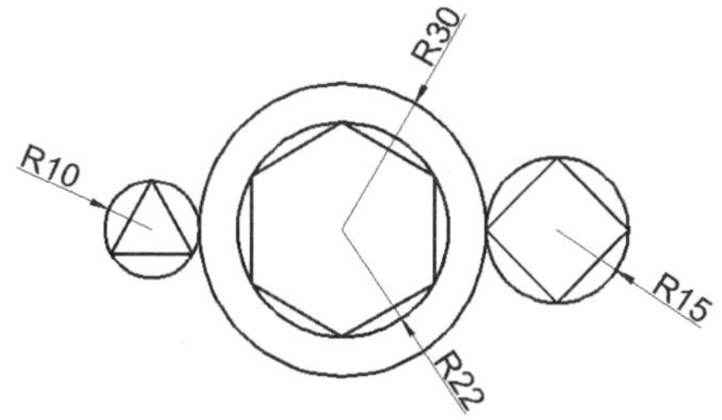

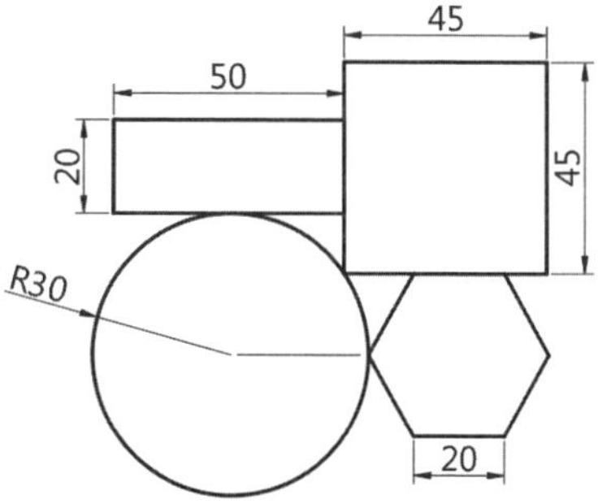

※ 延伸練習的解答請參考影音教學。

3-4 COPY - 複製

複製與移動是關聯的指令，這兩個指令的差別在於複製指令的原圖形會被保留。

指令	COPY	快捷鍵	CO、CP	圖示	
工具列按鈕	常用頁籤 → 修改面板 → 複製 				

任意複製

準備工作

- 任意繪製一個矩形。
- 在矩形左下角任意繪製一個圓。

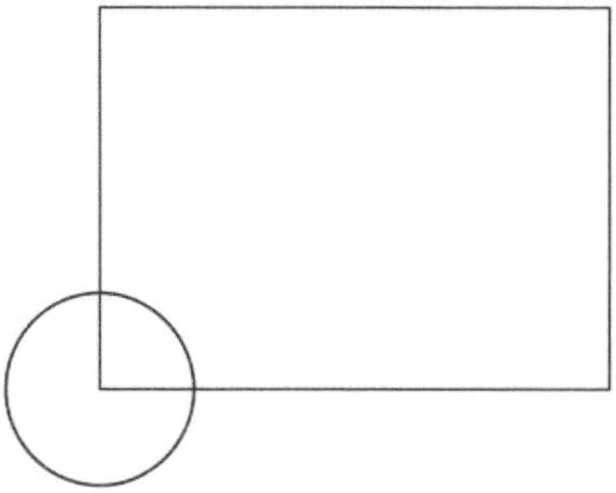

正式操作

1 點擊【常用】頁籤 →【修改】面板 →【複製】按鈕。

2 選擇圓來當作要複製的目標，按下 Enter← 鍵結束選取。

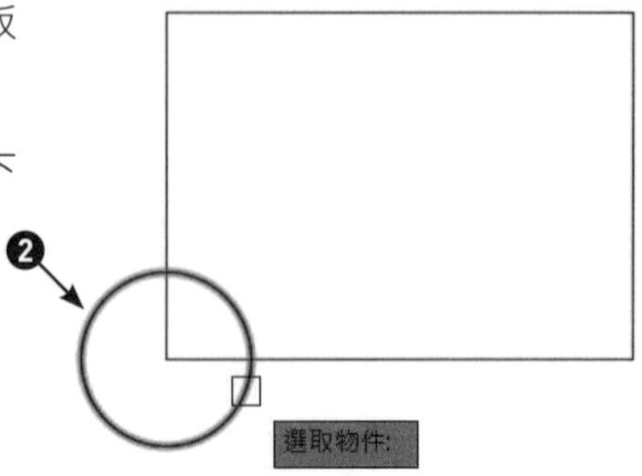

3 選擇圓的中心點來當作基準點。

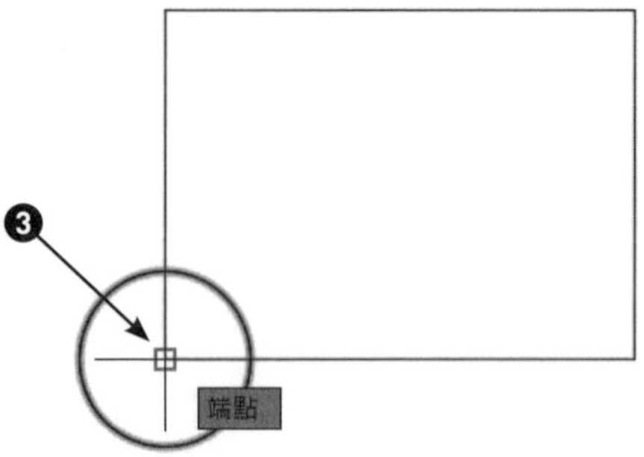

4 使用物件鎖點追蹤矩形的中點來找矩形中心，並點擊左鍵決定位置（或直接點擊矩形的幾何中心點），複製第二顆圓。

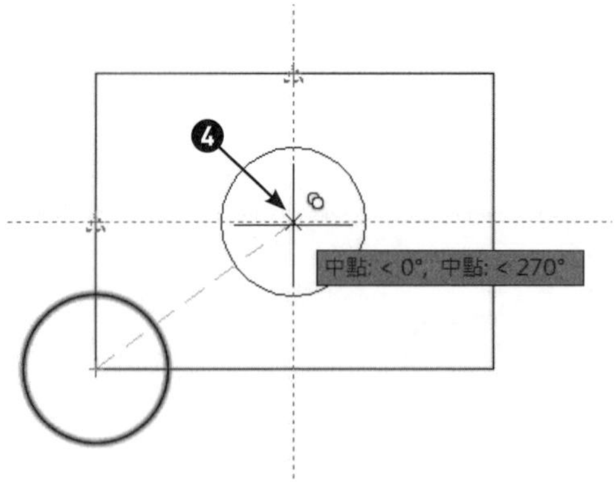

5 將滑鼠移動到矩形的右上方，並點擊左鍵決定位置，複製第三顆圓，按下 Enter← 鍵結束複製。

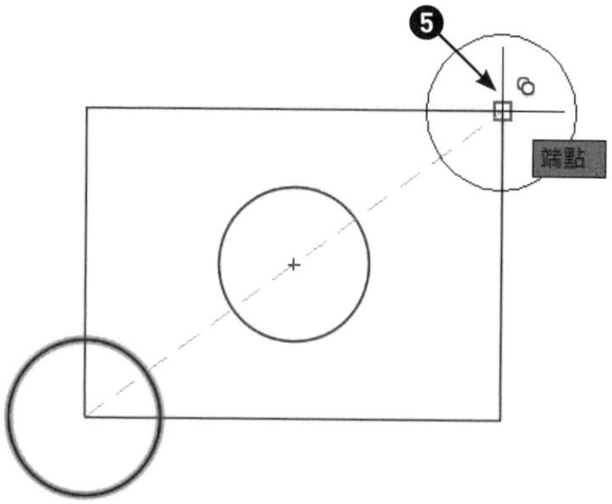

6 點擊【常用】頁籤 →【修改】面板 →【複製】按鈕。

7 選擇圓，按下 Enter← 鍵結束選取。

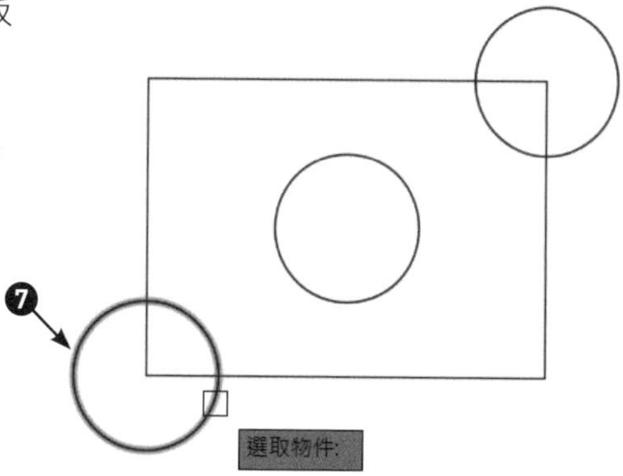

8 選擇圓的右邊四分點來當作基準點。

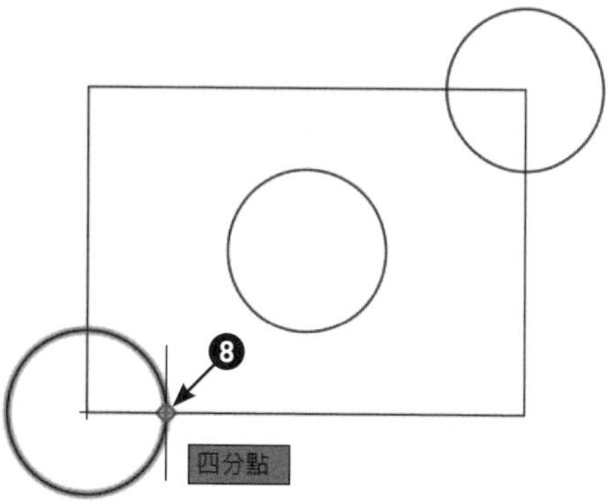

9 將滑鼠移動到矩形的左上方，並點擊左鍵複製第四顆圓，按下 Enter← 鍵結束複製。

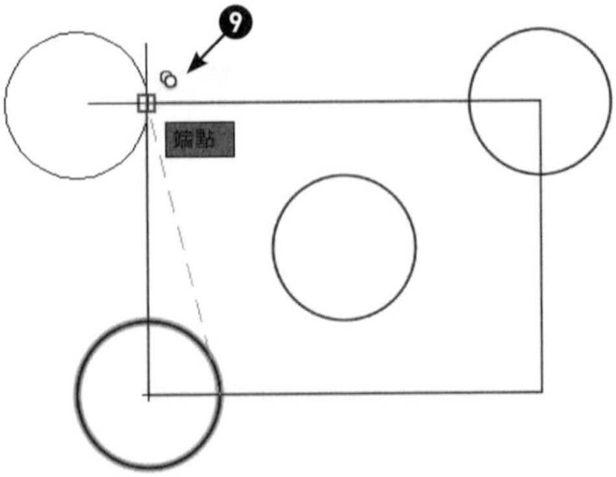

10 點擊【常用】頁籤 →【修改】面板 →【複製】按鈕。

11 選擇圓，按下 Enter← 鍵結束選取。

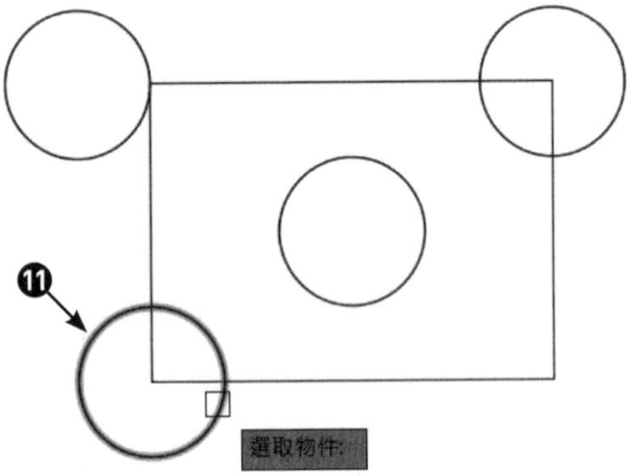

12 選擇圓的左邊四分點來當作基準點。

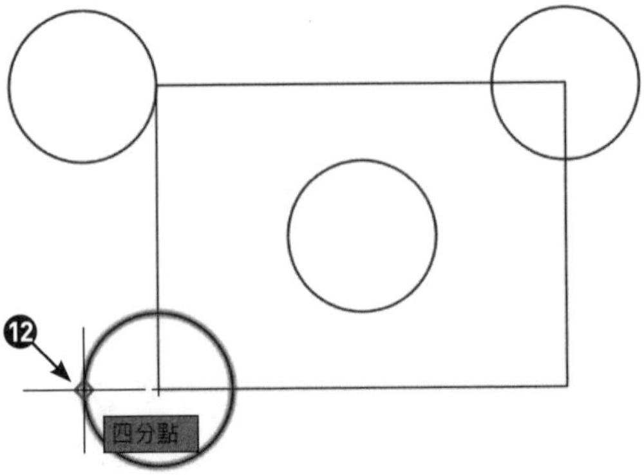

⑬ 將滑鼠移動到矩形的右下方，並點擊左鍵複製第五顆圓，按下 Enter← 鍵結束複製。

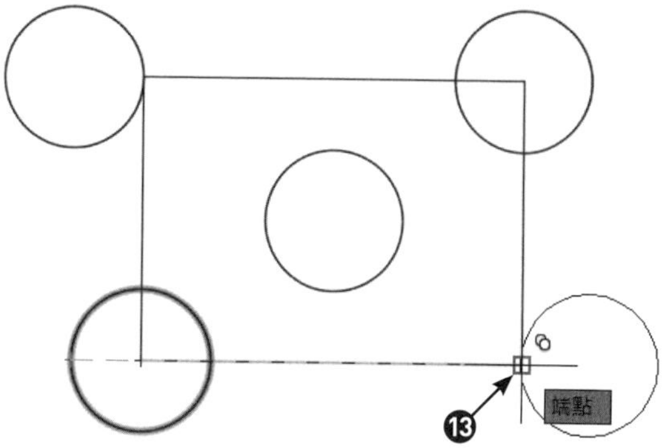

⑭ 完成圖。

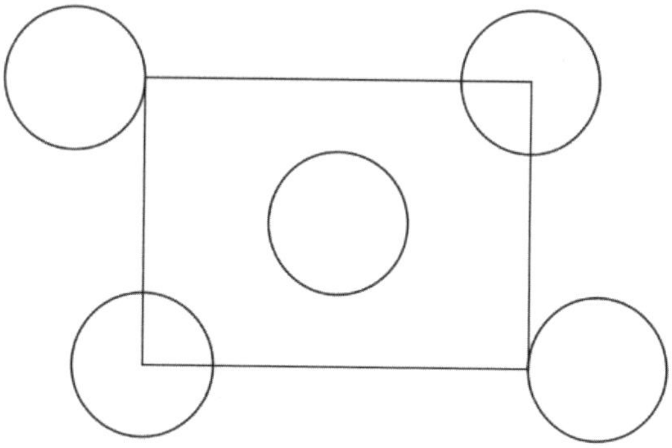

使用基準點複製階梯

準備工作

- 開啟【常用】頁籤 →【公用程式】面板 →【點型式】，更換為【 ⊗ 】型式。
- 繪製一個底 100、高 80 的三角形，並且將側邊使用【等分】分為四等分，如右圖所示。
- 也可以直接開啟範例檔〈3-4_ex1.dwg〉。

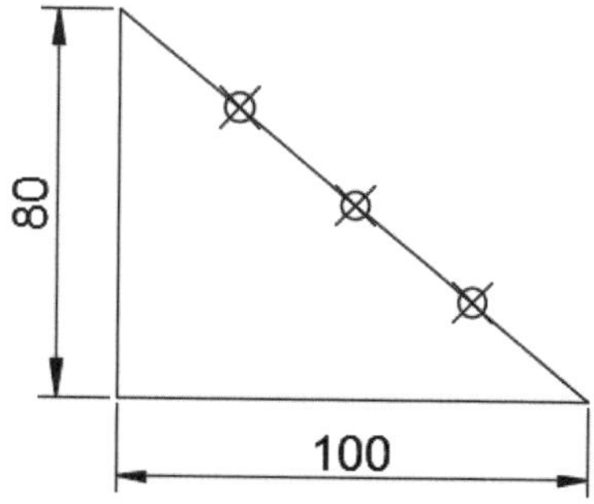

正式操作

1 點擊【常用】頁籤 →【繪製】面板 →【線】按鈕。

2 點擊三角形左上角端點為起點。

3 使用物件鎖點追蹤第一個節點，並往上移動對齊水平線後定位，點擊左鍵繪製第一條線段。

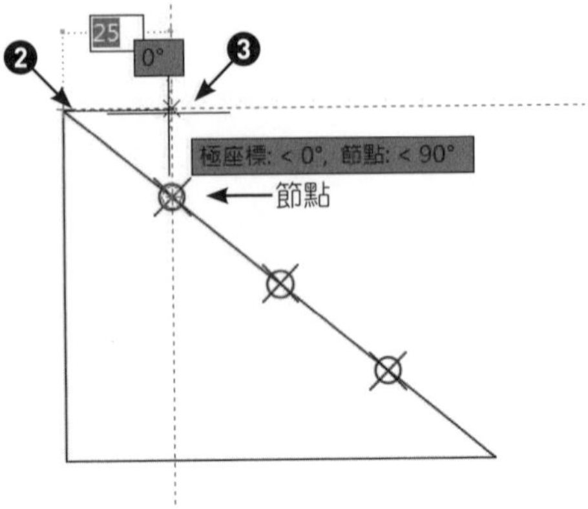

4 往下繪製第二條線段，按下 Enter 鍵。

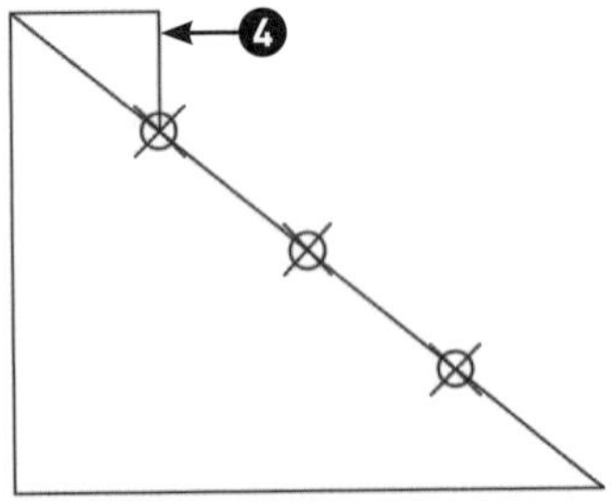

5 點擊【常用】頁籤 →【修改】面板 →【複製】按鈕。

6 選擇第一條線段與第二條線段，按下 Enter 鍵。

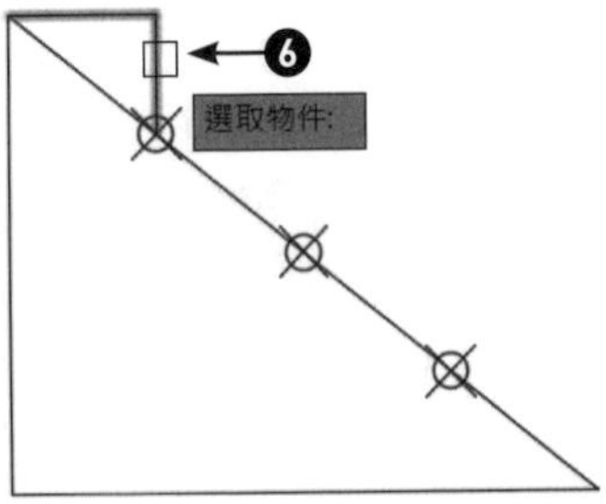

7 選擇基準點。

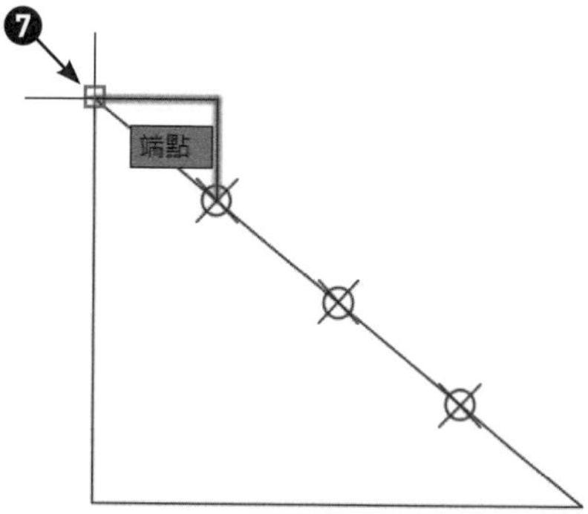

8 點擊第一個節點。

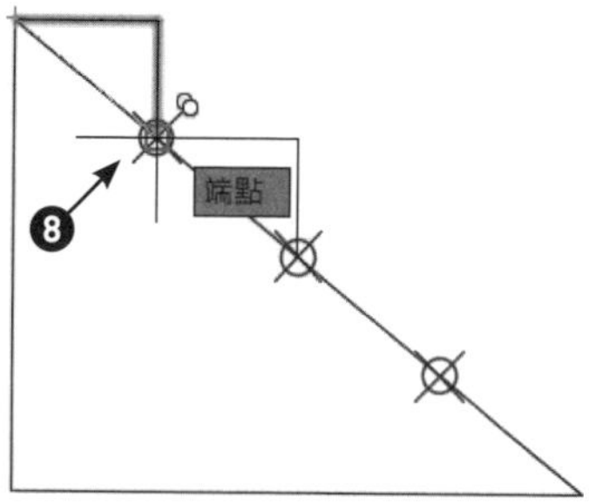

9 點擊第二個節點。

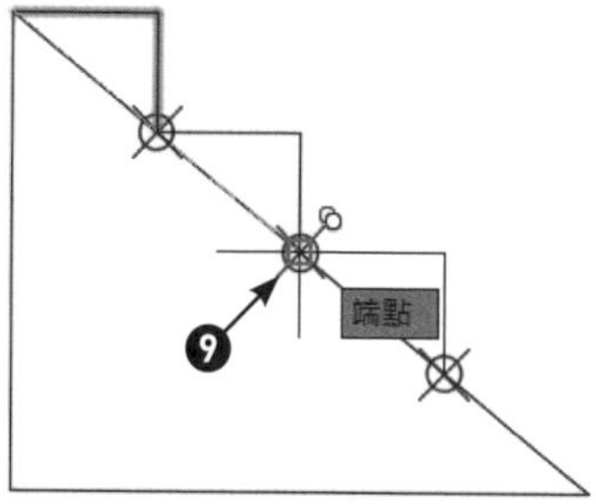

10 點擊第三個節點，按下 Enter 鍵。

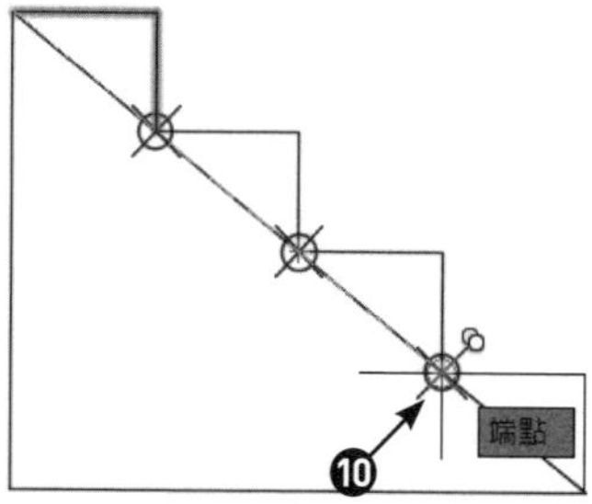

11 將斜線刪除。

12 完成圖。

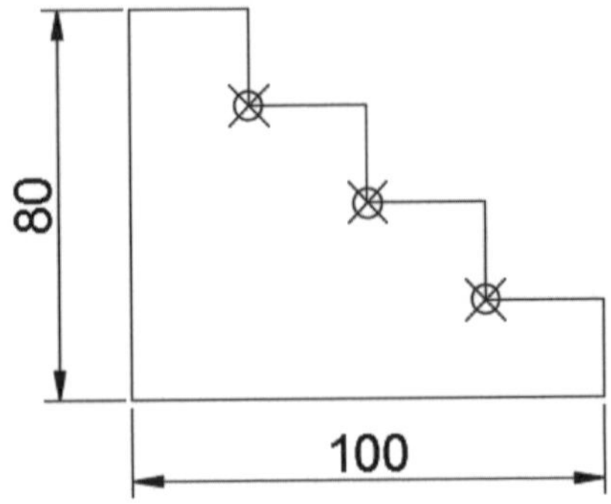

複製陣列

準備工作

- 繪製一個階梯造型。

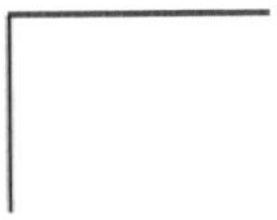

正式操作

1 點擊【常用】頁籤→【修改】面板→【複製】指令。選取兩條線段後按下 Enter 鍵，點擊左下角端點為基準點。

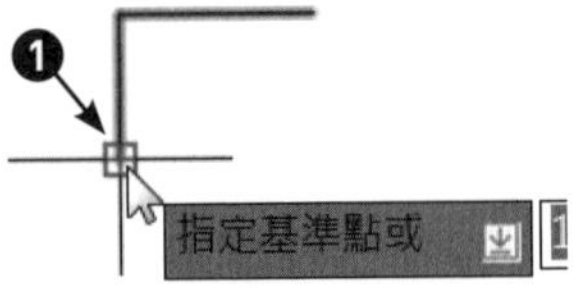

2 指令列的選項選擇【陣列】，可以一次複製很多物件。

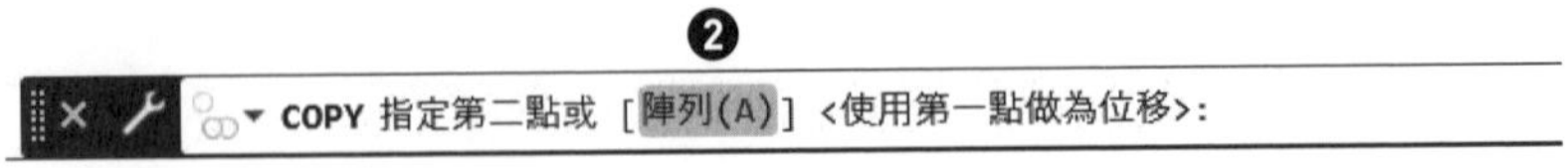

3 輸入數目「10」，按下 Enter 鍵。

4 鎖點至第一個階梯右上角端點，按下 Enter← 鍵完成 10 階的樓梯。

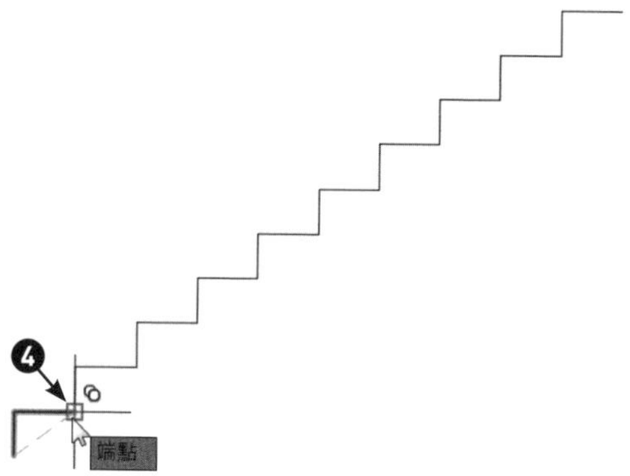

5 陣列的另一個功能為佈滿，先繪製兩個矩形，如下圖所示。

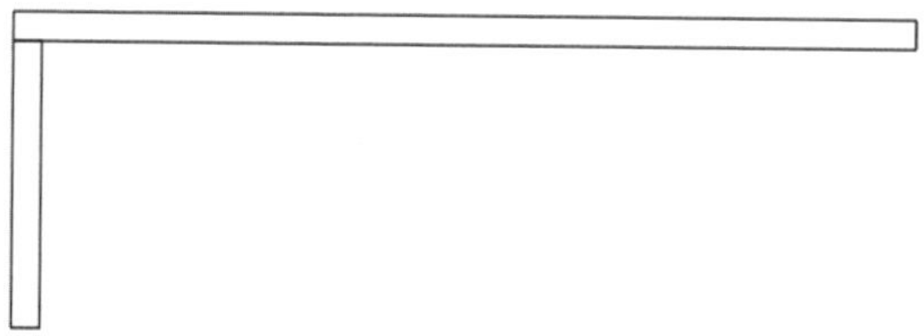

6 點擊【常用】頁籤 →【修改】面板 →【複製】指令。選取如圖所示的矩形後按下 Enter← 鍵，點擊矩形右上端點為基準點。

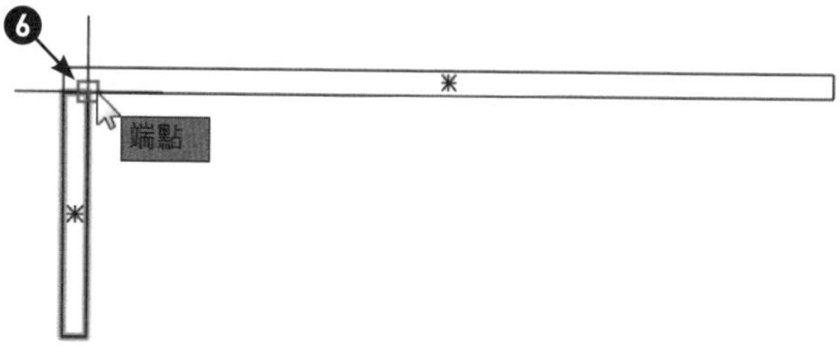

7 指令列的選項選擇【陣列】。

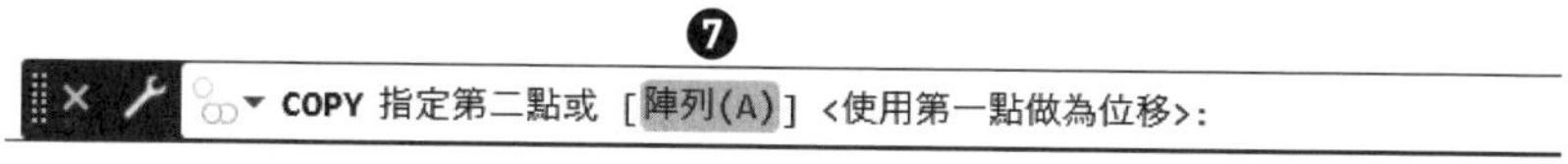

8 輸入數目「10」，按下 Enter 鍵。

9 指令列的選項選擇【佈滿】，可以設定複製總距離。

10 鎖點至矩形右下角點，總共產生 10 個等距離排列的矩形，完成圖。

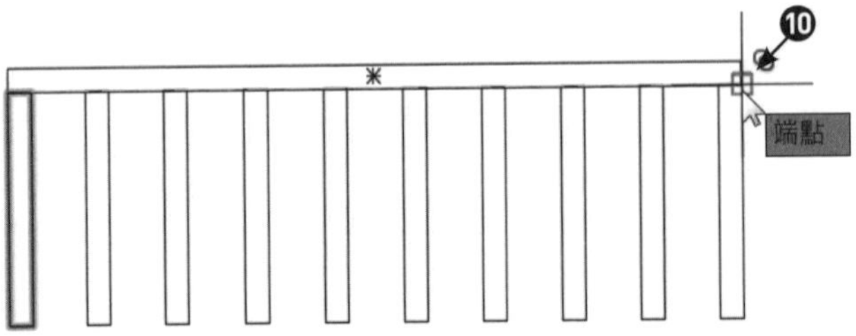

延伸練習

所有圓均為 R12，正六邊形邊長 30。

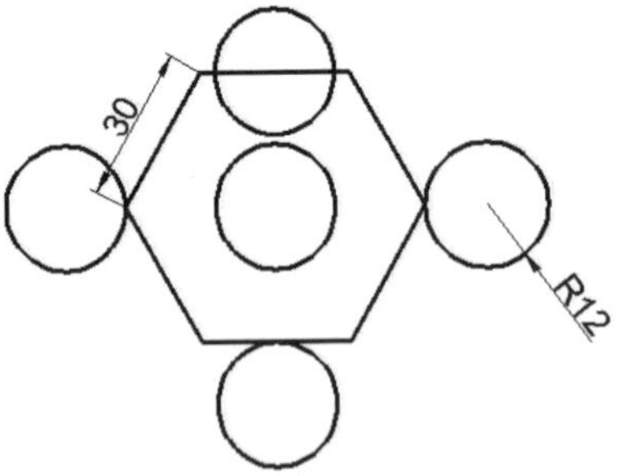

每一格的長寬皆相等

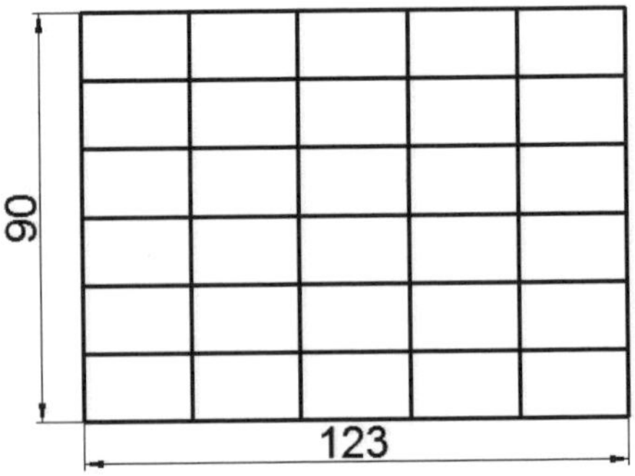

※ 延伸練習的解答請參考影音教學。

3-5 ROTATE - 旋轉

利用旋轉指令來旋轉圖元時，要先指定基準點做為旋轉的軸心，再輸入旋轉的角度，請注意角度值，正值的角度代表逆時針旋轉，負值的角度代表順時針旋轉。

指令	ROTATE	快捷鍵	RO	圖示	
工具列按鈕	常用頁籤 → 修改面板 → 旋轉 				

任意旋轉

準備工作

- 開啟範例檔〈3-5_ex1.dwg〉，有一個【聚合線】繪製的箭頭形狀。

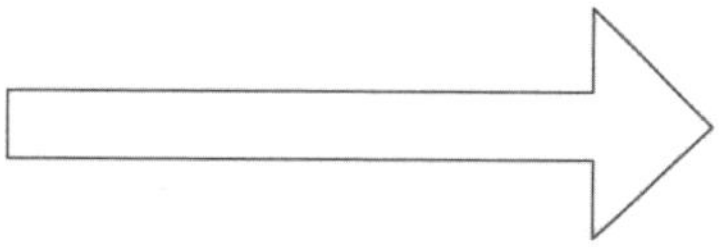

正式操作

1. 點擊【常用】頁籤 →【修改】面板 →【旋轉】按鈕。
2. 選取箭頭來當作要旋轉的目標，按下 Enter↵ 鍵結束選取。

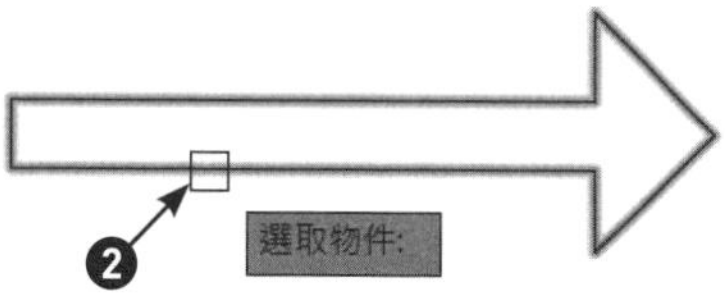

3. 點擊箭頭的左下角來當作基準點。

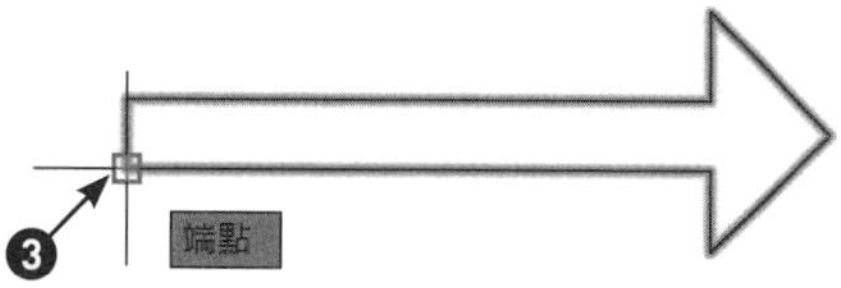

4 將滑鼠移動到需旋轉的角度，並點擊滑鼠左鍵（物件會繞著基準點做旋轉動作）。

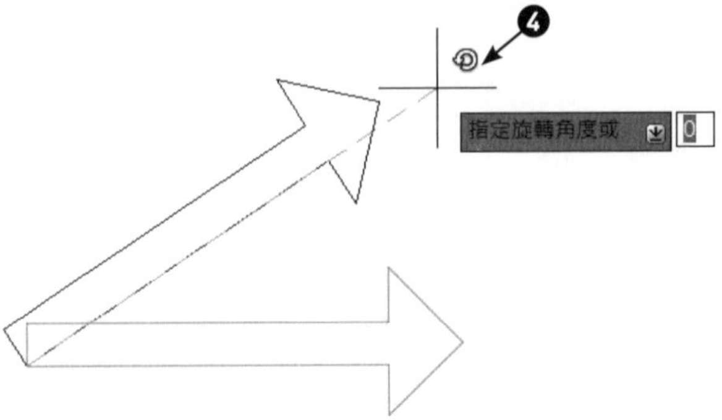

使用參考指令將矩形歸零

準備工作

- 延續上一小節，有一個已旋轉過的箭頭。

正式操作

1 點擊【常用】頁籤 →【修改】面板 →【旋轉】按鈕。

2 選取箭頭來當作要旋轉的目標，按下 Enter← 鍵結束選取。

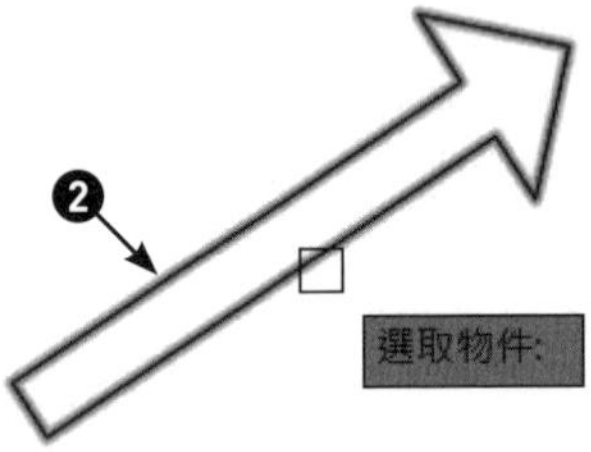

3 點擊箭頭的左下角中點來當作基準點（右圖為放大圖）。

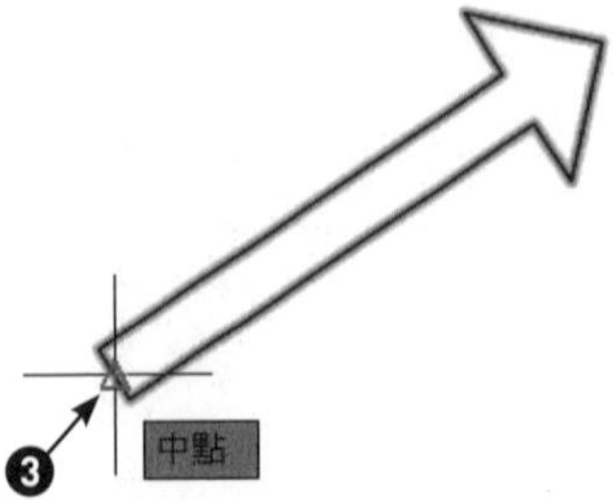

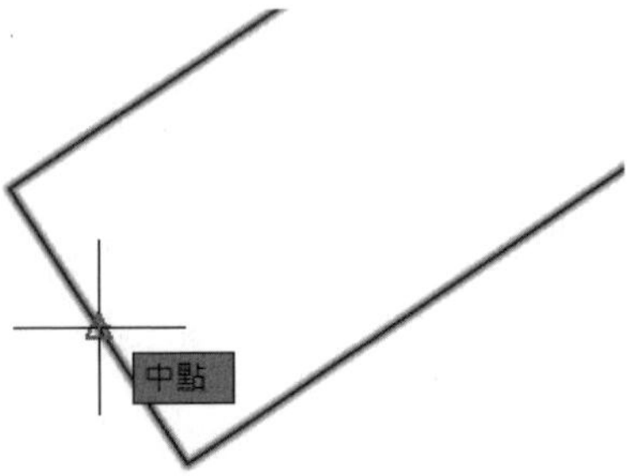

4 點擊右鍵，選擇【參考】。

5 點擊箭頭的左下角中點來當作參考角度的第一點。

6 點擊箭頭頂端來當作參考角度的第二點。

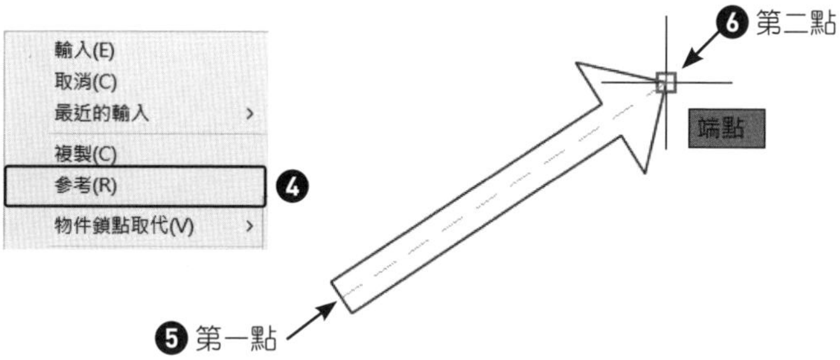

7 輸入「0」為新角度的數值，按下 Enter 鍵來輸入數值。

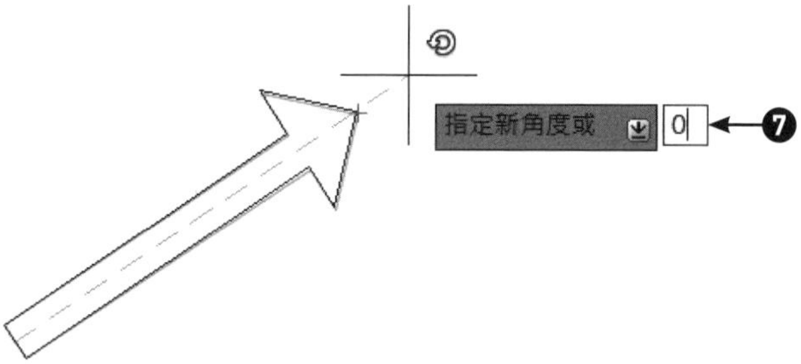

8 完成圖。

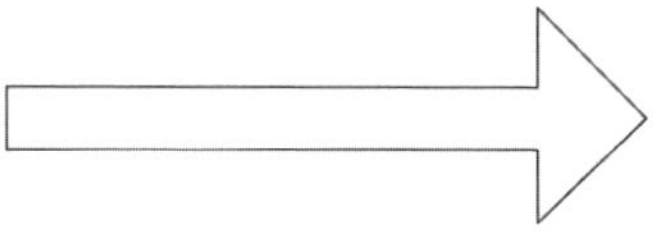

> **NOTE** 旋轉參考的角度以 X 軸正方向為 0 度，如右圖。

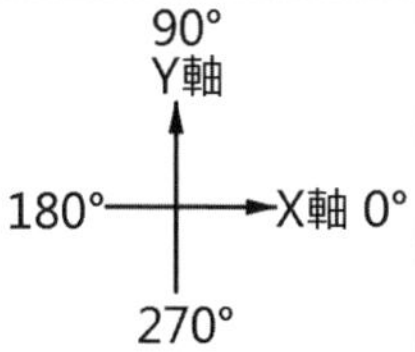

指定角度旋轉

準備工作

● 開啟範例檔〈3-5_ex2.dwg〉，有一個【聚合線】繪製的箭頭形狀。

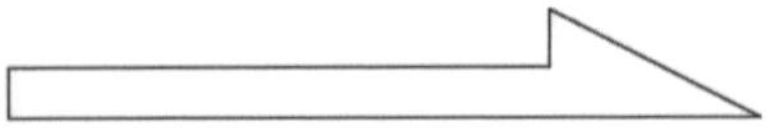

正式操作

1. 點擊【常用】頁籤 →【修改】面板 →【旋轉】按鈕。
2. 選取箭頭來當作要旋轉的目標，按下 Enter 鍵結束選取。

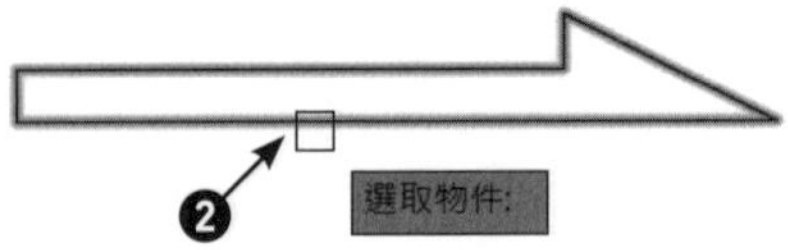

3. 點擊箭頭的左下角來當作基準點。

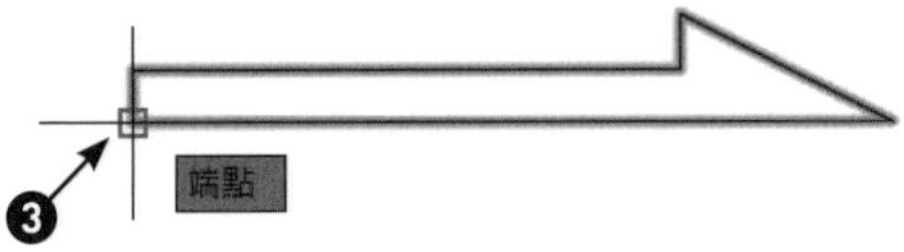

4. 輸入「30」為指定角度的數值，按下 Enter 鍵來輸入數值。

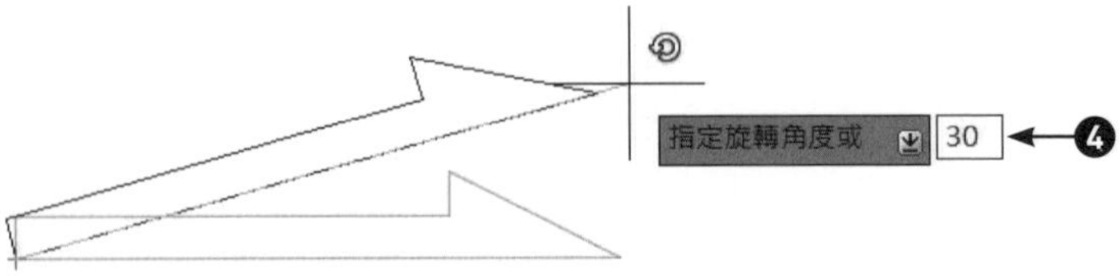

5. 可在底下繪製一水平線，並標註角度。（尺寸標註請參考第 4-1 小節。）

6 完成圖。

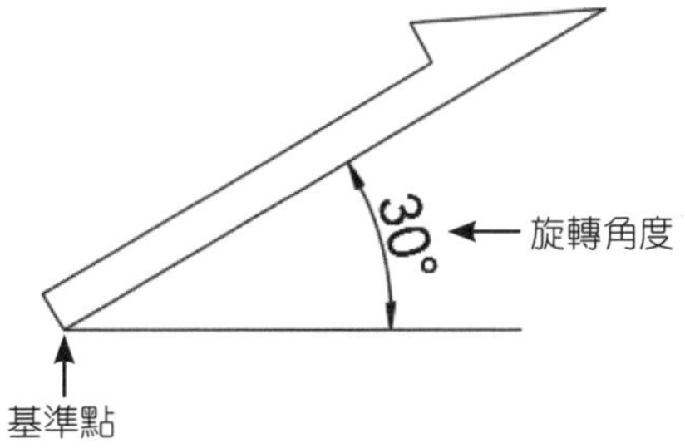

旋轉複製

準備工作

- 繪製一條距離 100 的水平線。

正式操作

1 點擊【常用】頁籤 →【修改】面板 →【旋轉】按鈕。

2 選取線來當作要旋轉的目標，按下 Enter 鍵結束選取。

3 點擊線的左側端點來當作基準點。

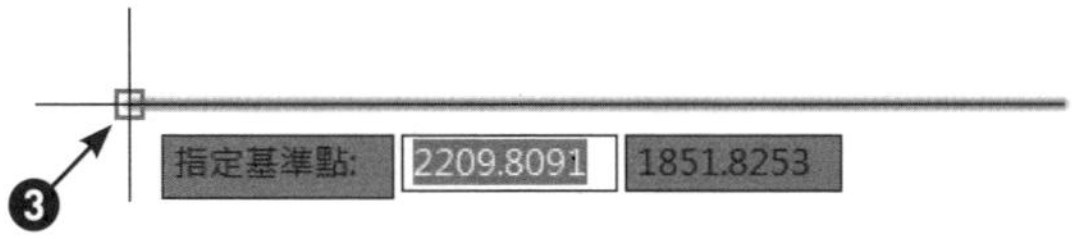

4 點擊右鍵，選擇【複製】。

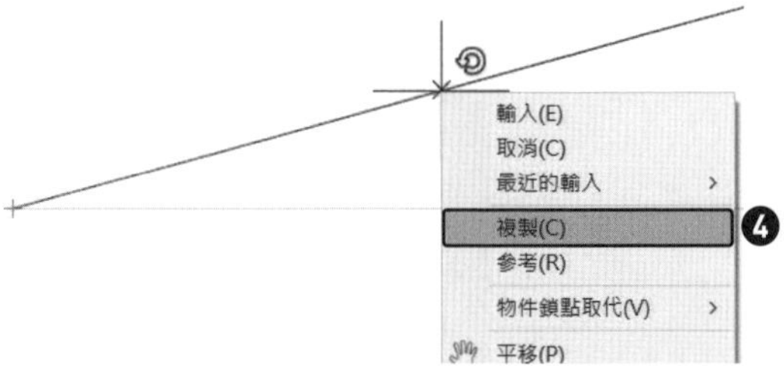

5 輸入「60」為指定角度的數值，按下 Enter 鍵來輸入數值。

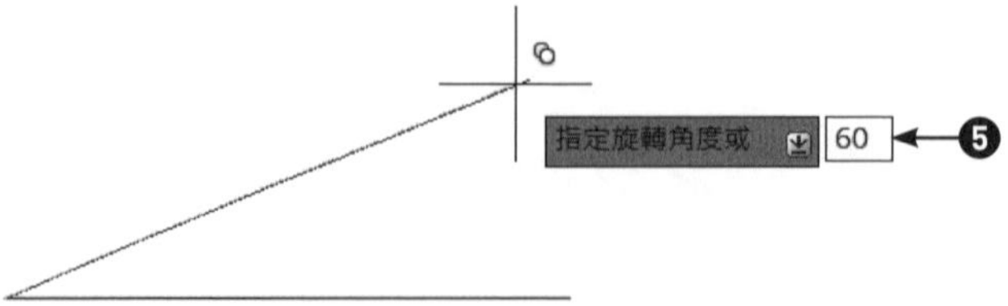

6 點擊【常用】頁籤 →【修改】面板 →【旋轉】按鈕。

7 選擇水平線為旋轉的目標，按下 Enter 鍵結束選取。

8 點擊線的左側端點來當作基準點。

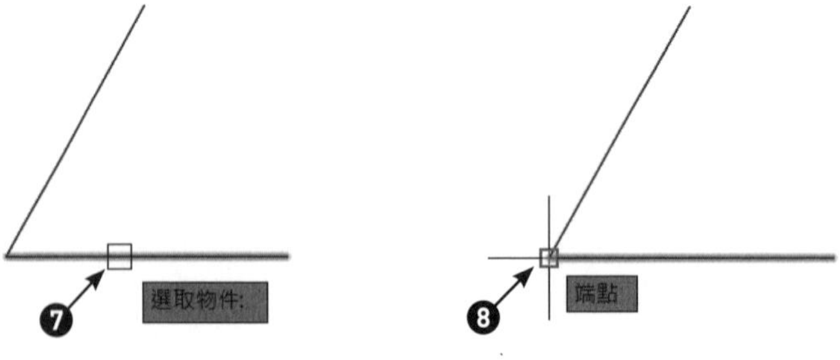

9 點擊右鍵，選擇【複製】。

10 輸入「-30」為指定角度的數值，按下 Enter 鍵來輸入數值。

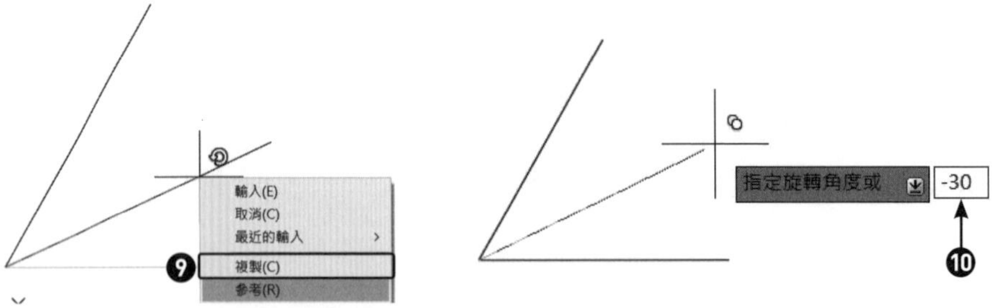

⑪ 完成圖。

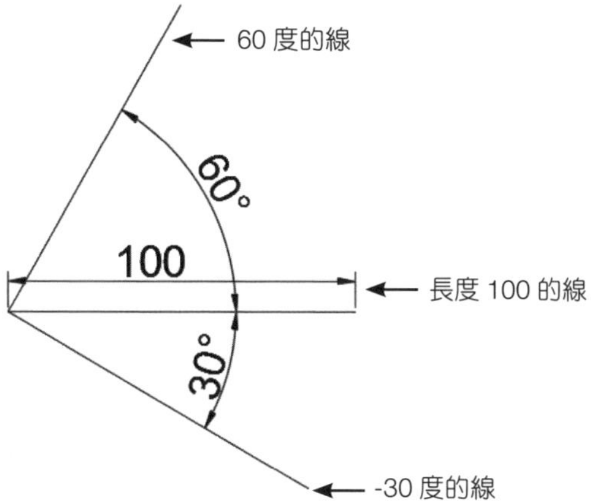

NOTE 旋轉角度的計算，逆時針為正，順時針為負。

旋轉參考、複製

準備工作

- 任意繪製一個矩形。使用【聚合線】指令對齊矩形的左下角往上繪製一個箭頭樣式，或是直接開啟範例檔〈3-5_ex3.dwg〉。

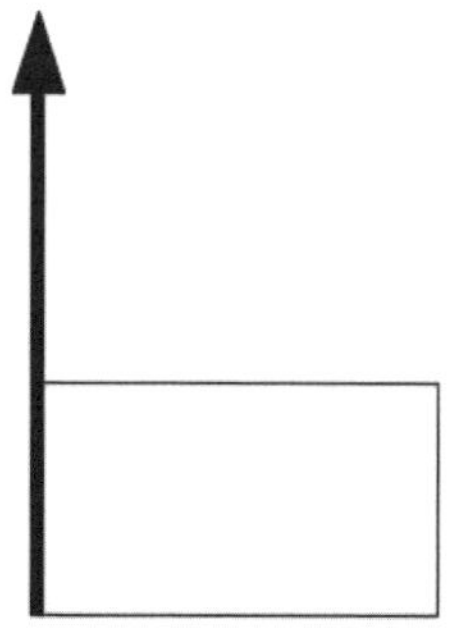

正式操作

1 點擊【常用】頁籤 →【修改】面板 →【旋轉】按鈕。

2 選擇箭頭來當作要旋轉的目標，按下 Enter ← 鍵結束選取。

3 點擊箭頭的下方端點來當作基準點。

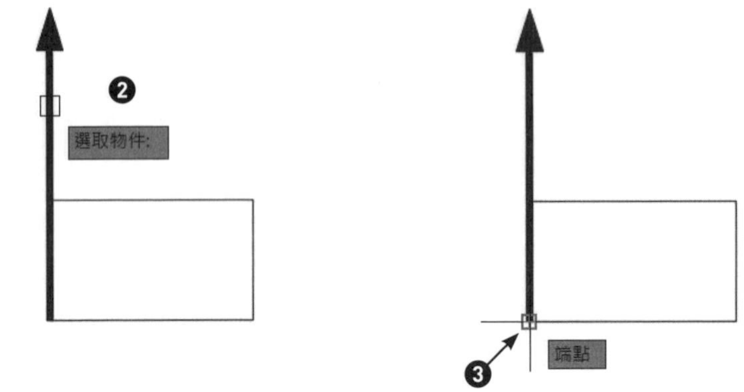

4 點擊右鍵，選擇【複製】。

5 再次點擊右鍵，選擇【參考】。

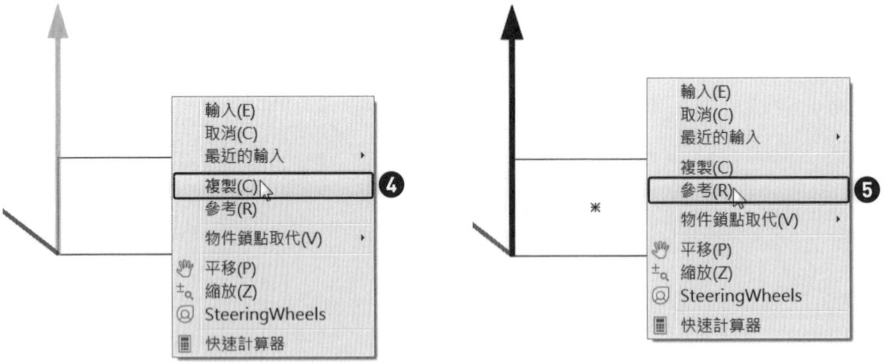

6 選擇箭頭的下方端點來指定參考角度的第一點。

7 選擇箭頭的上方端點來指定參考角度的第二點。

8 點擊矩形的右上角來指定新角度。

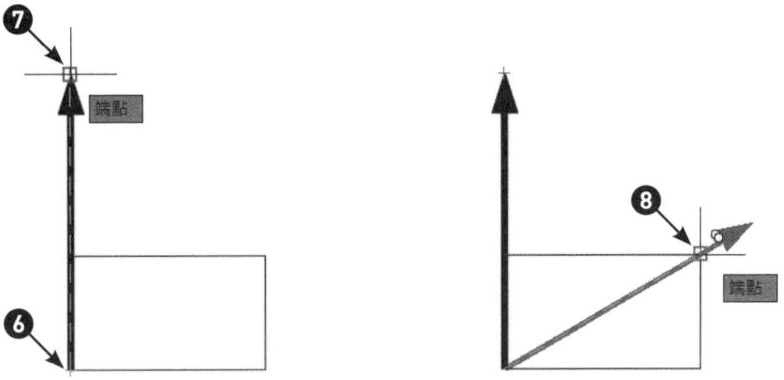

9 完成圖。

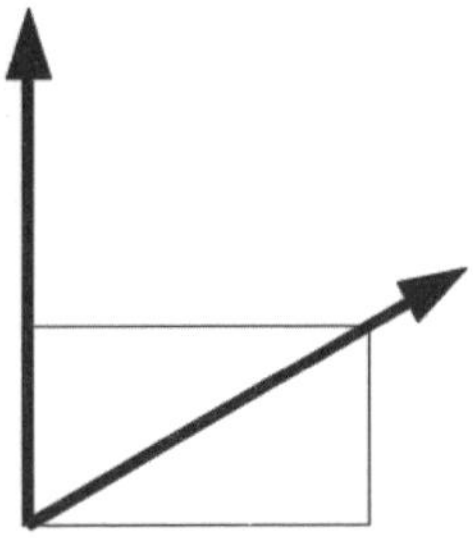

延伸練習

線段皆為 60

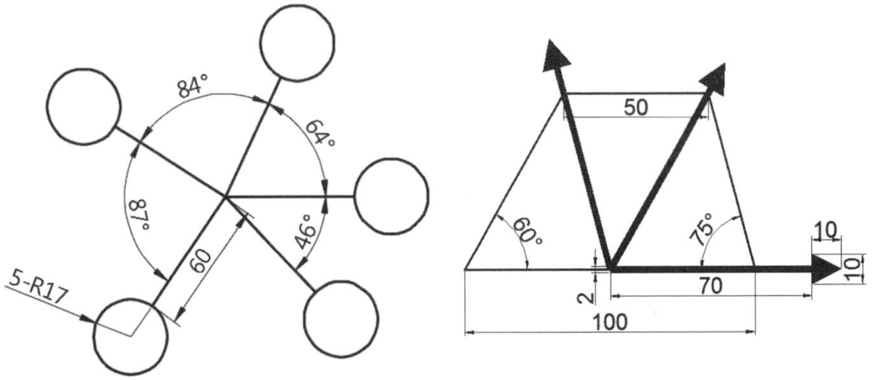

※ 延伸練習的解答請參考影音教學。

3-6 OFFSET - 偏移

偏移指令用於複製平行線與同心圓，原本圖元與複製圖元的垂直距離即為偏移距離，有別於複製可以往各方向產生同樣的圖形。請注意偏移時要先輸入偏移距離。

指令	OFFSET	快捷鍵	O	圖示	
工具列按鈕	常用頁籤 → 修改面板 → 偏移 				

通過偏移

準備工作

- 輸入指令「PT」開啟【點型式】選擇一個容易辨識的型式。
- 繪製一條高 60、寬 100 的 L 型線條。

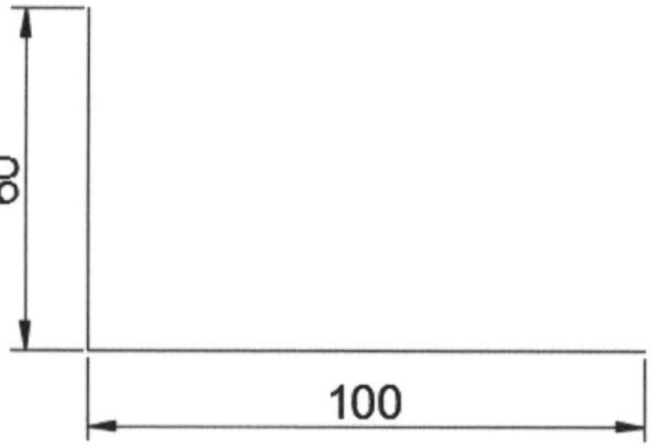

正式操作

1. 點擊【常用】頁籤 →【修改】面板 →【偏移】按鈕。
2. 輸入「100」來指定偏移的距離，按下 Enter 鍵來輸入數值。
3. 選取左邊長度 60 的線段來當作要偏移的物件。

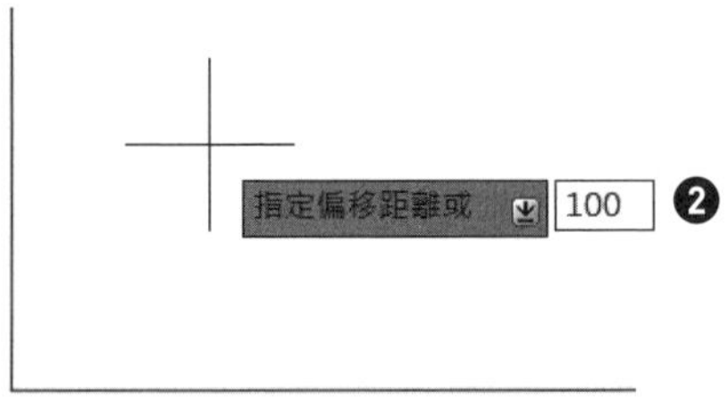

4. 將滑鼠向右邊移動來決定要偏移的方向，並且點擊左鍵。此動作用來決定偏移的方向。

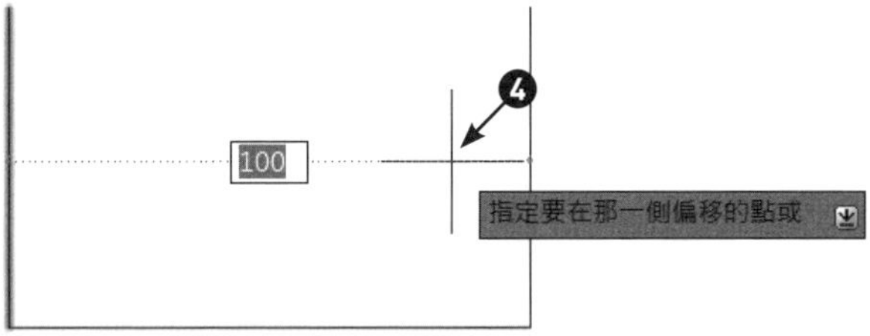

5. 按下 Enter 鍵來結束這次的偏移。
6. 點擊【常用】頁籤 →【修改】面板 →【偏移】按鈕。
7. 輸入「60」為偏移的距離，按下 Enter 鍵。

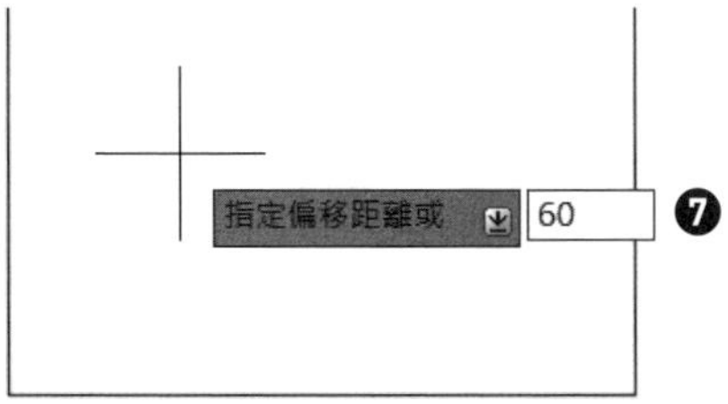

⑧ 選取下方長度 100 的線段來當作要偏移的物件。

⑨ 將滑鼠向上方移動來決定要偏移的方向，並且點擊左鍵。此動作用來決定偏移的方向。

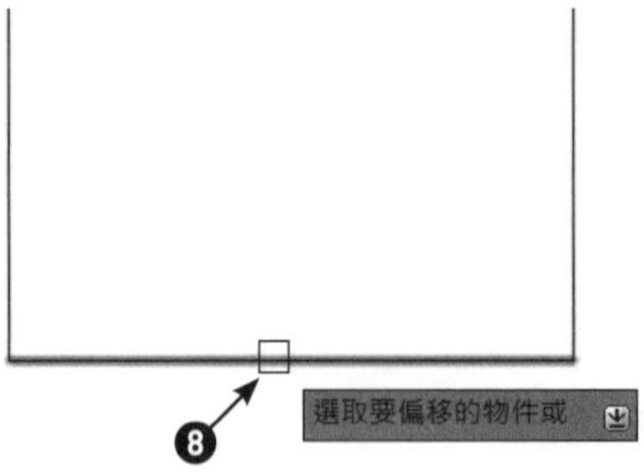

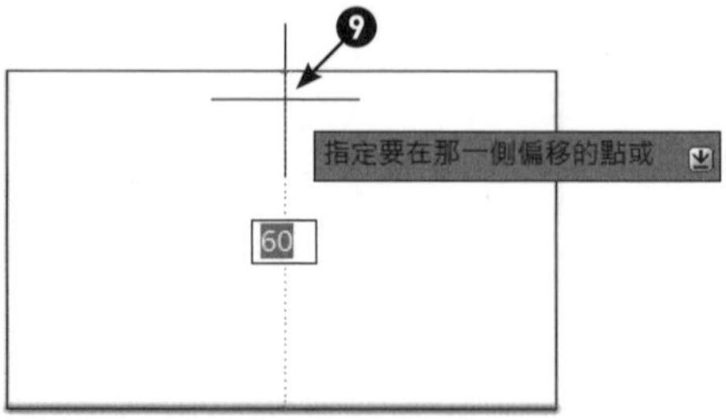

⑩ 按下 Enter 鍵來結束這次的偏移。

⑪ 點擊【常用】頁籤 →【繪製】面板中的下拉式功能表 →【等分】按鈕。將上方線段分為三等分。

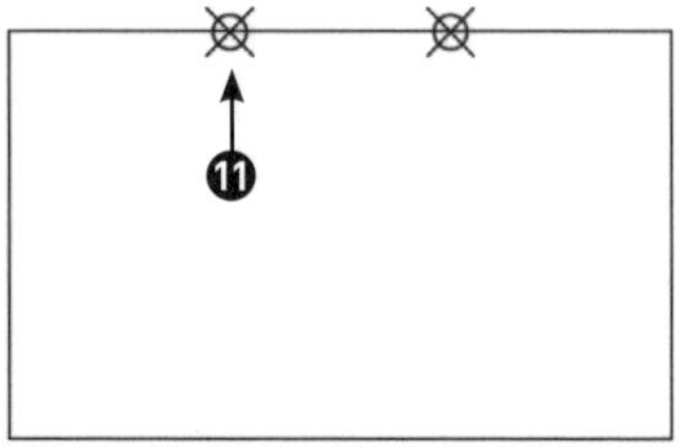

⑫ 點擊【常用】頁籤 →【修改】面板 →【偏移】按鈕。

⑬ 點擊右鍵，選擇【通過】指令，開啟通過模式，不用輸入距離而以十字游標來決定偏移圖元的通過點。

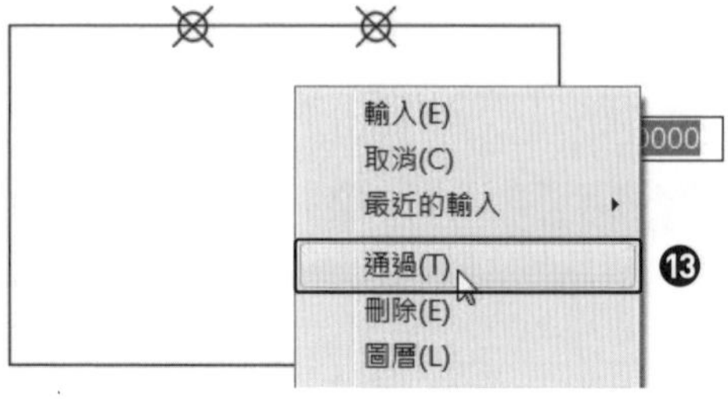

⑭ 選擇左邊的線段來當作要偏移的物件。

⑮ 指定通過點。點擊第一個節點後，出現通過此點的第一條偏移線。

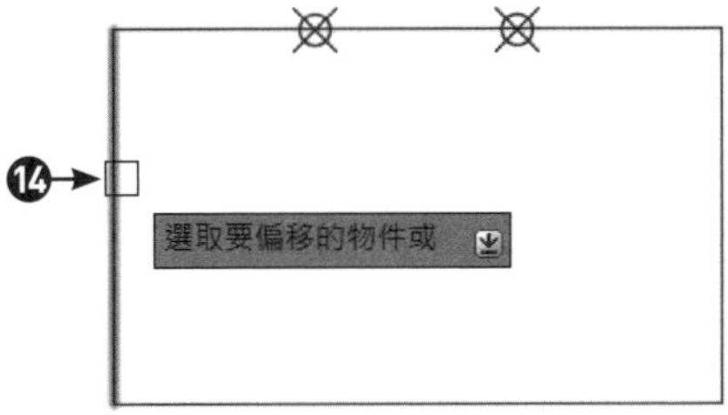

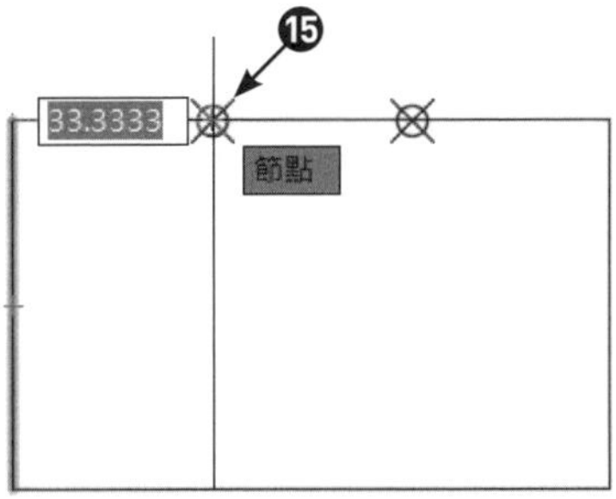

⑯ 選擇剛剛新增的偏移線段來當作要偏移的物件。

⑰ 指定通過點。點擊第二個節點後，出現通過此點的第二條偏移線。

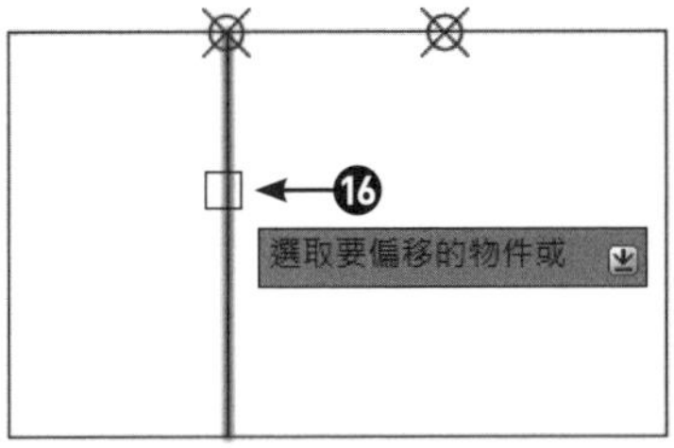

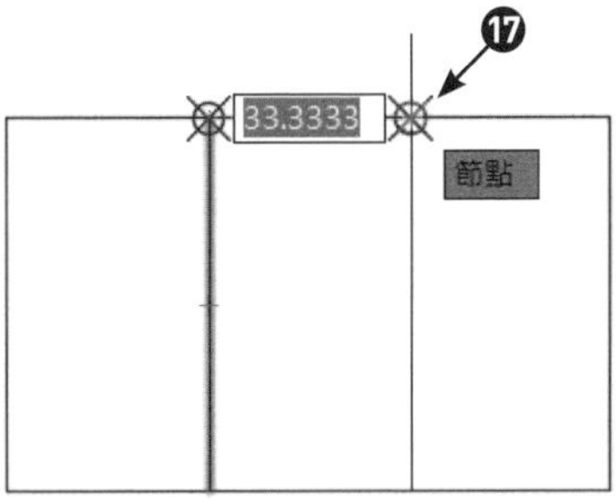

⑱ 按下 Enter← 鍵來結束這次的偏移。

多重偏移

準備工作

- 繪製一個半徑 20 的圓。

正式操作

1 點擊【常用】頁籤 →【修改】面板 →【偏移】按鈕。

2 輸入「5」來指定偏移的距離，按下 Enter← 鍵來輸入數值。

3 選取圓選來當作要偏移的物件。

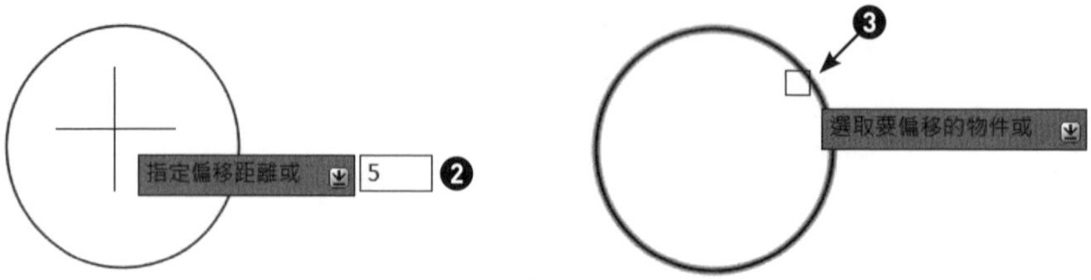

4 點擊右鍵，選擇【多重】指令（選擇多重指令可連續偏移物件）。

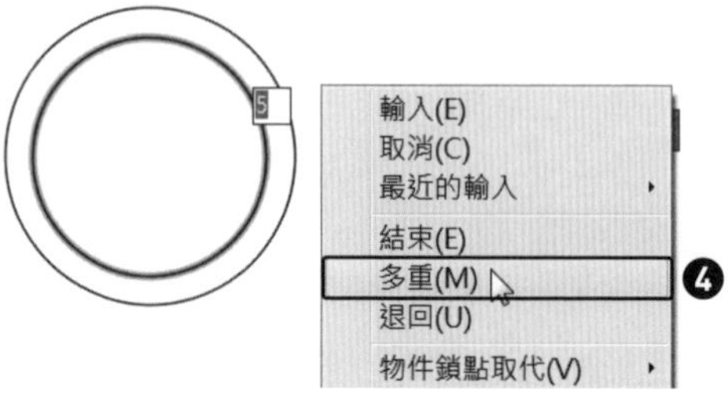

5 將滑鼠移到圓的外面來指定要偏移的方向（此時外圍的圓為偏移結果預覽）。

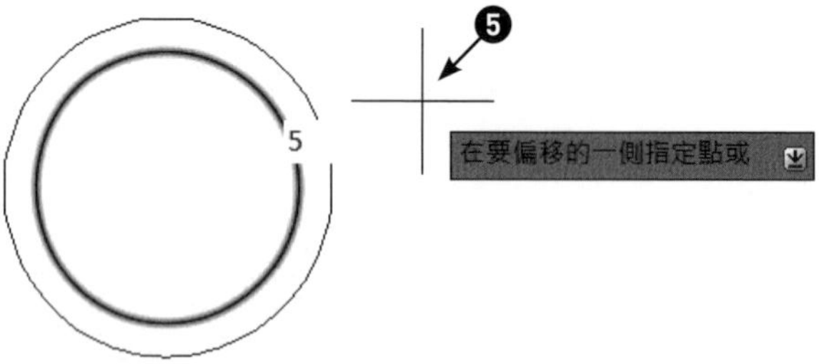

6 點擊滑鼠左鍵，點擊一下則會產生一個偏移圓，依次往外按下 3 次滑鼠左鍵，則產生三個外部偏移圓（此時最外側的圓為偏移結果預覽）。

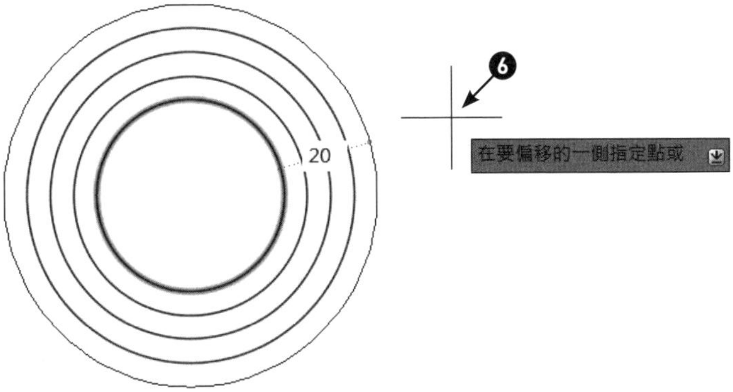

7 按下 Enter 鍵來結束這次的偏移，再次按下 Enter 鍵結束偏移指令。

8 完成圖。

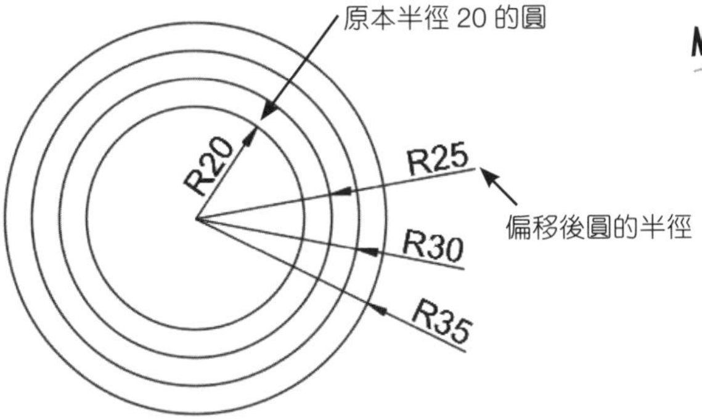

NOTE

將圓向外偏移時，偏移後圓的半徑 = 原本圓的半徑 + 偏移距離；圓向內偏移時，偏移後圓的半徑 = 原本圓的半徑 - 偏移距離，每偏移一次會累加一次。

延伸練習

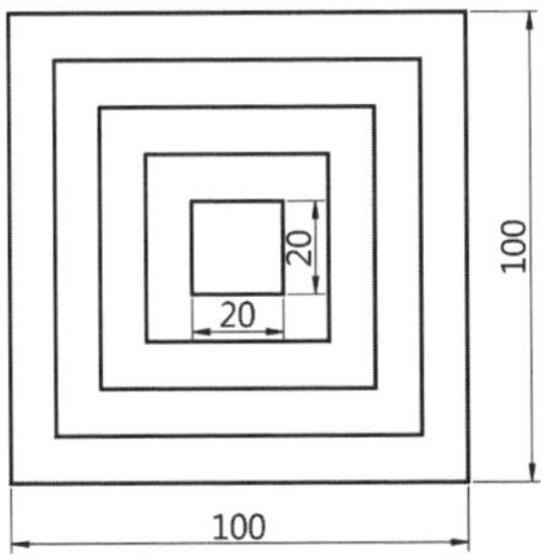

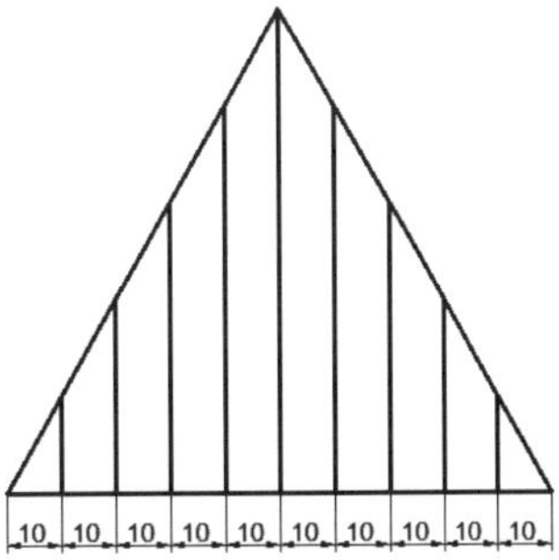

題目為正三角形，推薦使用第 3-7 節的修剪指令。

※ 延伸練習的解答請參考影音教學。

3-7 TRIM - 修剪

利用修剪指令可以將相交且雜亂的圖形整理成乾淨封閉的造型，當圖元過短未相交時可開啟延伸選項，將圖元視為無限大，如此就可處理各種不同的修剪模式。AutoCAD 2022 新增快速修剪模式，而舊版為標準模式。

指令	TRIM	快捷鍵	TR	圖示	
工具列按鈕	常用頁籤 → 修改面板 → 修剪 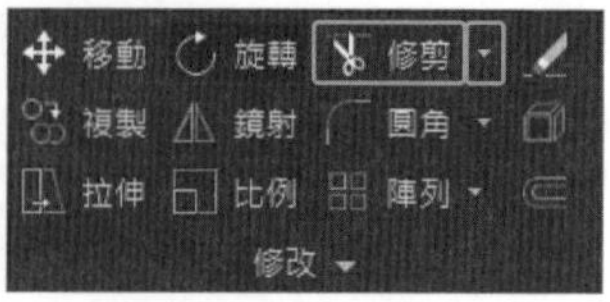				

快速修剪模式 (AutoCAD 2022 新功能)

準備工作

- 繪製同心圓，再繪製水平與垂直線，如圖所示，或開啟範例檔〈3-7_ex1.dwg〉。

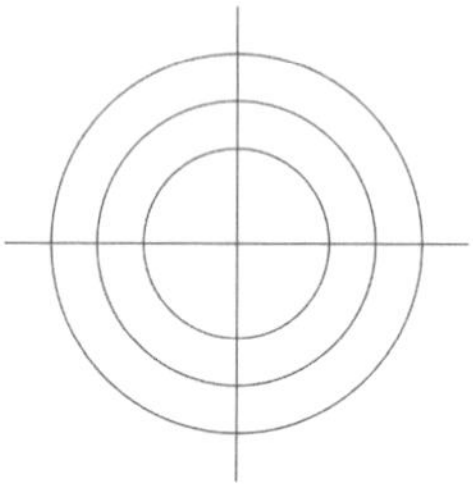

正式操作

1 點擊【常用】頁籤 →【修改】面板 →【修剪】按鈕。

2 在指令列選擇【模式】。

3 確認目前為【快速】模式。

(4) 選取線段，會修剪到相交處。

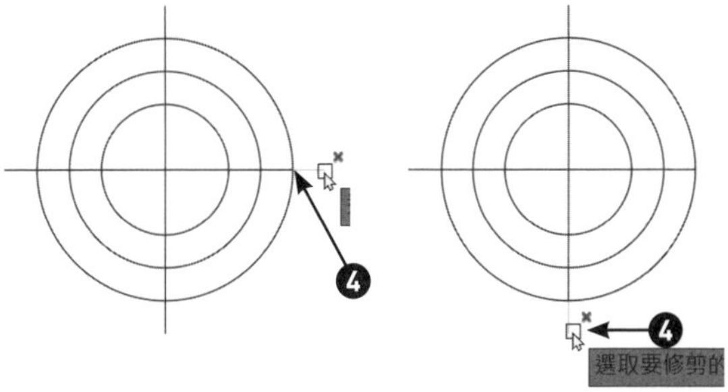

(5) 在空白處按住滑鼠左鍵，並移動通過線段，可以修剪掉。

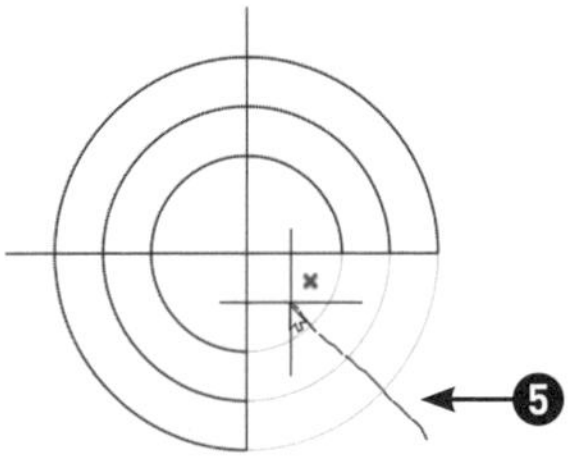

(6) 按下空白鍵或 Enter← 鍵結束指令，完成如右圖。

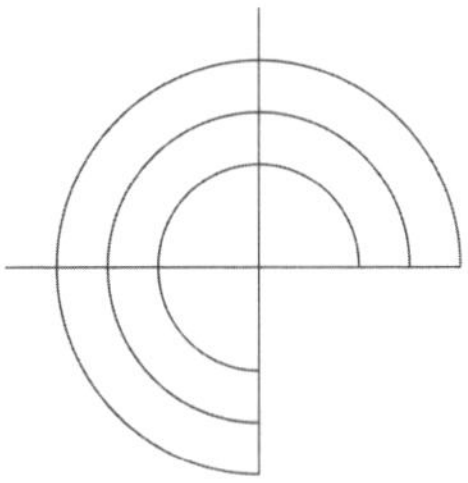

(7) 先選取水平線，再點擊【常用】頁籤 →【修改】面板 →【修剪】按鈕。

(8) 在空白處按住滑鼠左鍵並移動通過線段，就不是修剪到相交處，而是修剪到水平線的位置，且步驟 6 的水平線也可以被修剪掉。

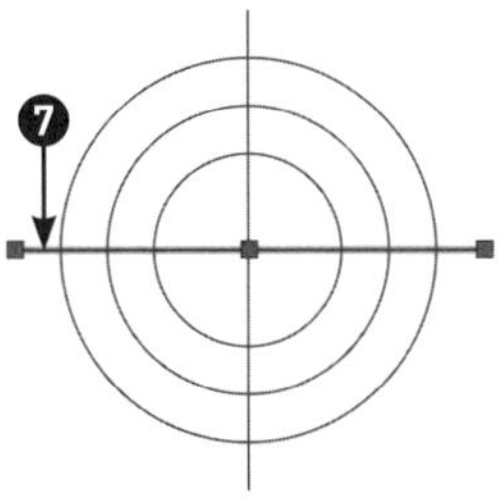

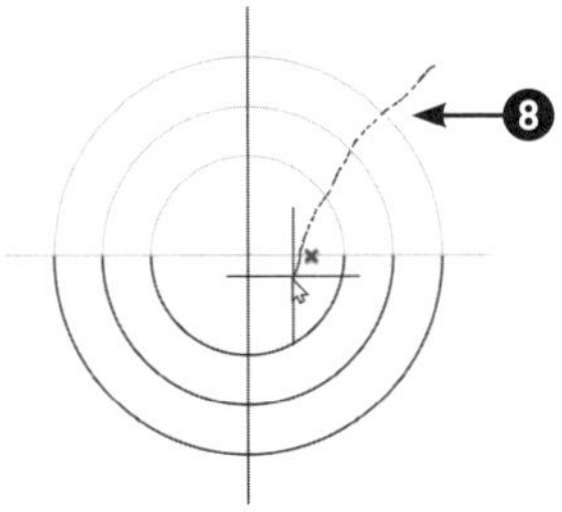

9 按下空白鍵或 Enter 鍵結束指令，完成如右圖。

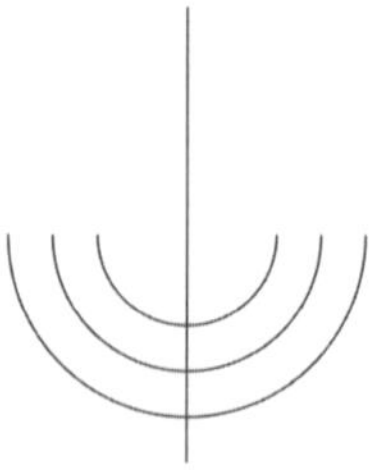

標準修剪模式

準備工作

- 繪製線與圓形物件，如右圖所示。

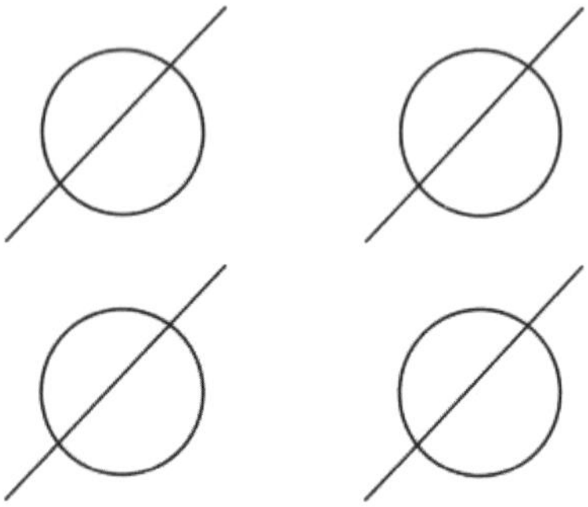

正式操作

1 點擊【常用】頁籤 →【修改】面板 →【修剪】按鈕。

2 在指令列選擇【模式】。

3 選擇【標準】模式，可以恢復舊版 AutoCAD 的修剪方式，按下或 Enter 鍵結束指令，再執行一次修剪指令。

4 選擇箭頭指示的線段來當作修剪工具。

5 按下 Enter 鍵來結束選取。

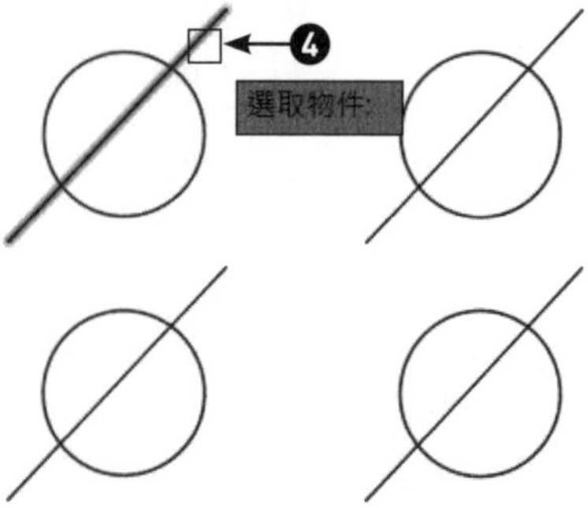

6 選擇箭頭指示的位置來決定要被修剪的物件部位。

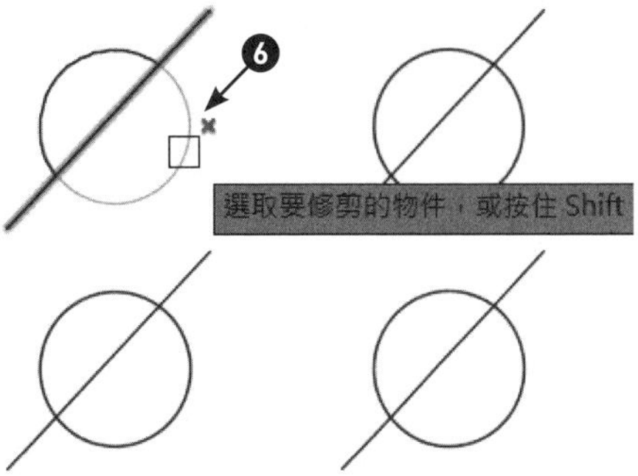

7 按下 Enter← 鍵來結束修剪，請參考修剪完成的結果，如右圖所示。

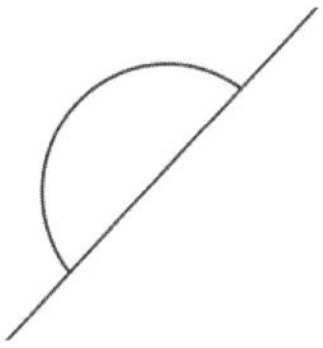

8 點擊【常用】頁籤 →【修改】面板 →【修剪】按鈕。

9 選擇箭頭指示的線段來當作修剪工具。

10 按下 Enter← 鍵來結束選取。

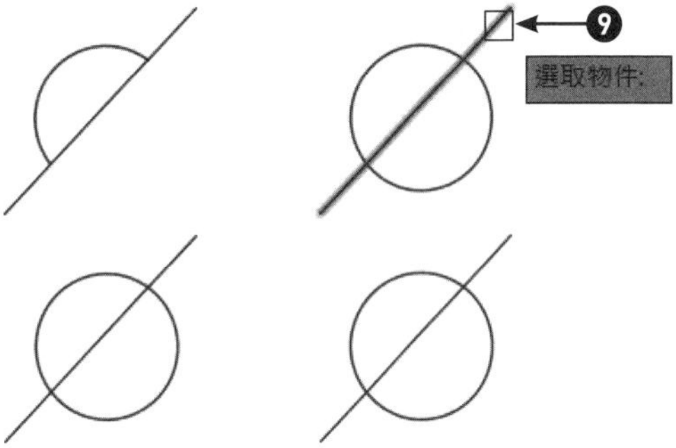

11 選擇箭頭指示的位置來決定被修剪的物件。

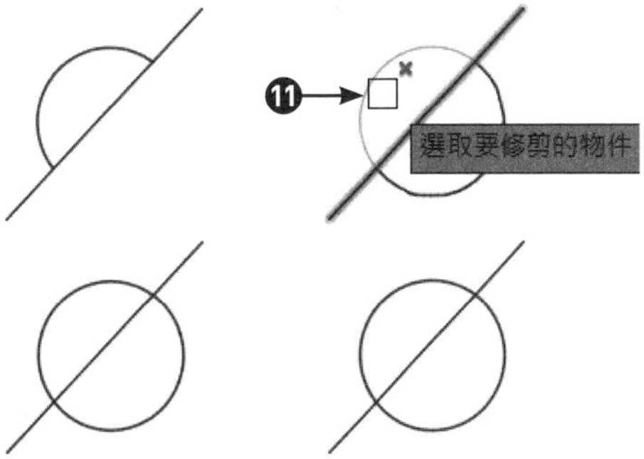

⑫ 按下 Enter← 鍵來結束修剪，請參考修剪完成的結果，如右圖所示。

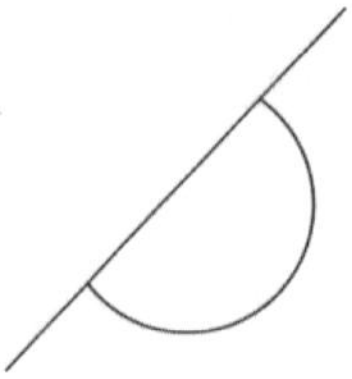

⑬ 點擊【常用】頁籤 →【修改】面板 →【修剪】按鈕。

⑭ 選擇箭頭指示的圓來當作修剪工具。

⑮ 按下 Enter← 鍵來結束選取。

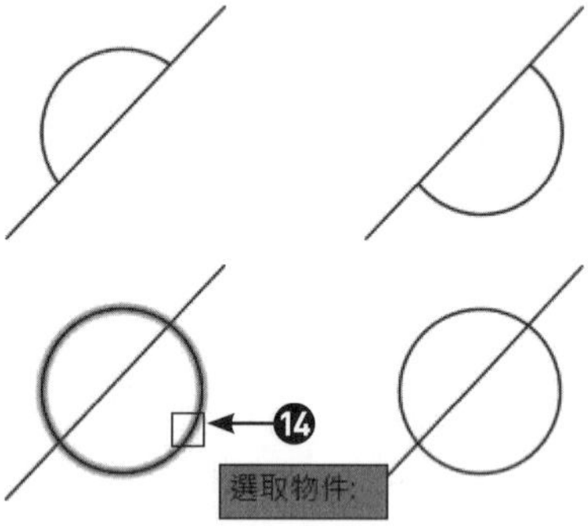

⑯ 選擇箭頭指示的位置來決定要被修剪的物件。

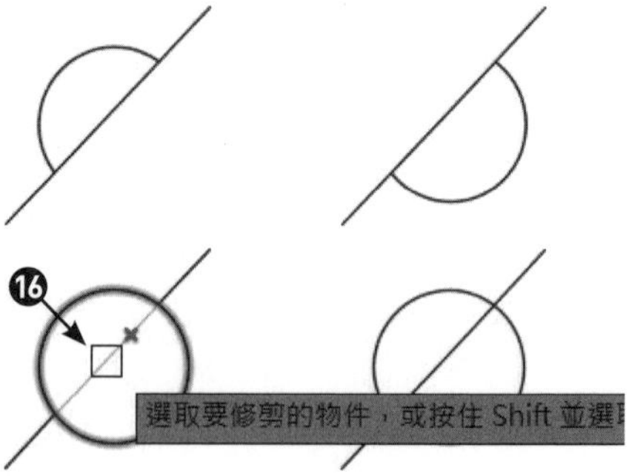

⑰ 按下 Enter← 鍵來結束修剪，請參考修剪完成的結果，如右圖所示。

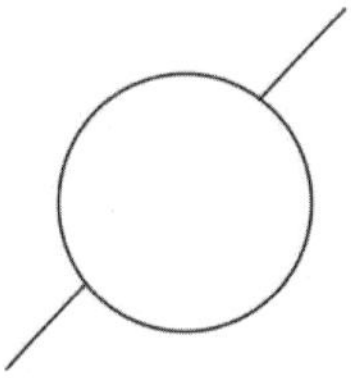

18 點擊【常用】頁籤 →【修改】面板 →【修剪】按鈕。

19 選擇箭頭指示的圓來當作修剪工具。

20 按下 Enter ← 鍵來結束選取。

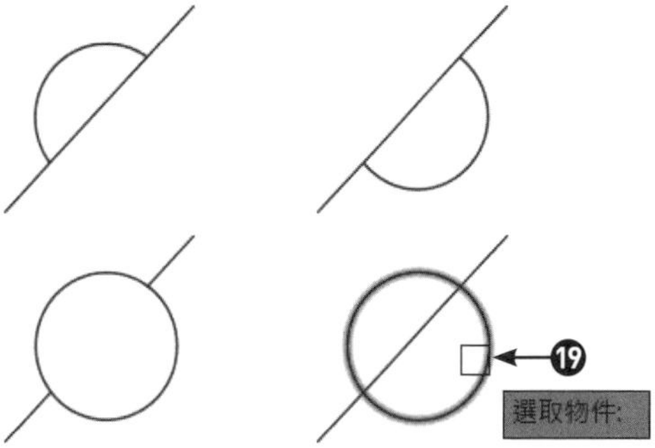

21 選擇箭頭指示的位置來決定要被修剪的物件。

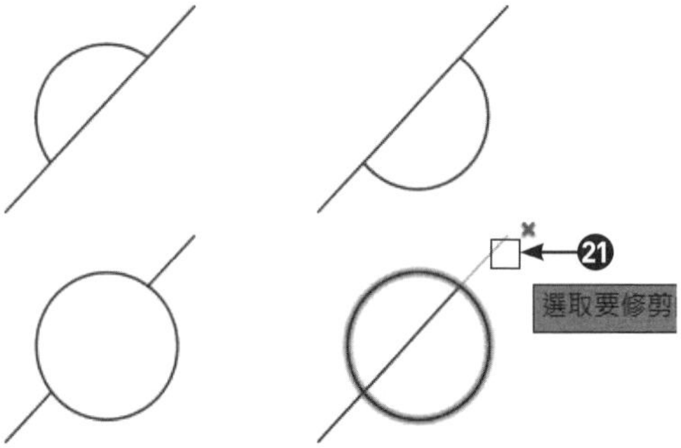

22 選擇箭頭指示的位置來決定要被修剪的物件。

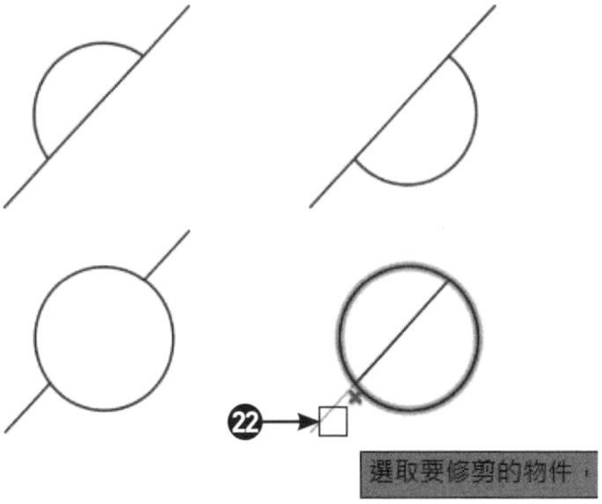

23 按下 Enter ← 鍵來結束修剪，請參考修剪完成的結果，如右圖所示。

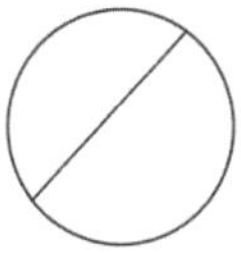

(24) 完成圖。

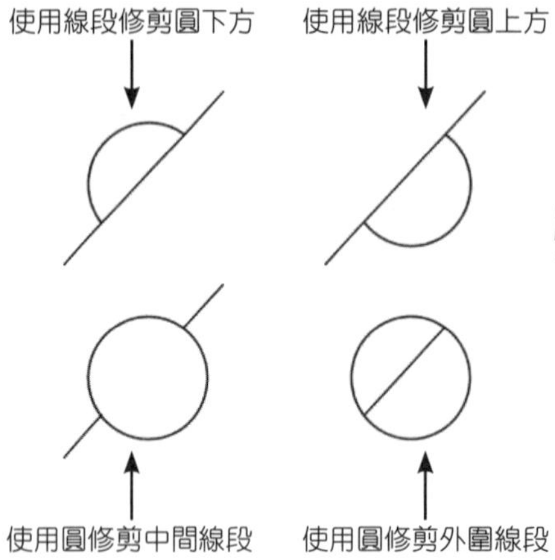

NOTE 同樣的圖形，由於修剪物件與被修剪物件的不同，所完成的圖形也不同。

延伸修剪

準備工作

- 繪製多個同心圓，並在同心圓內繪製十字線段。

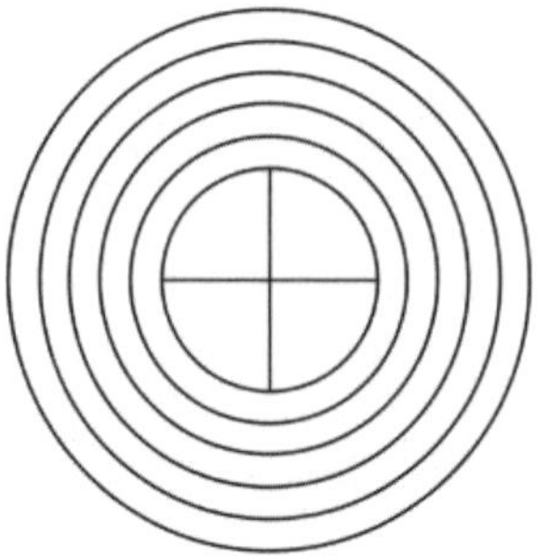

正式操作

(1) 點擊【常用】頁籤 →【修改】面板 →【修剪】按鈕。

(2) 選擇十字線段來當作修剪工具。

(3) 按下 Enter 鍵來結束選取。

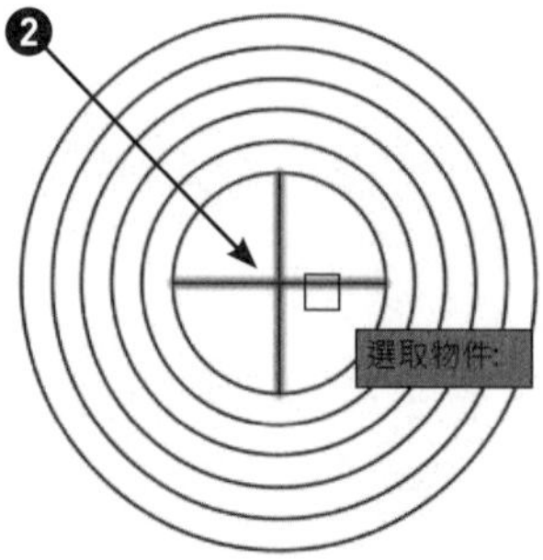

④ 點擊滑鼠右鍵，選擇【邊】，設定邊模式。

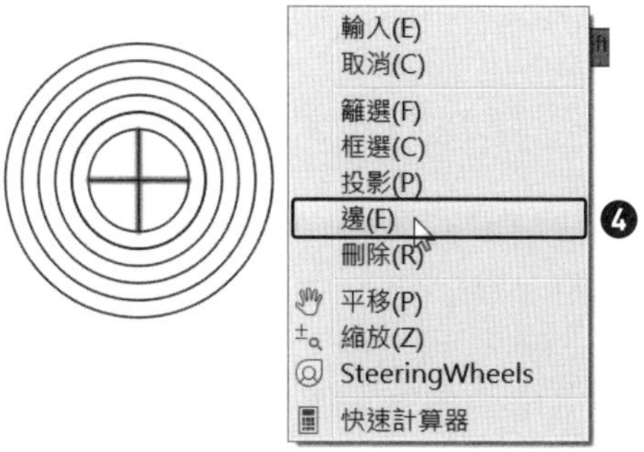

⑤ 選擇【延伸】模式，則作為修剪工具的線段會被視為無限長。

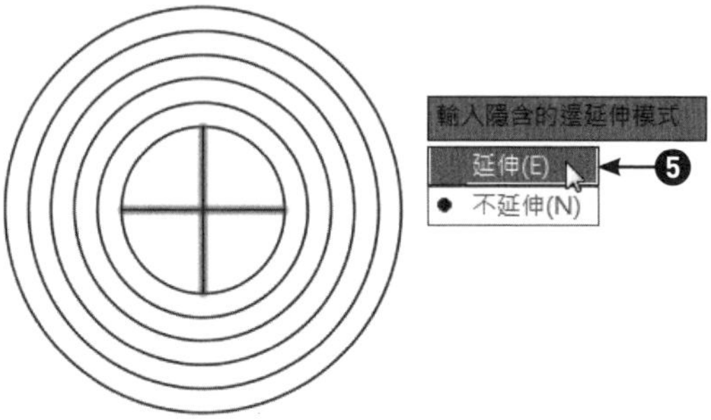

⑥ 框選右上方來決定要被修剪的物件。

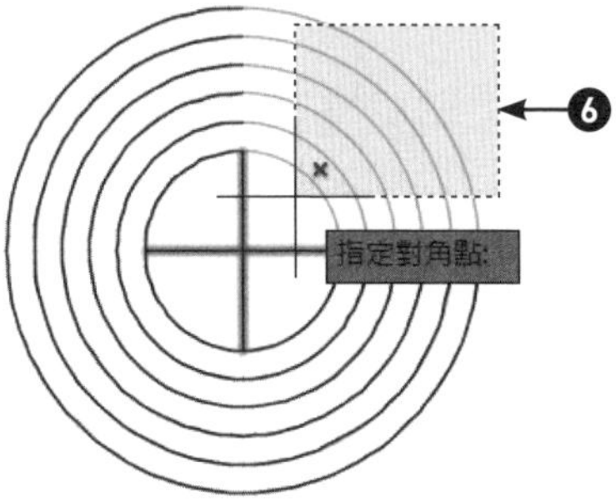

7 框選左下方來決定要被修剪的物件。

8 按下 Enter← 鍵來結束修剪。

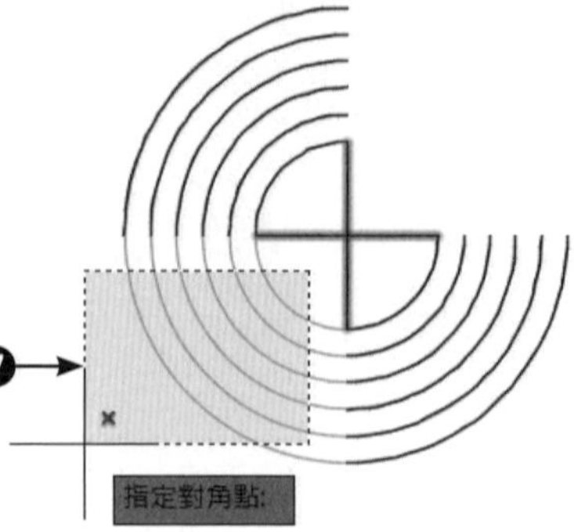

9 完成圖。

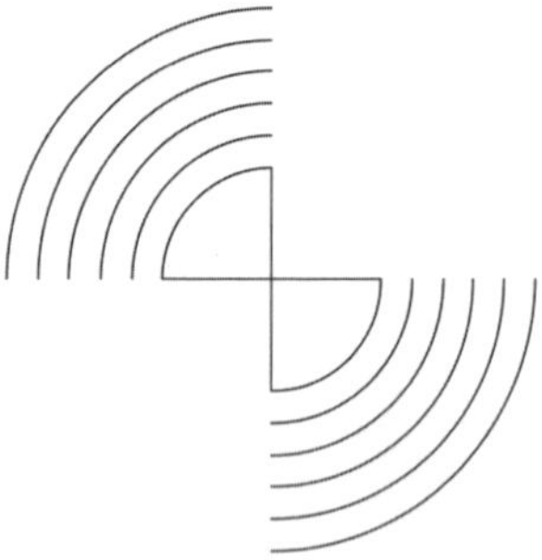

NOTE 選擇【邊】→【延伸】的模式，可根據指定的修剪工具來延伸修剪邊緣，即使指定的修剪工具線段長度不足，所需修剪對象也可被修剪。

任意修剪

準備工作

- 繪製多個同心圓，並繪製十字線通過每個圓的四分點。

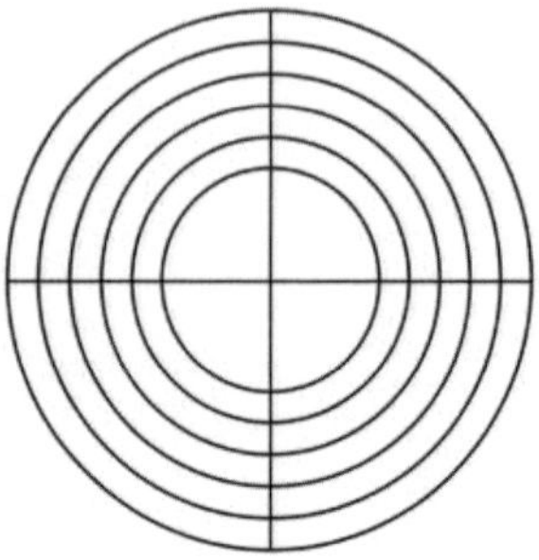

正式操作

1 點擊【常用】頁籤 →【修改】面板 →【修剪】按鈕。

2 按下 Enter← 鍵將全部物件視為修剪工具，此步驟不選擇任何物件。

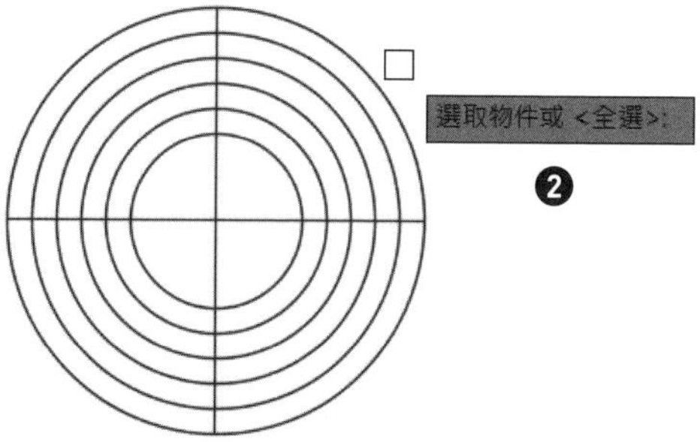

3 點擊滑鼠右鍵，選擇【邊】，設定邊模式。

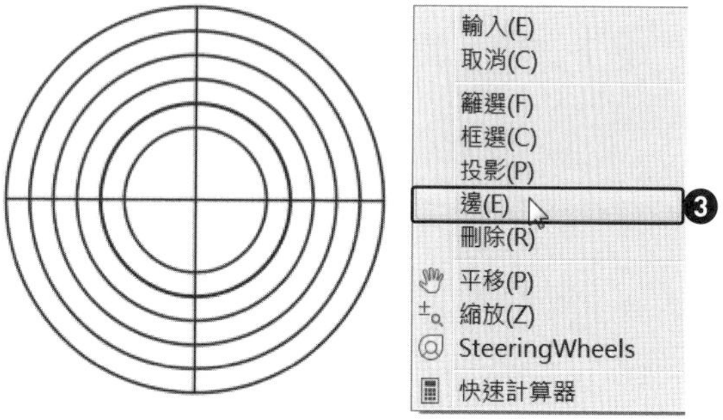

4 選擇【不延伸】，當開啟【邊】→【不延伸】的模式時，作為修剪工具的線段不再被視為無限長。

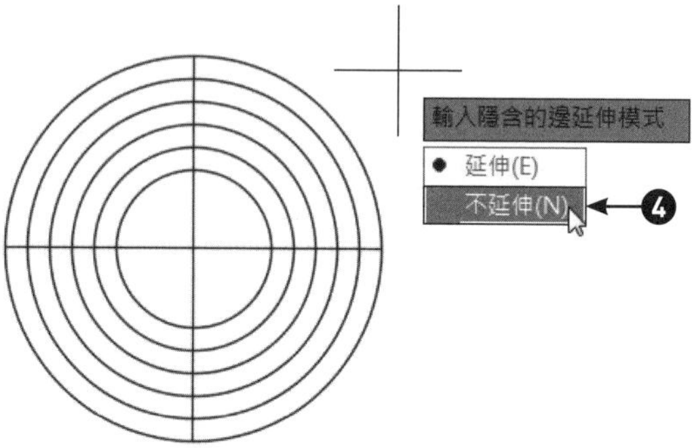

5 框選圓內部的十字線段，修剪十字線段。

6 點選箭頭指示的位置來決定被修剪的物件。

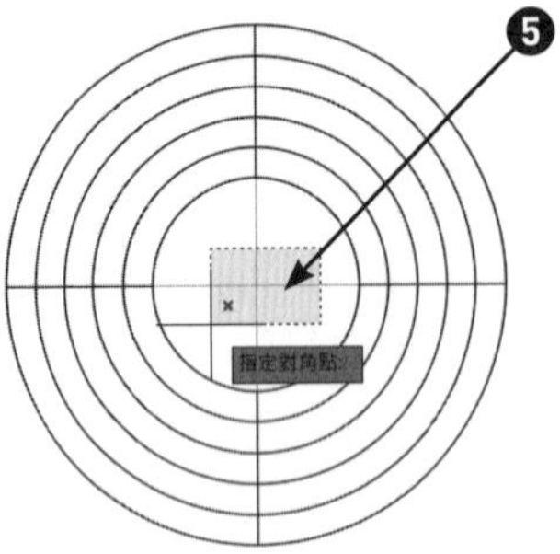

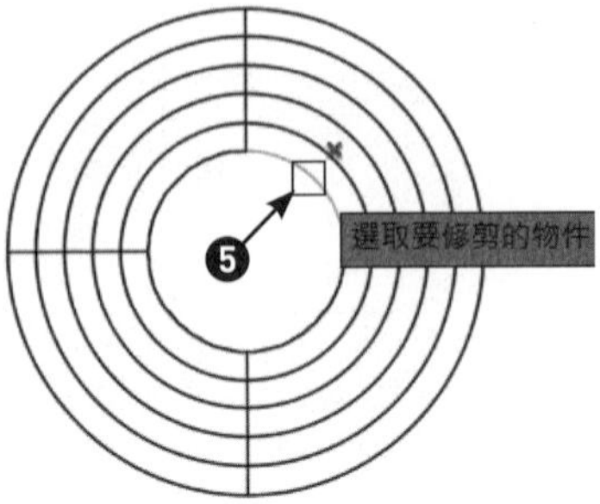

7 按下 Enter← 鍵來結束修剪，請參考修剪完成的結果，如下圖所示。

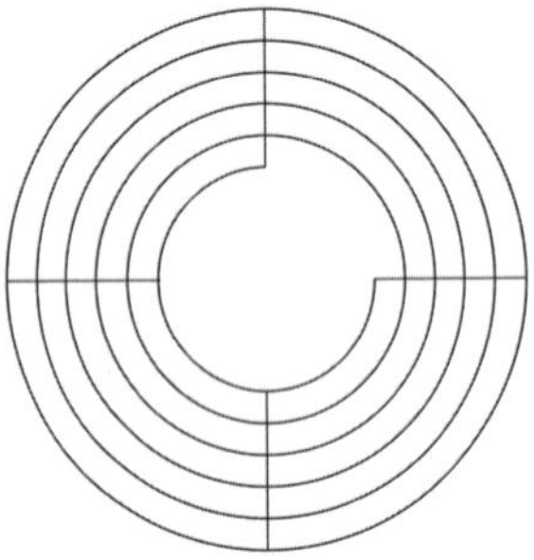

NOTE

當執行【修剪】指令後，在選取物件當作修剪工具的步驟時，不選擇任何物件，直接按下 Enter← 鍵來結束選取，則所有的物件皆成為修剪工具，可任意修剪所需位置，但此修剪動作不一定可節省時間，需自行判斷使用時機。

延伸練習

正六邊形，邊長 30。

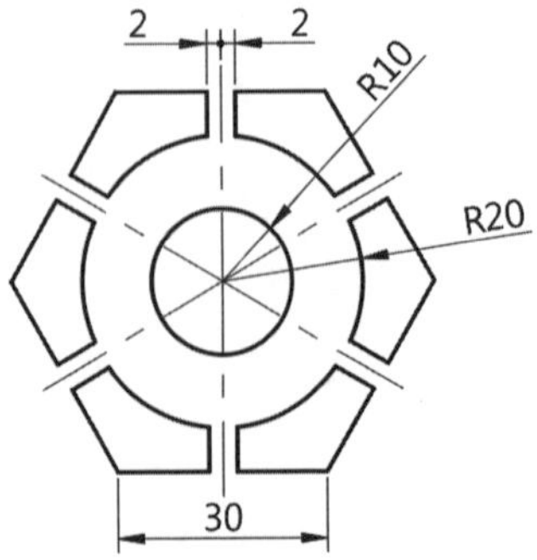

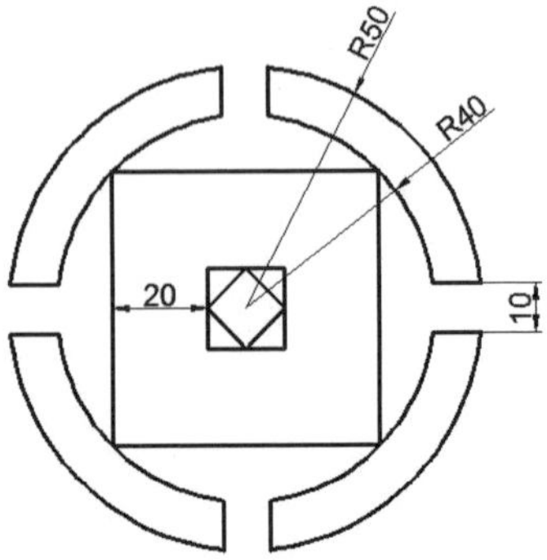

※ 延伸練習的解答請參考影音教學。

3-8 EXTEND - 延伸

延伸指令用於將圖元延伸至指定的目標圖元。與修剪指令相同，可利用延伸選項，將線段視為無限長。

<table>
<tr><td>指令</td><td>EXTEND</td><td>快捷鍵</td><td>EX</td><td>圖示</td><td>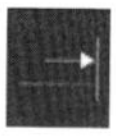</td></tr>
<tr><td>工具列按鈕</td><td colspan="5">常用頁籤 → 修改面板 → 修剪的下拉式選單 → 延伸
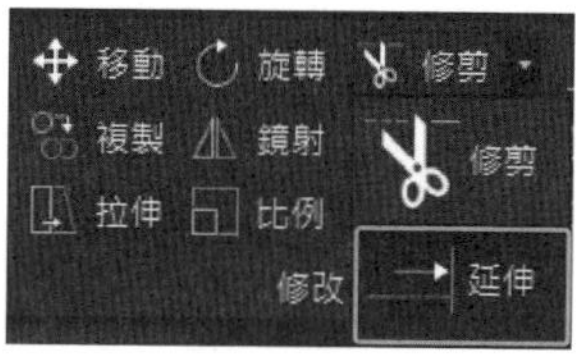</td></tr>
</table>

快速延伸模式 (AutoCAD 2022 新功能)

準備工作

- 繪製同心圓，再繪製 45 度斜線，如圖所示，或開啟範例檔〈3-8_ex1.dwg〉。

正式操作

1. 點擊【常用】頁籤 →【修改】面板 → 修剪的下拉式選單 →【延伸】按鈕。
2. 在指令列選擇【模式】。

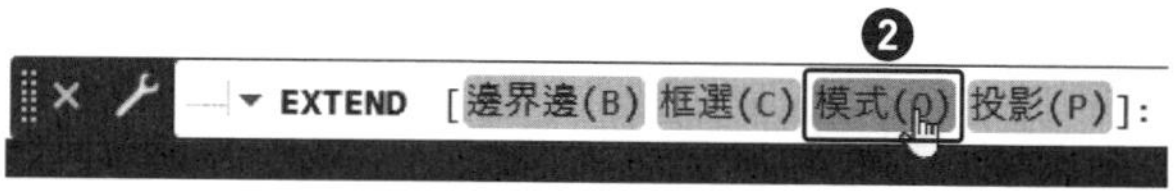

3. 確認目前為【快速】模式。

4 選取線段，會延伸到下一條碰到的線段。

5 再選一次，延伸到下一條線段。

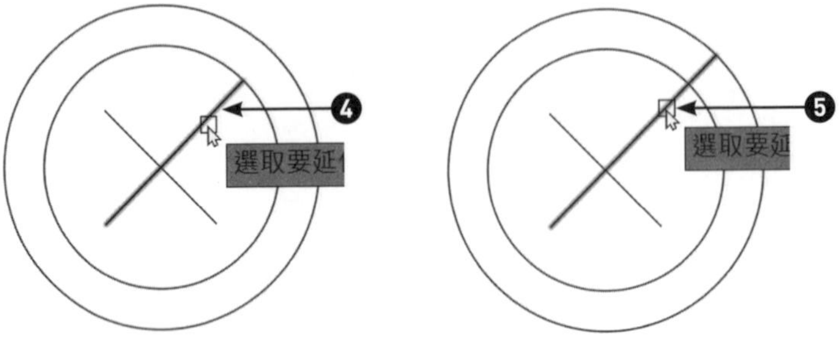

6 在空白處按住滑鼠左鍵，並移動通過線段，可以一次延伸多條線段。

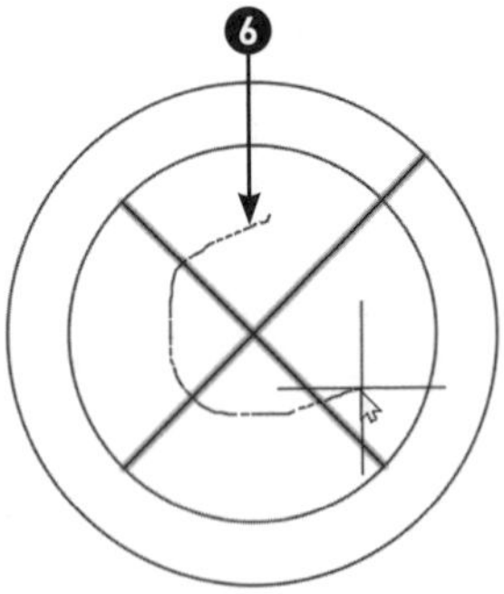

7 按下空白鍵或 Enter 鍵結束指令，完成如右圖。

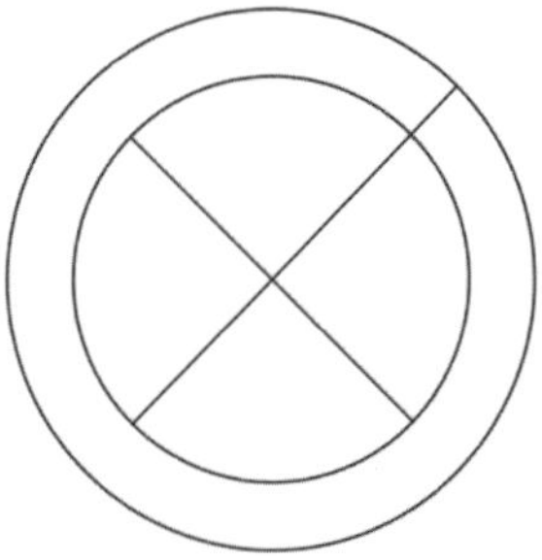

8 先選取外側的圓形，再點擊【常用】頁籤 →【修改】面板 → 修剪的下拉式選單 →【延伸】按鈕。

9 選取線段，可以直接延伸到步驟 8 選取的圓。

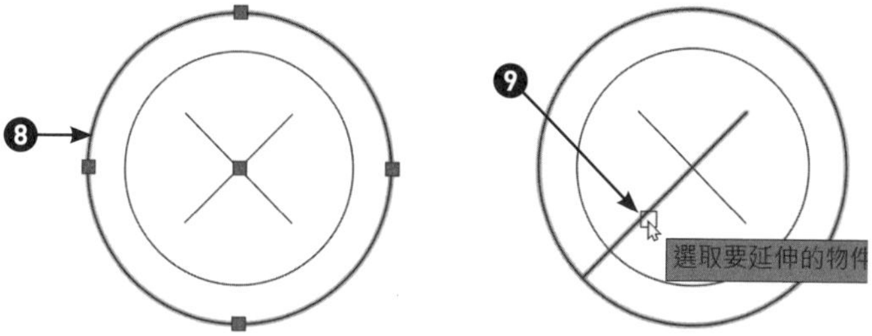

10 按下空白鍵或 Enter← 鍵結束指令，完成如右圖。

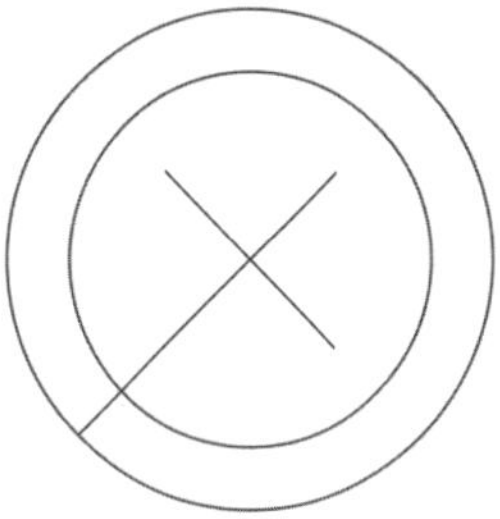

標準延伸模式

準備工作

- 任意繪製一個圓，並在圓內繪製一個 X 形線段，線段不能與圓互相連接。

正式操作

1 點擊【常用】頁籤 →【修改】面板 →【修剪】按鈕中的下拉式選單 →【延伸】按鈕。

2 在指令列選擇【模式】。

3 選擇【標準】模式，可以恢復舊版 AutoCAD 的延伸方式，按下或 Enter← 鍵結束指令，再執行一次延伸指令。

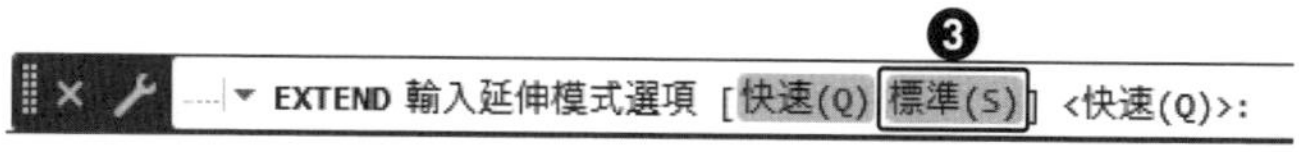

4 選取圓來當作延伸的邊界，按下 Enter← 鍵來確定選取。

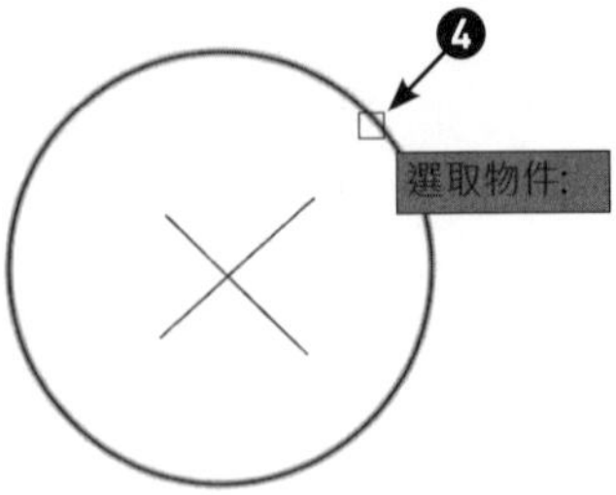

5 點擊第一條線段偏右上方的位置來決定要延伸的物件，此時線段會向右上方延伸。

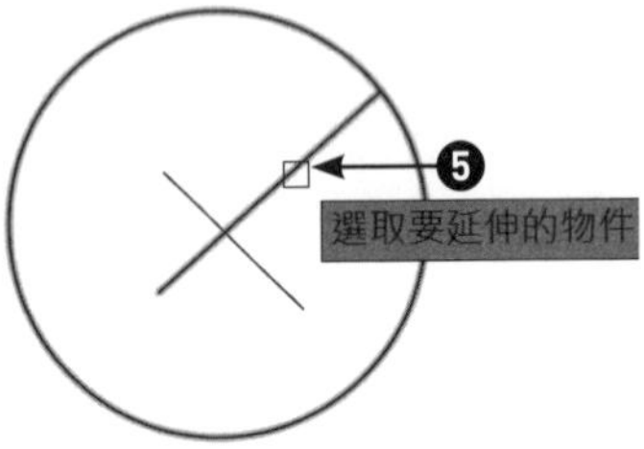

6 點擊第一條線段偏左下方的位置來決定要延伸的物件，此時線段會向左下方延伸。

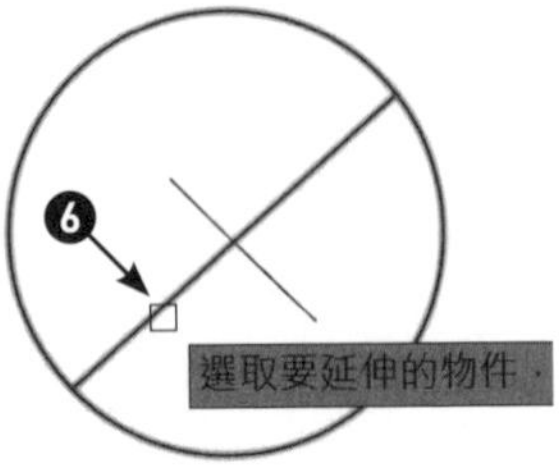

7 也可以利用框選線段中間，如圖所示，將線段往兩側同時延伸。

8 按下 Enter← 鍵來結束延伸。

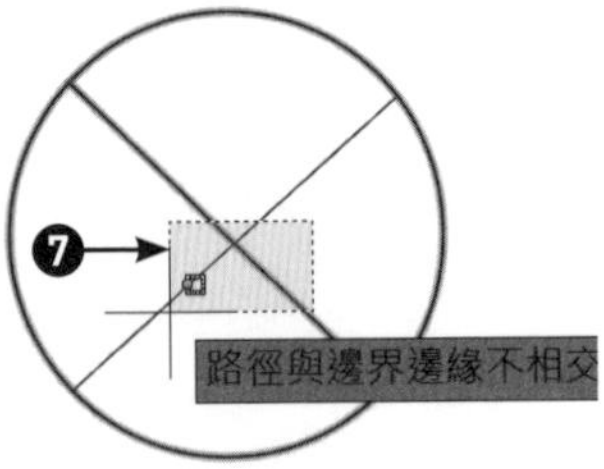

9 完成圖。

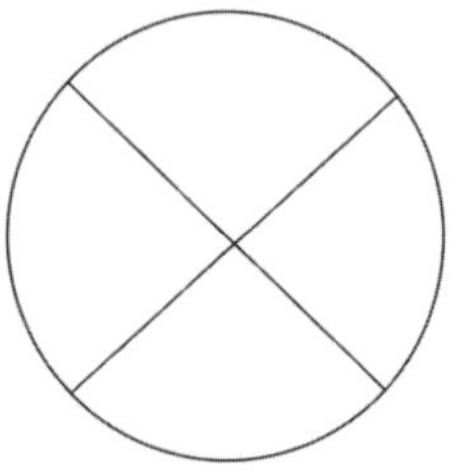

延伸練習

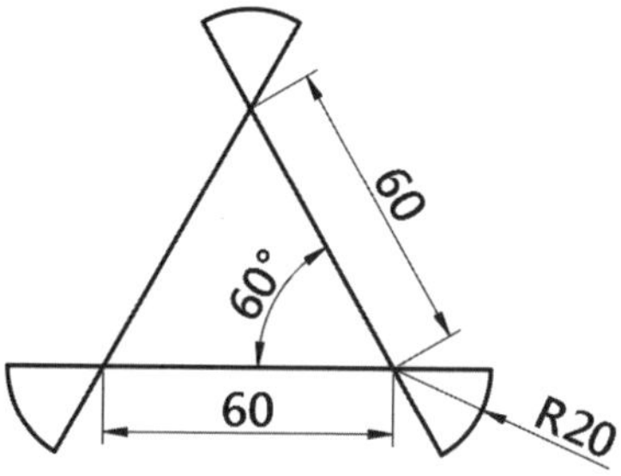

正多邊形分解（參考第 3-18 小節）

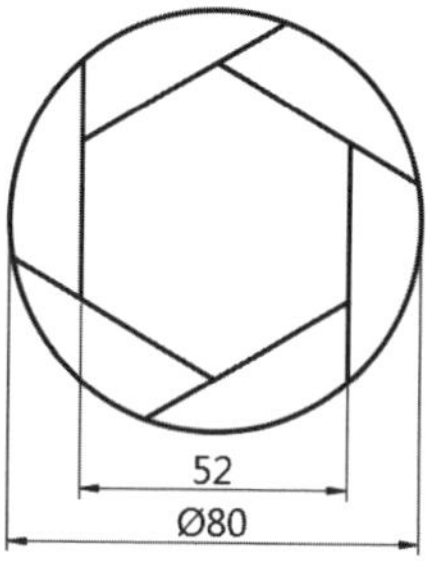

※ 延伸練習的解答請參考影音教學。

3-9 FILLET - 圓角

圓角用於將圖元相交的直角轉換成圓弧，配合 Shift 鍵也可以接合未相交的圖元。聚合線圓角可以一次將聚合線內部所有直角轉換為圓角，相當具有效率。

指令	FILLET	快捷鍵	F	圖示	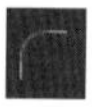
工具列按鈕	常用頁籤 → 修改面板 → 圓角 				

平行線圓角

準備工作

- 任意繪製兩條等長且平行的線段。

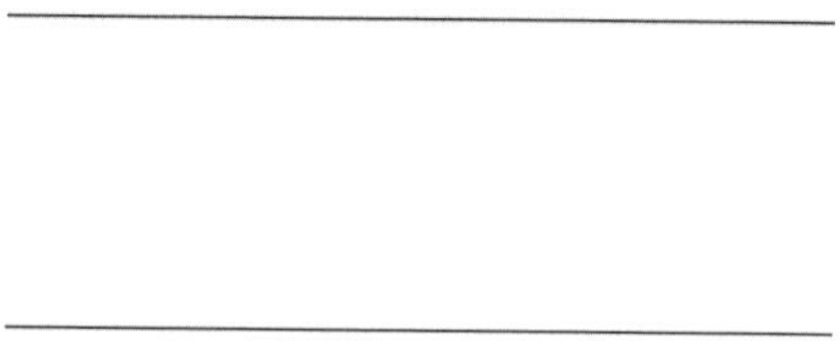

正式操作

1 點擊【常用】頁籤 →【修改】面板 →【圓角】按鈕。

2 點選上方線段偏右邊的位置，當作製作圓角的第一個物件。

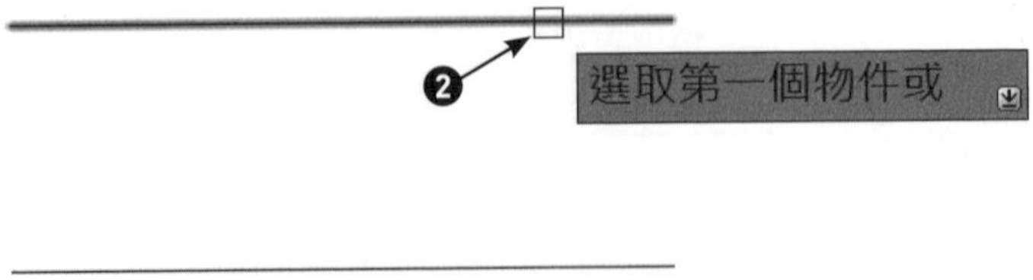

3 點選下方線段偏右邊的位置，當作製作圓角的第二個物件。

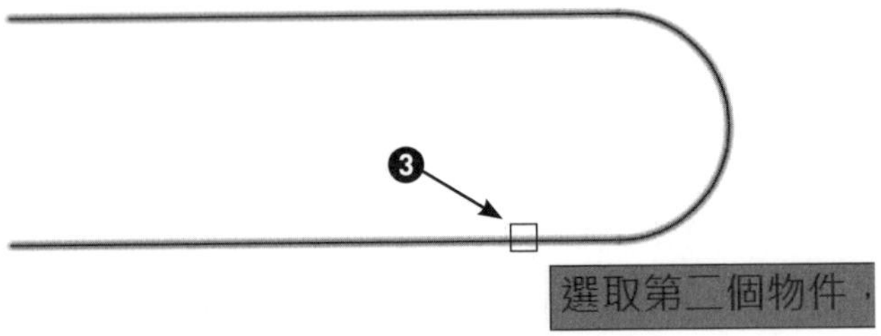

4 點擊【常用】頁籤 →【修改】面板 →【圓角】按鈕。

5 點選上方的線段偏左邊的位置，當作製作圓角的第一個物件。

6 點選下方的線偏左邊的位置，當作製作圓角的第二個物件。

單一圓角

準備工作

- 開啟範例檔〈3-9_ex1.dwg〉。

正式操作

1 點擊【常用】頁籤 →【修改】面板 →【圓角】按鈕。

2 點擊右鍵，選擇【半徑】。

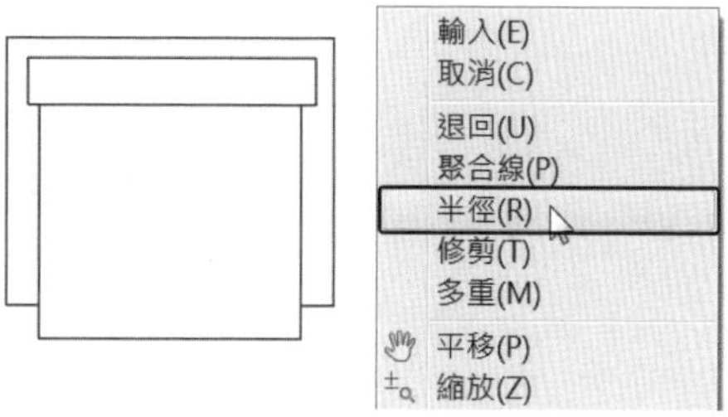

3 輸入「3」為圓角半徑後，按下 Enter← 鍵來指定半徑數值。

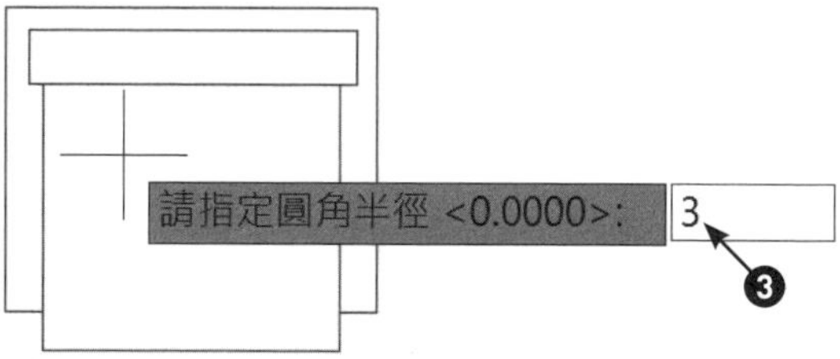

4 選擇箭頭指示的線段來當作製作圓角的第一個物件。

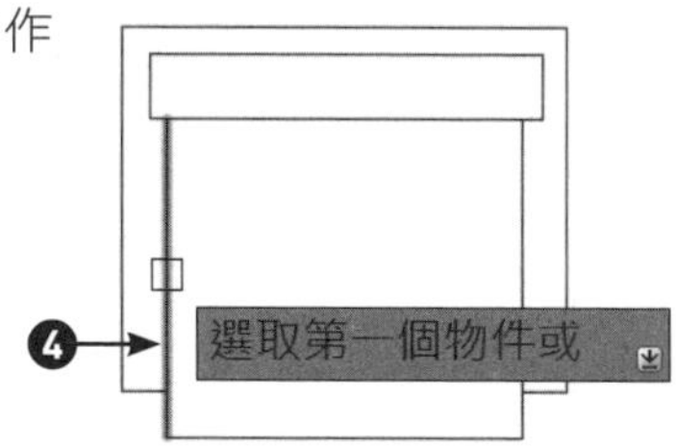

5 選擇箭頭指示的線段來當作製作圓角的第二個物件。

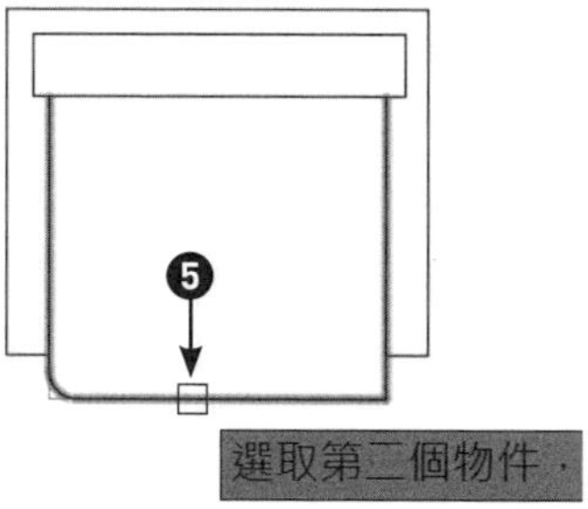

6 依照上述步驟來完成右邊圓角。

7 完成。

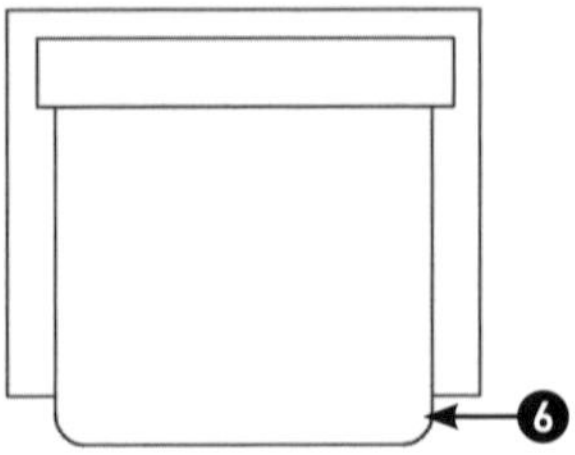

圓角要先設定半徑，再選取兩條邊線製作圓角。

聚合線圓角

準備工作

- 延續上一小節的圖元操作。

正式操作

1 點擊【常用】頁籤 →【修改】面板 →【圓角】按鈕。

2 點擊右鍵，選擇【半徑】。

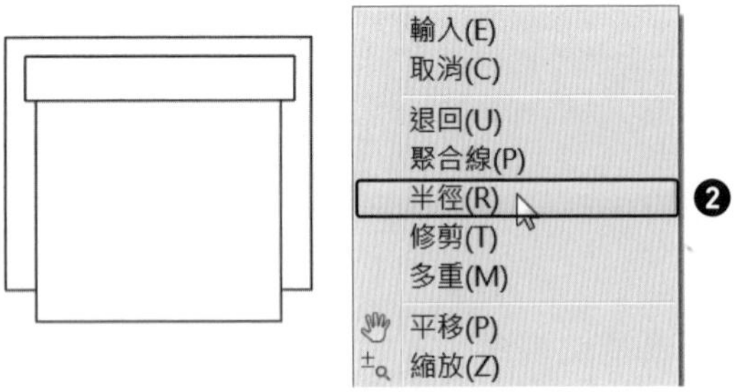

3 輸入「2」為圓角半徑，按下 Enter 鍵來指定半徑數值。

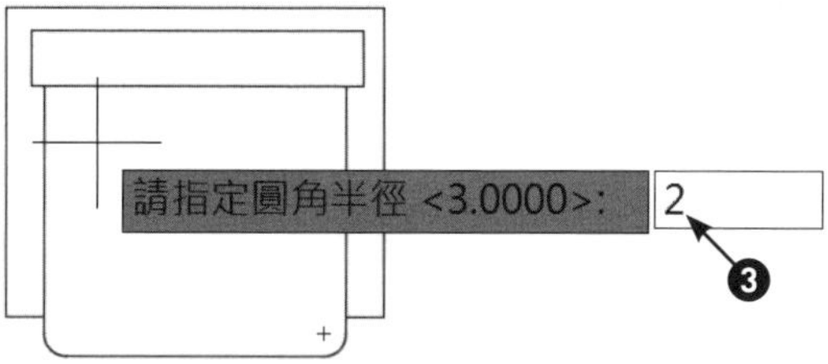

4 點擊右鍵，選擇【聚合線】，來開啟聚合線圓角選項。

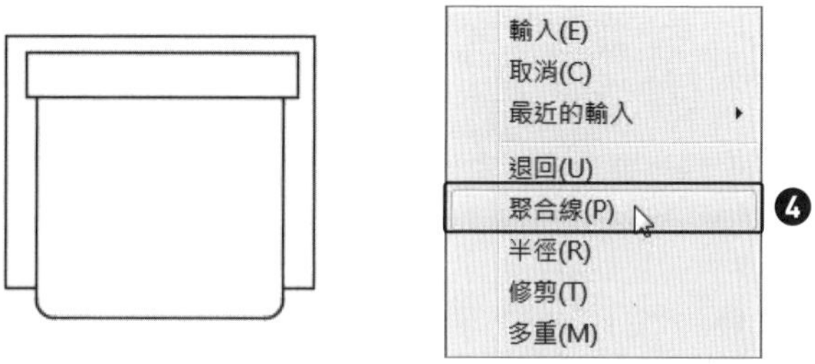

5 選擇上方的矩形。

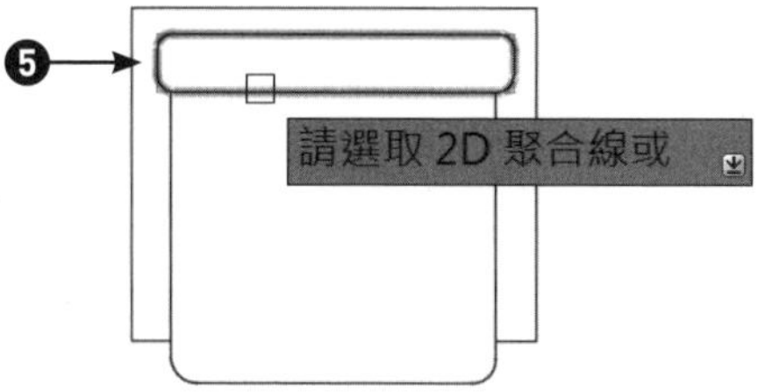

6 依照上述步驟來完成外圍的矩形。

7 完成圖。

NOTE 聚合線圓角可以一次完成聚合線上所有轉角的圓角。

內凹型相切弧

準備工作

- 繪製一個半徑 12 的圓，一個半徑 17 的圓，兩個圓之間的距離為 50，如下圖所示，或直接開啟範例檔〈3-9_ex2.dwg〉。

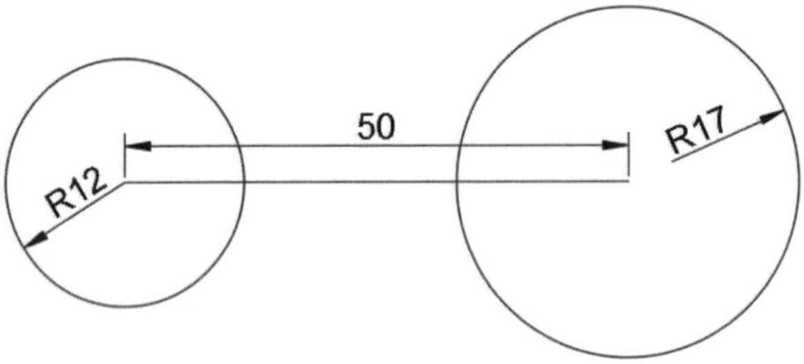

正式操作

1. 點擊【常用】頁籤 →【修改】面板 →【圓角】按鈕。
2. 點擊右鍵，選擇【半徑】。

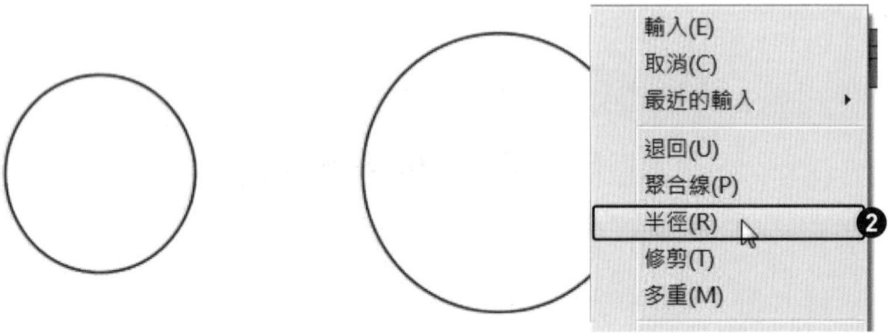

3. 輸入「30」為圓角半徑，按下 Enter 鍵來指定半徑數值。

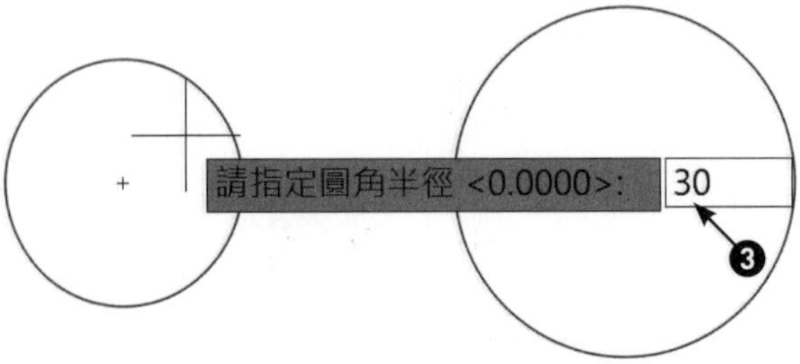

4 選擇箭頭指示的位置來當作製作圓角的第一個物件。

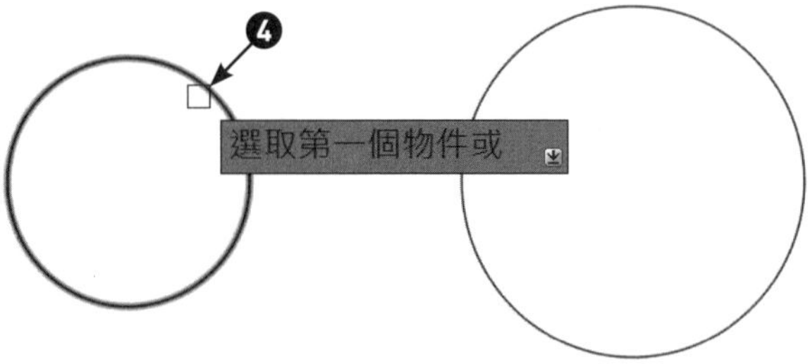

5 選擇箭頭指示的位置來當作製作圓角的第二個物件。

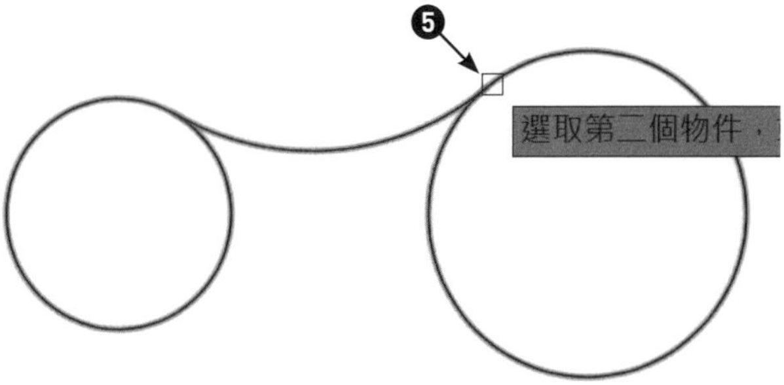

6 點擊右鍵，選擇【半徑】。

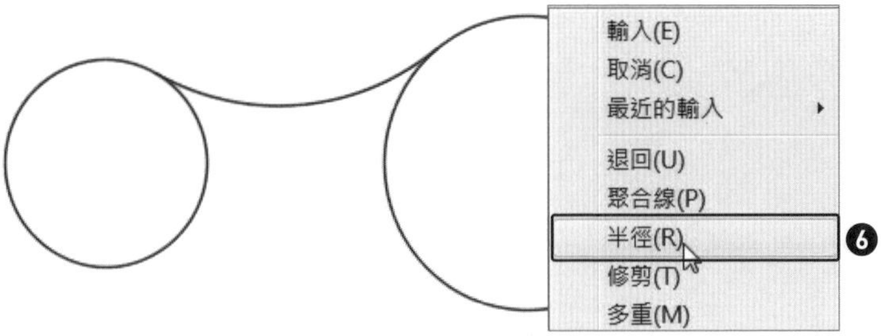

7 輸入「60」為圓角半徑，按下 Enter← 鍵來指定半徑數值。

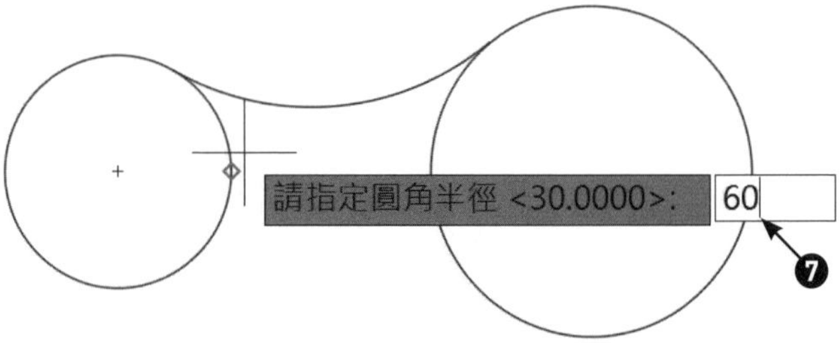

8 選擇箭頭指示的位置來當作製作圓角的第一個物件。

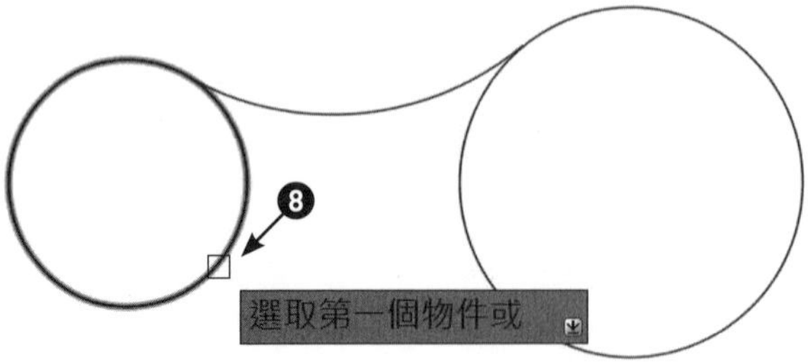

9 選擇箭頭指示的位置來當作製作圓角的第二個物件。

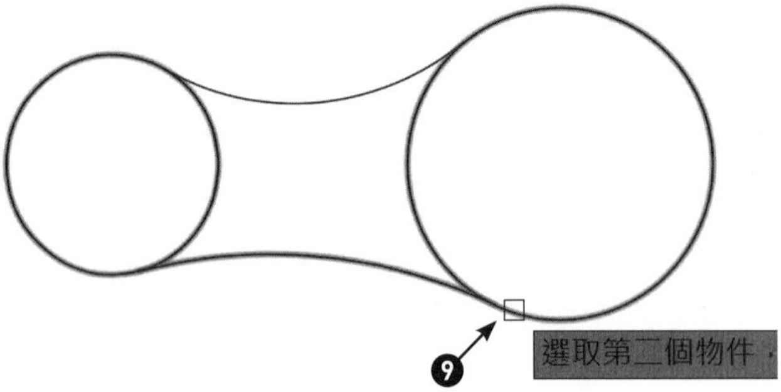

10 完成圖。

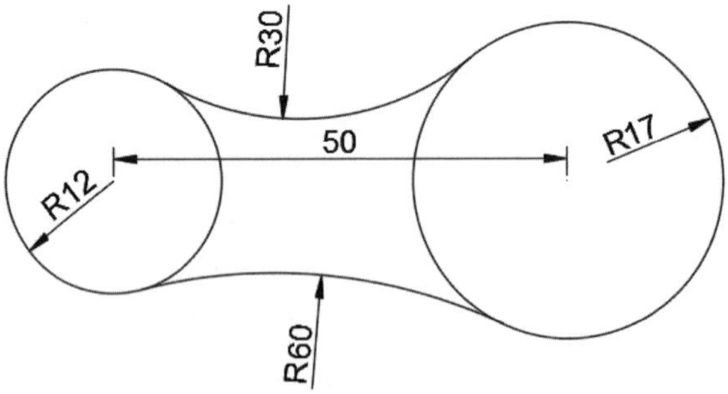

NOTE 【圓角】可快速取代【相切、相切、半徑】的功能，可以省去使用【相切、相切、半徑】來產生內凹型相切弧後，還需使用修剪功能的步驟。

使用 Shift 鍵執行修剪轉角的動作

準備工作

- 任意繪製三條線段，此三條線未連接，如下圖。

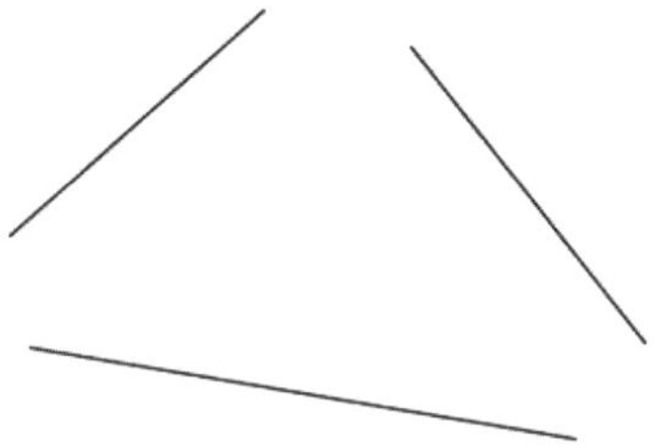

正式操作

1 點擊【常用】頁籤 →【修改】面板 →【圓角】按鈕。

2 點擊右鍵，選擇【多重】。

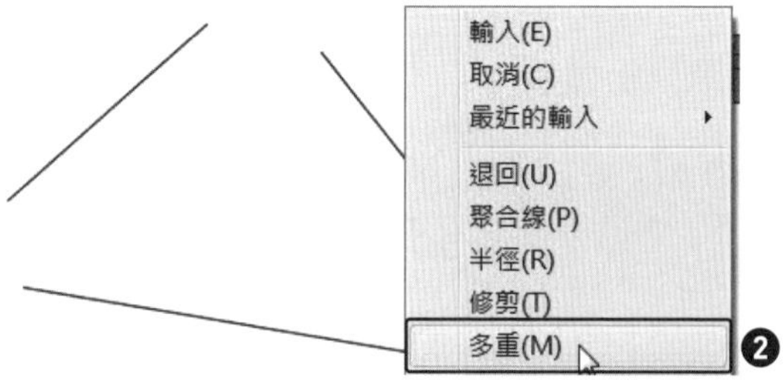

3 選擇箭頭指示的位置來當作製作圓角的第一個物件。

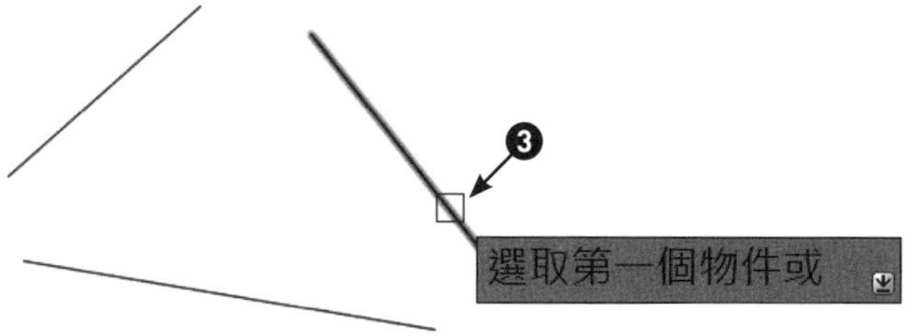

4 ⇧Shift 鍵按住不放，選擇箭頭指示的位置來當作製作圓角的第二個物件。

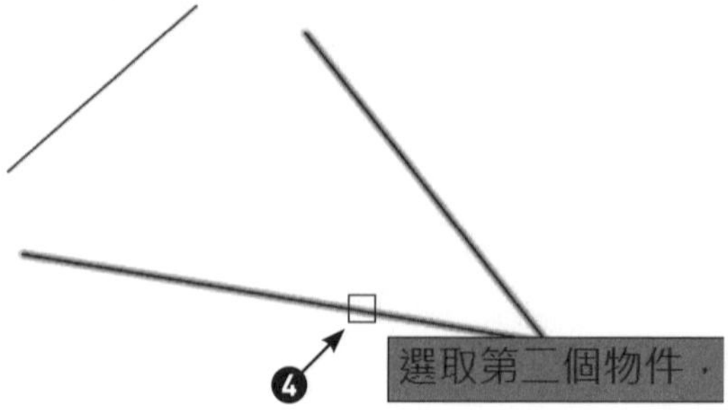

5 選擇箭頭指示的位置來當作製作圓角的第一個物件。

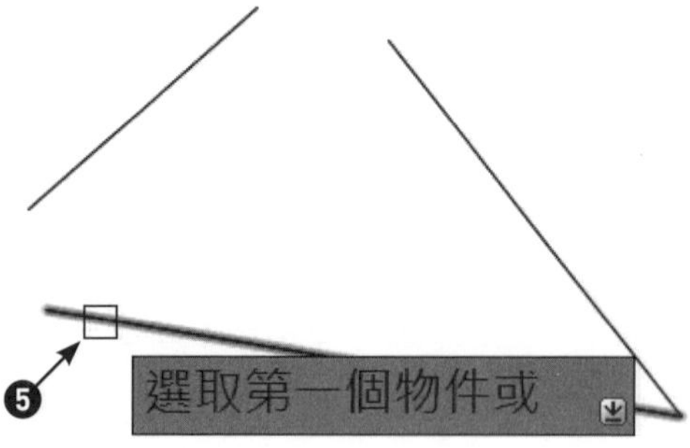

6 ⇧Shift 鍵按住不放，選擇箭頭指示的位置來當作製作圓角的第二個物件。

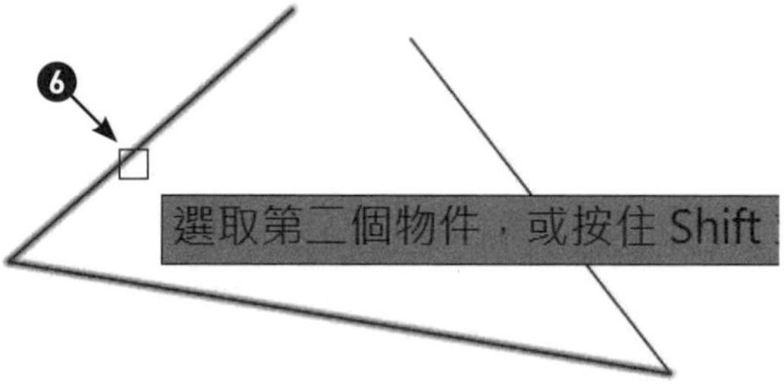

7 使用同樣的方式，將圖形上方完成。

8 完成。

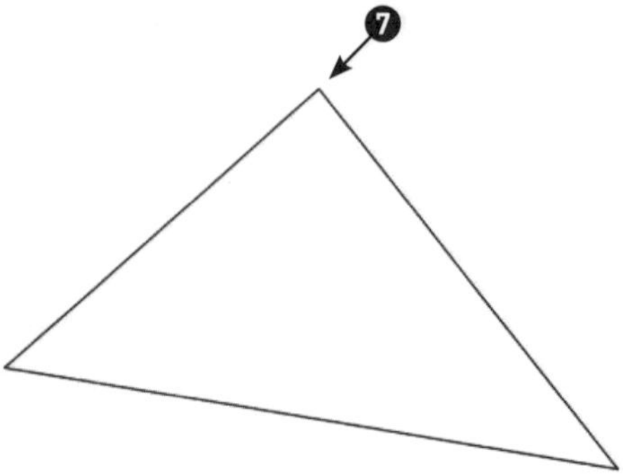

NOTE 在圓角指令中，按住 ⇧Shift 鍵代表圓角等於零。

延伸練習

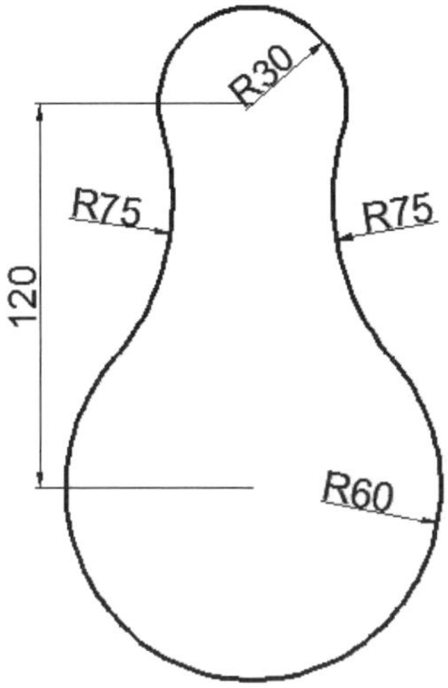

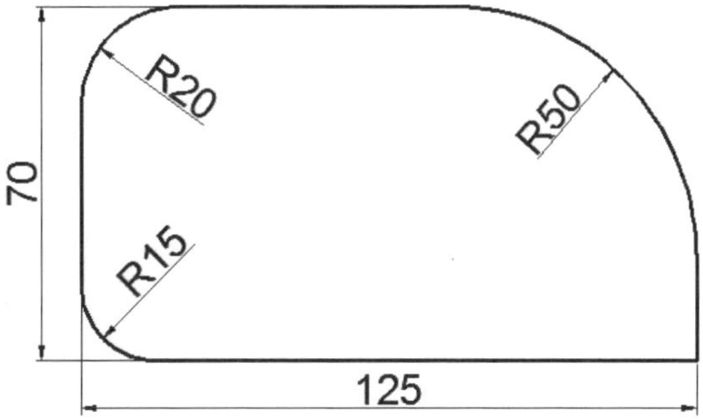

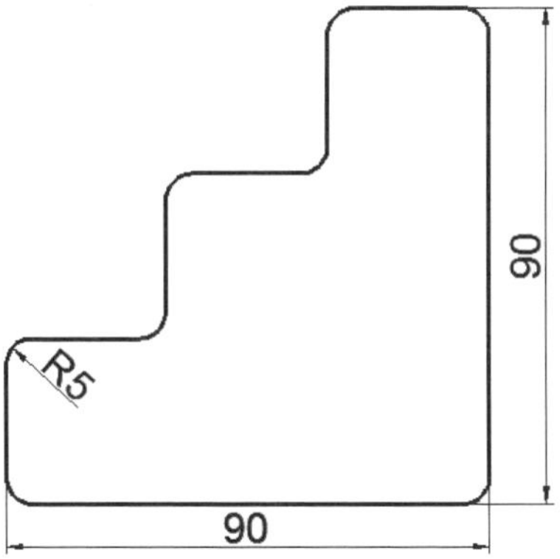

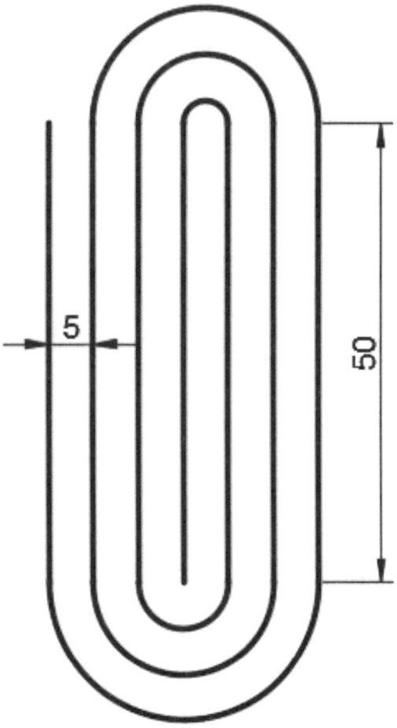

※ 延伸練習的解答請參考影音教學。

3-10 CHAMFER - 倒角

倒角可將直角線段切除，轉變成斜線段，倒角的種類分成距離與角度兩種類型。

指令	CHAMFER	快捷鍵	CHA	圖示	
工具列按鈕	常用頁籤 → 修改面板 → 圓角的下拉式選單 → 倒角 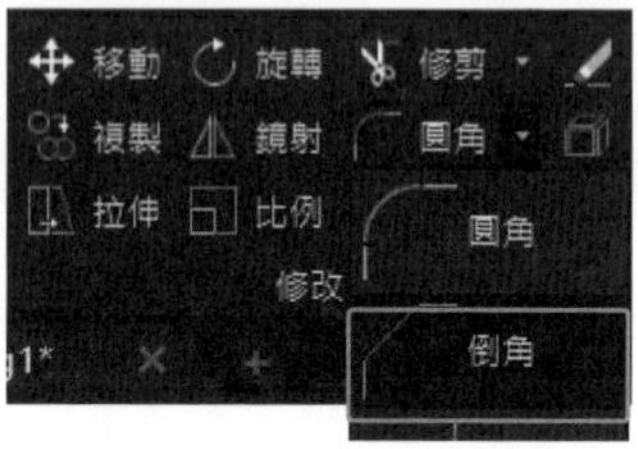				

距離型倒角

準備工作

- 繪製兩條長度 60 的線段，並呈現 L 型。

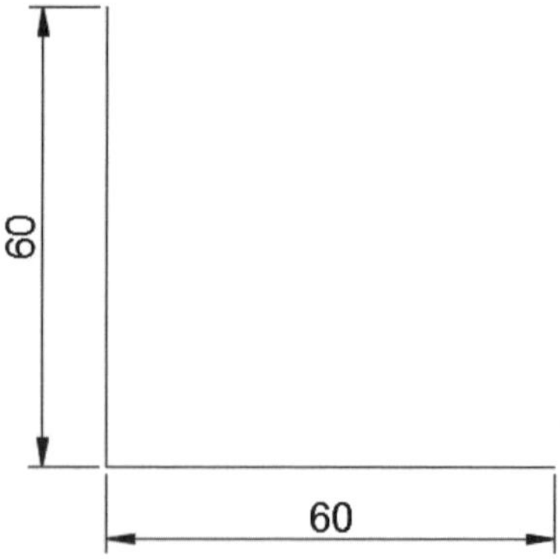

正式操作

1. 點擊【常用】頁籤 →【修改】面板 →【圓角】按鈕中的下拉式選單 →【倒角】按鈕。

2. 點擊右鍵，選擇【距離】。

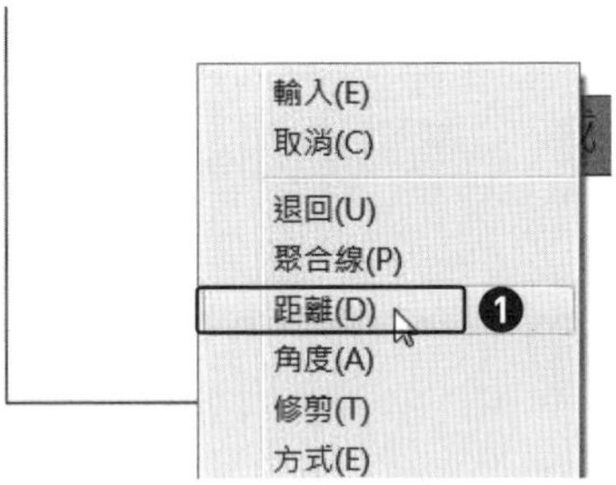

3. 輸入「30」為第一個倒角的距離，按下 Enter 鍵來指定距離數值。

4. 輸入「10」為第二個倒角的距離，按下 Enter 鍵來指定距離數值。

5 選擇第一個物件，此時選擇下方線條，來決定此線條倒角距離為 30。

6 選擇第二個物件，此時選擇左側線條，來決定此線條倒角距離為 10。

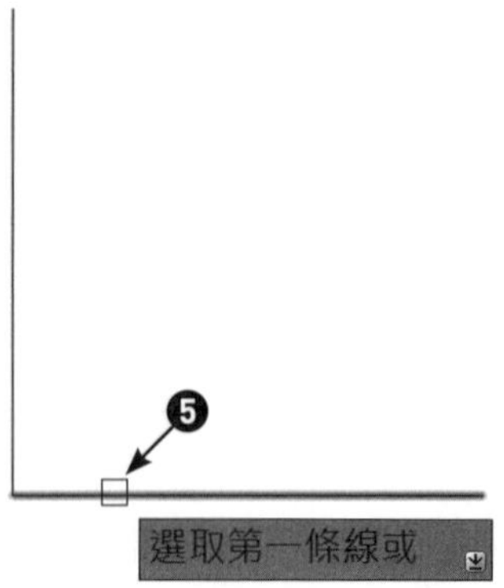

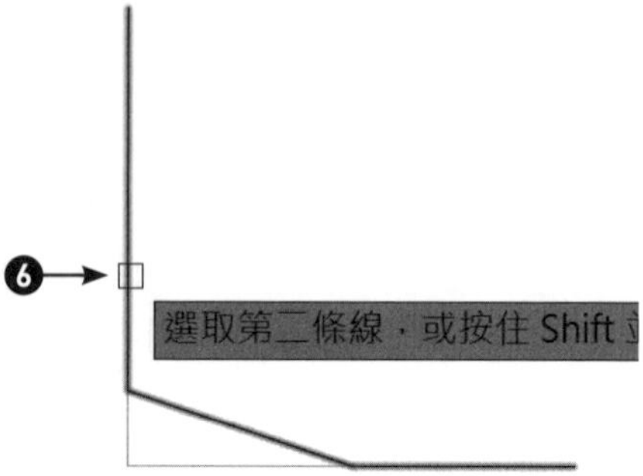

7 完成圖。

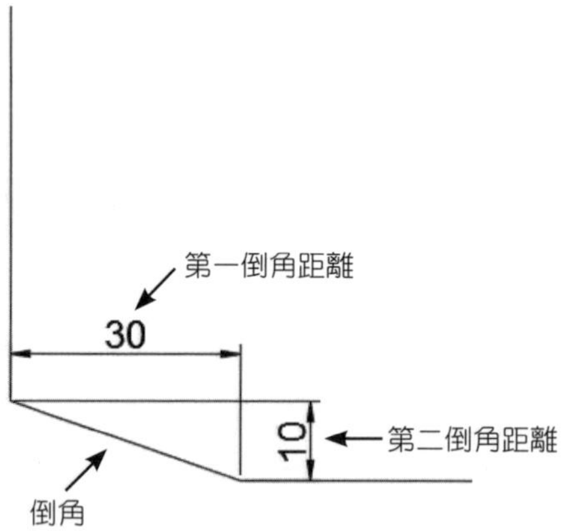

NOTE 倒角要先設定距離，再執行操作。請注意距離的順序要與選取物件的順序相同，例如上圖中先設定距離為 30，就必須先選取橫向的線段。

角度型倒角

準備工作

- 繪製兩條距離 60 的線條，並呈現 L 型。

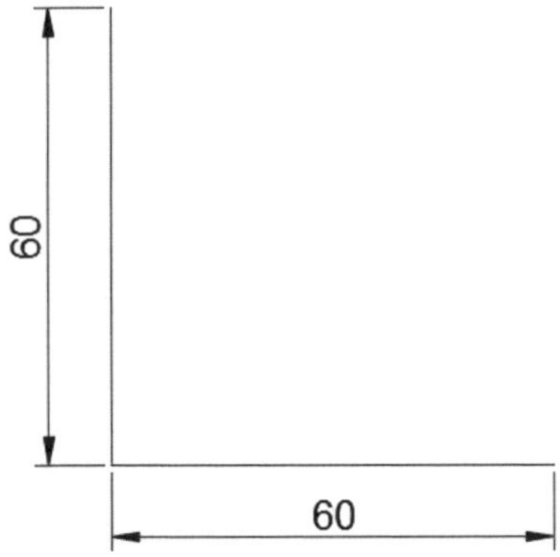

正式操作

1. 點擊【常用】頁籤 →【修改】面板 →【圓角】按鈕中的下拉式選單 →【倒角】按鈕。
2. 點擊右鍵，選擇【角度】。

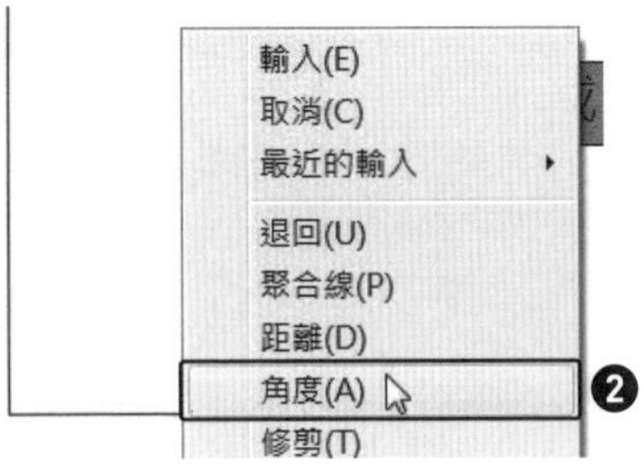

3. 輸入「20」為第一條線的倒角的長度，按下 Enter 鍵確定數值。

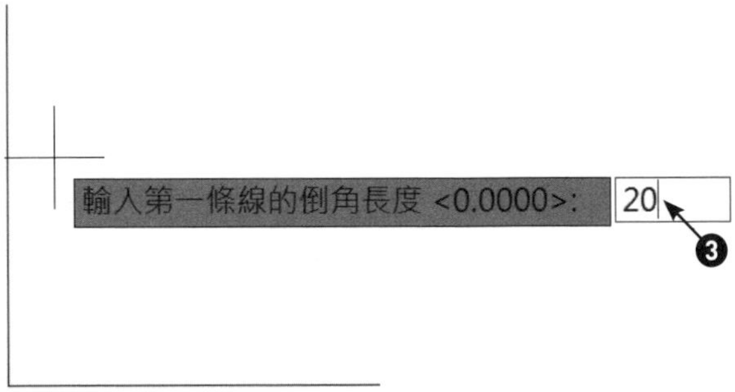

4 輸入「35」為第一條線的倒角角度，按下 Enter← 鍵確定數值。

5 選擇第一個物件，此時選擇下方線條，來決定此線條倒角長度為 20。

6 選擇第二個物件，此時選擇左側線條，來決定第二條線。

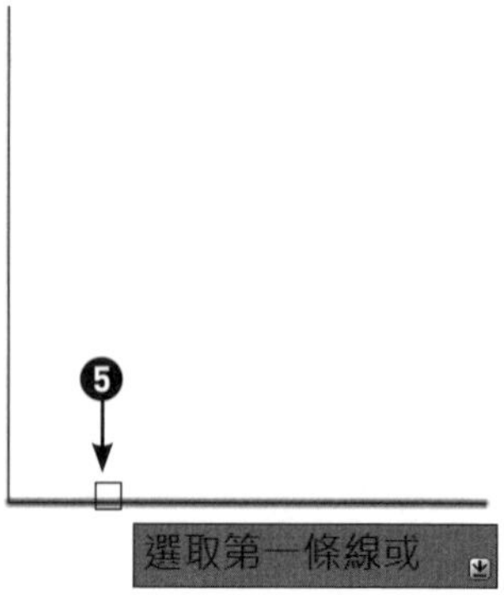

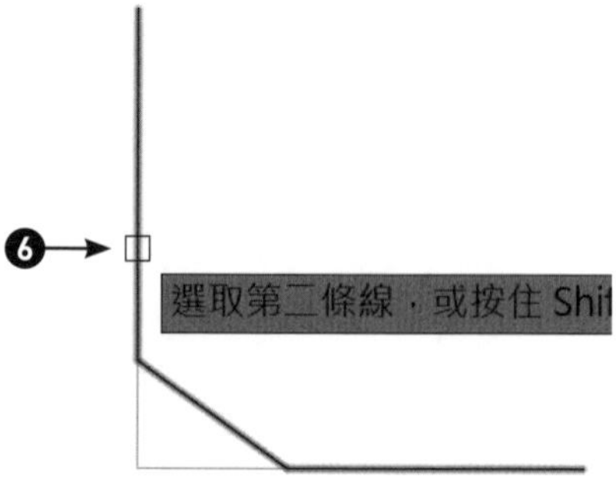

7 完成圖。

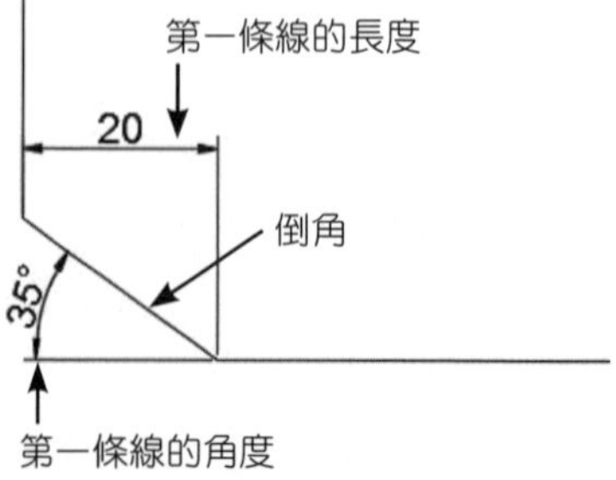

NOTE 角度型倒角的角度指的是第一倒角長度的鄰角。

關閉修剪模式來保留原線段

準備工作

- 繪製兩條距離 60 的線條，並呈現 L 型。

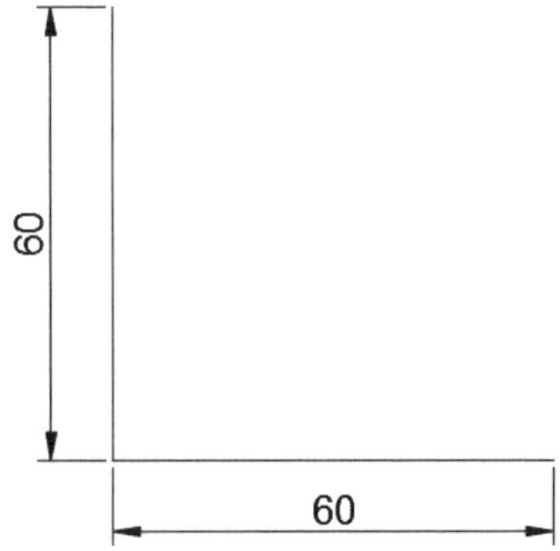

正式操作

1. 點擊【常用】頁籤 →【修改】面板 →【圓角】按鈕中的下拉式選單 →【倒角】按鈕。
2. 點擊右鍵，選擇【距離】。

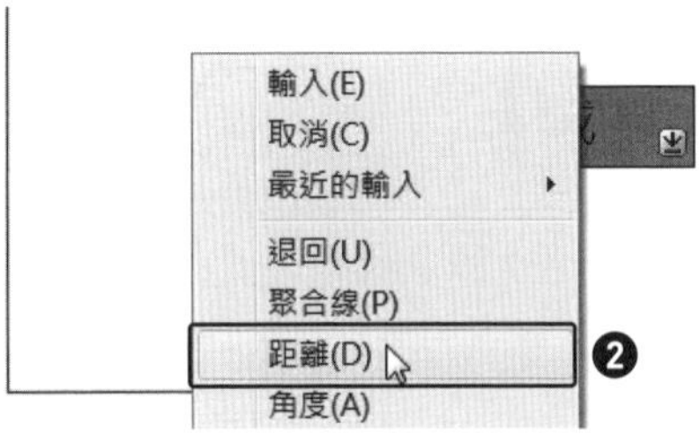

3. 輸入「10」為第一個倒角的距離，按下 Enter ← 鍵確定數值。

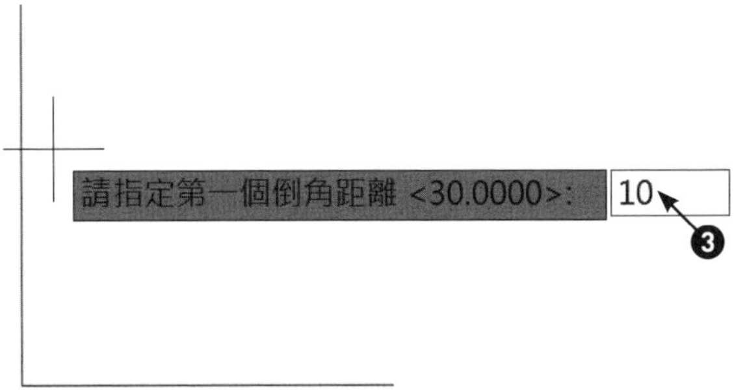

4 輸入「30」為第二個倒角的距離，按下 Enter← 鍵確定數值。

5 點擊右鍵，選擇【修剪】。

6 選擇修剪模式的選項，選擇【不修剪】。

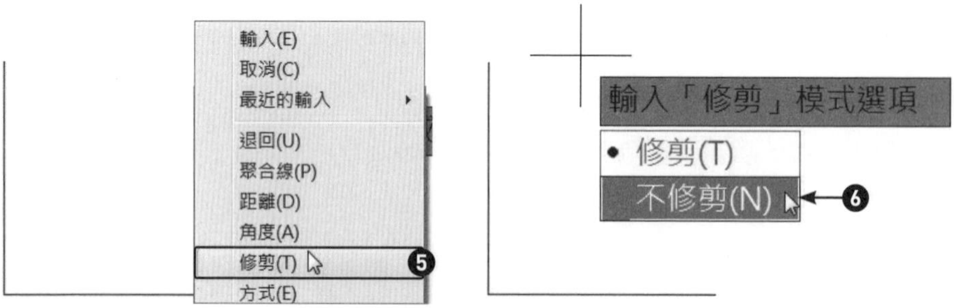

7 選擇下方線條作為第一個物件，來決定此線條倒角距離為 10。

8 選擇左側線條作為第二個物件，來決定此線條倒角距離為 30。

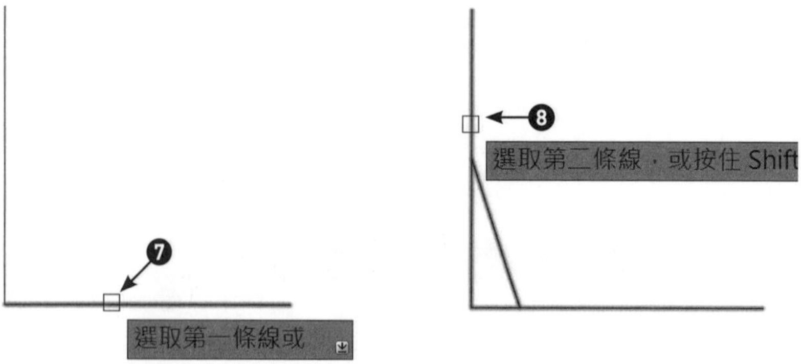

9 完成圖。通常會將【修剪模式】設定為【修剪】。

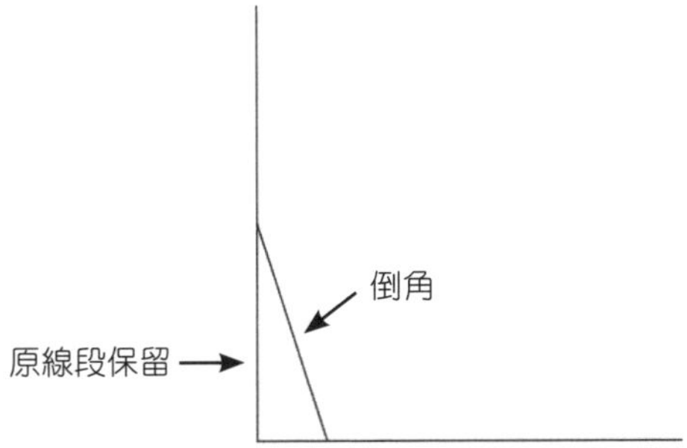

NOTE

修剪模式的設定，會同時影響圓角指令。

延伸練習

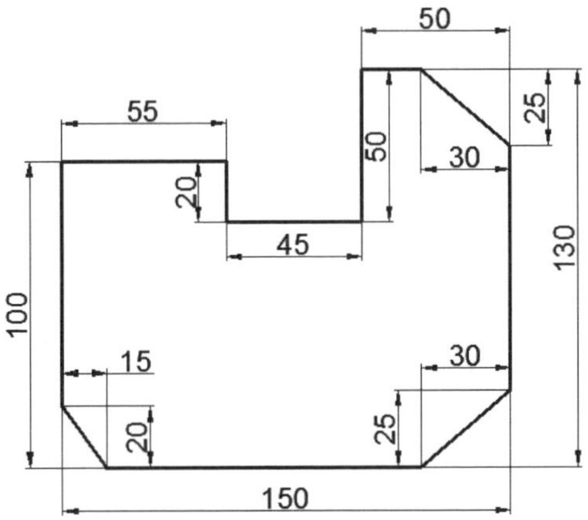

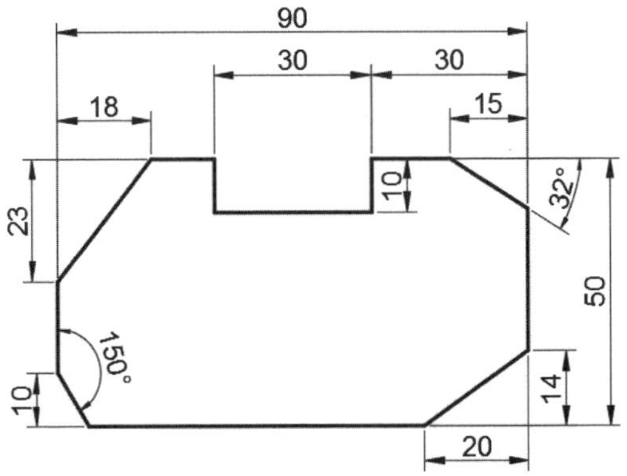

※ 延伸練習的解答請參考影音教學。

3-11 BLEND - 混成曲線

混成曲線用於連接弧、圓與雲形線，會以相切的條件來接合圖元，在曲線造形設計上為重要的新指令。

指令	BLEND	快捷鍵	BLE	圖示	
工具列按鈕	常用頁籤 → 修改面板 → 圓角的下拉式選單 → 混成曲線 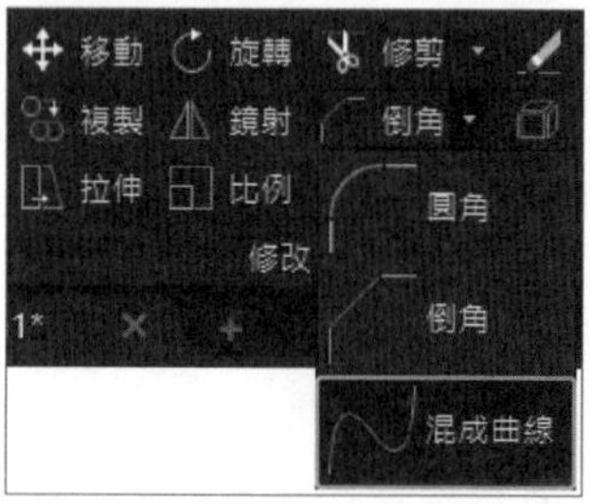				

混成曲線的運用

準備工作

- 開啟範例檔〈3-11_ex1.dwg〉。

正式操作

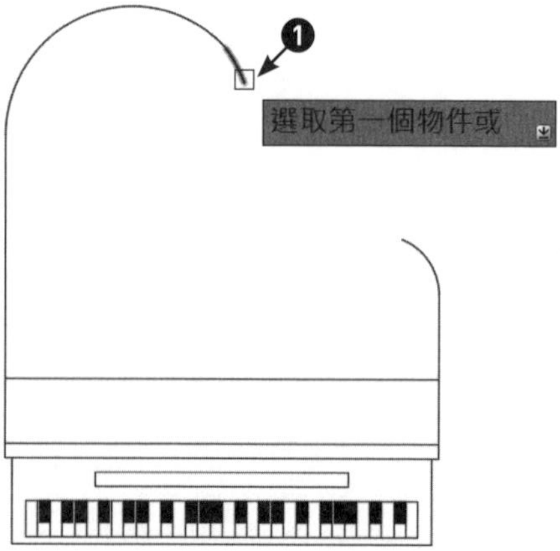

1 點擊【常用】頁籤 →【修改】面板 →【圓角】按鈕中的下拉式選單 →【混成曲線】按鈕。

2 選取第一條線段靠近下方的位置，來決定第一個要混成曲線的來源物件。

3 選取第二條線段靠近上方的位置，來決定第二個要混成曲線的來源物件（此時將滑鼠移動到任意的線段，都會出現預覽的混成曲線）。

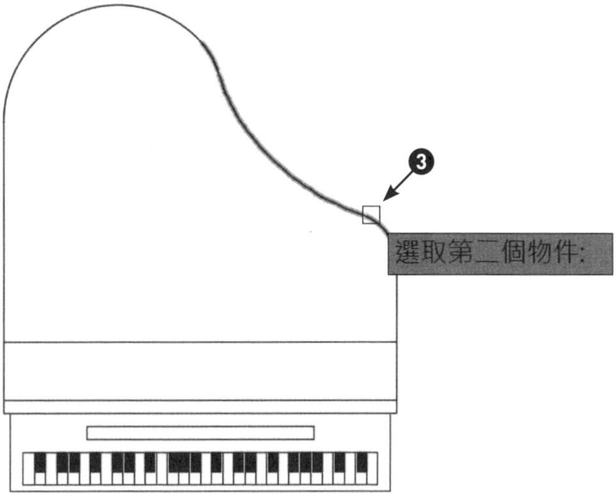

4 完成圖。

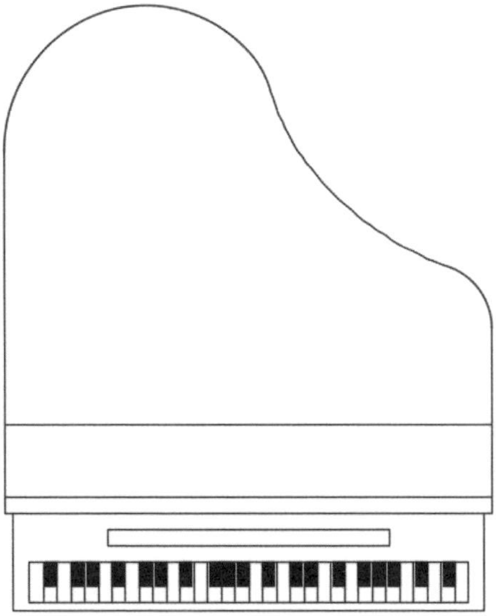

延伸練習

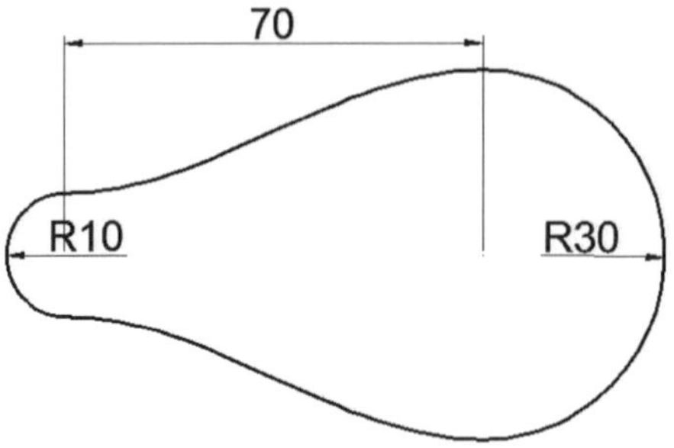

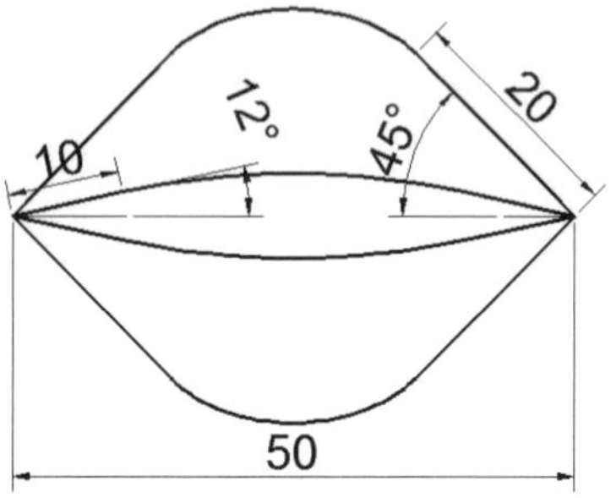

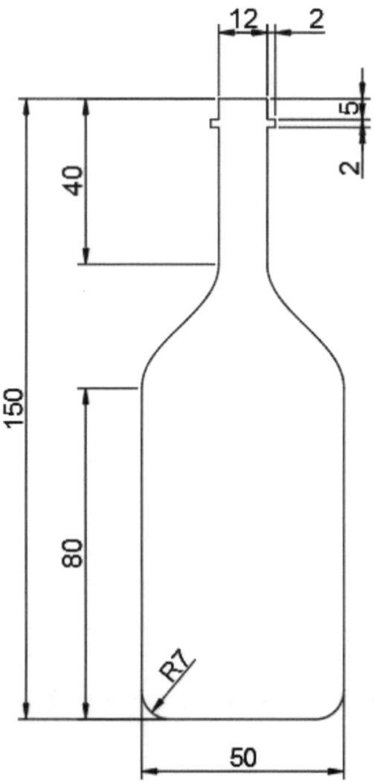

※ 延伸練習的解答請參考影音教學。

3-12 MIRROR - 鏡射

鏡射指令用於將指定的圖元複製出一組對稱的物件，必須指定兩點做為鏡射線。如果要對文字做鏡射，必須修改 MIRRTEXT 參數。參數為 1，文字可鏡射；參數為 0，文字不可鏡射。

指令	MIRROR	快捷鍵	MI	圖示	
工具列按鈕	常用頁籤 → 修改面板 → 鏡射 				

鏡射的運用

準備工作

- 開啟範例檔〈3-12_ex1.dwg〉。

正式操作

1. 點擊【常用】頁籤 →【修改】面板 →【鏡射】按鈕。
2. 指定窗選第一點。
3. 指定窗選第二點，選取瓦斯爐與開關圖元，按下 Enter 鍵來確定選取。

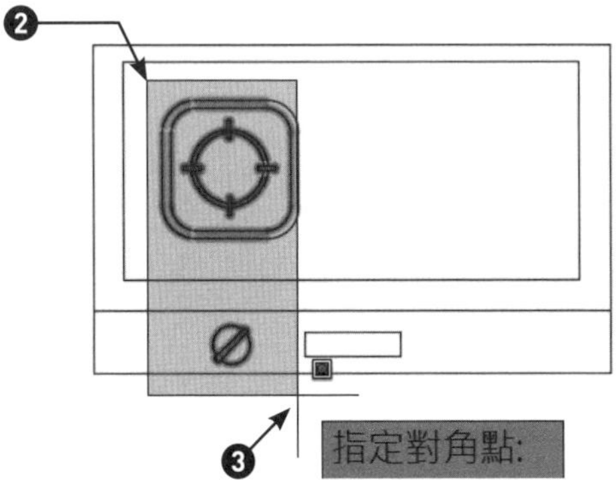

④ 點擊下方線段的中點為鏡射的第一點。

⑤ 點擊上方線段的中點為鏡射的第二點。

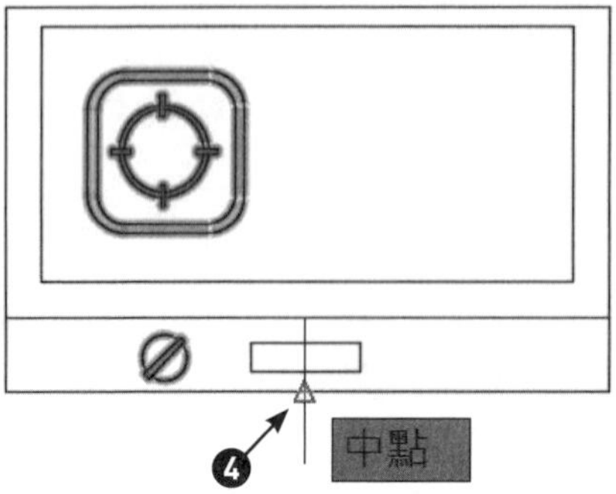

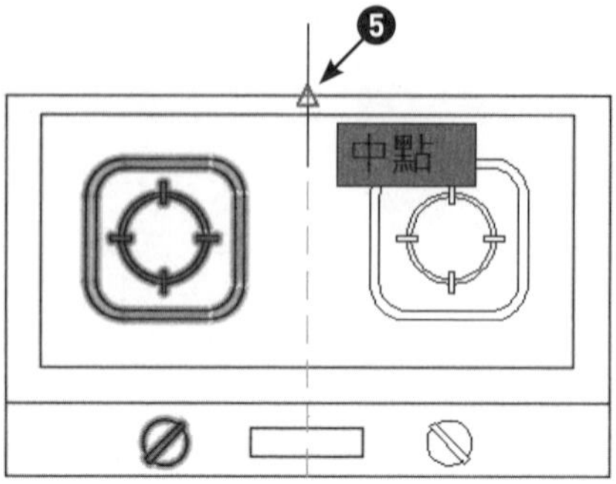

⑥ 按下 Enter← 鍵或選擇【否】，以取消刪除來源（此動作為保留原本作為鏡射的物件，如果要刪除原本作為鏡射的物件時，輸入 Y 即可刪除）。

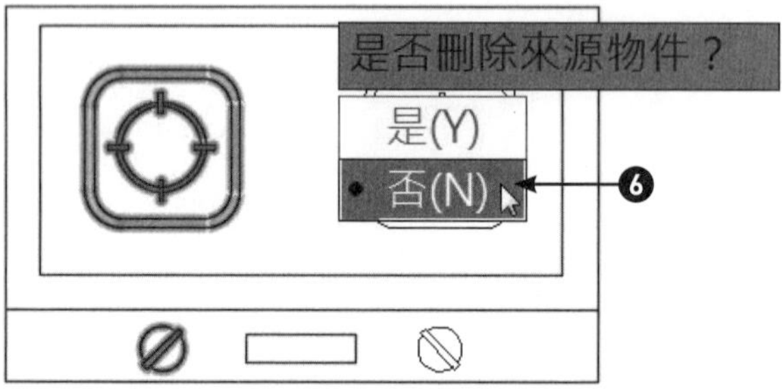

⑦ 完成圖。

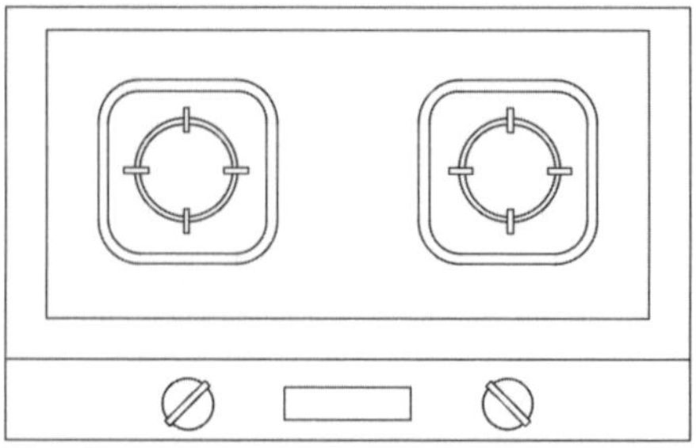

延伸練習

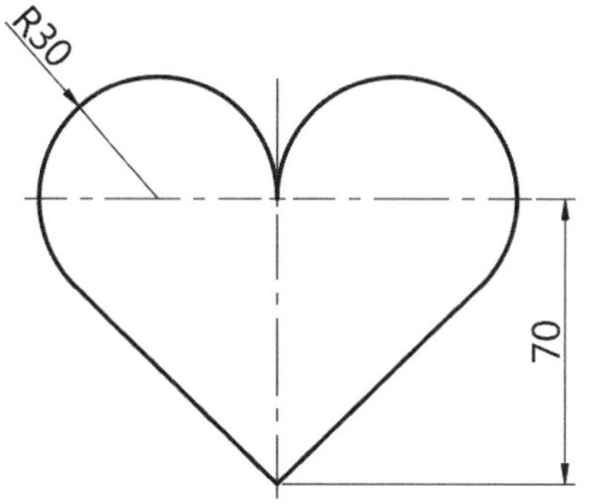

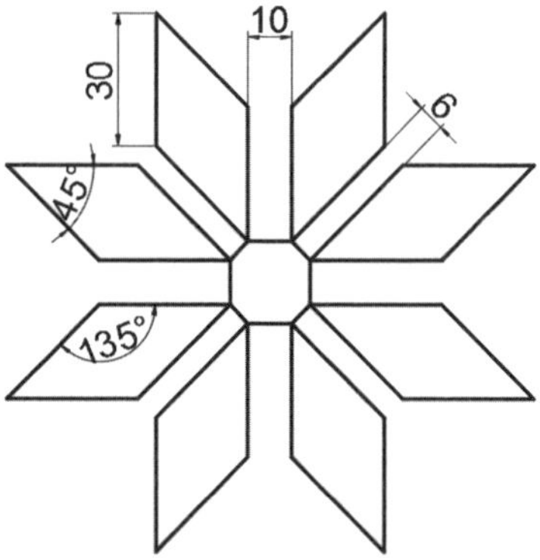

此為上下左右對稱造型，而平行四邊形，邊長皆為 30。

※ 延伸練習的解答請參考影音教學。

3-13 SCALE - 比例

比例可將圖元依比例倍數做縮放，也可以在縮放時同時複製物件。參考模式可以將目前圖元縮放為目標尺寸，是調整圖元尺寸的重要指令。

指令	SCALE	快捷鍵	SC	圖示	
工具列按鈕	常用頁籤 → 修改面板 → 比例  				

複製比例

準備工作

- 繪製一個半徑 50 的圓。

正式操作

1 點擊【常用】頁籤 →【修改】面板 →【比例】按鈕。

2 選擇圓後，按下 Enter 鍵。

3 選擇圓的中心點來當作基準點。

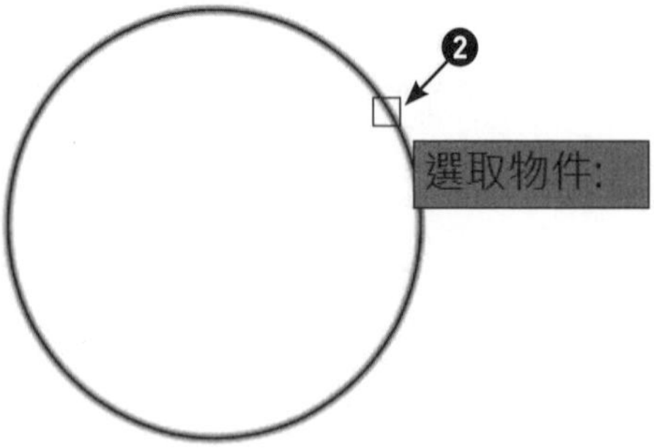

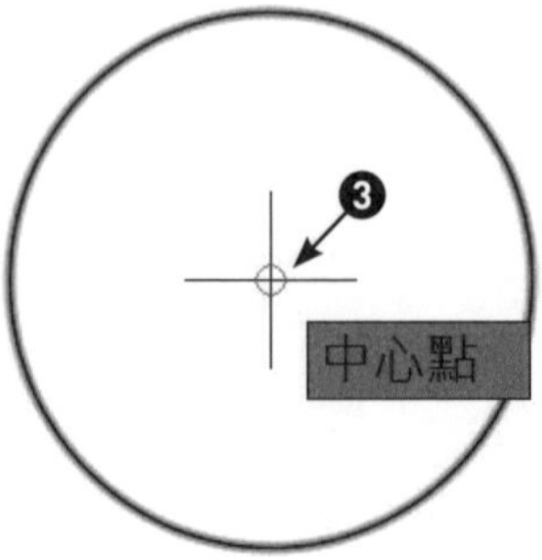

④ 點擊右鍵，選擇【複製】。

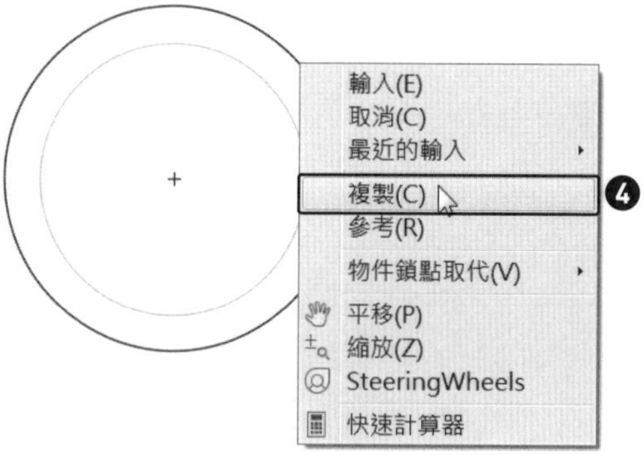

⑤ 輸入「0.5」為比例數值，按下 Enter 鍵來輸入數值。

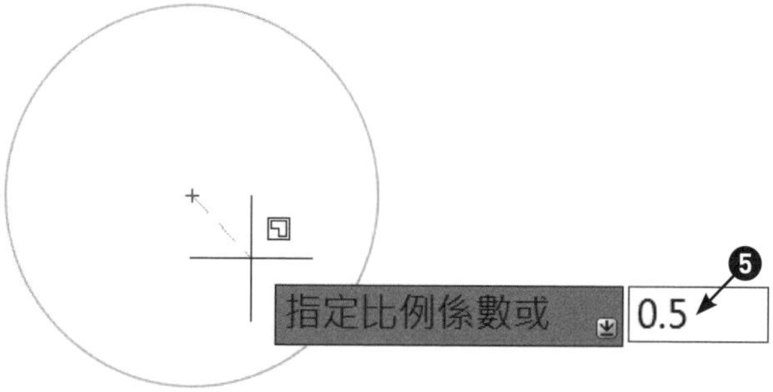

⑥ 完成圖。

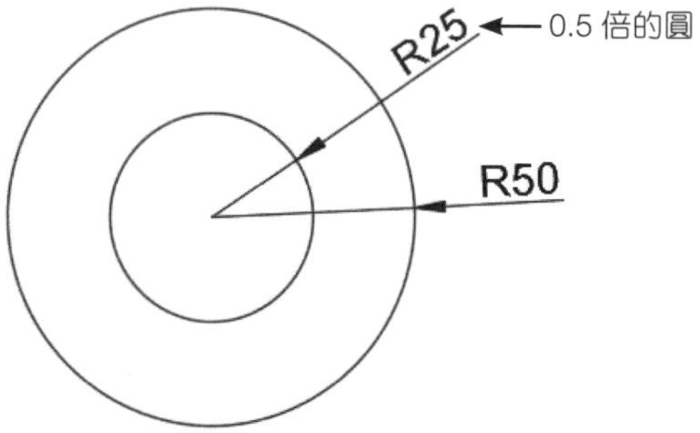

使用參考指令(輸入數值)

準備工作

● 開啟範例檔〈3-13_ex1.dwg〉。

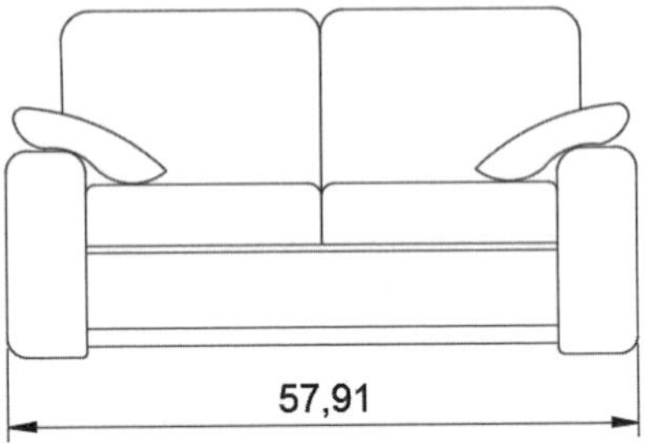

正式操作

1 點擊【常用】頁籤 →【修改】面板 →【比例】按鈕。

2 框選整個沙發後,按下 Enter 鍵。

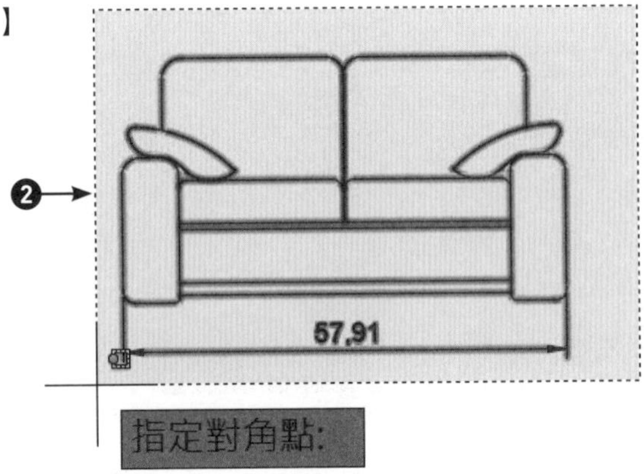

3 選擇沙發的左邊中點來當作基準點。

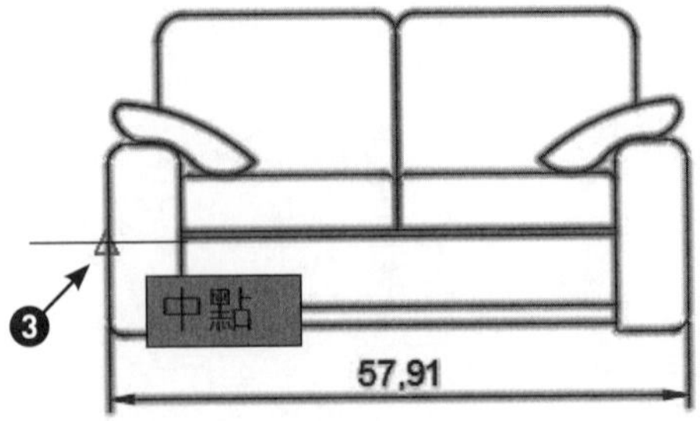

4 點擊右鍵，選擇【參考】。

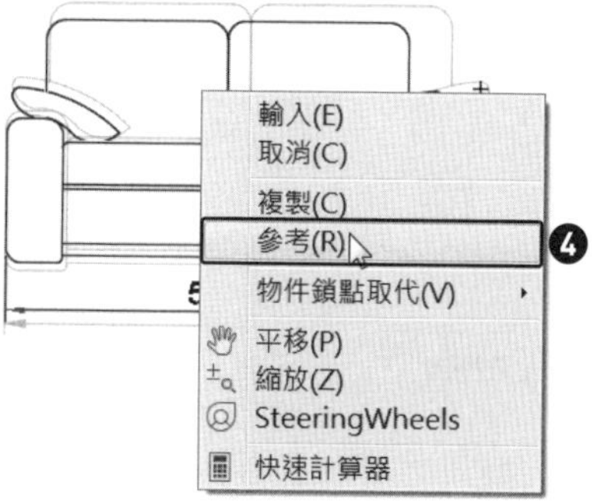

5 選擇沙發的左邊中點來指定第一個參考長度點。

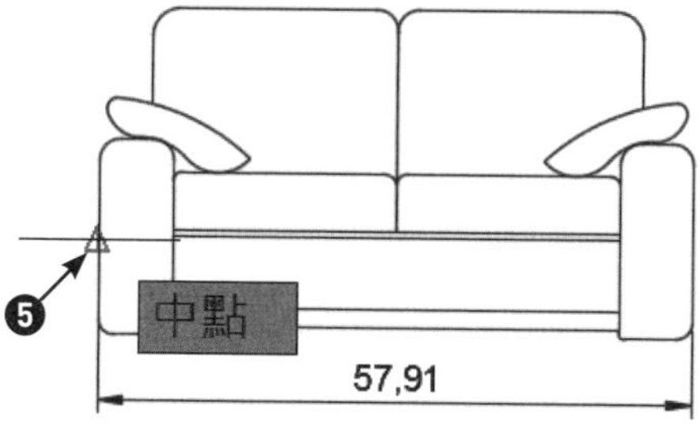

6 選擇沙發的右邊中點來指定第二個參考長度點，可得到兩點間距離作為參考長度。

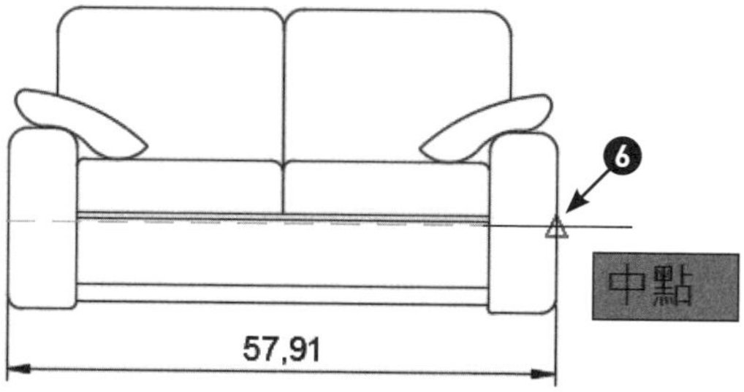

7 輸入「80」為新長度數值，按下 Enter 鍵來輸入數值。

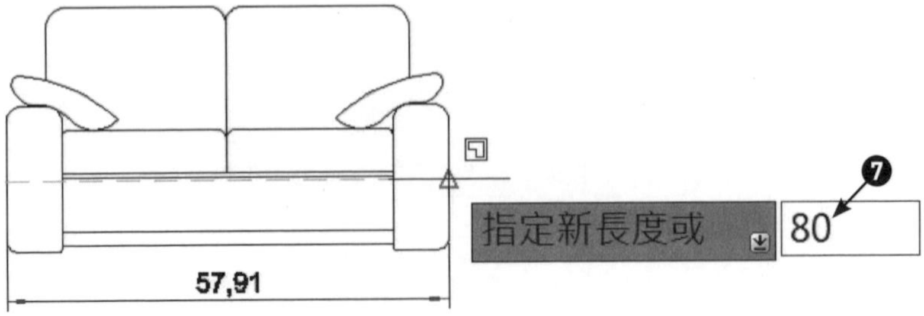

8 完成圖。

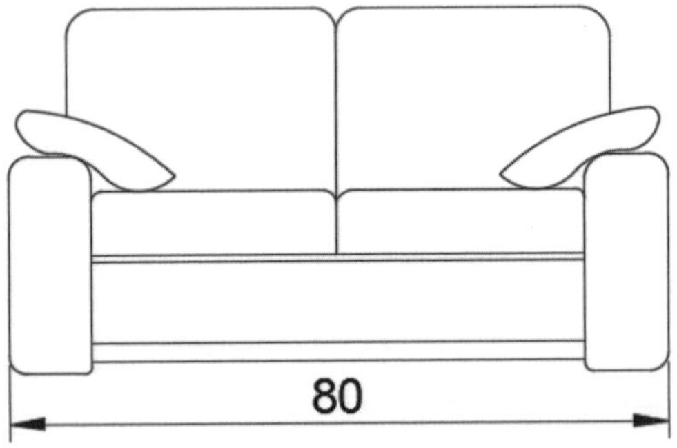

使用參考指令（點擊新的長度點）

準備工作

- 開啟範例檔〈3-13_ex2.dwg〉，或自行繪製如圖所示物件。

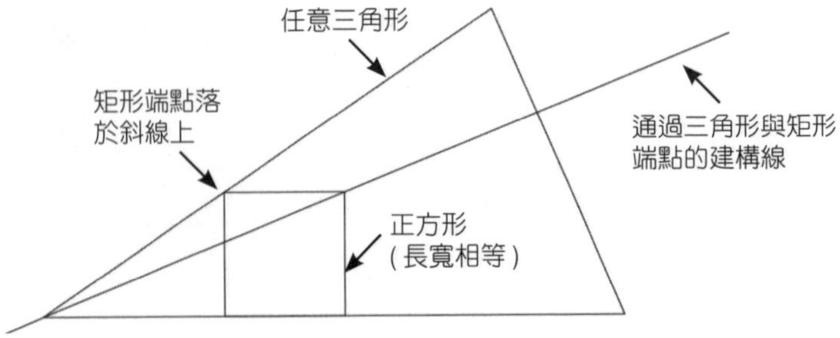

正式操作

1 點擊【常用】頁籤 ➜【修改】面板 ➜【比例】按鈕。

2 選擇矩形後，按下 Enter← 鍵。

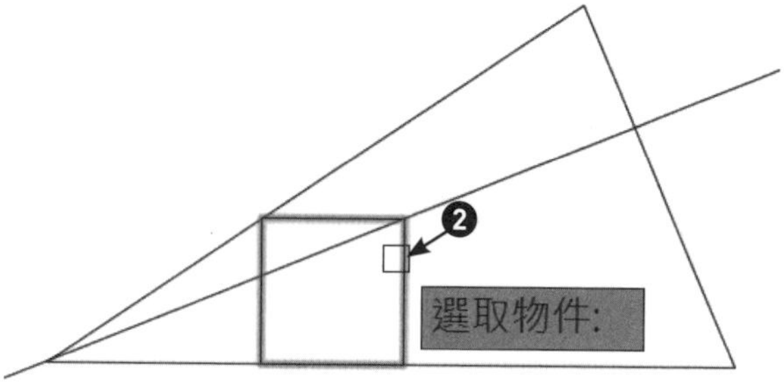

3 選擇線的左邊端點來當作基準點。

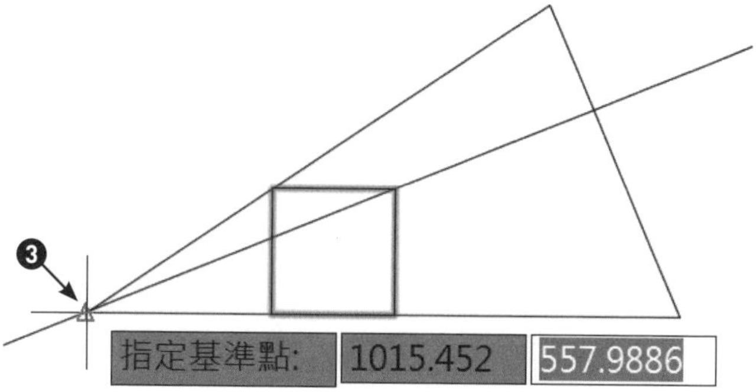

4 點擊右鍵，選擇【參考】。

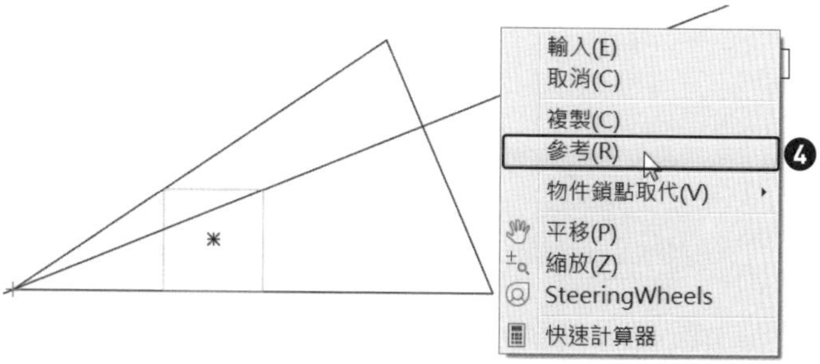

5 選擇三角形的左邊端點來指定第一個參考長度。

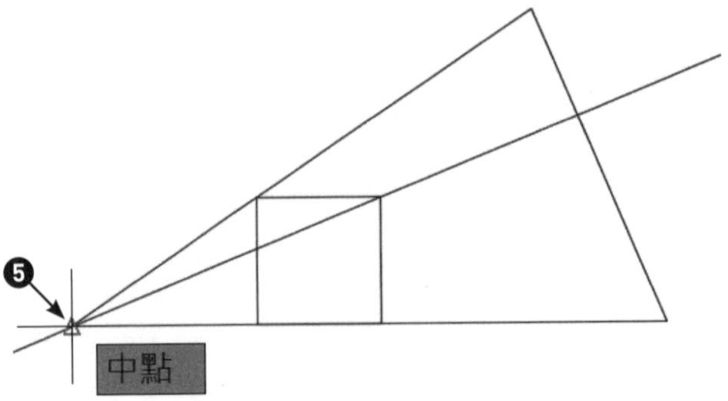

6 選擇矩形與建構線的交點來指定第二個參考長度。

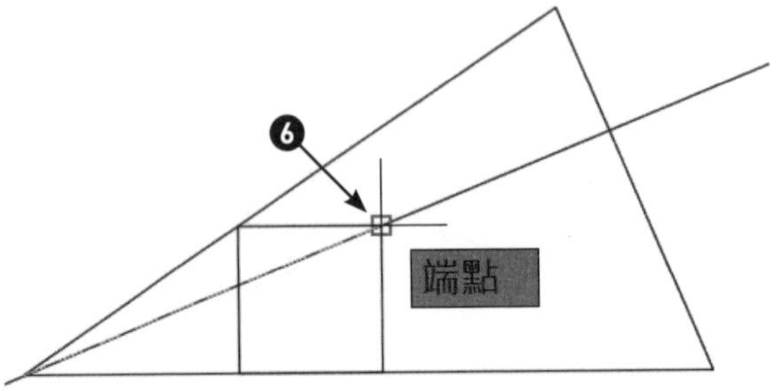

7 選擇三角形與建構線的交點來指定新長度數值。

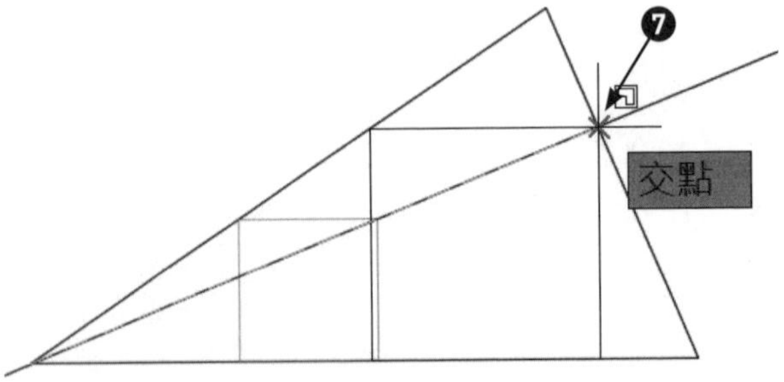

8 完成圖。

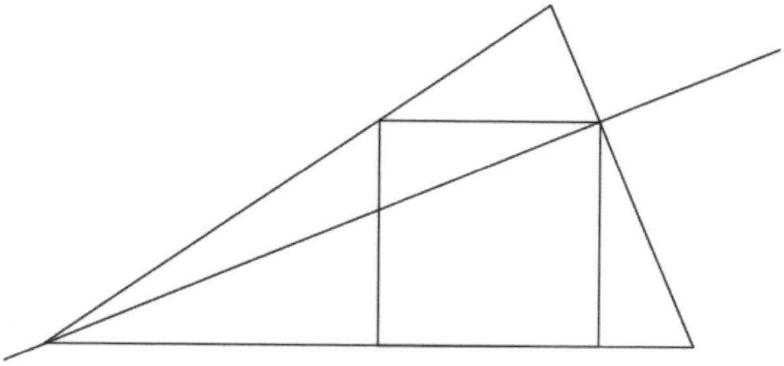

NOTE 比例參考是將點擊的兩個點之間的距離作為參考長度，來變更為目標長度。

延伸練習

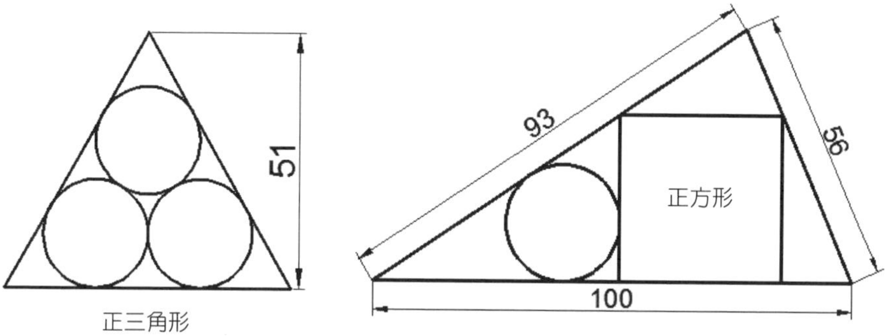

正三角形

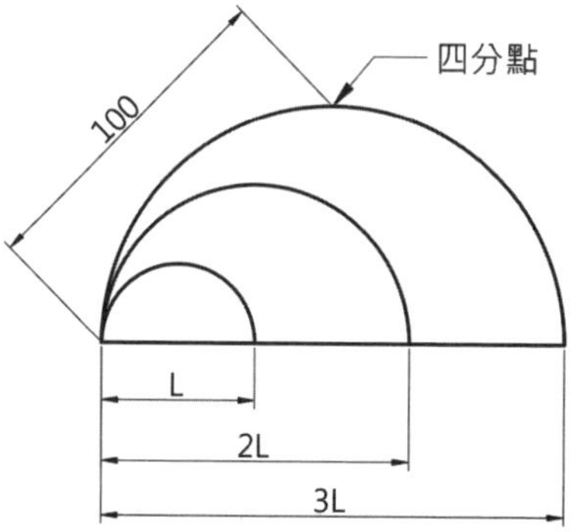

2L 表示 L 的兩倍，3L 表示 L 的三倍

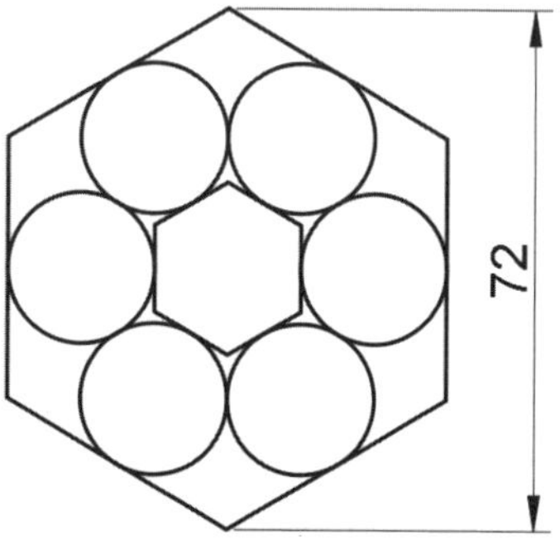

正六邊形

※ 延伸練習的解答請參考影音教學。

3-14 STRETCH - 拉伸

拉伸用於調整圖元某一部分的尺寸，例如修改門窗與家具的尺寸，要注意的是必須用框選 (綠色) 來選取要變動的部分。

指令	STRETCH	快捷鍵	S	圖示	
工具列按鈕	常用頁籤 → 修改面板 → 拉伸 				

拉伸的運用

準備工作

- 開啟範例檔〈3-14_ex1.dwg〉。

正式操作

1. 點擊【常用】頁籤 →【修改】面板 →【拉伸】按鈕。
2. 框選床的右方來當作要拉伸的對象，按下 Enter 鍵來結束選取。

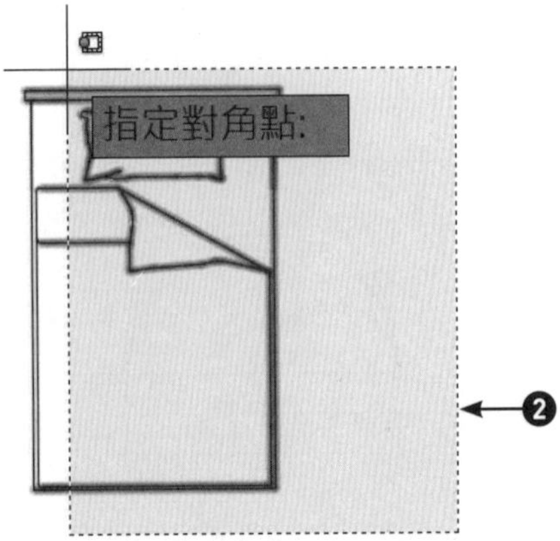

3 指定右方中點為基準點。

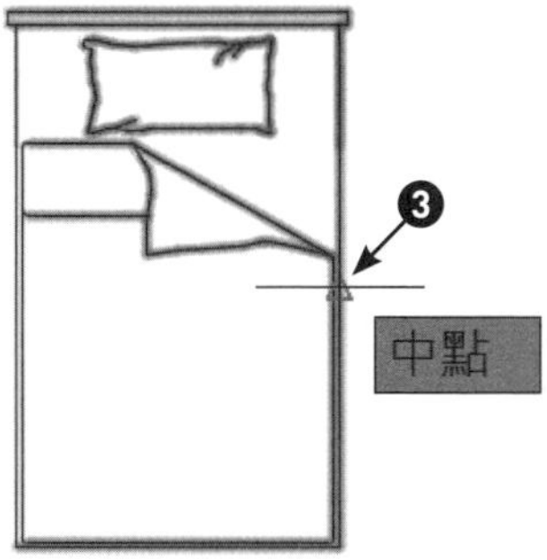

4 將十字游標往右拖動，則會出現極座標追蹤虛線，可看見被框選的部分正隨著滑鼠的拖動而改變長度。而全部被框選的枕頭會整個移動。

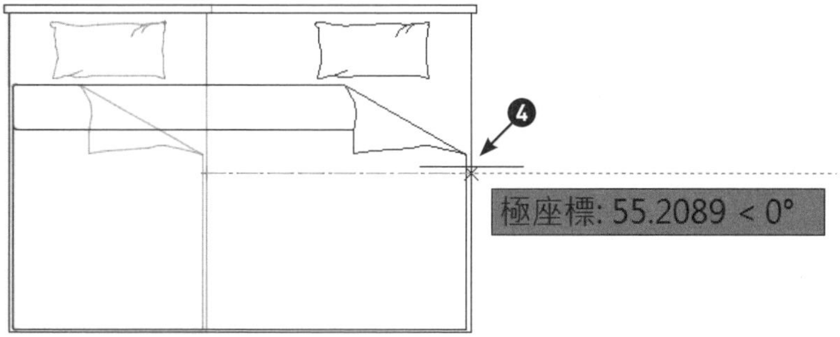

5 輸入「30」為拉伸距離的數值，按下 Enter ← 鍵。

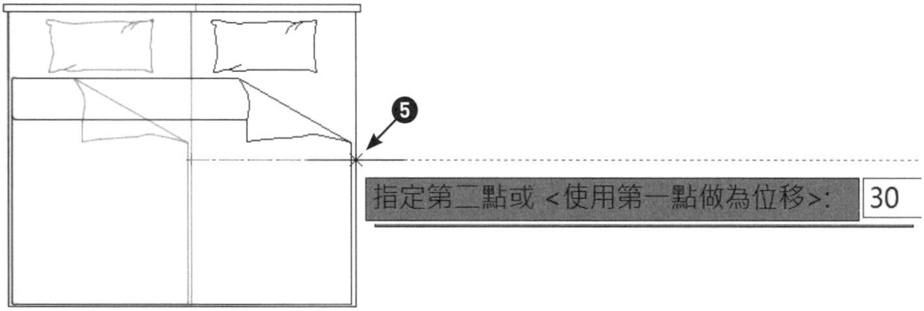

6 將枕頭向左複製到適當位置。

7 完成圖。

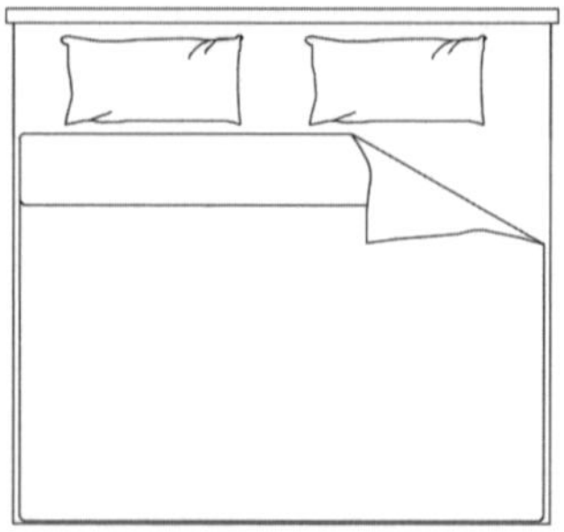

1. 拉伸一定要使用框選，才能正確選取到要變形的圖元。
2. 若框選範圍如下左圖所示，只框選到枕頭與棉被折角的一半，則折角會變形，枕頭是圖塊不能被拉伸，無變化，如下右圖。

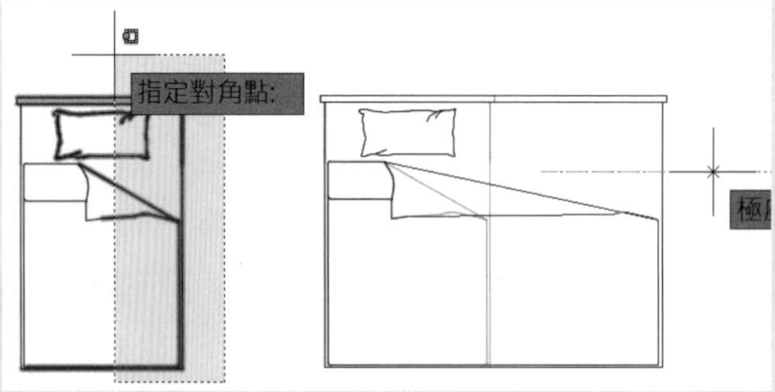

延伸練習

請繪製正四邊形再拉伸。

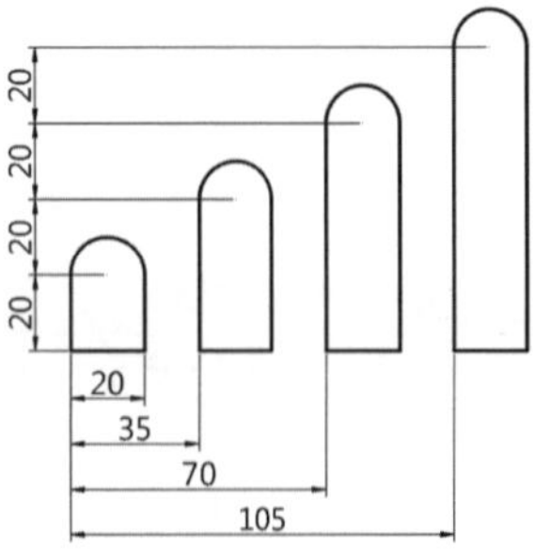

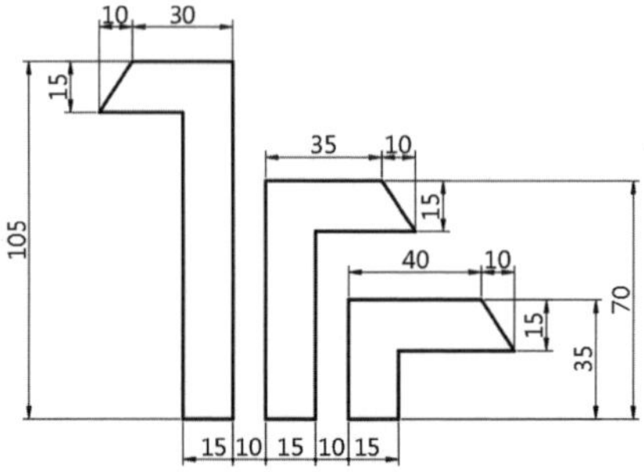

※ 延伸練習的解答請參考影音教學。

3-15 ARRAYPOLAR - 環形陣列

使用環形陣列必須先指定中心點做為旋轉中心，輸入項目的數目與佈滿的角度來完成環繞式的圖元複製。

<table>
<tr><td>指令</td><td>ARRAYPOLAR</td><td>快捷鍵</td><td>AR→PO</td><td>圖示</td><td>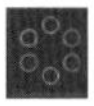</td></tr>
<tr><td>工具列按鈕</td><td colspan="5">常用頁籤 → 修改面板 → 陣列的下拉式選單 → 環形陣列
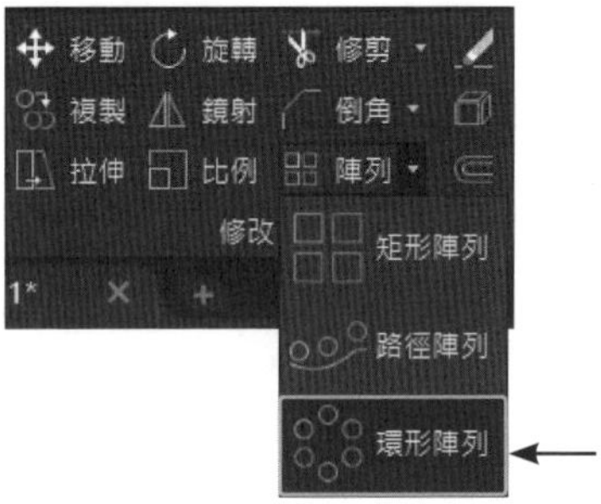
</td></tr>
</table>

環形陣列的運用

準備工作

- 開啟範例檔〈3-15_ex1.dwg〉。

正式操作

1. 點擊【常用】頁籤 →【修改】面板 →【陣列】按鈕中的下拉式選單 →【環形陣列】按鈕。

2. 框選或窗選椅子，按下 Enter← 鍵來確定選取。

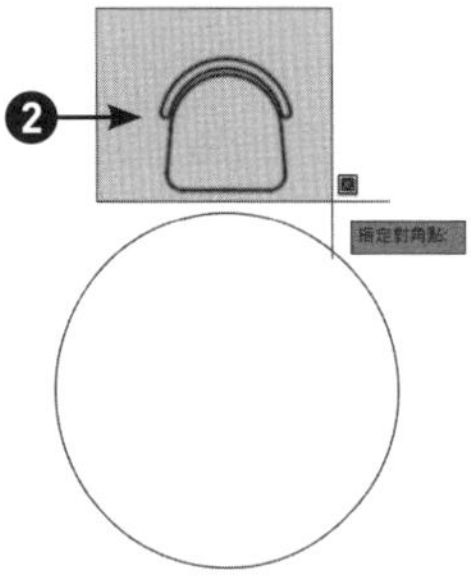

3 指定圓的中心點來當作環形陣列的中心點。

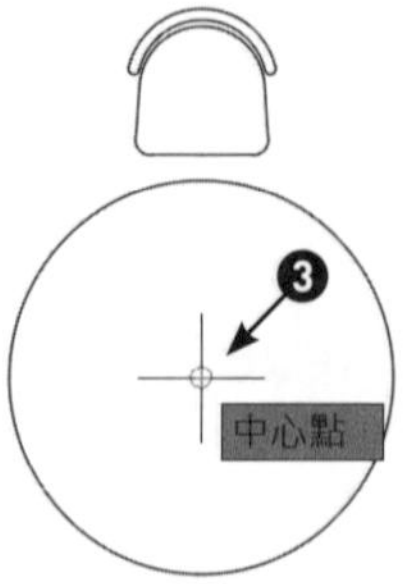

4 點擊滑鼠右鍵，選擇【項目】。

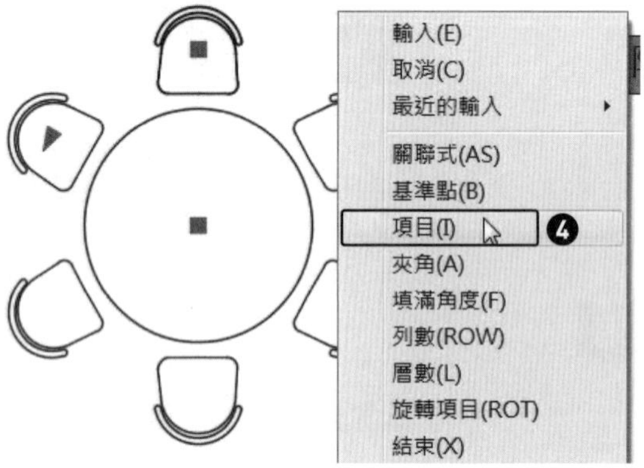

5 輸入「8」為需要陣列的數目，按下 Enter 鍵來輸入數目。

6 點擊滑鼠右鍵，選擇【關聯式】。

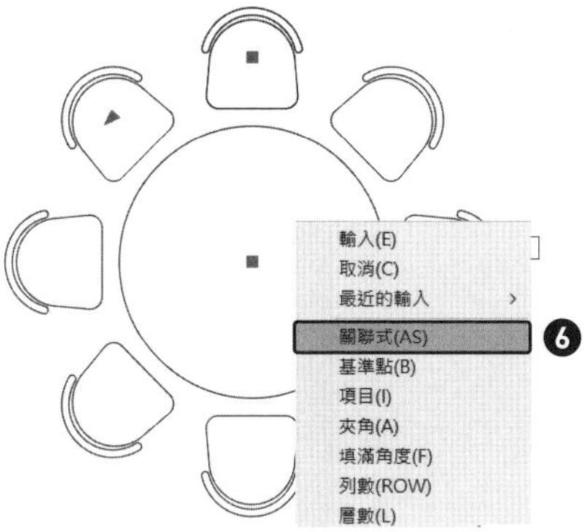

7 選擇【是】，使陣列結束後，依然可以修改陣列的項目、角度等數值。

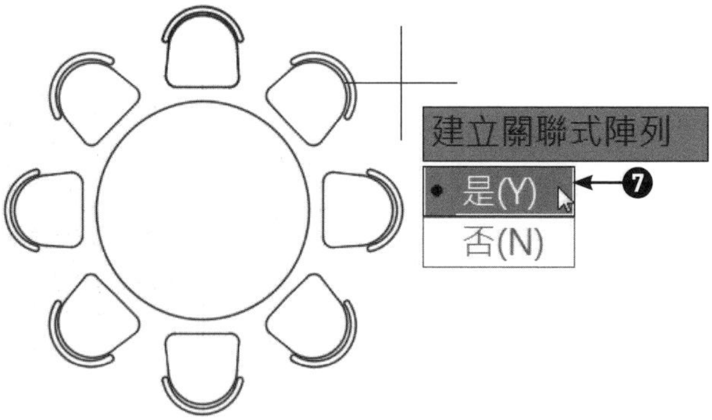

8 按下 Enter← 鍵結束陣列。

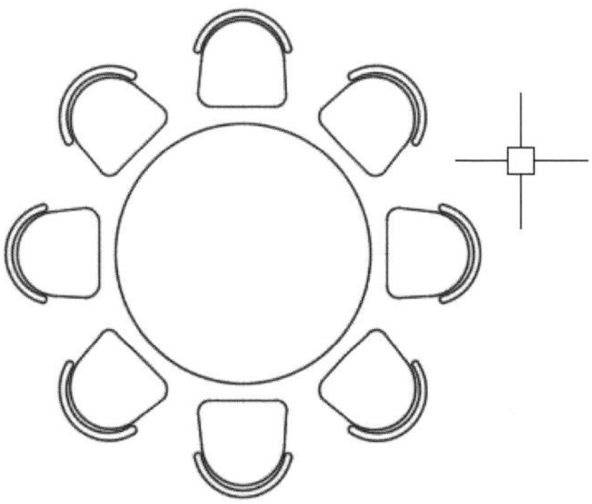

9 再選取椅子，繪圖區上方會出現陣列數值。

10 將項目輸入「5」，填滿角度輸入「150」。

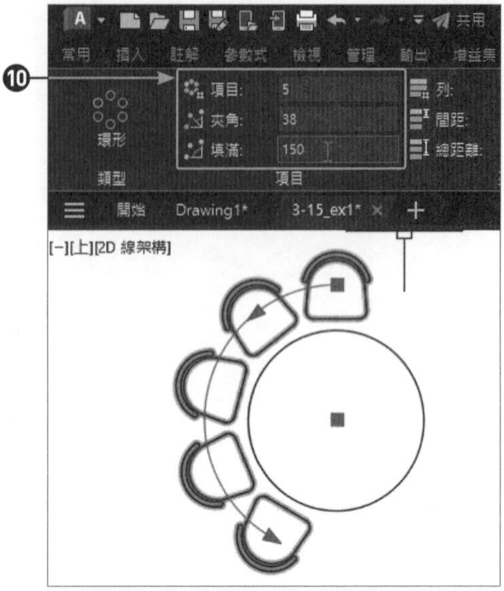

11 點擊【方向】按鈕，可切換陣列方向。

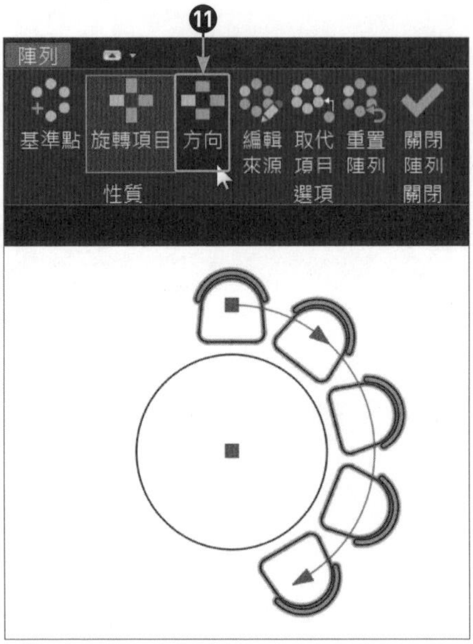

⑫ 點擊【旋轉項目】按鈕，可使陣列物件方向不旋轉，保持原本角度。

⑬ 完成圖。關閉檔案，不存檔。

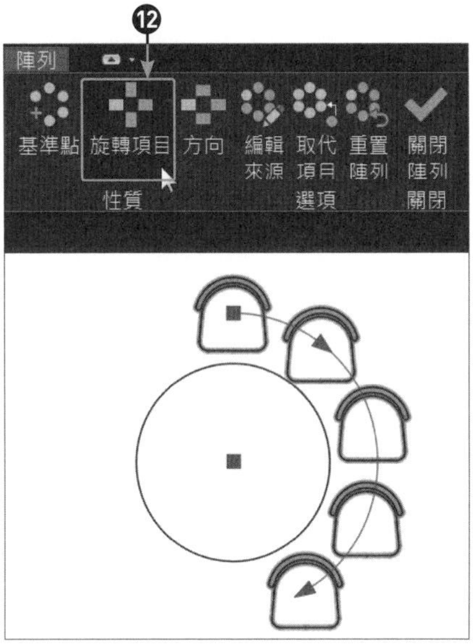

舊版環形陣列的運用

準備工作

- 開啟範例檔〈3-15_ex1.dwg〉。

正式操作

① 輸入指令「ARRAYCLASSIC」，並按下 Enter 鍵執行。

② 選取【環形陣列】模式。

③ 點擊【選取物件】按鈕，來選取陣列物件。

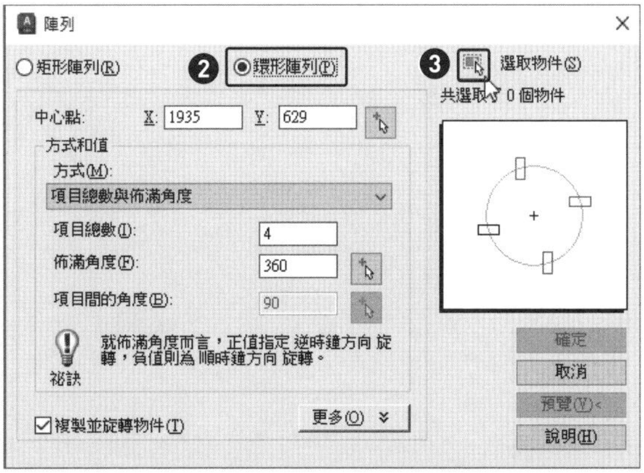

4 框選或窗選椅子，按下 Enter ← 鍵來確定選取。

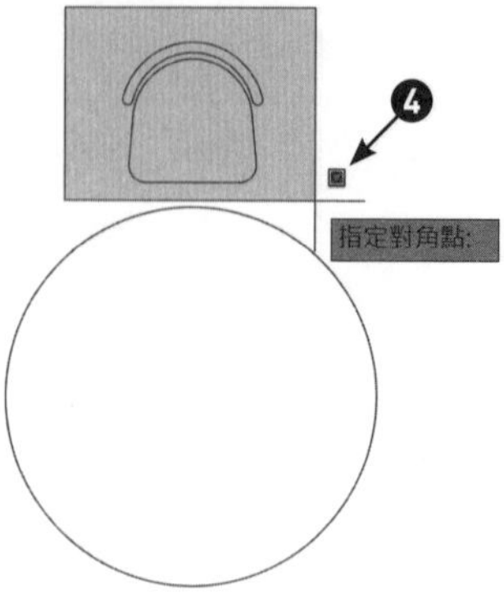

5 點擊【點選中心點】按鈕，選取環形陣列中心。

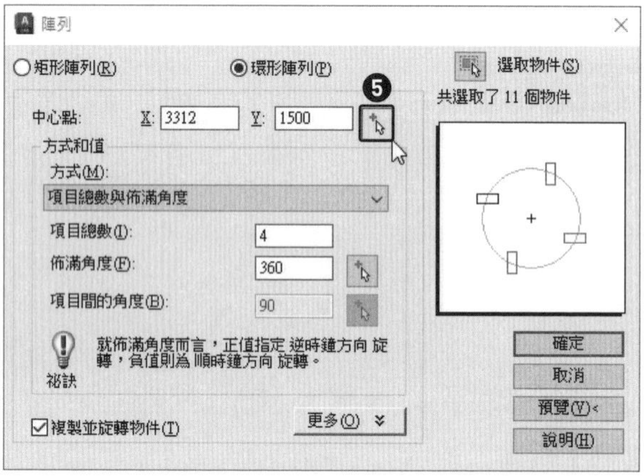

6 指定桌子中心點作為環形陣列中心。

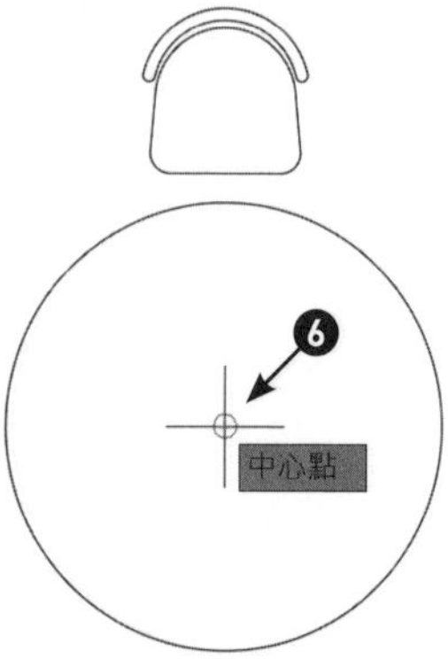

7 在【項目總數】欄位輸入「10」,【佈滿角度】欄位保持「360」度。

8 按下【確定】。

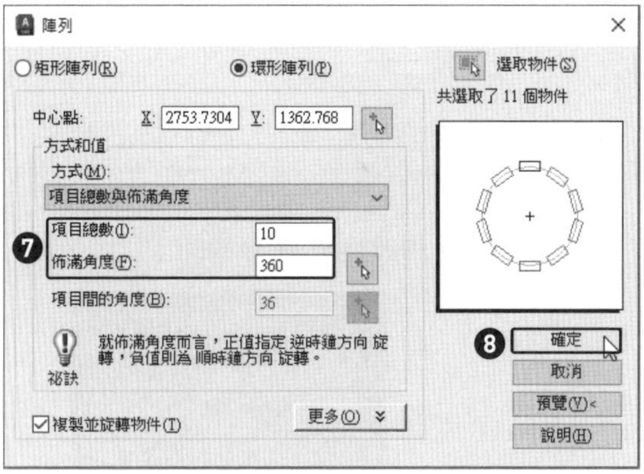

9 完成圖。

延伸練習

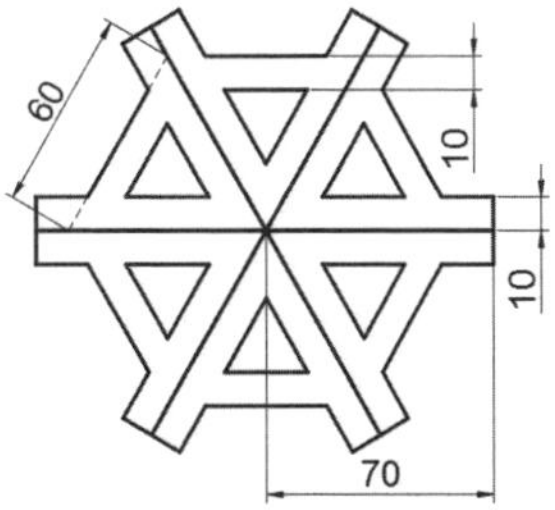

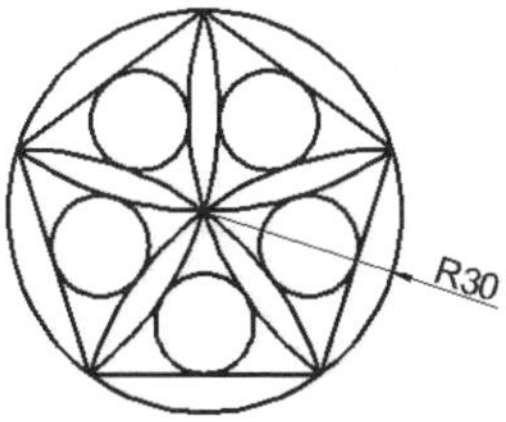

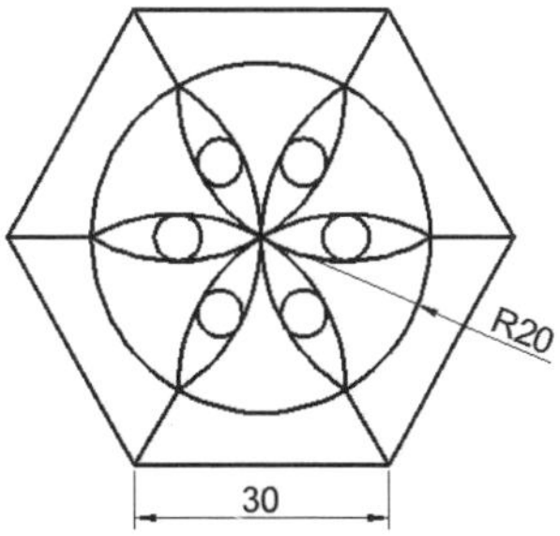

※ 延伸練習的解答請參考影音教學。

3-16 ARRAYRECT - 矩形陣列

矩形陣列用於將圖元複製出規則的行列排列，可設定間距與項目，來指定陣列項目的大小與距離。

<table>
<tr><td>指令</td><td>ARRAYRECT</td><td>快捷鍵</td><td>AR→R</td><td>圖示</td><td></td></tr>
<tr><td>工具列按鈕</td><td colspan="5">常用頁籤 → 修改面板 → 陣列的下拉式選單 → 矩形陣列
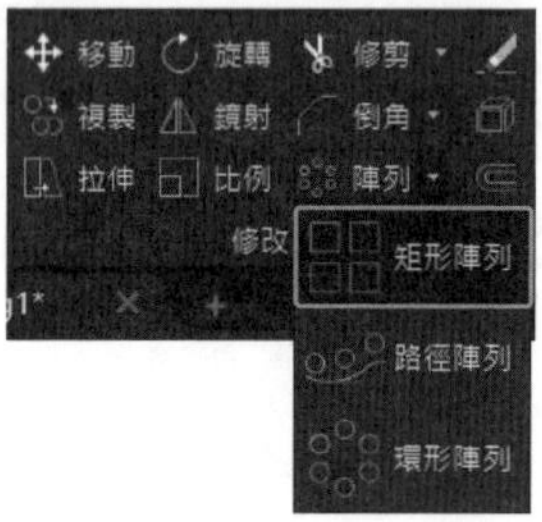
</td></tr>
</table>

矩形陣列的運用

準備工作

- 開啟範例檔〈3-16_ex1.dwg〉。

正式操作

1. 點擊【常用】頁籤 →【修改】→【陣列】按鈕中的下拉式選單 →【矩形陣列】按鈕。
2. 框選或窗選電視，按下 Enter 鍵來確定選取。

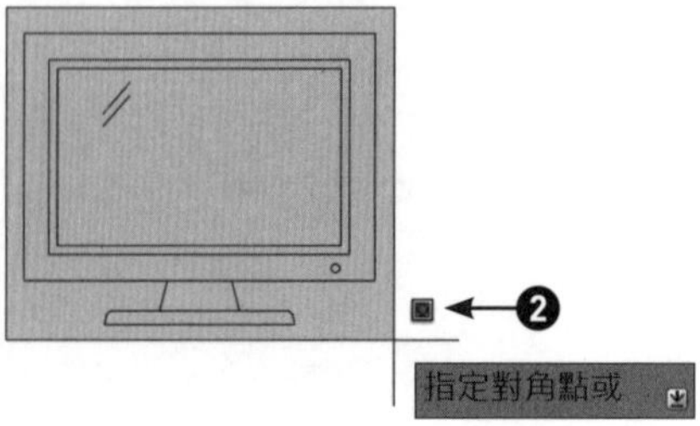

3 點擊右鍵，選擇【基準點】。

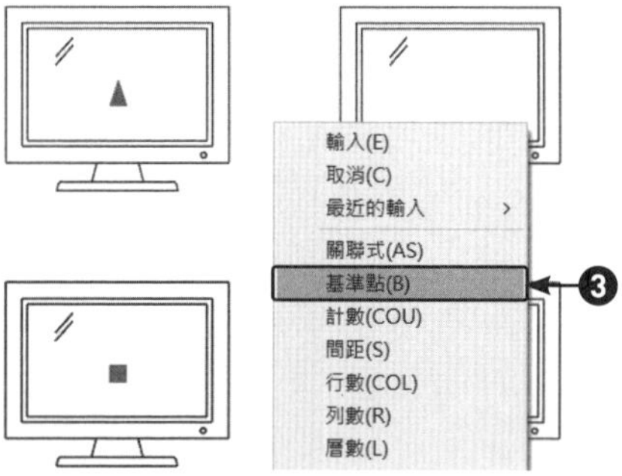

4 選擇電視框的左下角端點來當作基準點。

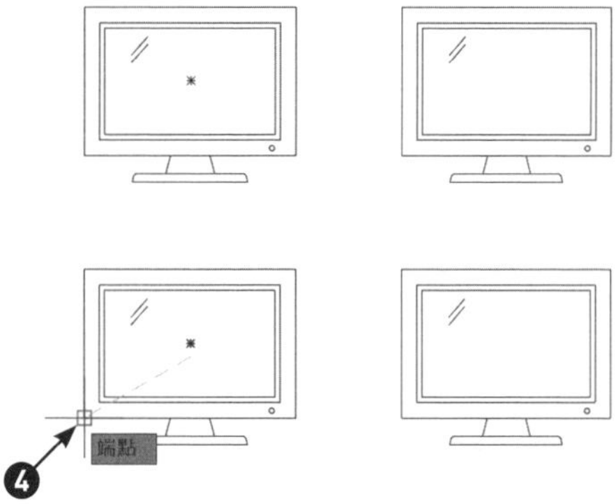

5 點擊下方中間的三角形掣點。

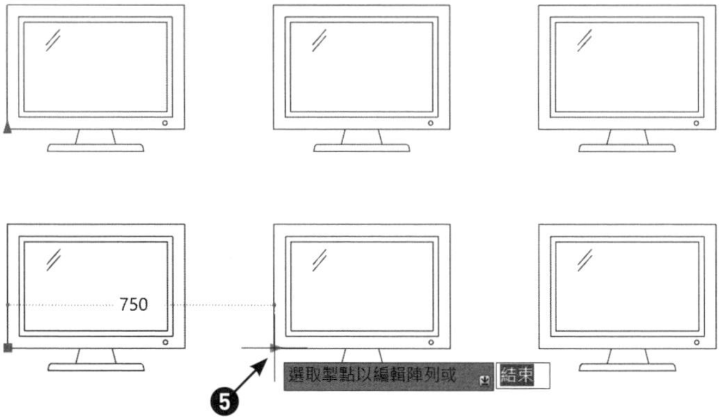

6 輸入「800」為行間距，按下 Enter← 鍵來決定數值。

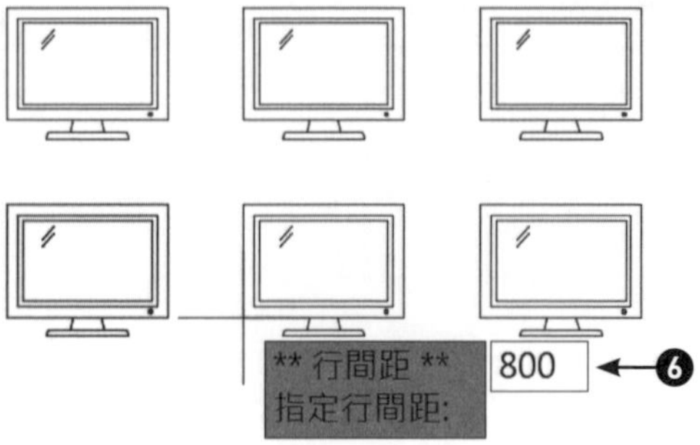

7 點擊左側中間的三角形掣點。

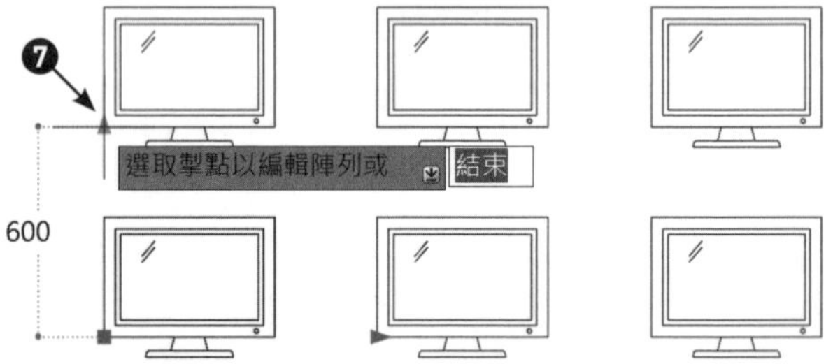

8 輸入「650」為列間距，按下 Enter← 鍵來決定數值。

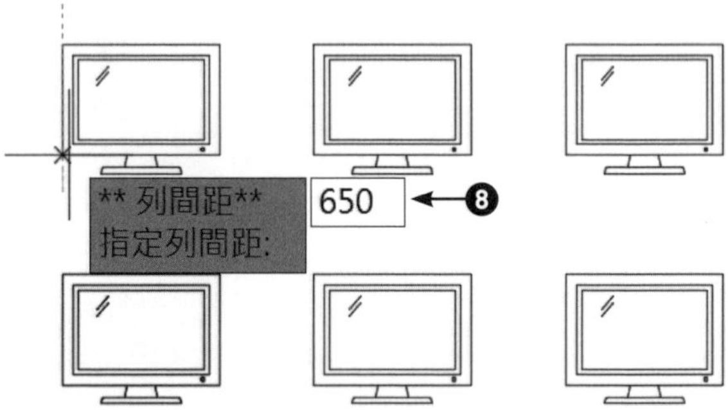

9 點擊右下方的三角形掣點。

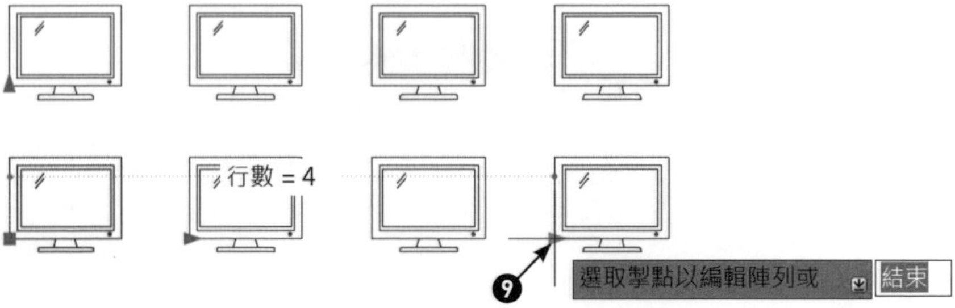

10 輸入「5」為橫向 (行) 的數目，按下 Enter← 鍵來決定數值。

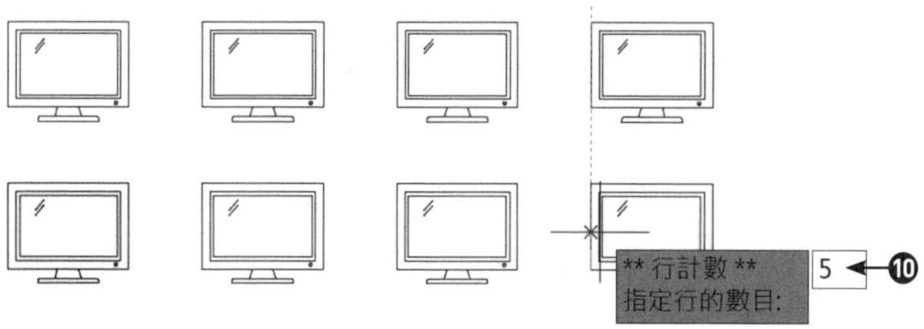

11 點擊左側上方的三角形掣點。

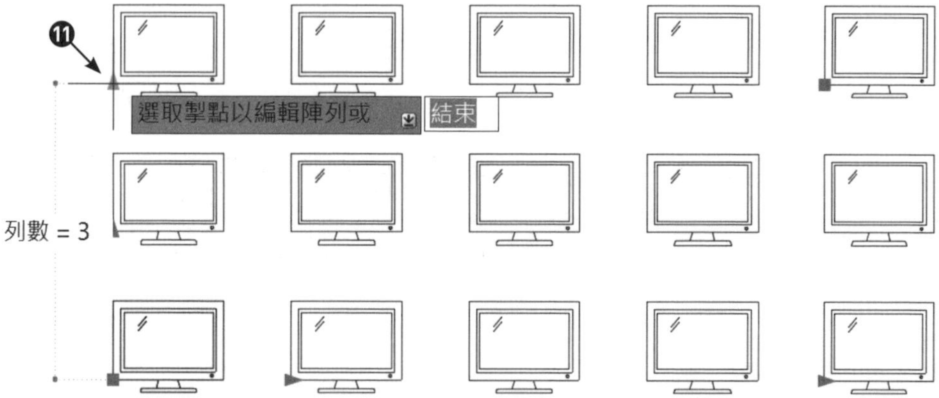

12 輸入「2」為直向 (列) 的數目，按下 Enter← 鍵來決定數值。

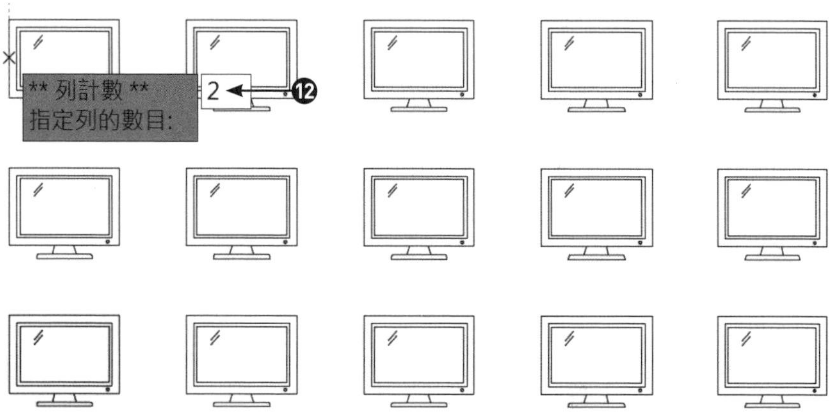

⑬ 按下 Enter← 鍵來結束陣列，完成圖。

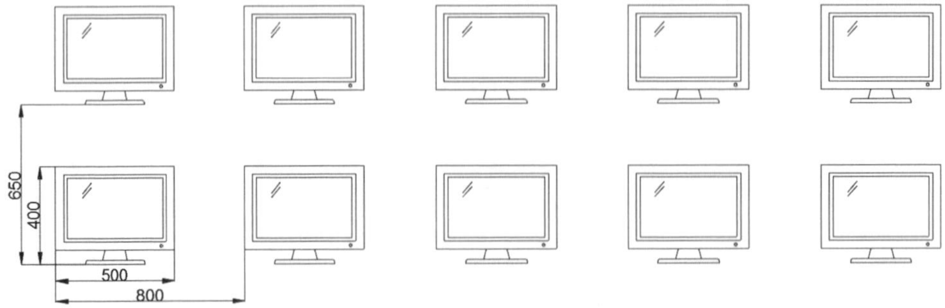

NOTE

陣列時，也可直接在上方面板設定間距或陣列數目。若將【關聯式】開啟，陣列結束後，再點選矩形，依然可在此面板更改數值。若【關聯式】關閉，則陣列結束後，就無法再更改陣列數值。

角度陣列的運用

準備工作

- 繪製一個半徑 20 的圓。

正式操作

① 點擊【常用】頁籤 →【修改】面板 →【陣列】按鈕中的下拉式選單 →【陣列】按鈕。

② 選取圓來當作陣列的目標，按下 Enter← 鍵來確定選取。

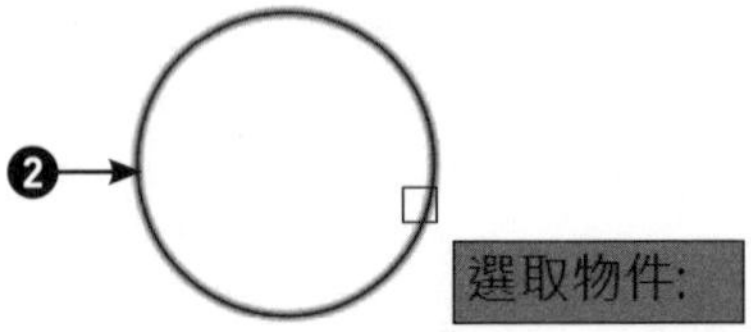

3 點擊下方中間的三角形掣點。

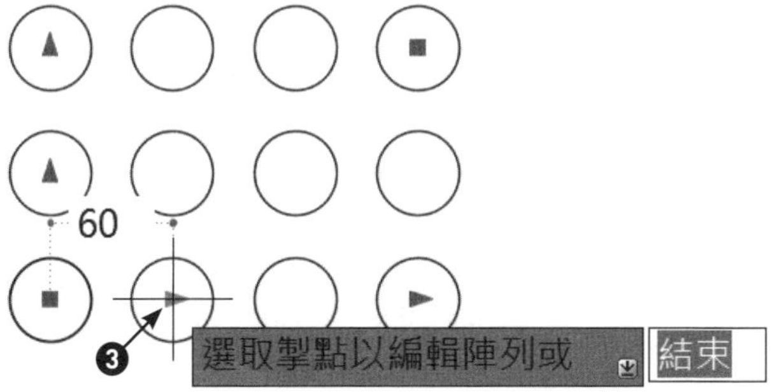

4 輸入「40」為行間距，按下 Enter 鍵來決定數值，使圓形互相相切。

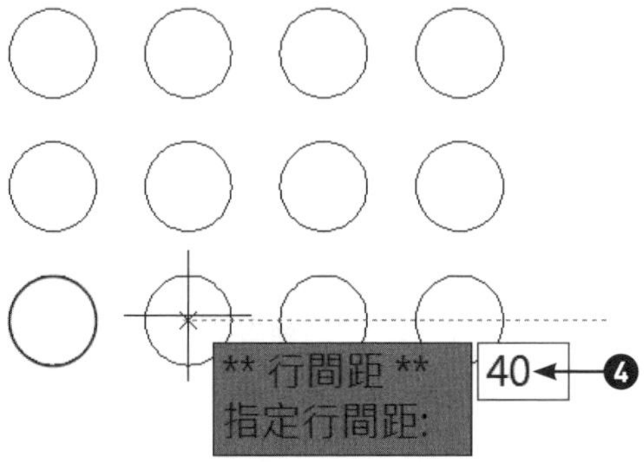

5 點擊左方中間的三角形掣點。

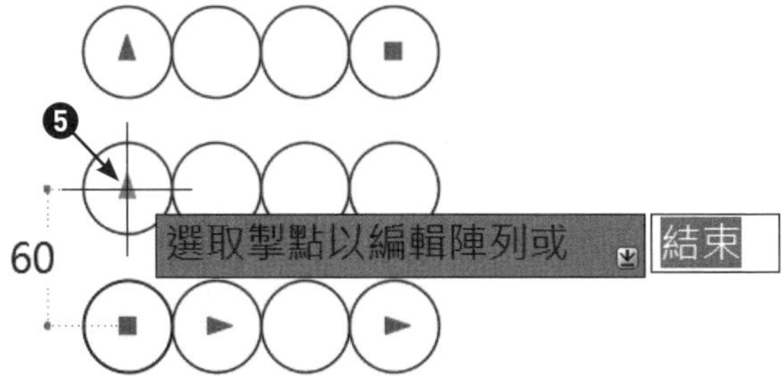

6 輸入「40」為列間距，按下 Enter 鍵來決定數值。

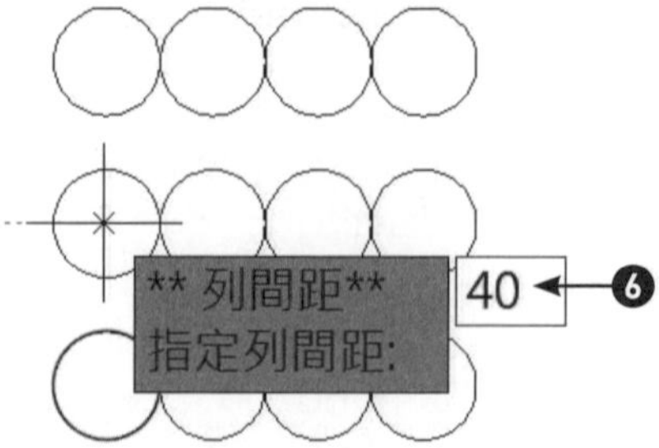

7 按下 Enter 鍵結束陣列。要調整角度，必須先結束陣列指令。（注意結束陣列前，必須將【關聯式】開啟。）

8 選取圓形，滑鼠停留在右下方的三角形掣點。

9 選擇【軸角度】。

10 輸入「60」為列行之間的夾角，按下 Enter 鍵來決定數值。

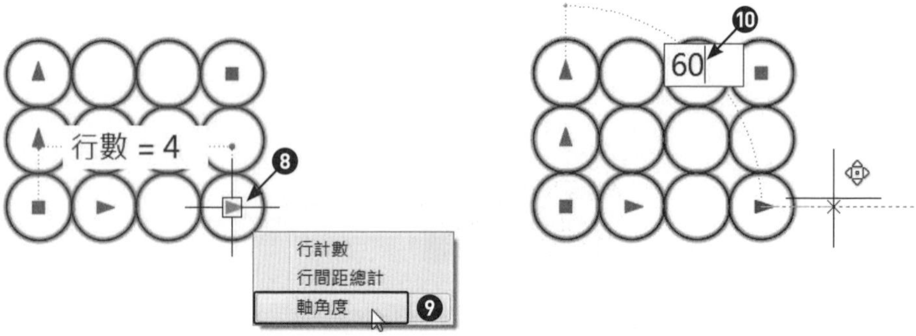

11 滑鼠停留在左上方的三角形掣點。

12 選擇【軸角度】。

13 輸入「90」為列行之間的夾角，按下 Enter 鍵來決定數值。

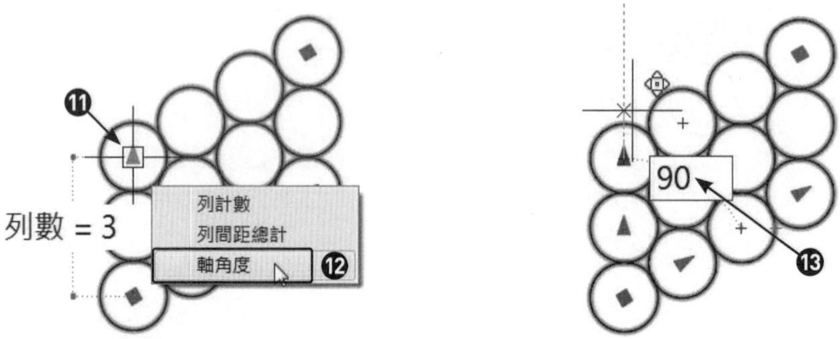

⑭ 完成圖。

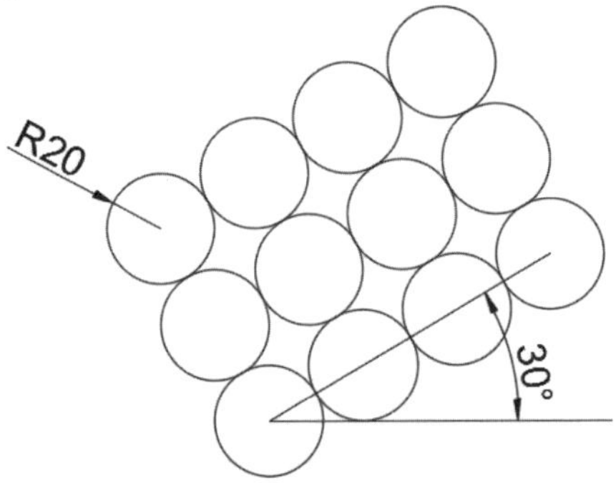

NOTE 由於半徑為 20 則直徑一定為 40，所以當行與欄輸入 40 的數值時，每個圓形會互相相切。

舊版矩形陣列的運用

準備工作

- 開啟範例檔〈3-16_ex1.dwg〉，電視尺寸如圖。

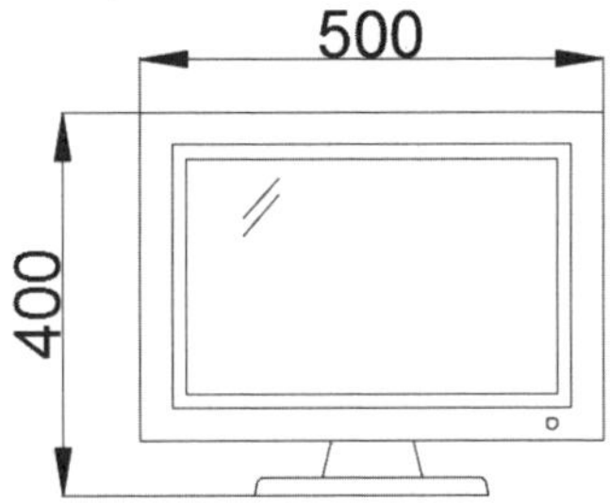

正式操作

① 輸入指令「ARRAYCLASSIC」，並按下 Enter ← 鍵執行。

② 選取【矩形陣列】模式。

③ 點擊【選取物件】按鈕，來選取陣列物件。

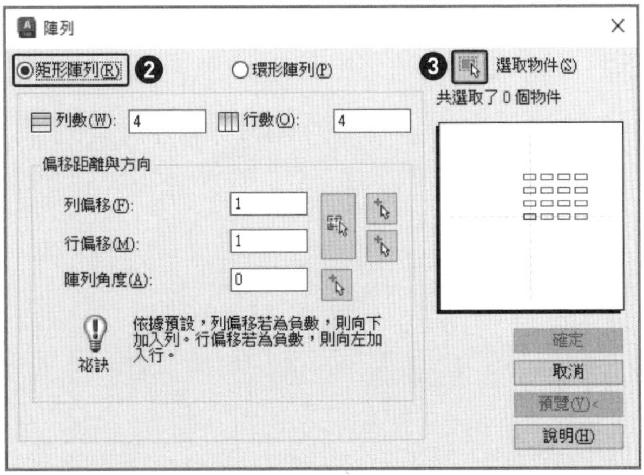

4 框選或窗選電視，按下 Enter↵ 鍵確定選取。

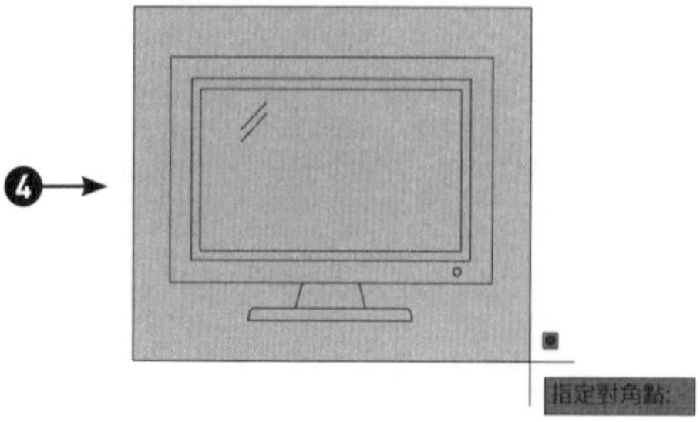

5 將列數與行數設定為「2」與「3」，可在預覽框檢視陣列結果。

6 列偏移輸入「600」，行偏移輸入「700」，偏移值必須比電視的長寬尺寸大，否則陣列後，矩形會互相重疊。

7 按下【確定】。

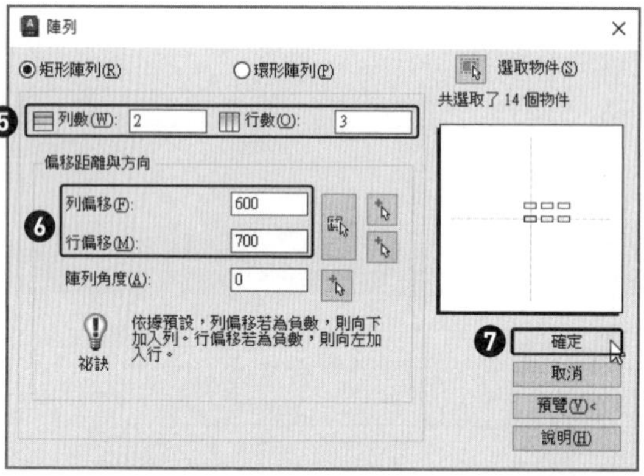

8 完成圖。

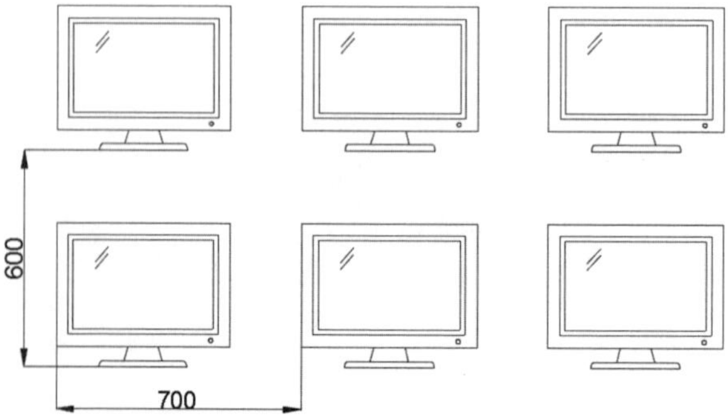

延伸練習

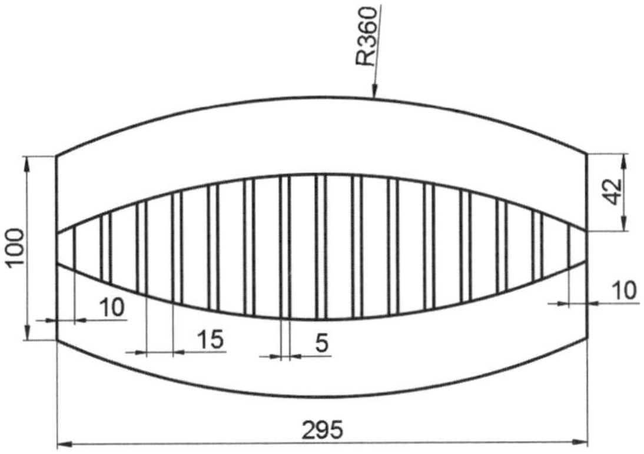

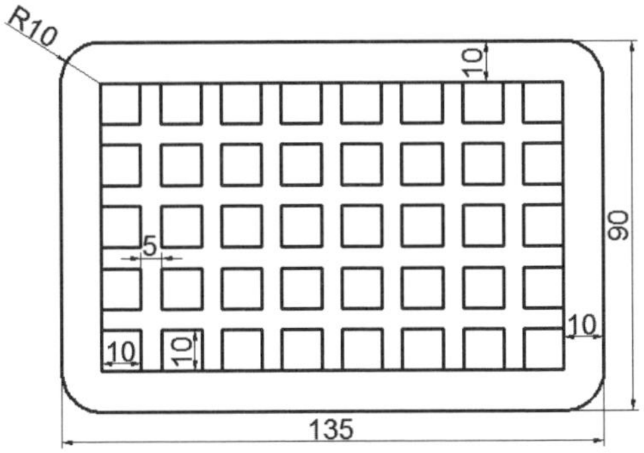

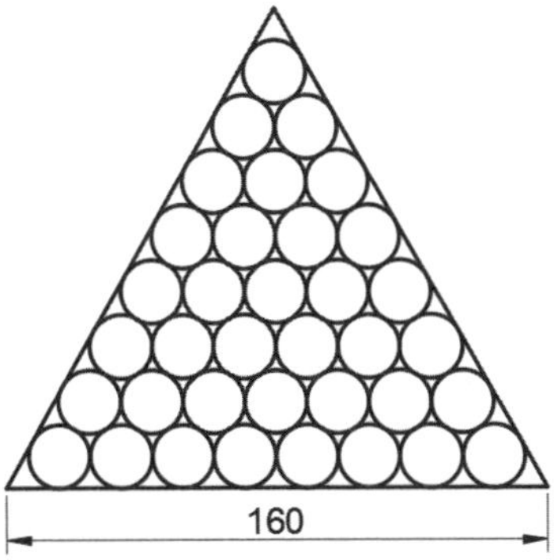

※ 延伸練習的解答請參考影音教學。

3-17 ARRAYPATH - 路徑陣列

路徑陣列用於將指定的圖元沿著一條路徑做等距或等分的複製。

指令	ARRAYPATH	快捷鍵	AR→PA	圖示	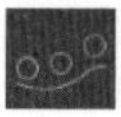
工具列按鈕	常用頁籤 → 修改面板 → 陣列的下拉式選單 → 路徑陣列  				

路徑陣列的運用

準備工作

- 開啟範例檔〈3-17_ex1.dwg〉，檔案中有一組椅子與一條聚合線。

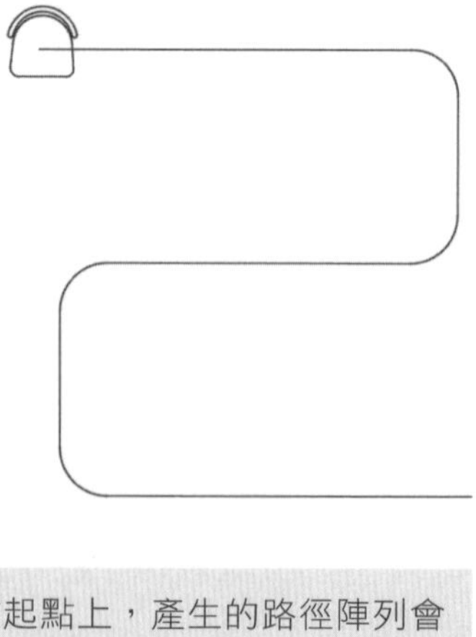

NOTE 陣列物件需擺放在路徑的起點上，如未繪製在起點上，產生的路徑陣列會偏離路徑。

正式操作

1 點擊【常用】頁籤 →【修改】面板 →【陣列】按鈕中的下拉式選單 →【路徑陣列】按鈕。

2 窗選椅子來當作陣列的目標，按下 Enter← 鍵來確定選取。

3 選取 S 形線段來當作路徑曲線。需選取靠近上方的位置，如圖所示，此時會以路徑左上角的端點作為陣列起始點（基準點）。

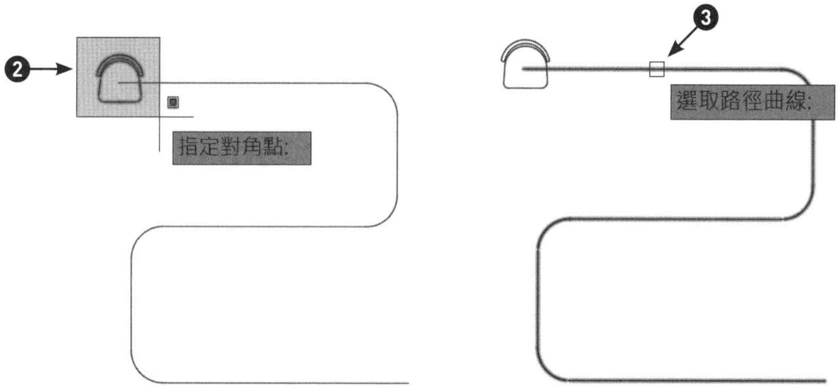

NOTE 陣列路徑只能選取一條線段，若是多條線段，必須接合為聚合線，或轉變為雲形線再選取。(【接合】指令請參考 3-19 小節。)

4 點擊右鍵，選擇【方法】。

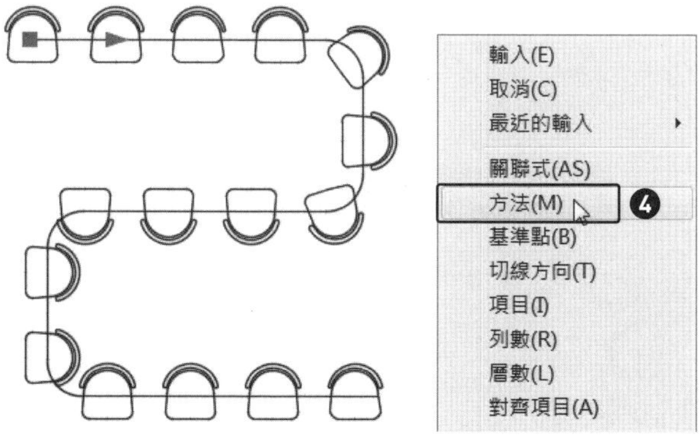

5 選擇【等分】作為路徑方式。

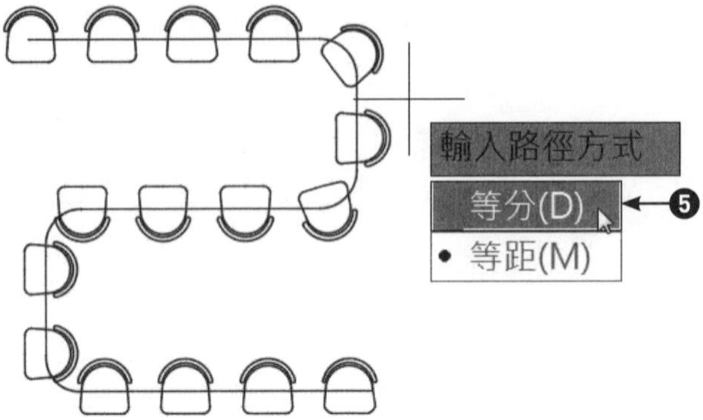

6 點擊右鍵，選擇【項目】。

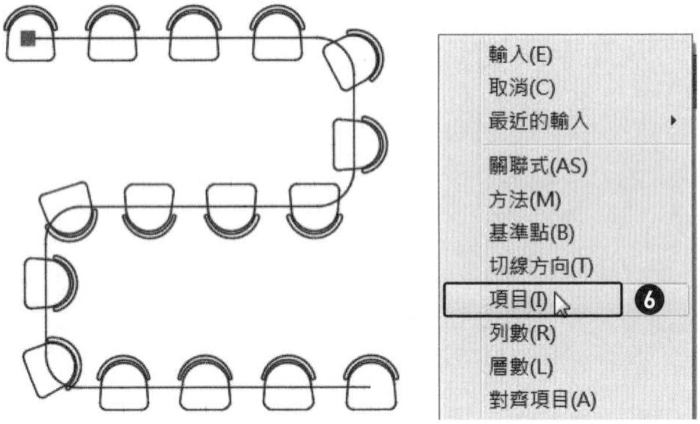

7 輸入等分數目為「12」，按下 Enter 鍵確定。

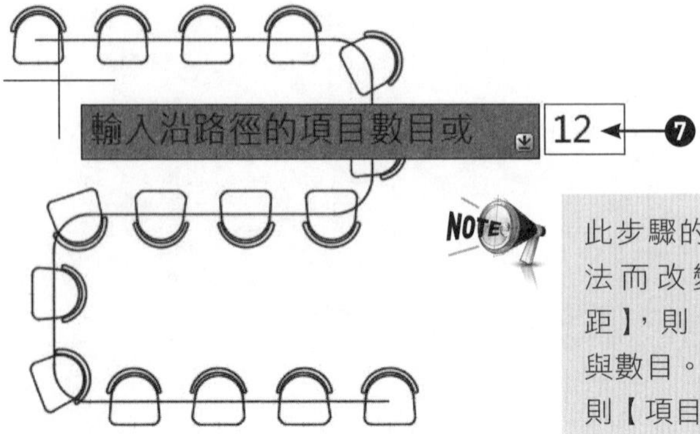

NOTE 此步驟的項目數值會根據方法而改變。若方法為【等距】，則【項目】為陣列間距與數目。若方法為【等分】，則【項目】為陣列數目。

8 按下 Enter← 鍵結束陣列。

9 s 完成圖。

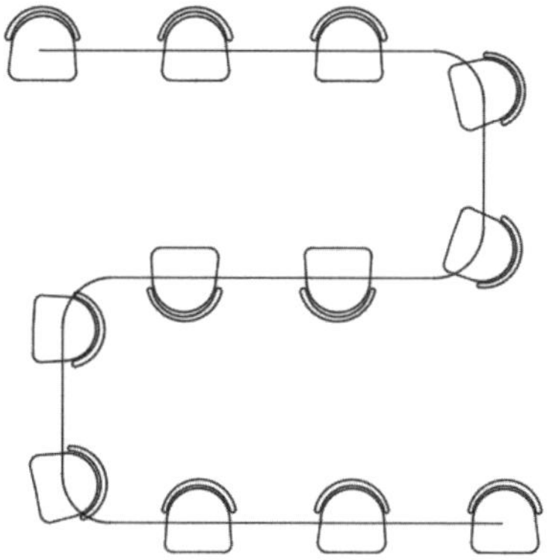

NOTE 當開啟【對齊項目】，陣列物件會對齊路徑。關閉【對齊項目】，陣列物件不會沿著路徑的座標來做變化，如下圖所示。

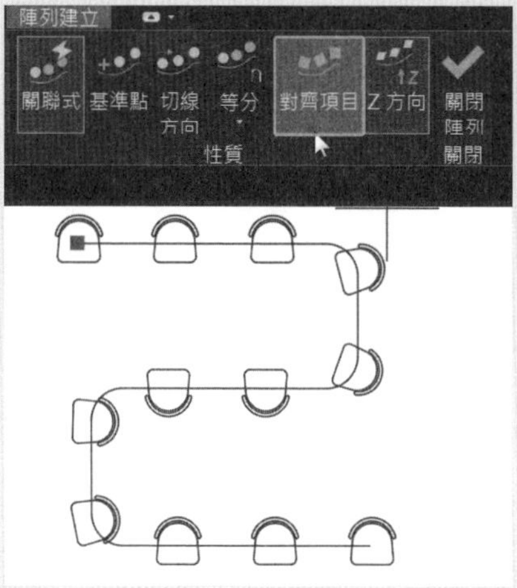

開啟對齊項目

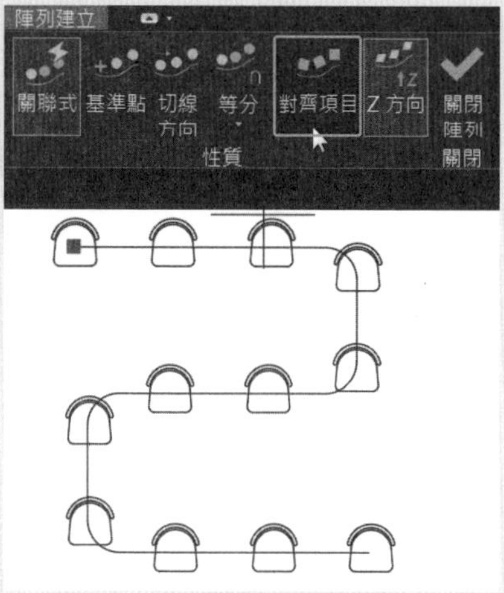

關閉對齊項目

NOTE

若基準點位置不對，導致如右圖情形。

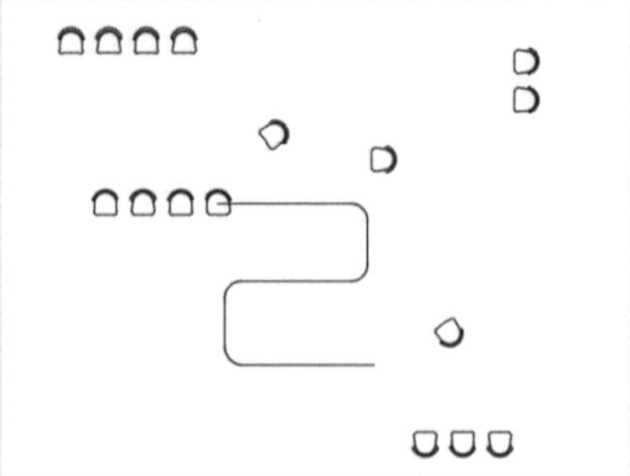

此時可按下【基準點】按鈕，選取正確的基準點，即可陣列成功。

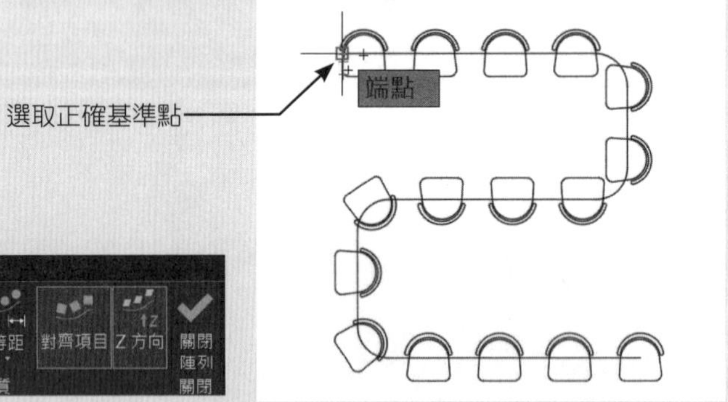

延伸練習

請參考 3-19 小節的接合指令，連接兩個弧。

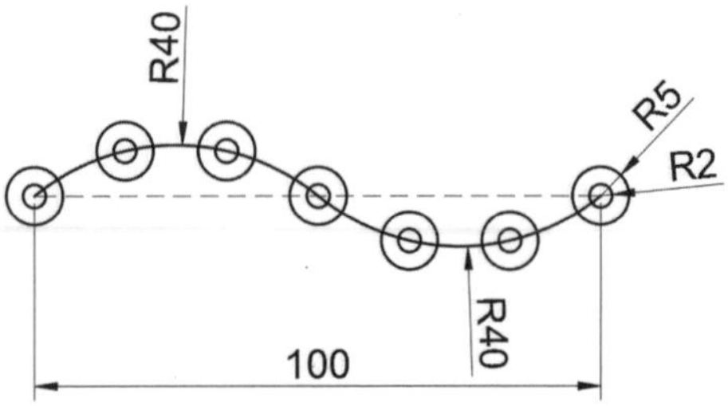

※ 延伸練習的解答請參考影音教學。

3-18 EXPLODE - 分解

分解用於炸開聚合線、圖塊與經過陣列後的圖形，將圖形分解後就可以得到單一的獨立圖元，提供給後續的編輯使用。

指令	EXPLODE	快捷鍵	X	圖示	
工具列按鈕	常用頁籤 → 修改面板 → 分解 				

分解的運用

準備工作

- 任意繪製一個矩形。

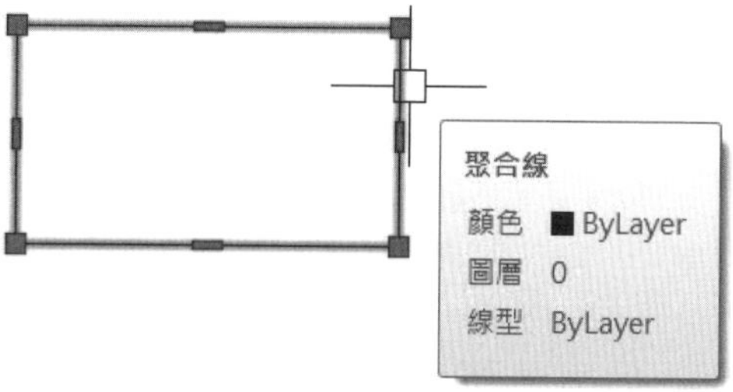

正式操作

1. 點擊【常用】頁籤 →【修改】面板 →【分解】按鈕。
2. 選取矩形來當作要分解的對象。

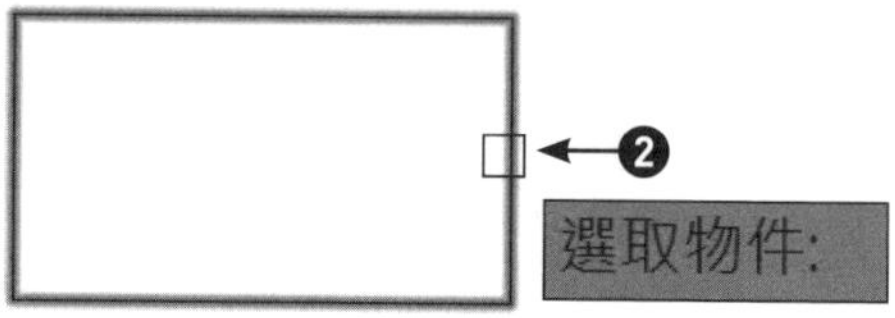

3 按下 Enter← 鍵來確定選取，並完成分解，外表看不出變化。

4 完成圖，此時矩形線段為各自獨立的狀態，可單獨選取某一條線段。

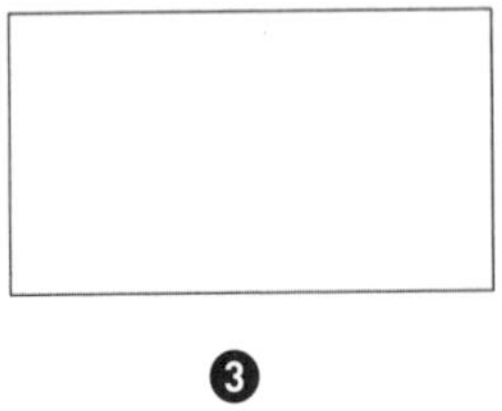

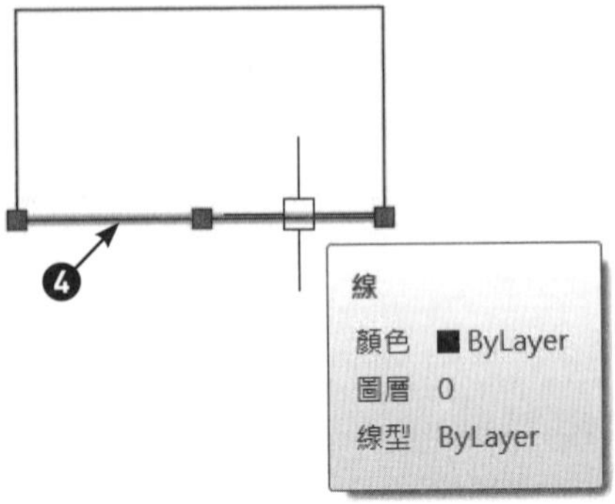

3-19 JOIN - 接合

接合用於組合線段，或是將弧轉變成圓。

指令	JOIN	快捷鍵	J	圖示	
工具列按鈕	常用頁籤 → 修改面板的下拉式功能表 → 接合 				

接合的運用

準備工作

- 使用【線】指令，繪製任意階梯形狀。階梯形狀必須封閉，才能接合。

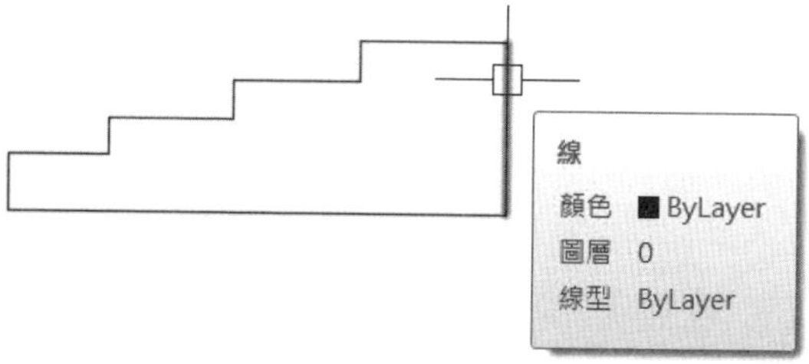

正式操作

1. 點擊【常用】頁籤 →【修改】面板中的下拉式功能表 →【接合】按鈕。
2. 框選所有階梯，作為要接合的物件。

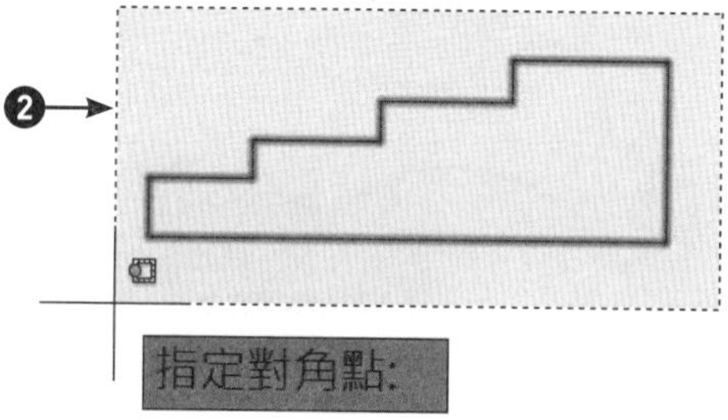

3. 下 Enter 鍵來確定選取，完成接合。點選線段，線段為完整的一條線段。滑鼠停留在線段上，出現聚合線的性質提示。

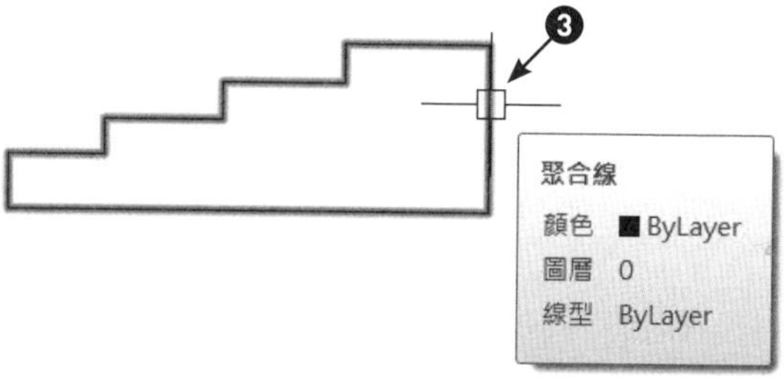

弧的接合

準備工作

- 繪製一個弧，如下圖。

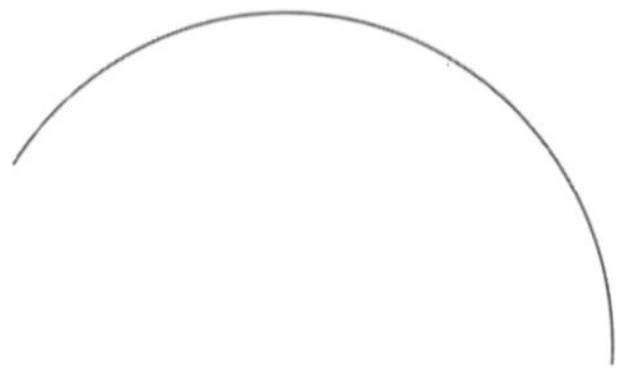

正式操作

1 點擊【常用】頁籤 →【修改】面板中的下拉式功能表 →【接合】按鈕。

2 選取弧作為接合物件，按下 Enter 鍵確定選取。

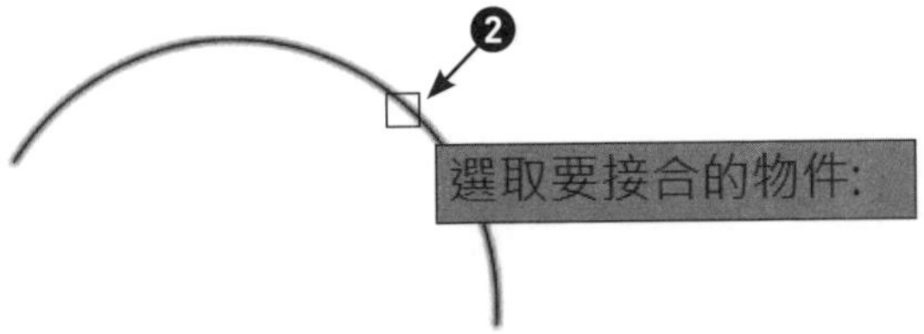

3 點擊右鍵。選擇【關閉】。

4 弧會接合為一個圓。

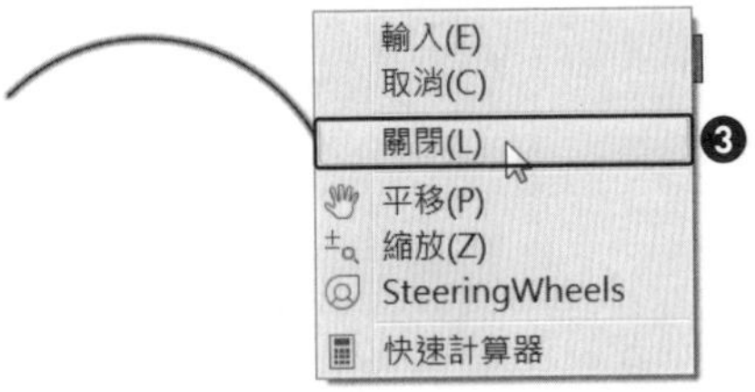

5 完成圖。

3-20 BREAK - 切斷於點

切斷於點可以將線段分割成無缺口的兩個獨立線段，有別於切斷指令會造成線段的缺口。

指令	BREAK→F	圖示	
工具列按鈕	常用頁籤 → 修改面板的下拉式功能表 → 切斷於點 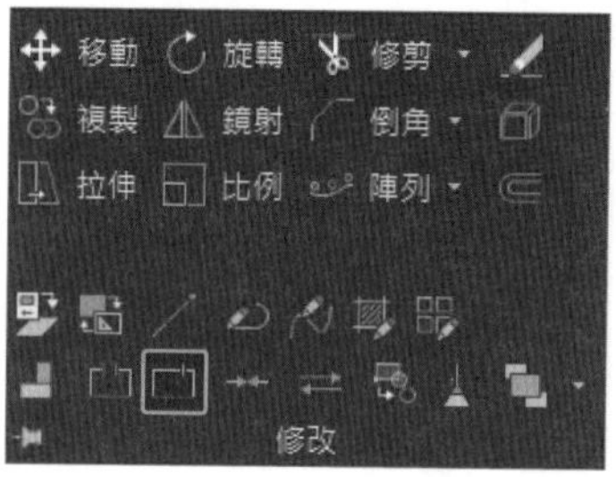 		

切斷於點的運用

準備工作

- 繪製物件，如右圖所示。

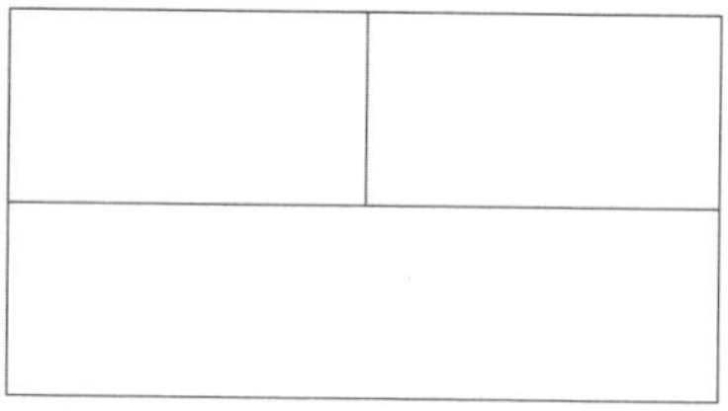

正式操作

1. 點擊【常用】頁籤 →【修改】面板中的下拉式功能表 →【切斷於點】按鈕。
2. 選取水平線段來作為切斷於點的物件。

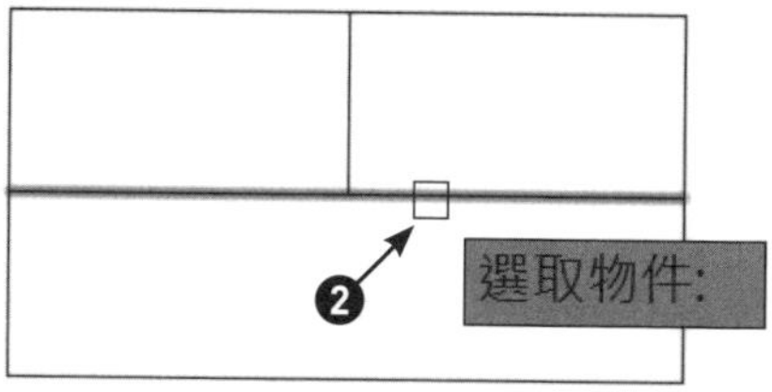

3 點擊線段的中點來指定截斷點，此時線段則會從中點一分為二。

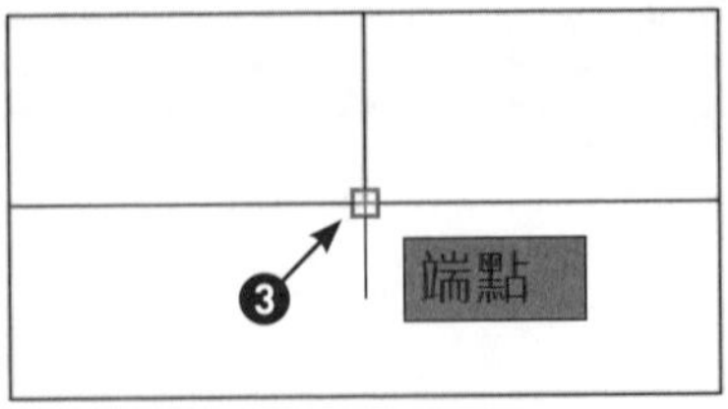

4 點擊【常用】頁籤 →【繪製】面板 →【線】按鈕。

5 在左邊線段中點位置繪製一條垂直線（因為中間的水平線段已經被切斷於點一分為二，所以可以抓取到左半線段的中點）。

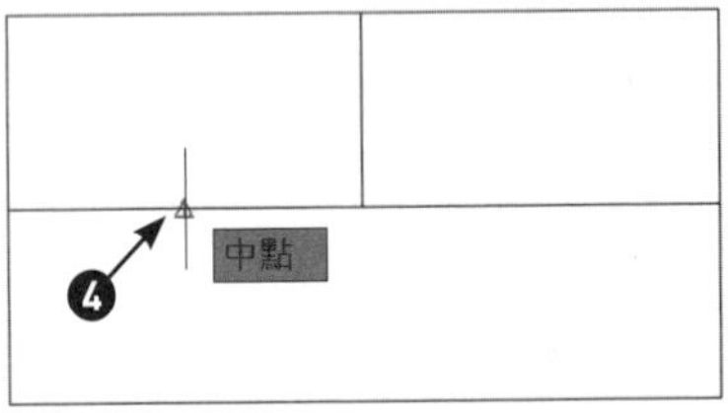

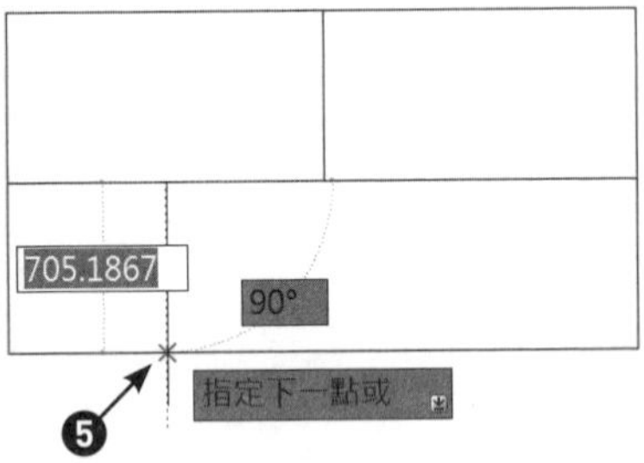

6 接著也在右邊線段中點位置繪製一條垂直線。

7 完成圖。

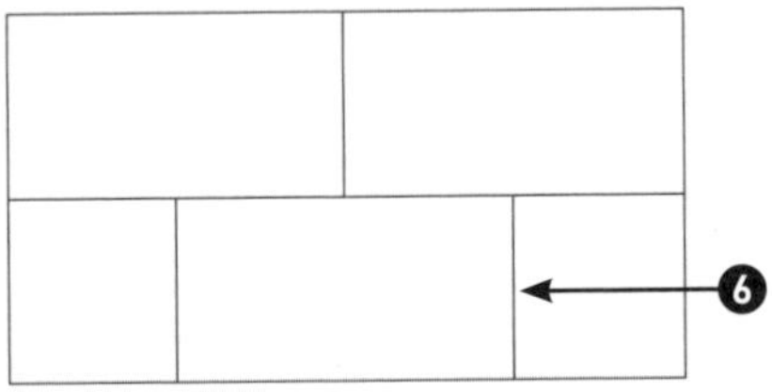

NOTE 點擊【切斷於點】於某物件，則會以點擊的位置為截斷點，將物件分為兩份各自獨立的物件。

延伸練習

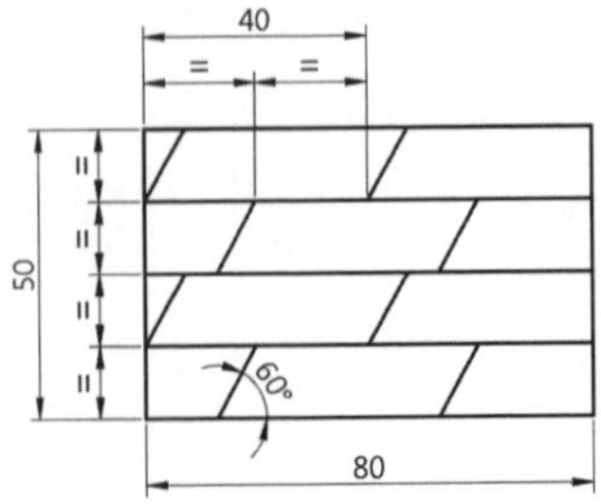

※ 延伸練習的解答請參考影音教學。

3-21 ALIGN - 對齊

對齊用於快速組合不同方向長度的圖元，必須指定至少兩組來源點與目標點。第三組用於 3D 的組裝。

指令	ALIGN	快捷鍵	AL	圖示	
工具列按鈕	常用頁籤 → 修改面板的下拉式功能表 → 對齊 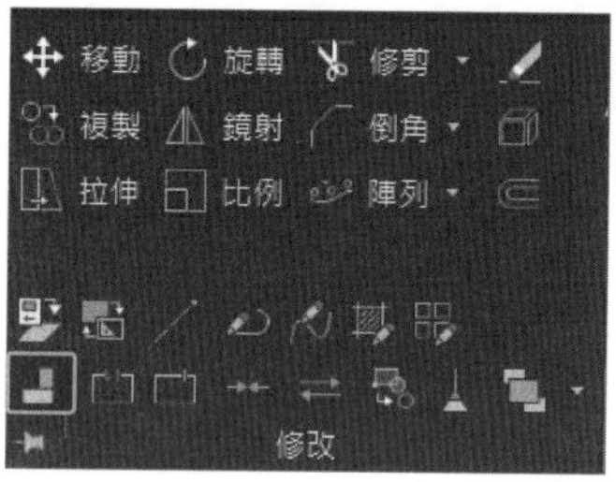				

對齊的運用

準備工作

- 開啟範例檔〈3-21_ex1.dwg〉。

正式操作

1 點擊【常用】頁籤 →【修改】面板中的下拉式功能表 →【對齊】按鈕。

2 選擇沙發來當作需對齊的物件，按下 Enter 鍵來確定選取。

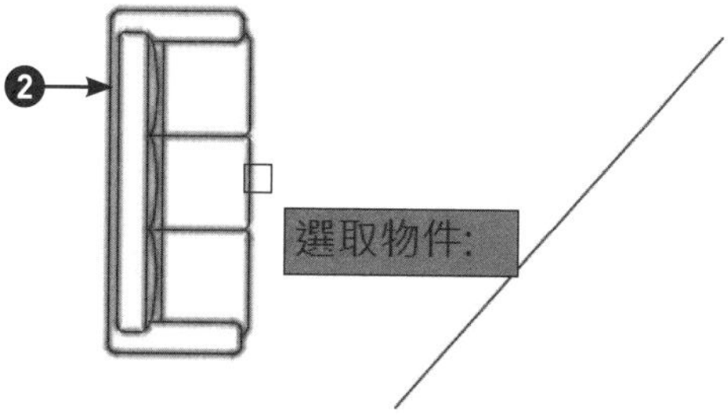

3 點擊箭頭指示的中點位置來當作對齊來源的第一點。

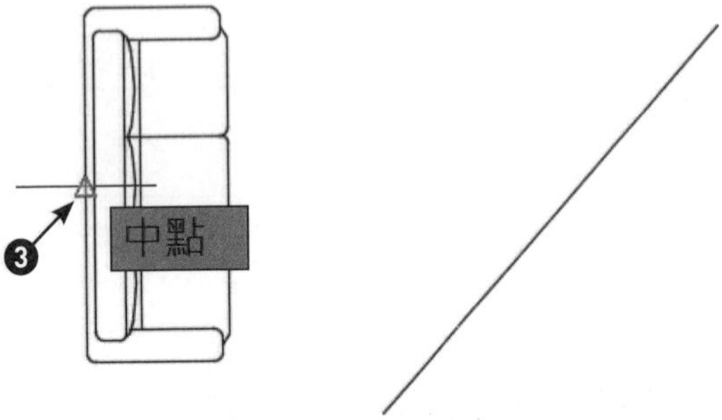

4 點擊線段的中點位置來當作對齊目標的第一點。

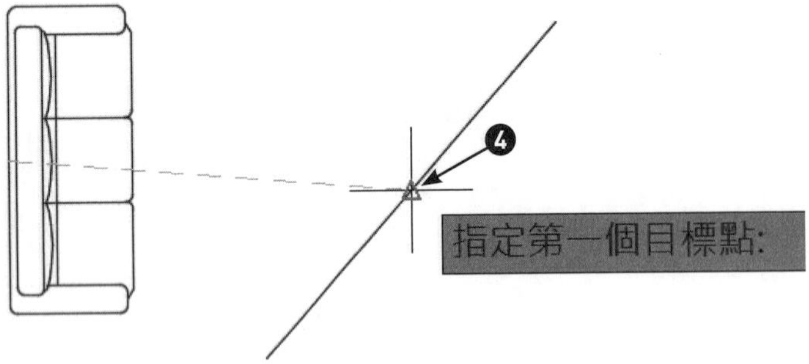

5 點擊箭頭指示的端點位置來當作對齊來源的第二點。

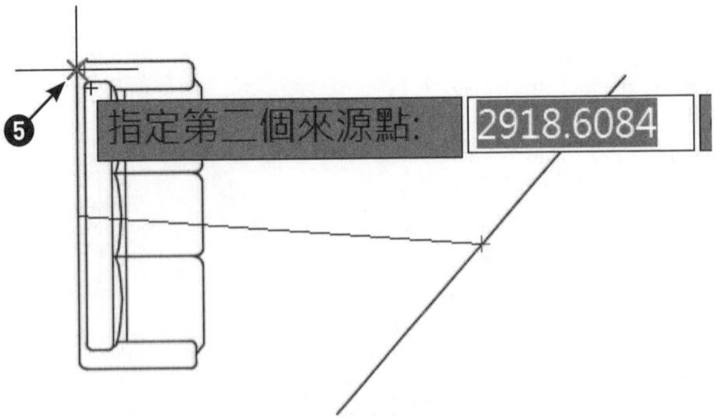

(6) 點擊線段的端點位置來當作對齊目標的第二點。

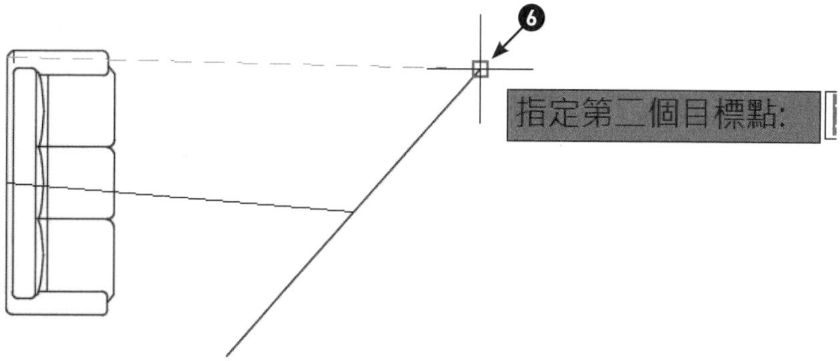

(7) 按下 Enter 鍵來結束指定第三點來源。

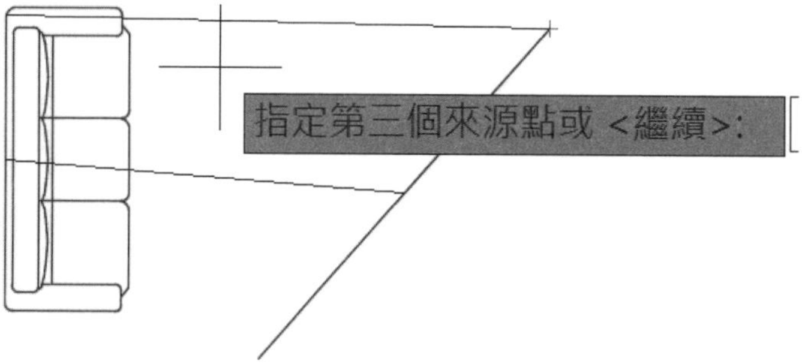

(8) 選擇【否】。

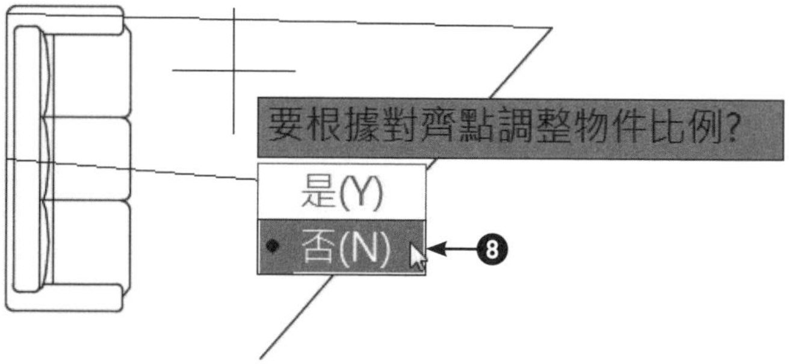

9 完成圖。

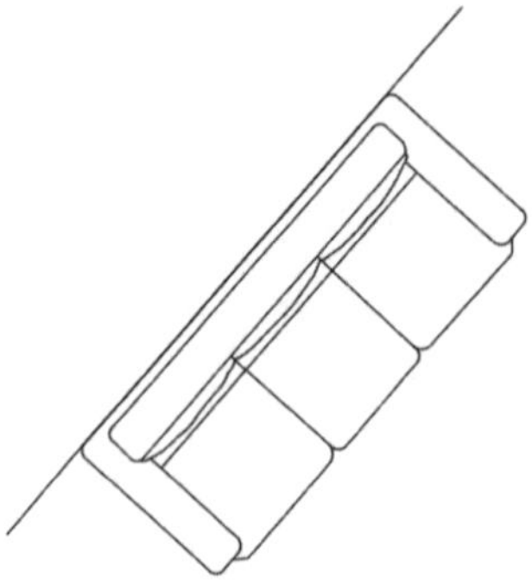

NOTE 當【根據對齊點調整物件比例】選擇【否】時，則會為原本物件的大小（如下左圖），當【根據對齊點調整物件比例】選擇【是】時，則物件會依照對齊點來調整物件比例（如下右圖）。

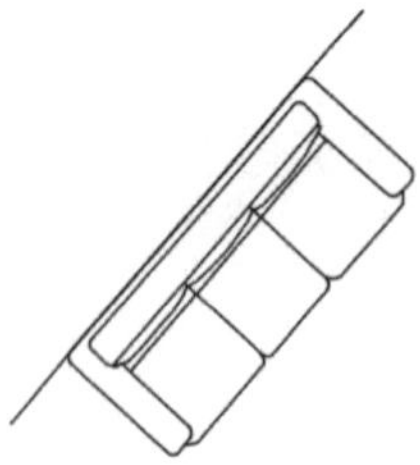

未根據對齊點調整物件比例

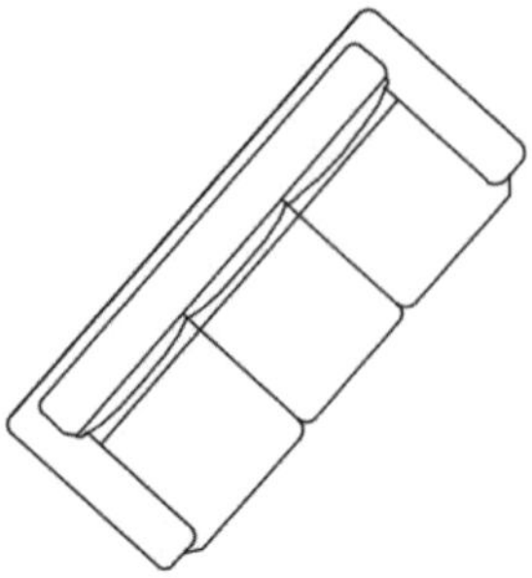

根據對齊點調整物件比例

延伸練習

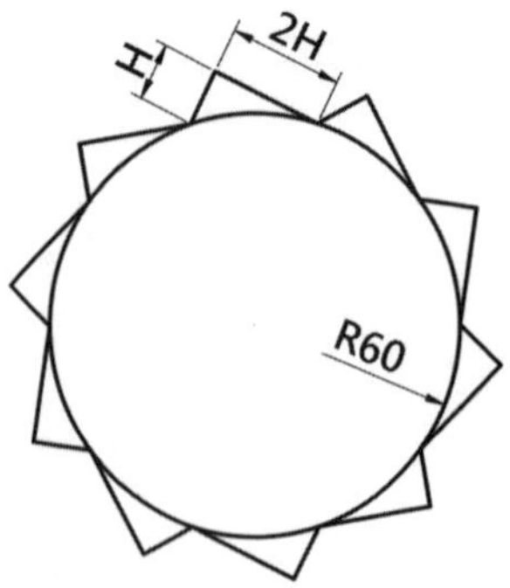

※ 延伸練習的解答請參考影音教學。

3-22 掣點模式靈活運用

掣點模式就是圖元被選取後的模式，圖元上會顯示藍色的方塊點。點擊方塊點之後，此點會變成紅色的基準點，熟悉掣點模式來編輯圖元可以大幅度增加繪圖的效率。

修改線段長度

1 繪製任意長度線段，選取線段，會出現藍色的掣點模式。

2 點擊線的右邊掣點，藍色的掣點會變為紅色，紅色的掣點代表已進入掣點模式。

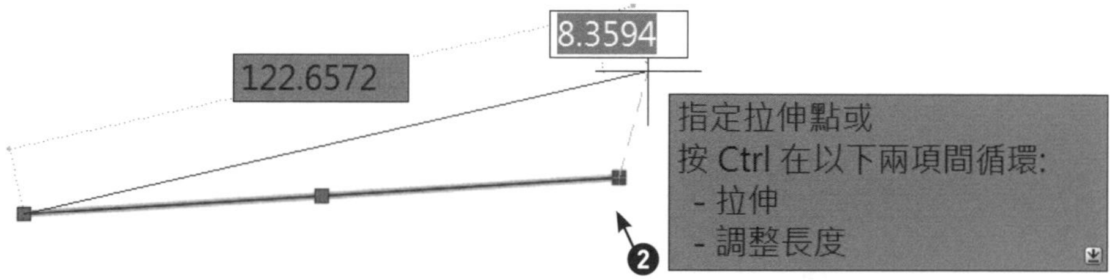

3 按下 Tab 鍵，線段總長的數值會呈現反白狀態，輸入「100」。

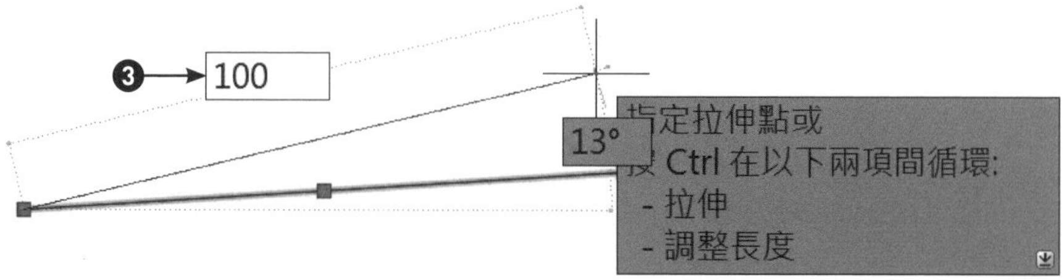

4 按下 Enter 鍵，線段已經變成 100 的長度。

5 完成圖。

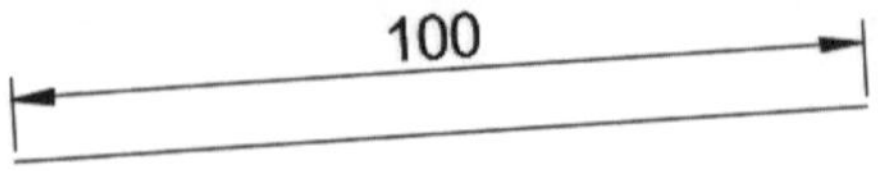

掣點模式 - 拉伸

準備工作

- 繪製一條水平線，並在左側端點繪製一小圓，如下圖所示。

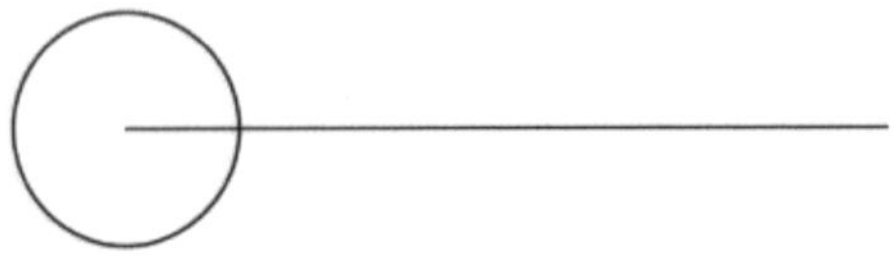

正式操作

1 選取圓，進入掣點模式。

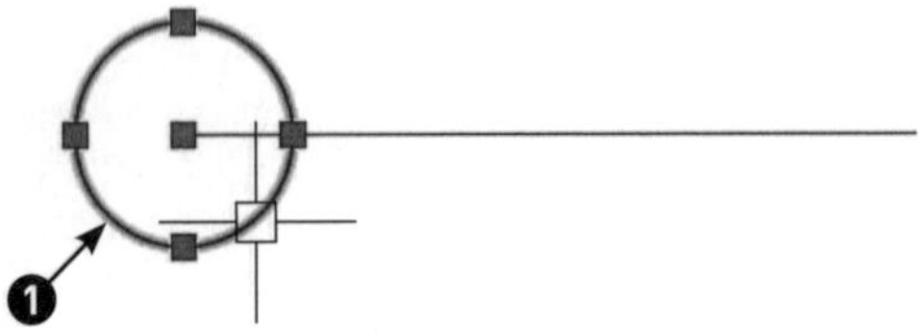

2 點擊圓右側掣點，藍色的掣點模式則會變為紅色，紅色的掣點代表進入可拉伸狀態。

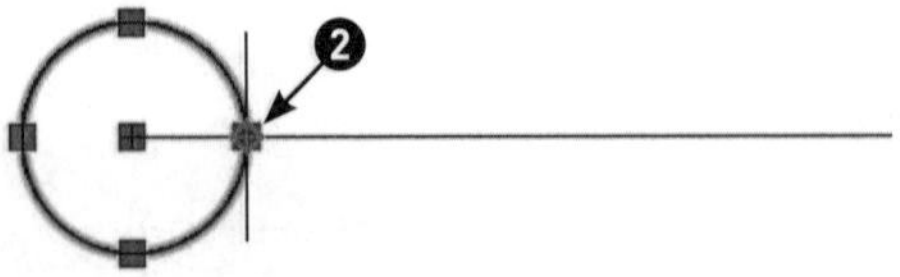

3 點擊右鍵，選擇【複製】。

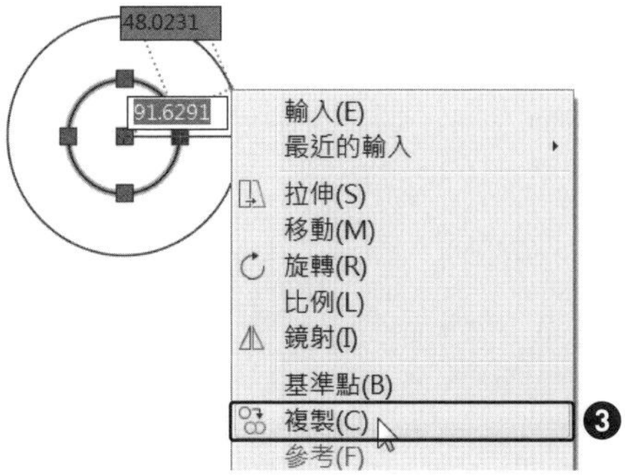

4 點擊水平線的中點，複製第一個圓。

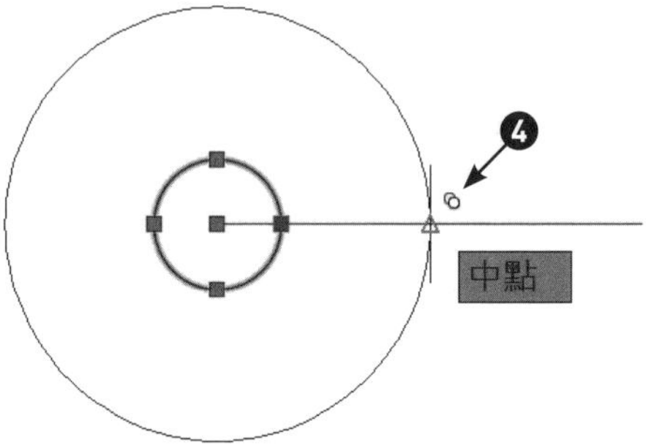

5 點擊水平線右側端點，複製第二個圓。

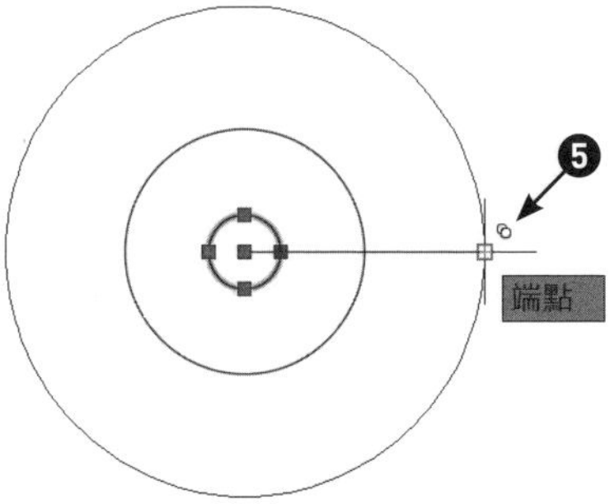

6 按下 Enter ← 鍵或 Esc 鍵來取消掣點模式。

7 完成圖。結束掣點模式後，中間的小圓依然是選取中狀態，必須再次按下 Esc 鍵來取消選取。

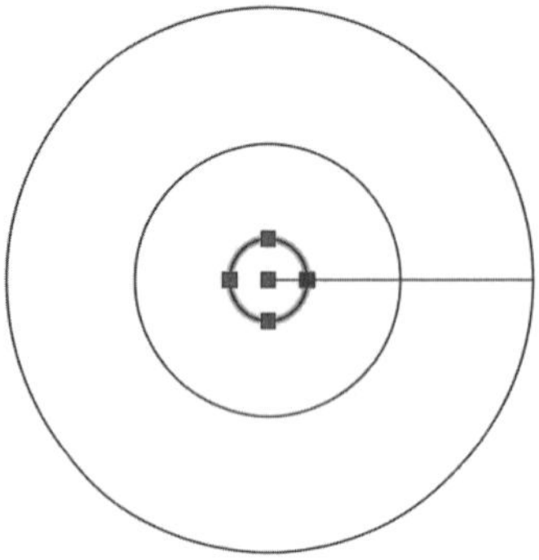

NOTE

掣點模式的優點是對應各種不同的指令時，均能開啟多重複製模式，讓使用者可以快速地執行圖元的複製與編輯。

掣點模式 - 旋轉

準備工作

- 任意繪製一條水平線段。

正式操作

1 選取線段，會出現藍色的掣點模式。

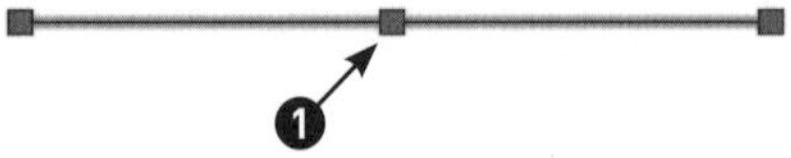

2 點擊左邊的掣點，藍色的掣點變為紅色，紅色的掣點代表旋轉基準點。

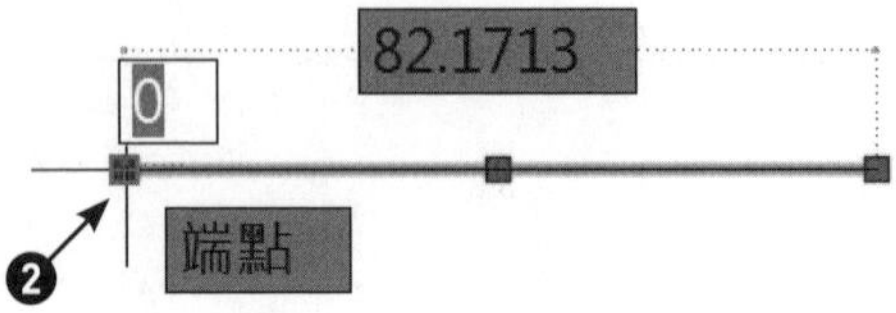

3 點擊右鍵，選擇【旋轉】。

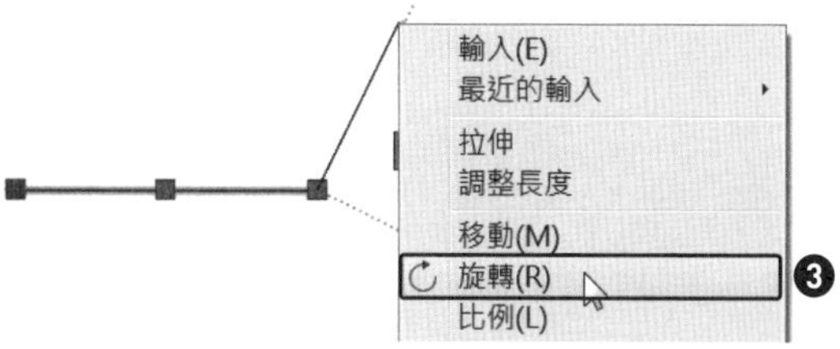

4 再次點擊右鍵，選擇【複製】。

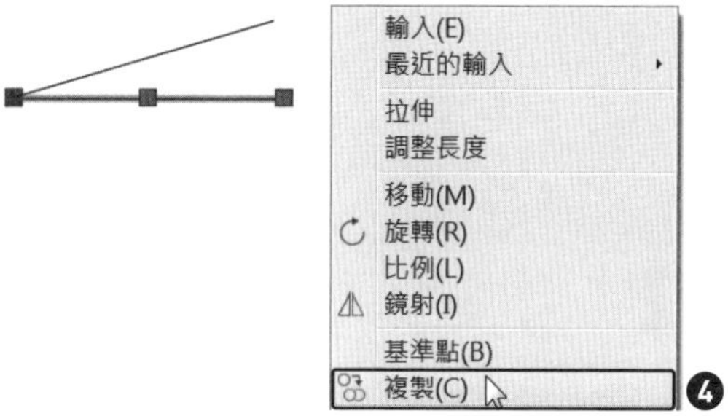

5 輸入「30」為角度數值，按下 Enter 鍵來輸入數值。

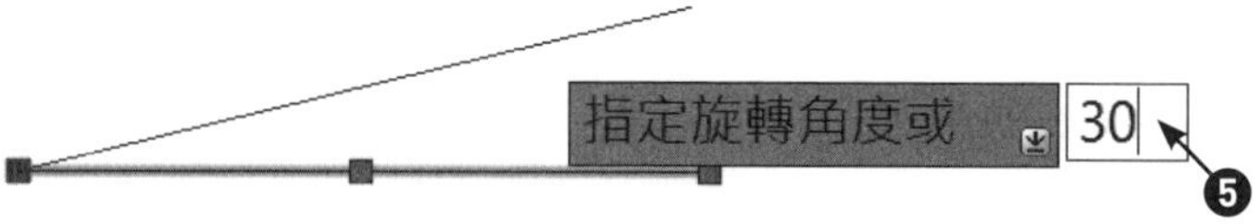

6 輸入「-30」為角度數值，按下 Enter 鍵來輸入數值。

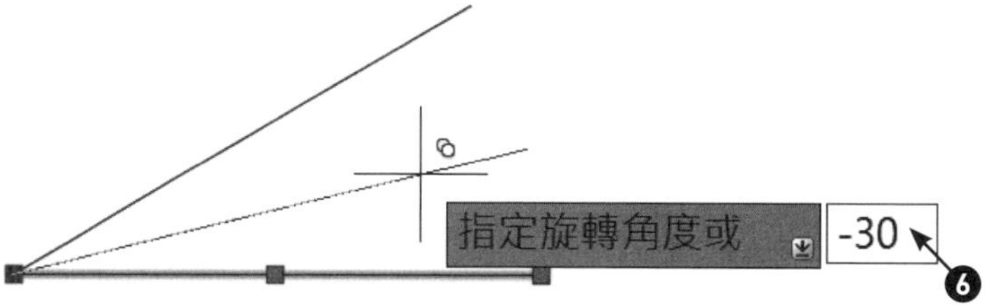

7 再次按下 Enter← 鍵來取消掣點模式。

8 完成圖。

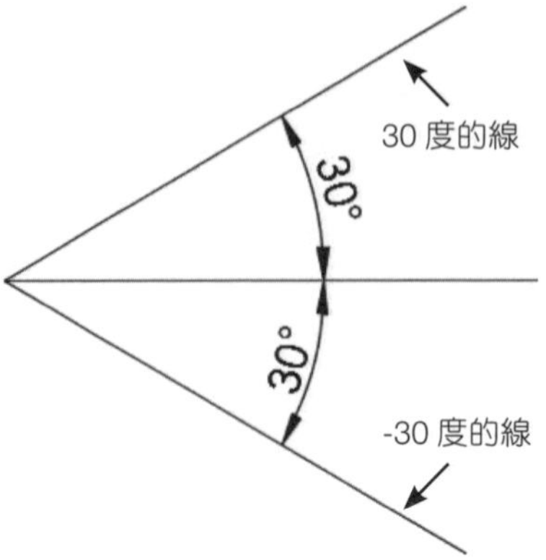

掣點模式 - 比例

準備工作

- 繪製一個半徑 100 的圓。

正式操作

1 選取圓，會出現藍色的掣點模式。

2 點擊圓下方的掣點，藍色的掣點會變為紅色，紅色的掣點代表縮放的基準點。

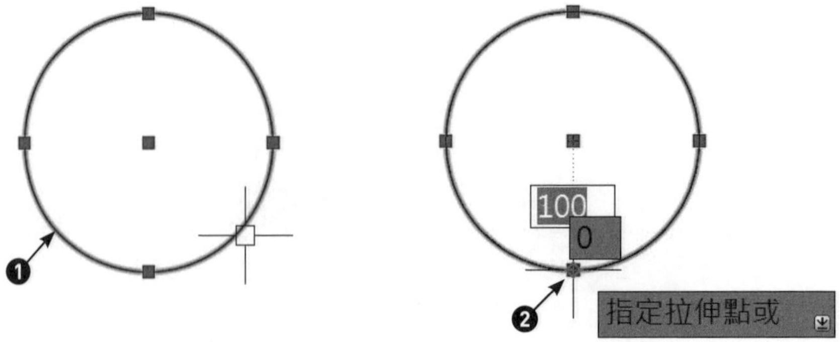

3 點擊右鍵，選擇【比例】。

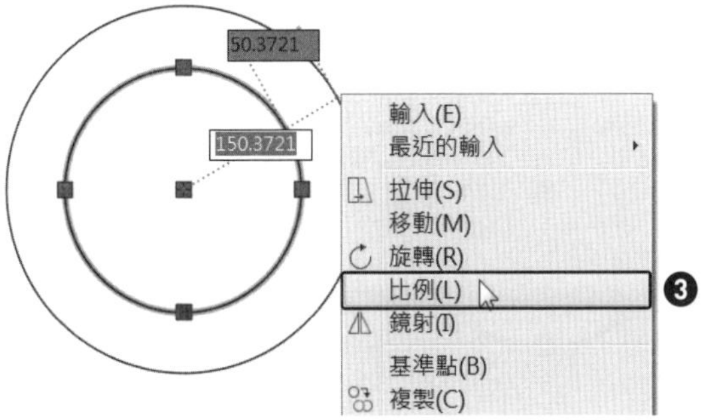

4 再次點擊右鍵，選擇【複製】。

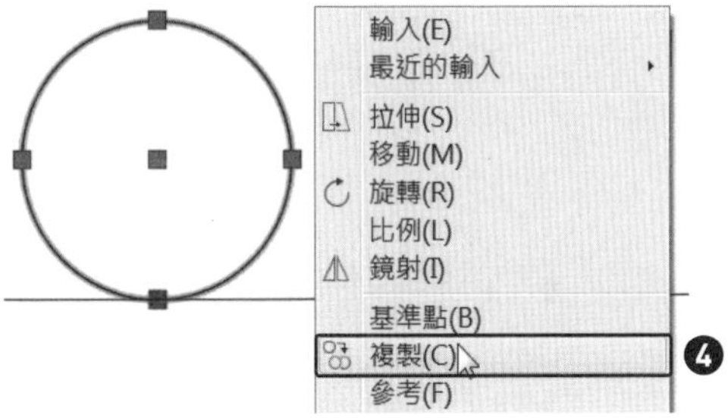

5 輸入「0.8」為比例數值，按下 Enter 鍵來輸入數值。

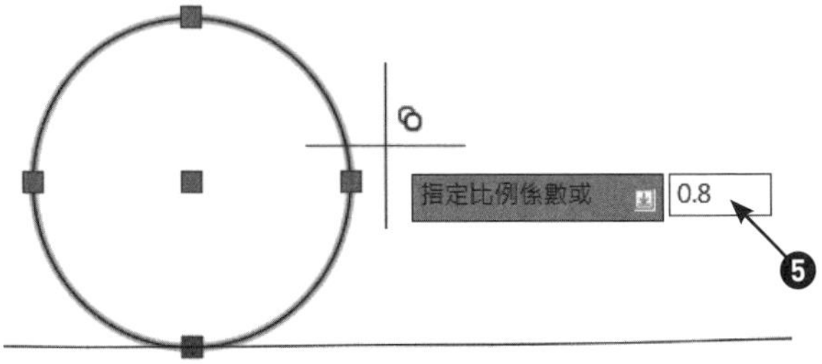

6 輸入「0.5」為比例數值，按下 Enter 鍵來輸入數值。

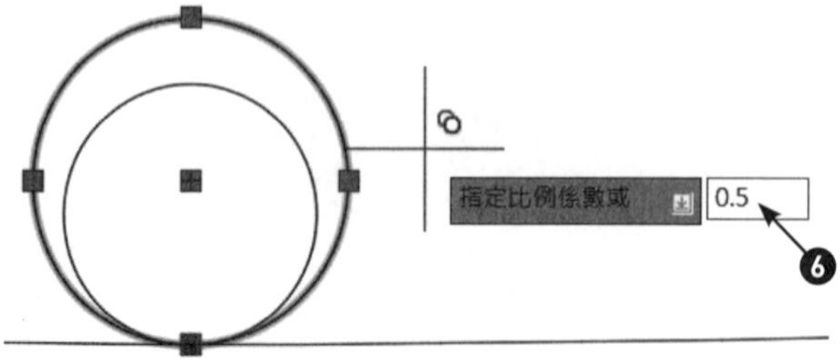

7 再次按下 Enter 鍵來取消掣點模式。

8 完成圖。

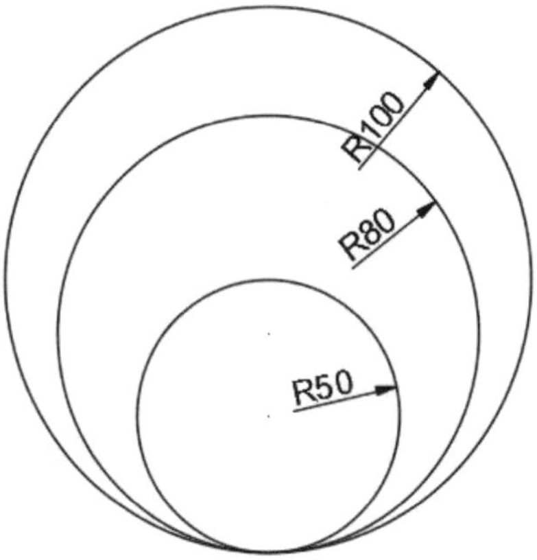

掣點模式 - 轉換為弧

準備工作

- 繪製邊長為 75 的五邊形，如右圖所示。

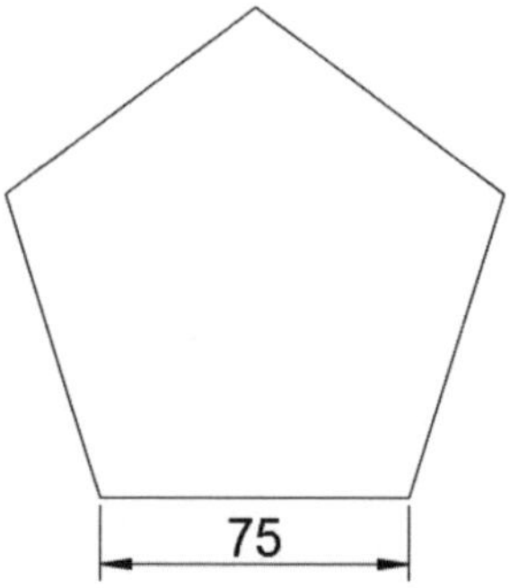

正式操作

1 選取五邊形聚合線，會出現藍色的掣點模式。

2 將滑鼠移動到箭頭位置，做停留動作而非點擊，則會出現一個選單。

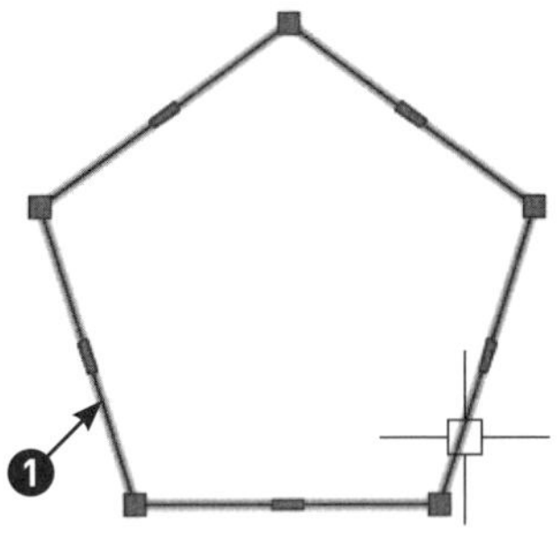

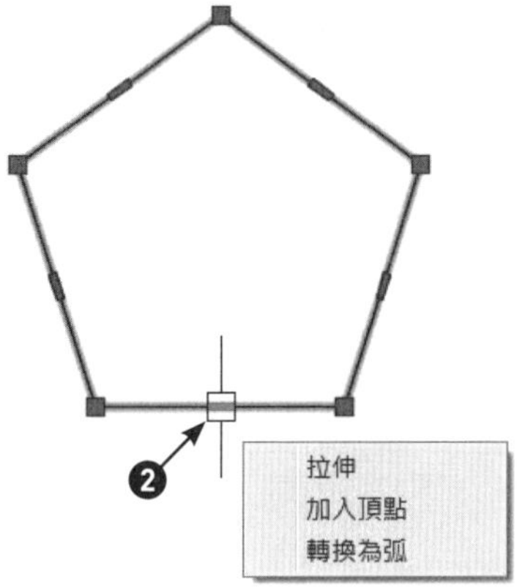

3 選擇【轉換為弧】。

4 將滑鼠向下移動，此時弧形會隨著滑鼠的移動變換弧度。

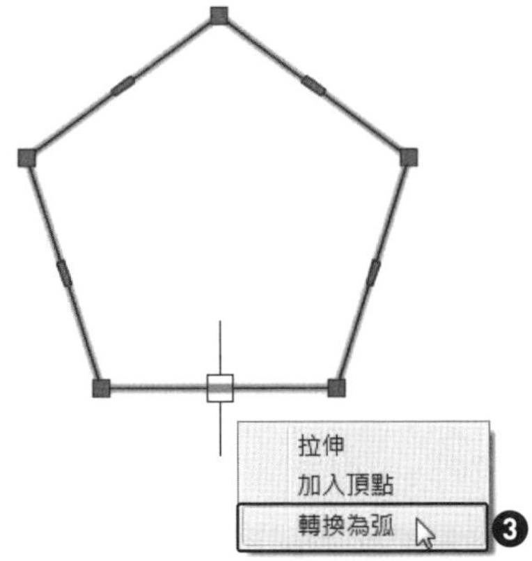

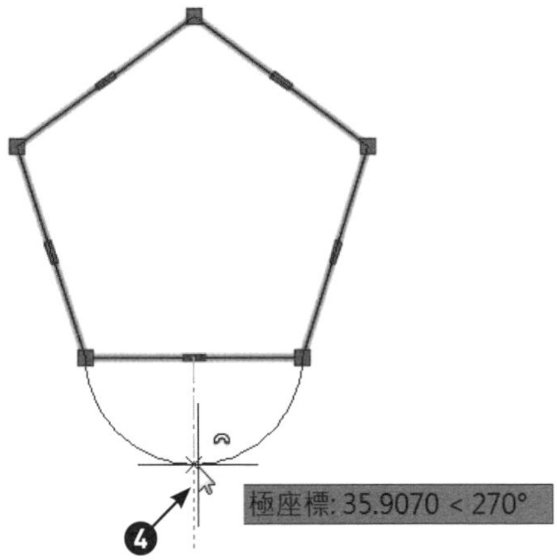

5 點擊滑鼠左鍵來決定弧的大小。

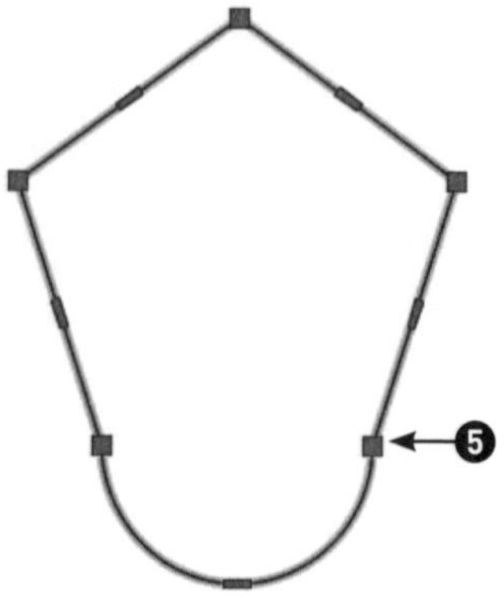

6 使用同樣的方式，將其餘邊長皆轉換為弧。

7 按下 Esc 鍵來取消選取，完成圖。

切換掣點模式

準備工作

- 開啟範例檔〈3-22_ex1.dwg〉。

正式操作

1 窗選左側的椅子，會出現藍色的掣點模式。

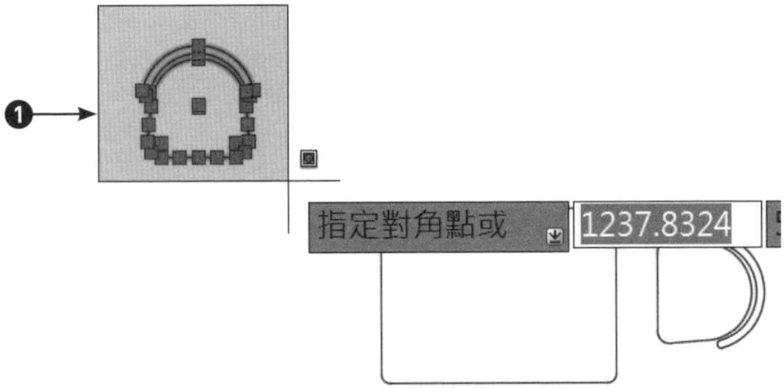

2 點擊椅子下方的掣點，作為基準點。

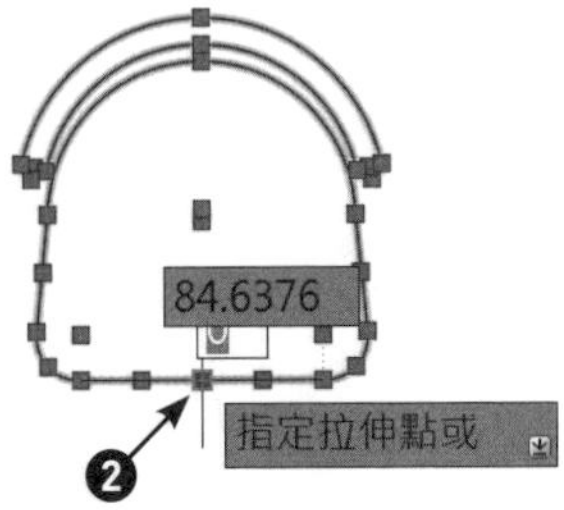

3 按下 Enter← 兩下，切換至掣點的旋轉模式。

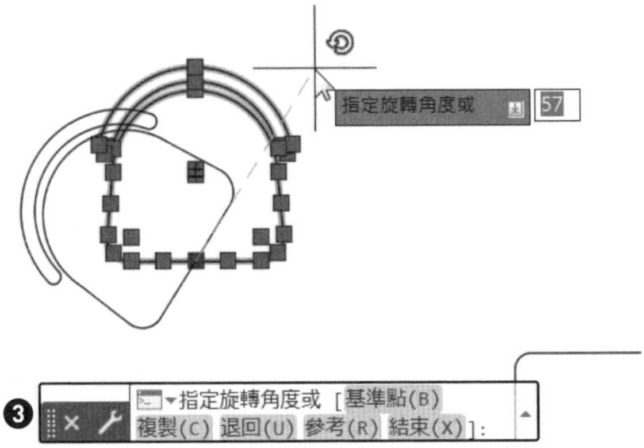

4 輸入「90」並按下 Enter← 鍵，可將椅子逆時針旋轉 90 度。(逆時針為正，順時針為負。)

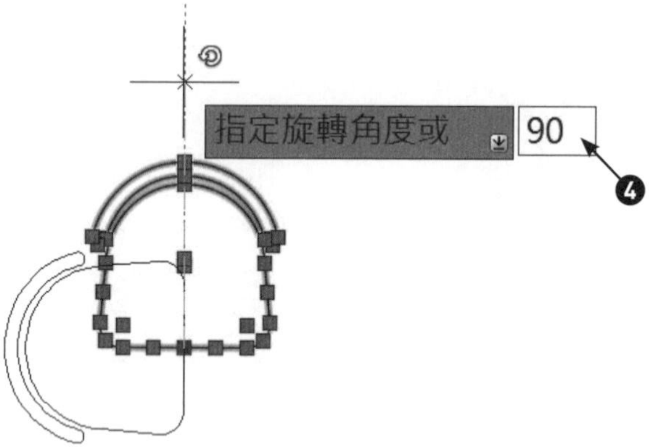

5 點擊椅子右側的掣點，作為基準點。

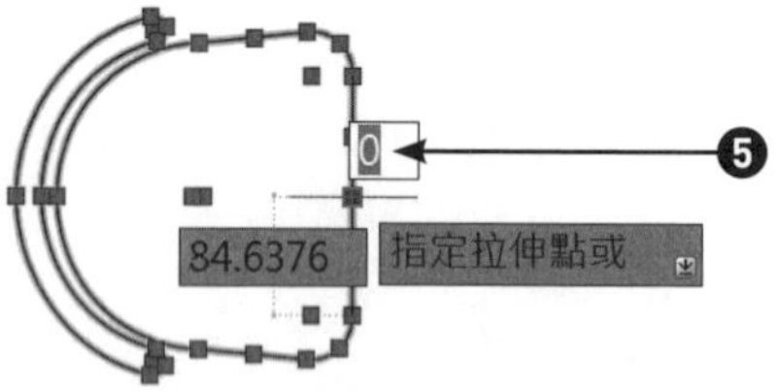

6 按下 Enter← 鍵一下，切換至掣點的移動模式。

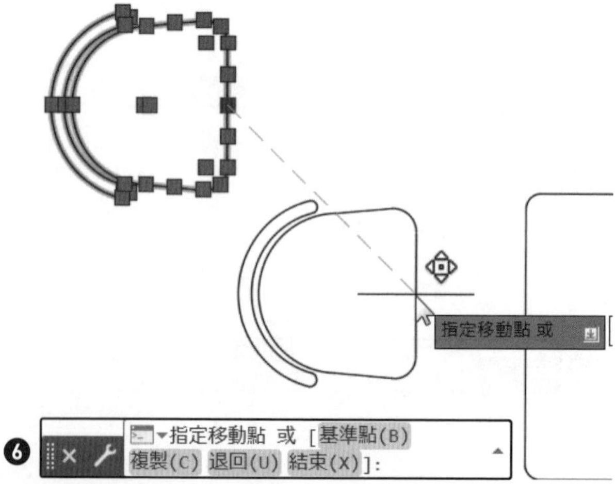

7 將椅子移動至桌子左側，點擊左鍵決定位置。

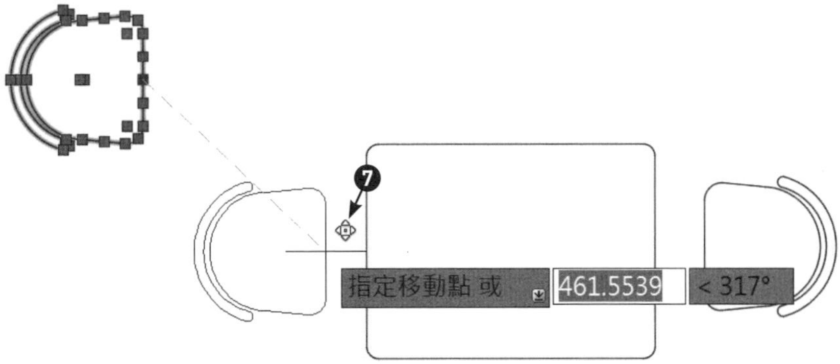

8 按下 Esc 鍵取消選取，完成圖。

延伸練習

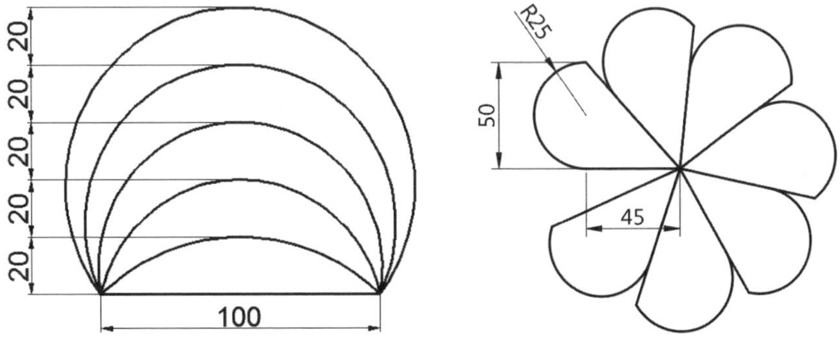

※ 延伸練習的解答請參考影音教學。

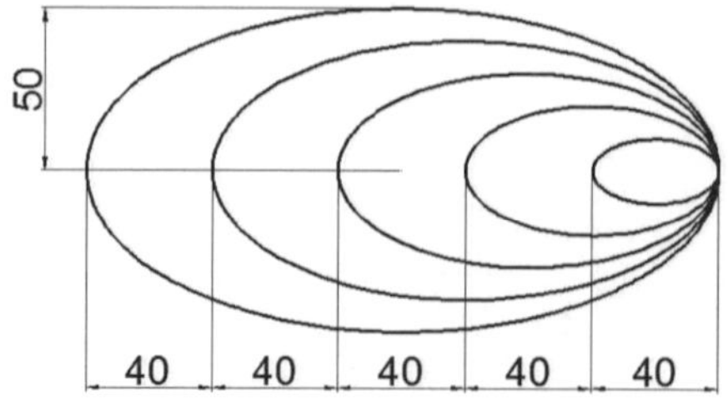

3-23 PROPERTIES - 性質

選取物件後開啟性質面板，用於檢視圖元的各種屬性，也可以利用面板的數值，來調整圖元的各種屬性。

指令	PROPERTIES	快捷鍵	Ctrl+1	圖示	
工具列按鈕	檢視頁籤 → 選項板面板 → 性質 				

修改性質

準備工作

- 任意繪製多個圓。

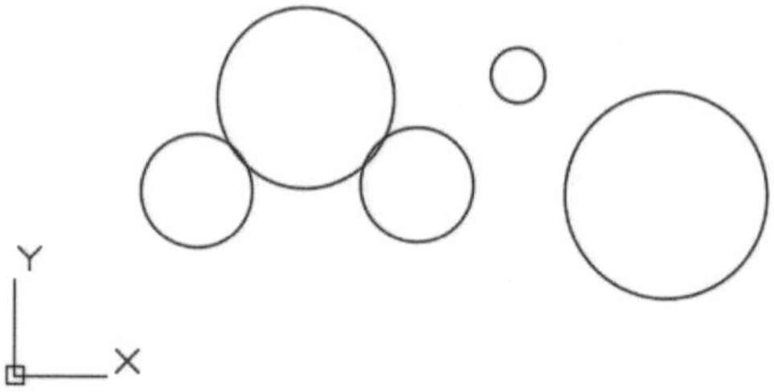

正式操作

1 選擇全部的圓。

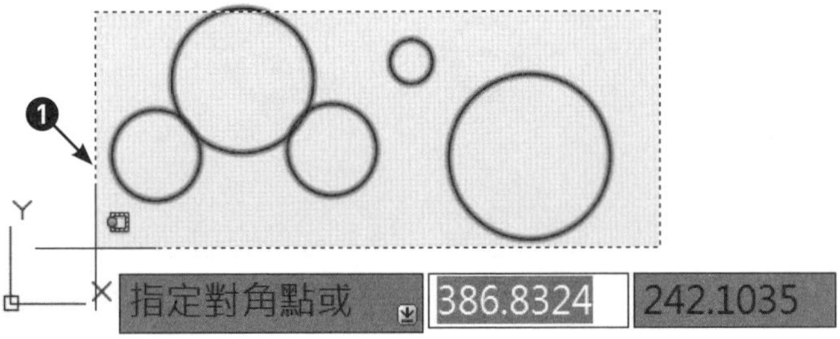

2 點擊右鍵，選擇【性質】。(或按下 Ctrl + 1 。)

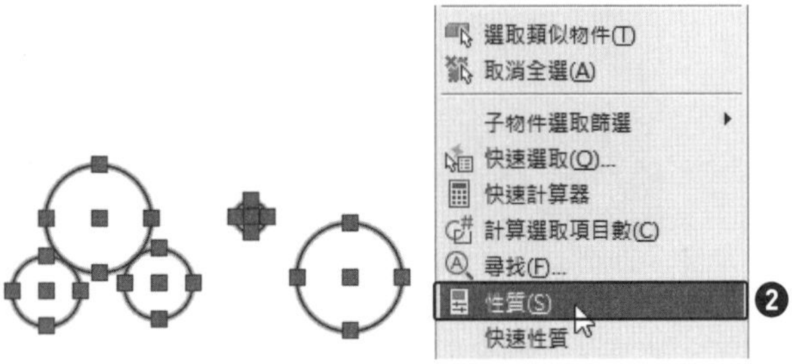

3 開啟性質面板中，名稱為幾何圖形的標題區域，並在半徑的輸入框內輸入「150」來改變每個圓的半徑數值。

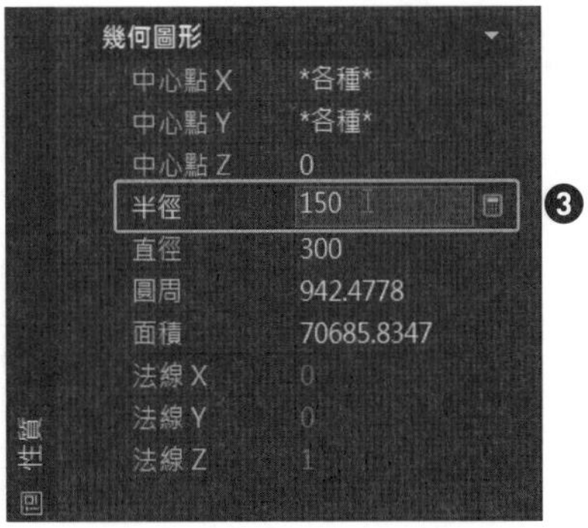

④ 按下 Enter 鍵來決定輸入數值，此時全部圓的半徑皆變成 150。

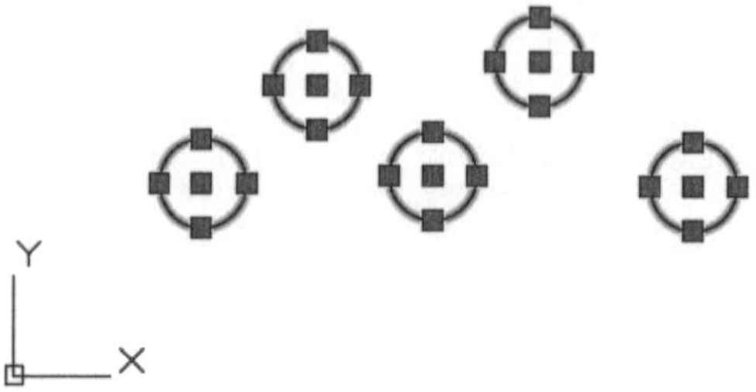

⑤ 接著在中心點 Y 的輸入框內輸入「0」來改變每個圓的中心點 Y 座標為 0。

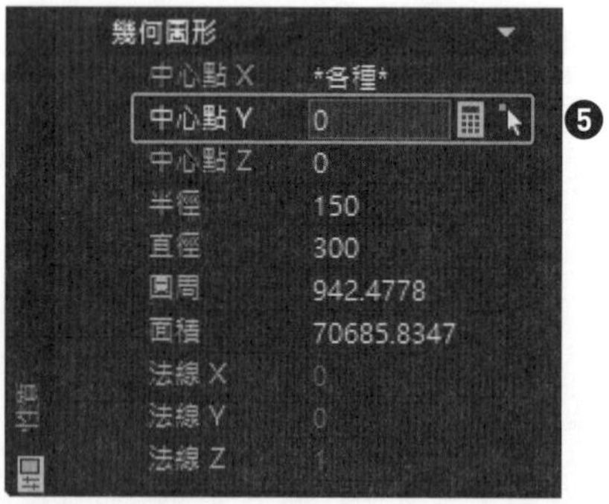

⑥ 按下 Enter 鍵確定數值，此時全部圓的中心點皆移動到 Y 軸 0 的位置，成為水平方向的排列。點擊性質面板左上角打叉按鈕關閉（或再按一次 Ctrl + 1）。

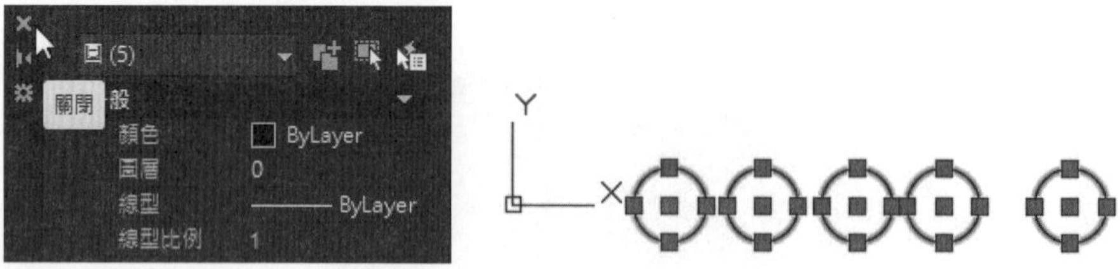

修改線型

準備工作

- 延續上一小節檔案。

正式操作

1. 點擊【常用】頁籤 →【性質】面板 →【線型】下拉式選單。
2. 選擇【其他】，開啟線型管理員，用於新增或刪除線型。

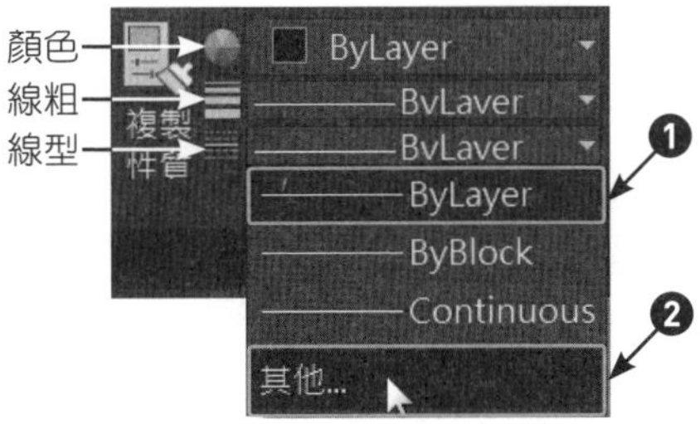

3. 點擊【載入】，載入新線型。

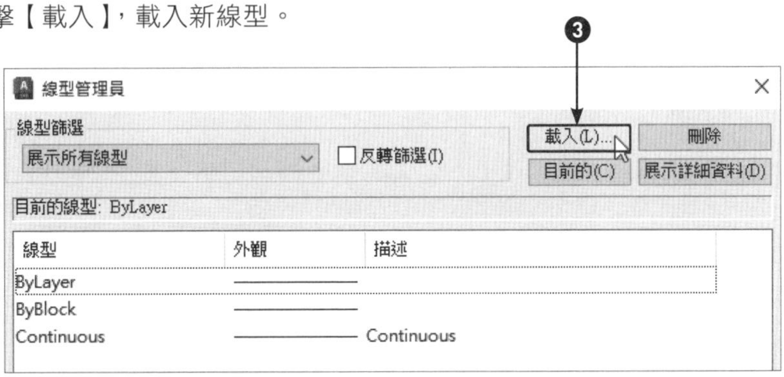

4. 左鍵選取任一線型。

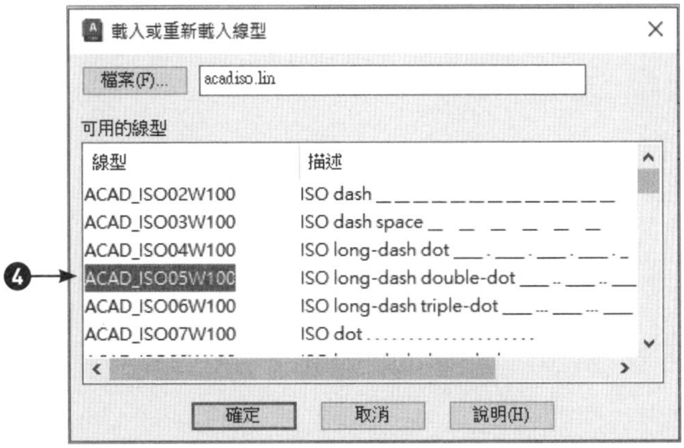

5 按下鍵盤的 H 鍵，可找尋到 H 字母為首的線型，選取【HIDDEN】虛線線型。

6 按下【確定】關閉載入視窗與線型管理員兩個視窗。

7 選取所有的圓。

8 點擊【性質】面板 →【線型】下拉式選單 → 將圓切換為【HIDDEN】線型。

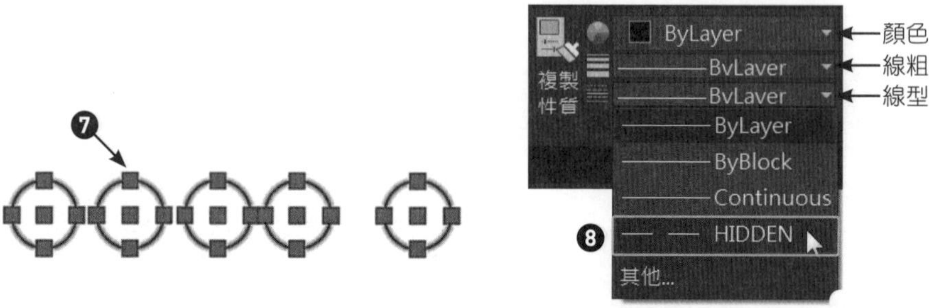

9 此時會發現虛線比例太小，遠看像是實線。

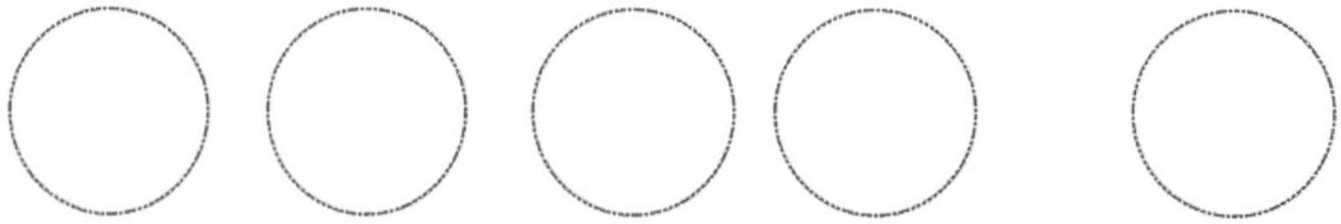

10 再次開啟線型管理員，或輸入「LT」指令。

11 點擊【展示詳細資料】按鈕。

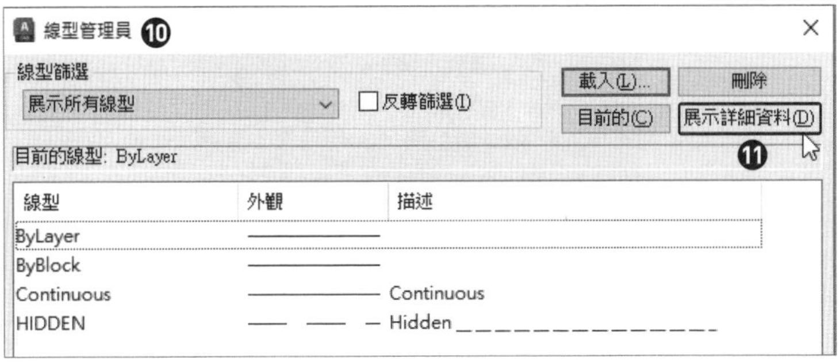

12 視窗下方會出現詳細資料，將整體比例係數增加為「5」(或利用「LTSCALE」指令直接設定比例)。

13 按下【確定】，關閉線型管理員。

14 完成圖。

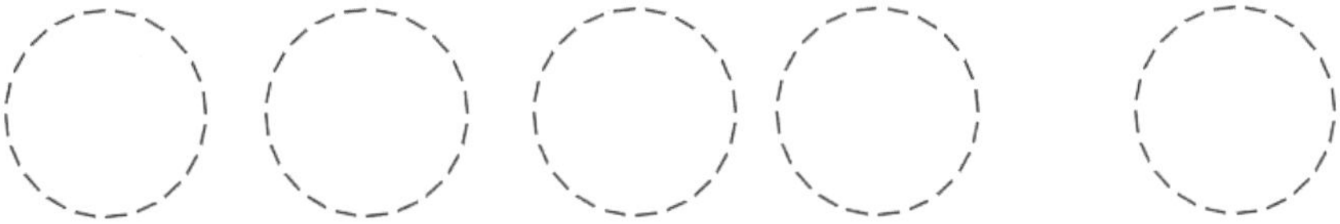

15 若需要單獨調整線型比例。可選取幾個圓，按下右鍵，選擇【性質】。

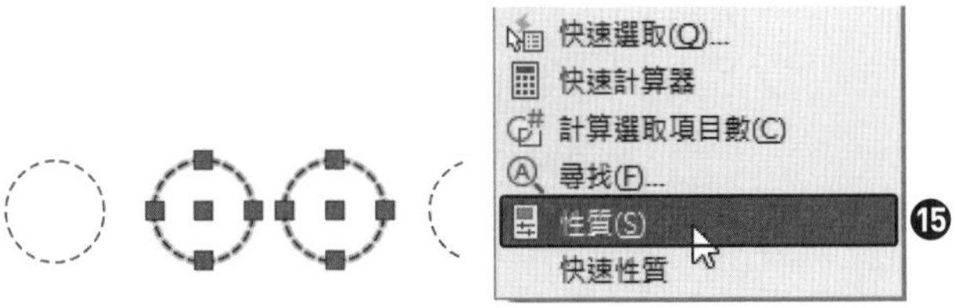

⑯ 開啟性質選項板，將線型比例設定為「3」。

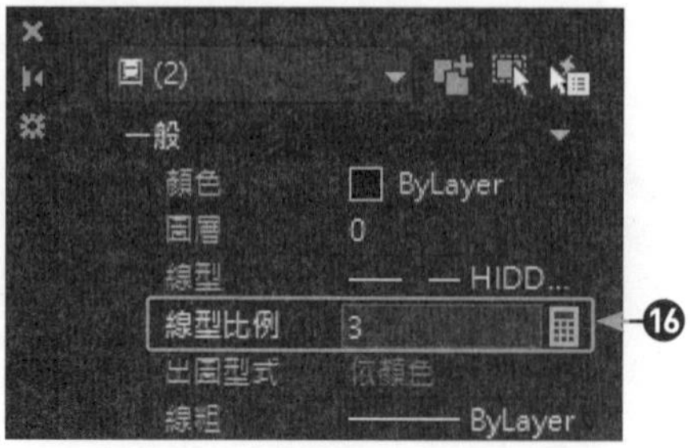

⑰ 完成圖。

NOTE 【HIDDEN（虛線）】與【CENTER（中心線）】皆為常用線型。

3-24 MATCHPROP - 複製性質

複製性質用於複製圖元的格式，可以複製圖元的圖層屬性、線型與顏色。也可以用於複製 AutoCAD 3D 中的材質屬性。

指令	MATCHPROP	快捷鍵	MA	圖示	
工具列按鈕	常用頁籤 → 剪貼簿面板 → 複製性質  				

複製性質的運用

準備工作

- 任意繪製一個圓與一條線段，並將線段指定為虛線以及變換顏色（參考前一小節變更線型）。

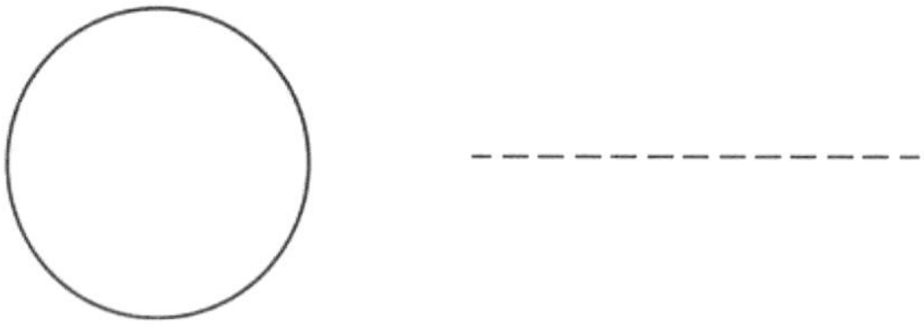

正式操作

1. 點擊【常用】頁籤 → 【性質】面板 → 【複製性質】按鈕。
2. 選擇虛線來當作複製性質的來源物件，此時十字游標會變成刷子的圖示。

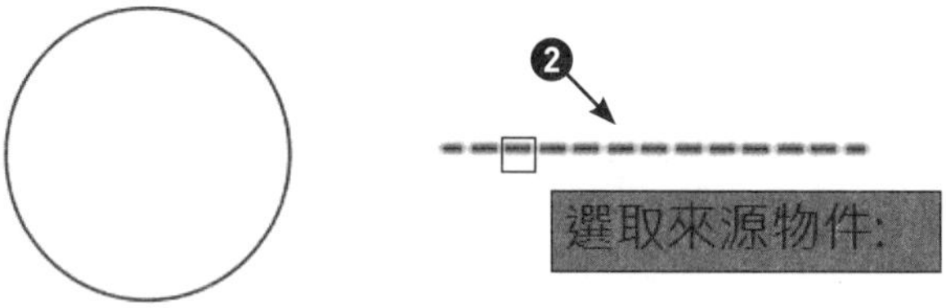

3. 點擊右鍵，選擇【設定】。

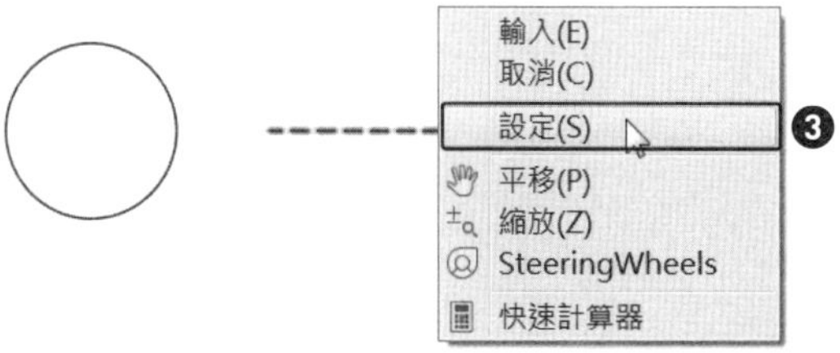

4 勾選所需要複製的性質後，按下【確定】。

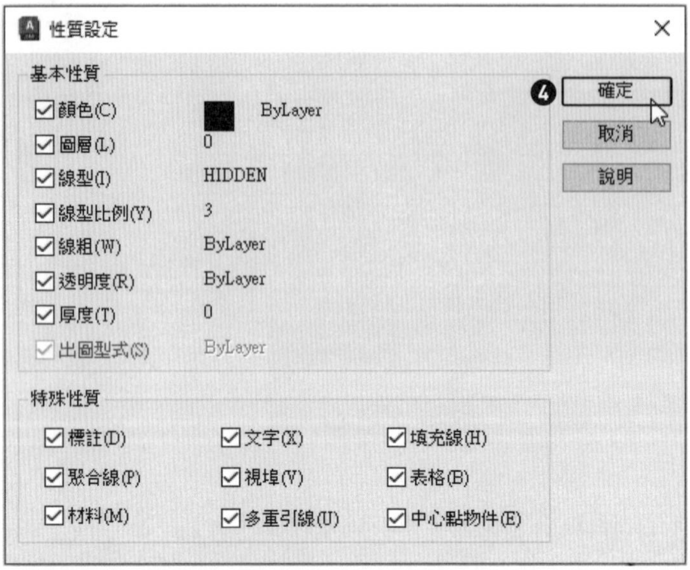

5 選擇圓來當作複製性質的目標物件。

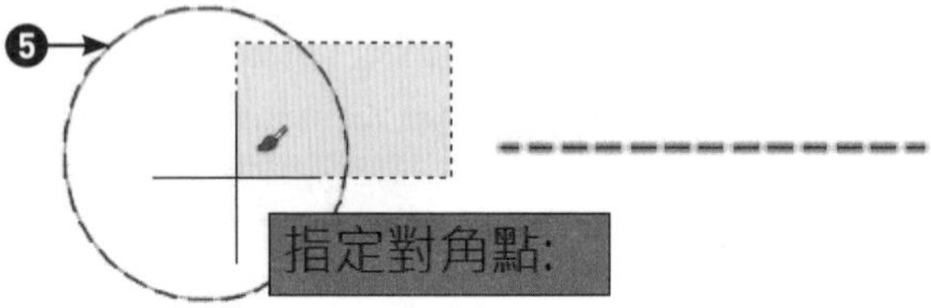

6 按下 Enter ← 鍵來結束複製性質。

7 完成圖。

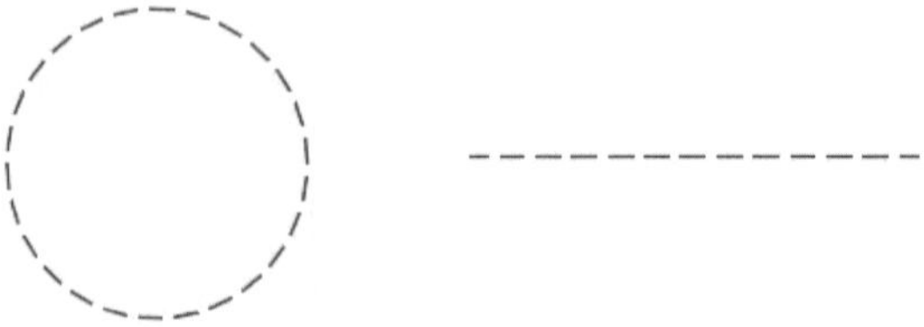

CHAPTER

4 標註與引線

AutoCAD 具備強大的尺寸標註能力，可以標註水平、垂直、直線距離，也可以標註半徑、直徑角度更具備連續式與快速測量。第四章最後提供一些延伸練習，不僅練習繪圖，也可以練習標註尺寸。

室內設計圖面均以建築斜線來標註細節尺寸，標註型式管理員除了可以變更箭頭形式外，也具備改變文字大小、顏色等型式設定來提供不同的標註型式需求。

4-1 基本標註

4-2 進階標註

4-3 智慧標註

4-4 文字

4-5 引線

4-6 快速測量

4-1 基本標註

線性標註

指令	DIMLINEAR	快捷鍵	DLI	圖示	
工具列按鈕	常用頁籤 → 註解面板 → 線性 				

準備工作

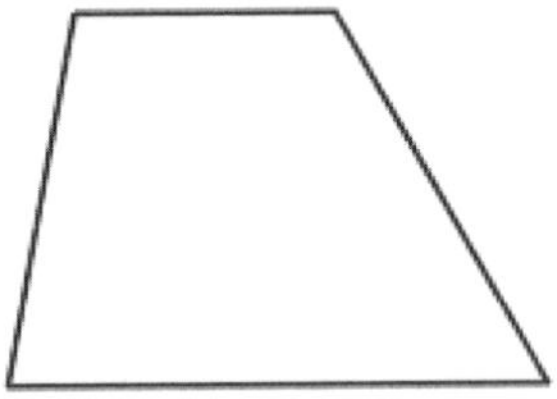

- 繪製任意梯形，如右圖，繪製時注意長度控制在 100 以內。

正式操作

1. 點擊【常用】頁籤 →【註解】面板 →【線性】的下拉選單 →【線性】按鈕。
2. 點擊要標註線段的第一點。
3. 點擊要標註線段的第二點。
4. 將滑鼠向上移動，在適當的位置點擊滑鼠左鍵來指定標註線的位置。

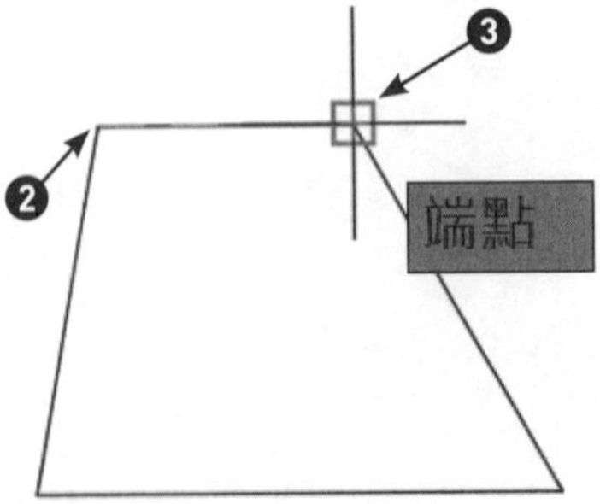

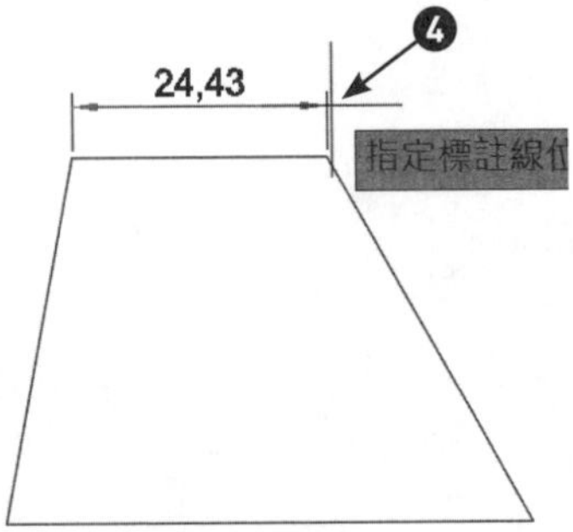

5 按下 Enter← 鍵可重複執行線性標註線的指令。

6 再次按下 Enter← 鍵或按滑鼠右鍵，可直接選取物件來做標註，不需指定兩個點。

7 選擇下方的線條來決定要標註的物件。

8 將滑鼠向下移動，在適當的位置點擊滑鼠左鍵來指定標註線的位置。

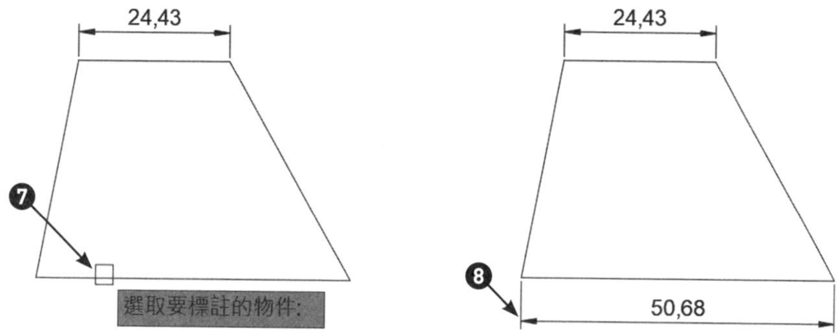

9 利用上述步驟完成其他線段標註。

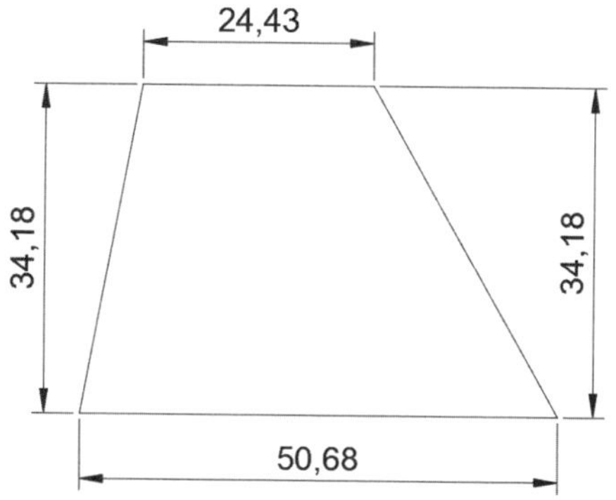

NOTE 標註在選取物件時按下 Enter← 鍵或按下滑鼠右鍵，可讓十字游標變成正方形，此時可直接選取物件來做標註，不需指定兩個點。

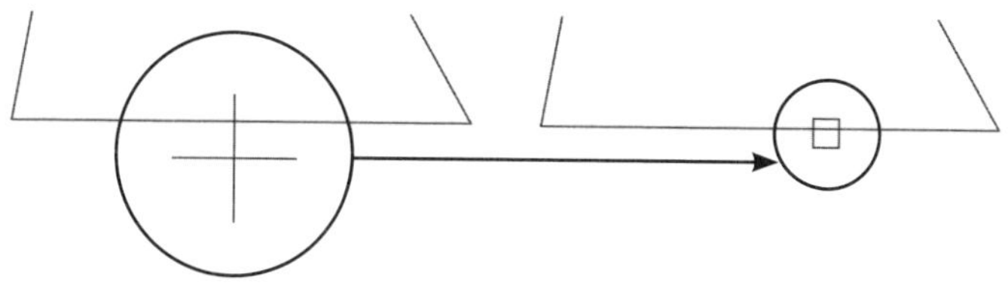

對齊式標註

指令	DIMALIGNED	快捷鍵	DAL	圖示	
工具列按鈕	常用頁籤 → 註解面板 → 線性的下拉式選單 → 對齊式 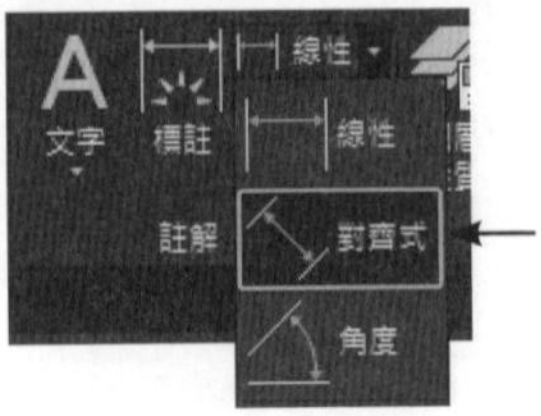				

準備工作

- 繪製任意歪斜三邊形，長度控制在 100 以內。

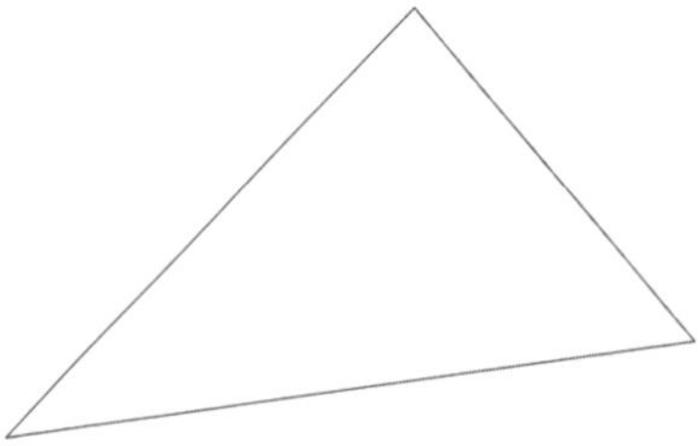

正式操作

1. 點擊【常用】頁籤 →【註解】面板 → 線性的下拉選單 →【對齊式】按鈕。
2. 按下 Enter ↵ 鍵，進入標註指令的物件選取模式。
3. 選擇右上方的線條來當作要標註的物件。

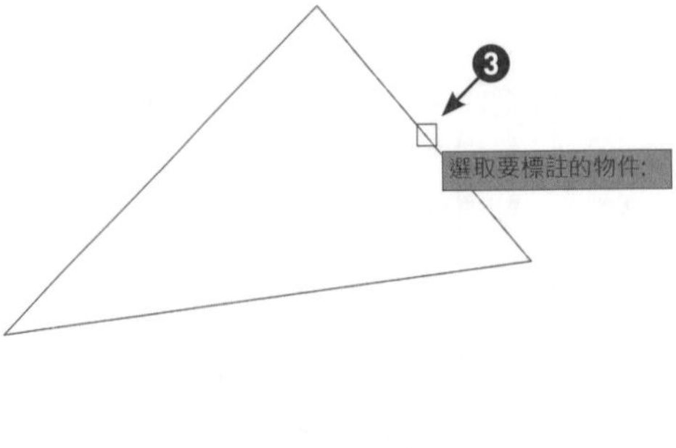

4 將滑鼠往右上方移動，在適當的位置點擊滑鼠左鍵來指定標註線的位置。

5 利用上述步驟標註其他線段。（對齊式標註也可以選兩個點標註距離。）

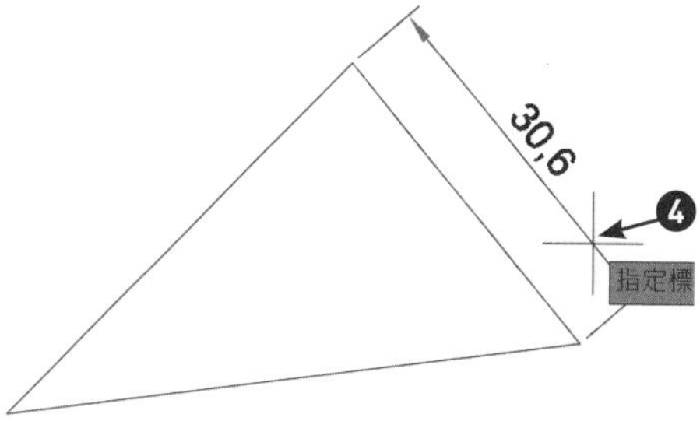

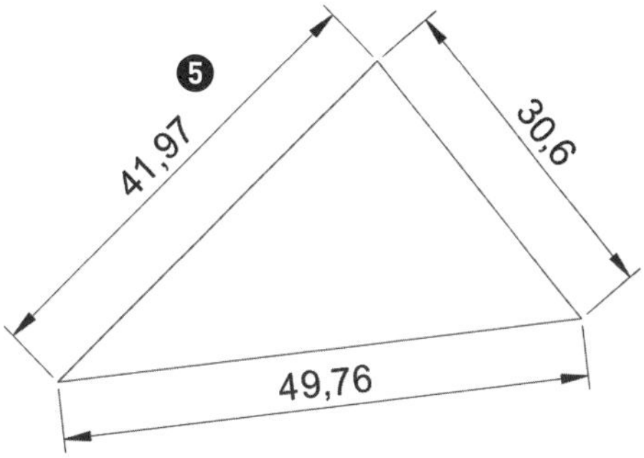

角度標註

指令	DIMANGULAR	快捷鍵	DAN	圖示	
工具列按鈕	常用頁籤 → 註解面板 → 線性的下拉式選單 → 角度 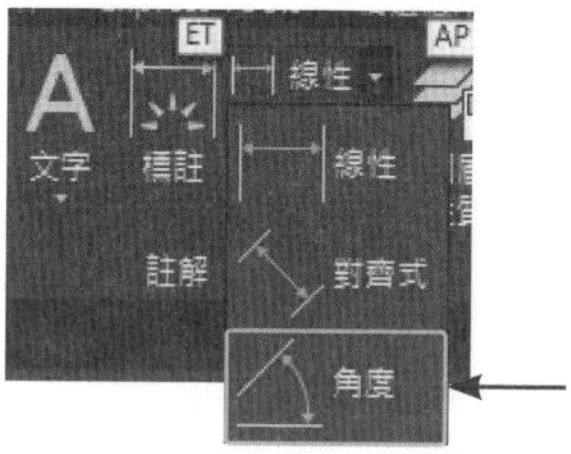				

準備工作

- 延續上一小節檔案，並將對齊式標註刪除。

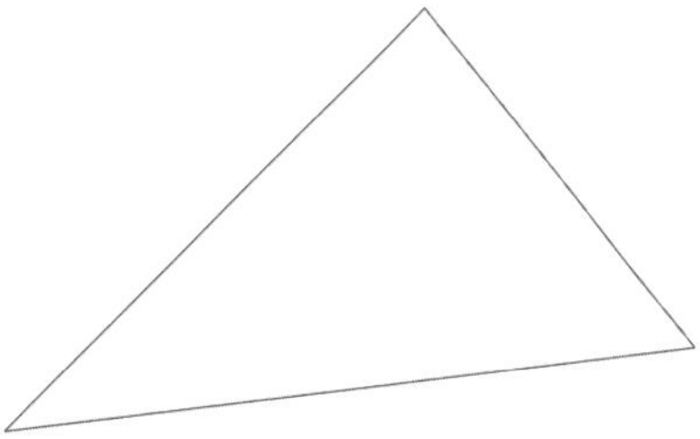

正式操作

1 點擊【常用】頁籤 →【註解】面板 → 線性的下拉式選單 →【角度】按鈕。

2 選擇上方的線條來決定要標註角度的第一條線段。

3 選擇下方的線條來決定要標註角度的第二條線段。

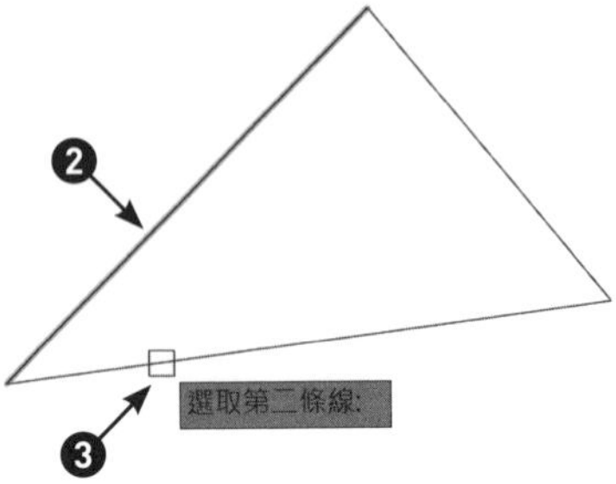

4 將滑鼠向三角形內移動，在適當的位置點擊滑鼠左鍵來指定角度標註的位置。

5 標註其他角度。

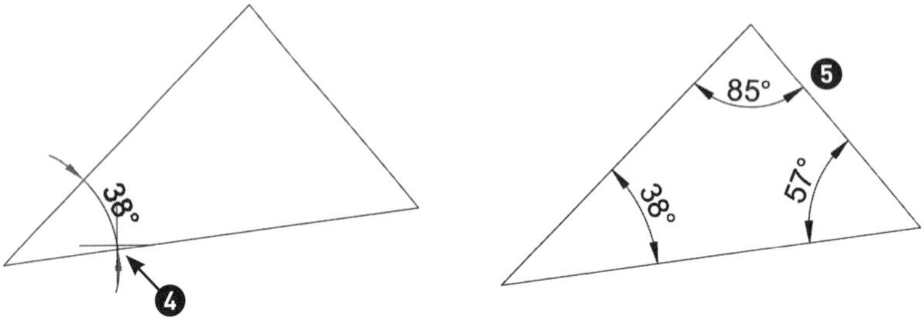

NOTE

關於角度標註，在標註角度時，因為指定的標註的位置不同，會有內外角度不同。

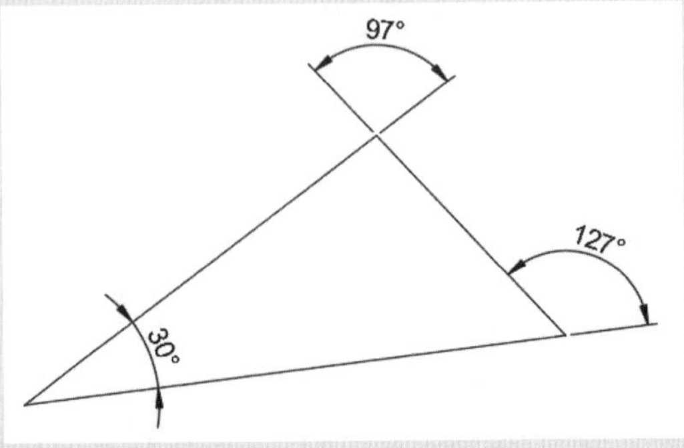

半徑與直徑標註

半徑

指令	DIMRADIUS	快捷鍵	DRA	圖示	
工具列按鈕	常用頁籤 → 註解面板 → 線性的下拉式選單 → 半徑 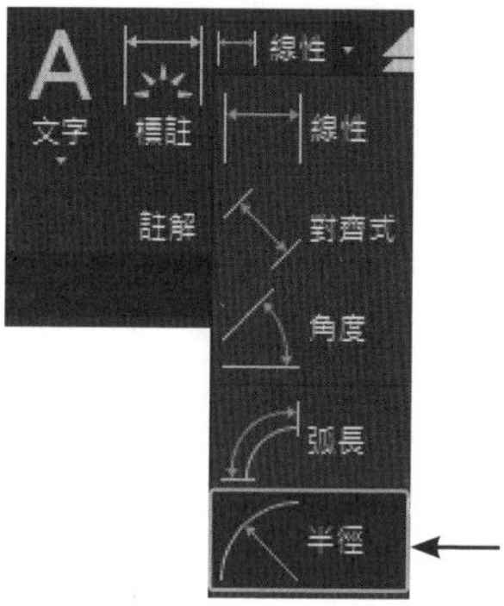 				

直徑

指令	DIMDIAMETER	快捷鍵	DDI	圖示	
工具列按鈕	常用頁籤 → 註解面板 → 線性的下拉式選單 → 直徑 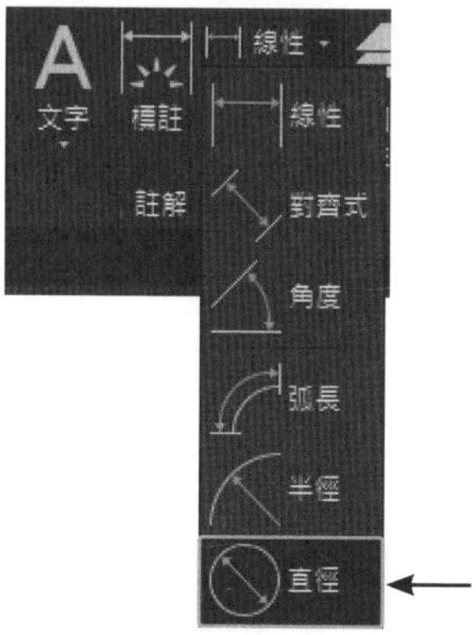 				

準備工作

- 開啟範例檔〈4-1_ex2.dwg〉。

正式操作

1. 點擊【常用】頁籤 →【註解】面板 →【線性】的下拉式選單 →【半徑】按鈕。
2. 選擇下方弧線來決定要標註半徑的物件。
3. 將滑鼠向弧線外移動，點擊滑鼠左鍵指定標註的位置。

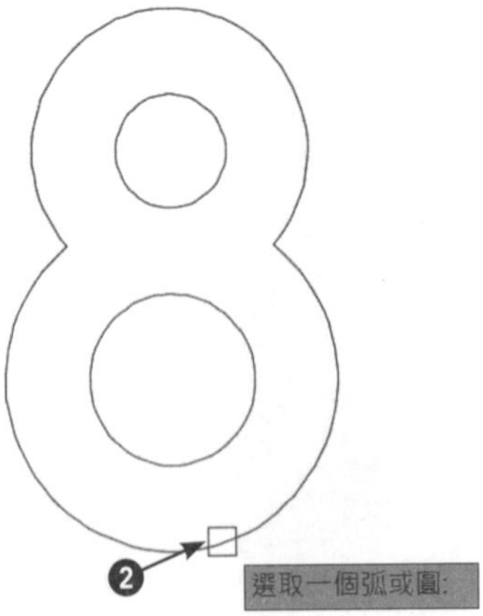

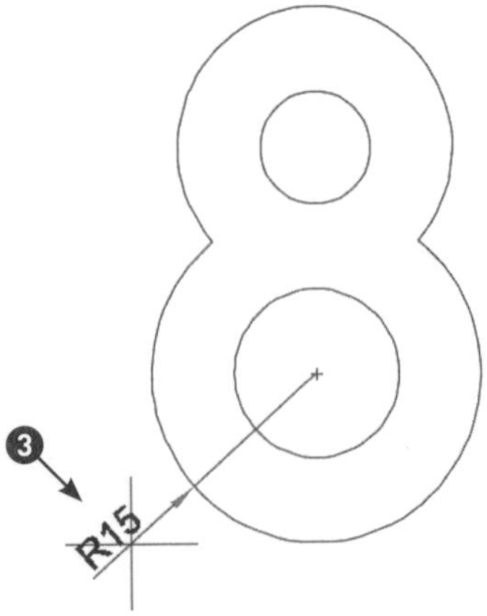

(4) 點擊【常用】頁籤 →【註解】面板 →【線性】的下拉式選單 →【直徑】按鈕。

(5) 選擇下方圓來決定要標註直徑的物件。

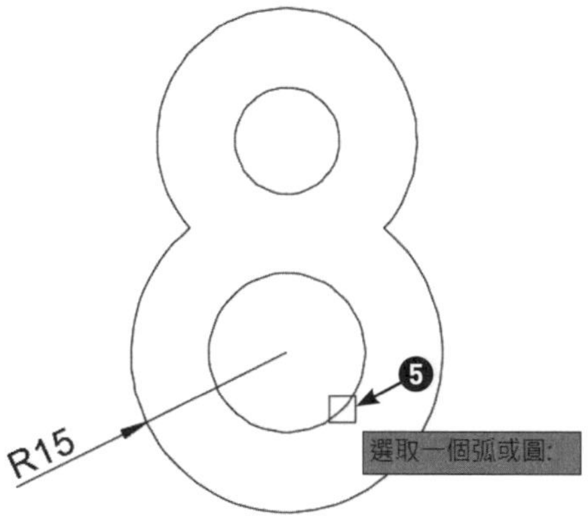

(6) 將滑鼠向右移動，點擊滑鼠左鍵指定標註的位置。

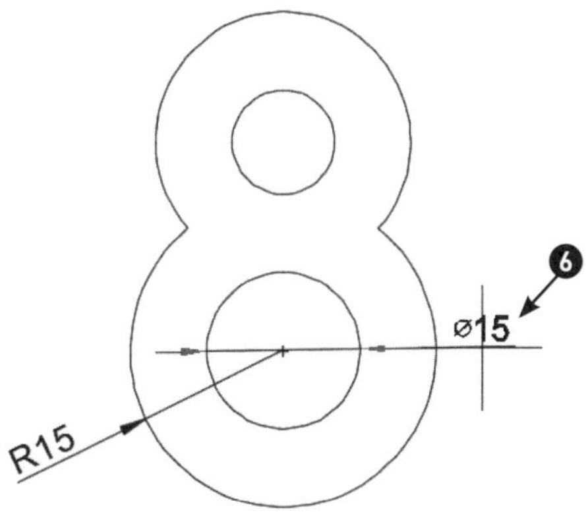

(7) 利用上述步驟來標註其他半徑與直徑，完成圖。

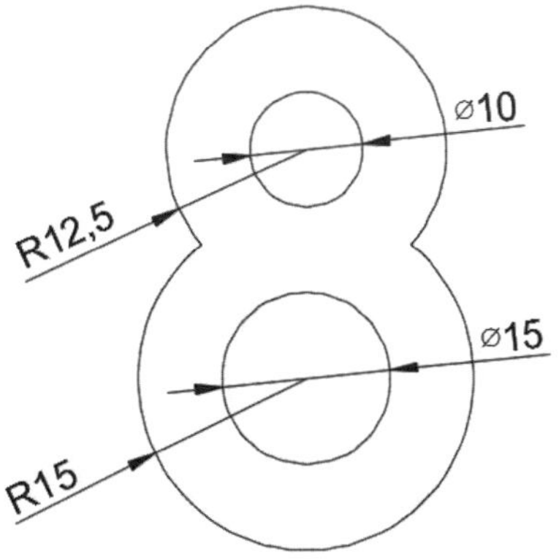

延伸練習

開啟範例檔〈4-1_ex3.dwg〉後，根據上述教學來標註成如下圖範例，題目右上角的特殊標註為弧長標註。

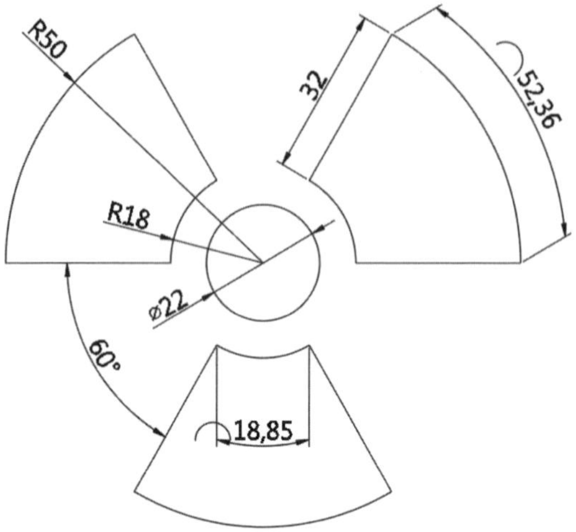

4-2 標註型式

標註型式

指令	DIMSTYLE	快捷鍵	D	圖示	
工具列按鈕	常用頁籤 → 點擊註解面板 → 標註型式按鈕 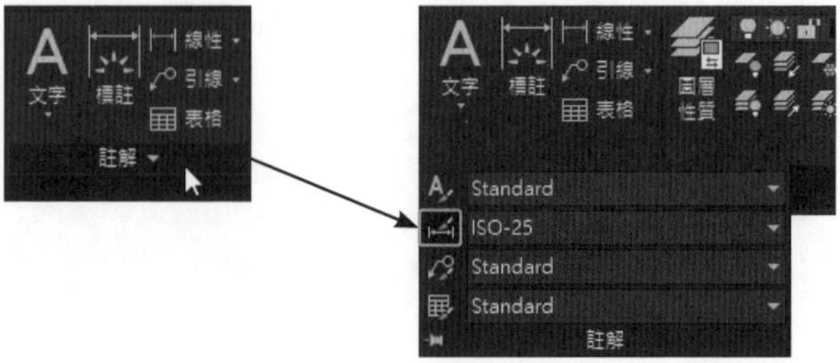				

準備工作

● 繪製並標註如下圖所示之物件，或開啟範例檔〈4-2_ex4.dwg〉。

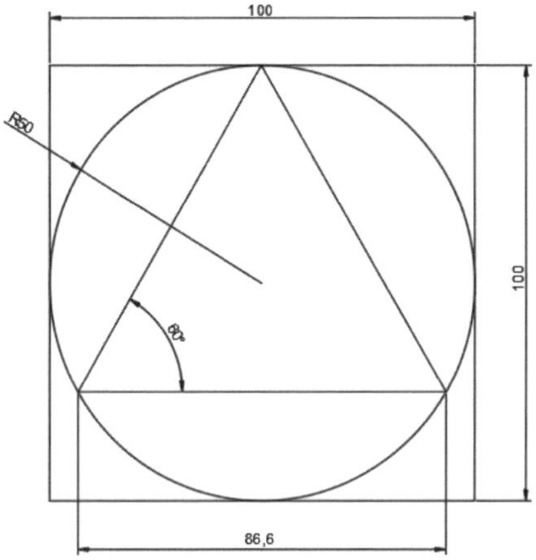

正式操作

1. 點擊【常用】頁籤 →【註解】面板 →【標註型式】按鈕（或輸入快捷鍵 D 並按下 Enter↵ 鍵）。
2. 點選 ISO-25。
3. 按下【修改】按鈕。

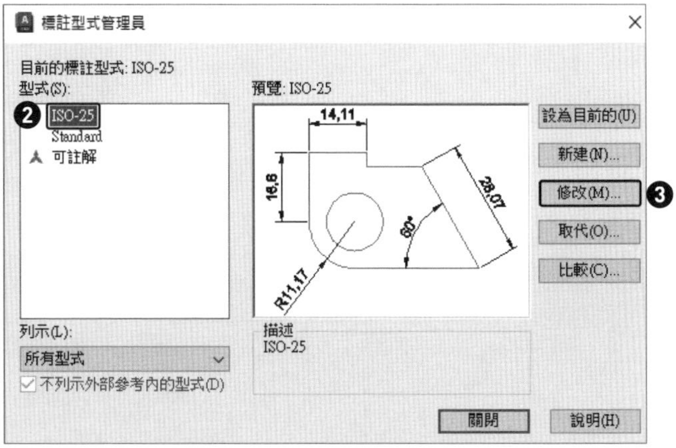

④ 在【文字】頁面中的【文字高度】設定「5」來更改文字大小，再按下【確定鍵。

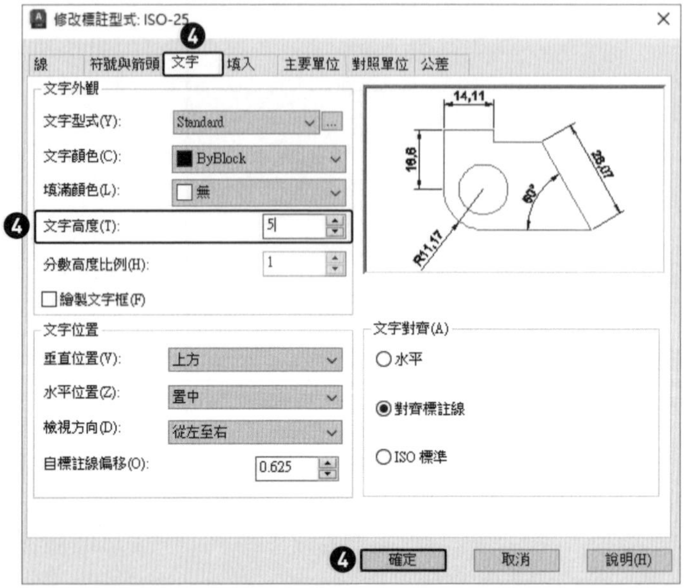

⑤ 在標註型式管理員視窗中，點擊【關閉】，文字已經變大。

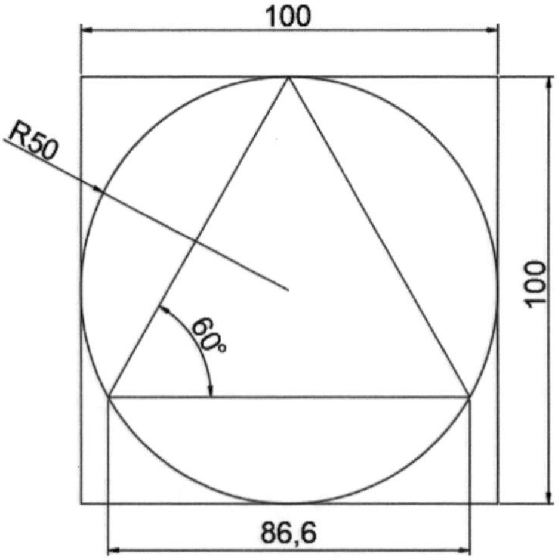

6. 點擊【常用】頁籤 →【註解】面板 →【標註型式】按鈕。
7. 點選 ISO-25，按下【修改】按鈕，點擊【符號與箭頭】頁面。
8. 將箭頭樣式改為【傾斜斜線】，可將標註的箭頭更改成斜線，再按下【確定】鍵。

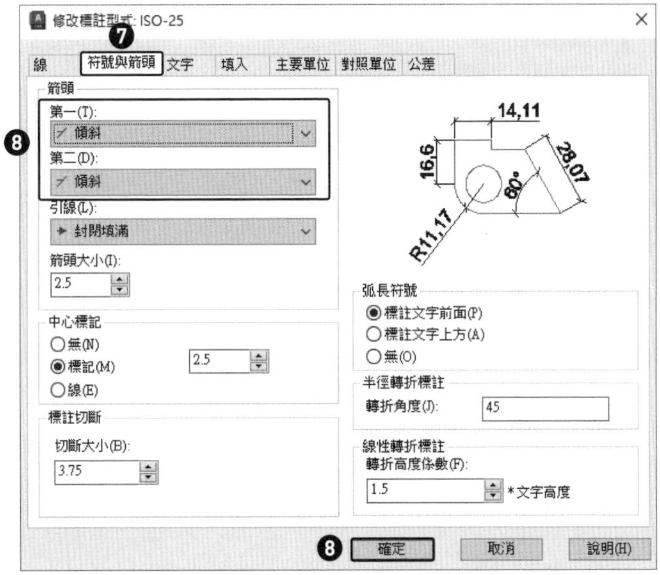

9. 在標註型式管理員視窗中，點擊【關閉】，箭頭樣式已變為斜線。

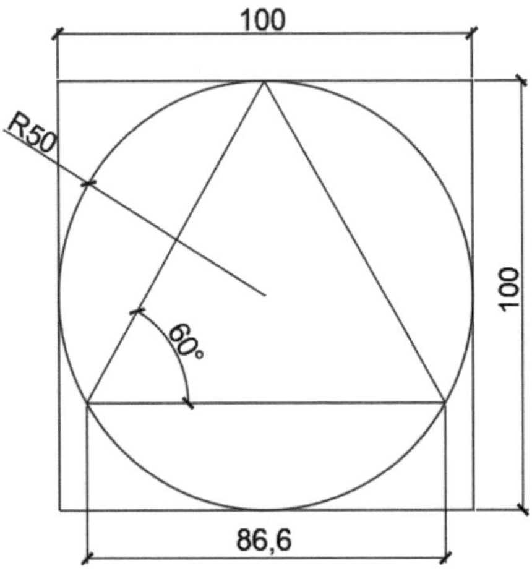

⑩ 點擊【常用】頁籤 →【註解】面板 →【標註型式】按鈕。

⑪ 點選 ISO-25，按下【修改】按鈕，點擊【主要單位】頁面。

⑫ 將角度的【精確度】改成【0.0】，再按下【確定】鍵。

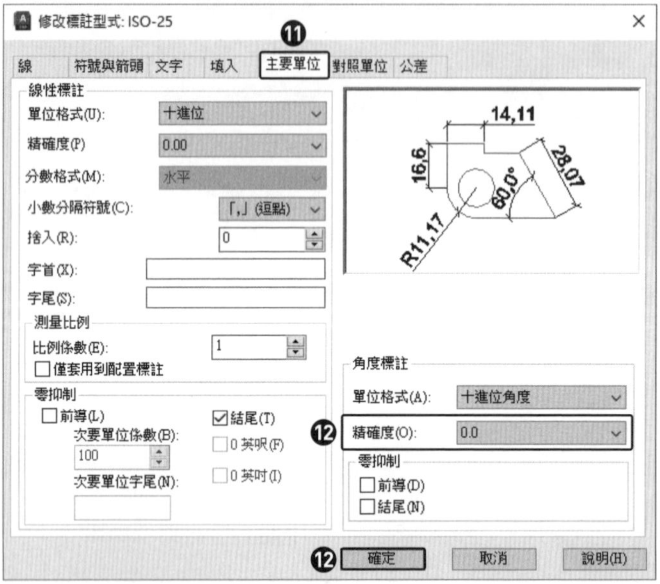

> NOTE 此處的精確度可依照個人的使用，來調整要使用到小數點後幾位。

⑬ 在標註型式管理員視窗中，點擊【關閉】，角度尺寸已經增加小數點位數。

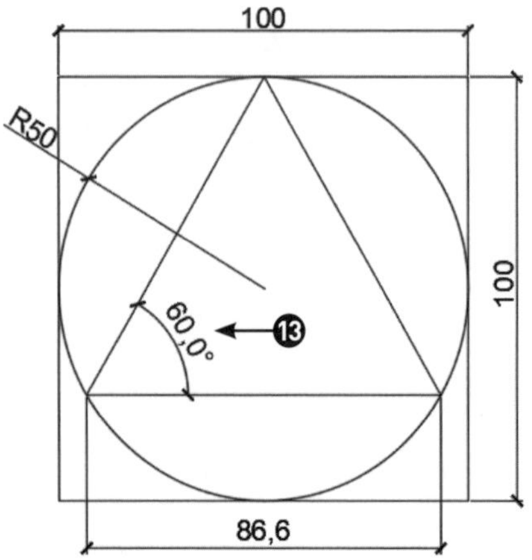

⑭ 點擊【常用】頁籤 →【註解】面板 →【標註型式】按鈕。

⑮ 點選 ISO-25，按下【修改】按鈕，點擊【填入】頁面。

⑯ 將標註特徵的比例選擇【使用整體比例】，並將數值輸入為「1.5」，再按下【確定】鍵。

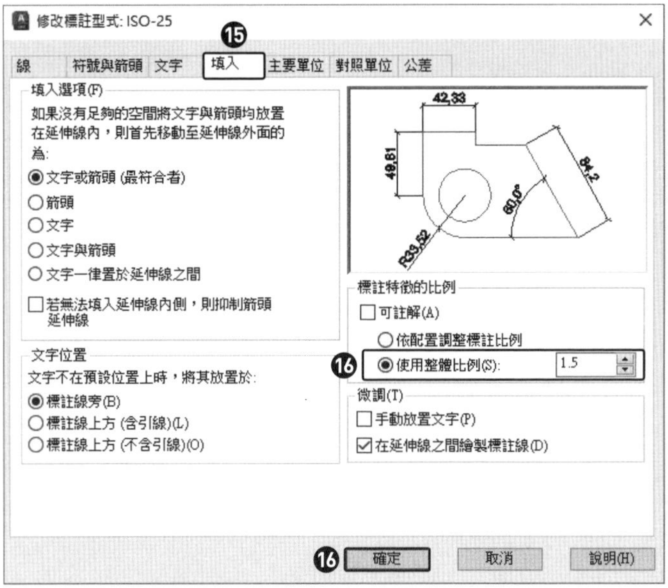

⑰ 完成效果如下圖，尺寸整體比例變大，包括文字、箭頭大小、標註線偏移值…等等。

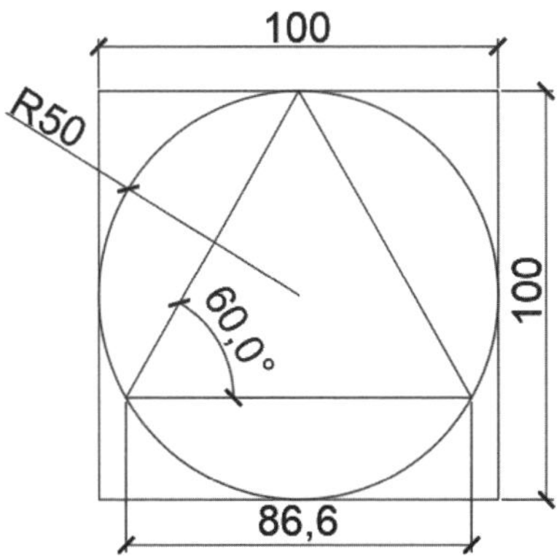

4-3 智慧標註

線性、對齊式、角度標註

指令	DIM	快捷鍵	DIM	圖示	
工具列按鈕	常用頁籤 → 註解面板 → 標註 				

準備工作

- 繪製如右圖所示之物件，線段皆控制在 100 以內，或開啟範例檔〈4-3_ex1.dwg〉。

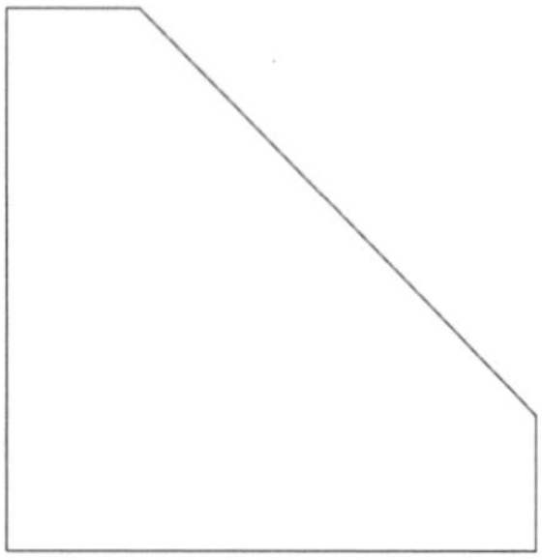

正式操作

1. 點擊【常用】頁籤 →【註解】面板 →【標註】按鈕。
2. 點擊要標註線段的第一點。
3. 點擊要標註線段的第二點。

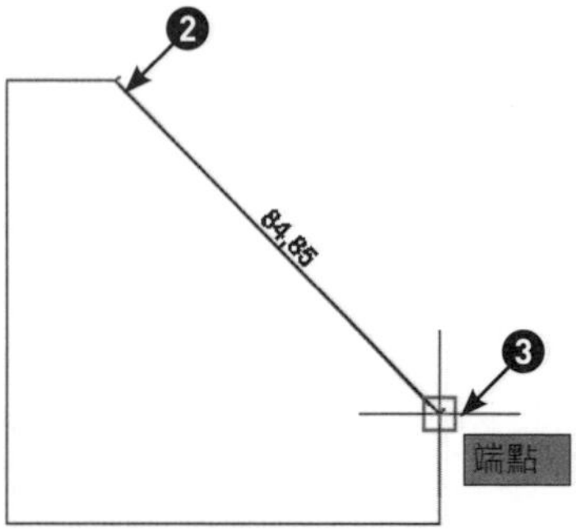

4 將滑鼠向右移動，將標註線段的垂直距離；滑鼠向右上方移動則標註線段長度。同理，滑鼠往上移動，將標註水平距離。

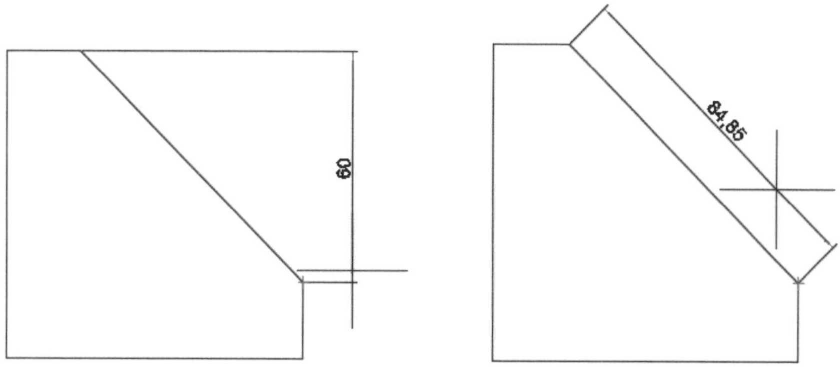

NOTE 智慧標註會自行偵測標註的型式，標註完成後至性質面板可看到其為線性標註 (旋轉標註) 或對齊式標註。

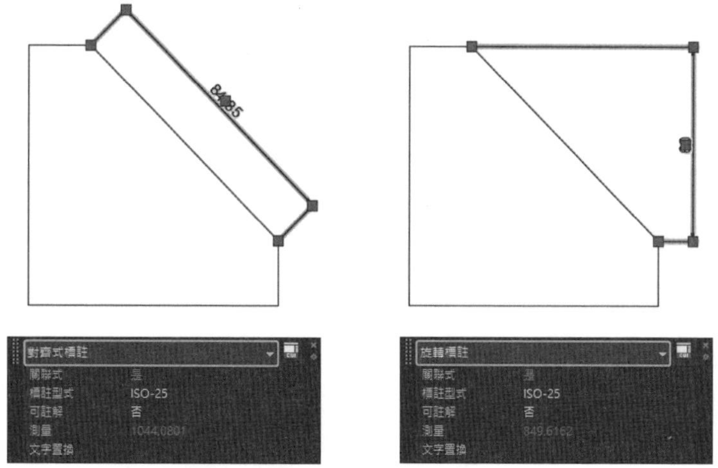

5 在適當的位置點擊滑鼠左鍵來指定標註線的位置。

6 將滑鼠移動到線上可直接選取線段來標註，點擊左鍵決定標註線的位置。

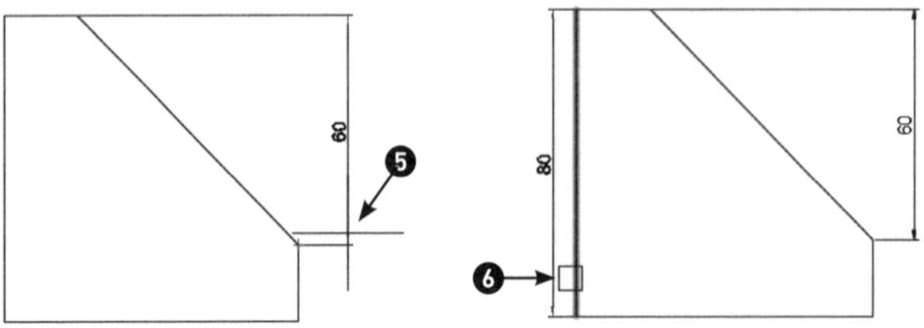

7 點擊下方線段。

8 再點擊上面的斜線，可自動轉換為標註角度。

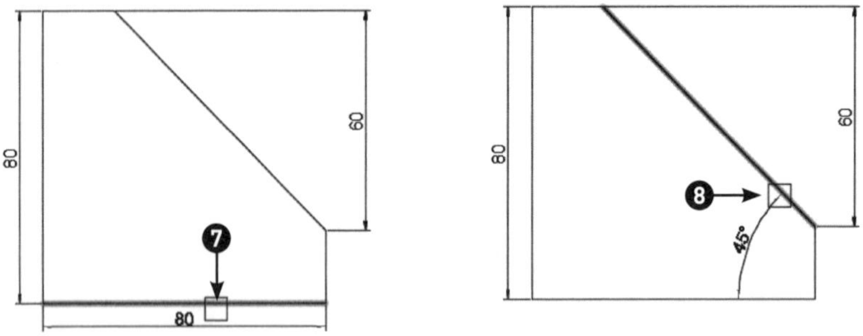

9 在適當的位置點擊滑鼠左鍵來指定角度標註位置。

10 按下 Enter 鍵結束指令，完成圖。

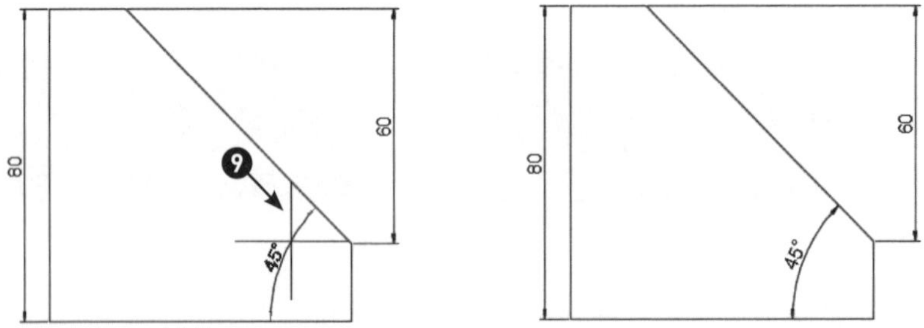

NOTE 智慧標註在標註完成後並不會自動結束指令，須按 Enter 鍵或空白鍵來結束指令。

連續式、對齊標註

準備工作

- 繪製如下圖所示之物件，線段皆控制在 100 以內，或開啟範例檔〈4-3_ex2.dwg〉。

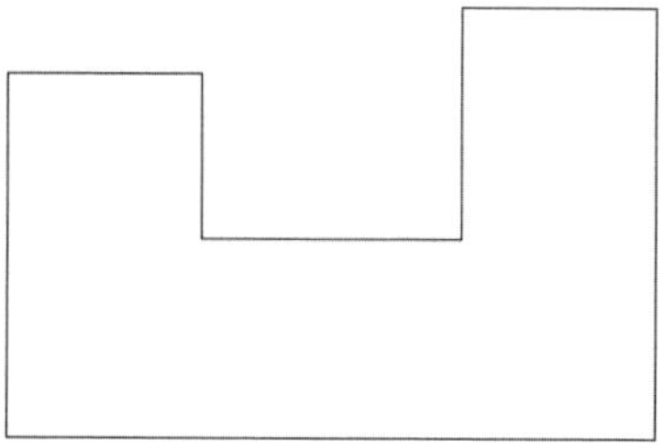

正式操作

1. 點擊【常用】頁籤 →【註解】面板 →【標註】按鈕。
2. 點擊要標註的第一點。
3. 點擊要標註的第二點。
4. 滑鼠向上移動，點擊滑鼠左鍵來指定標註線位置。

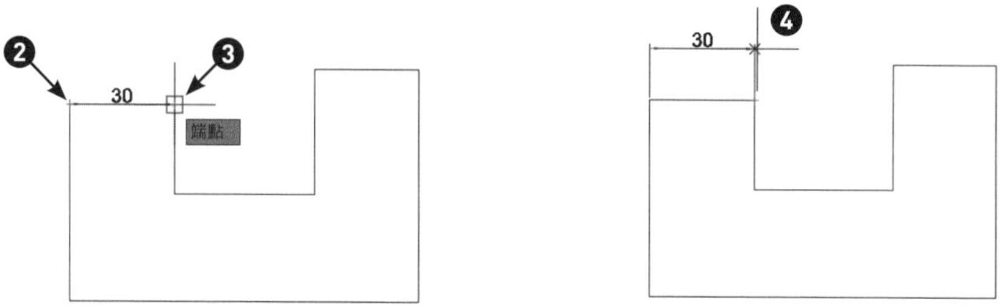

5. 在還沒結束智慧標註前，點擊滑鼠右鍵，選擇【連續式】。

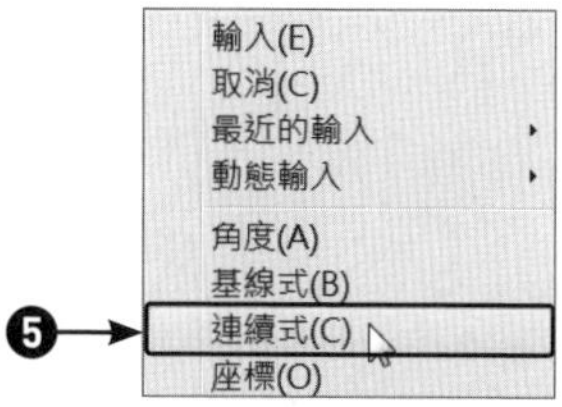

6 點擊標註 30 的右邊線段，來指定要延續標註的標註線段。

7 由左至右依序點擊箭頭指示的端點，來指定連續式的位置，按下 Enter 鍵來結束連續式標註。

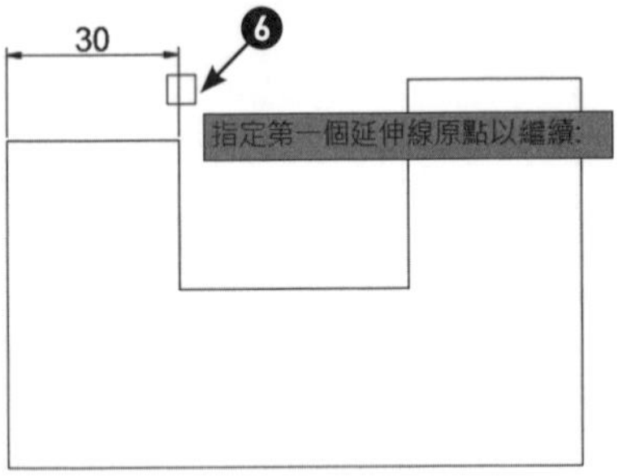

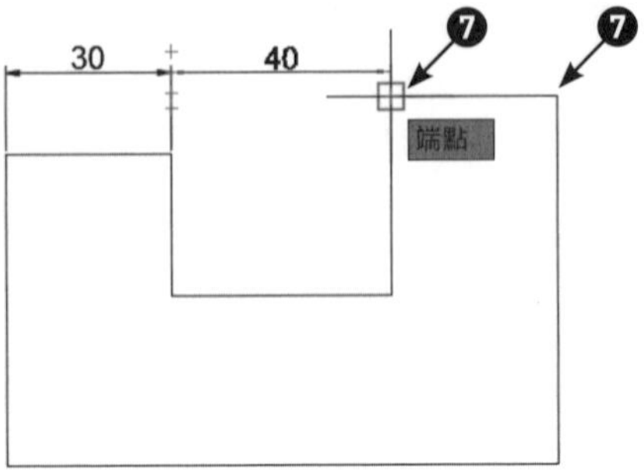

8 按 Enter 鍵直到結束標註指令。

9 若標註時不小心將標註的位置移動了 (選取右側標註 30 的尺寸，左鍵點擊右邊的掣點，向上移動至適當位置後再點擊左鍵放置尺寸)。

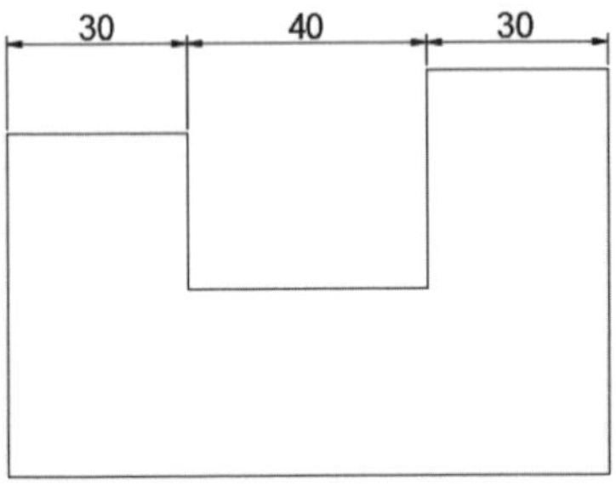

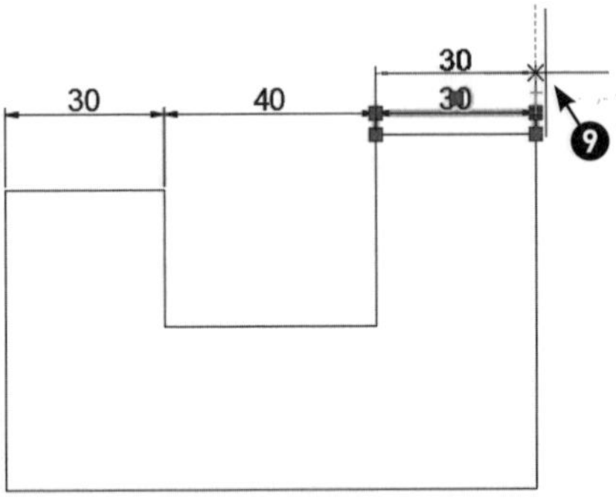

10 再次點擊【標註】按鈕 (或輸入「DIM」指令)，點擊滑鼠右鍵，選擇【對齊】。

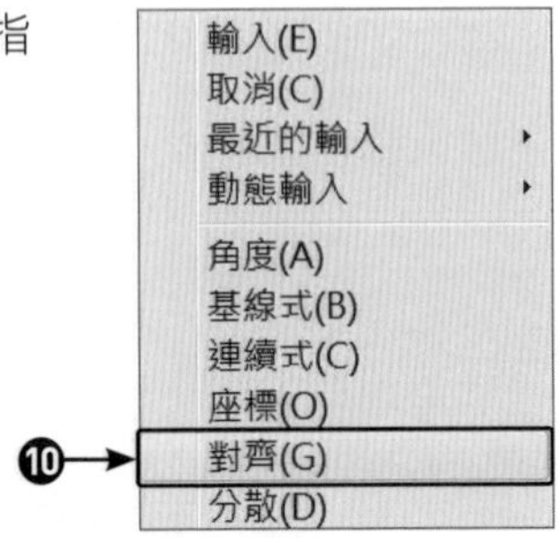

⑪ 點選第一個標註為基準。

⑫ 接著點選要對齊的物件，再按下 Enter← 鍵。

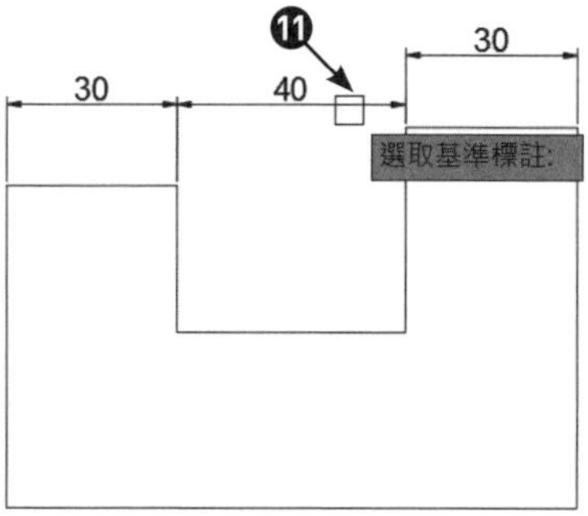

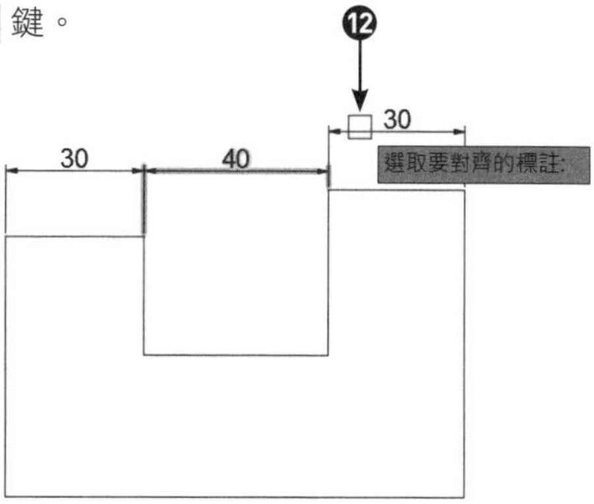

⑬ 按下 Enter← 鍵直到結束標註指令。

⑭ 完成圖。

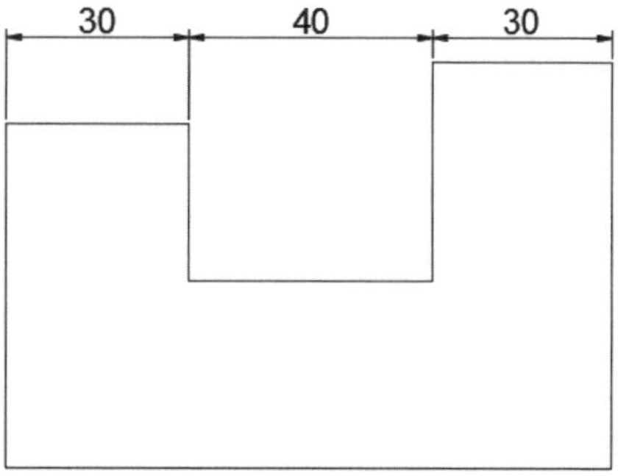

基線式、分散標註

準備工作

- 使用上一小節之物件，並將標註刪除。

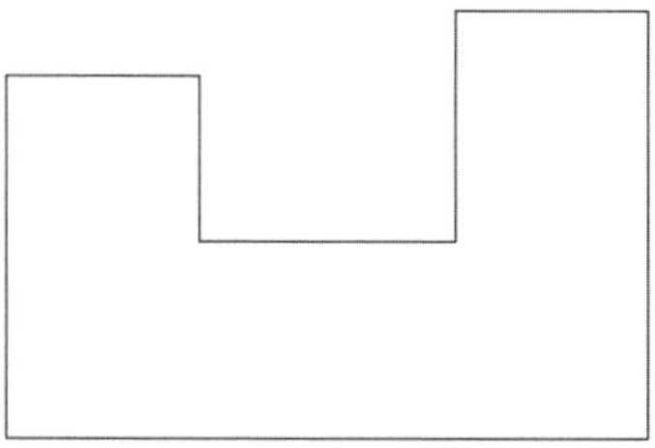

正式操作

1 點擊【常用】頁籤 →【註解】面板 →【標註】按鈕。

2 點擊要標註的第一點。

3 點擊要標註的第二點。

4 滑鼠向上移動，點擊滑鼠左鍵來指定標註線位置。

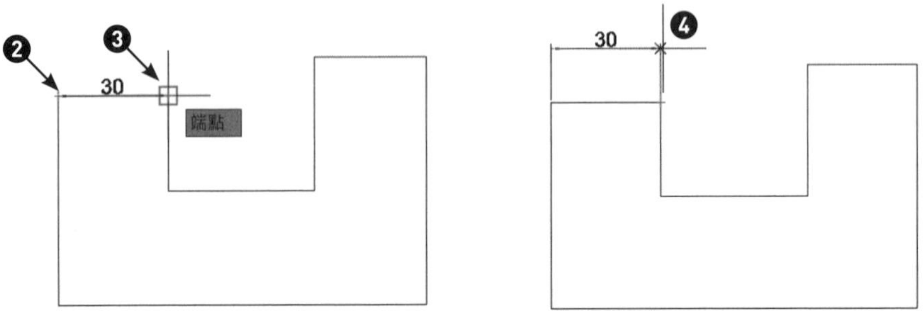

5 在擊滑鼠右鍵，選擇【基線式】。

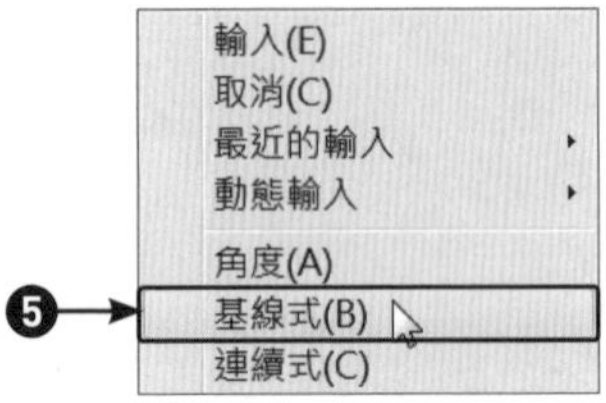

6 點擊尺寸 30 左邊線段當作標註的基準點。

7 由左至右依序點擊箭頭指示的端點，來指定基線式的位置，再按下 Enter 鍵結束基線式標註。

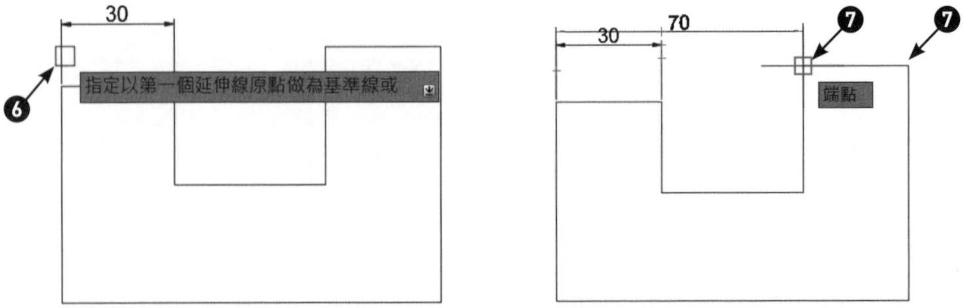

8 按 Enter 鍵直到結束標註指令，完成圖。

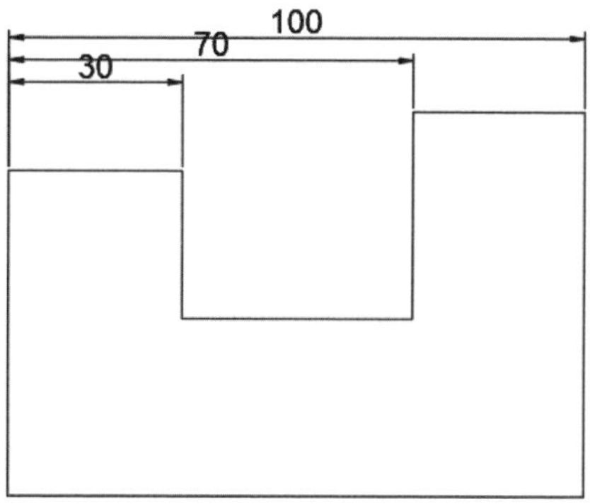

如果基線式的基準選取取標註線右方的位置，那麼標註的基準線段將由此處開始，如下圖所示。

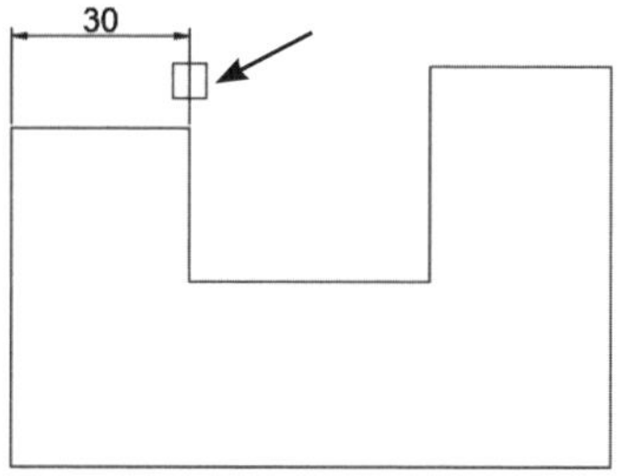

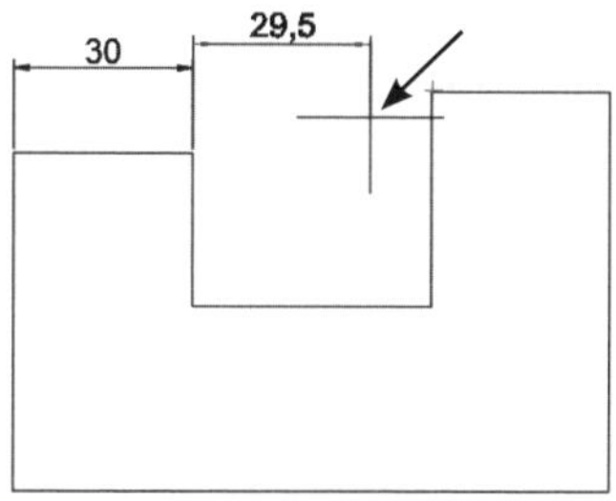

9 接著更改標註線之間的距離，選取最上方的 100 標註尺寸，左鍵點擊右邊的掣點，向上移動再點擊左鍵放置尺寸。

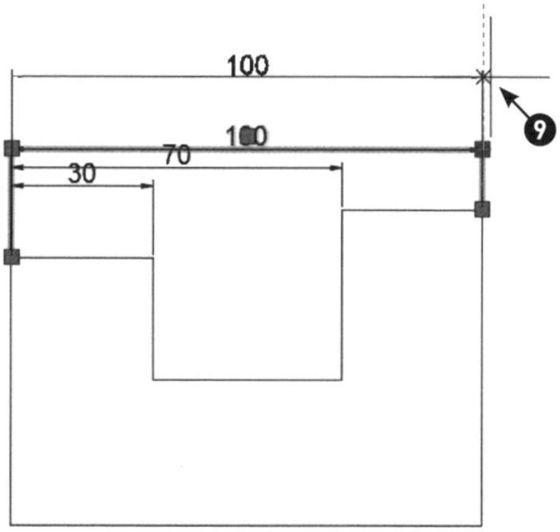

10 再次點擊【標註】按鈕（或輸入「DIM」指令），點擊滑鼠右鍵，選擇【分散】。

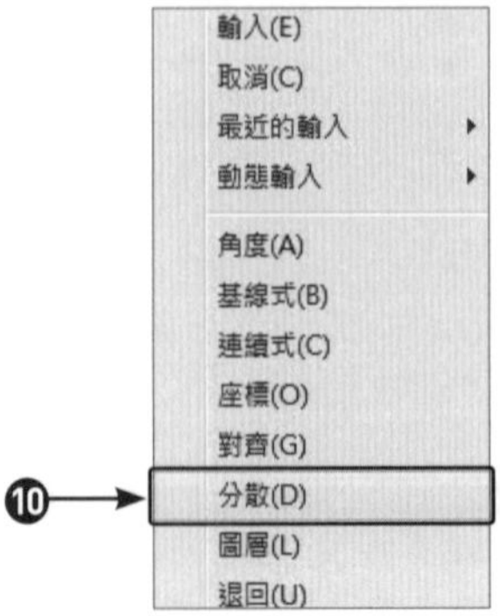

11 選擇『相等』。

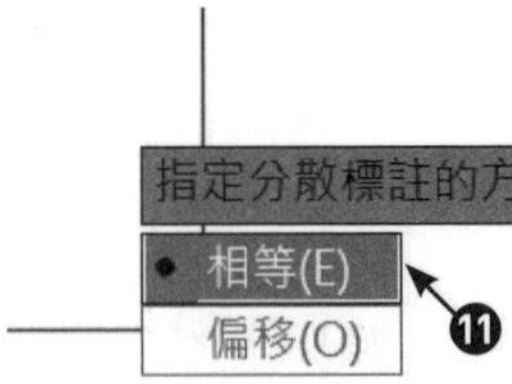

12 使用框選來選取所有標註線，再按下 Enter 鍵。

13 再次按下 Enter 鍵來結束標註指令。

14 完成如下右圖所示，所有的標註線都等距分散在所選取的標註線之間。

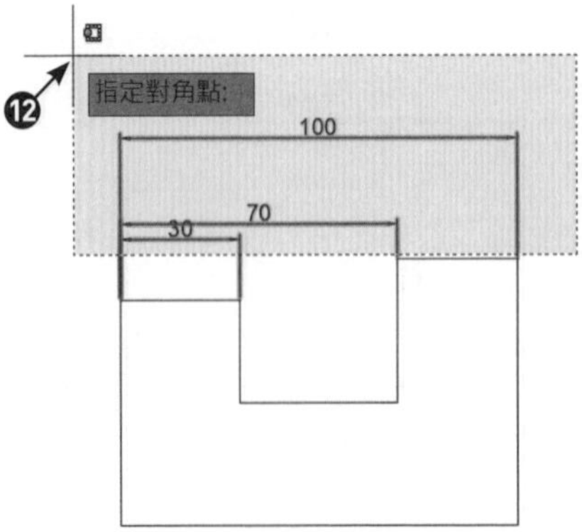

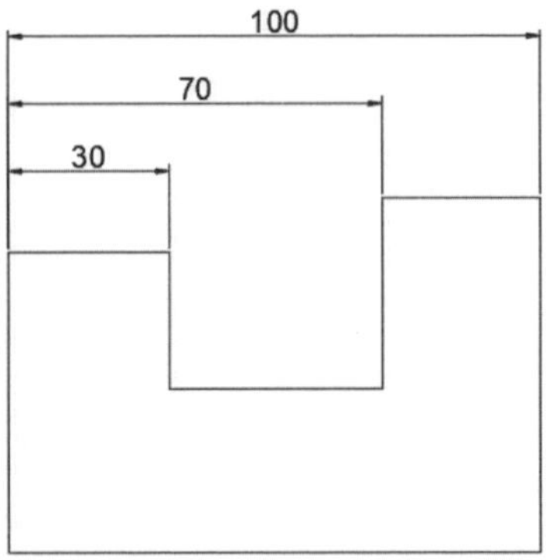

4-4 文字

單行文字

指令	TEXT	快捷鍵	DT	圖示	
工具列按鈕	常用頁籤 → 註解面板 → 文字的下拉式選單 → 單行文字 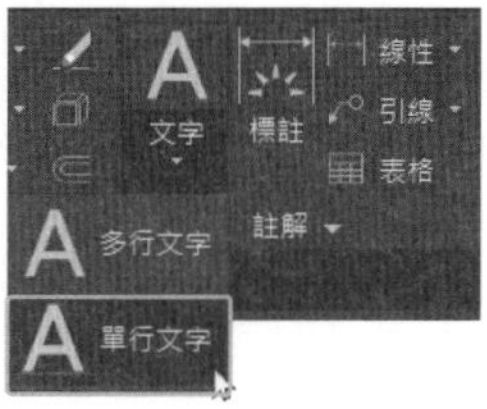				

正式操作

1. 點擊【常用】頁籤 →【註解】面板 → 文字的下拉式選單 →【單行文字】按鈕。

2. 點擊左鍵決定文字起點。

3. 輸入文字高度「10」，按 Enter ← 。

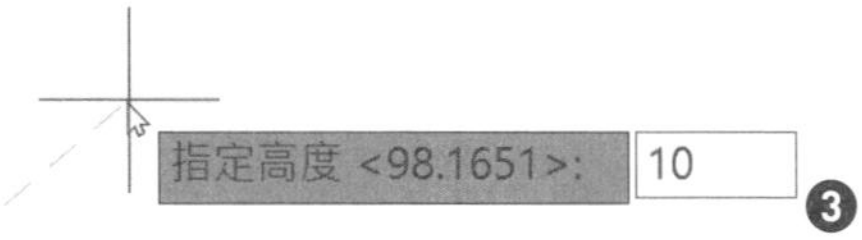

4. 輸入文字角度「0」，按 Enter ← ，也就是水平方向。

5 輸入文字，按 Enter← 跳到下一行，輸入完畢按 Enter← 兩下結束。

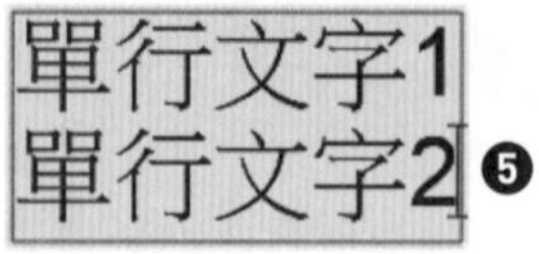

6 選取文字會發現兩行是分開的，單行文字只能寫一行。

7 點擊文字兩下可以編輯文字。

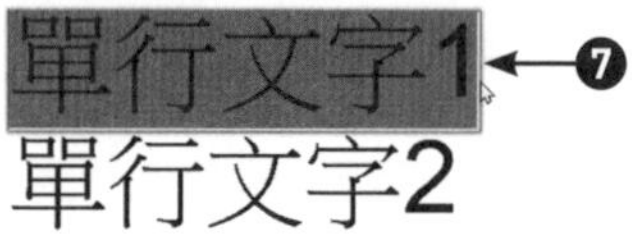

8 按下 Enter← 或在文字外點擊滑鼠左鍵結束，再按一次 Enter← 結束編輯文字的指令。

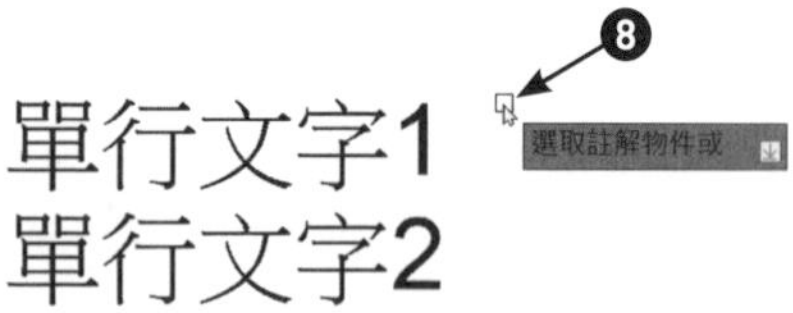

9 選取文字，按下右鍵 →【快速性質】。

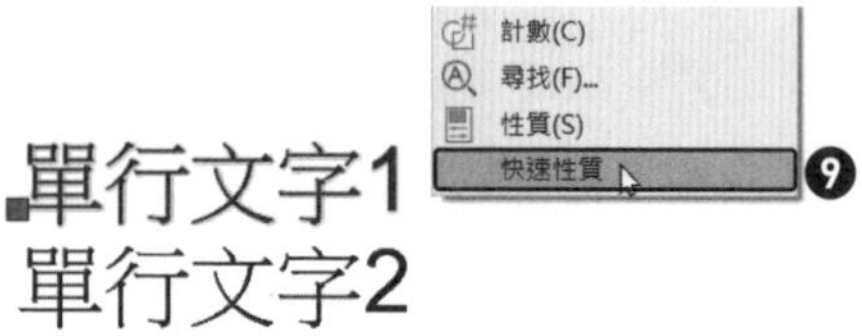

10 高度輸入「12」文字變大，對正選擇【正中】，左下角的對正點會移動到文字中心。

⑪ 點擊中間的對正點，可以移動文字，如下右圖。

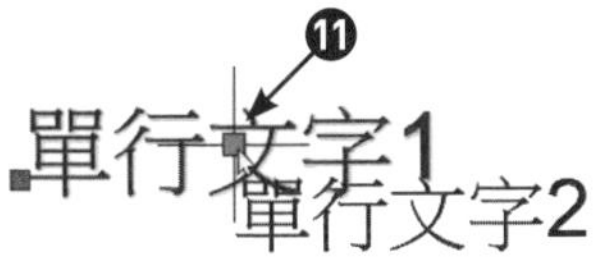

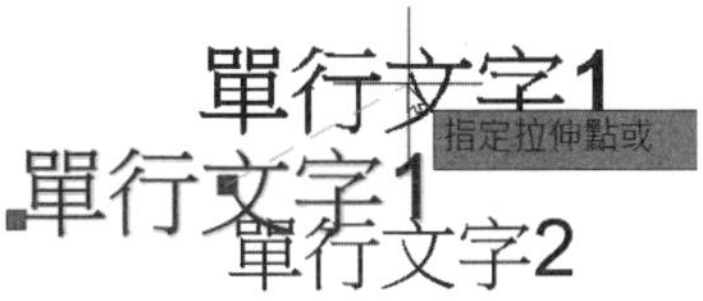

多行文字

指令	MTEXT	快捷鍵	T 或 MT	圖示	
工具列按鈕	常用頁籤 → 註解面板 → 文字的下拉式選單 → 多行文字 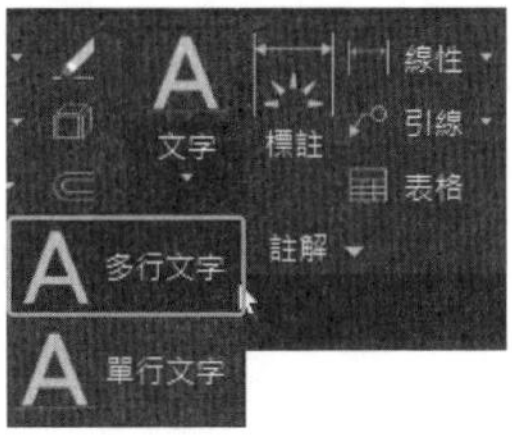				

正式操作

① 點擊【常用】頁籤 →【註解】面板 → 文字的下拉式選單 →【多行文字】按鈕。

② 點擊對角點決定文字框大小。

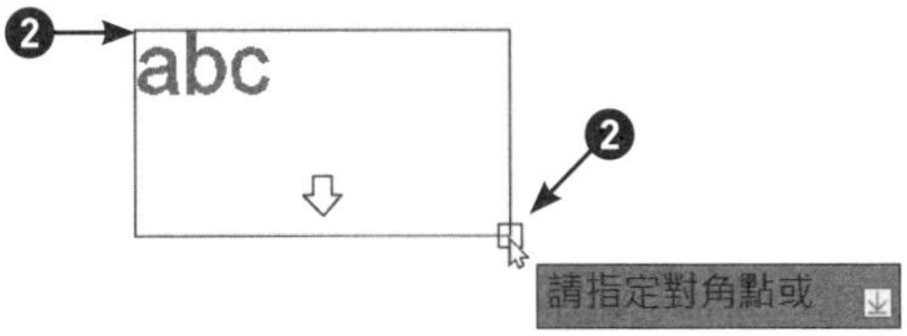

3 輸入文字，按 Enter← 可以輸入下一行，在文字框外點擊左鍵結束編輯文字。

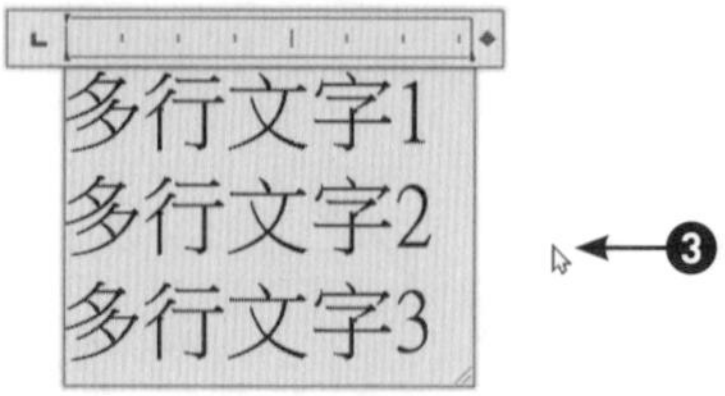

4 點擊文字兩下編輯文字，拖曳文字框右下角三角形，縮小文字框，文字會變成多個欄位。

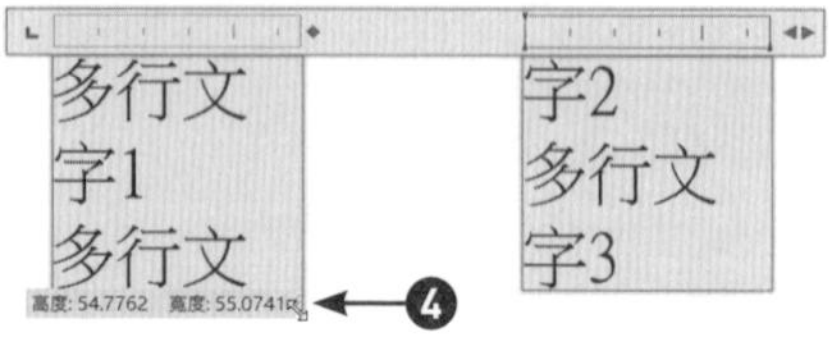

5 放大文字框，使文字框恢復一個欄位。

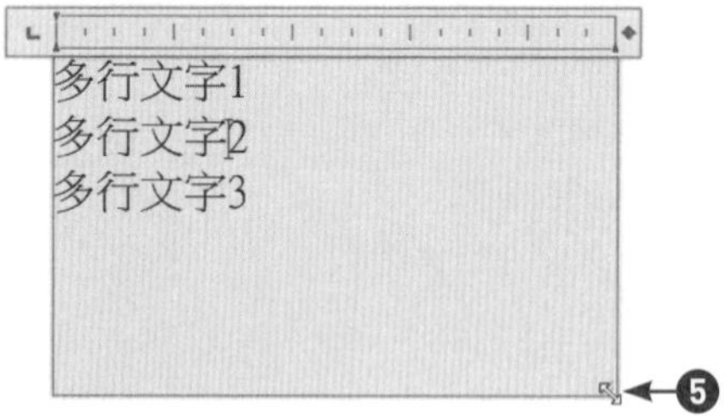

6 點擊【對正方式】→【正中】，文字會對齊文字框中央。

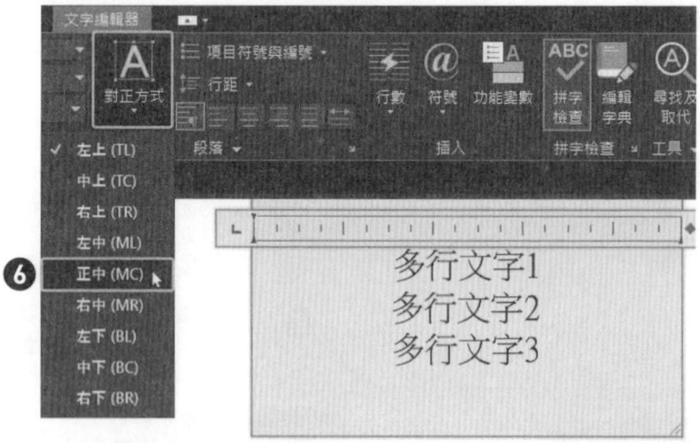

7 若要單獨設定，先選取「多行文字 1」，按下【靠左對齊】。

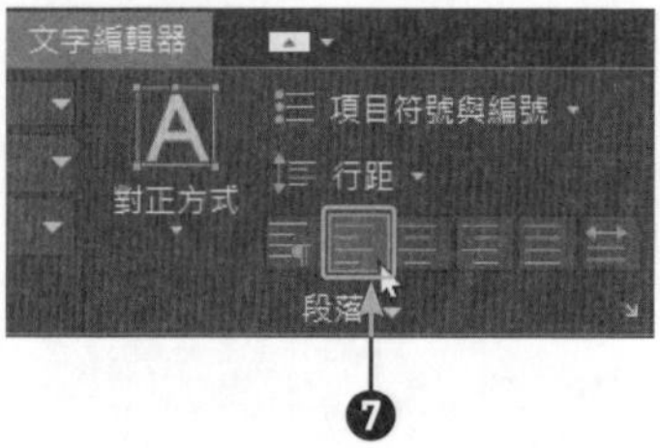

⑧ 只有第一行文字往左對齊。

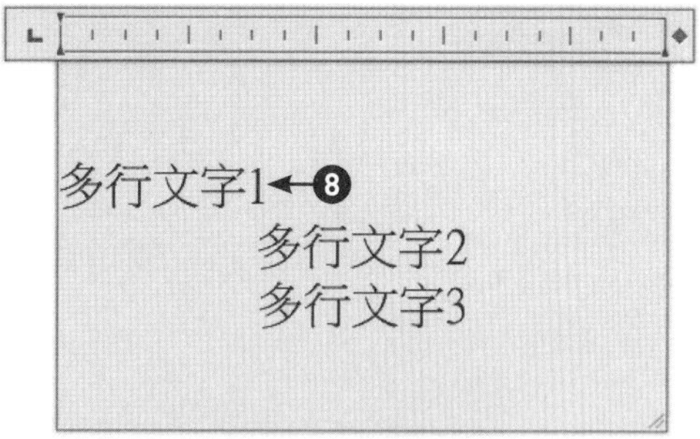

⑨ 再點擊【預設】可以恢復。

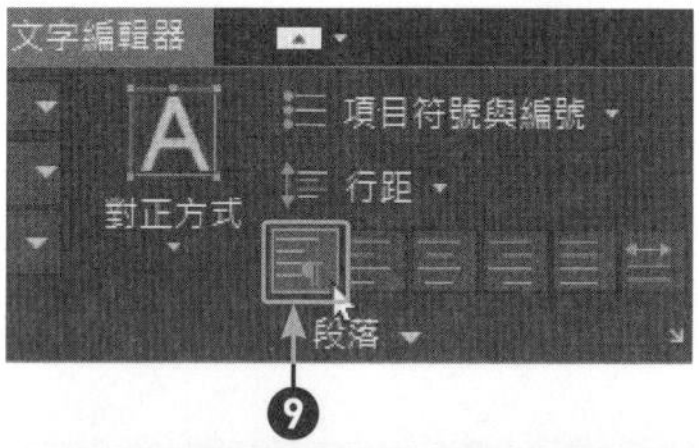

⑩ 選取「多行文字 1」後，可以設定選取文字的大小、粗體、字型等。

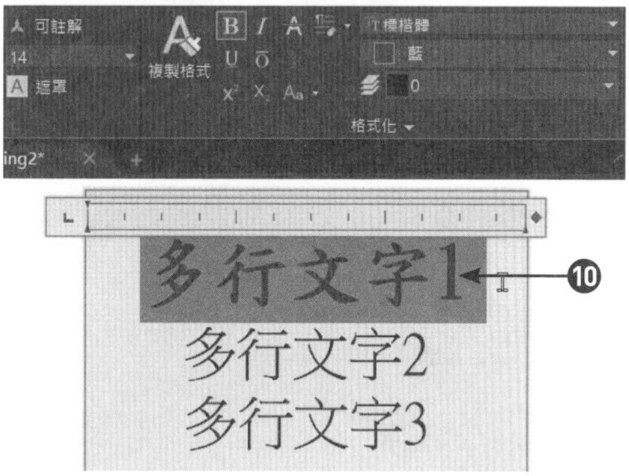

⑪ 點擊【】→【移除所有格式】，可以恢復。(多行文字的文字高度也可以在快速性質設定。)

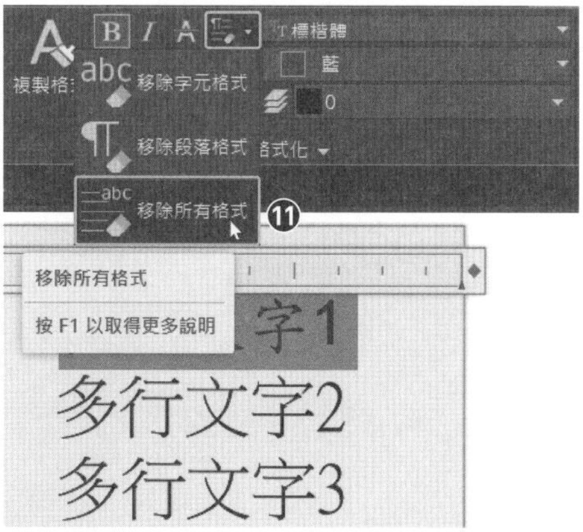

NOTE 對多行文字使用分解指令，會變成單行文字。

文字型式

指令	STYLE	快捷鍵	ST	圖示	
工具列按鈕	常用頁籤 → 註解面板 → 文字型式 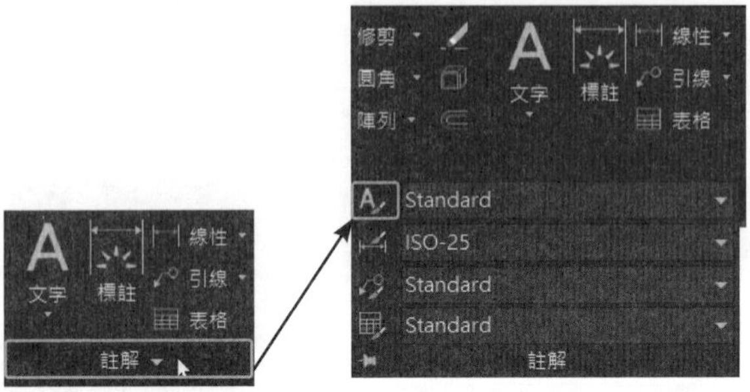				

正式操作

1. 點擊【常用】頁籤 →【註解】面板 →【文字型式】按鈕。
2. 點擊【新建】，建立新型式。

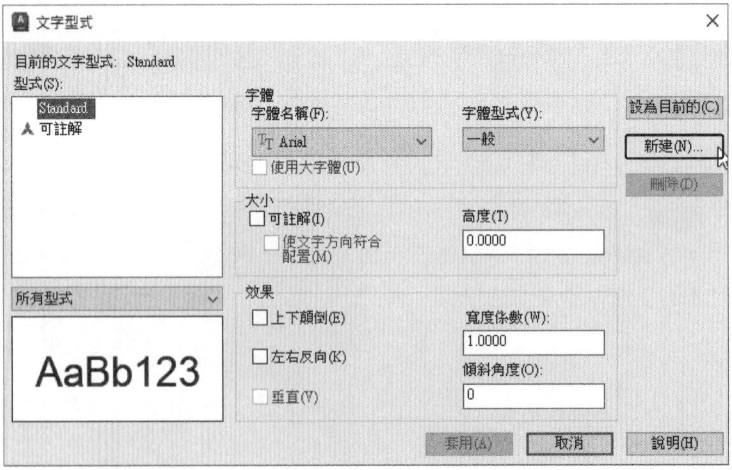

3 按下【確定】。

4 左側會自動選取型式 1，右側可以變更字體【微軟正黑體】與文字高度「20」，按下【套用】。(此高度為預設高度，若高度為 0，建立單行文字時要設定高度)

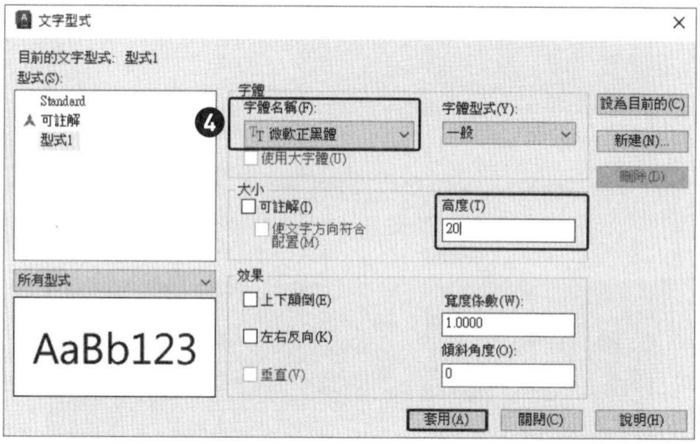

5 再點擊【新建】，建立型式 2。

6 字體選擇【@標楷體】，@字體表示直行的文字，高度為「0」，按下【套用】，按下【關閉】。

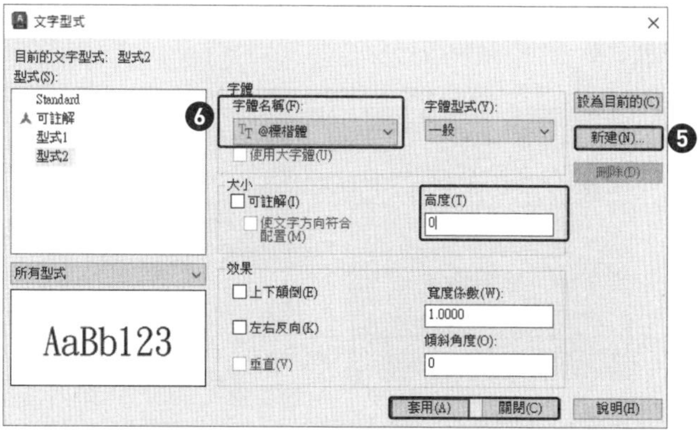

7 選取先前建立的單行文字。

8 點擊【常用】頁籤 →【註解】面板 → 文字型式下拉選單會顯示選取文字所使用的型式。

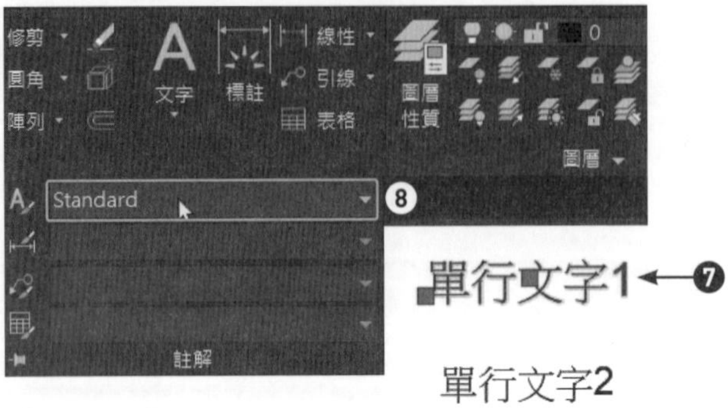

9 打開文字型式下拉選單，選「型式 1」，文字字體會變成微軟正黑體。

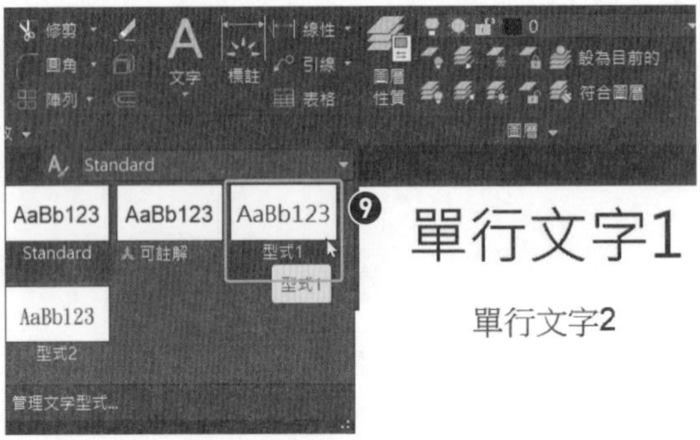

10 再選擇【型式 2】，文字會變成直行的標楷體。

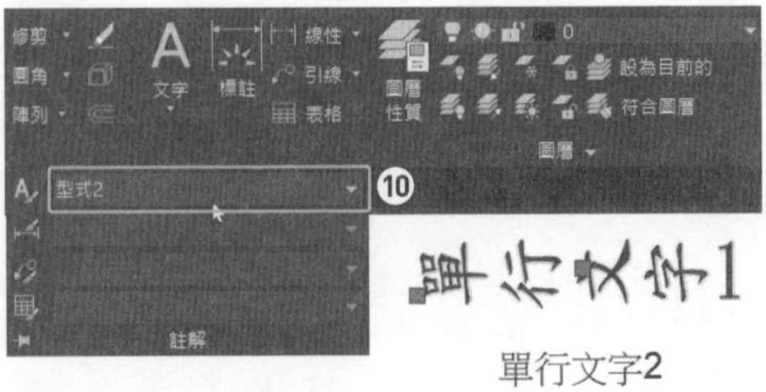

⑪ 按右鍵 →【快速性質】，旋轉輸入「-90」順時針旋轉 90 度，使文字轉正。

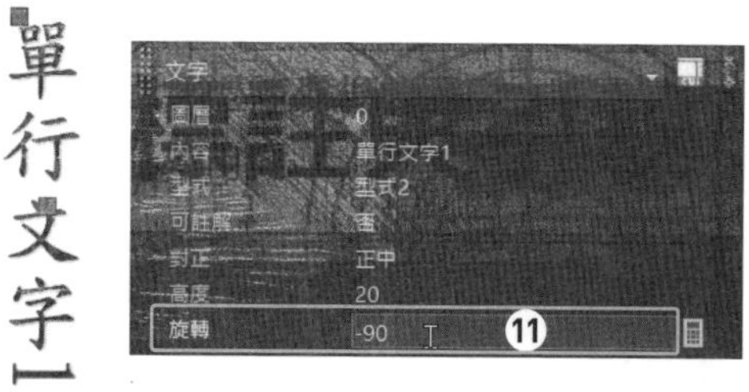

⑫ 選取先前建立的多行文字，點擊【常用】頁籤 →【註解】面板 → 文字型式下拉式選單 → 選「型式 1」，會發現多行文字變大，但字體沒變化，因為先前有單獨修改過文字大小。

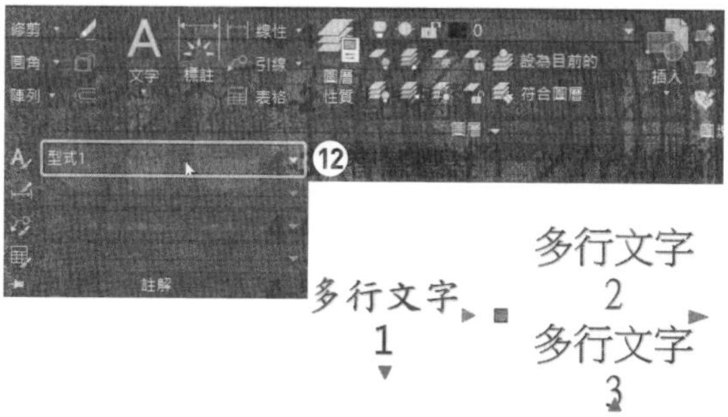

⑬ 點擊多行文字兩下編輯文字，拖曳右下角三角形放大文字框，完成如下右圖。

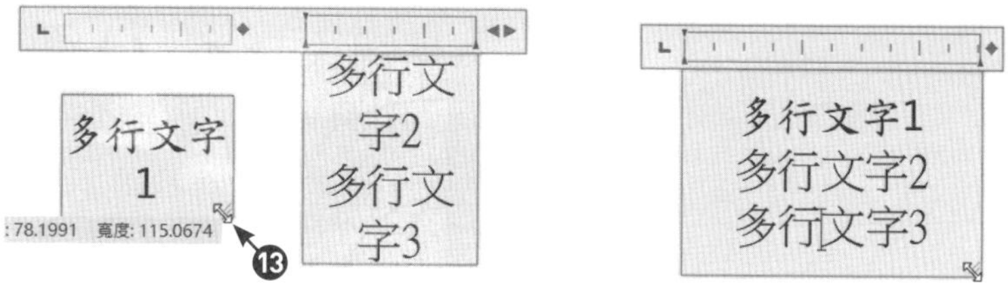

⑭ 左上角選擇「型式 1」。

⑮ 按【是】。

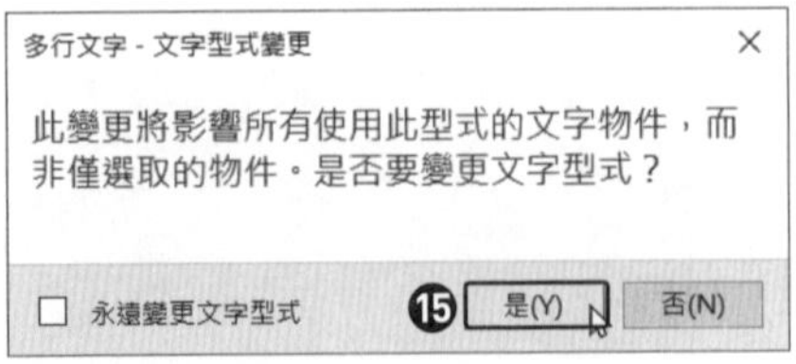

⑯ 就可以將多行文字重設為型式 1。

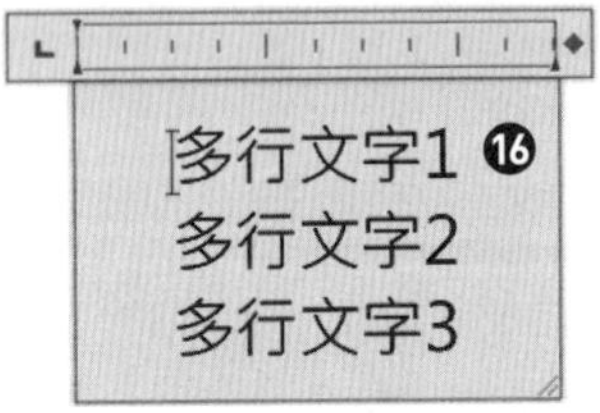

4-5 引線

引線

指令	MLEADER	快捷鍵	MLD	圖示	
工具列按鈕	常用頁籤 ➜ 註解面板 ➜ 引線 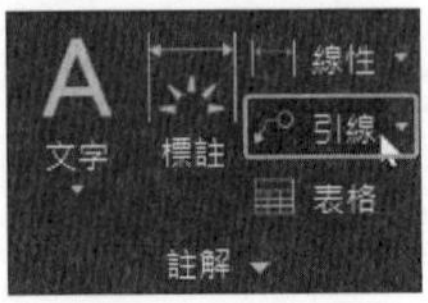				

1 點擊【常用】頁籤 →【註解】面板 →【引線】按鈕。

2 點擊左鍵決定引線箭頭位置。

3 點擊左鍵決定引線轉折位置。

4 輸入引線文字，在引線外點擊滑鼠左鍵完成。

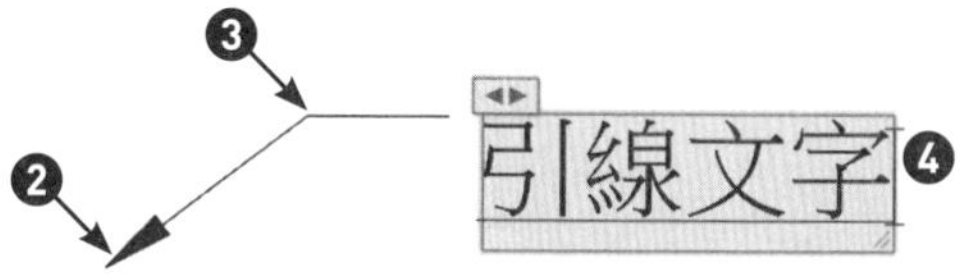

5 選取引線後，點擊箭頭的藍色掣點，可以移動箭頭。

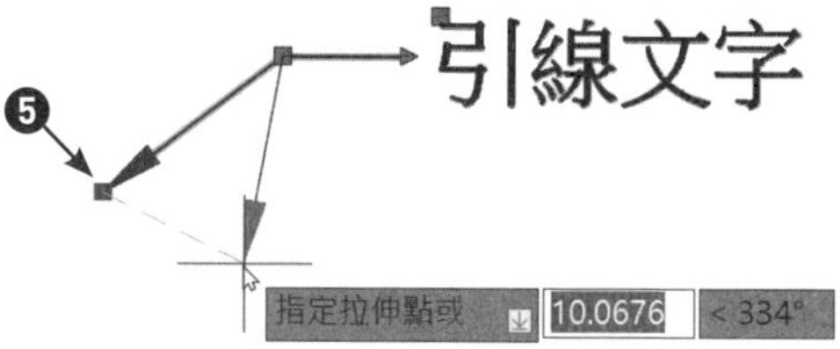

6 點擊文字旁邊掣點，可以改連字線長度。

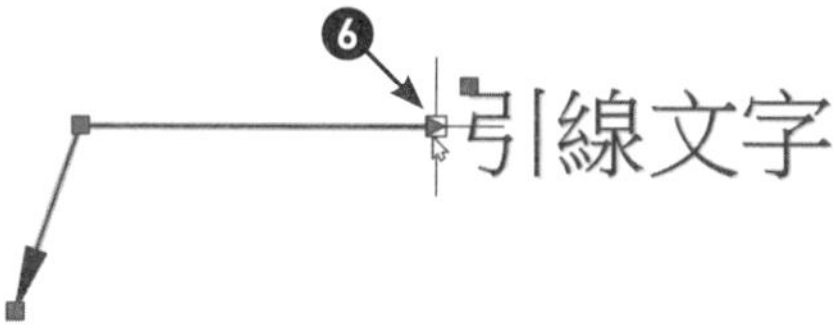

7 點擊文字上方掣點，可以移動文字位置，也可以移動左側。

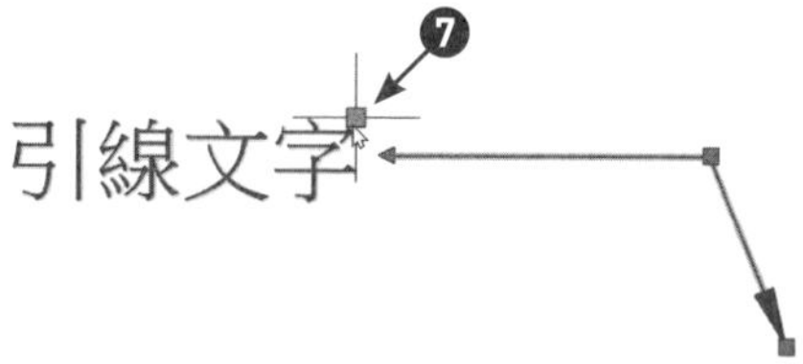

8 選取引線，按右鍵 →【性質】，可以調整文字高度、整體比例…等。

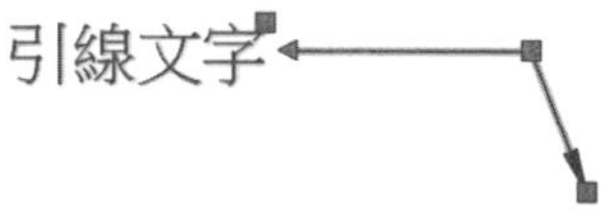

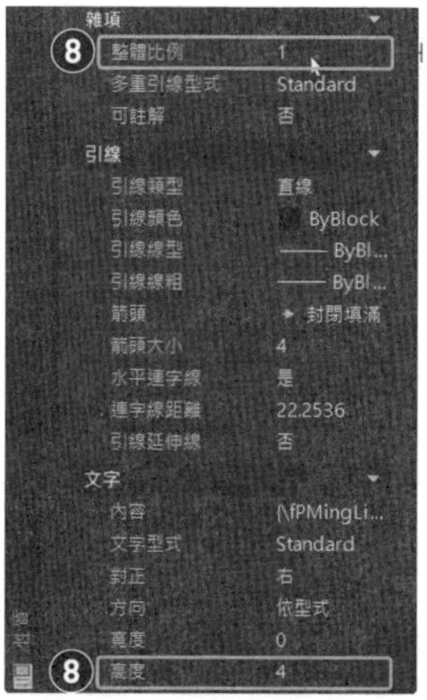

⑨ 滑鼠停留在轉折的掣點上且不要點擊，再選擇【加入引線】。

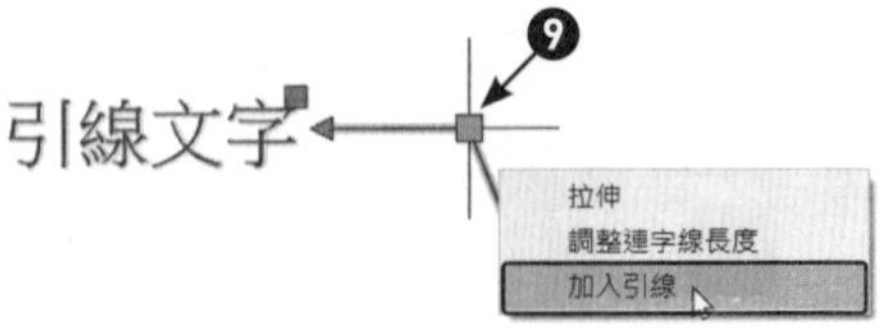

⑩ 點擊左鍵可以增加箭頭，按下空白鍵或 Enter← 鍵結束。

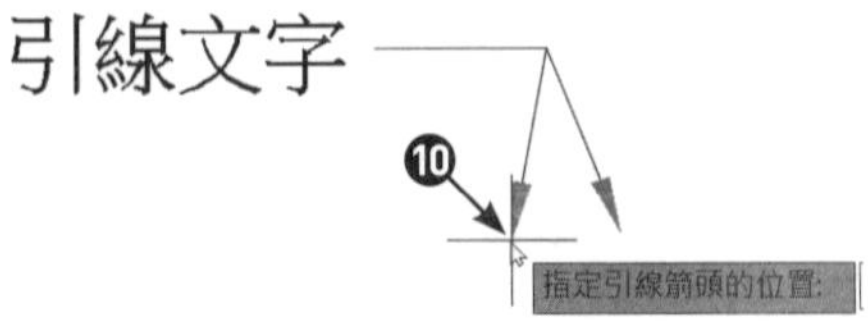

⑪ 滑鼠停留在箭頭的掣點上且不要點擊，再選擇【移除引線】，刪除箭頭。

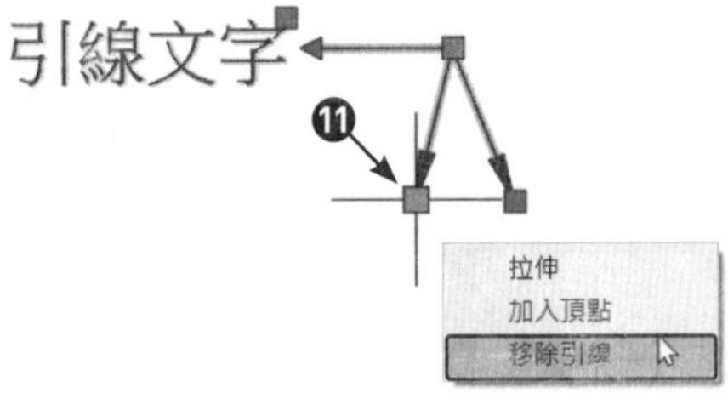

引線型式

指令	MLEADERSTYLE	快捷鍵	MLS	圖示	
工具列按鈕	常用頁籤 → 註解面板 → 引線型式 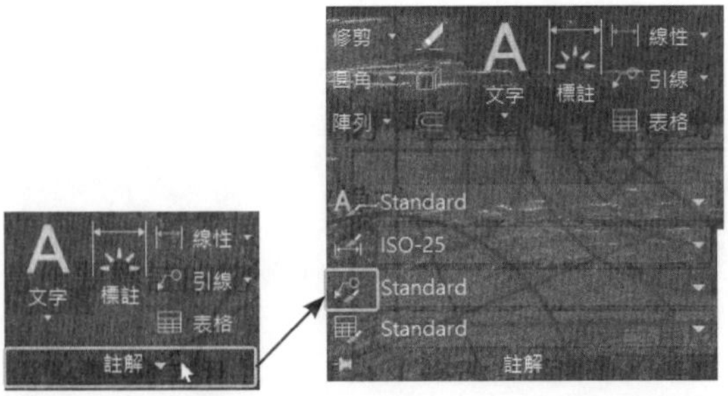				

1. 點擊【常用】頁籤 →【註解】面板 →【引線型式】按鈕。
2. 點擊【新建】，建立新引線型式。

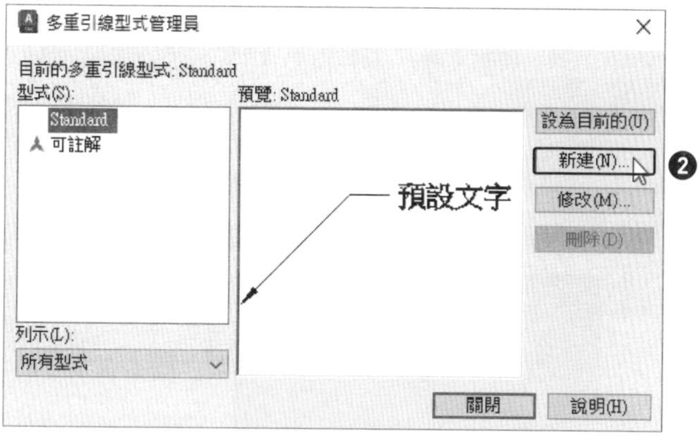

3. 按下【繼續】。

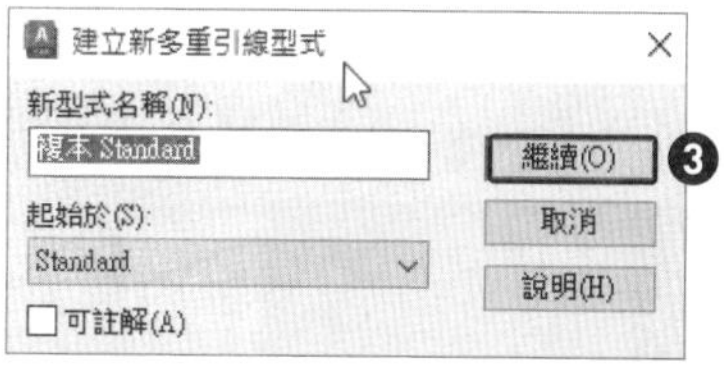

4. 選擇【引線結構】頁面，指定比例輸入「2」(也就是整體比例)，按下【確定】。

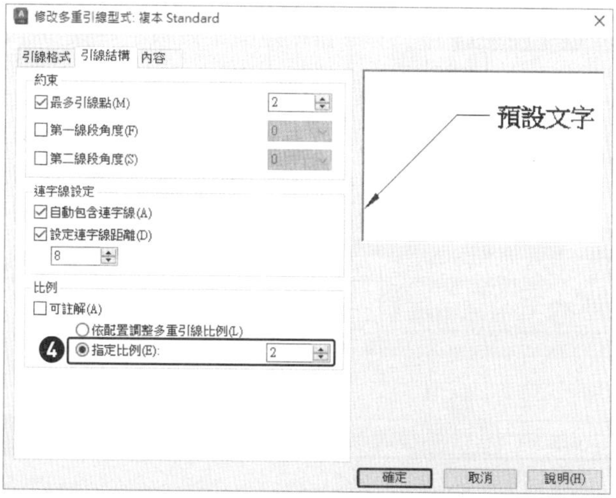

5 新建的型式會自動變成目前使用的型式，按下【關閉】。

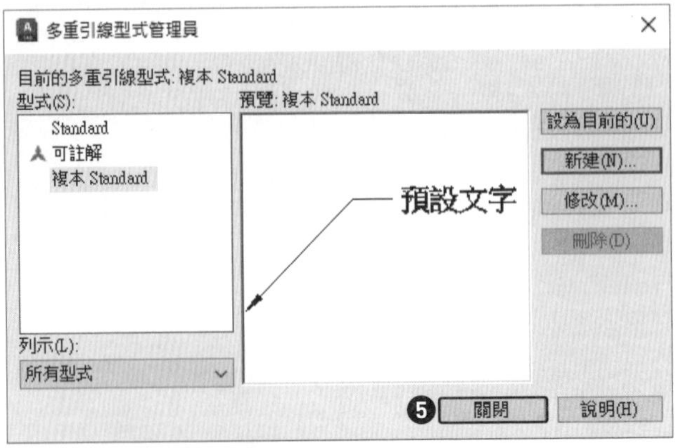

6 沒有選取物件的情況下，在註解面板的引線型式下拉式選單，也可看見目前的引線型式。

7 原本的引線不會被修改，必須點擊【引線】按鈕，建立新引線，比例才會變成兩倍。

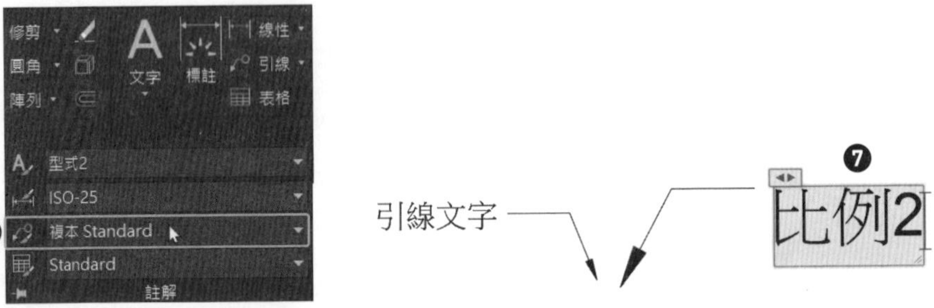

4-6 快速測量

快速測量

指令	MEASUREGEOM	快捷鍵	MEA	圖示	
工具列按鈕	常用頁籤 → 公用程式面板 → 測量的下拉式選單 → 快速 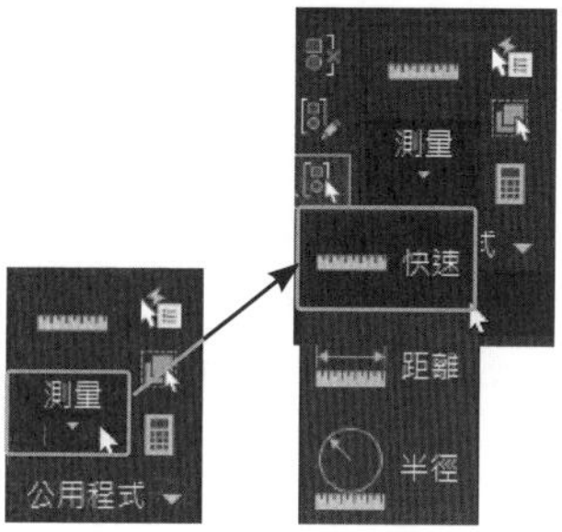				

準備工作

- 開啟範例檔〈4-6_ex1.dwg〉。

正式操作

1. 點擊【常用】頁籤 →【公用程式】面板 → 測量的下拉式選單 →【快速】按鈕。
2. 快速測量是 AutoCAD 2020 新功能，可以快速測量長度、角度尺寸。滑鼠位置會有十字橘色線出現，被橘色線碰到的線段會顯示長度，被碰到的圓會顯示半徑。

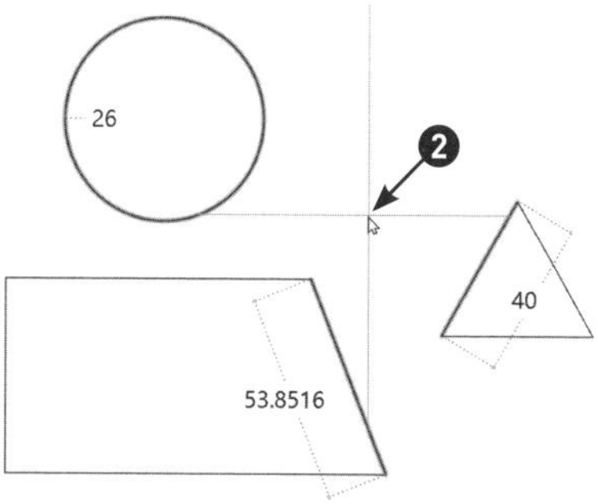

3 若線段傾斜，則會出現角度。

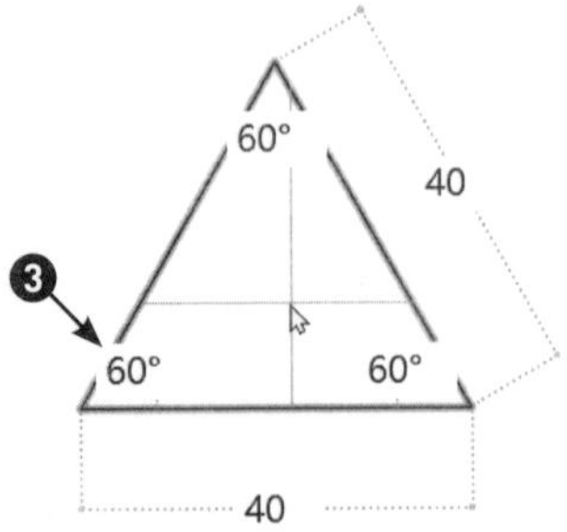

4 若線段互相垂直，會出現垂直記號。

5 若線段平行，會出現垂直距離。

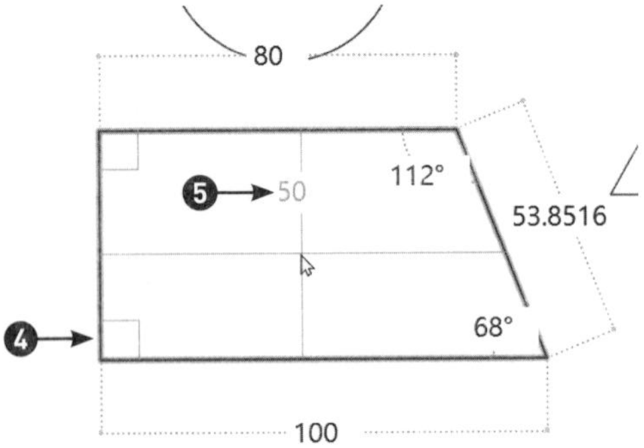

6 在封閉區域內按住滑鼠左鍵，會顯示面積與周長 (此為 AutoCAD 2021 新功能)。

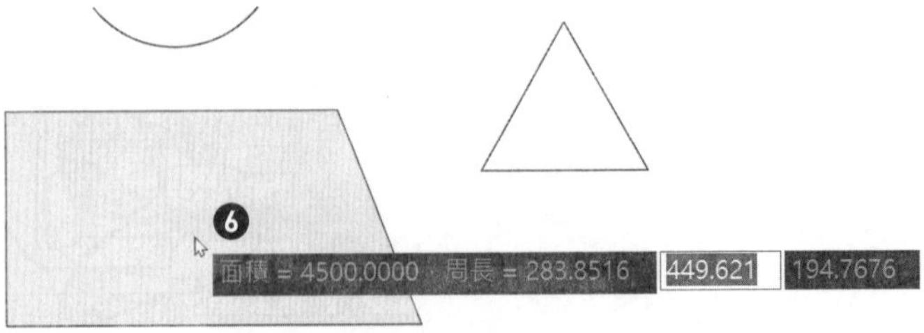

測量距離

指令	DIST	快捷鍵	DI	圖示	
工具列按鈕	常用頁籤 → 公用程式面板 → 測量的下拉式選單 → 距離 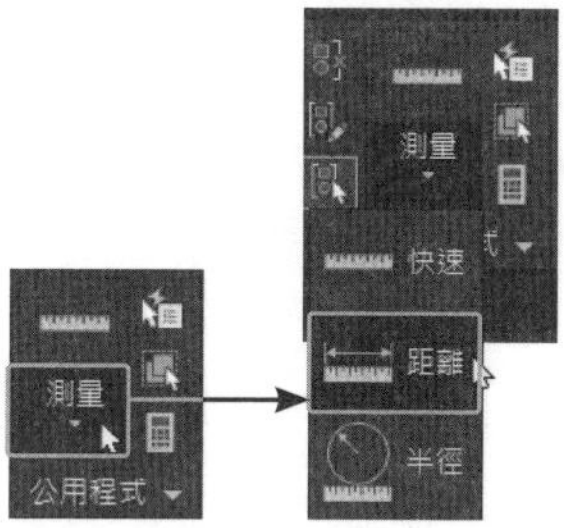				

準備工作

- 延續上一小節的檔案。

正式操作

1. 點擊【常用】頁籤 →【公用程式】面板 → 測量的下拉式選單 →【距離】按鈕。
2. 點擊兩個點。

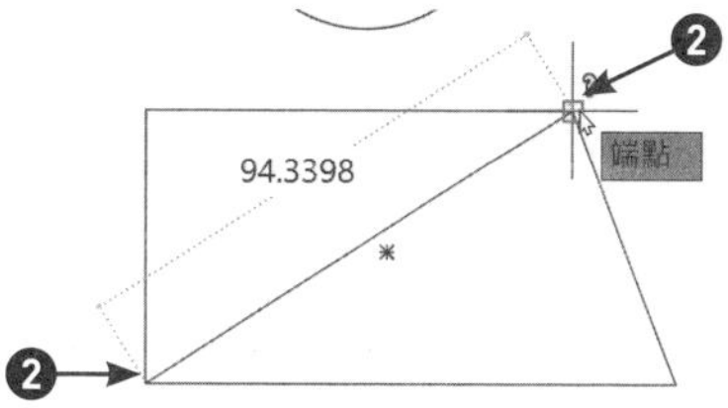

3. 可以測量兩點距離、水平距離、垂直距離，按 Esc 鍵結束指令。

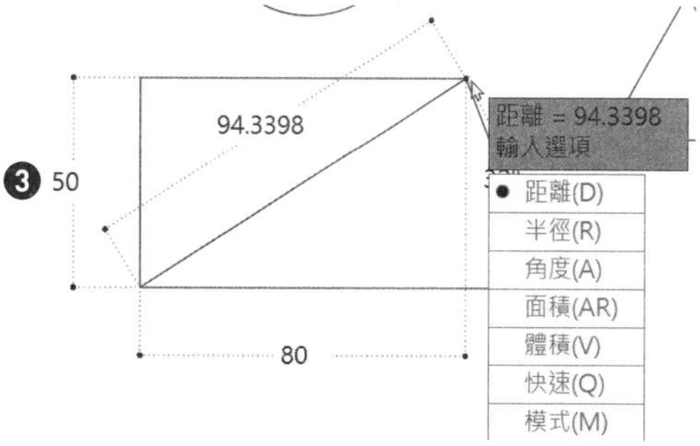

④ 若要更改 CAD 單位，可以點擊左上角的【 A 】按鈕→【圖檔公用程式】→【單位】，來做調整。（快捷鍵指令為 UN）

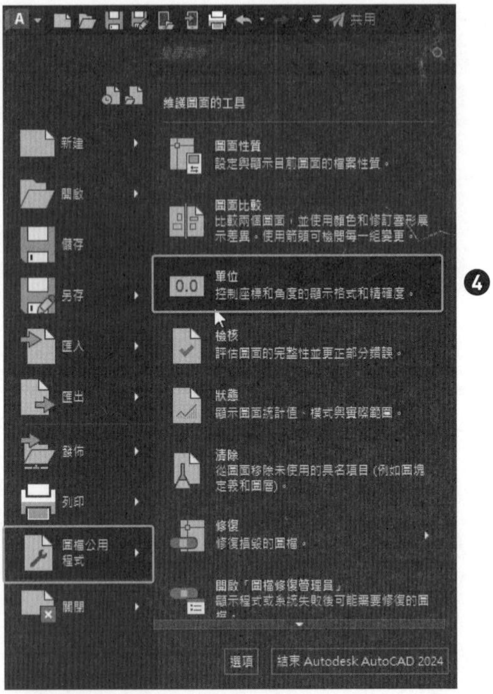

⑤ 長度的精確度會影響測量距離的小數位數。

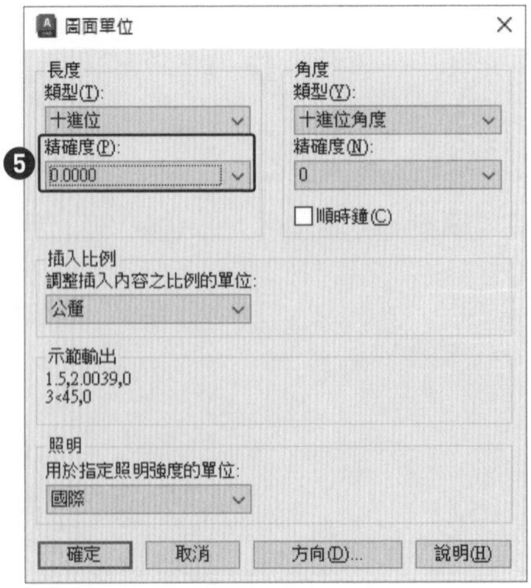

延伸練習

經過第一章到第四章的學習，讀者可自行繪製以下圖形，並標註尺寸。

椅子

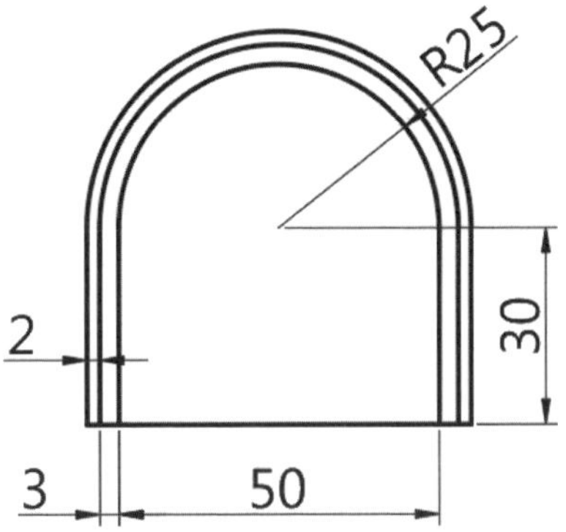

六邊形置物架

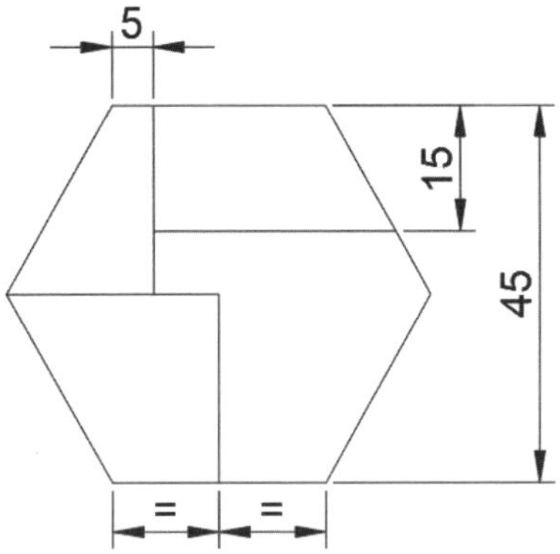

八邊形置物架

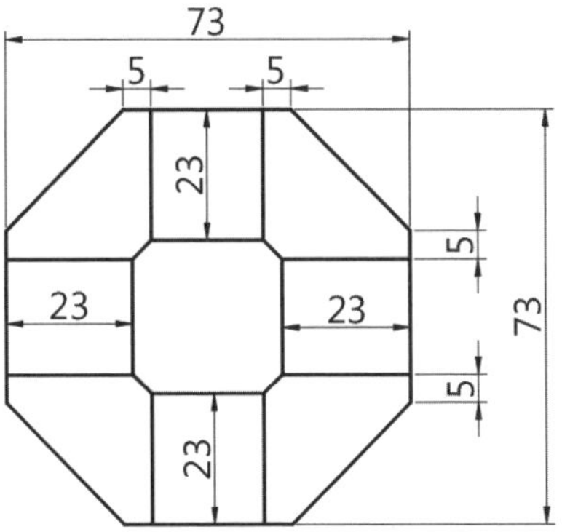

螢幕

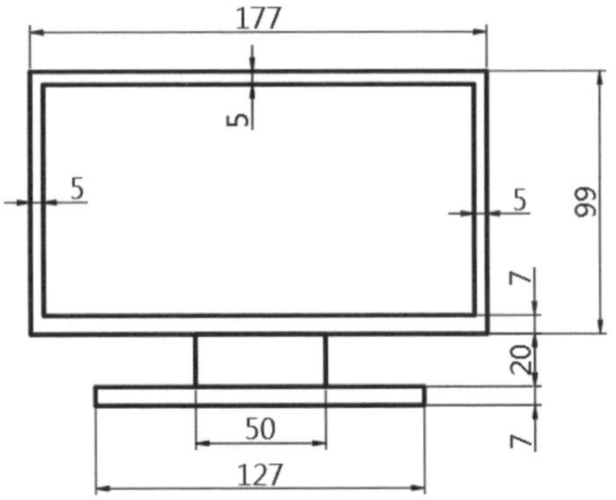

六邊形書架

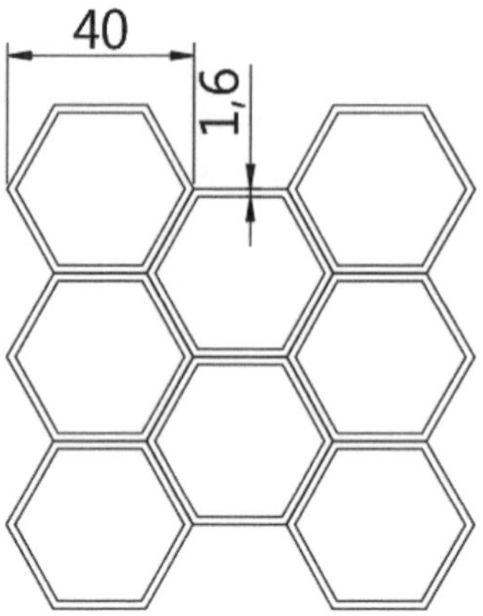

收納櫃

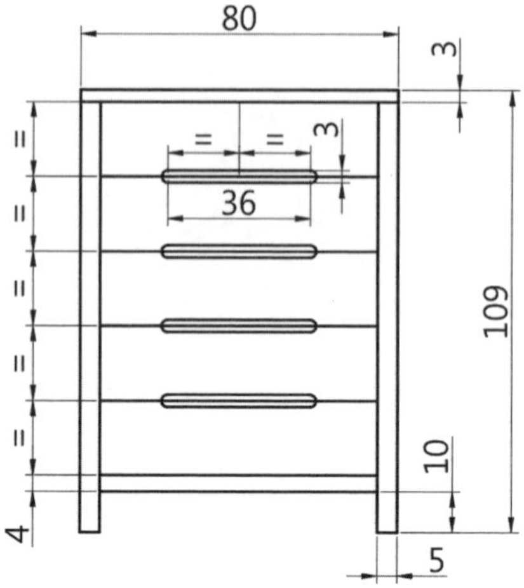

簡易櫃體分隔

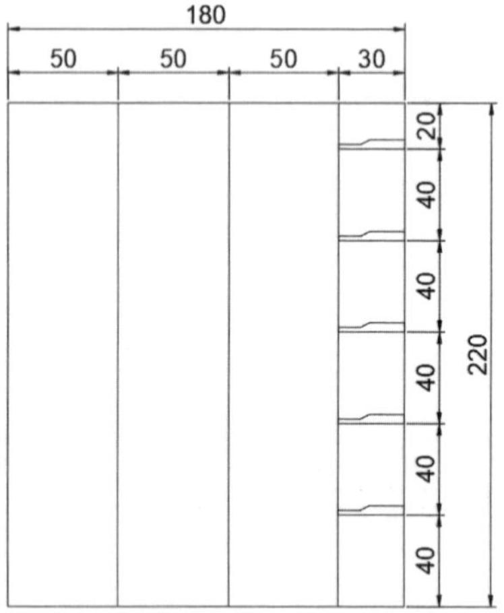

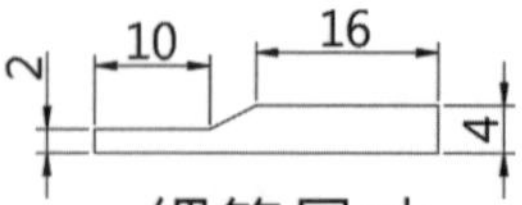

細節尺寸

浴缸

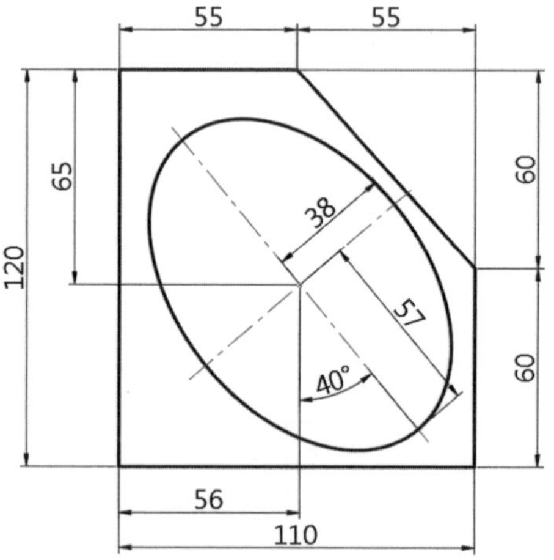

茶几

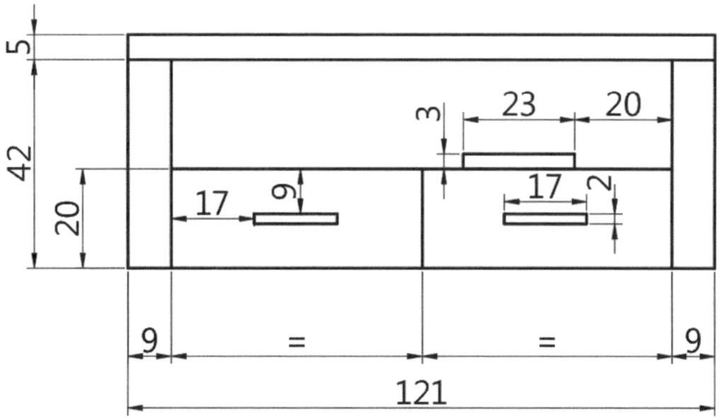

抽屜把手尺寸相同

三人沙發

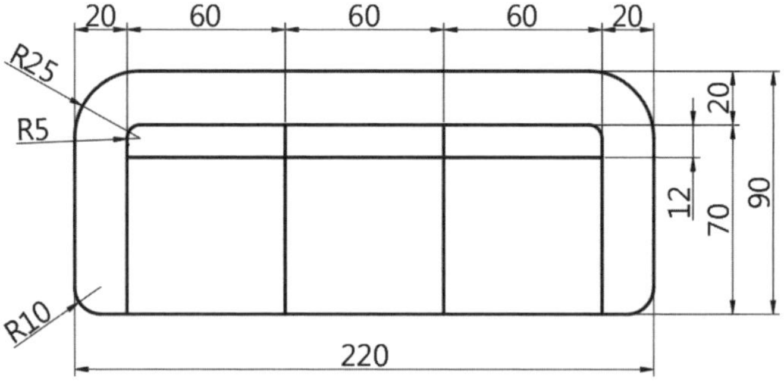

門

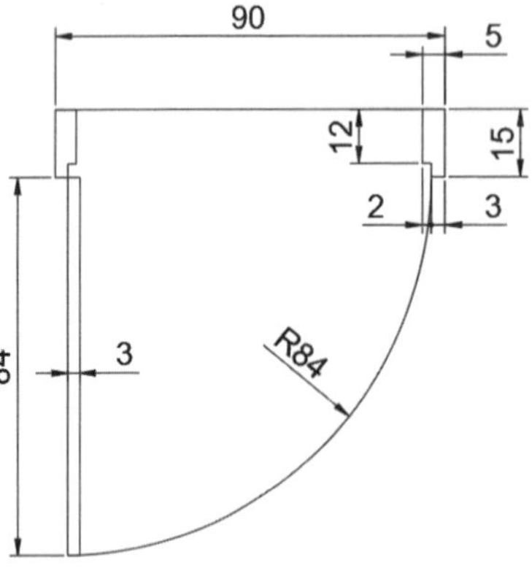

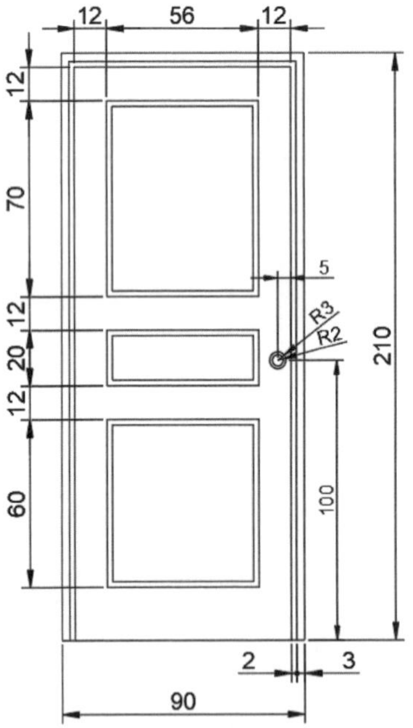

門內造型間隔皆為 2

L 型沙發

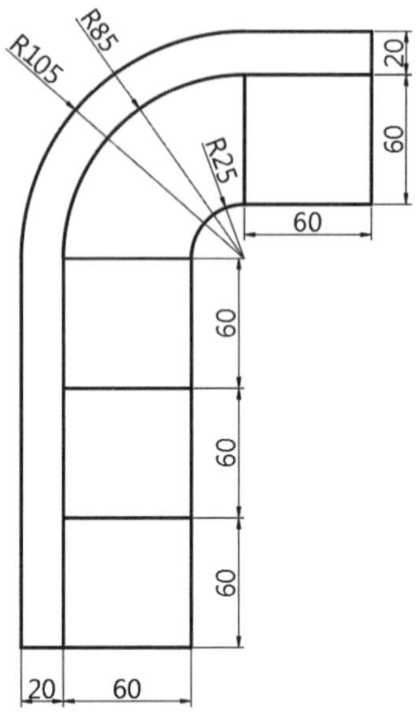

CHAPTER

5 圖層

AutoCAD 具備強大的圖層管理能力，可以將不同的圖元屬性指定至不同的圖層做管理，而且圖層具備關閉、鎖定、凍結等功能，可以適時的隱藏暫時不需要顯示的圖元，也可以限制某圖層的列印功能。

圖層狀態可以快速的切換圖層開關的控制組合，使我們在管理圖層的時候更有效率。

5-1 圖層性質管理員

5-2 圖層快速操作

AutoCAD 2024

5-1 圖層性質管理員

圖層性質管理員為管理複雜圖面的重要工具，是繪製室內設計圖時不可或缺的幫手。一般來說，圖面中均會設置不同的圖層，用來歸類不同意義的圖元，例如設定尺寸層用來收集標註圖元，家具圖層來收集家具圖塊，門窗圖層用來收集門窗圖塊等以此類推。圖層具備鎖住、關閉、凍結等控制圖元的顯示與是否可編輯等屬性。合理的圖層設定可以提高圖面繪製的效率。

建立圖層

指令	Layer	快捷鍵	LA	圖示	
工具列按鈕	常用頁籤 → 圖層面板 → 圖層性質 				

準備工作

- 開啟範例檔〈5-1_ex1.dwg〉。

正式操作

1. 點擊【常用】頁籤 →【圖層】面板 →【圖層性質】按鈕。
2. 按下【新圖層】按鈕。
3. 輸入圖層名稱為「尺寸」，來建立新圖層。(選取圖層，按 **F2** 鍵可以重新命名。)

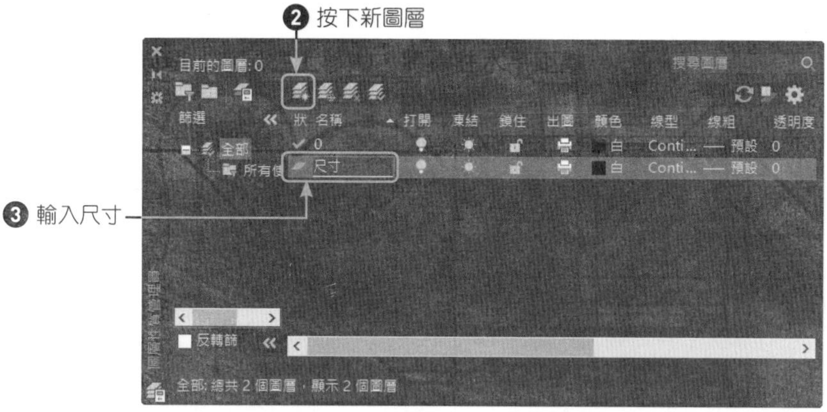
❷ 按下新圖層
❸ 輸入尺寸

④ 依照上述步驟來建立「門」圖層、「窗」圖層、「傢俱」圖層、「牆」圖層。

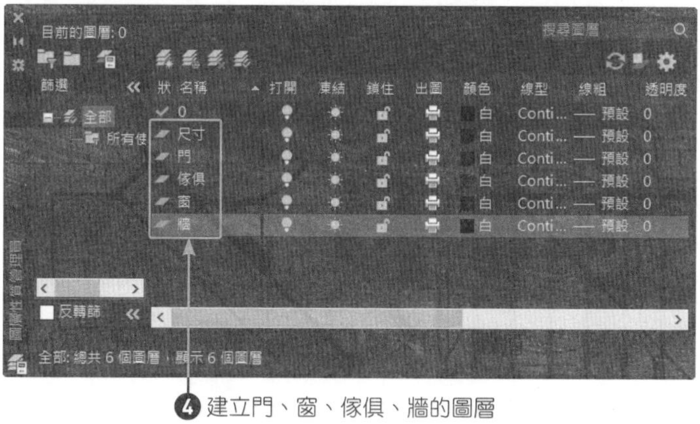
❹ 建立門、窗、傢俱、牆的圖層

⑤ 選取「尺寸」圖層右側的顏色欄位中的色塊。

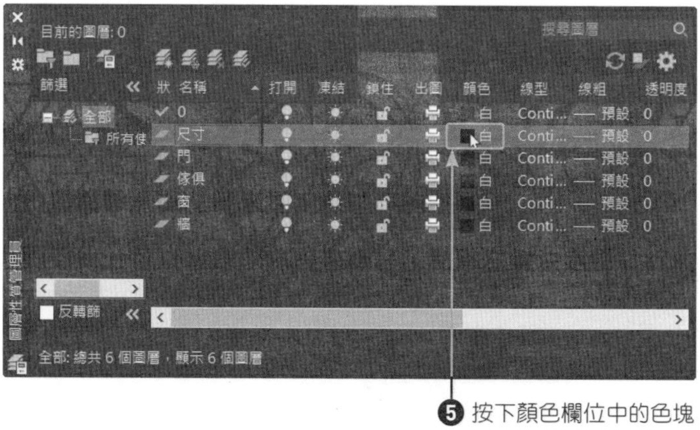
❺ 按下顏色欄位中的色塊

6 選擇【洋紅】後，按下【確定】。

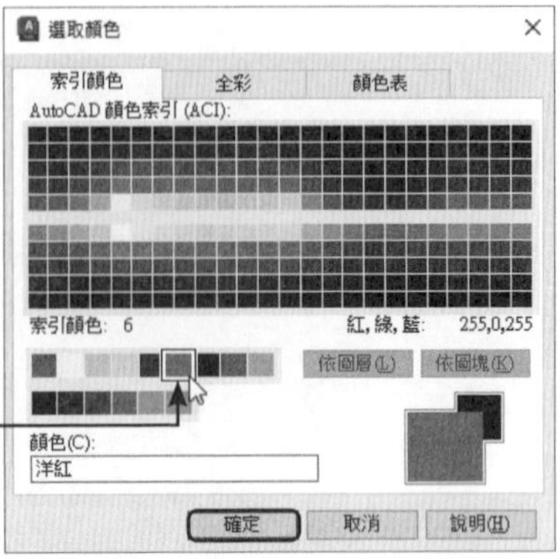

7 變更其他所有圖層的顏色，如下圖所示 (此顏色非實務上使用之顏色)。

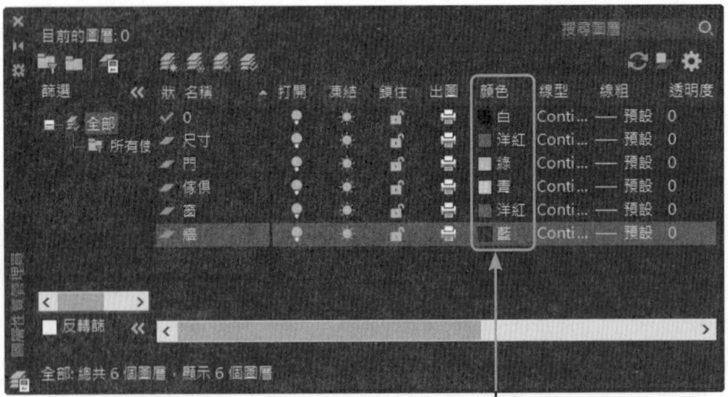

8 選擇全部的標註。

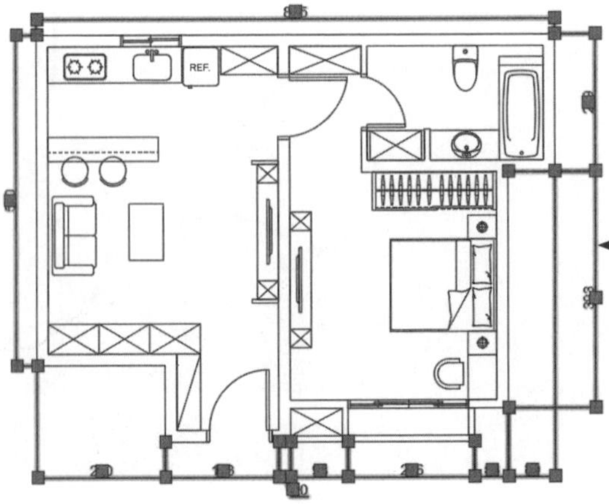

⑨ 點擊【常用】頁籤→【圖層】面板→【圖層】的下拉式選單，選擇「尺寸」圖層。如此一來，所有的標註會變為「尺寸」圖層。

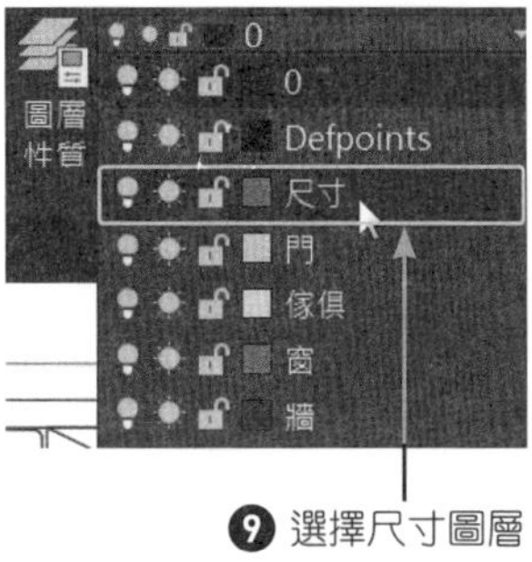

⑩ 選擇全部的牆線。

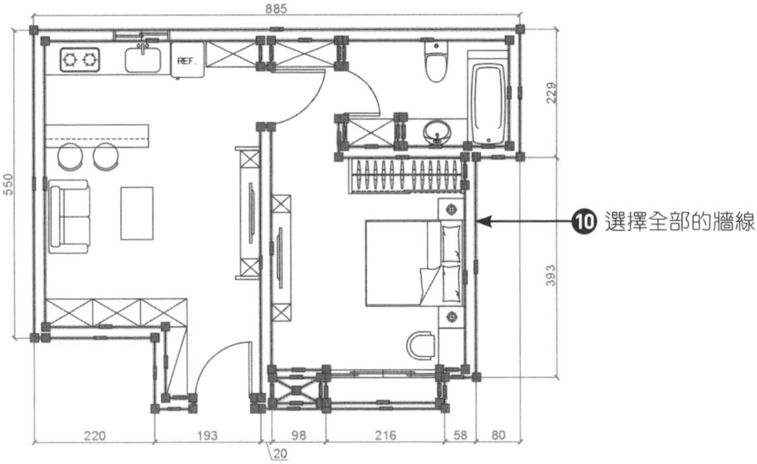

⑪ 點擊【常用】頁籤→【圖層】面板→【圖層】的下拉式選單，選擇「牆」圖層。如此一來，所有的牆面線段變為「牆」圖層。

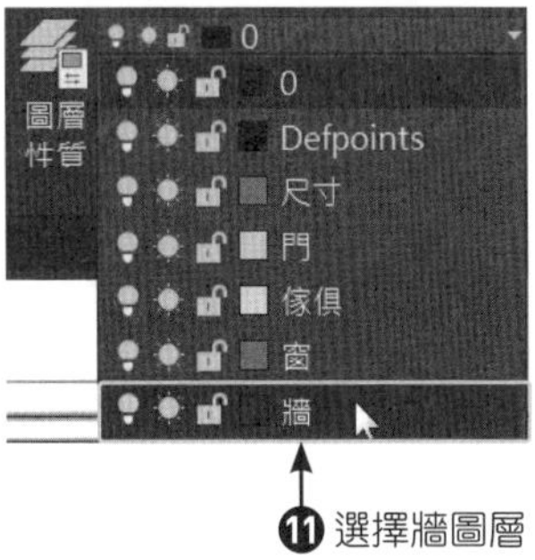

關閉圖層

準備工作

- 延續上一小節的檔案來操作。

正式操作

1. 點擊【常用】頁籤 →【圖層】面板 →【圖層性質】按鈕。

2. 在為「尺寸」與「牆」的圖層，按下燈泡的圖示來關閉圖層，則『打開』圖示 會變換為『關閉』圖示，表示已將「尺寸」與「牆」圖層中的物件隱藏起來。

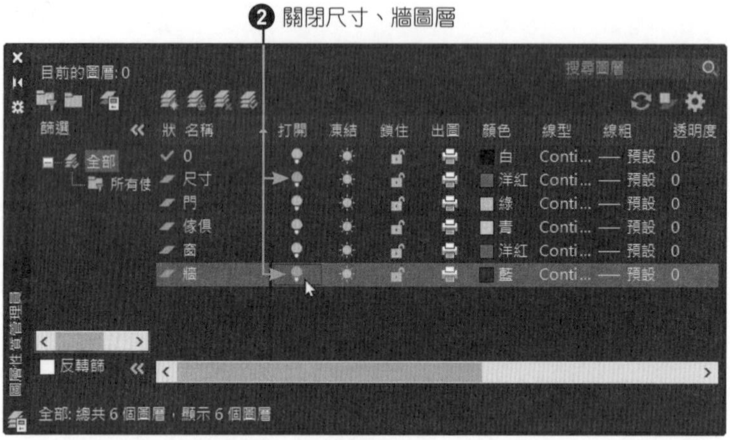

3. 選擇全部的門，此時可快速地選取到圖元。

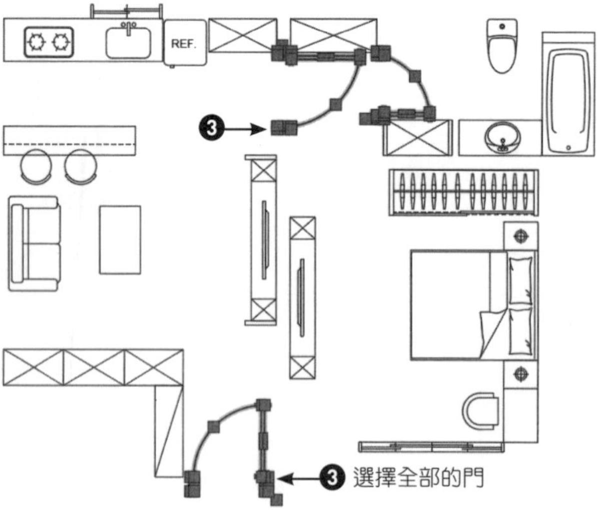

4 點擊【常用】頁籤→【圖層】面板→【圖層】的下拉式選單，選擇「門」圖層。如此一來，所有的門會變為「門」圖層。

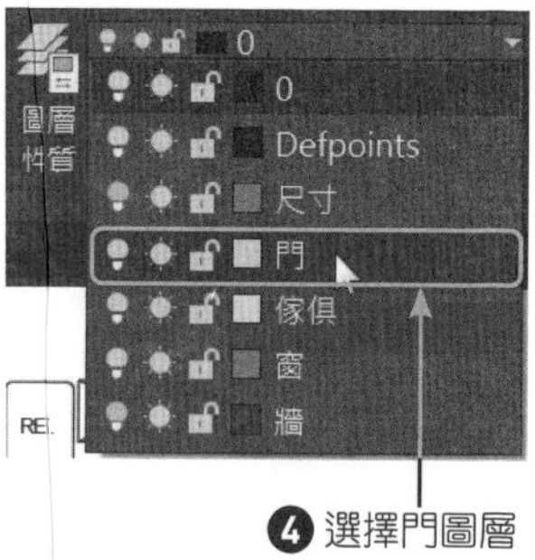

5 選擇全部的窗戶。

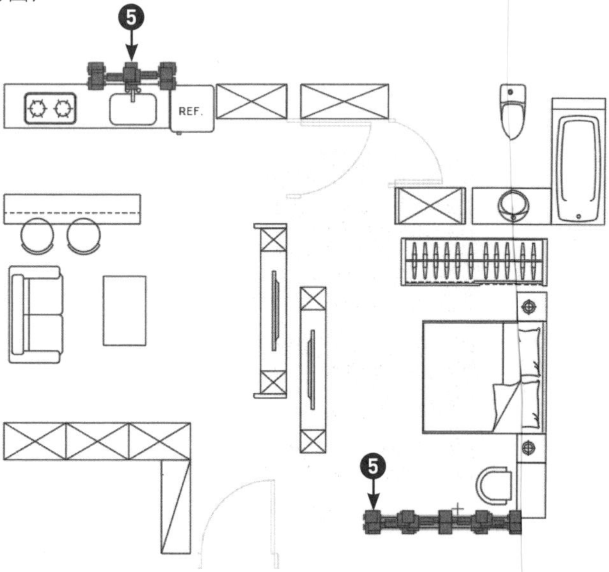

6 點擊【常用】頁籤→【圖層】面板→【圖層】的下拉式選單，選擇「窗」圖層。如此一來，所有的窗戶會變為「窗」圖層。

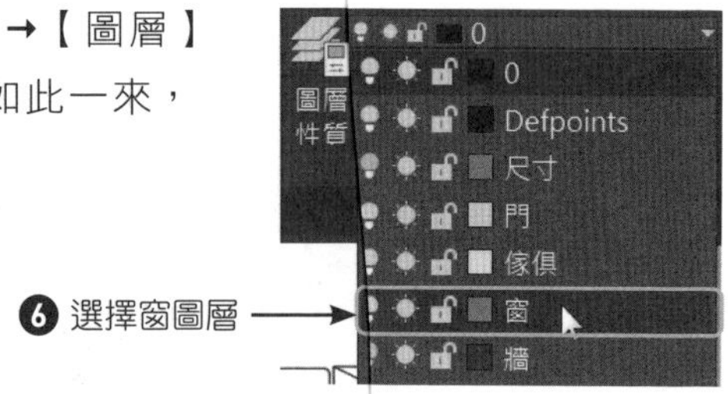

NOTE

關閉圖層會將圖層內的圖元隱藏起來，但按下 Ctrl + A 鍵全選所有物件時，可以選取到並編輯。

鎖住圖層

準備工作

- 延續上一小節的圖層來操作。
- 點擊【常用】頁籤→【圖層】面板 →【圖層性質】按鈕。

正式操作

1 在「門」與「窗」圖層的鎖住欄位，按下鎖的符號，則『解鎖』圖示 會變換為『鎖住』圖示 。

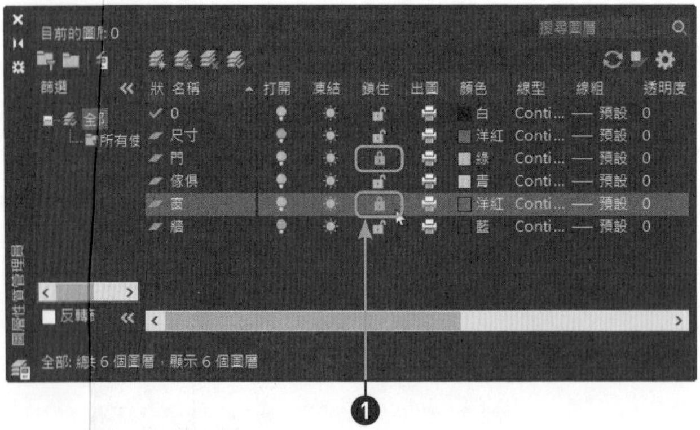

2 選擇全部的圖元，此時圖面中剩下的傢俱未被鎖住，我們可以順利地選取所有傢俱來設定圖層。

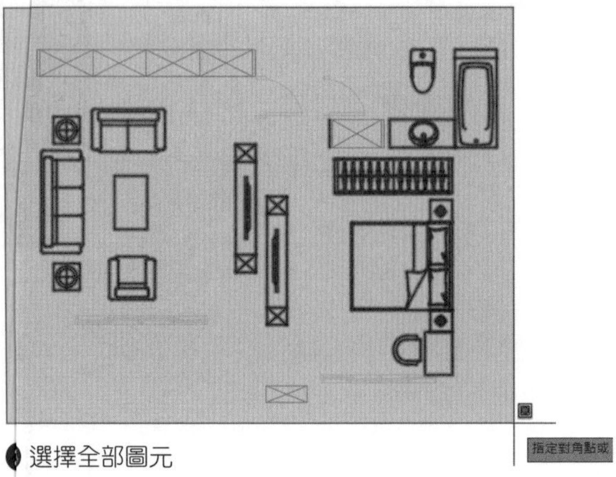

選擇全部圖元

3 點擊【常用】頁籤 →【圖層】面板 →【圖層】的下拉式選單，選擇「傢俱」圖層。如此一來，所有的傢俱會變為「傢俱」圖層。

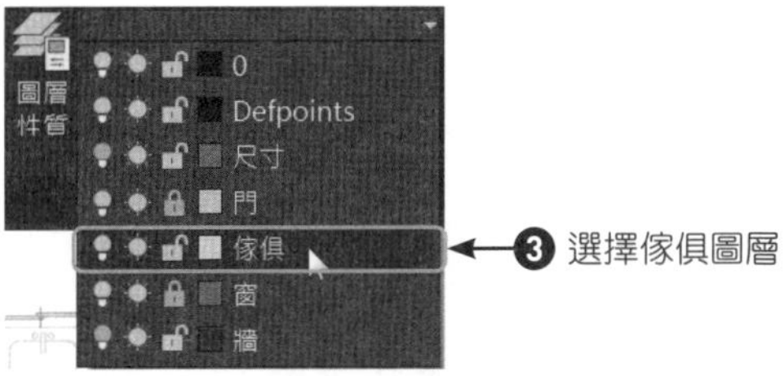

4 此時會彈跳出一個視窗，説明無法對鎖住圖層進行變更，按下【關閉】即可。

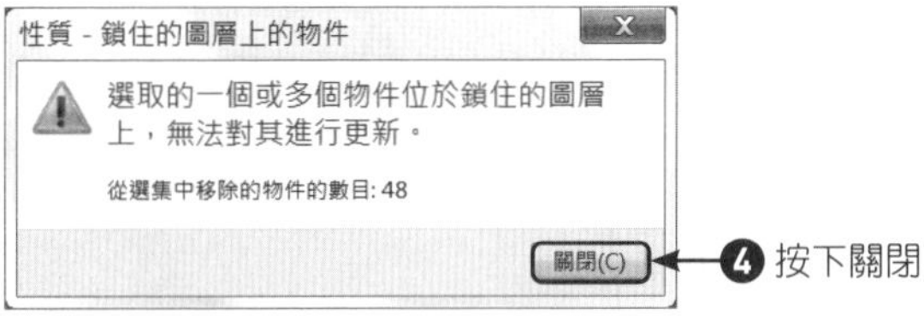

5 任意點擊「門」圖層上的圖元皆會出現【鎖住 】圖示，查看圖層面板的下拉式選單，顯示【門】圖層，表示櫃子沒有因為上述的動作而變更為「傢俱」圖層。

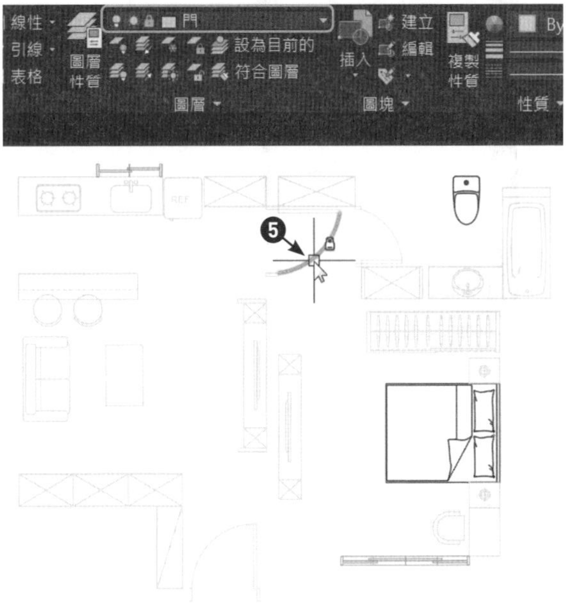

凍結圖層

準備工作

- 延續上一小節的檔案來操作。
- 打開圖層下拉式選單，將「門」與「窗」圖層解鎖，並將「牆」圖層的燈泡打開。

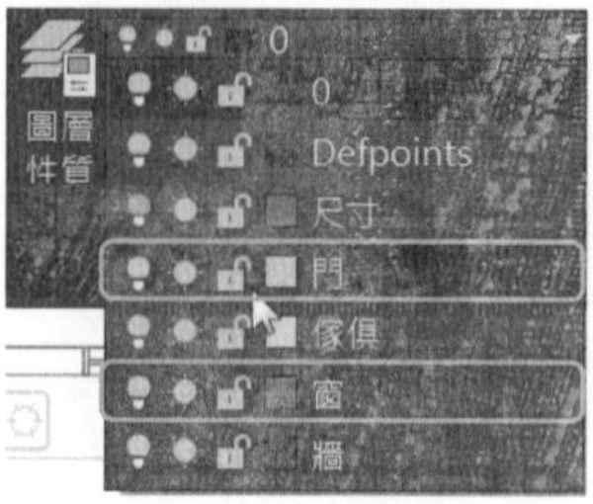

正式操作

1 點擊【常用】頁籤 →【圖層】面板 →【圖層性質】按鈕。

2 在凍結欄位中，將名稱欄位為「門」、「窗」、「牆」的圖層，按下凍結符號，則『解凍』圖示  會變換為『凍結』圖示  ，表示已凍結「門」、「窗」與「牆」的圖層。

打勾表示目前圖層，無法被凍結

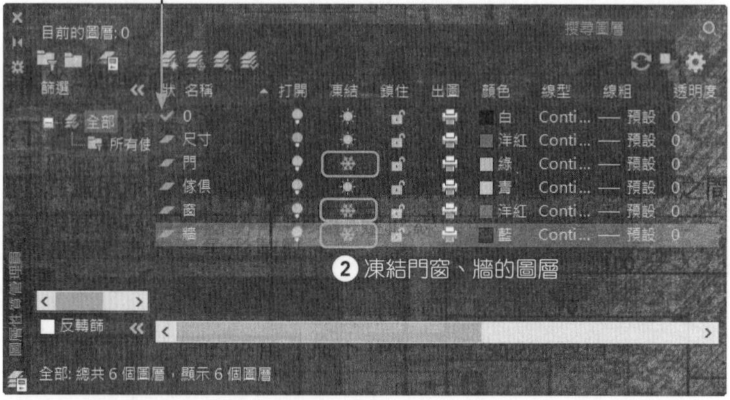

2 凍結門窗、牆的圖層

> NOTE 當圖層狀態為『打勾』圖示  時，表示此圖層為目前圖層，不能凍結此圖層。若目前圖層為「0」，之後繪製的物件皆為「0」圖層的物件。

3 使用複製指令，框選全部圖元，按下 Enter ← 鍵。

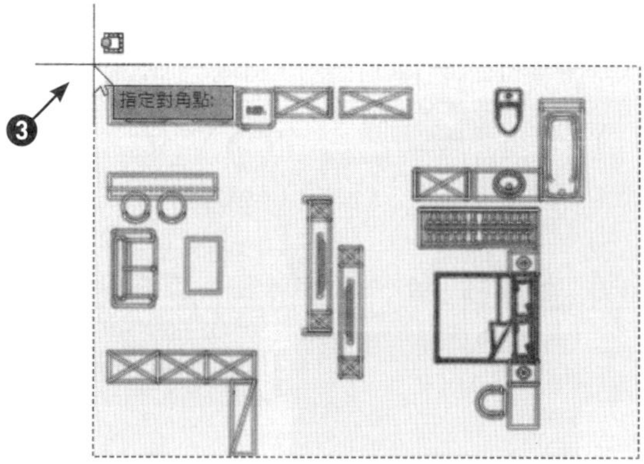

4 將圖元向右複製。

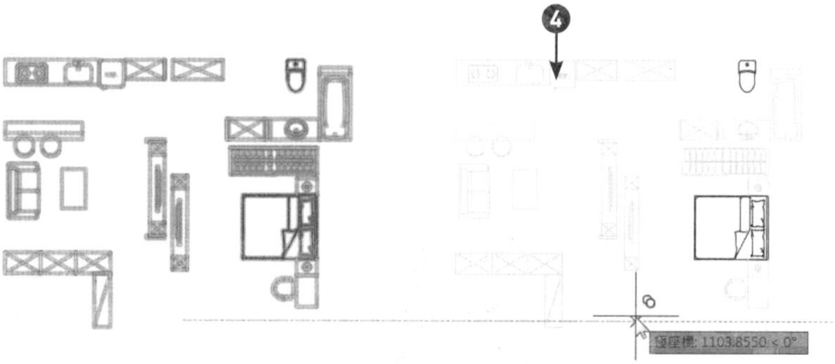

5 點擊【常用】頁籤 →【圖層】面板 →【圖層性質】按鈕。

6 在凍結欄位中，將「門」、「窗」、「牆」的圖層設為【解凍】圖示。

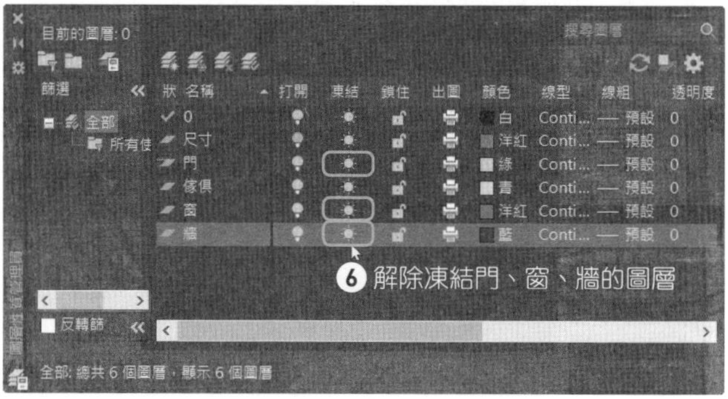

⑦ 完成圖。

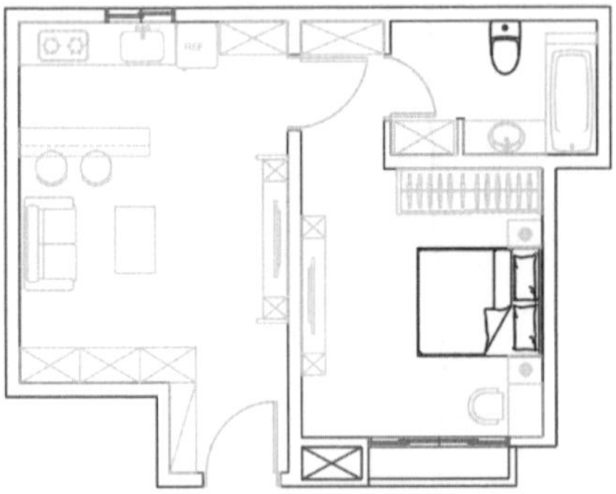

原本的圖元

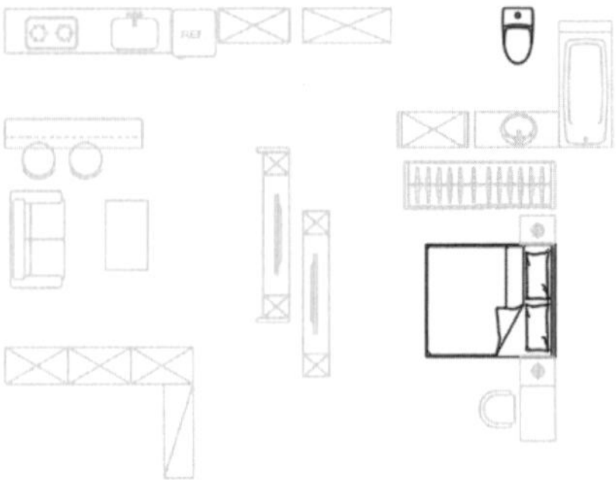

解凍圖層後複製的圖元

NOTE 凍結圖層是將圖層視為不可見並且無法編輯。

NOTE 若將下方捲軸往右拖曳後，看不見圖層名稱。

可以在圖層名稱欄位按下滑鼠右鍵 → 選擇【凍結欄】即可解決此問題。

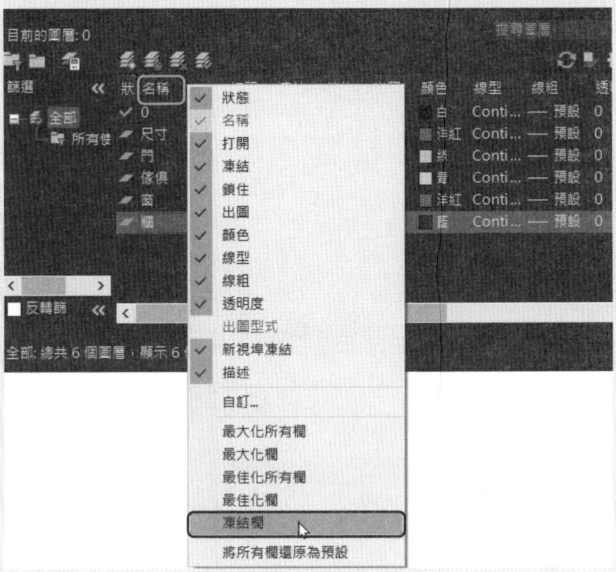

5-2 圖層快速操作

準備工作

- 開啟範例檔〈5-2_ex1.dwg〉。

關閉圖層

(1) 點擊【關閉】。

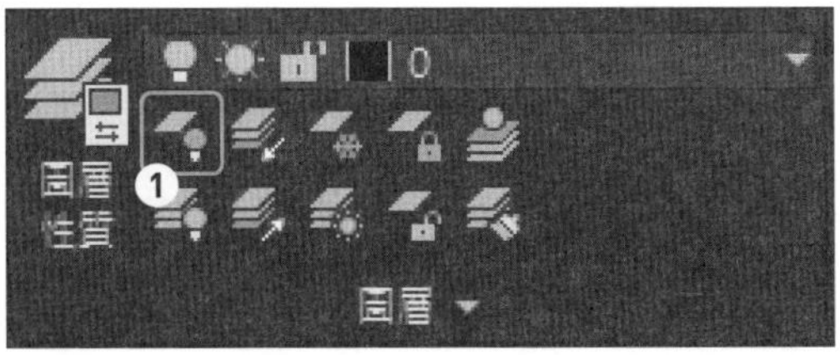

2 選客廳的茶几，就可以隱藏茶几所在的圖層，按 Enter← 鍵結束指令。

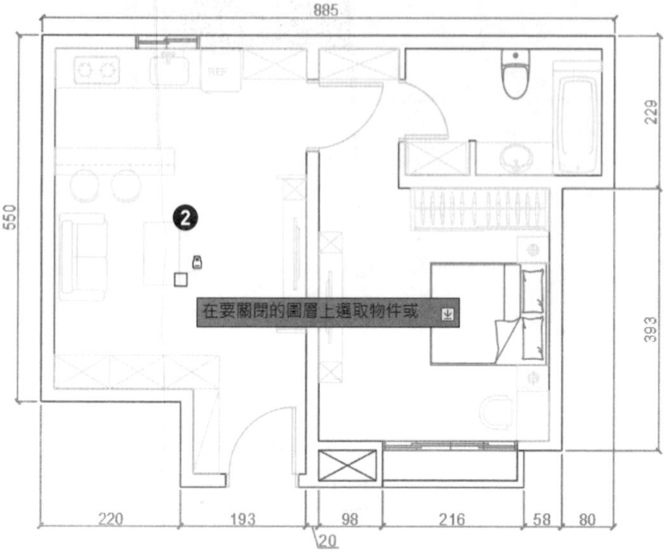

3 完成如下圖。

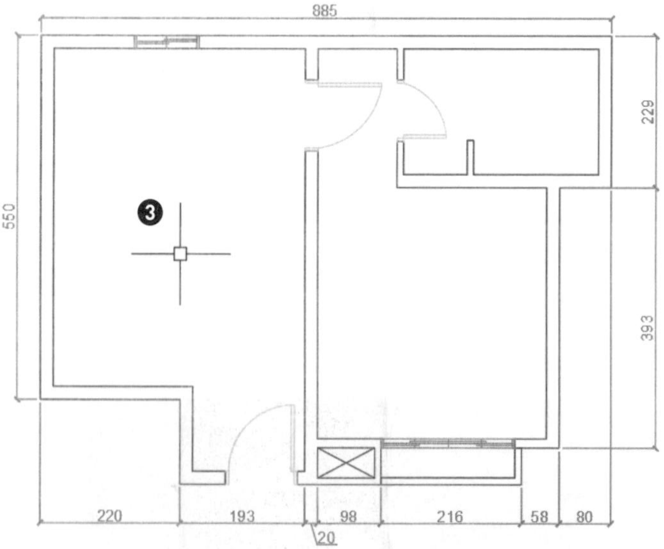

4 點擊【打開所有圖層】，可以取消隱藏。

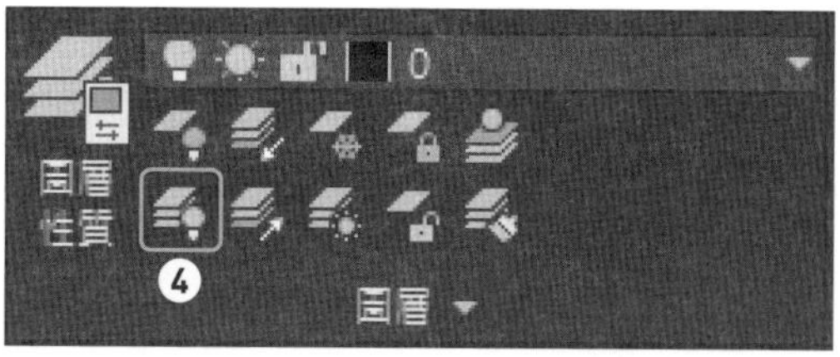

隔離圖層

1 點擊【隔離】。

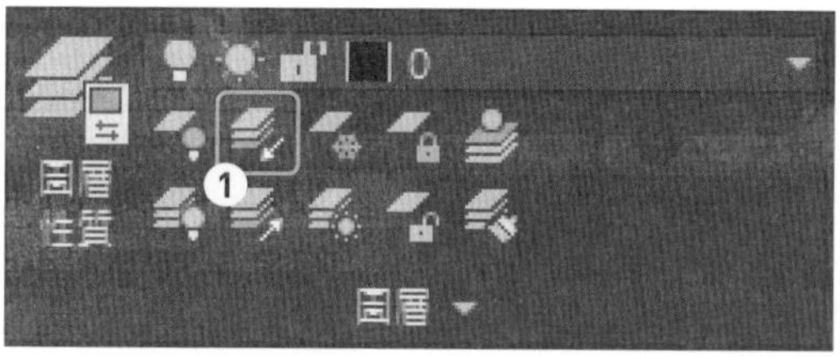

2 選茶几，按下 Enter← 鍵完成選取。

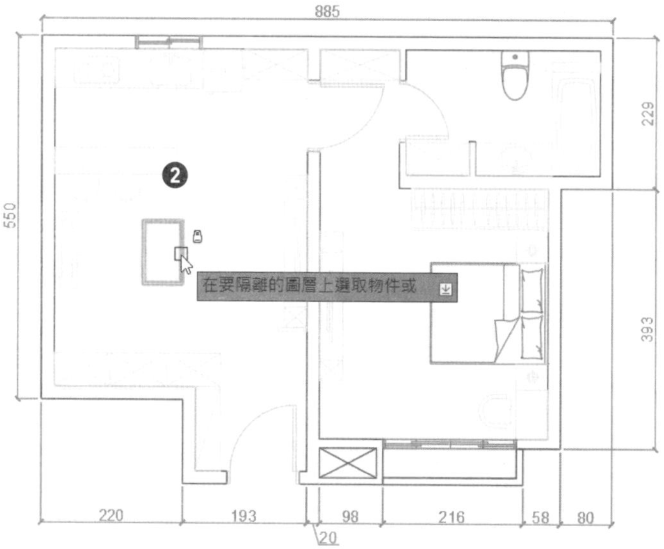

3 完成如下圖。

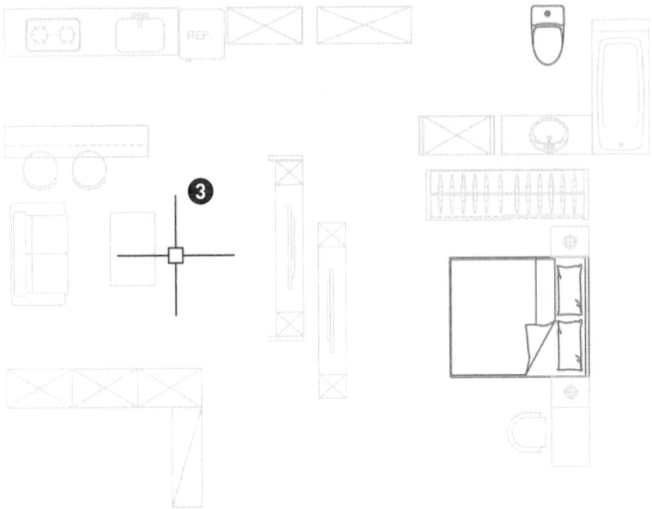

4 點擊【取消隔離】，可以恢復。

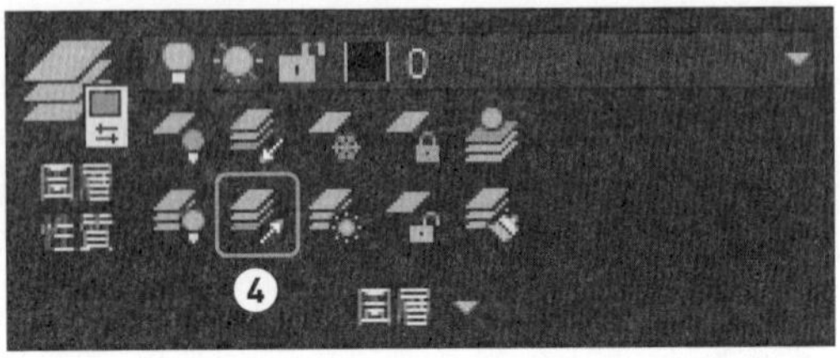

鎖住圖層

1 點擊【鎖住】。

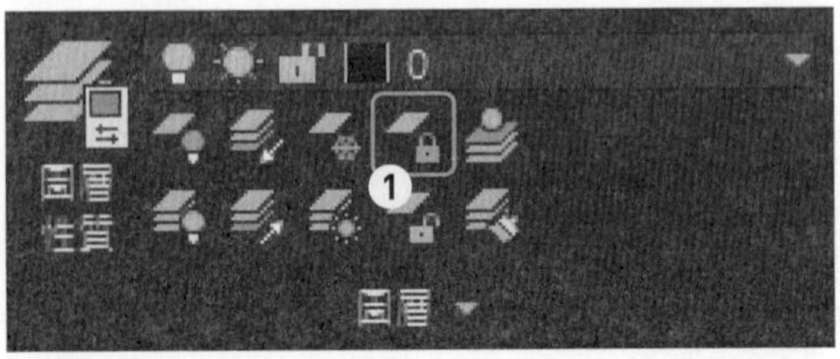

2 選取任一個尺寸。

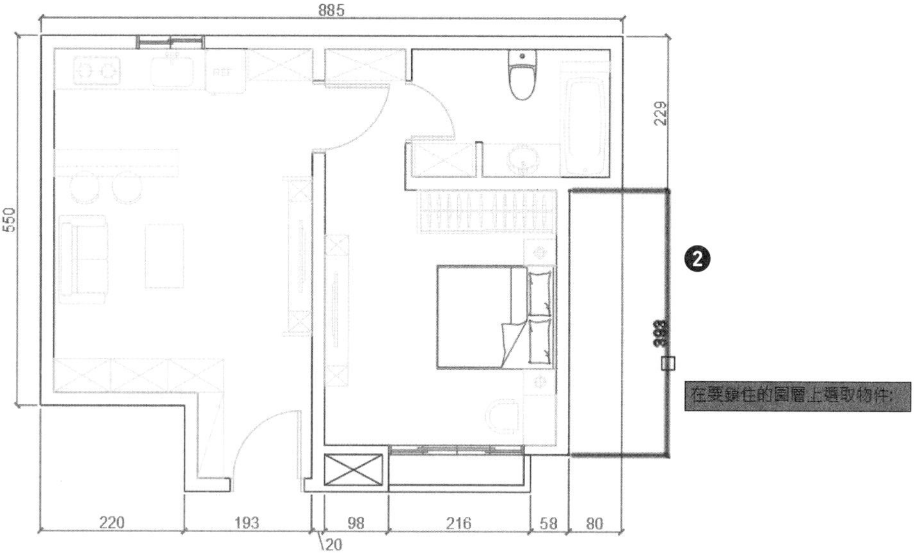

3 完成如下圖，滑鼠移到尺寸上會出現鎖的圖示。

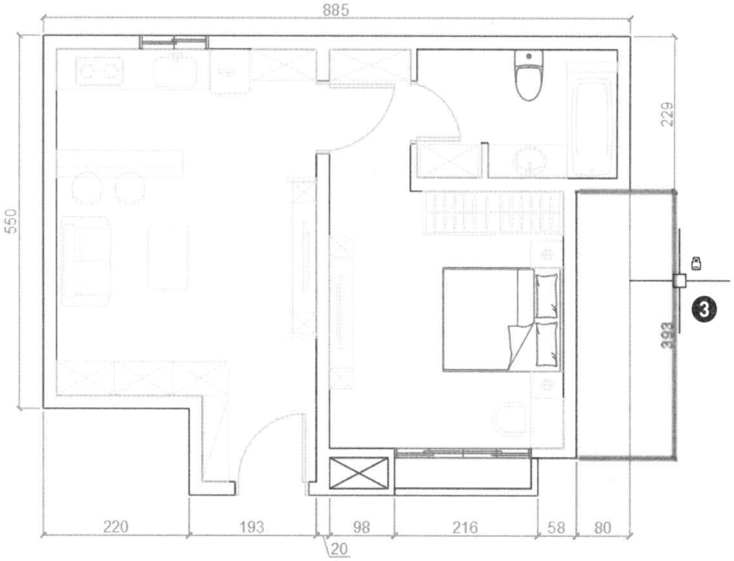

4 點擊【解鎖】，再選任一個尺寸，可以恢復。

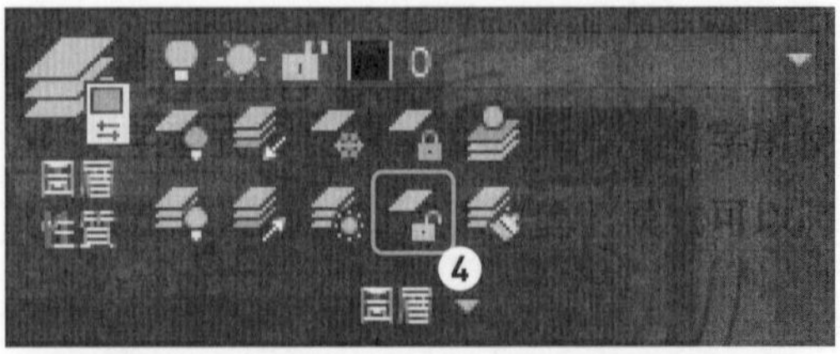

設為目前的

1 點擊【設為目前的】。

2 選取任一個尺寸。

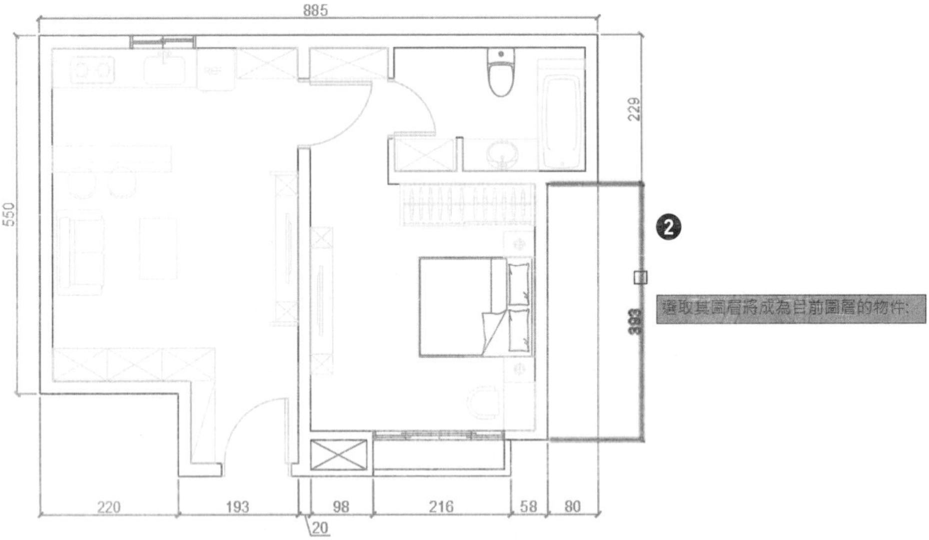

3 按 Esc 鍵確保沒有選取到任何物件，可以看到目前圖層已經變成尺寸圖層。

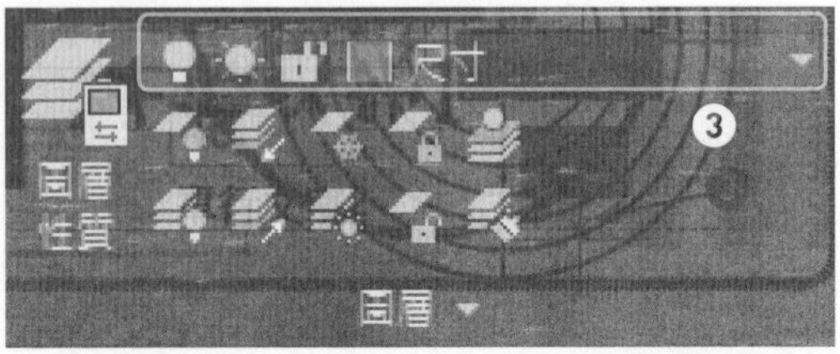

CHAPTER

6 圖塊

圖塊是各種不同造型的群組組合，通常我們在建立常用的造型後，為了提升繪製效率，會建立由圖塊構成的零件庫，來節省重複造型的繪製時間。可以利用插入圖塊置入型態相同、比例角度不同的類似圖塊。也可以利用外部參考來製作常常需要大量設計變更的圖面。

6-1 圖塊的運用

6-2 動態圖塊

6-3 圖塊屬性編輯器

6-4 外部參考

6-5 計數與圖塊取代（新功能）

6-1 圖塊的運用

建立圖塊

指令	BLOCK	快捷鍵	B	圖示	
工具列按鈕	常用頁籤 → 圖塊面板 → 建立， 或是插入頁籤 → 圖塊定義面板 → 建立圖塊 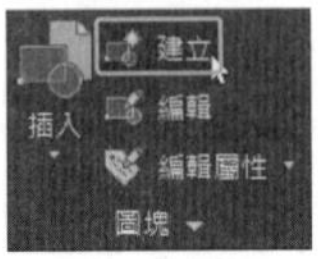 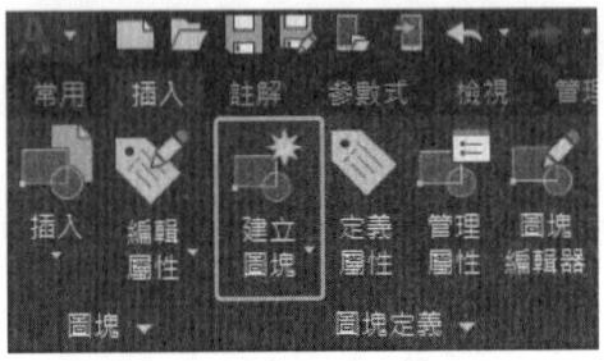				

準備工作

- 開啟範例檔〈6-1_ex1.dwg〉。

正式操作

1. 點擊【常用】頁籤 →【圖塊】面板 →【建立】按鈕。
2. 在名稱欄位輸入「沙發」。
3. 按下【點選點】按鈕。

4 點擊單人沙發背面的中點來當作基準點。

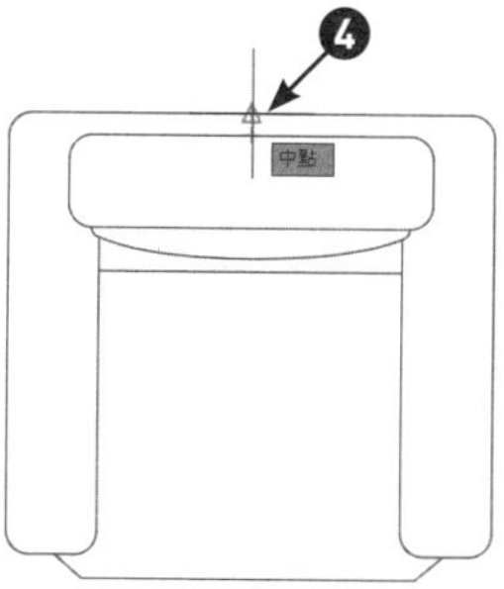

5 按下【選取物件】按鈕。

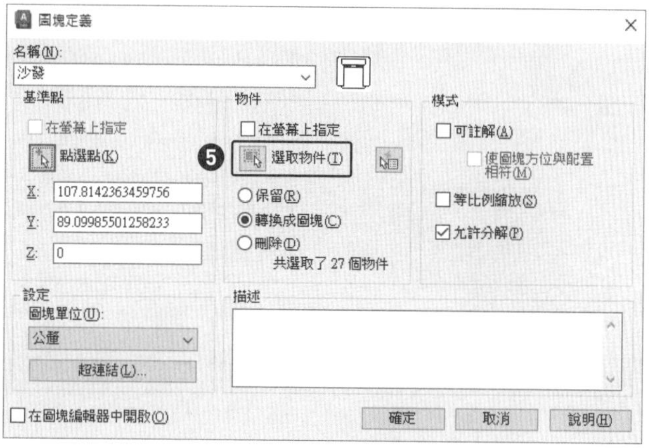

6 選取整個單人沙發，按下 Enter ← 鍵來結束選取。

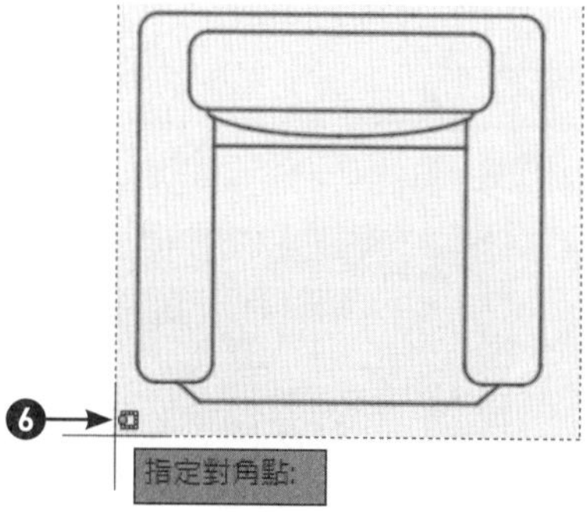

⑦ 按下【確定】來完成建立圖塊。

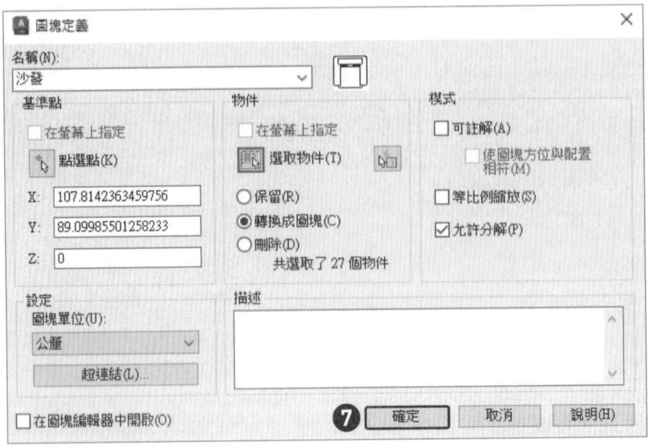

NOTE 要確認圖塊是否正確產生，可以使用【常用】頁籤 →【圖塊】面板 →【插入】按鈕，從名稱觀察就可知道圖塊是否產生（如下左圖）；或是選取沙發圖塊，滑鼠停留在沙發線段上會出現圖塊訊息（如下右圖）。

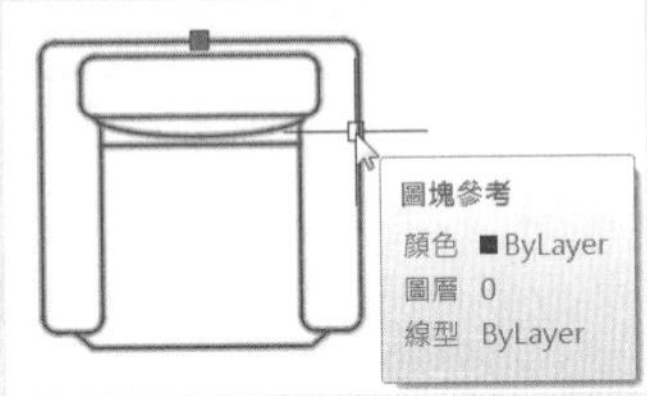

製作圖塊

指令	WBLOCK	快捷鍵	W	圖示	
工具列按鈕	插入頁籤 → 圖塊定義面板 → 建立圖塊的下拉式選單 → 製作圖塊 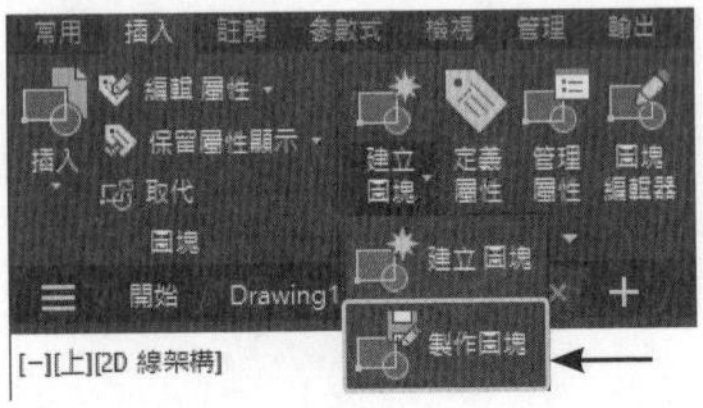				

準備工作

- 在 C 槽建立一個檔名為「傢俱」的資料夾。
- 開啟範例檔〈6-1_ex2.dwg〉。

正式操作

1 點擊【插入】頁籤 →【圖塊定義】面板 →【建立圖塊】按鈕中的下拉式選單 →【製作圖塊】按鈕。

2 選擇【物件】。

3 按下【點選點】按鈕。

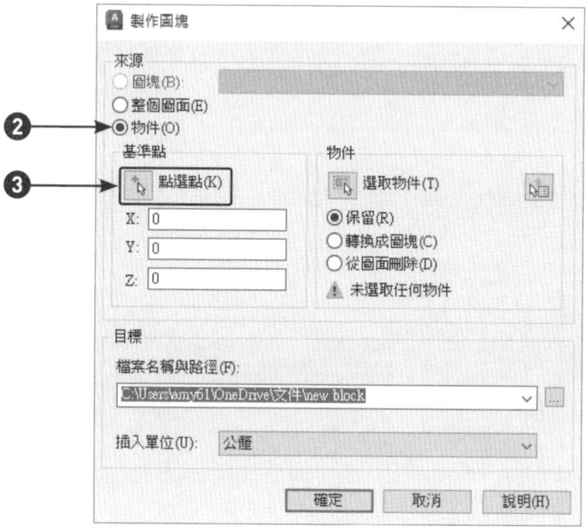

4 點擊雙人沙發背面的中點來當作基準點。

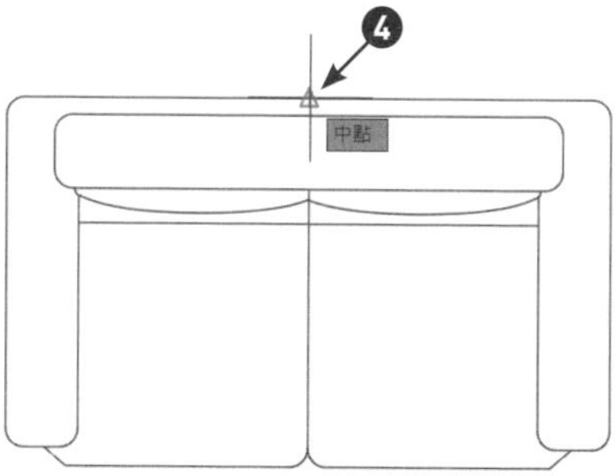

5 按下【選取物件】按鈕。

6 選取整個沙發，按下 Enter 鍵來結束選取。

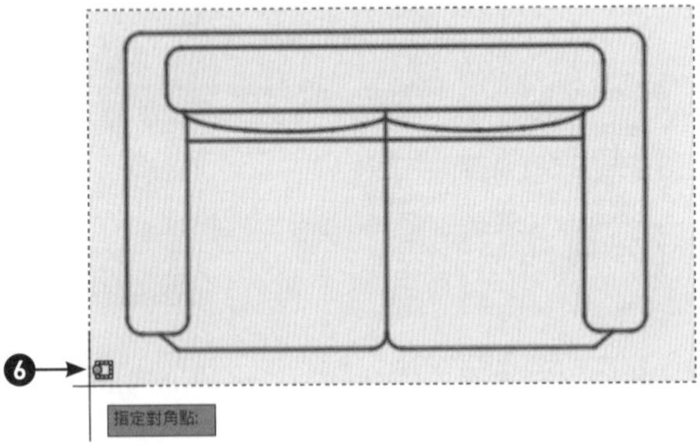

7 按下【...】來指定圖塊存放的位置。

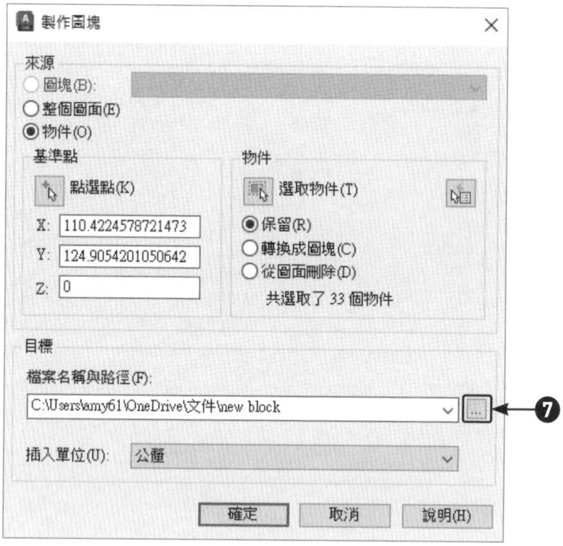

8 指定瀏覽位置為「C:\ 傢俱」的資料夾。

9 在檔名欄位輸入「雙人沙發」，按下【儲存】按鈕。

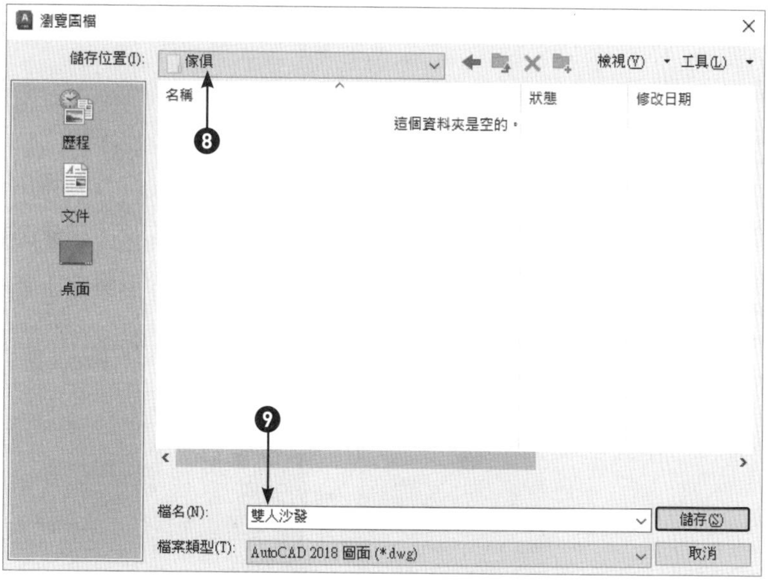

10 按下【確定】按鈕來完成寫出圖塊，並將圖塊保留下來，以方便稍後的教學使用。

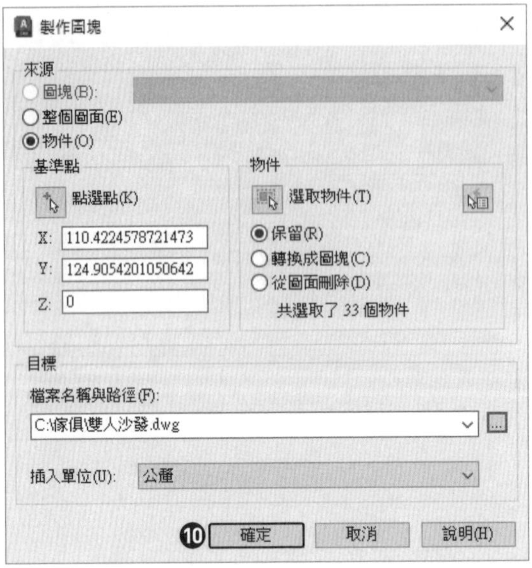

NOTE 【製作圖塊】是將圖塊儲存為 .dwg 檔，就是將圖塊升級為圖檔。【建立圖塊】只儲存在目前圖面。

插入圖內既有的圖塊

指令	INSERT	快捷鍵	I	圖示	
工具列按鈕	常用頁籤 → 圖塊面板 → 插入， 或是插入頁籤 → 圖塊面板 → 插入 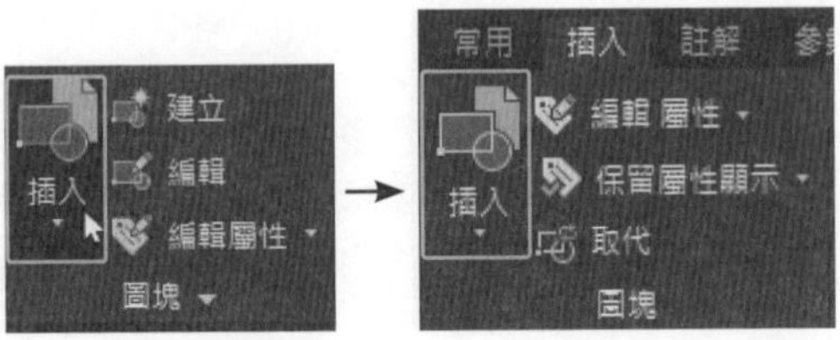				

準備工作

- 開啟範例檔〈6-1_ex3.dwg〉。

正式操作

1 點擊【常用】頁籤 →【圖塊】面板 →【插入】按鈕 →【最近使用的圖塊】，可以開啟圖塊面板。

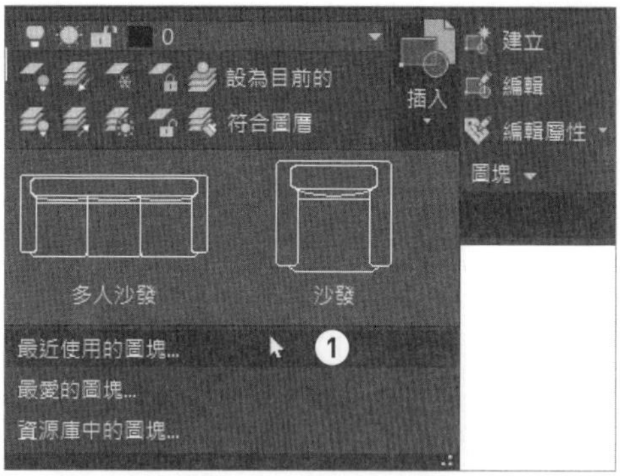

2 左側切換到【目前的圖面】。

3 比例的下拉選單切換為【等比例】，並輸入比例「1.2」。

4 旋轉欄位輸入角度「90」，逆時針轉 90 度。

5 滑鼠左鍵點擊【沙發】圖塊。

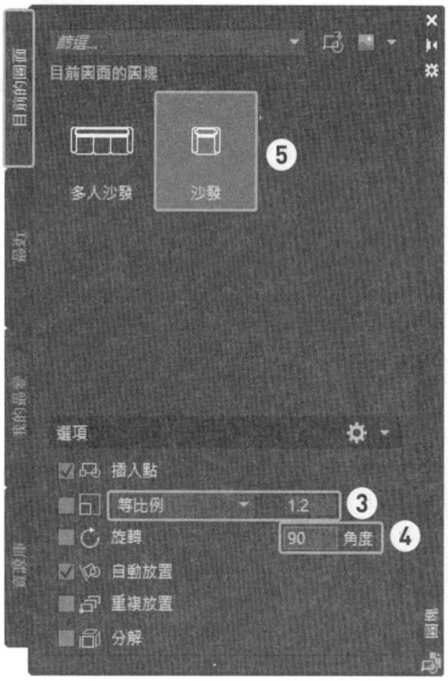

6 點擊左邊線段中點放置沙發。

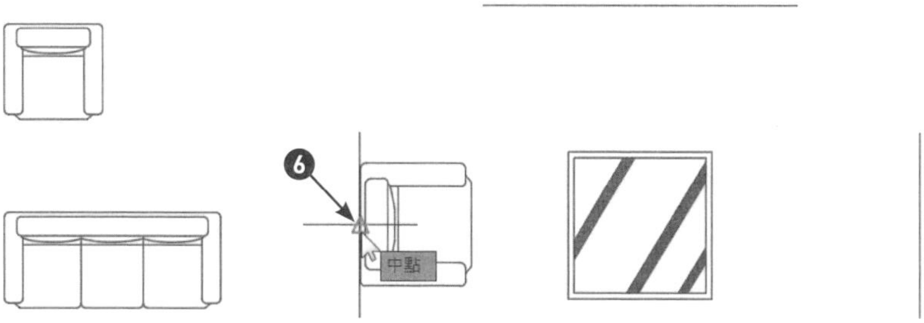

7 除了直接設定比例和角度數值外，也可以在畫面中指定。勾選【旋轉】選項。

8 點擊【多人沙發】圖塊來放置。

NOTE 勾選【重複放置】可連續放置圖塊。

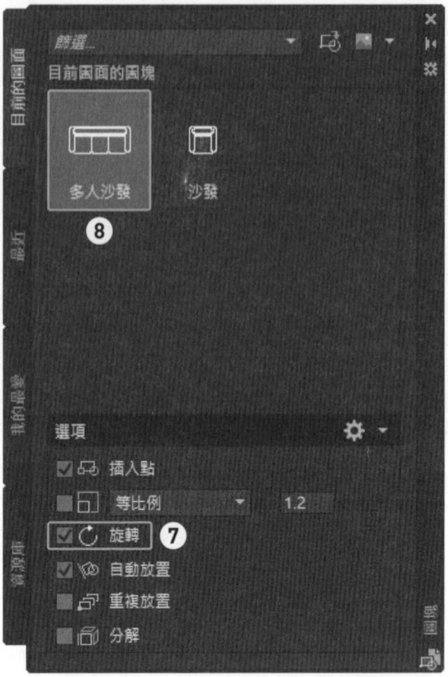

9 點擊上面線段中點放置沙發。

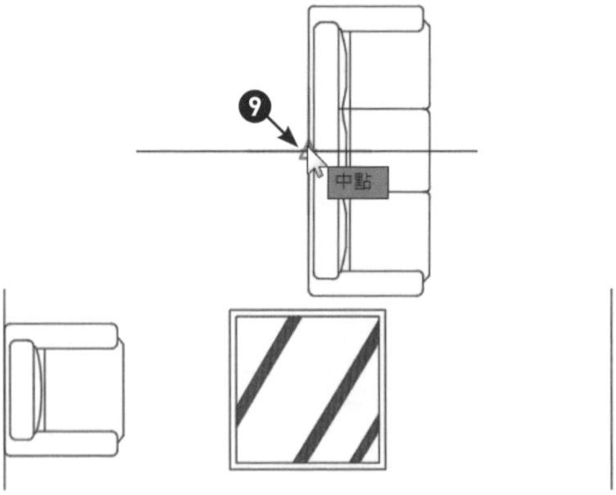

⑩ 點擊線段右邊端點指定沙發角度，完成放置。

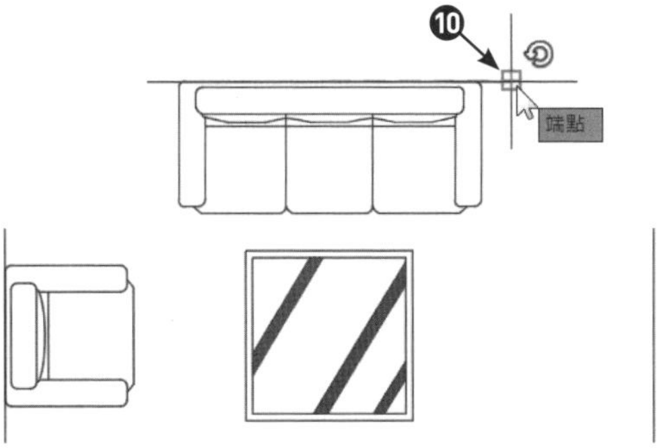

插入其他圖面的圖塊

① 若圖塊不在目前圖面中，可以點擊右上角【 】來尋找圖面。

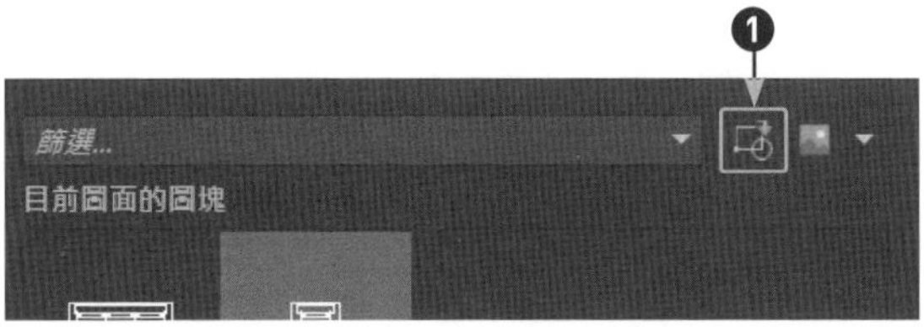

② 選擇先前製作並儲存在「C:\ 傢俱 \ 雙人沙發 .dwg」的圖塊，按下【開啟】。

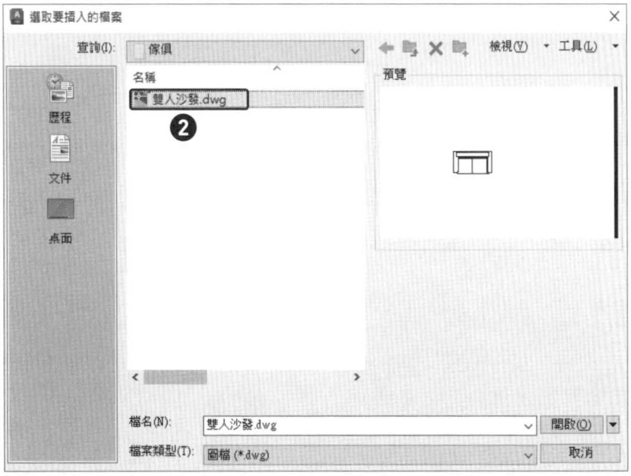

3 點擊右側線段中點放置沙發。

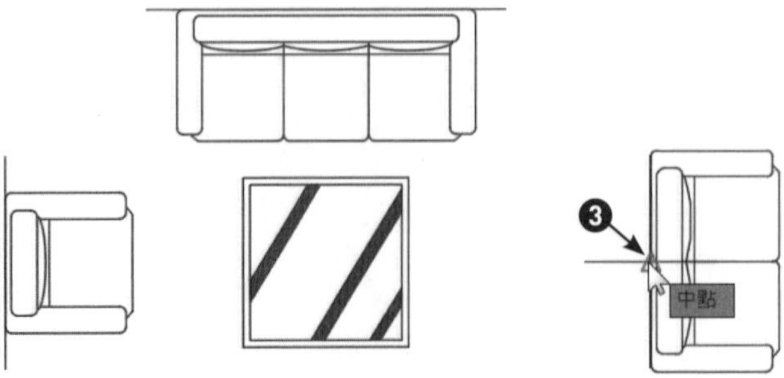

4 點擊線段下方端點指定沙發角度。

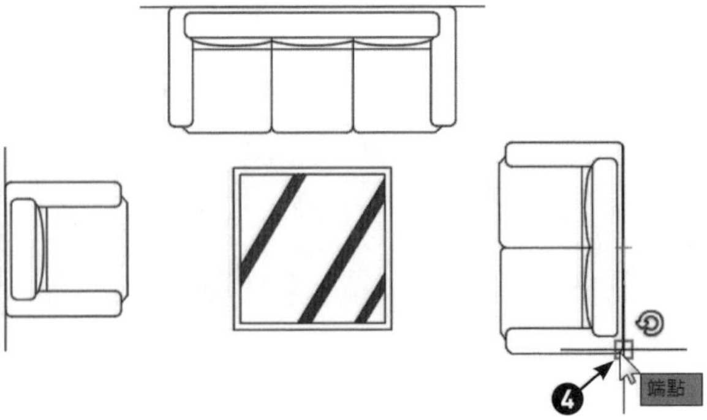

5 完成圖。

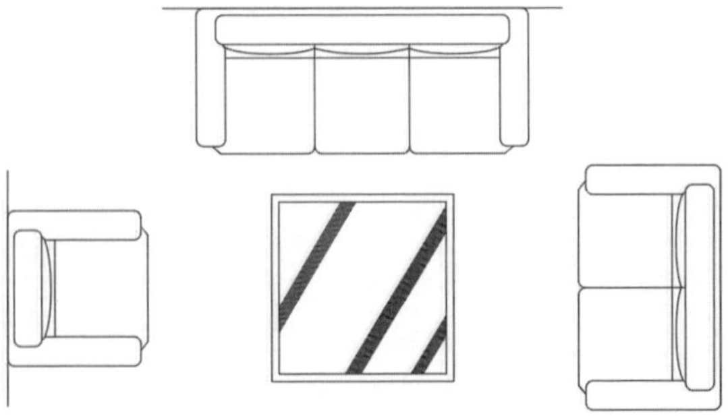

清除圖塊

清除指令可以完全的將圖塊或其他殘留物件從目前檔案中清除。

指令	PURGE	快捷鍵	PU	圖示	
工具列按鈕	管理頁籤 → 清理面板 → 清除 				

準備工作

- 請先開啟範例檔〈6-1_ex4.dwg〉，圖中有三個沙發的圖塊。

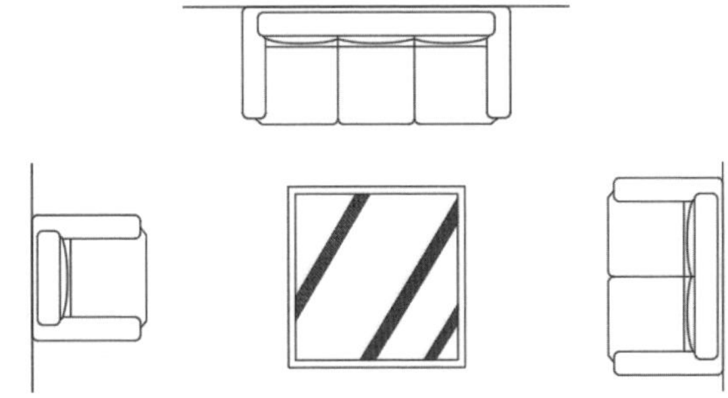

正式操作

1 從圖面中刪除三個沙發。

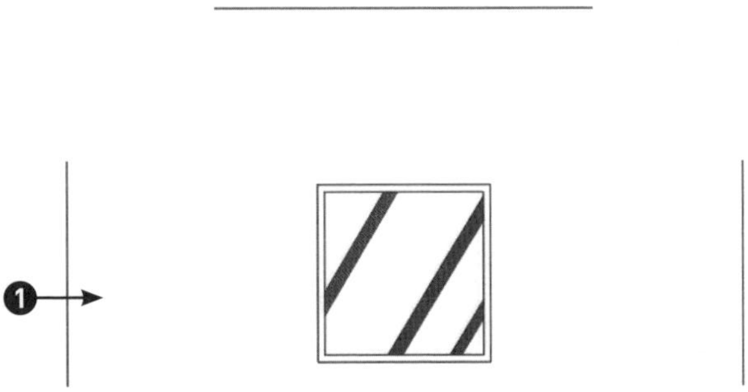

(2) 點擊【常用】頁籤 →【圖塊】面板 →【插入】，發現圖塊還存在，並沒有完全刪除。

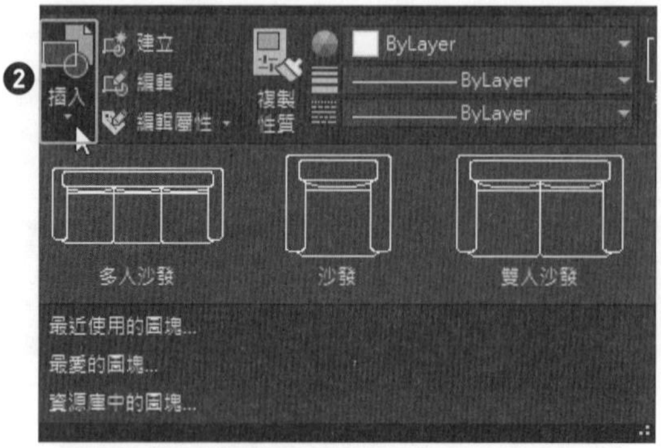

(3) 點擊【管理】頁籤 →【清理】面板 →【清除】。

(4) 勾選【圖塊】選項，點擊【清除勾選的項目】。

5 選擇【清除所有勾選的項目】。

6 圖塊已經被清除，點擊【關閉】。

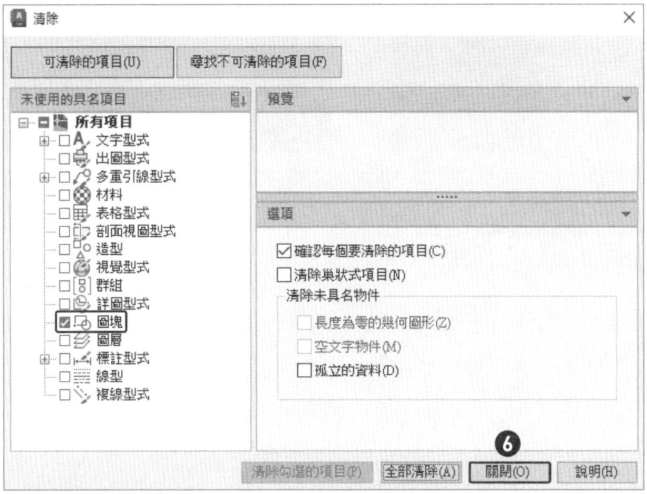

7 點擊【常用】頁籤 → 【圖塊】面板 → 【插入】，呈現空的欄位，表示檔案中已經沒有圖塊。

6-2 動態圖塊

進入圖塊編輯器才能開始製作動態圖塊。

<table>
<tr><td>指令</td><td>BEDIT</td><td>快捷鍵</td><td>BE</td><td>圖示</td><td></td></tr>
<tr><td>工具列按鈕</td><td colspan="5">常用頁籤 → 圖塊面板 → 編輯，
或是插入頁籤 → 圖塊定義面板 → 圖塊編輯器
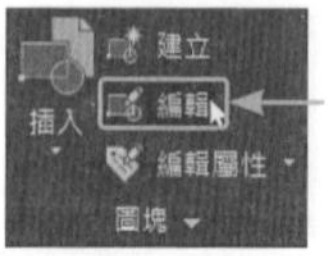

</td></tr>
</table>

線性參數搭配拉伸動作

準備工作

- 開啟範例檔〈6-2_ex1.dwg〉。

正式操作

1 點擊【常用】頁籤 →【圖塊】面板 →【編輯】按鈕。

2 選擇【沙發】後，按下【確定】進入圖塊編輯器。

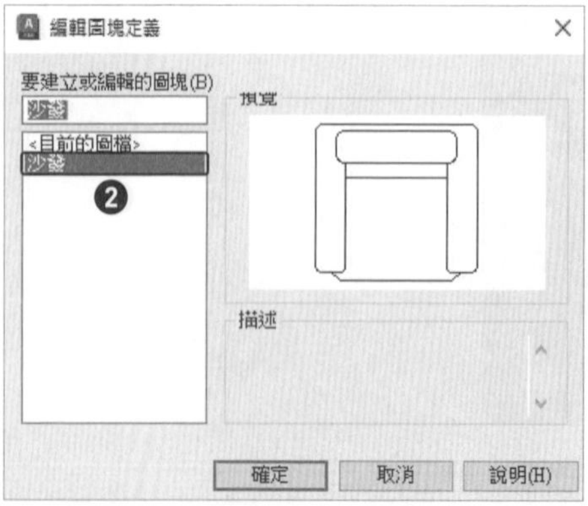

3 在【參數】面板中選擇【線性】。

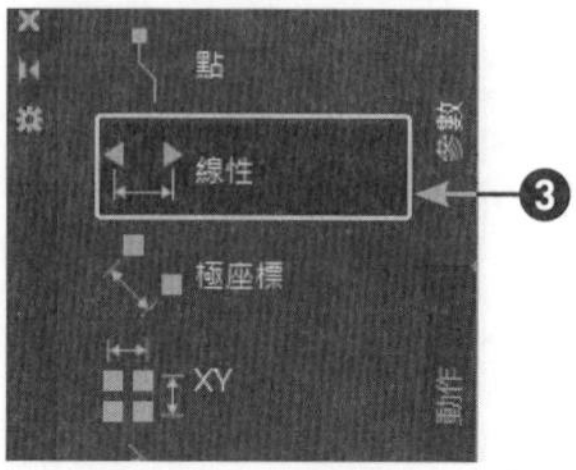

4 選擇箭頭指示的位置來決定線性參數的起點。

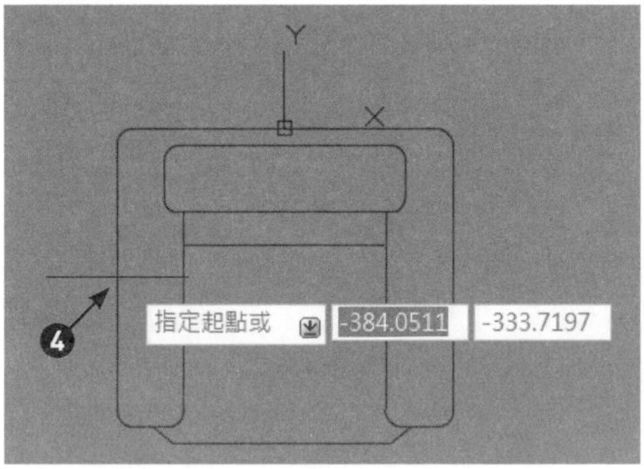

5 選擇箭頭指示的位置來決定線性參數的端點。

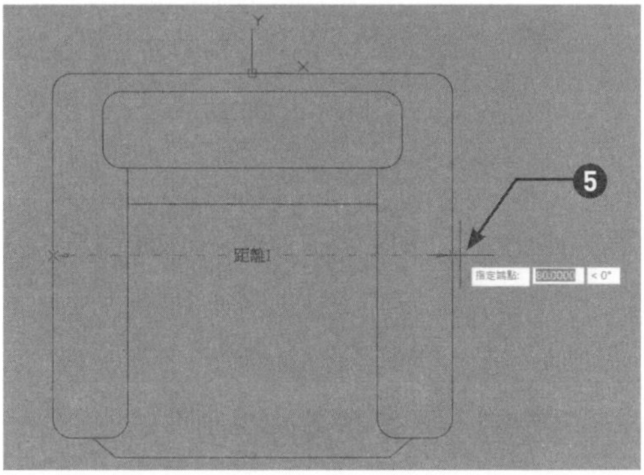

6 將滑鼠向下移動，並點擊滑鼠左鍵來指定標示的位置。

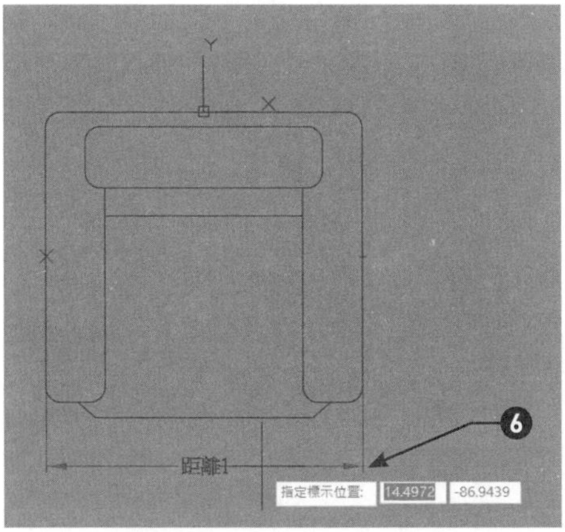

7 在【動作】面板中選擇【拉伸】。

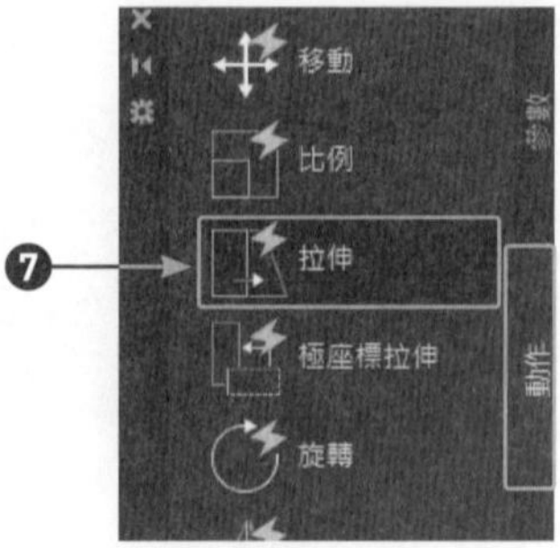

8 選擇【距離 1】的參數。

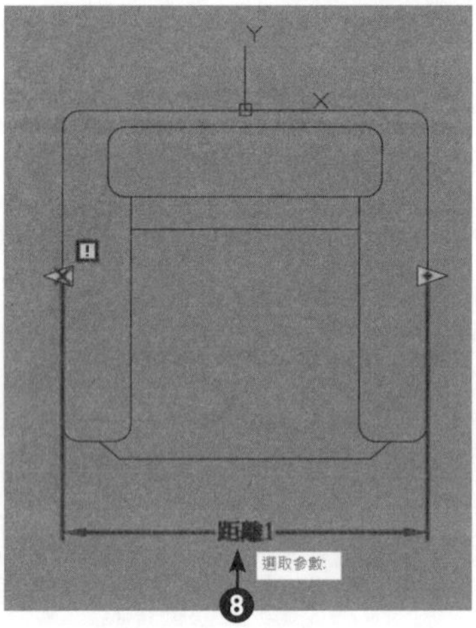

9 點擊箭頭指示的位置來決定動作的參數點。

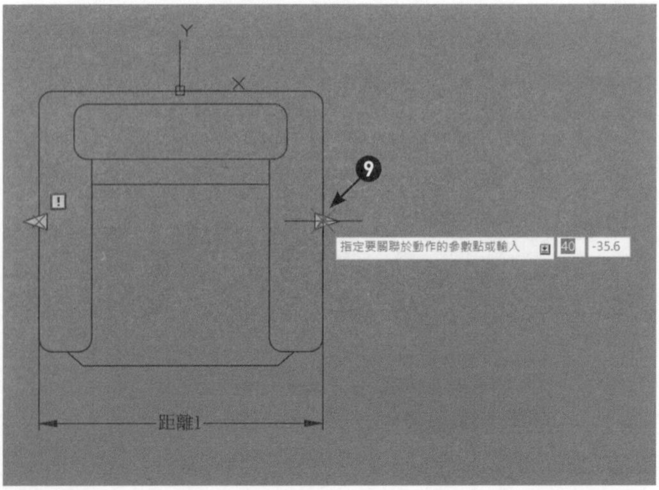

⑩ 點擊右上方來指定拉伸框架的第一點。

⑪ 點擊左下方來指定拉伸框架的第二點，藍色虛線決定拉伸的範圍。

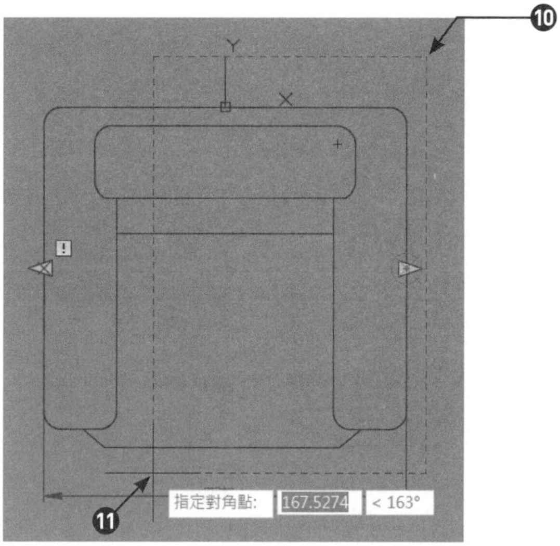

⑫ 點擊右上方來指定選取物件的第一點。

⑬ 點擊左下方來指定選取物件的第二點，決定要拉伸的物件。

⑭ 按下 Enter 鍵來結束選取。完成新增拉伸動作。

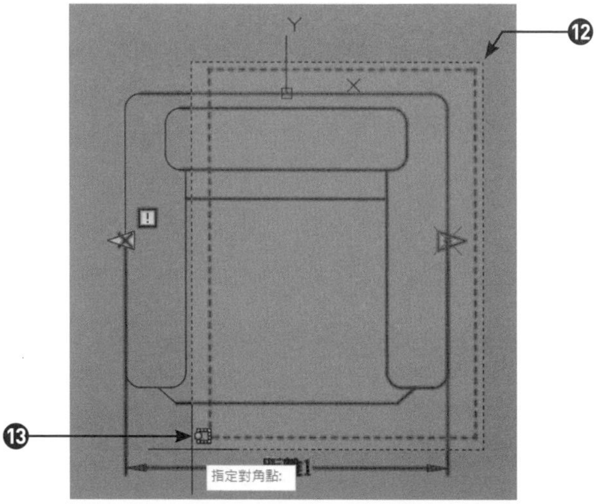

⑮ 點擊【圖塊編輯器】頁籤 →【關閉】面板 →【關閉圖塊編輯器】按鈕。

⑯ 選擇【將變更儲存至沙發】。

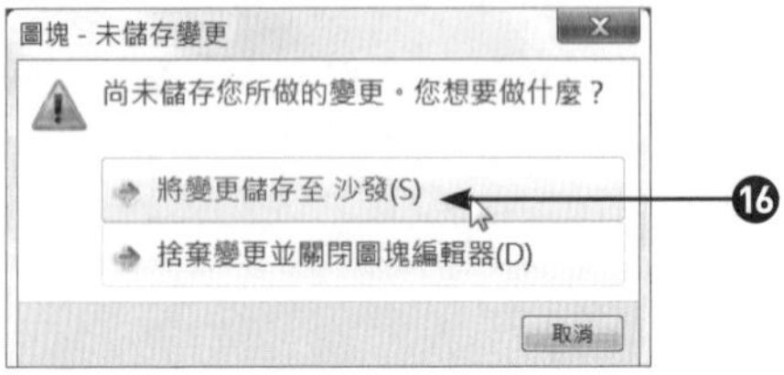

⑰ 完成圖。選取沙發，點擊沙發右側的參數點，可調整沙發寬度，按右鍵 →【重置圖塊】可以恢復原本尺寸。

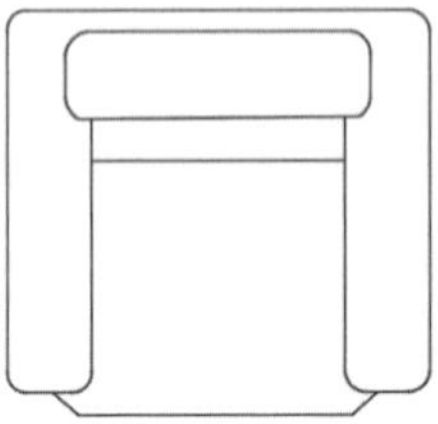

▲ 原本的沙發

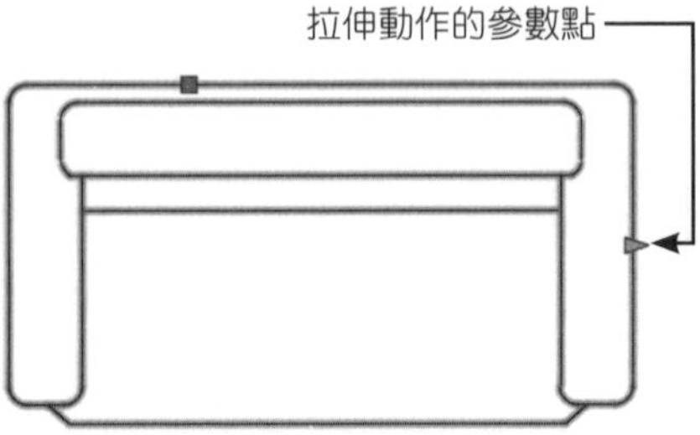

▲ 動態圖塊

NOTE 動態圖塊的製作順序是先【參數】，後【動作】。

NOTE 在圖塊編輯器中，在拉伸動作的圖示上按右鍵 →【刪除】，就可以把拉伸動作刪除。

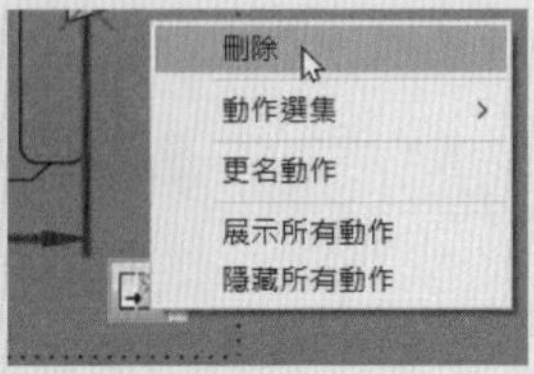

製作不同規格的沙發

準備工作

- 根據上述的圖塊來操作。

正式操作

1. 點擊【常用】頁籤 →【圖塊】面板 →【編輯】按鈕。選擇「沙發」後，按下【確定】。
2. 選擇【距離 1】的參數。
3. 點擊右鍵，選擇【性質】。

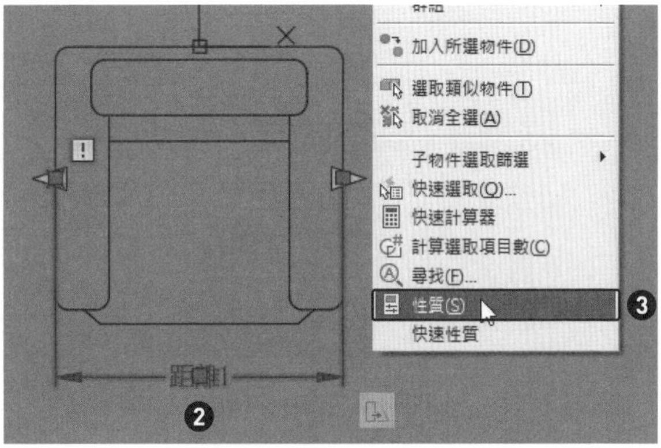

4. 開啟【數值組】的標題區域，並在【距離類型】選擇【列示】。

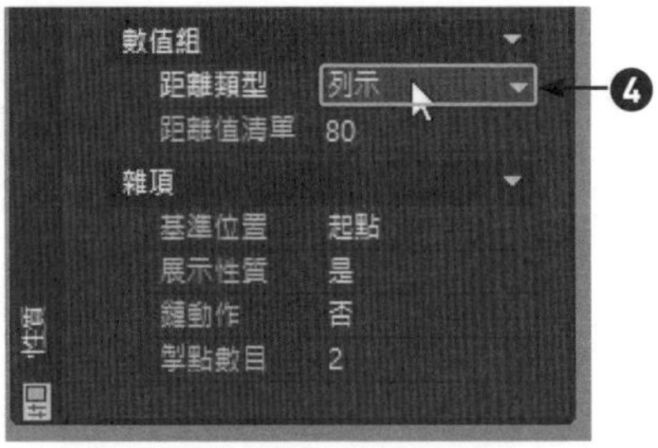

5. 在【距離值清單】右側點擊【 】。

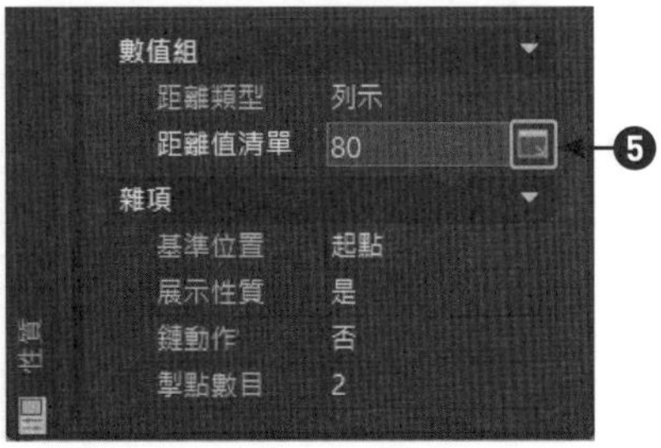

6 輸入「120」後，按下【加入】，此時已增加距離 120 的數值。

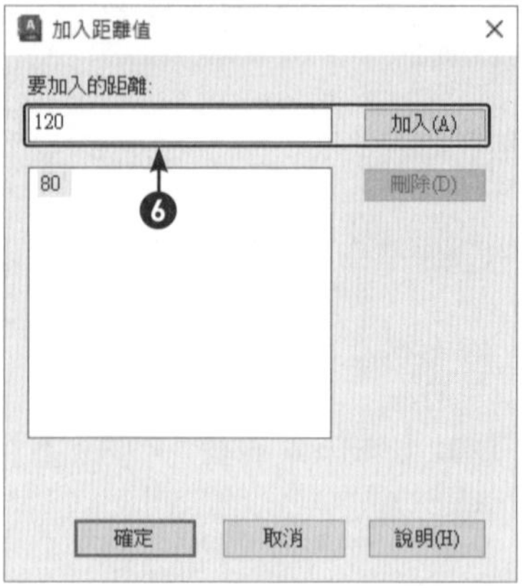

7 輸入「150」後，按下【加入】，此時已增加距離 150 的數值。

8 按下【確定】，完成線性參數可以拉伸的距離設定。

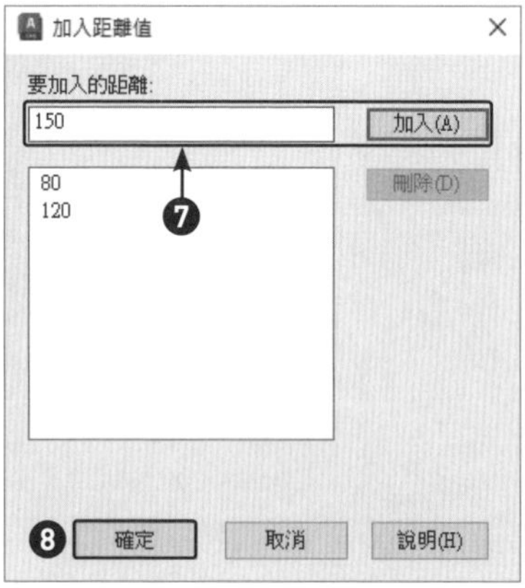

9 點擊【圖塊編輯器】頁籤 →【關閉】面板 →【關閉圖塊編輯器】按鈕。

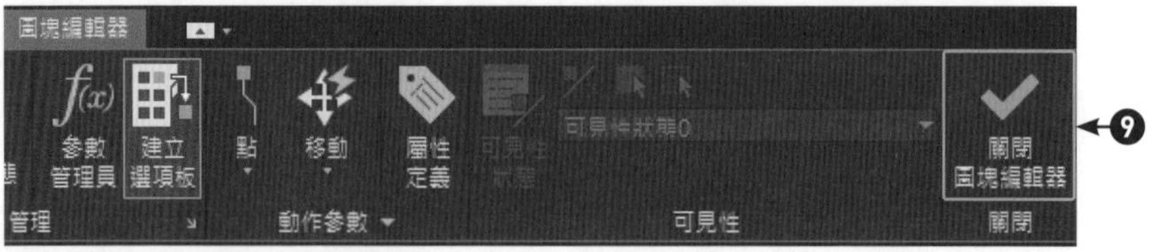

⑩ 選擇【儲存變更】。

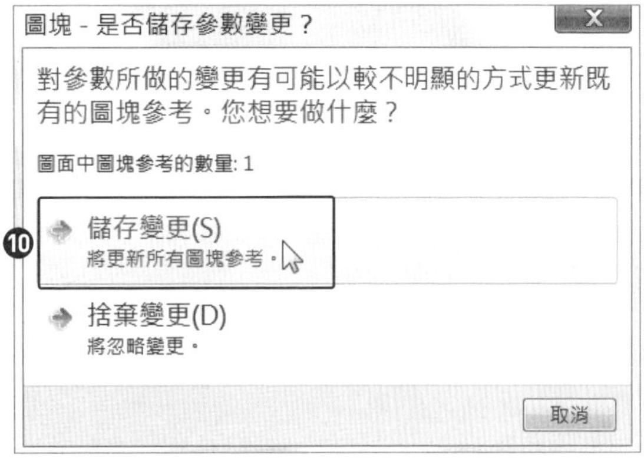
圖塊 - 是否儲存參數變更？
對參數所做的變更有可能以較不明顯的方式更新既有的圖塊參考。您想要做什麼？
圖面中圖塊參考的數量: 1
儲存變更(S)
將更新所有圖塊參考。
捨棄變更(D)
將忽略變更。
取消

⑪ 完成圖。

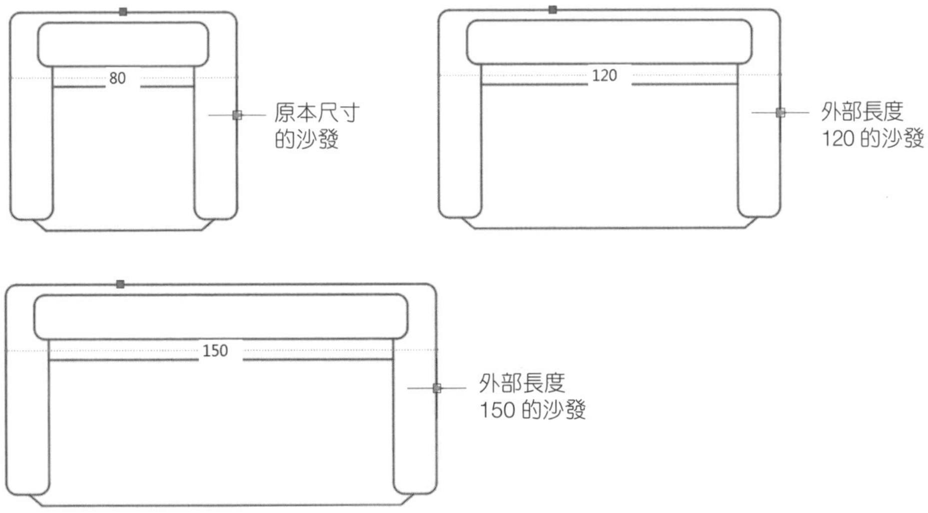
80
原本尺寸的沙發
120
外部長度120的沙發
150
外部長度150的沙發

NOTE 將此動態圖塊複製成三個，拉動右側的參數點就可以將沙發長度調整成已知規格尺寸。

NOTE 選取圖塊，按下滑鼠右鍵 →【重置圖塊】，可恢復原本寬度 80cm 的沙發。選取圖塊，按下右鍵 →【圖塊編輯器】也能編輯圖塊。

對齊參數

準備工作

- 根據上一小節的圖塊來操作。
- 在沙發旁繪製兩條斜線。

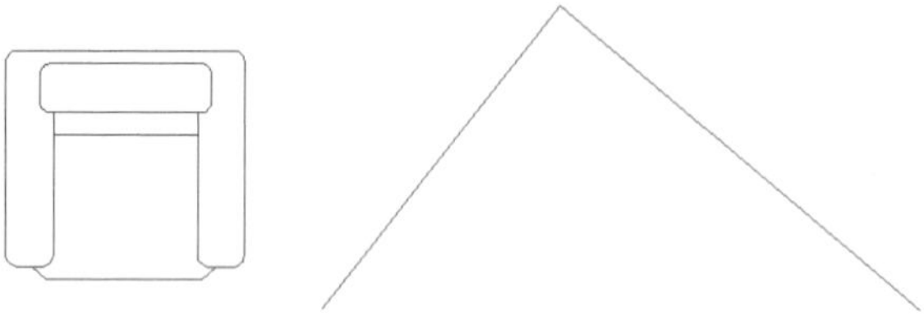

正式操作

1 只選取沙發圖塊，按下右鍵 →【圖塊編輯器】來編輯圖塊。在【參數】面板中選擇【對齊】。

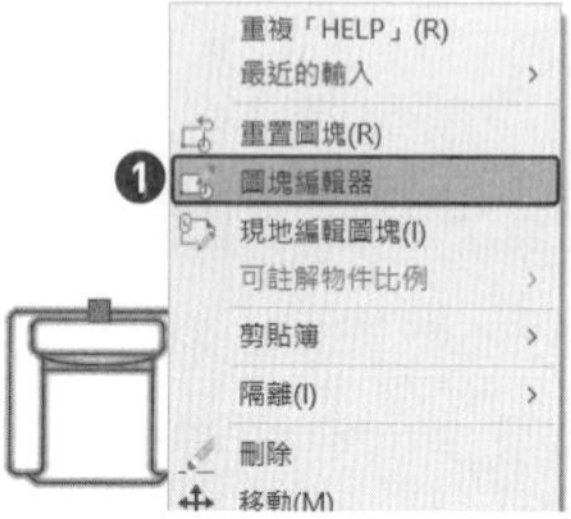

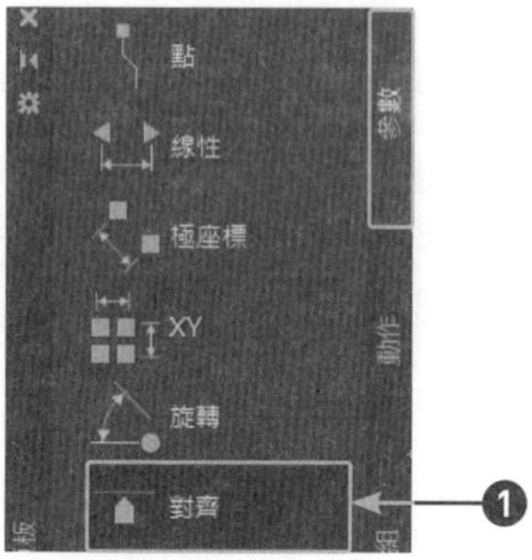

2 點擊沙發背面的中點來指定對齊的基準點。

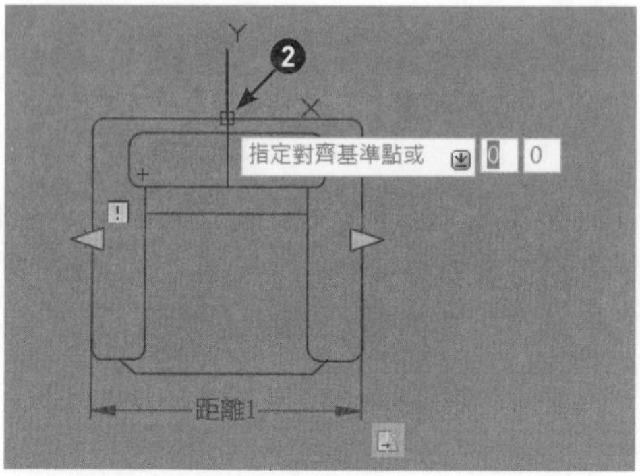

3 將滑鼠向右邊移動後，點擊滑鼠左鍵來指定對齊方向。

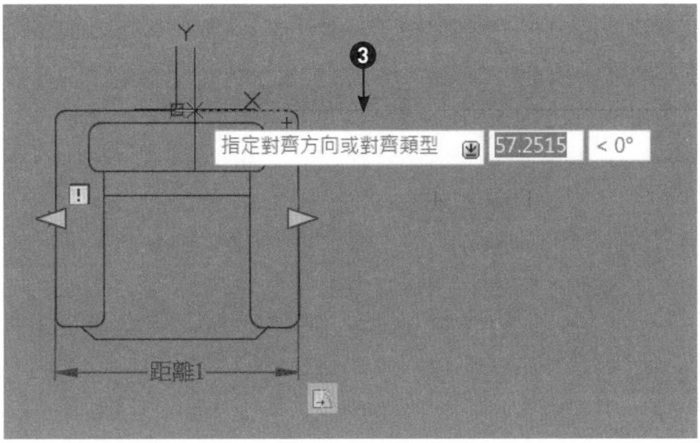

4 點擊【圖塊編輯器】頁籤 →【關閉】面板 →【關閉圖塊編輯器】按鈕。

5 選擇【儲存變更】。

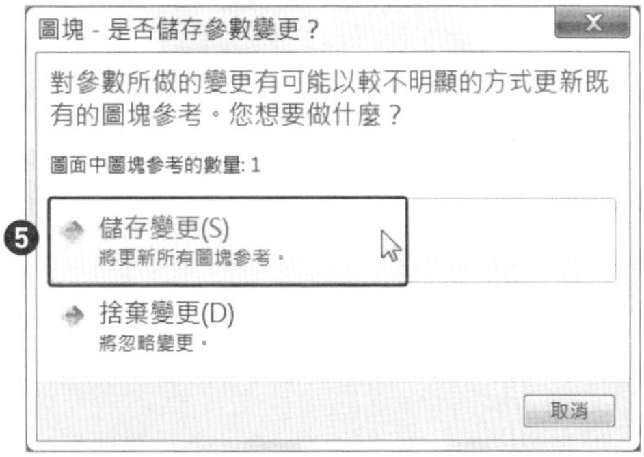

6 選取完成的動態圖塊，點擊本壘板形狀的掣點往要對齊的靠近，會出現如圖的對齊效果，點擊滑鼠左鍵放置沙發。

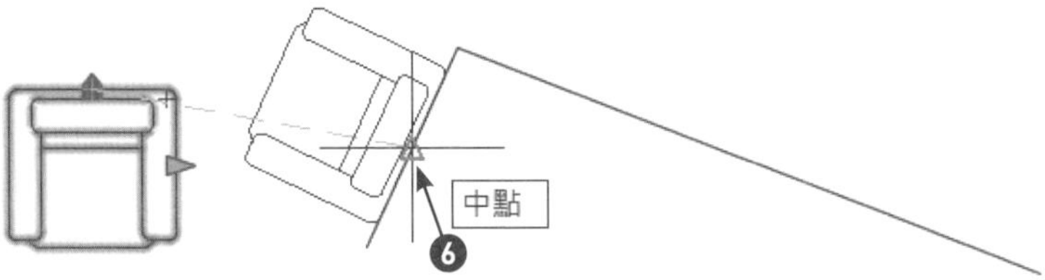

對齊方向的決定

當將滑鼠由外往內面對齊時，則動態圖塊會顯示為朝外的方向（如下左圖）；當將滑鼠由內往外對齊時，則動態圖塊會顯示為朝內的方向（如下右圖）。

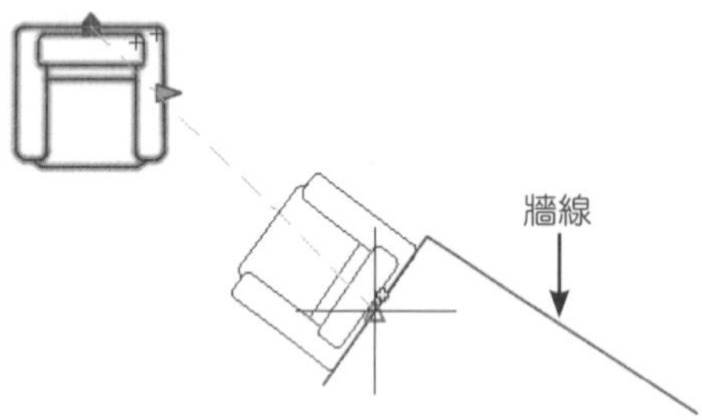

▲ 由外往內對齊

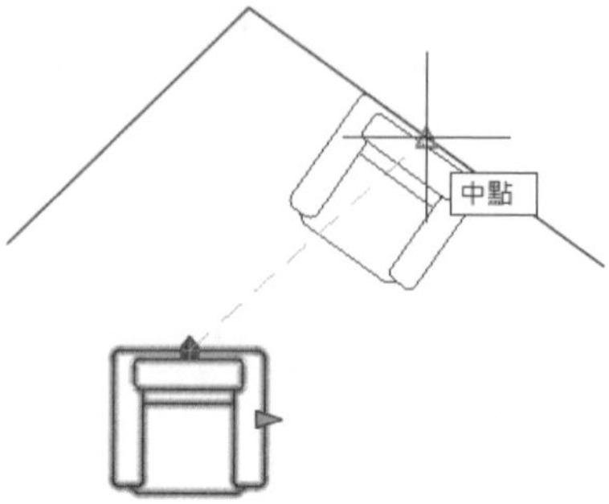

▲ 由內往外對齊

翻轉參數

準備工作

- 根據上述的圖塊來操作。

正式操作

1. 只選取沙發圖塊，按下右鍵 →【圖塊編輯器】來編輯圖塊。
2. 在【參數】面板中選擇【翻轉】。

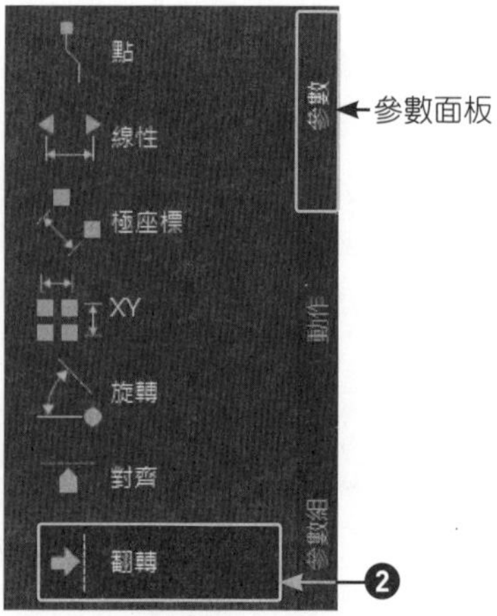

3 選擇箭頭指示的位置來決定翻轉的基準點，請注意不要與先前的對齊點重疊。

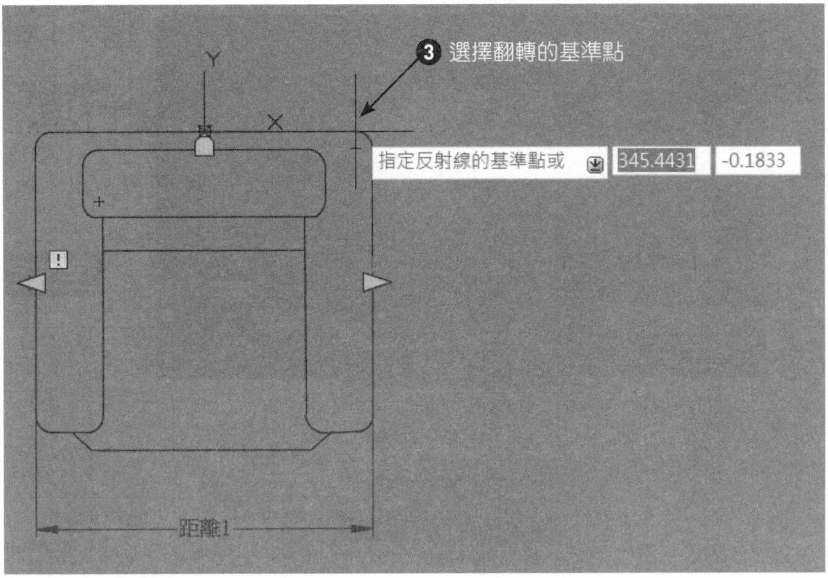

4 將滑鼠向右移動，並點擊滑鼠左鍵來指定翻轉的起點。

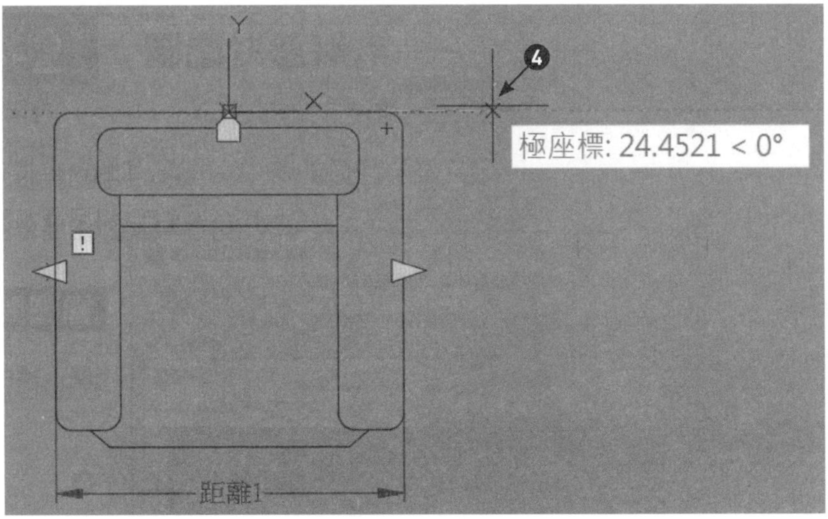

5 將滑鼠向上移動，並點擊滑鼠左鍵來指定標示的位置。

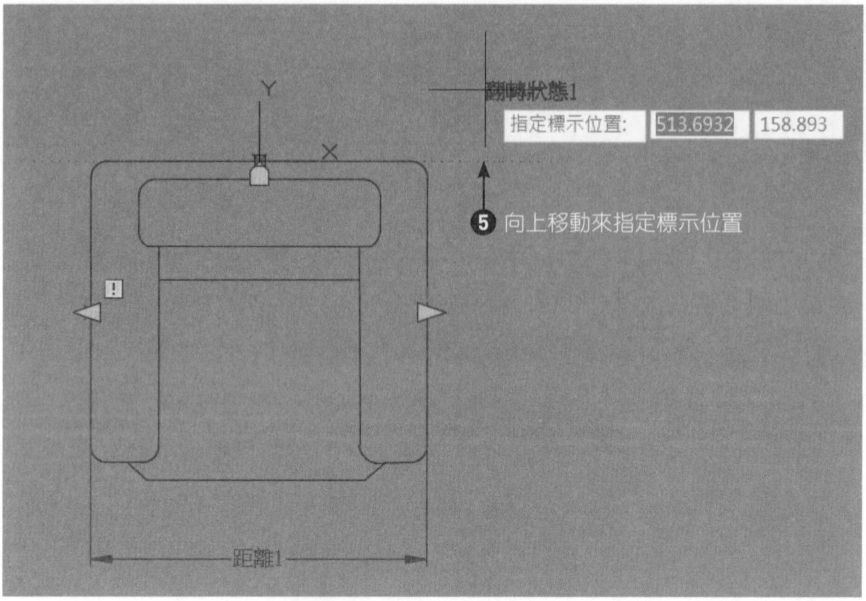

6 在【動作】面板中選擇【翻轉】。

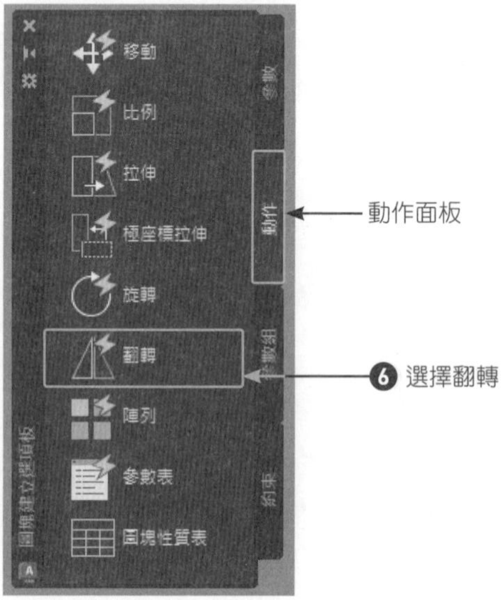

7 選擇【翻轉狀態 1】來指定參數。

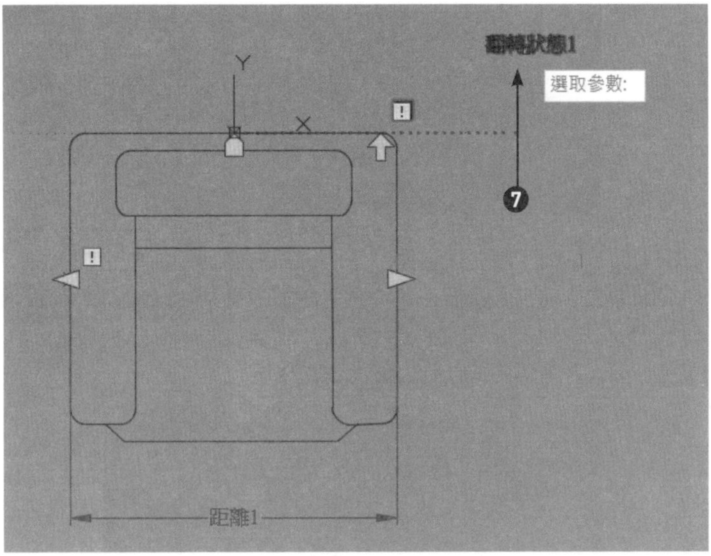

8 選取所有物件後，按下 Enter↵ 鍵來完成選取。

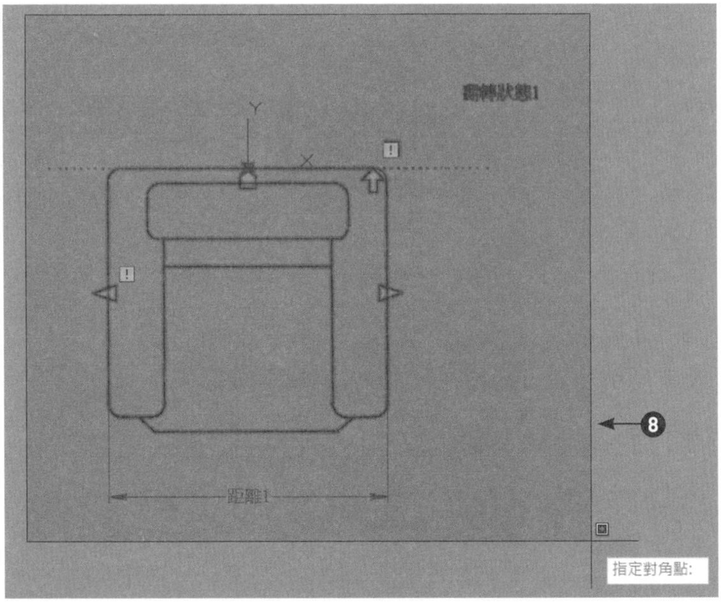

9 點擊【圖塊編輯器】頁籤 →【關閉】面板 →【關閉圖塊編輯器】按鈕。

10 選擇【儲存變更】。

11 完成圖。

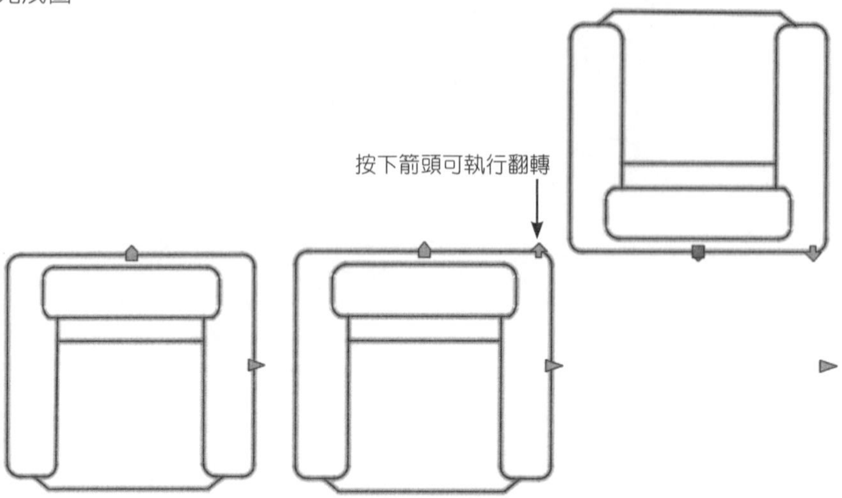

▲ 原本的沙發　▲ 已設定翻轉　▲ 按下翻轉箭頭之後

可見性參數

準備工作

- 開啟範例檔〈6-2_ex2.dwg〉。

正式操作

1 點擊【插入】頁籤 →【圖塊定義】面板 →【圖塊編輯器】按鈕。選擇【可見性沙發】後，按下【確定】。

2 在【參數】面板中選擇【可見性】。

3 將滑鼠移動到沙發左上方，並點擊滑鼠左鍵來指定參數的位置。

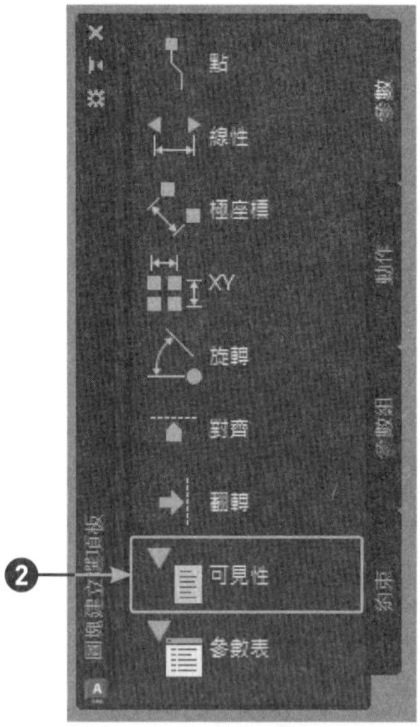

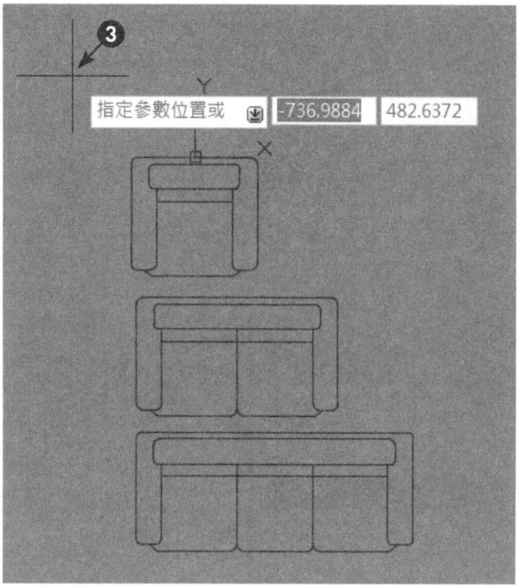

(4) 點擊【圖塊編輯器】頁籤 →【可見性】面板 →【可見性狀態】按鈕。

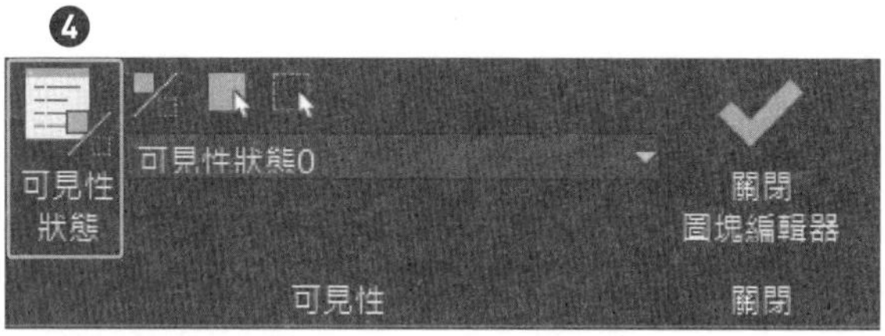

(5) 按下【更名】後，輸入「單人沙發」。

6 按下【新建】後，輸入「雙人沙發」，按下【確定】來建立新可見性狀態。

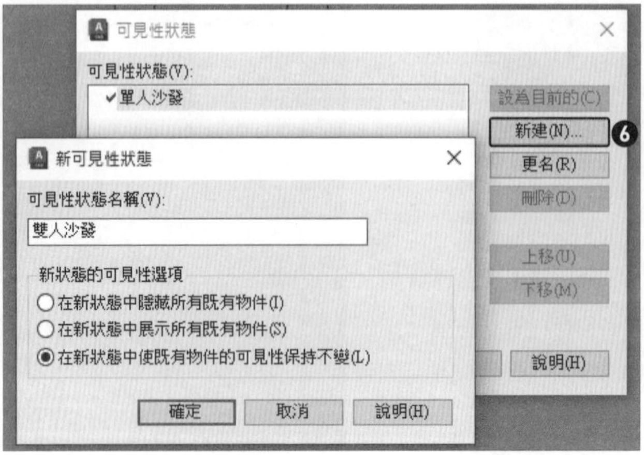

7 再次按下【新建】後，輸入「多人沙發」，按下【確定】來建立新可見性狀態。

8 建立三個可見性狀態後，按下【確定】關閉可見性視窗。

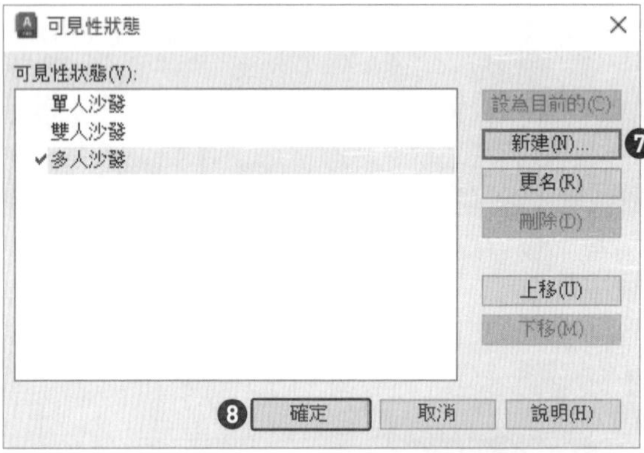

9 點擊【圖塊編輯器】頁籤 →【可見性】面板內選擇【單人沙發】。

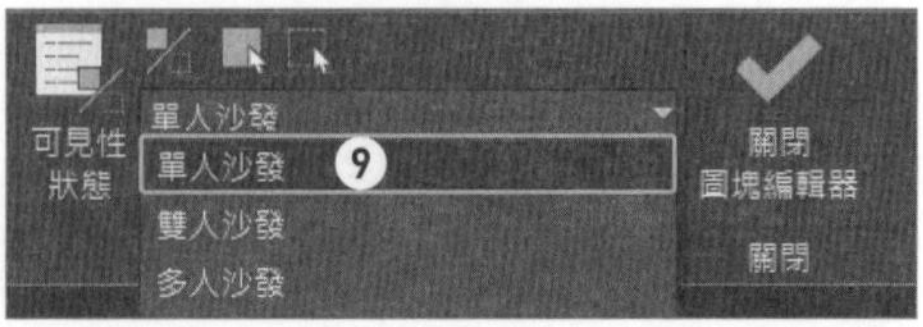

⑩ 選取雙人沙發與多人沙發。

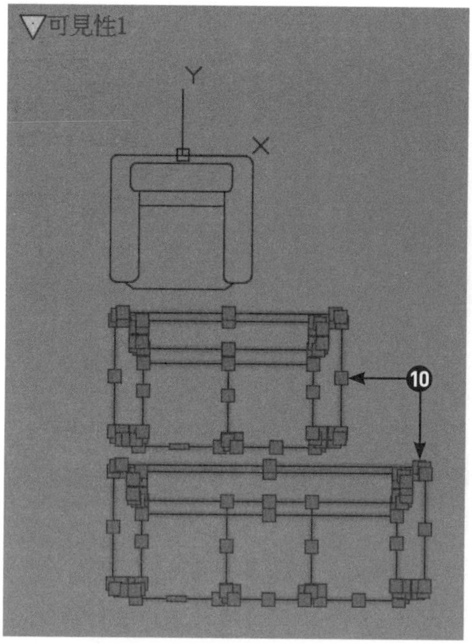

⑪ 點擊【圖塊編輯器】頁籤 →【可見性】面板 →【使不可見】按鈕，此時所選取到的兩個沙發皆隱藏起來。

⑫ 點擊【可見性模式】按鈕，此按鈕可顯示設定為【使不可見】時所隱藏的圖元，但隱藏的圖元會呈現淡灰色。

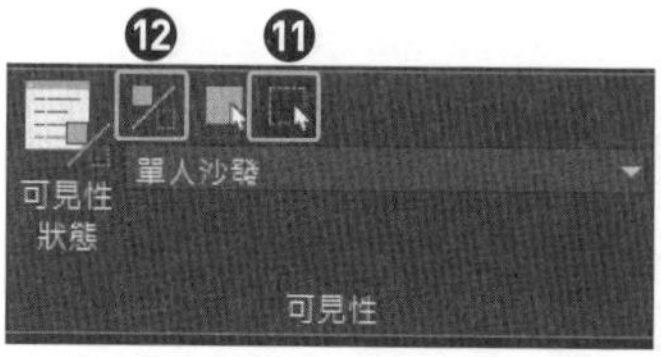

⑬ 點擊【圖塊編輯器】頁籤 →【可見性】面板內選擇【雙人沙發】。

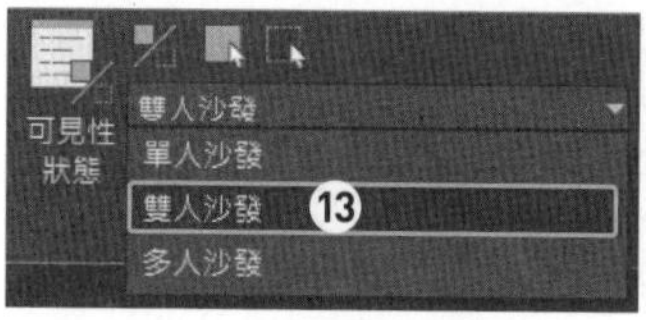

⑭ 選取單人沙發與多人沙發。

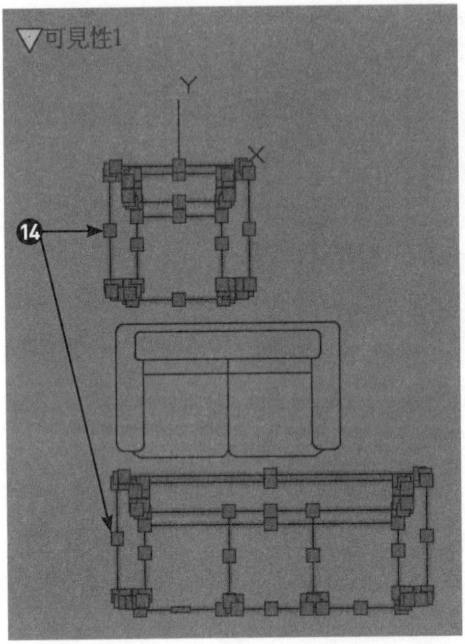

⑮ 點擊【圖塊編輯器】頁籤 →【可見性】面板 →【使不可見】按鈕。

⑯ 依照上述步驟來切換到多人沙發的狀態，並將單人沙發與雙人沙發設定為【使不可見】，如下圖。

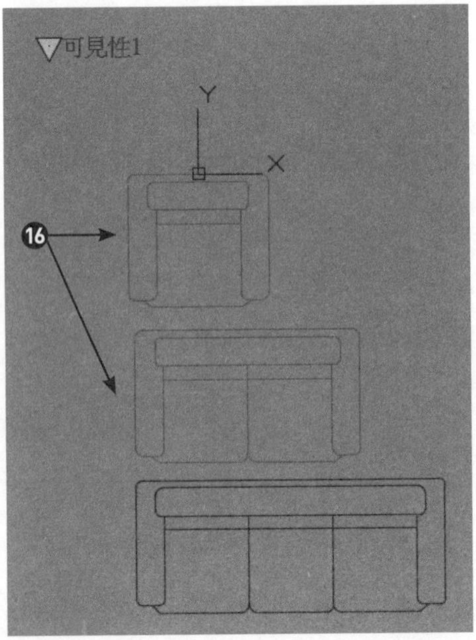

⑰ 使用移動指令將多人沙發重疊至單人沙發上的左側中點，如下圖。

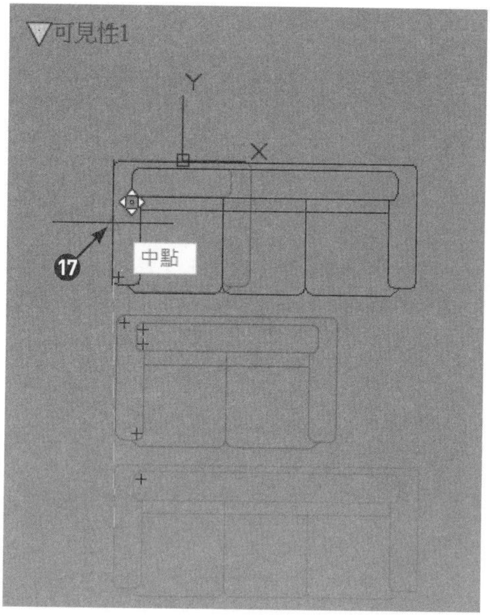

⑱ 接著也將雙人沙發重疊至單人沙發的左側中點的位置。

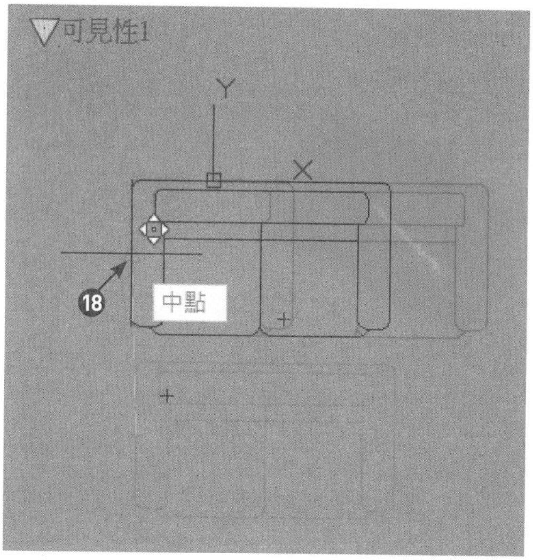

19 點擊【圖塊編輯器】頁籤 →【關閉】面板 →【關閉圖塊編輯器】按鈕。

20 選擇【將變更儲存至可見性沙發】。

21 完成圖。選取沙發，點擊三角形掣點來切換不同的可見性狀態。

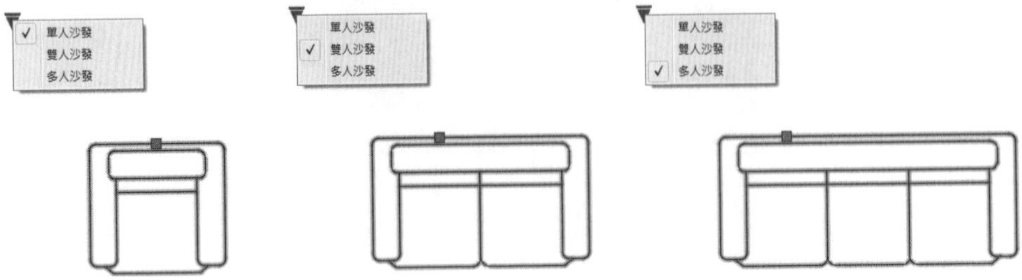

- 選取沙發，使用製作圖塊指令 (W)，來源選擇【圖塊】，下拉選單選擇【可見性沙發】，檔案路徑儲存在「C:\ 傢俱 \ 可見性沙發 .dwg」，並命名為「可見性沙發」，可將圖檔中的圖塊存成 dwg 檔。

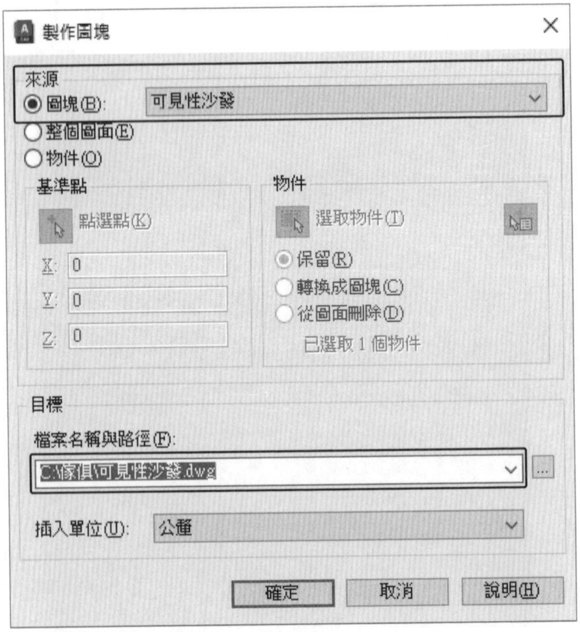

6-3 圖塊屬性編輯器

<table>
<tr><td>指令</td><td>ATTDEF</td><td>快捷鍵</td><td>ATT</td><td>圖示</td><td></td></tr>
<tr><td>工具列按鈕</td><td colspan="5">常用頁籤 → 圖塊面板 → 定義屬性，
或是插入頁籤 → 圖塊定義面板 → 定義屬性
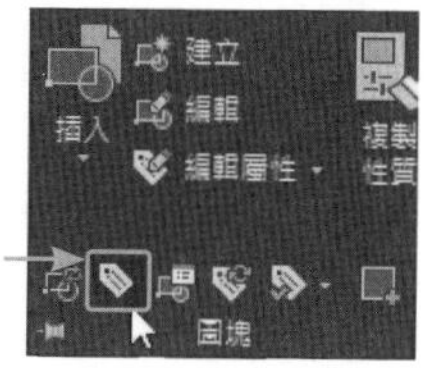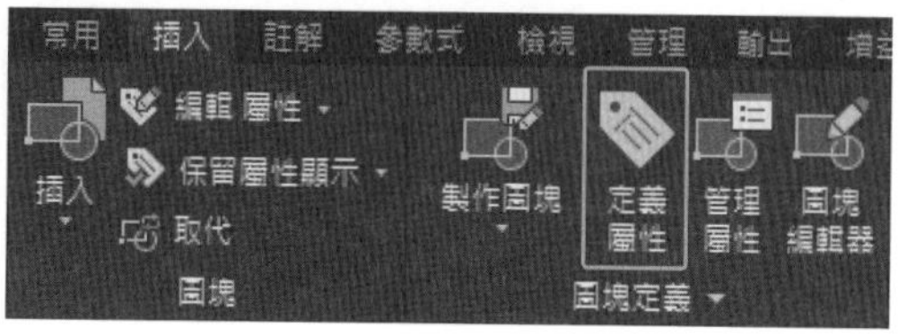</td></tr>
</table>

圖塊屬性編輯器的運用

準備工作

- 開啟範例檔〈6-3_ex1.dwg〉。

正式操作

1 點擊【常用】頁籤 →【圖塊】面板 →【定義屬性】按鈕。

2 在標籤欄位輸入「NUM」。

3 在預設欄位輸入「1」作為起始數值。

4 在對正方式按下下拉式選單，選擇【正中】。

5 在文字高度欄位輸入「5」來變更文字大小。設定完成，按下【確定】。

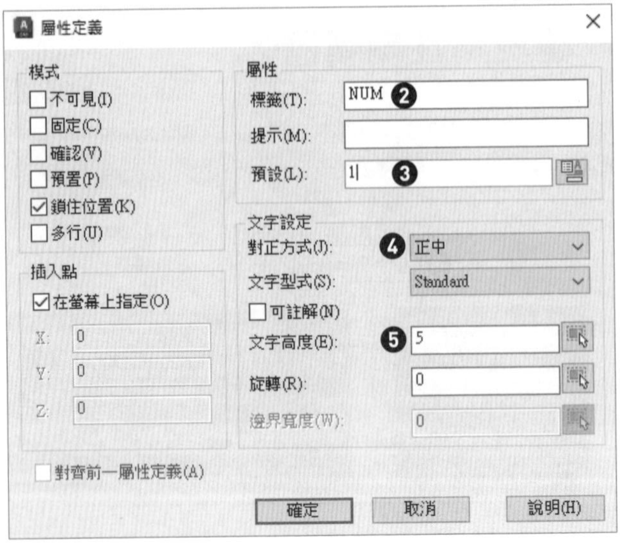

6 將 NUM 鎖點至中心點。

7 點擊【常用】頁籤 →【圖塊】面板 →【建立】按鈕，此 NUM 屬性必須變成圖塊才能發揮功用。

⑧ 在名稱欄位輸入「NUM」。

⑨ 按下【點選點】按鈕。

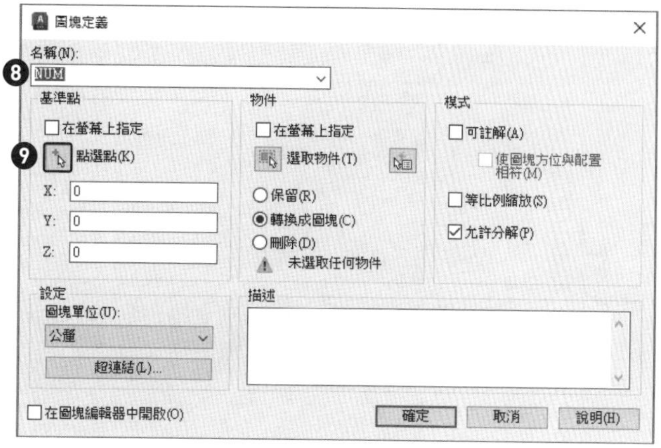

⑩ 點擊圓的中心點當作圖塊的基準點。

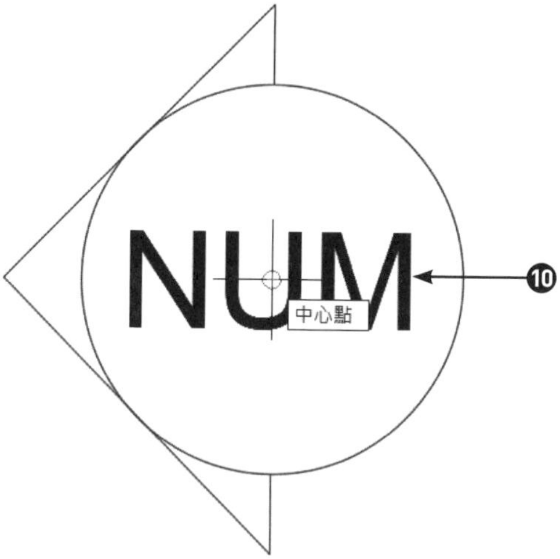

⑪ 按下選取物件。

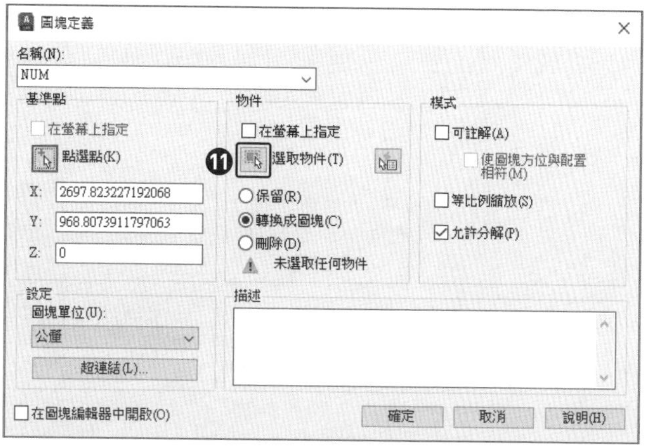

⑫ 選取整個圖元，按下 Enter 鍵來結束選取，並按下【確定】結束圖塊定義。

⑬ 會跳出屬性名稱與預設值，按下【確定】。

⑭ 將滑鼠移動到圖塊屬性編輯器上，並快速點兩下左鍵。

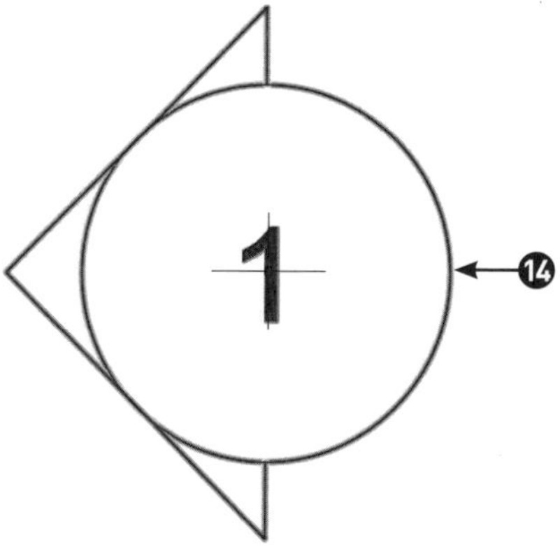

⑮ 在值欄位輸入「5」後，按下【確定】。此步驟可快速更換圖塊內的數值，且不影響原本圖塊，一個圖塊可以包含多個屬性。

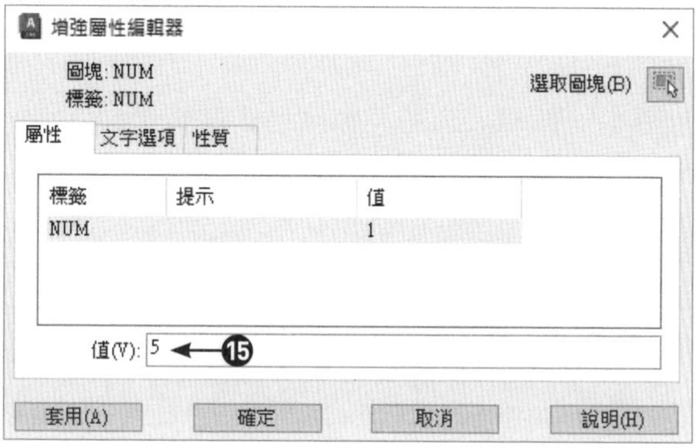

⑯ 完成圖，完成了可快速變換編號的指示圖塊。

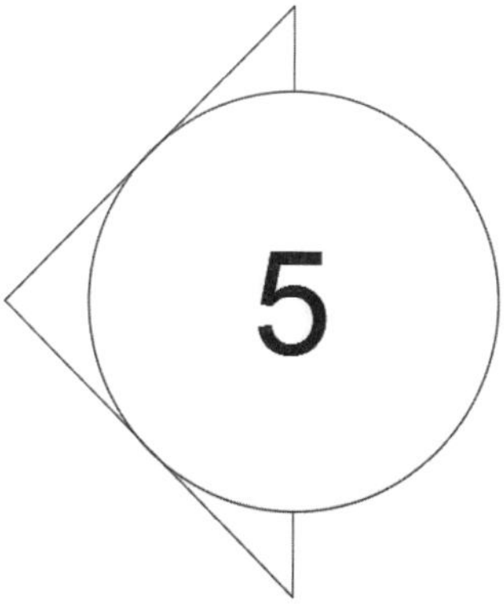

6-4 外部參考

指令	XREF	快捷鍵	XR、ER	圖示	→
工具列按鈕	插入頁籤 → 參考面板右側的小箭頭 → 貼附 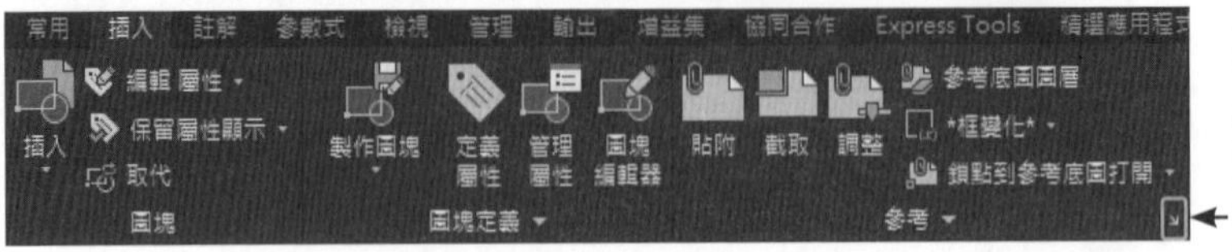				

外部參考

準備工作

- 開啟範例檔〈6-4_ex1.dwg〉。
- 按下 Ctrl + ⇧Shift + S 鍵，先將範例檔另儲存成 room1.dwg 做一個備份，儲存後關閉 room1.dwg 檔。
- 按下 Ctrl + N 鍵，新建空白圖檔。

正式操作

1 輸入「XR」指令 → 點擊【 貼附 DWG】→ 選擇【room1.dwg】。

> **NOTE** 方法二，可點擊【插入】頁籤 →【參考】面板 →【貼附】按鈕，檔案類型選擇【圖檔(*.dwg)】，選取【room1.dwg】檔案，再點擊【開啟】。

2 按下【確定】，輸入座標 (0,0)，按下 Enter 鍵。

NOTE

插入點 (0,0) 輸入完，若看不到外部參考的物件，按滑鼠中間滾輪兩下，即可看到畫面，外部參考為低亮度且無法點擊單獨物件之群組。

3 此時從空白圖檔中，可以看見 room1 的圖檔，稱作外部參考物件。點擊此外部參考物件。

4 按滑鼠右鍵，選擇【截取外部參考】。

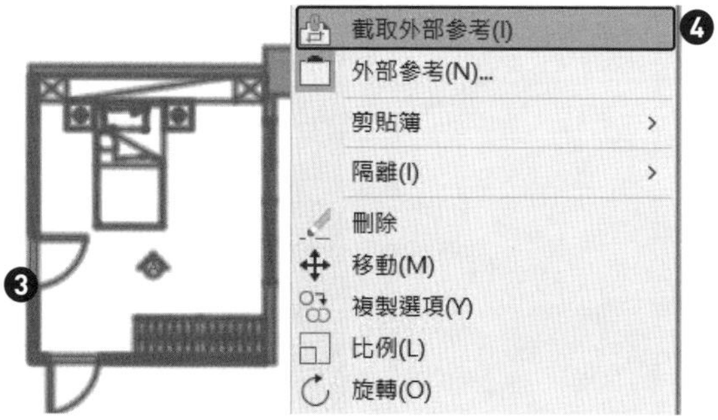

5 選擇【新邊界】。

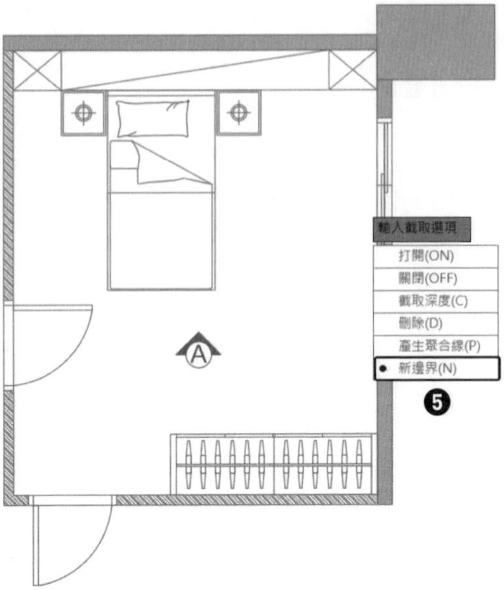

6 選擇【矩形】。

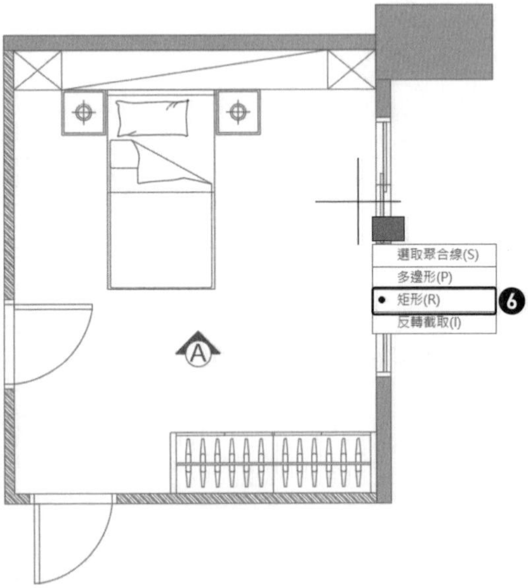

(7) 指定矩形的對角點，截取 A 向立面圖需要參考之圖面上半部。

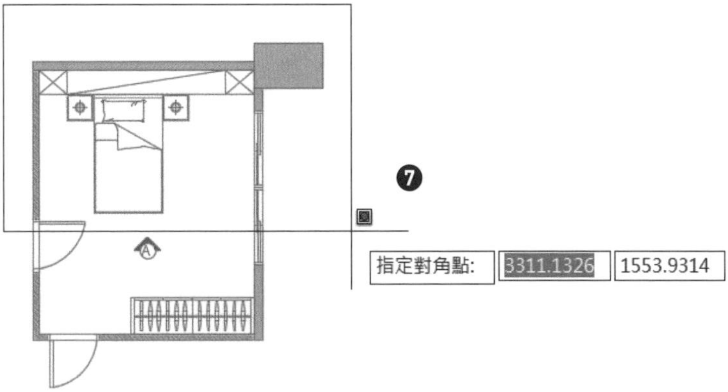

(8) 圖面下半部會消失，只剩截取之外部參考。

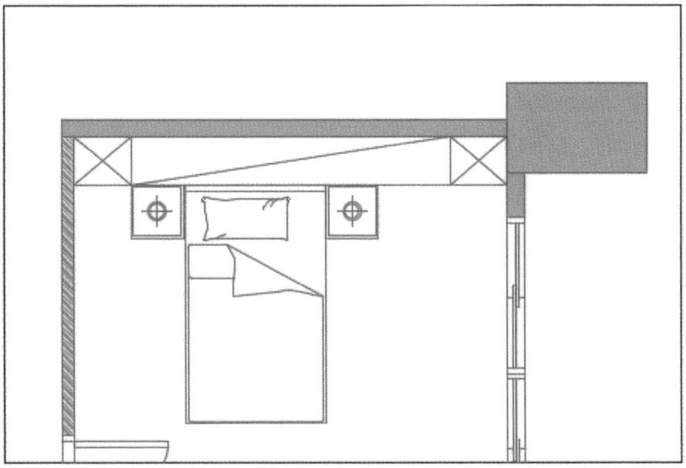

(9) 點擊【常用】頁籤 →【繪製】面板 →【建構線】按鈕。

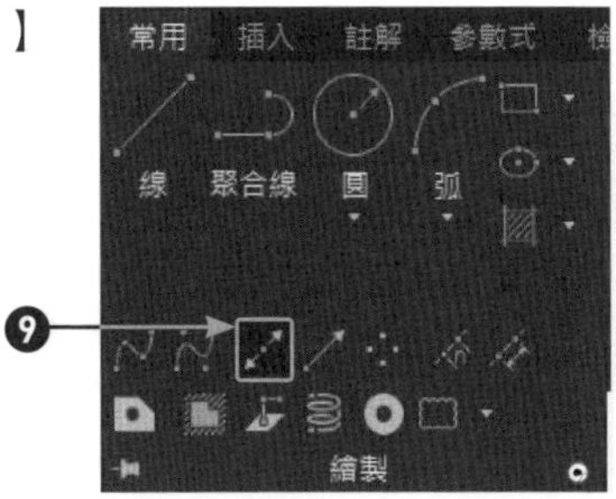

⑩ 點擊滑鼠右鍵，選擇【垂直】。

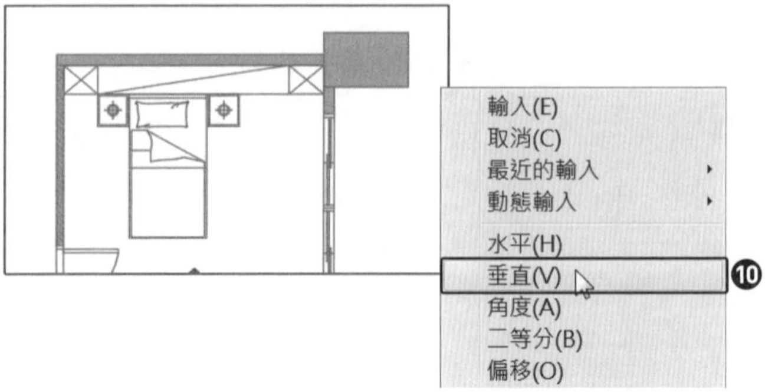

⑪ 使用建構線點擊外部參考之牆面、櫃體、床位，按下 Enter ← 鍵來結束建構線。

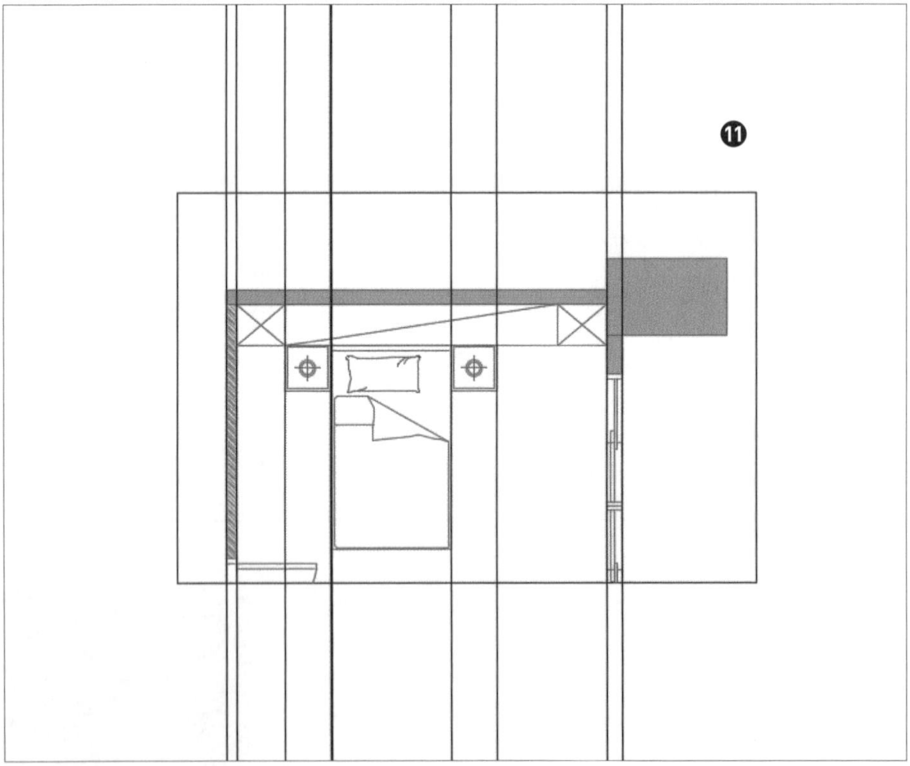

⑫ 依照立面圖所規範之高度繪製，使用【線】繪製地板。

⑬ 使用【偏移】繪製樓板高度 300。

⑭ 使用【偏移】繪製 2 樓樓板高度 315。

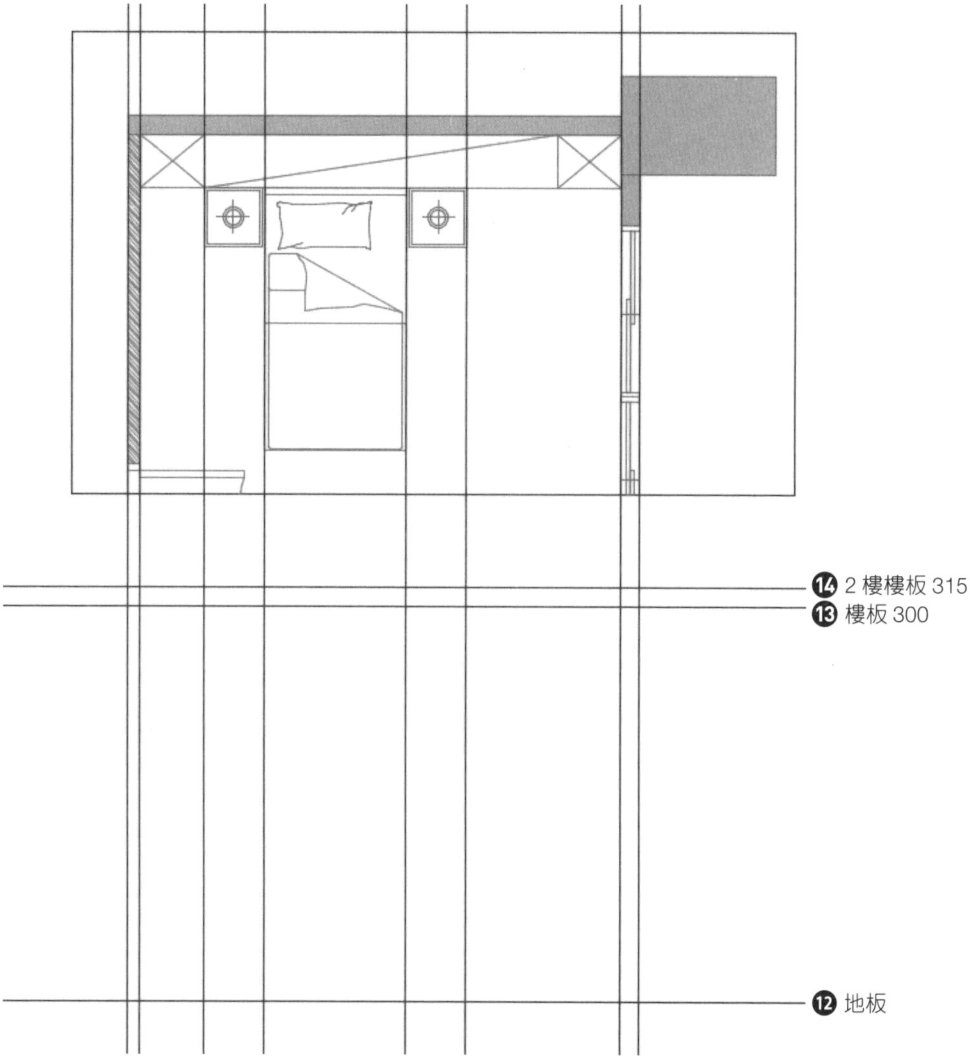

⑮ 利用【修剪】，裁剪成立面圖的基本框線。

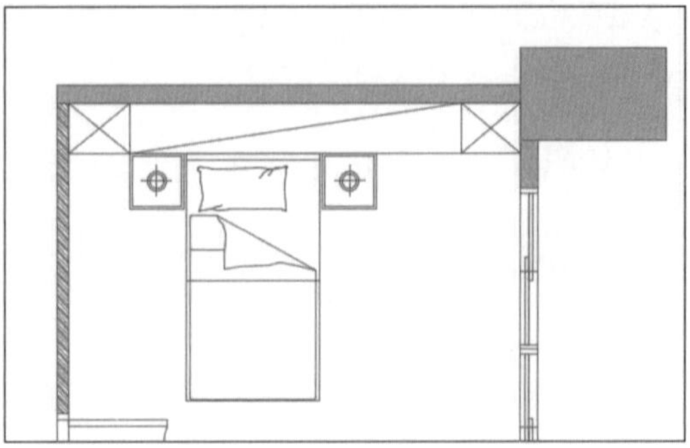

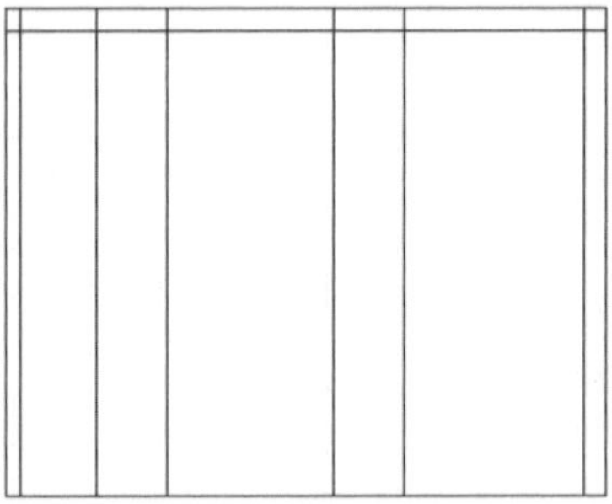

外部參考變更

準備工作

- 延續上一小節檔案繼續操作。

正式操作

① 選取平面圖的外部參考，按下滑鼠右鍵 →【開啟外部參考】，即可開啟 room1.dwg 的檔案。

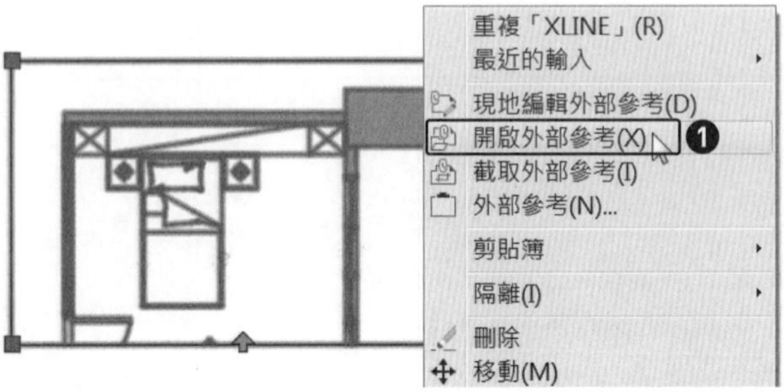

2 選擇右邊的床邊櫃，使用【移動】，將櫃體向右移至高櫃的端點。

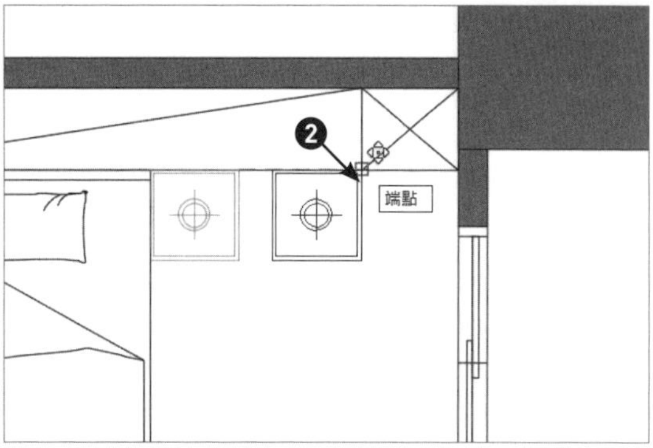

3 選取單人床和右側床邊櫃。

4 點擊滑鼠右鍵選擇【隔離】→【隔離物件】。

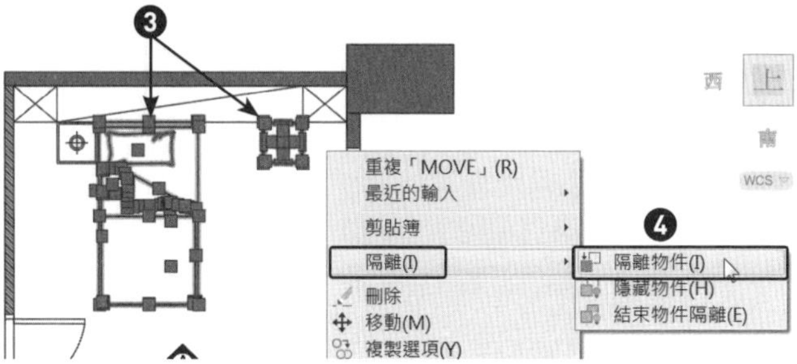

5 隔離後，使用【拉伸】選取床的右半邊，按下 Enter 鍵結束選取。

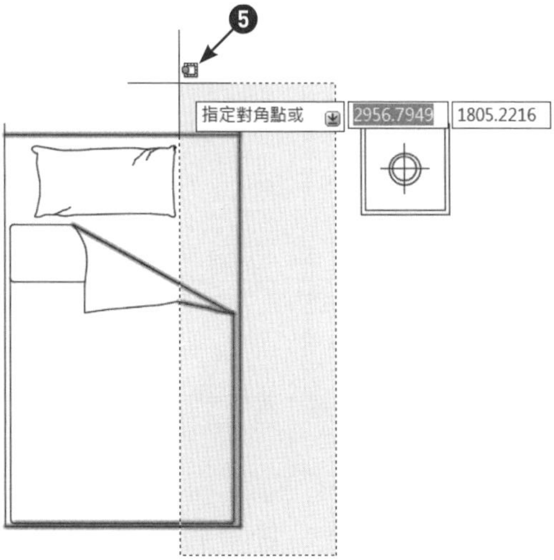

6 指定基準點，向右拉伸。

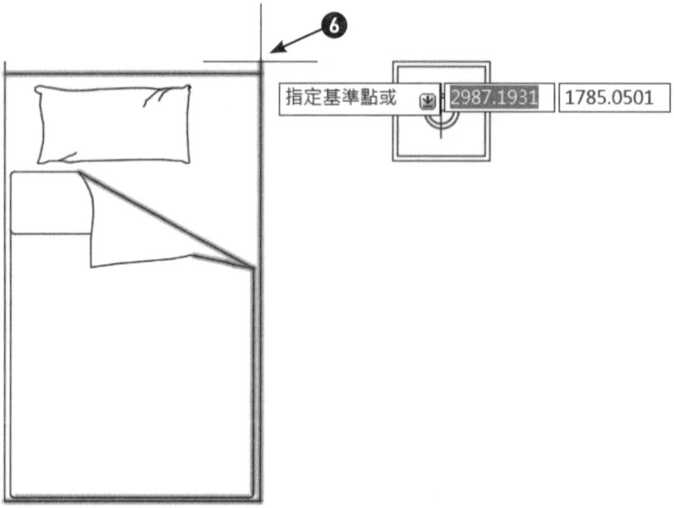

7 以櫃體之端點為第二點向右拉伸。

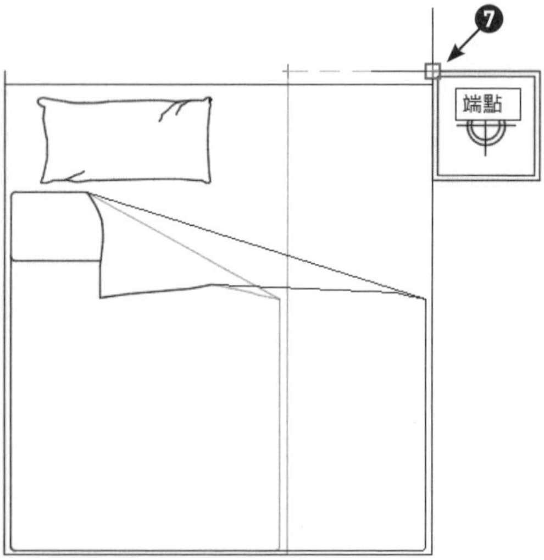

8 使用【鏡射】，選取枕頭並按下 Enter 鍵，以中點為基準點，滑鼠往下點擊第二點，向右鏡射。

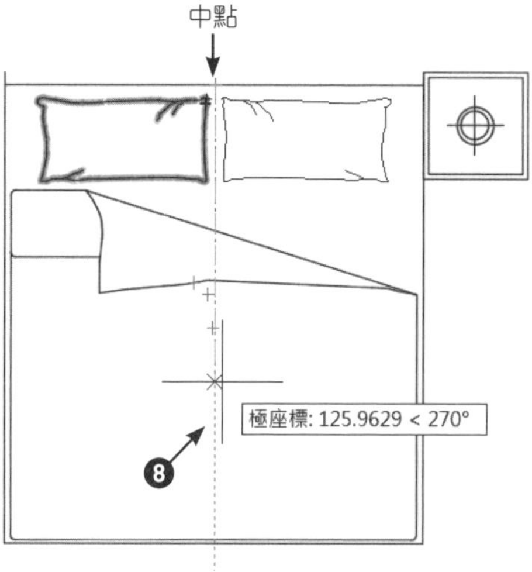

9 按下滑鼠右鍵 →【隔離】→【結束物件隔離】。請記得按下 Ctrl + S 將目前的修改存檔。

10 再回到上述繪製的立面圖的檔案，右下角會出現更新提示，按下【重新載入】的連結。

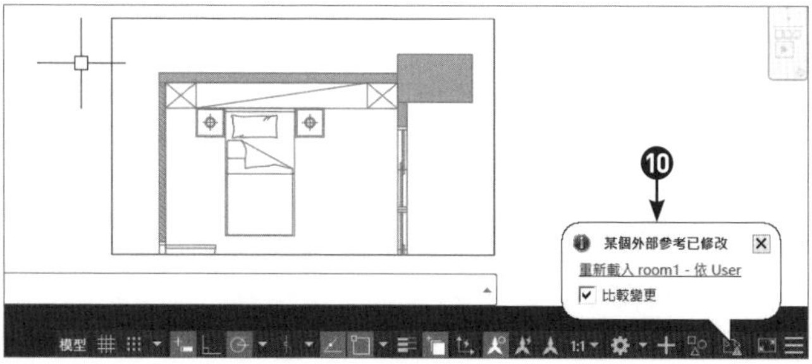

⑪ 因為勾選比較變更，會出現修改前與修改後的提示，按下打叉按鈕離開。

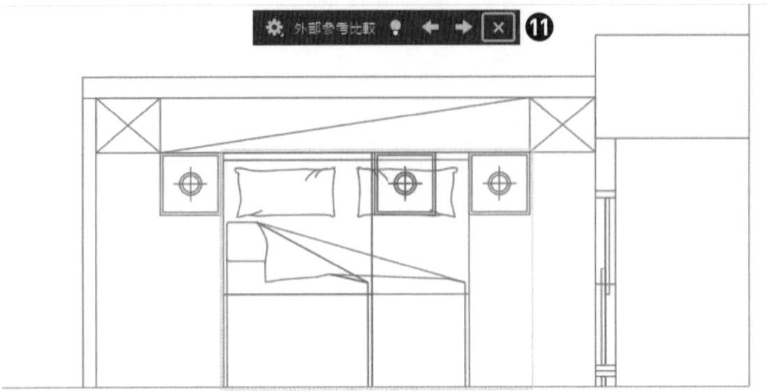

⑫ 此時插入的外部參考將會做變更，由單人床變成雙人床，我們透過修改原設計平面圖，也同時對外部參考的圖面作了修改，而下方的立面圖非外部參考，需另外修改。

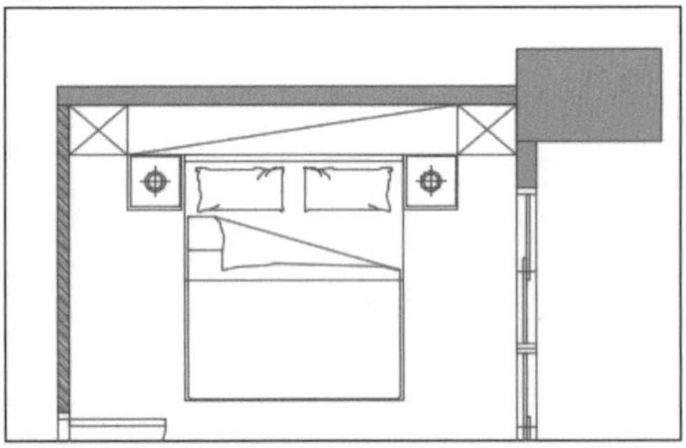

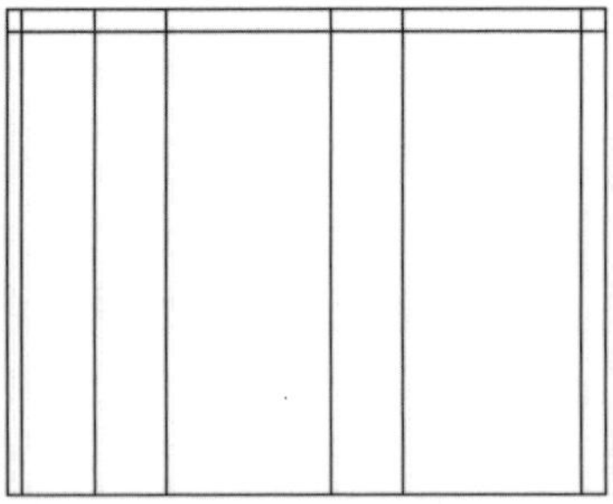

NOTE

1. 若許多圖檔皆需參考同一圖面，就適合使用外部參考，但使用時務必小心，修改外部參考的原設計圖面後，所有參考的圖檔會一併修改。
2. 外部參考與圖塊的差別在於，圖塊是只存在於目前使用的圖檔，只在圖檔中修改圖塊，且修改後，只有目前圖檔的圖塊會變更。外部參考則無法在目前圖檔修改，需要回到外部參考檔案來修改。

6-5 計數與圖塊取代（新功能）

指令	COUNTLIST	快捷鍵	無	圖示	
工具列按鈕	插入頁籤 → 選項板面板 → 計數 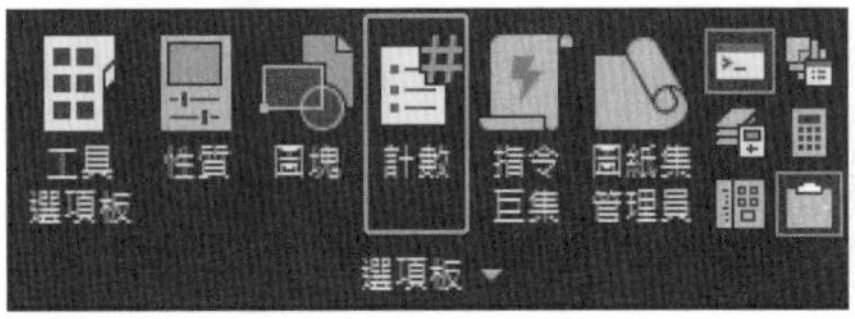				

計數

準備工作

- 開啟範例檔〈6-5_ex1.dwg〉。

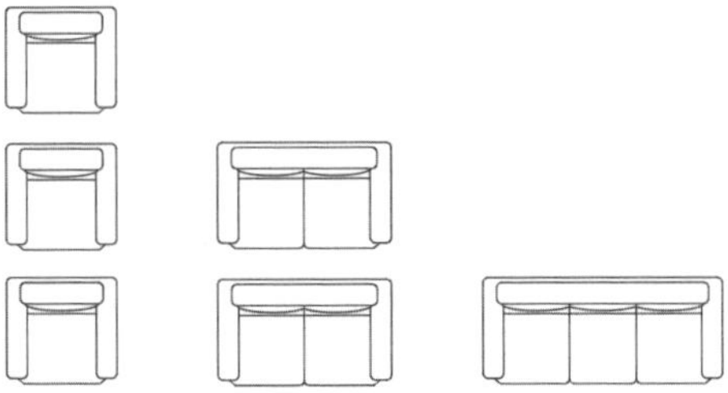

正式操作

1. 按滑鼠右鍵 →【計數】。

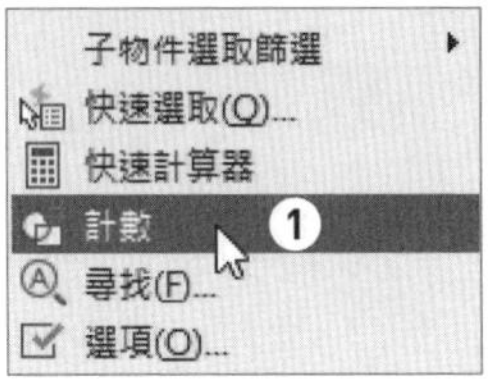

2. 框選一個範圍。

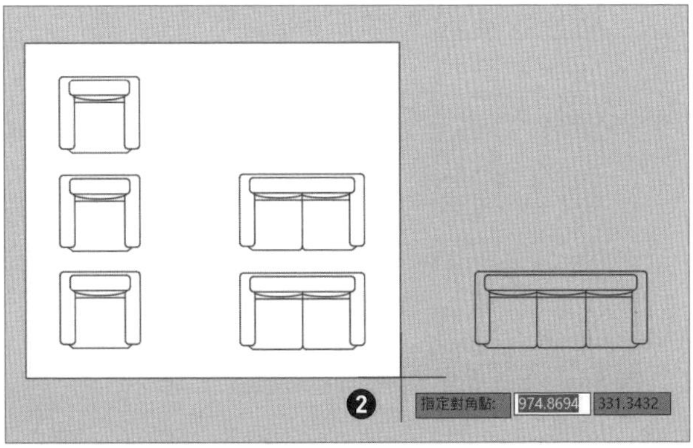

3 不選取目標，直接按下空白鍵。

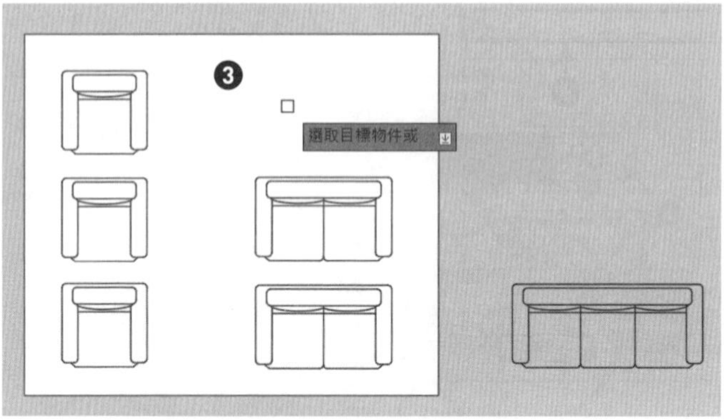

4 計數選項板會出現選取範圍中全部的圖塊數量，選取單人沙發，圖塊會變色。

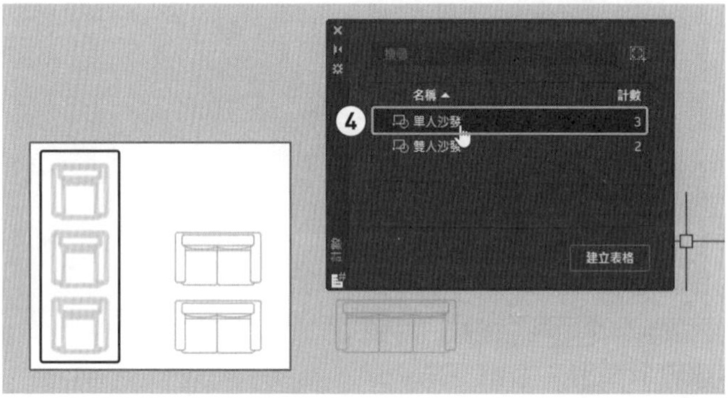

5 按下左右箭頭按鈕，可以檢視每一個圖塊。

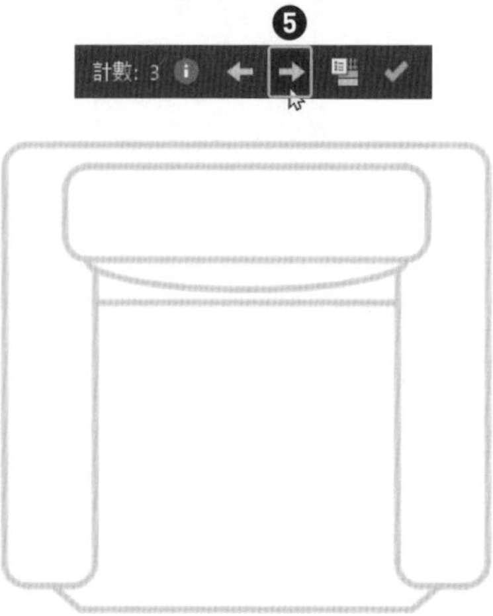

⑥ 點擊【建立表格】按鈕可以製作數量表格。

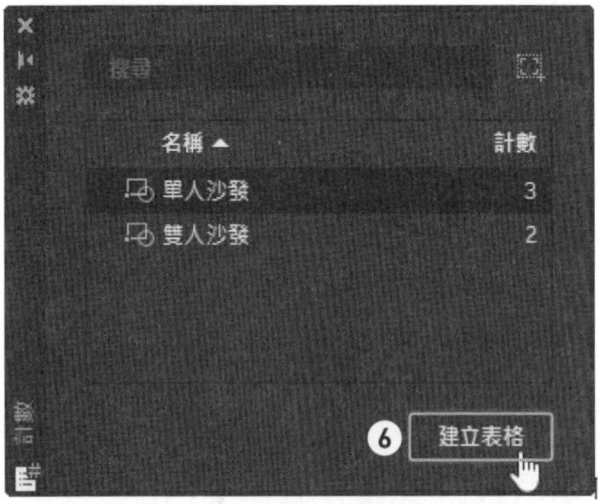

⑦ 勾選名稱左邊的方框，可以全選圖塊。

⑧ 點擊【插入】。

⑨ 點擊滑鼠左鍵放置表格。

⑩ 按下打叉按鈕先結束指令。

⑪ 表格完成圖。(若圖塊數量有變更，可以使用 RE 指令重新計算圖塊數量。)

項目	計數
單人沙發	3
雙人沙發	2

NOTE 也可以先選圖塊，再按下滑鼠右鍵 → 【計數】。

圖塊取代

準備工作

- 開啟範例檔〈6-5_ex1.dwg〉。

正式操作

1. 點擊【常用】頁籤 →【圖塊】面板 →【取代】按鈕。

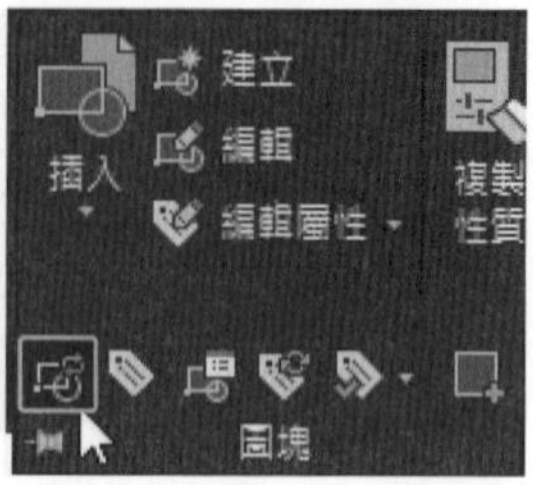

2. 選取要被取代的圖塊，按下 Enter 鍵完成選取。

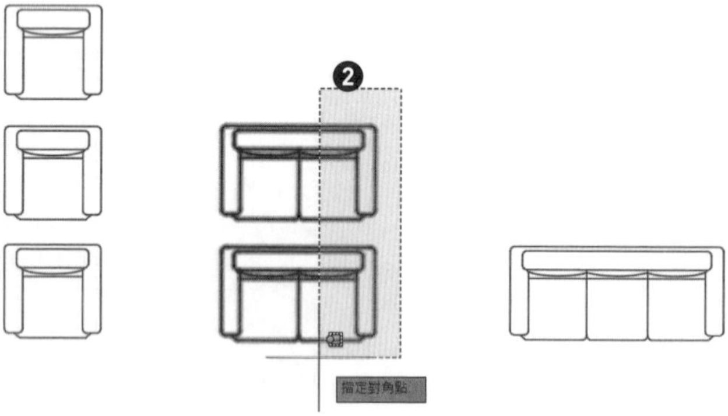

3. 從最近使用的圖塊中選一個。

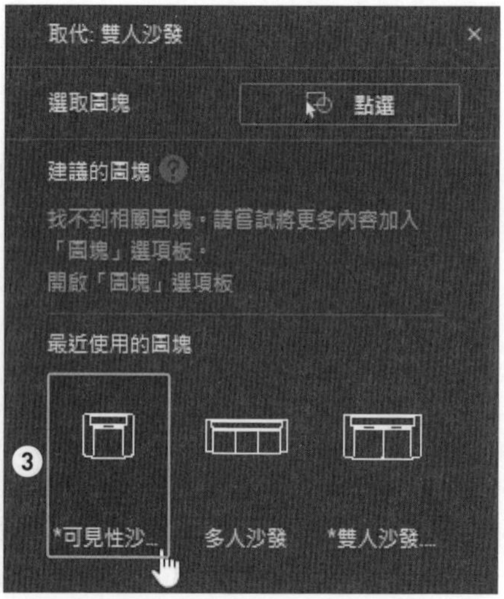

4 取代完成，按 Esc 鍵取消選取。

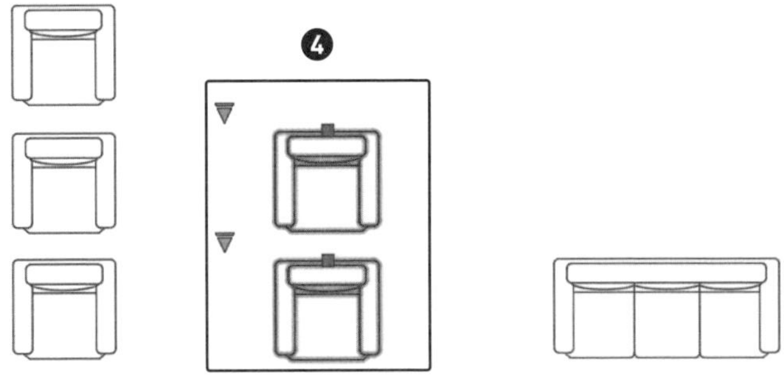

5 點擊【常用】頁籤→【圖塊】面板→【取代】按鈕。

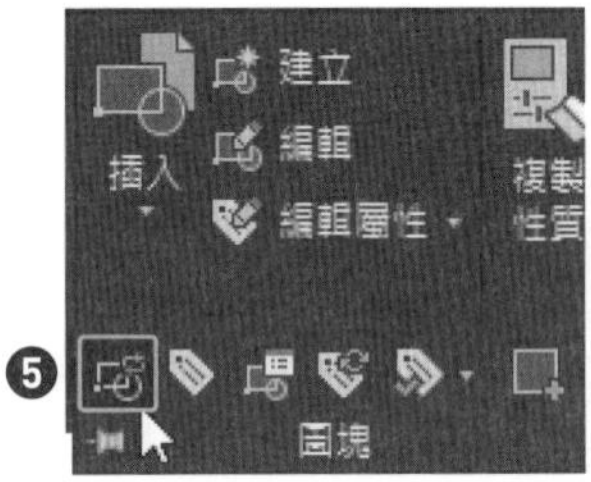

6 選取要被取代的圖塊，按下 Enter← 鍵完成選取。

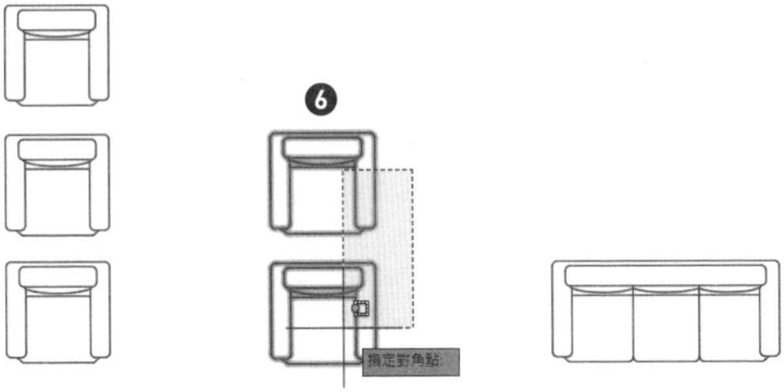

7 按下【點選】。

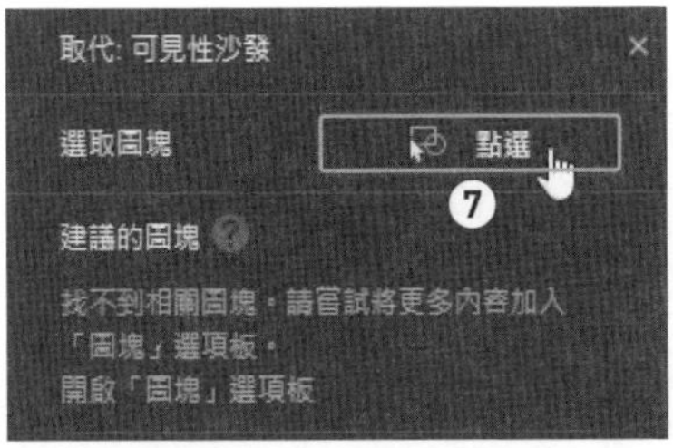

8 從目前圖面中選一個多人沙發，單人沙發已被取代為多人沙發。

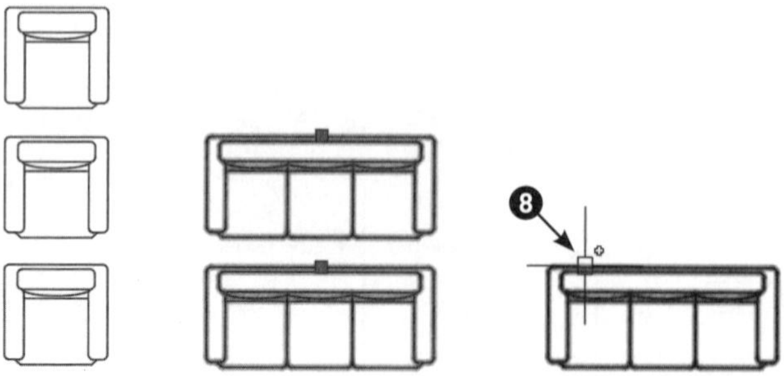

CHAPTER

7 臥室

立面圖乃是設計師以 2D 圖面來表達 3D 空間的重要圖面說明，一張好的立面圖要完整地標示出木作結構，門窗、家具、天花板的高度位置以供識別，並且要標示各區域的材質設定。例如木皮樣式、石材種類、建材選用等等。本章以臥室空間來導引讀者如何畫出正確的平面圖與立面圖。

7-1 臥室結構圖繪製

7-2 平面配置圖

7-3 天花板燈具圖

7-4 開關迴路圖

7-5 插座配置圖

7-6 衣櫃立面圖

7-7 床頭立面圖

AutoCAD 2024

7-1 臥室結構圖繪製

本小節將完成小臥室的牆面結構與門窗。

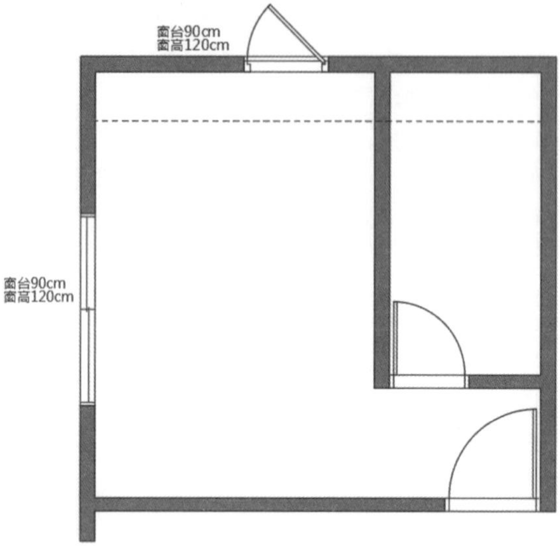

建立圖層

圖層的運用在室內設計圖上佔了很大的管理功能，因此請讀者自行建立如下圖的圖層，並參考圖層章節的說明，將所繪製的圖元放置到對應的圖層內。

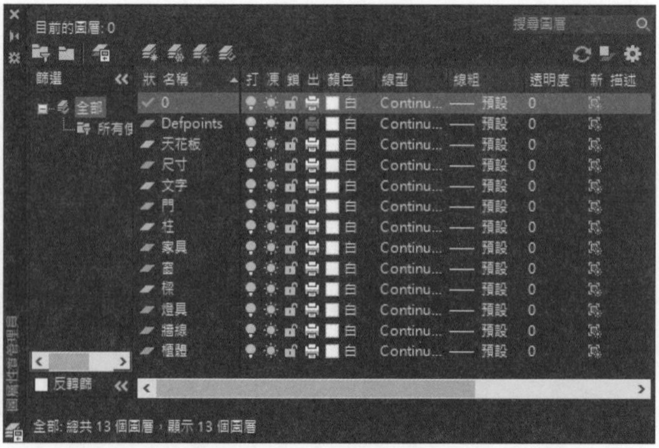

牆線

依照下方尺寸來繪製小臥室的牆面結構，可從下方的臥室門口，以順時針或逆時針的方向來繪製。(可以按 **F8** 鍵開啟正交模式，減少繪製錯誤。)

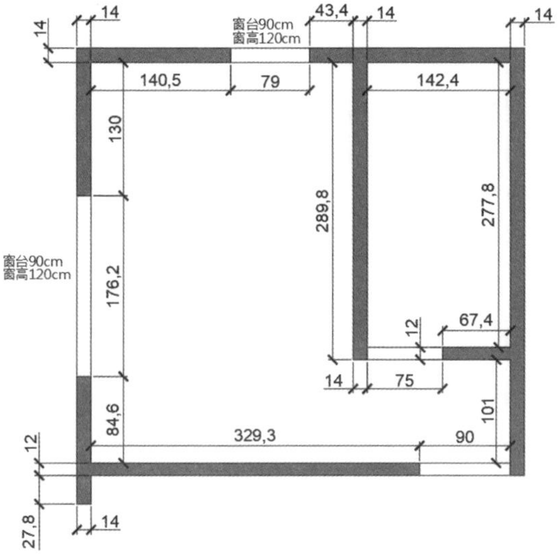

1. 往左繪製長度 90 的線段。

2. 往左繪製 329.3 的線段，往上繪製 84.6，以此方式繼續完成以下牆線。

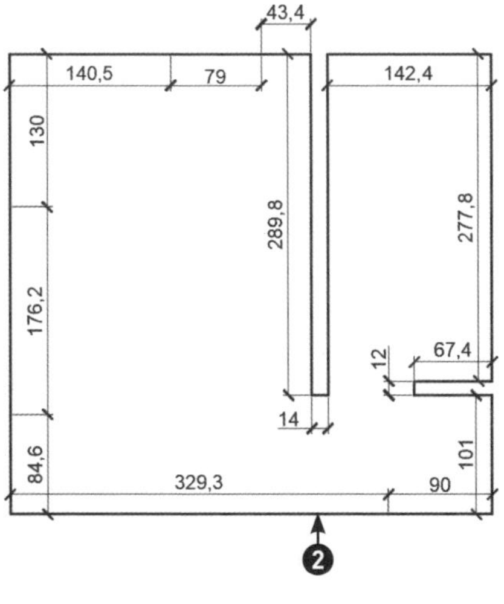

③ 使用偏移指令，下方線段往下偏移 12，表現出牆面厚度。

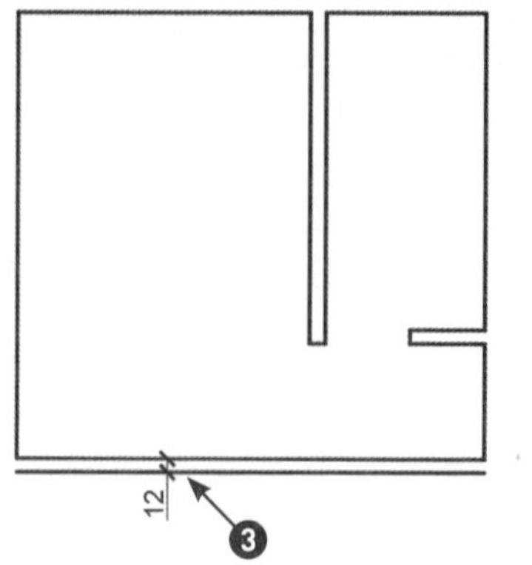

④ 將其他牆線，分別往外偏移牆的厚度。

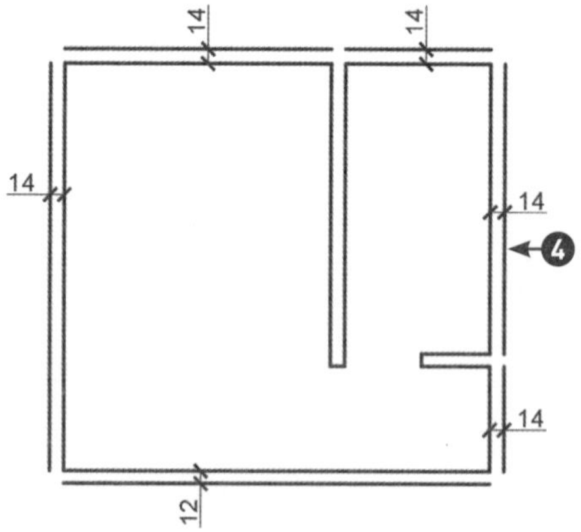

⑤ 開啟物件鎖點設定，取消勾選中點。

6 使用直線指令 (L)，鎖點至左側窗戶的端點。

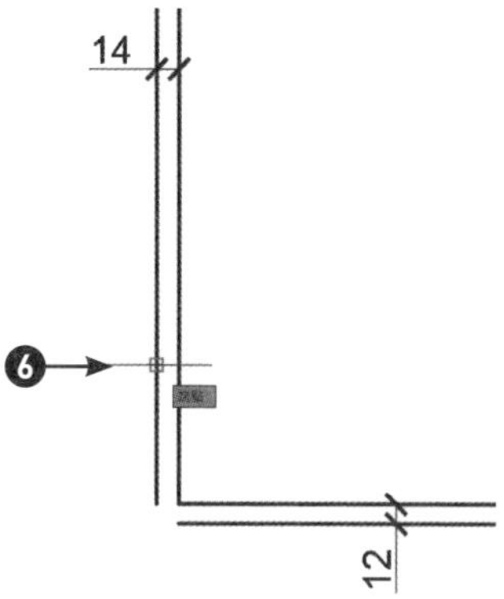

7 往右畫線至右邊端點。

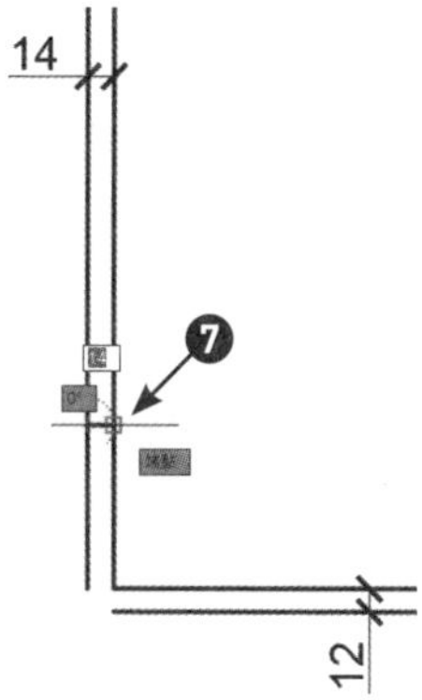

8 使用相同方式，分別連接門窗的端點，完成如右圖所示。

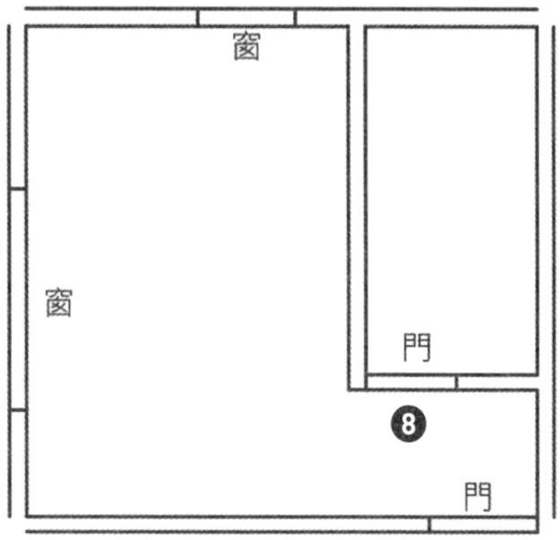

9 依照下方尺寸，繪製牆線。

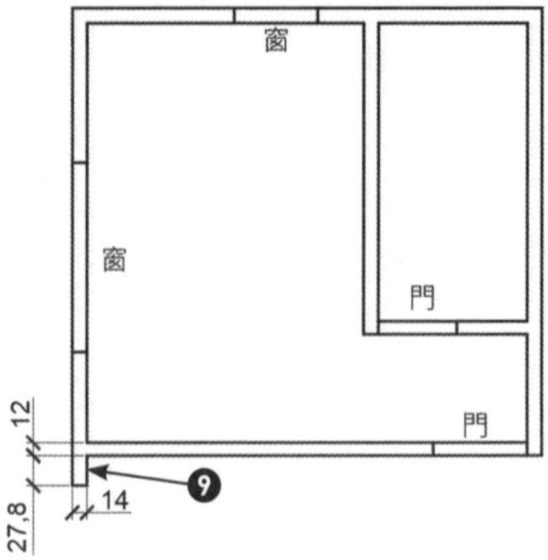

10 使用填充線指令 (H)，選擇 SOLID 樣式，並設定顏色。

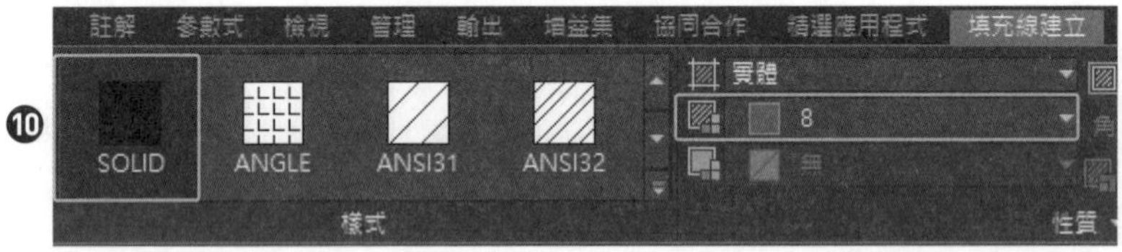

11 將實心的牆面填滿填充線。

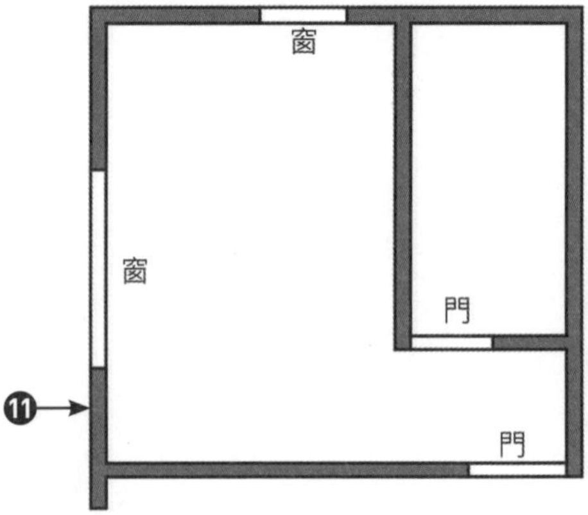

臥室門與浴室門

1 使用偏移指令 (O)，在臥室門的位置，將門框線段往內各偏移 4。

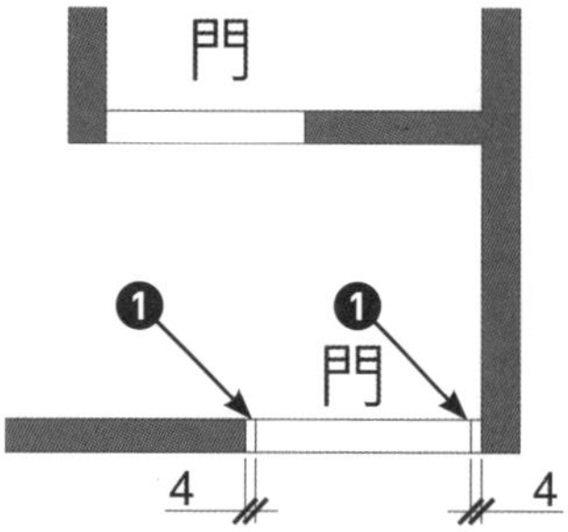

2 使用矩形指令 (REC)，繪製寬 3 高 82 的矩形，作為門板。

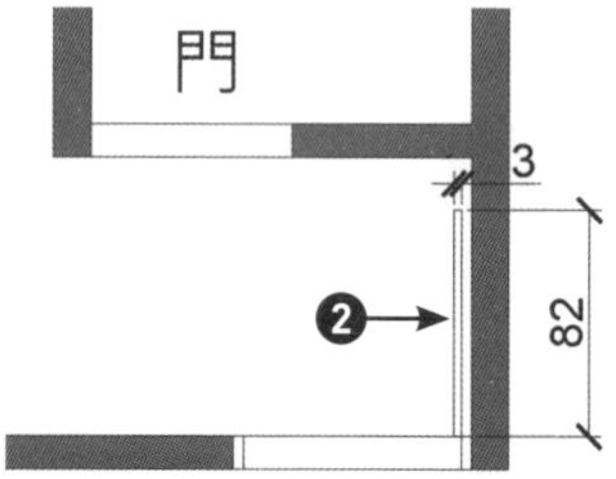

3 以門板右下角的端點為基準點，右上角為半徑位置畫圓。

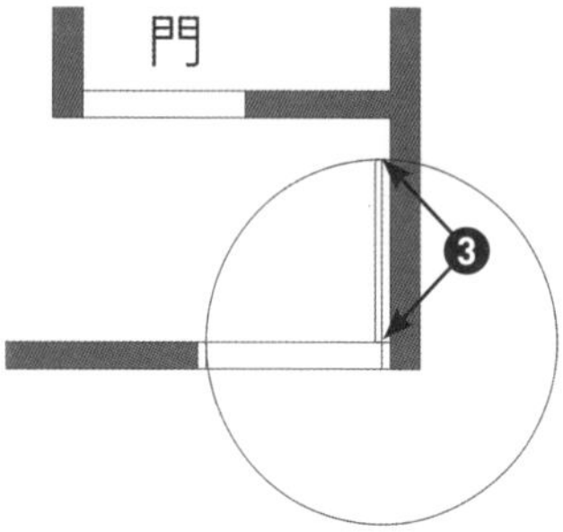

4 修剪後，完成開門方向的展示。

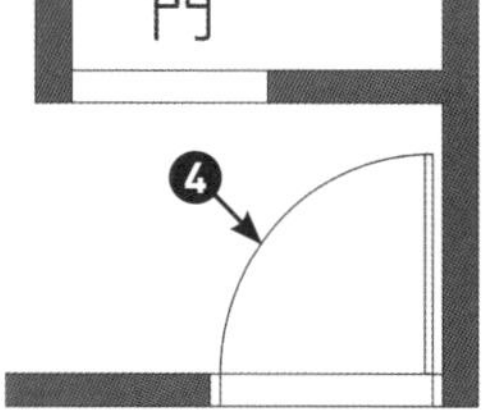

5 依照上述步驟來繪製浴室的門。

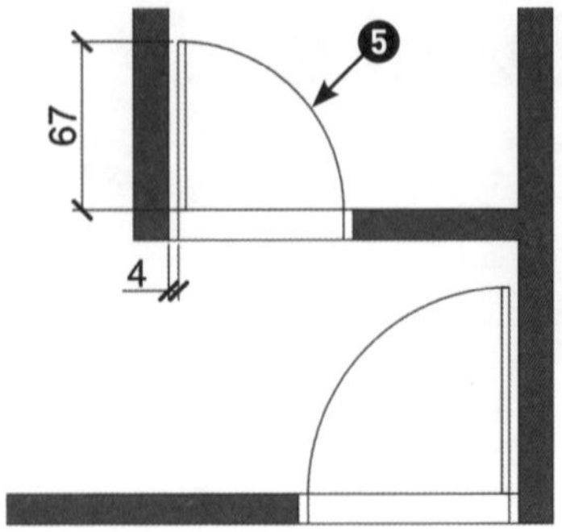

單開窗與雙開窗

1 找到上方的窗戶，使用直線指令，繪製窗框形狀。

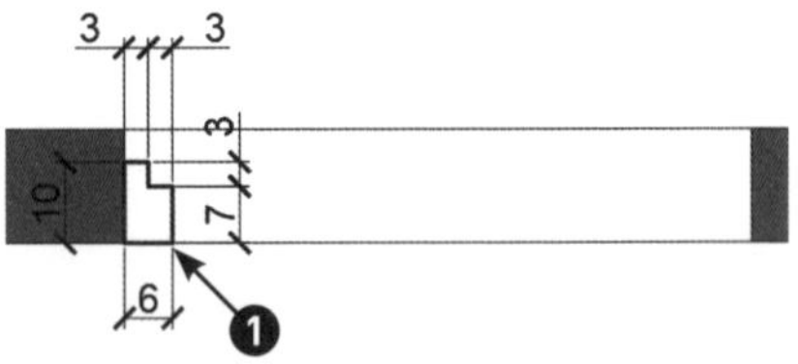

2 以窗戶中點為基準線，將窗框鏡射到右側。

3 使用矩形指令 (REC)，點擊左上與右下端點，在窗框之間繪製玻璃框。

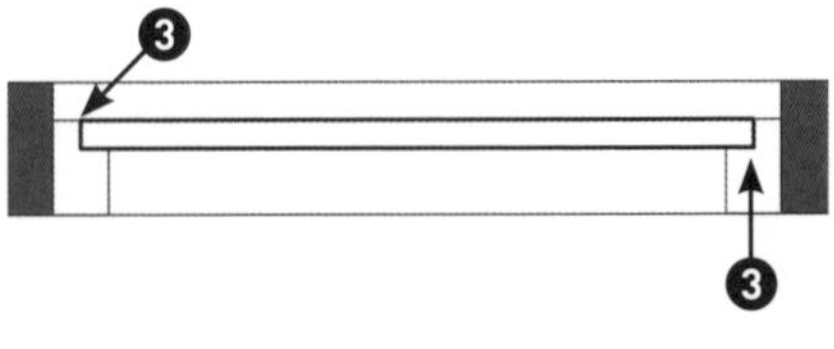

4 以矩形右上角為基準點，旋轉 -45 度。

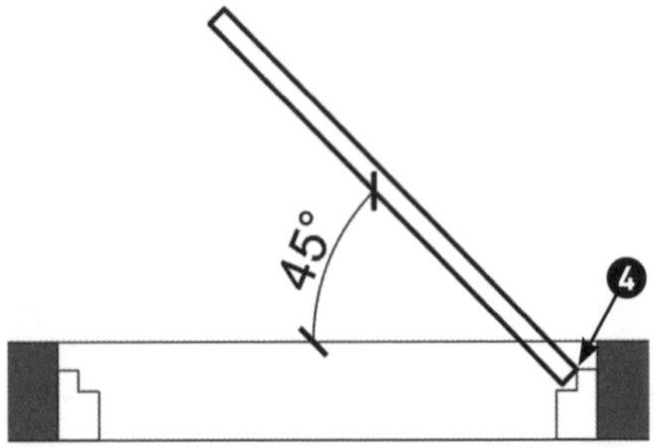

5 使用【中心點、起點、終點】弧指令，依序點擊以下三點，完成開窗方向。

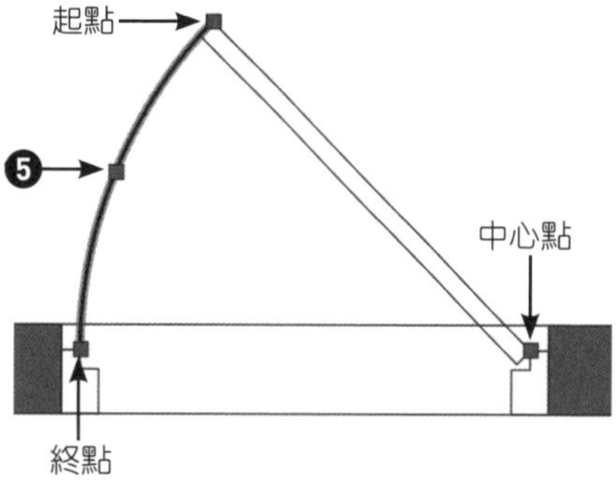

6 繪製與修剪線段，完成圖。

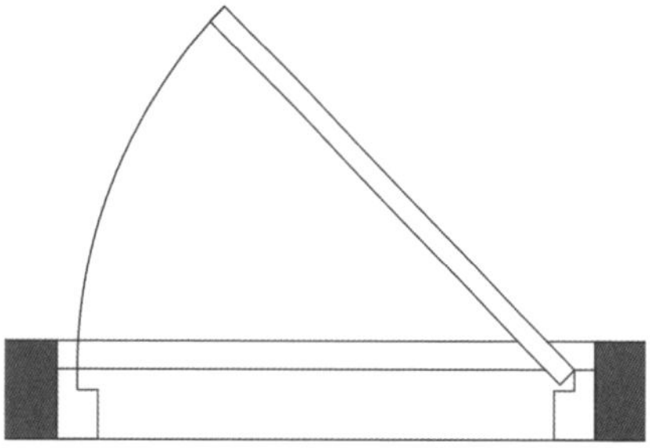

7 找到左側窗戶，將窗框線段往內各偏移3。

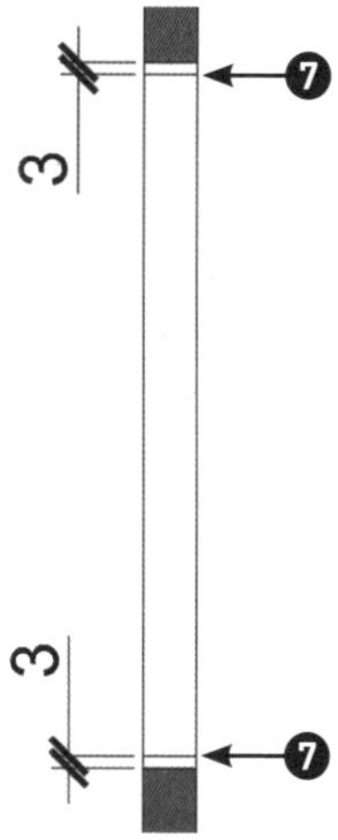

8 使用直線指令，連接窗戶中點繪製直線。

9 從下方中點往右 1 的位置，往上繪製 87 的線段。

10 同理，再繪製另一條線段，完成雙開窗。

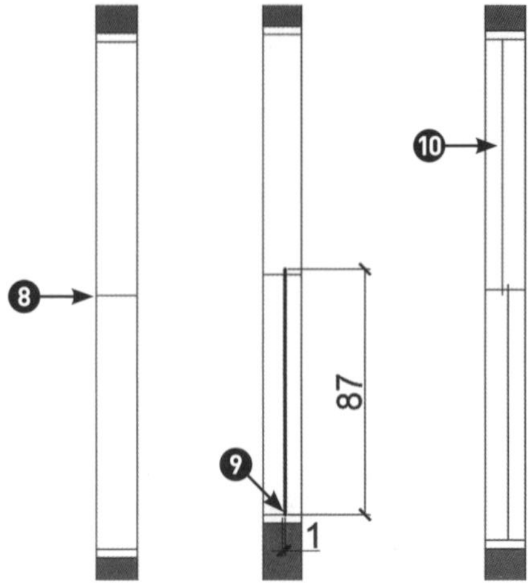

樑

1 從【常用】頁籤 →【性質】面板 → 點擊【線型】下拉式選單 →【其他】。

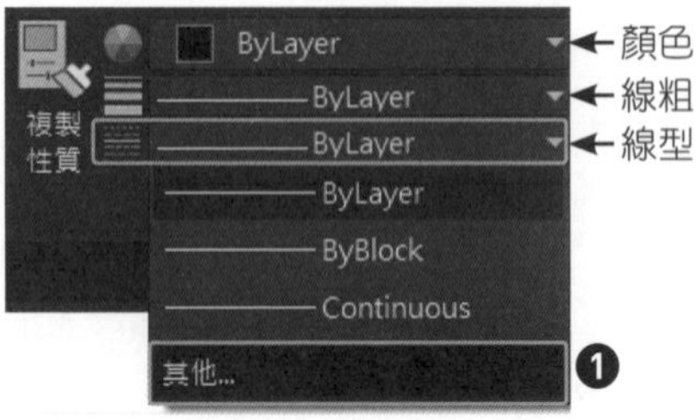

2 點擊【載入】。

③ 選取【HIDDEN】虛線，按下【確定】關閉所有視窗。

④ 在距離牆 45cm 的位置繪製線段，線型設定 HIDDEN，並標示樑到地板的距離「BCH:250」，完成樑線，線型再改回 ByLayer。

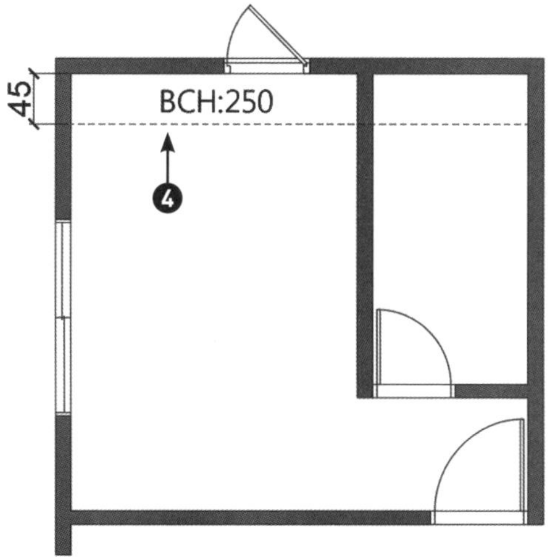

7-2 平面配置圖

本小節將完成小臥室的平面配置圖，包括床、床邊櫃、衣櫃的配置。

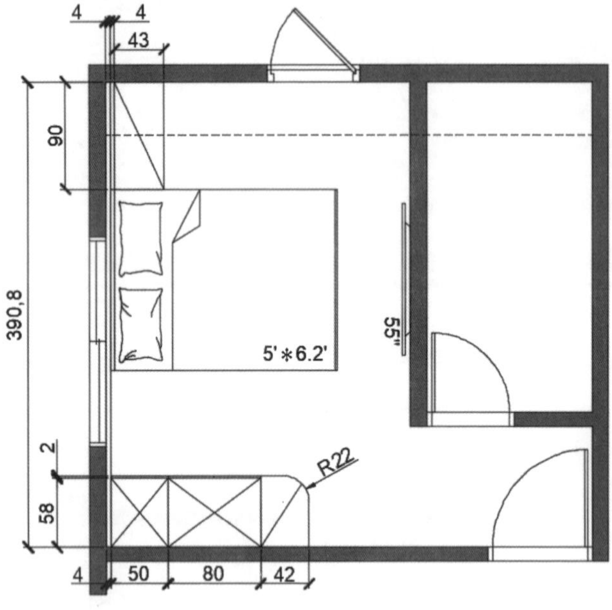

床邊櫃

① 在左側繪製寬 4、高 390.8 的矩形封板，遮住窗戶，因為床頭與床尾不宜對窗。

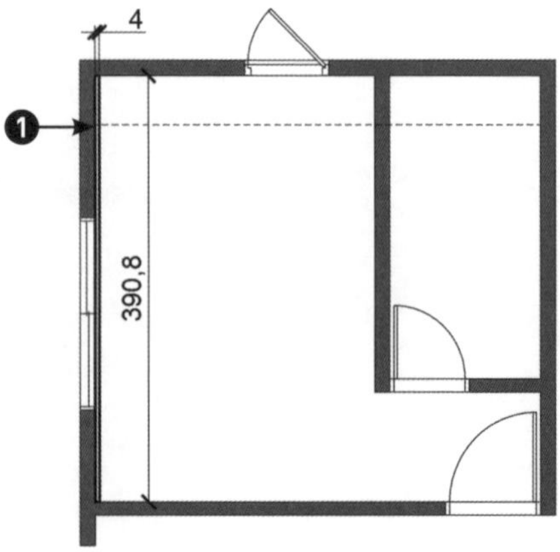

2 在臥室左上角，繪製寬 4、高 90 的矩形，用於放置插座。再繪製寬 43、高 90 的矩形，並繪製對角斜線，表示床邊矮櫃。3D 示意圖如下右圖。

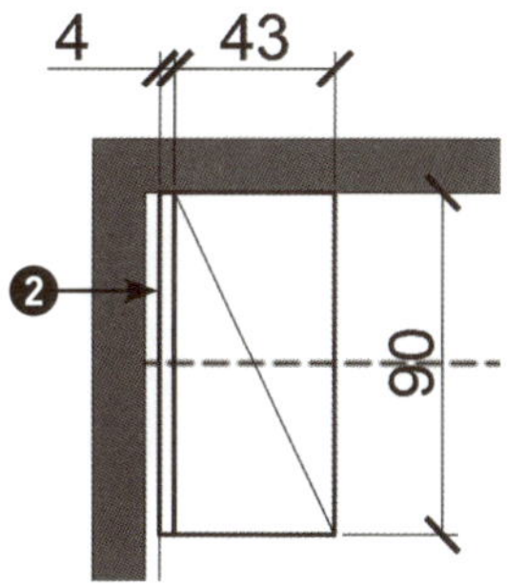

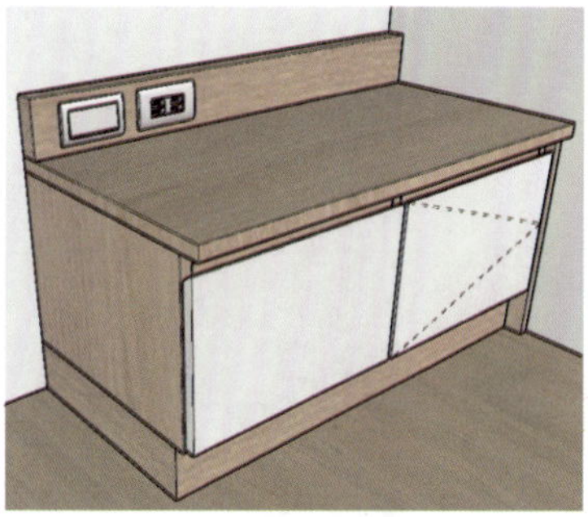

床

1 在床邊櫃旁邊，繪製如右圖所示的形狀。

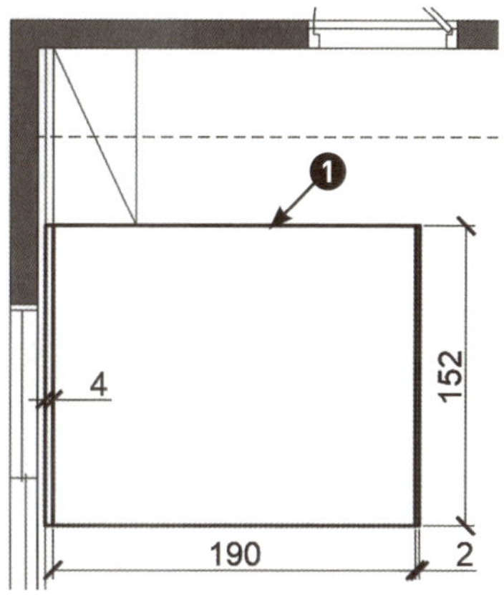

2 點擊【常用】頁籤 →【圖塊】面板 →【插入】→【資源庫中的圖塊】，開啟範例檔〈臥室圖塊 .dwg〉。

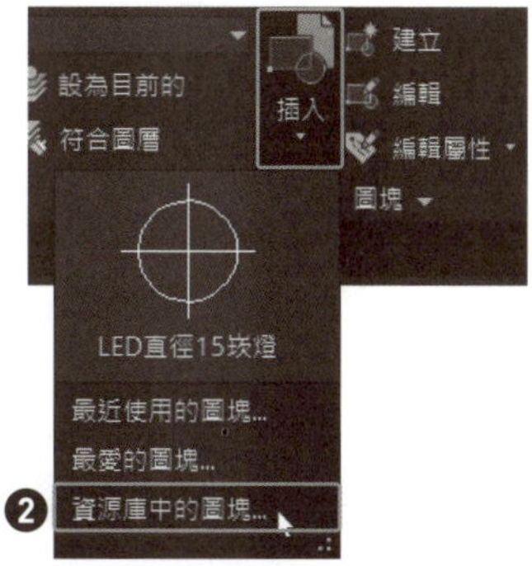

3 可以看到範例檔內的圖塊，若點擊【】按鈕可以選擇其他檔案。

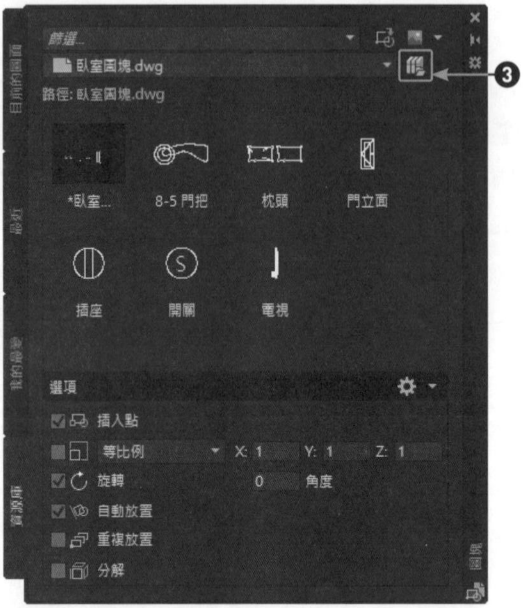

4 點擊【枕頭】圖塊。

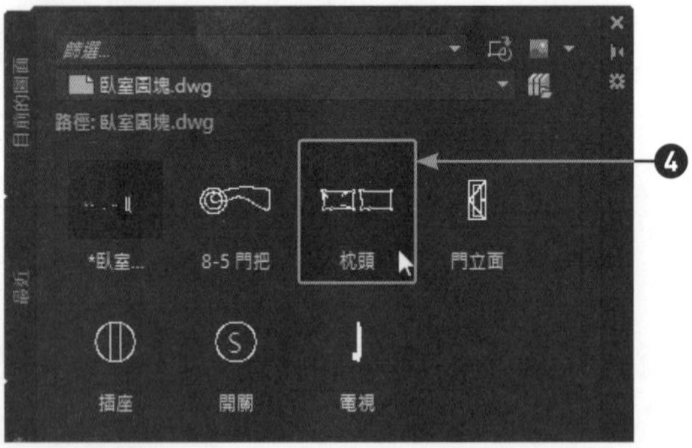

5 在指令列，選擇【旋轉】，輸入 90 並按 Enter 鍵，逆時針旋轉 90 度。

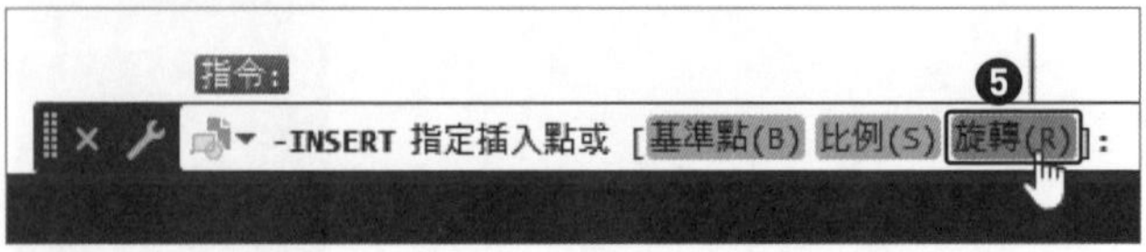

⑥ 擺放在床上。

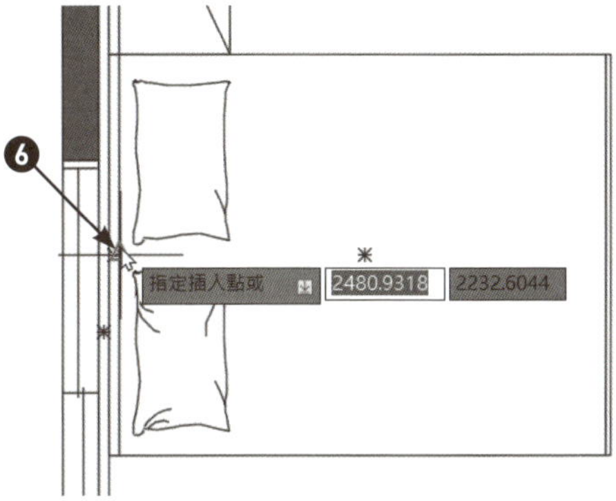

⑦ 使用直線指令，繪製棉被的線段，如右圖。

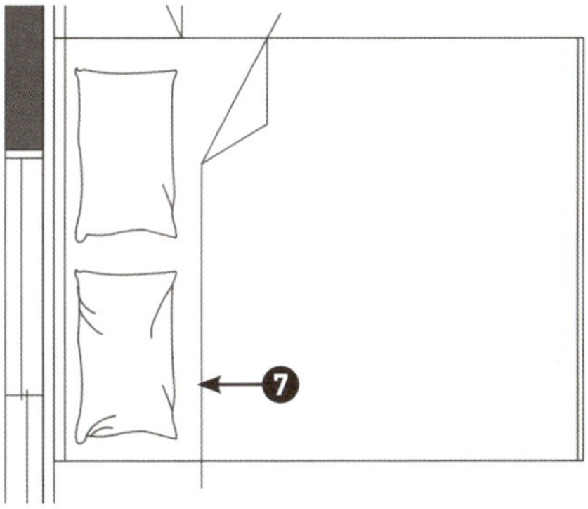

⑧ 使用修剪指令，修剪超出床面的線段。3D 示意圖如下右圖。

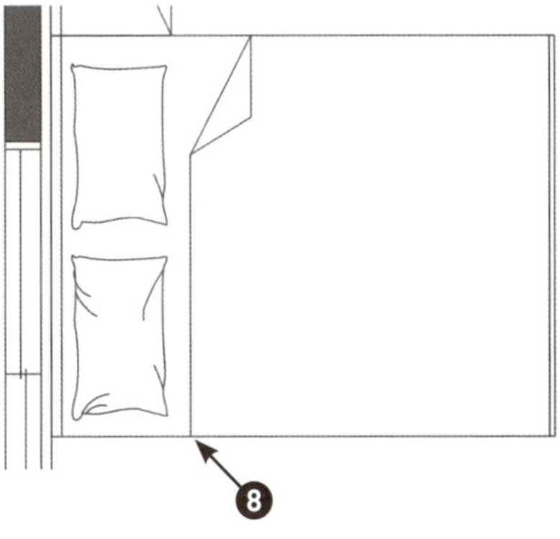

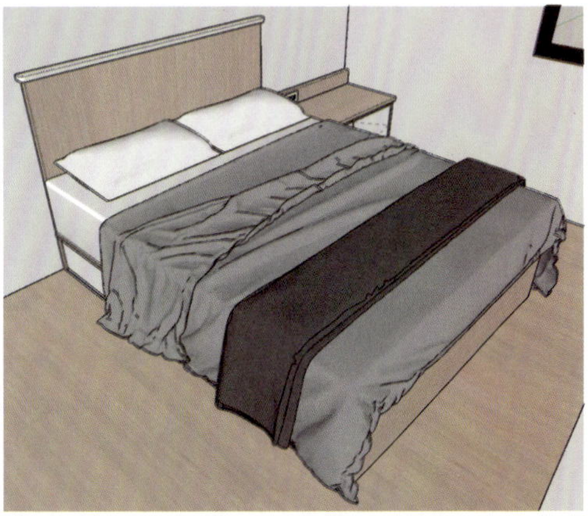

⑨ 選擇【電視】圖塊。

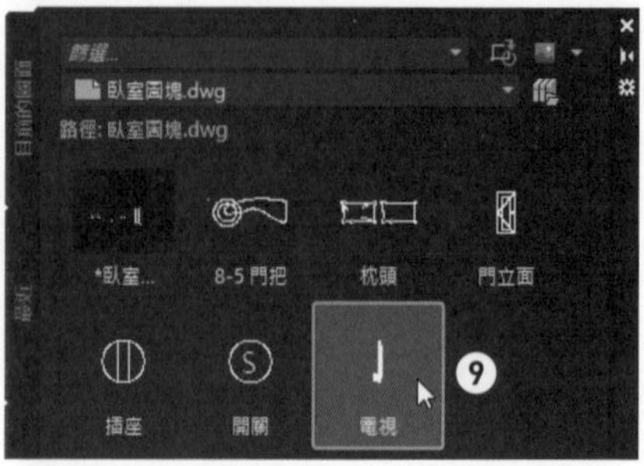

⑩ 放置在床對面的牆面上，並對齊床中央。

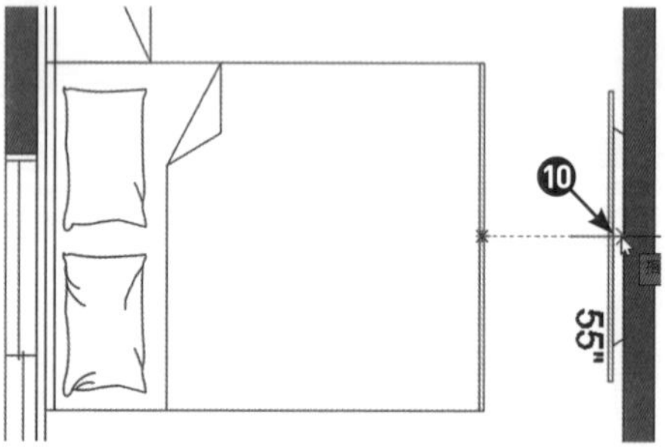

衣櫃

① 在臥室左下角，繪製寬 50 高 58 的矩形作為櫃子，再繪製長 50 寬 2 的矩形作為櫃子門板。

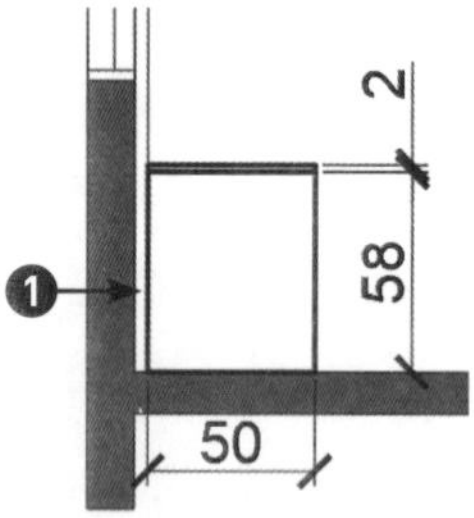

② 同理，繪製另一個寬 80 高 58 的矩形作櫃子。

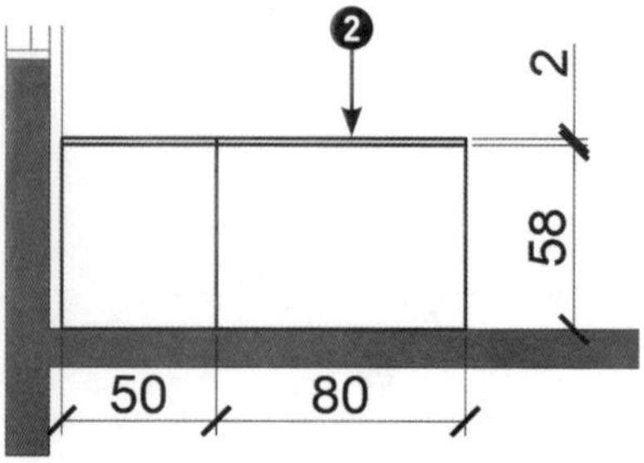

3 繪製打叉的樣式，表示較高的櫃子。

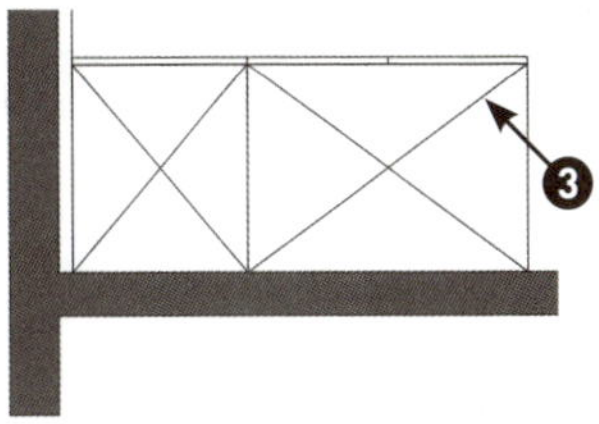

4 再右側繪製另一個寬 42 高 60 的矩形矮櫃。

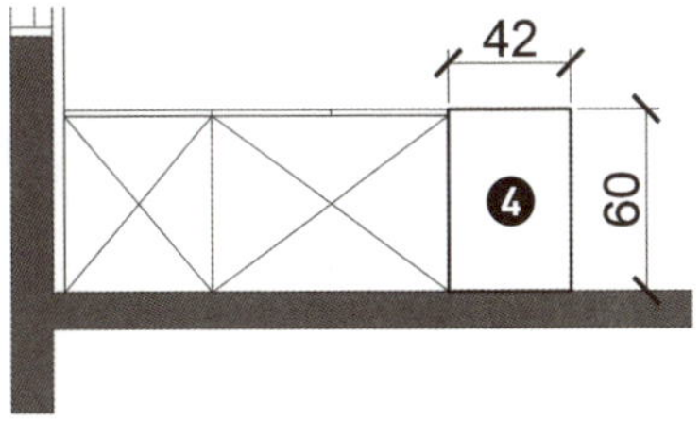

5 使用圓角指令 (F)，繪製半徑 22 的圓角，使用直線指令繪製斜線，表示矮櫃。完成平面配置圖，讀者可自行標註尺寸，使圖面更加完整。

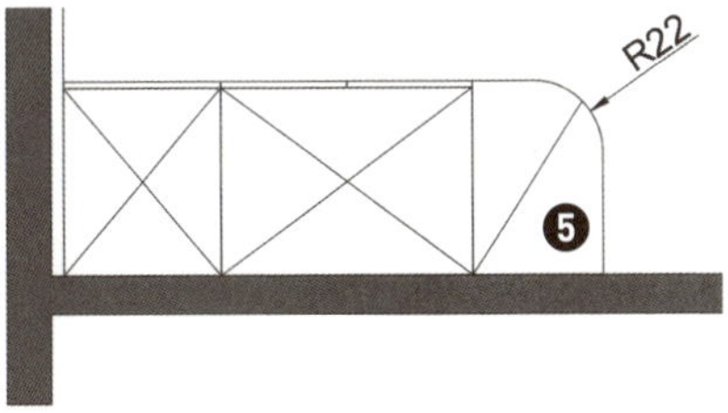

6 3D 示意圖。

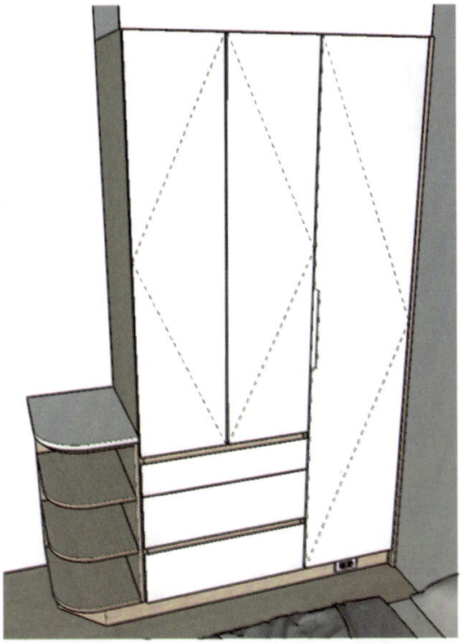

7-3 天花板燈具圖

本小節將完成小臥室的天花板燈具圖，包括天花板高度、燈具、燈具到牆面尺寸、圖例表格。臥室為平釘天花板，非造型天花板，因此僅標示高度。

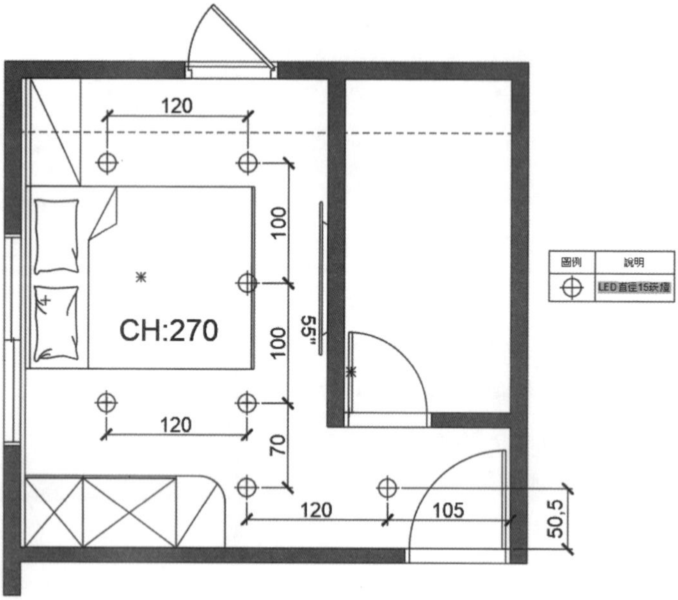

嵌燈

1. 繪製半徑 7.5 的圓，從中心點往上繪製長度 10 的線段。

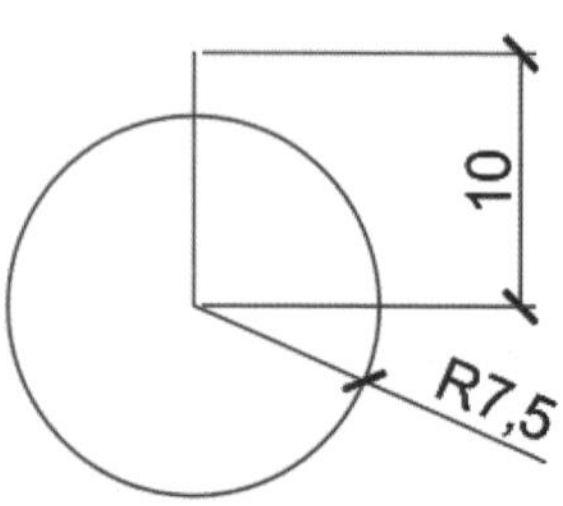

2 使用環形陣列指令 (AR)，以圓的中心點為基準點，陣列 4 個線段。

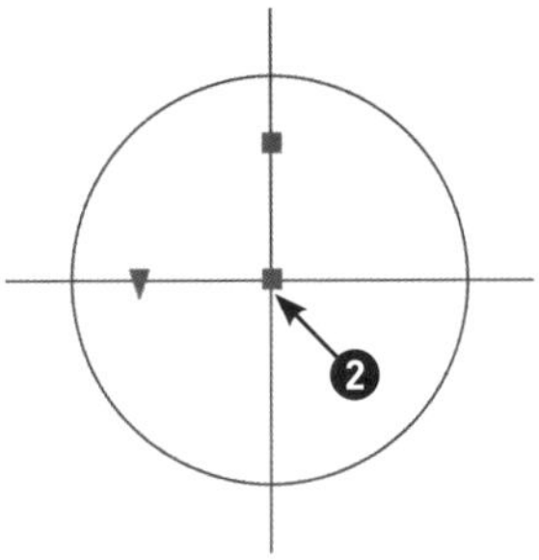

3 先選取整個嵌燈，使用建立圖塊指令 (B)，名稱輸入「LED 直徑 15 嵌燈」，點擊【點選點】。

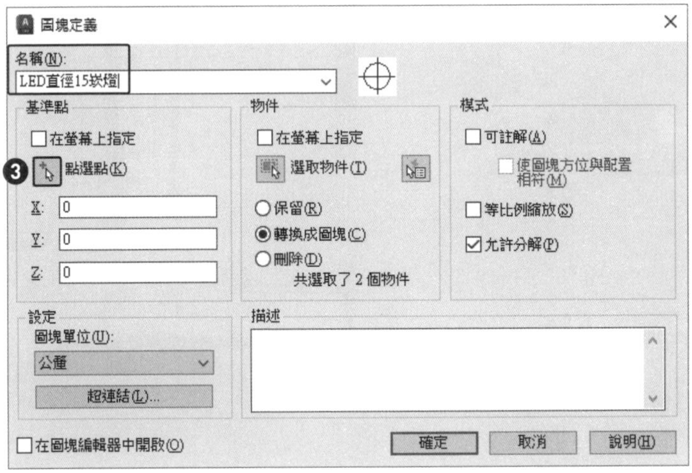

4 點擊圓的中心點作為基準點。按下【確定】完成嵌燈圖塊。

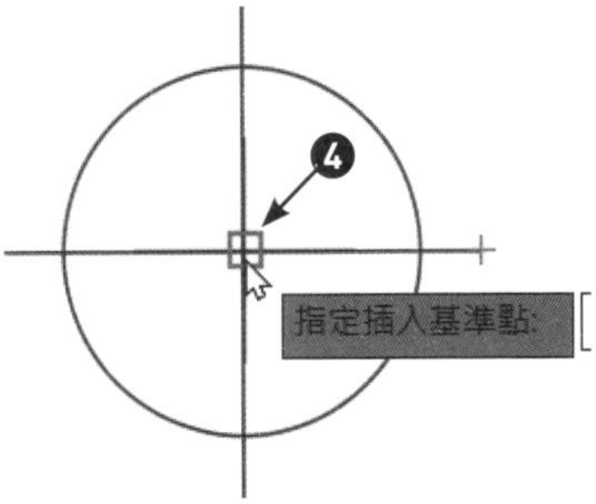

5 使用建構線指令 (XL)，輸入 V 並按 Enter← 鍵，點擊牆內的端點，建立垂直建構線。

6 按 Enter← 鍵重複建構線指令，輸入 H 並按 Enter← 鍵，點擊牆線的中點，建立水平建構線。

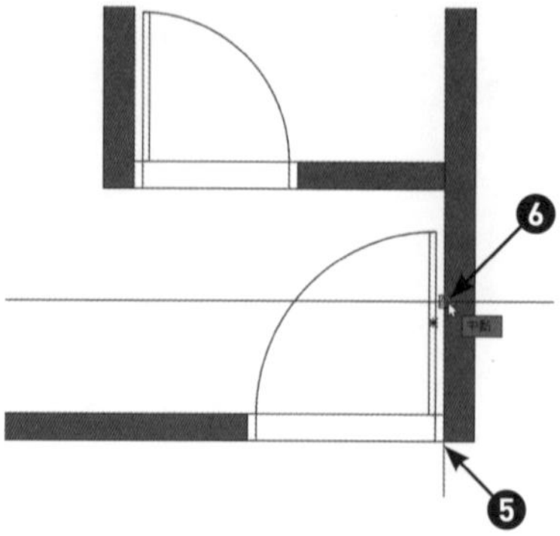

7 使用偏移指令 (O)，偏移建構線來設定燈具的間距，尺寸如右圖。

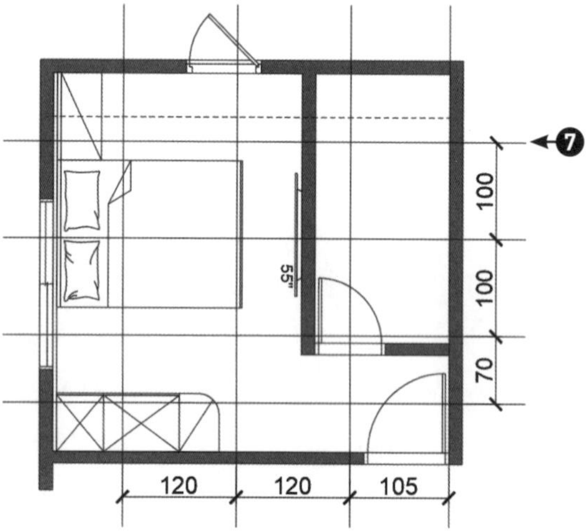

8 使用複製指令 (CO)，將嵌燈複製到建構線的交點上。

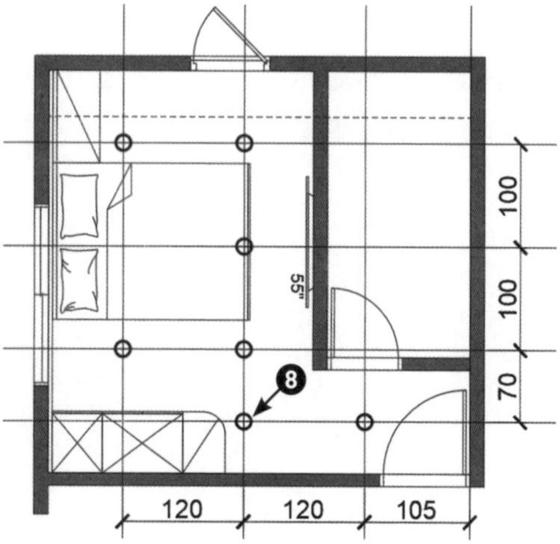

9 先選取建構線，使用刪除指令 (E)，刪除建構線。

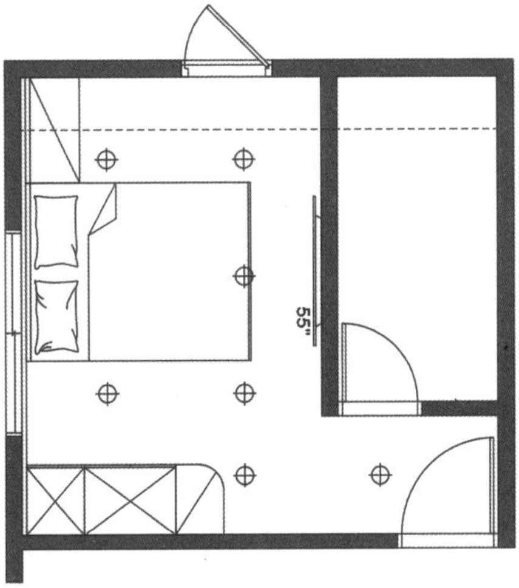

10 使用線性標註指令 (DLI)，標註燈具之間距離，以及燈具到牆面距離。

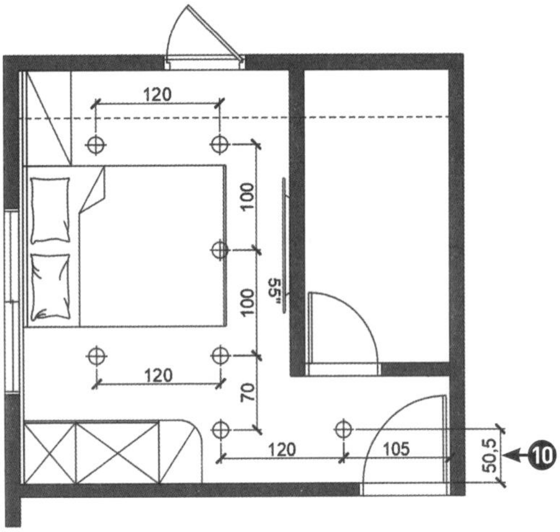

圖例

1 點擊【常用】頁籤 →【註解】面板 →【表格】。

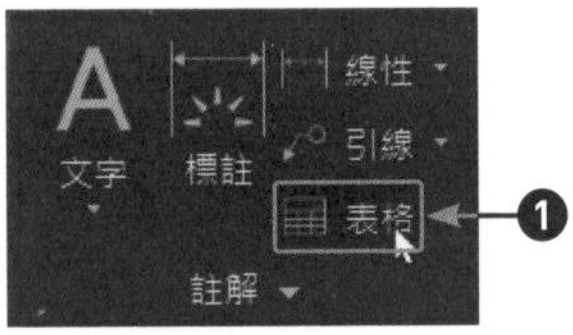

2 按下【確定】。

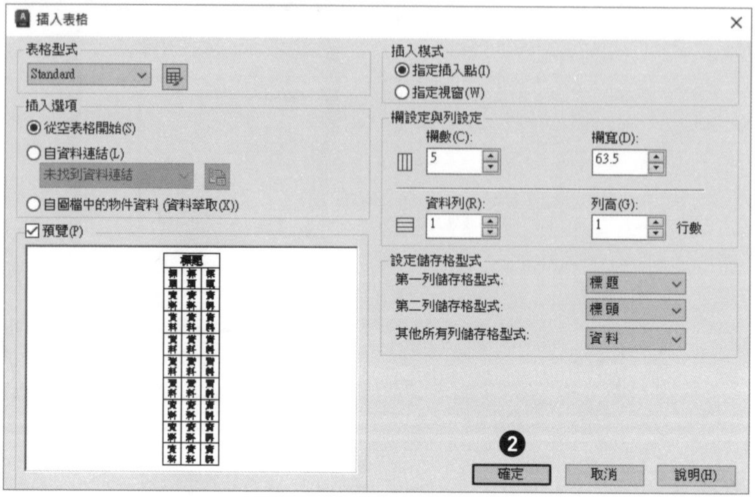

3 在圖面外側點擊滑鼠左鍵放置表格，並在表格外點擊左鍵，結束表格文字編輯。

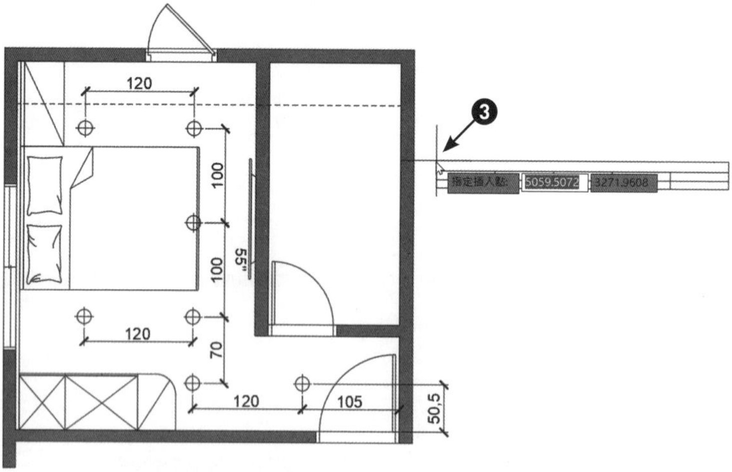

4 點擊表格框線，可以選取整個表格，點擊右下角掣點，可以調整全部表格的寬度與高度。

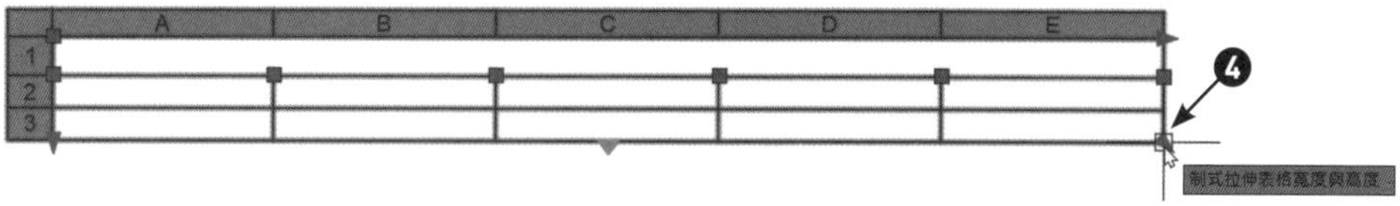

5 點擊滑鼠左鍵確定表格大小。

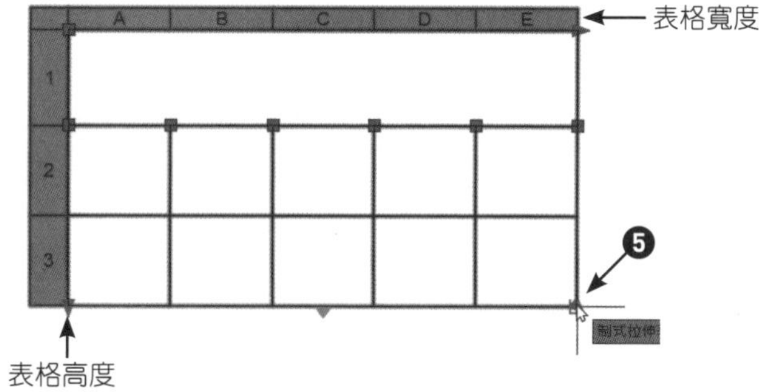

6 框選表格內的三格儲存格。

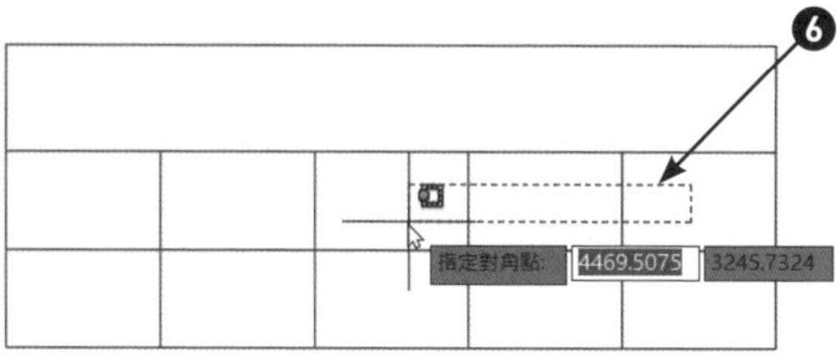

7 選取完如下圖。

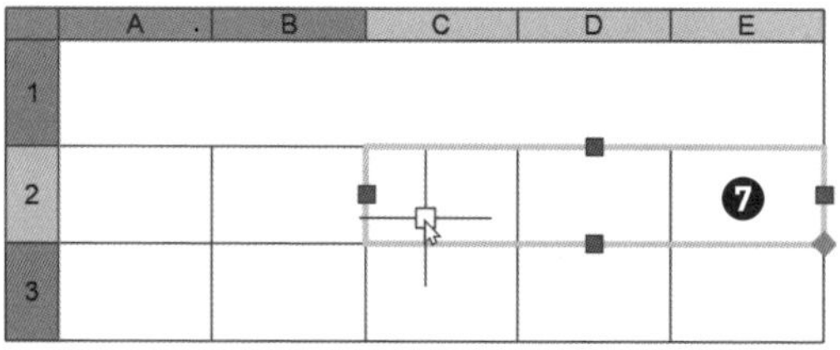

8 點擊【刪除欄】，可以刪除直向的表格。

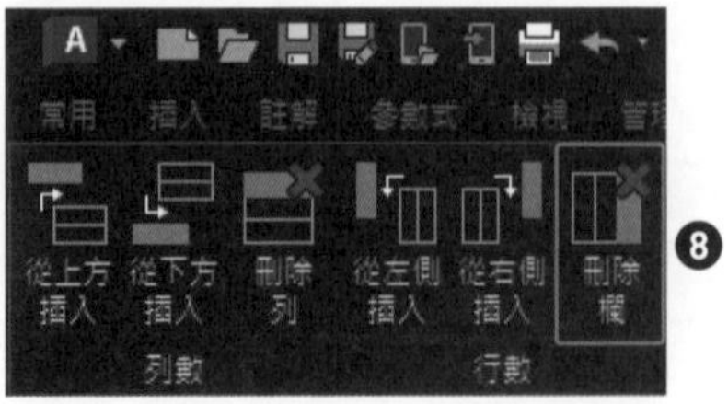

9 選取儲存格，點擊儲存格的方形掣點，可以單獨調整儲存格大小。

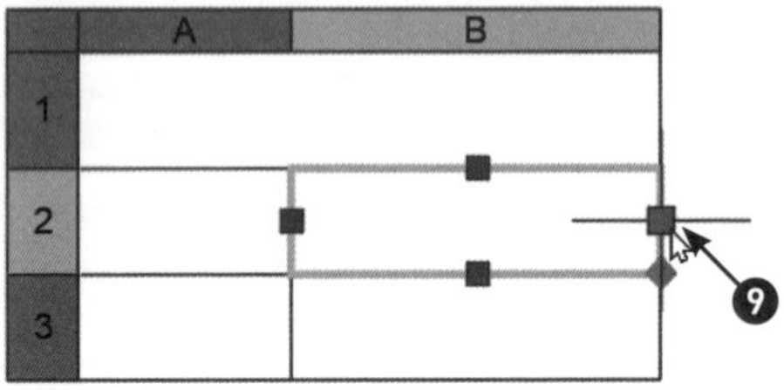

10 選取最上方的儲存格。

11 點擊【刪除列】，可以刪除橫向的表格。

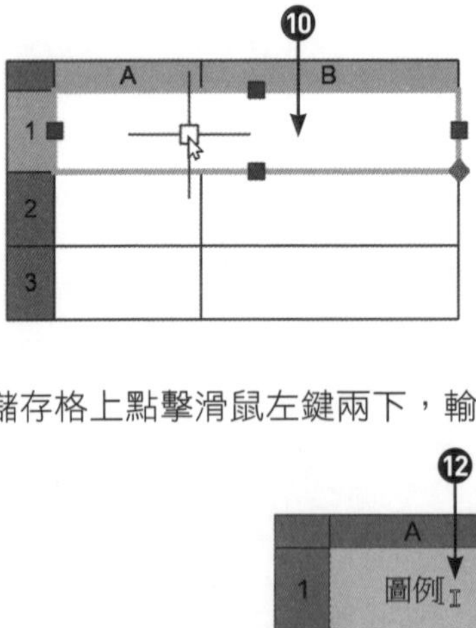

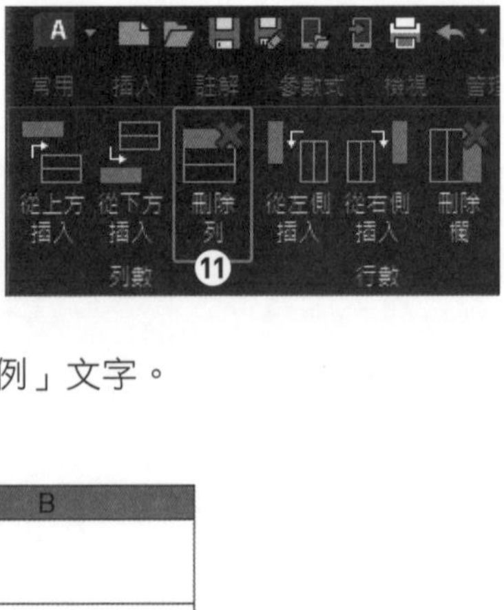

12 在儲存格上點擊滑鼠左鍵兩下，輸入「圖例」文字。

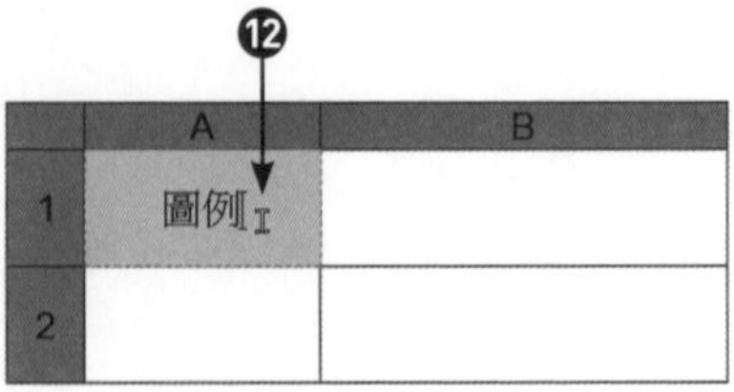

⑬ 按下 Tab 鍵往右至下一個儲存格，輸入「說明」文字。(按 Enter← 鍵則是往下。)

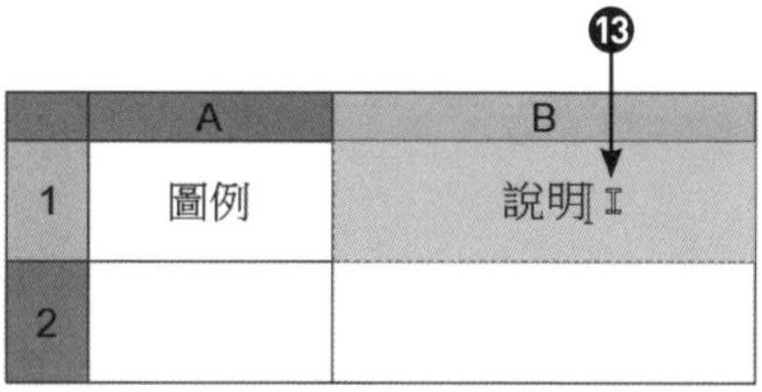

⑭ 在表格外點擊滑鼠左鍵，結束文字編輯。選取圖例下方的儲存格。

⑮ 點擊【圖塊】。

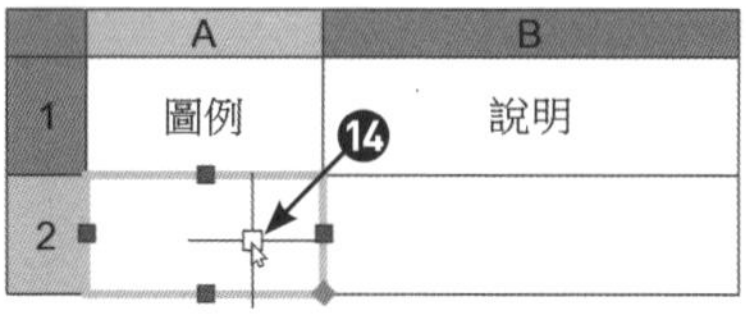

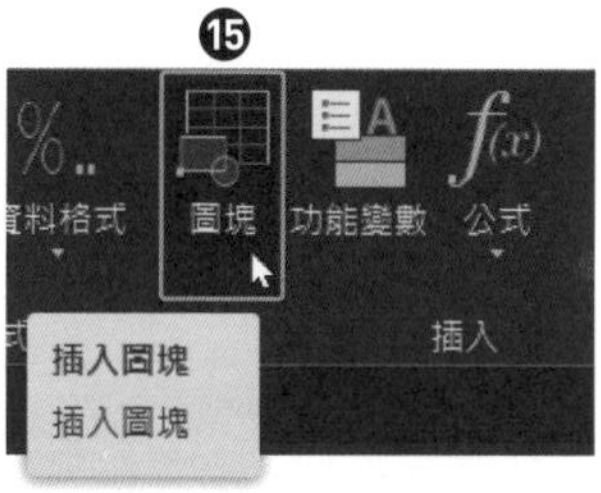

⑯ 名稱選取【LED 直徑 15 崁燈】，按下【確定】，可在表格中插入圖塊，圖塊會隨著表格大小變動。

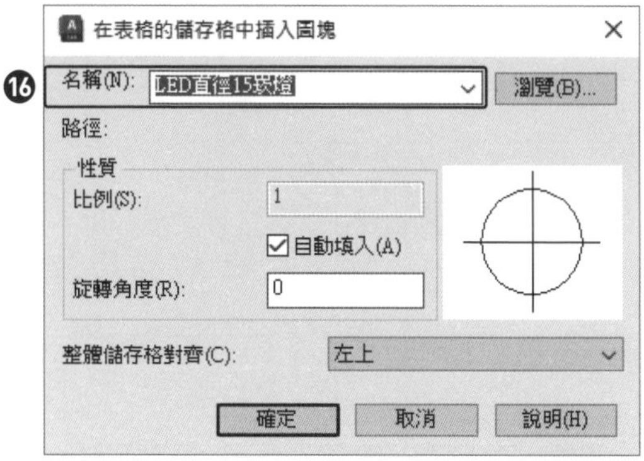

⑰ 選取另一個儲存格。

⑱ 點擊【功能變數】。

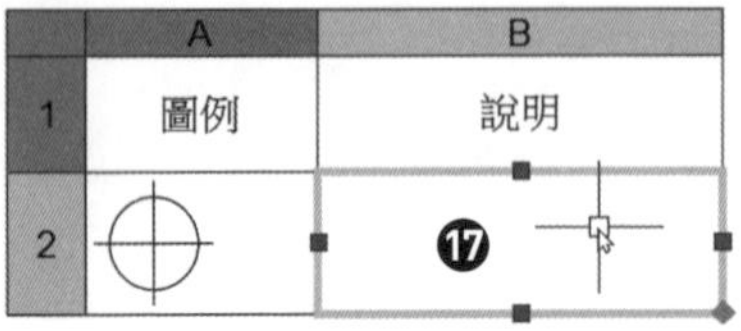

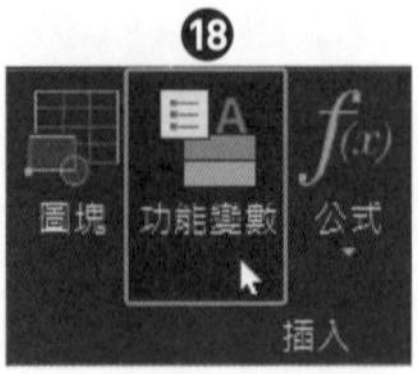

⑲ 功能變數品類選擇【物件】，功能變數名稱【具名物件】，具名物件類型【圖塊】，名稱選擇「LED 直徑 15 崁燈」，按下【確定】就可以取得圖塊的名稱放到表格中。(具名物件就是有名稱的物件。)

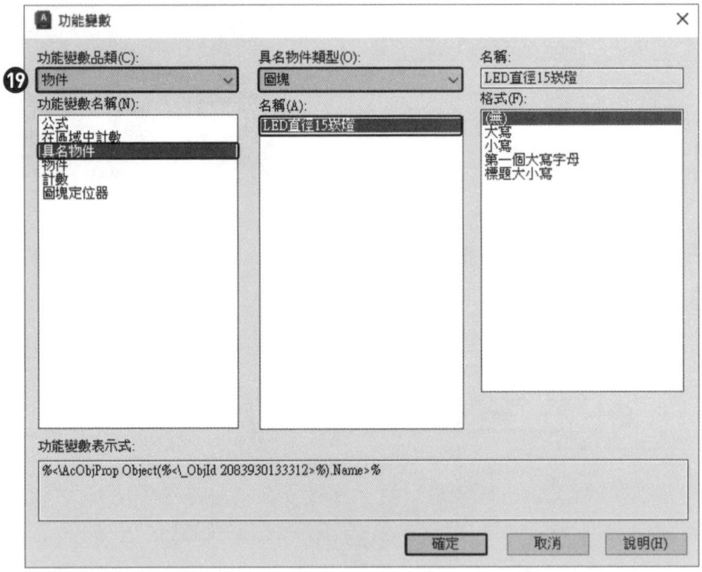

⑳ 任意選一個儲存格，點擊左上角的灰色格子，選取全部儲存格。

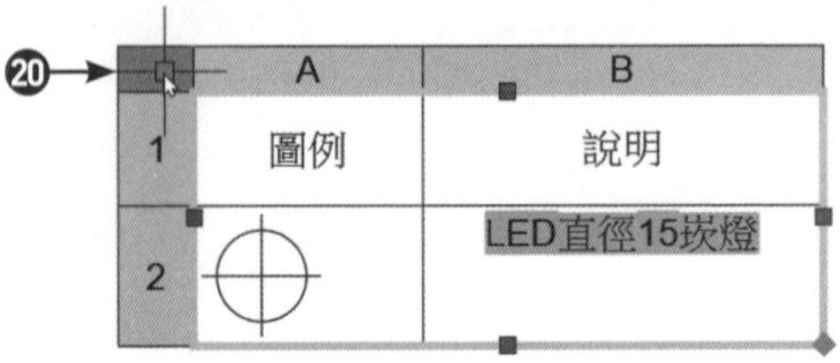

㉑ 按滑鼠右鍵 →【 性質 】。

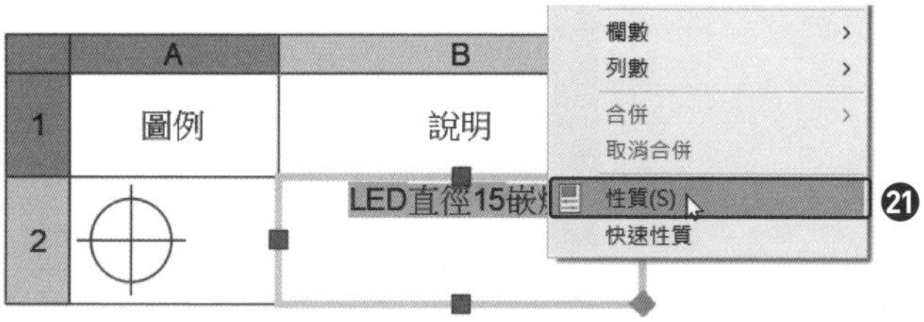

㉒ 對齊方式選擇【 正中 】。

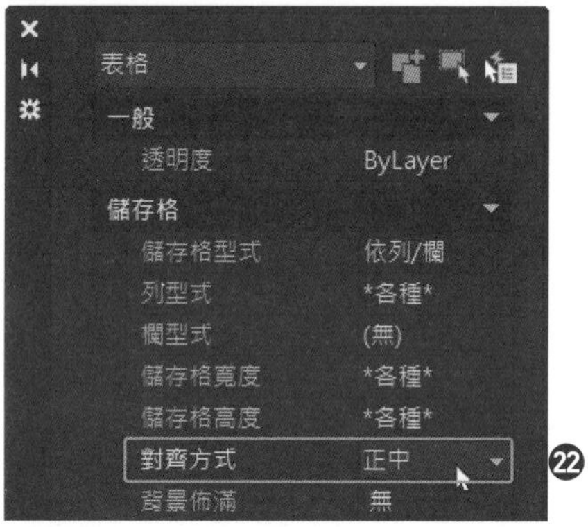

㉓ 框選文字的儲存格，不要選取到圖塊。

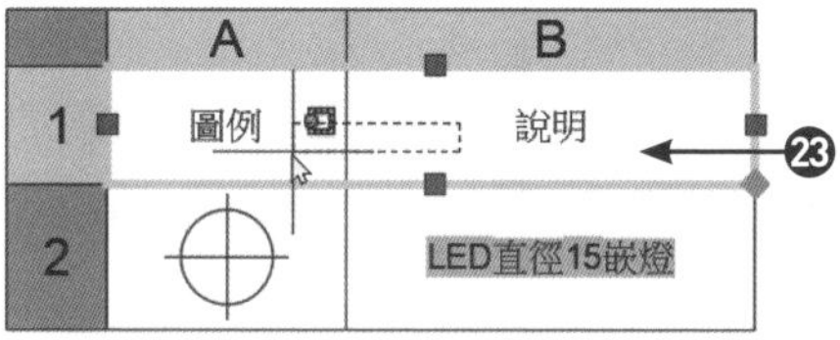

㉔ 按滑鼠右鍵 →【 性質 】，修改文字高度。

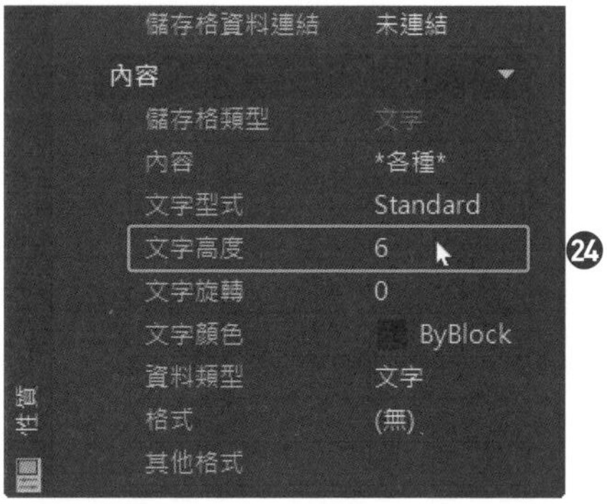

25 完成如下圖。(功能變數會以灰色背景顯示，灰色背景不會被列印。)

圖例	說明
⊕	LED直徑15嵌燈

26 使用單行文字指令 (DT)，輸入文字「CH:270」，表示地板至天花板高度為 270。

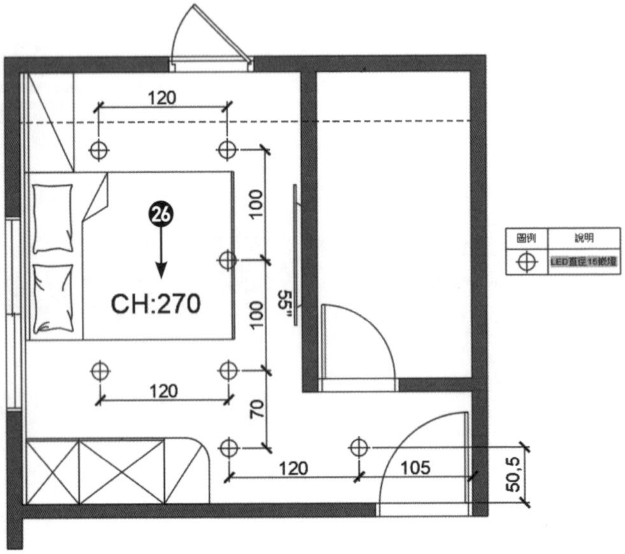

7-4 開關迴路圖

本小節將完成小臥室的開關迴路圖，包括開關位置、燈具迴路、圖例表格。

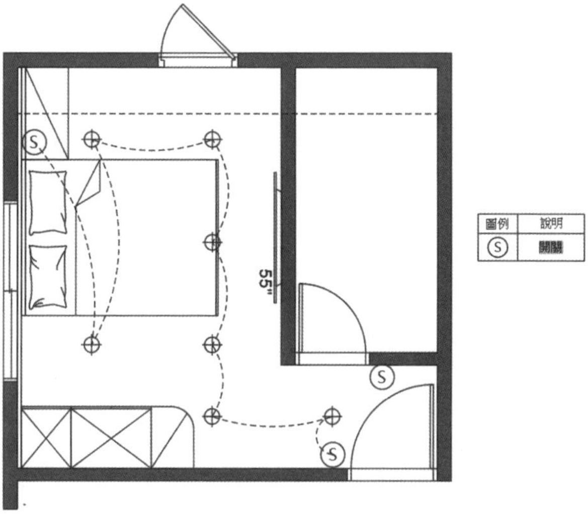

開關位置

1 在門旁邊繪製半徑 12 的圓，作為開關位置。

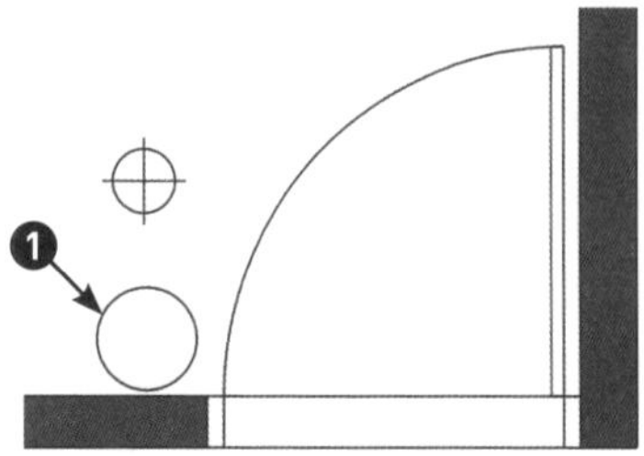

2 使用單行文字指令 (DT)。

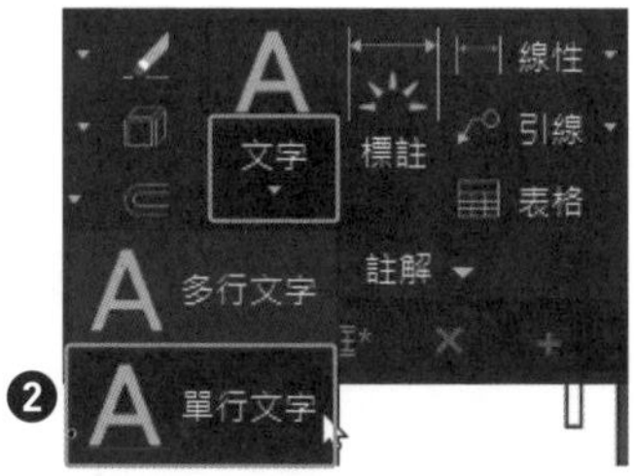

3 在指令列選擇【對正】。

TEXT 指定文字的起點 或 [對正(J) 型式(S)]:
3

4 設定對正方式為【正中】。

4
TEXT 請輸入選項 [左(L) 中心(C) 右(R) 對齊(A) 中央(M) 佈滿(F) 左上(TL) 中上(TC) 右上(TR) 左中(ML) 正中(MC) 右中(MR) 左下(BL) 中下(BC) 右下(BR)]:
模型

5 點擊中心點，使文字的基準點在圓心。

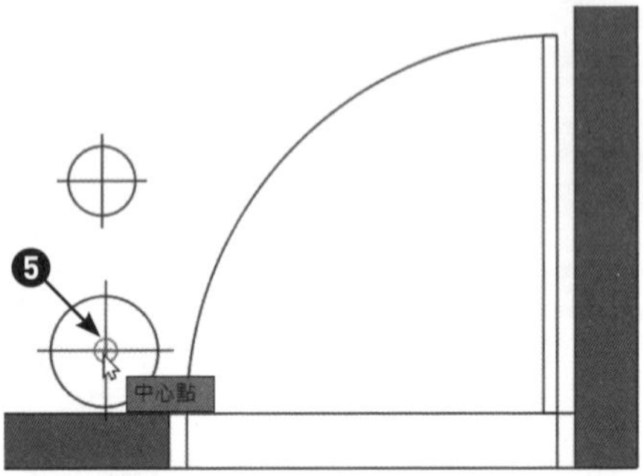
5
中心點

6 輸入文字高度「12」。

TEXT 指定高度 <2.5000>: 12
6

7 輸入文字角度「0」。

TEXT 指定文字的旋轉角度 <0>: 0
7

8 文字輸入「S」，完成圖。

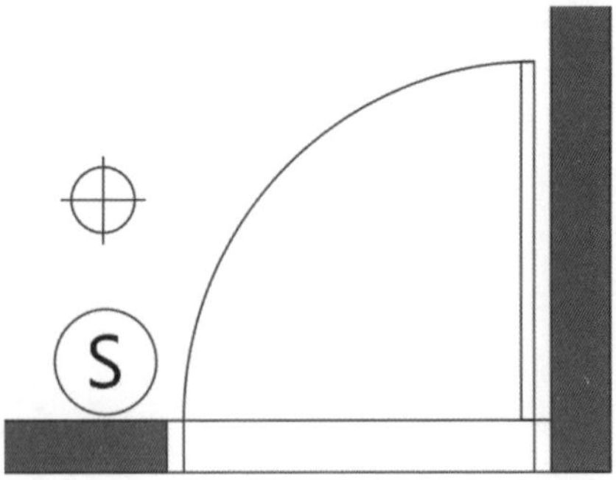
S

⑨ 選取開關，使用建立圖塊指令 (B)，名稱輸入「開關」。

⑩ 點擊【點選點】按鈕，選擇圖塊基準點為圓的中心點，按下【確定】。

⑪ 將開關複製到需要的位置，例如：浴室門口、床邊櫃。

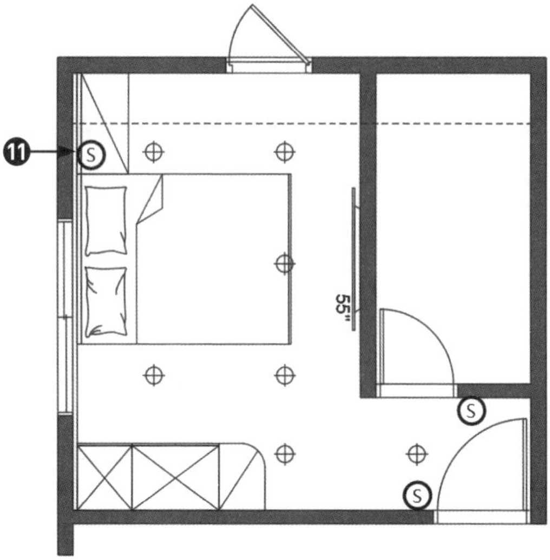

燈具迴路

1 按 Esc 鍵取消選取，在性質面板上，將線型切換為 HIDDEN 虛線樣式。

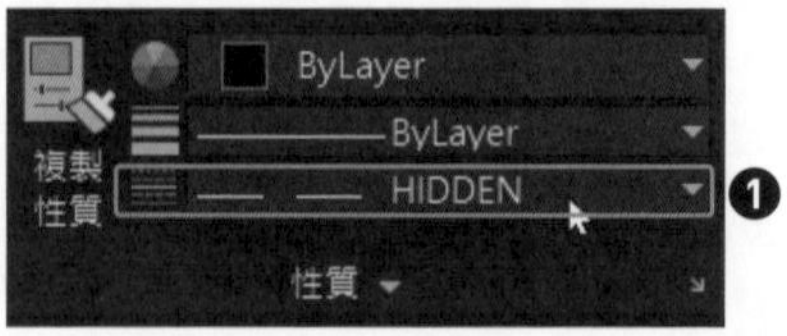

2 使用弧指令 (A)，繪製三點弧，連接開關與燈具。

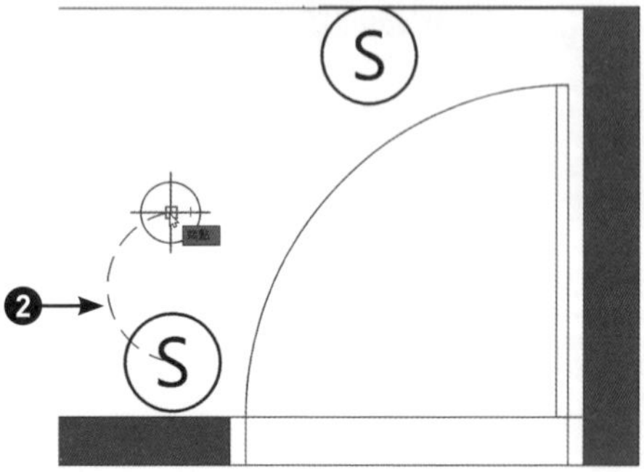

3 使用三點弧指令，連接所有燈具，最後連接到床邊櫃的開關。

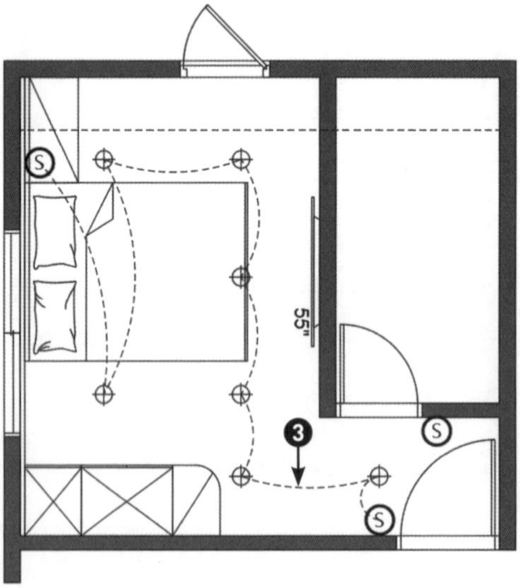

④ 複製上一小節製作的表格，左鍵點擊兩下圖塊的儲存格來編輯。

⑤ 名稱改為「開關」，比例輸入「0.8」。(若不能輸入比例，請把【自動填入】取消勾選。)

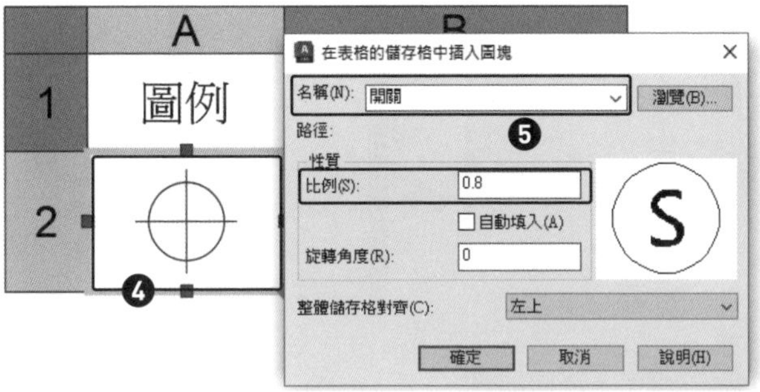

⑥ 左鍵點擊兩下「LED 直徑 15 嵌燈」編輯儲存格內容，再點擊兩下「LED 直徑 15 嵌燈」編輯功能變數。

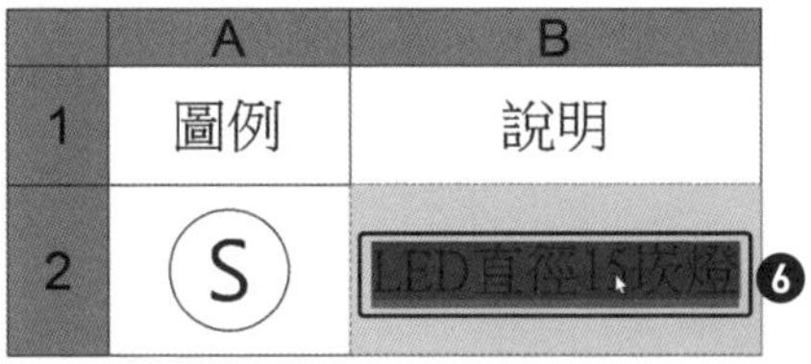

⑦ 選擇「開關」圖塊，按下【確定】。

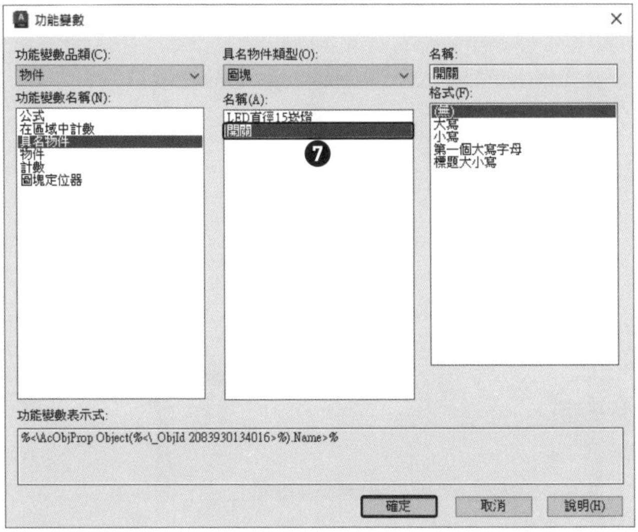

8 完成圖。

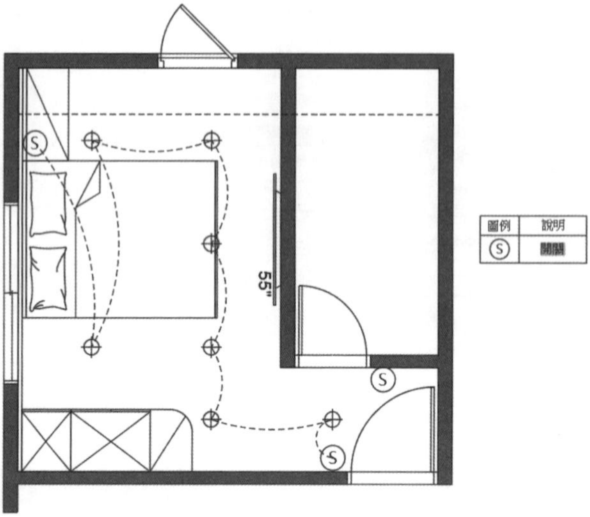

7-5 插座配置圖

本小節將標示小臥室的插座位置。

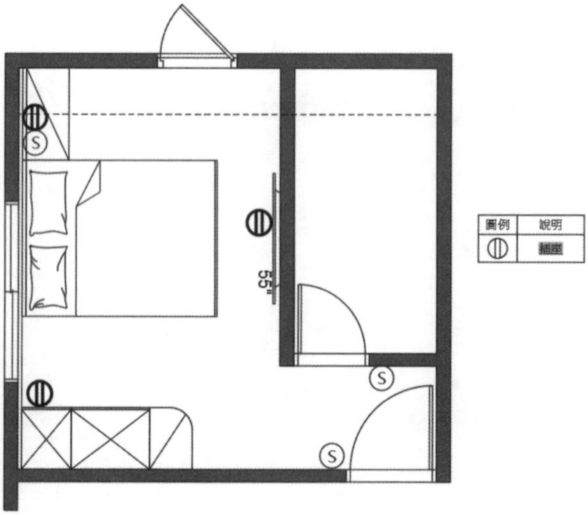

插座位置

1 使用複製指令 (CO)，將開關符號複製到衣櫃前。使用分解指令 (X) 分解圖塊，將 S 文字刪除。

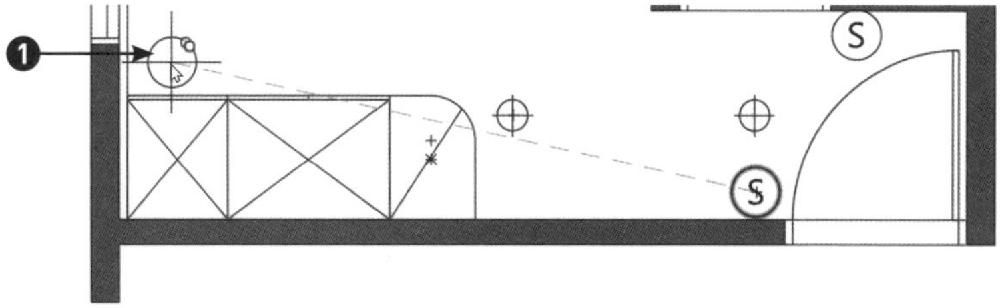

2 繪製垂直線，連接圓的四分點。

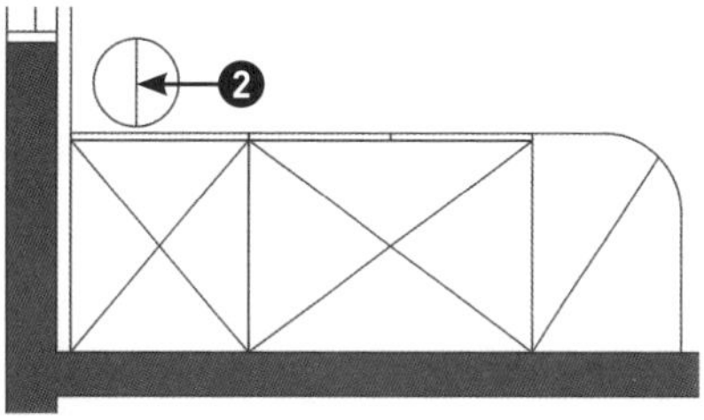

3 使用偏移指令 (O)，將直線往左右各偏移 3，並將中間的線段刪除，完成插座的符號。

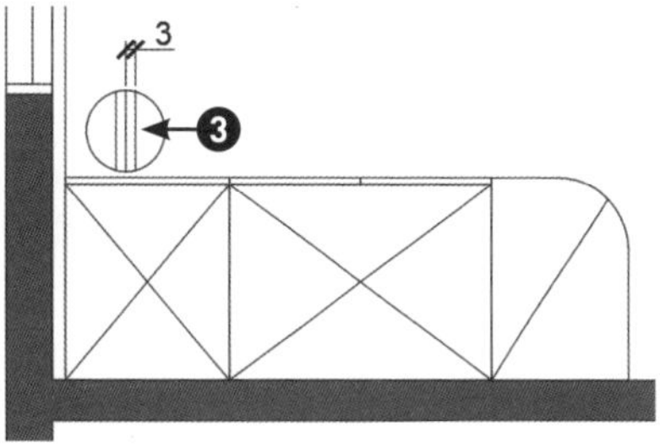

4 將插座符號轉為圖塊後，複製上一小節的圖例表格，使用相同方式，修改圖例與功能變數。

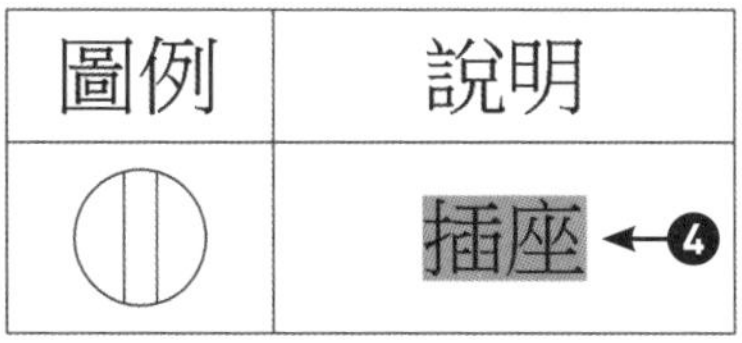

5 將插座複製到需要的位置，可在立面圖標示插座高度，有需要的話，也可在平面圖的插座旁標示高度。除了一般插座，還有網路線、電話線、冷氣插座，將在之後的客廳範例中放置。

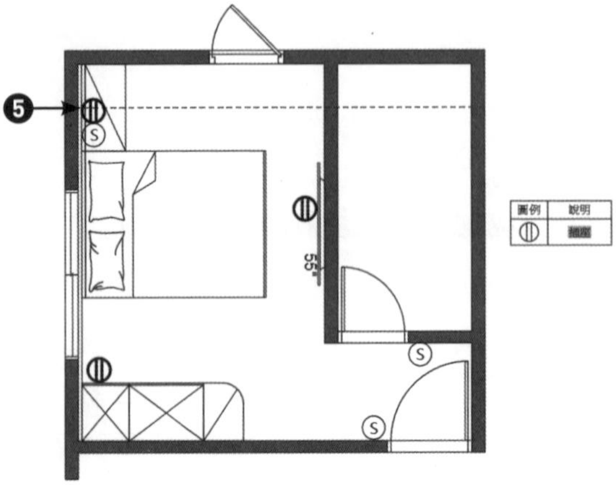

7-6 衣櫃立面圖

本小節將完成小臥室的衣櫃立面圖，包括立面結構、衣櫃樣式。

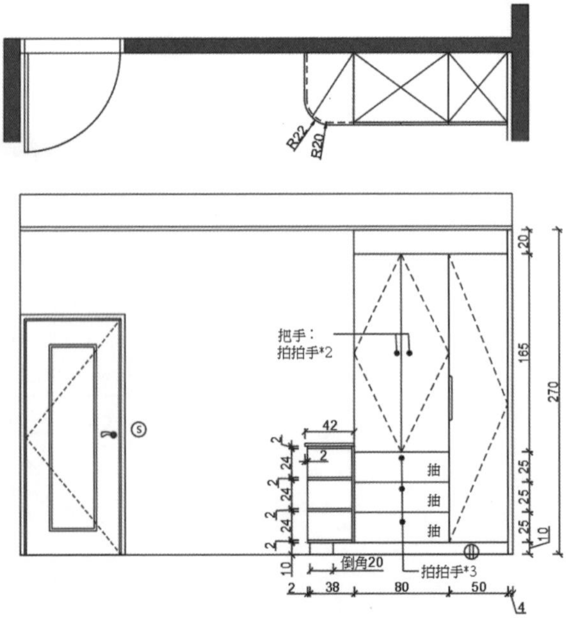

立面結構

1 複製一份平面圖，使用直線指令 (L)，在衣櫃前方繪製水平線，假想站在此處，往衣櫃方向看過去，繪製這個方向的立面圖。

2 使用旋轉指令 (RO)，將平面圖旋轉 180 度，使我們看的方向與繪製的方向一致，比較容易繪製。

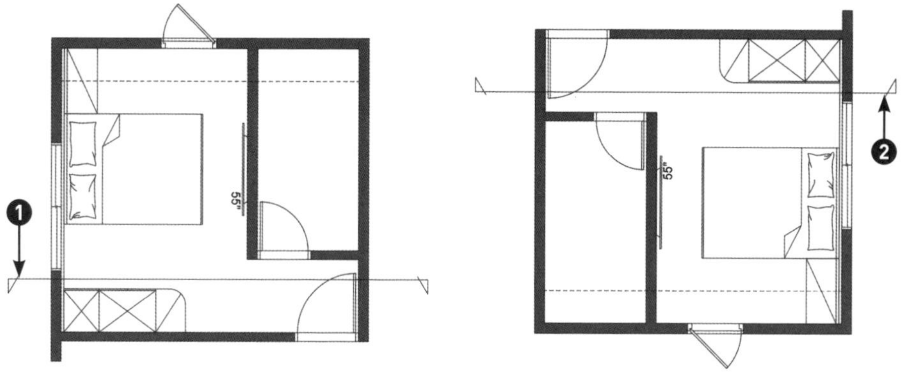

3 選取水平線，使用修剪指令 (TR)，將下方線段與填充線修剪掉。

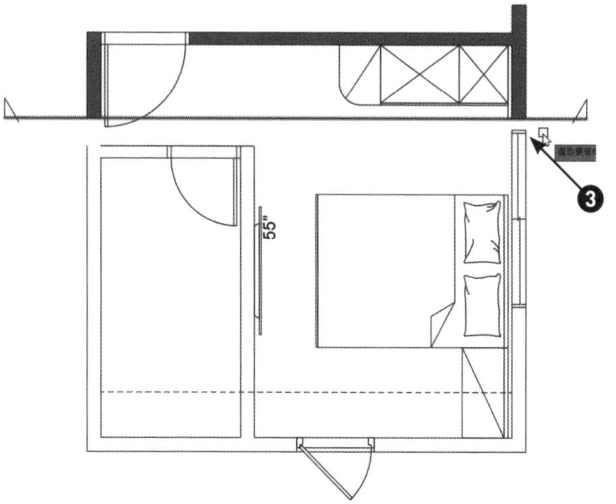

4 再選取下方剩餘線段，使用刪除指令 (E) 移除掉，因為水平線以下的部分並不會看到。

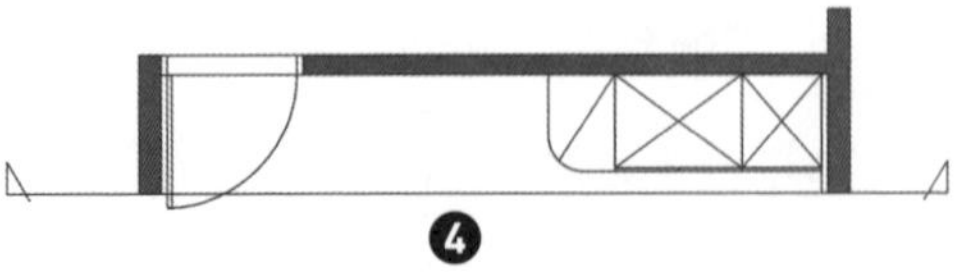

5 使用建構線指令 (XL)，在牆內繪製兩條垂直建構線，抓取臥室的寬度，建構線不可隨意左右移動，否則抓取位置不正確。

6 任意位置繪製水平線，往下偏移 300cm 表示地板與樓高的間距。

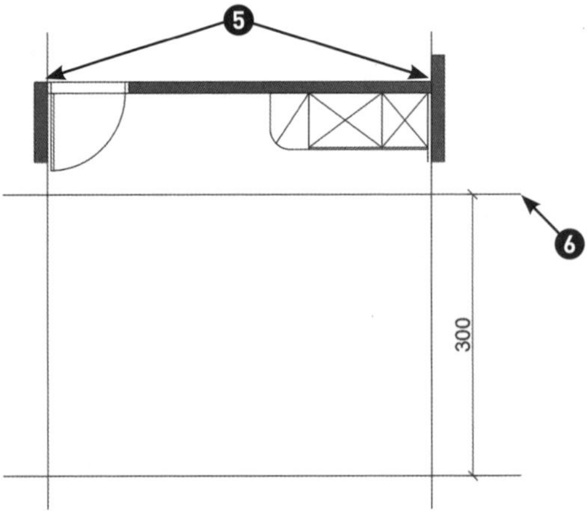

7 修剪超出臥室外的線段。

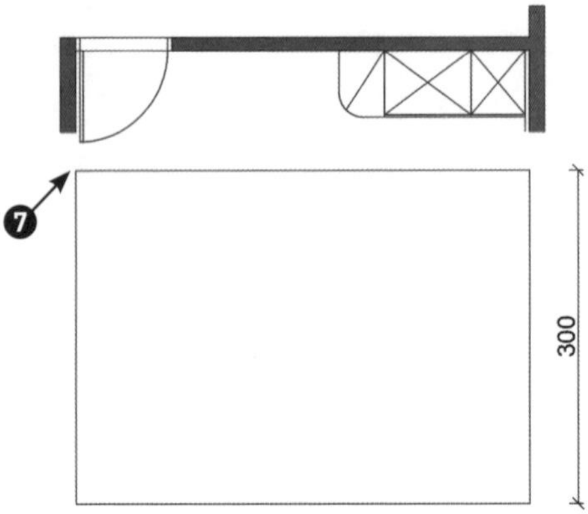

8 將地板線往上偏移 270 表示天花板，往上偏移 3 簡單表示天花板厚度。

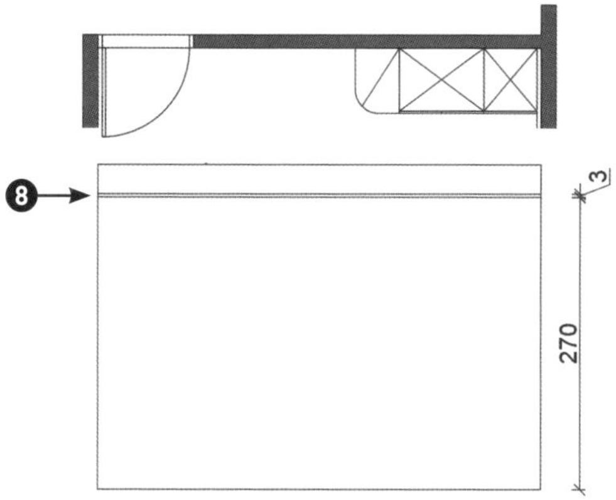

衣櫃樣式

1 在平面圖的衣櫃分隔線，繪製垂直建構線，抓到衣櫃在立面圖上的位置。

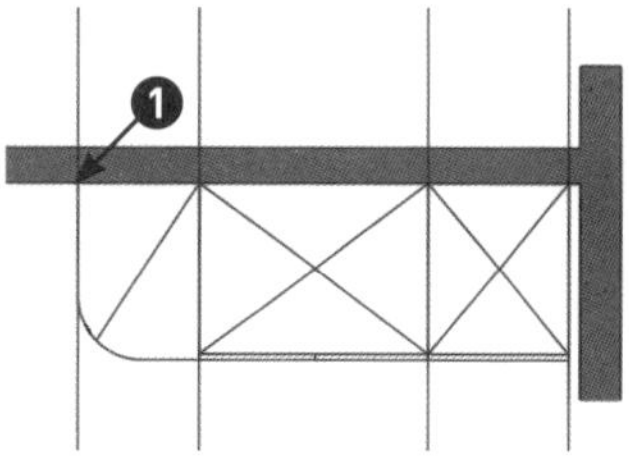

2 地板線往上偏移 10、80、2.5，分別表示踢腳、矮櫃高度、矮櫃檯面厚度。

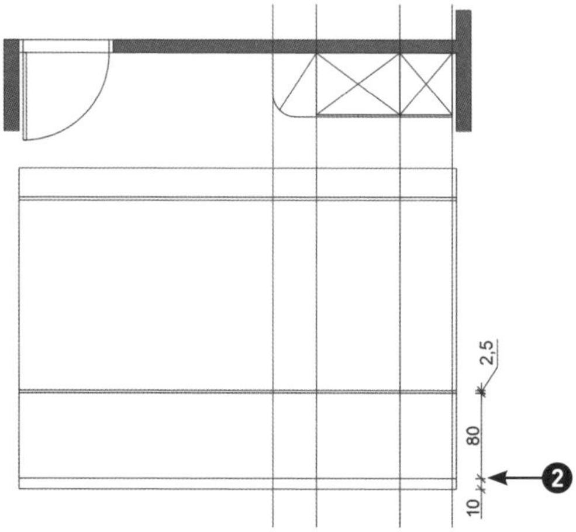

3 修剪後如下圖。

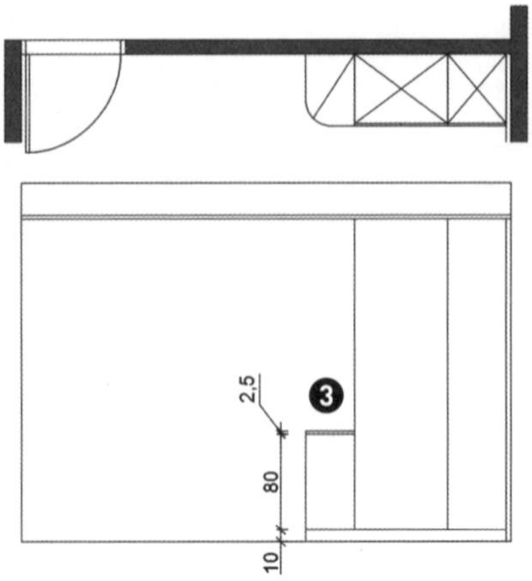

4 將踢腳線往上偏移 240，表示高櫃高度，高櫃上方則直接封板子到天花板，使較美觀且不會積灰塵。修剪後如下右圖所示。

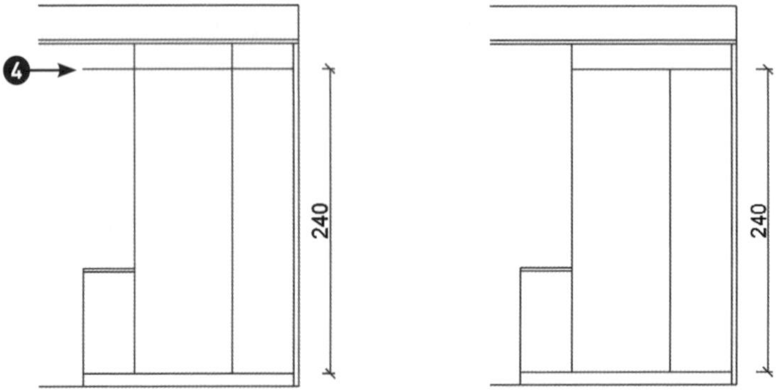

5 繪製寬 2.5、高 38 的矩形作為把手。

6 使用拉伸指令 (S)，將右側兩個端點往內拉伸 1.5，如右圖。

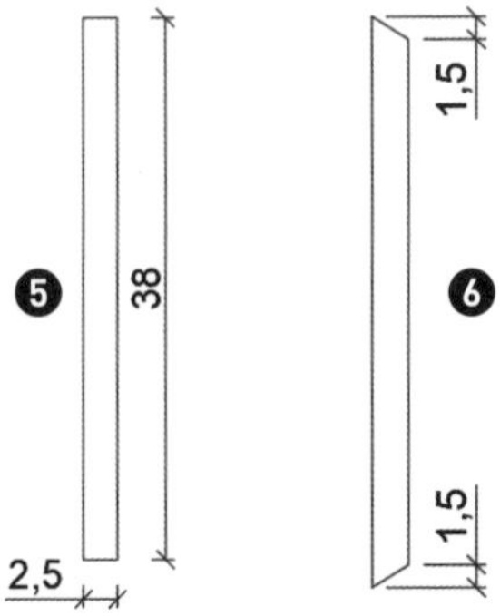

7 使用移動指令 (M)，以左側中點為基準點，移動到櫃子門板 120 的位置。

8 使用直線指令 (L)，線型改為 HIDDEN 虛線，繪製 > 形狀表示衣櫃開門方向。

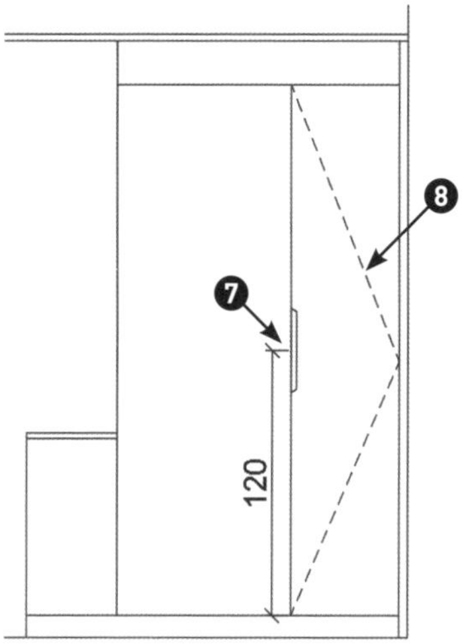

9 將踢腳線往上偏移 25 三次，製作抽屜。修剪後如下右圖，並繪製直線連接上下的中點。

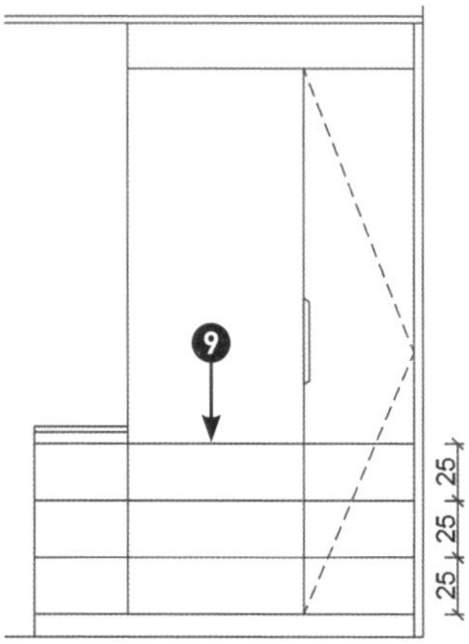

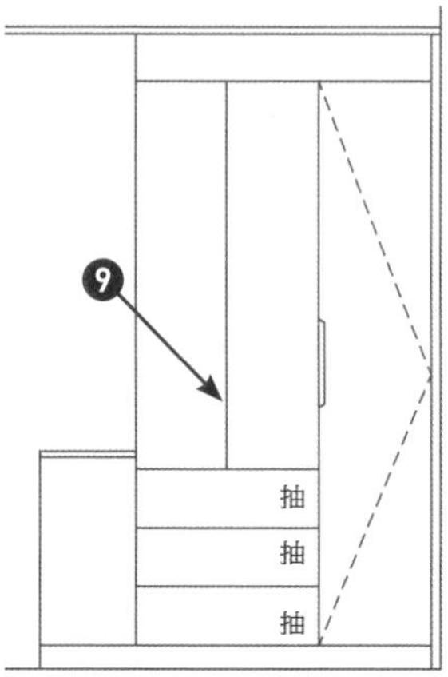

⑩ 在狀態列開啟【極座標追蹤】、【物件鎖點】、【物件鎖點追蹤】。

⑪ 從上方端點繪製虛線。

⑫ 停留在中點上，往左找交點。

⑬ 繼續把虛線繪製完成，並加上「抽」或「抽屜」的文字說明。

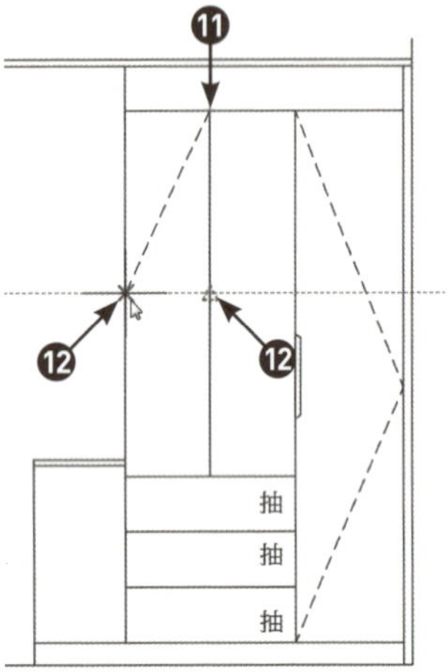

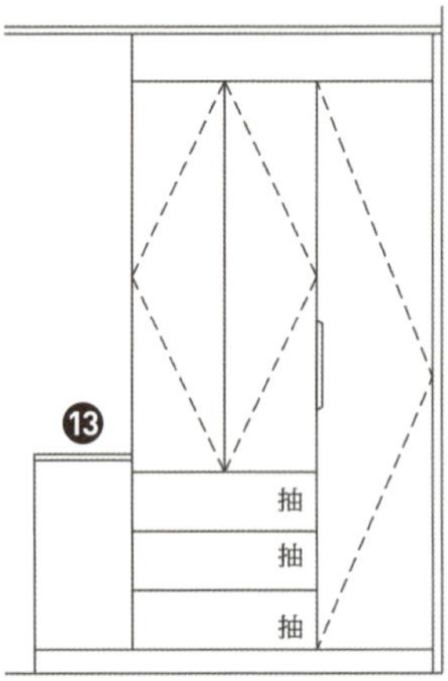

⑭ 將左側線段往右偏移 2 兩次，分別表示矮櫃往內縮 2、踢腳往內縮 2。

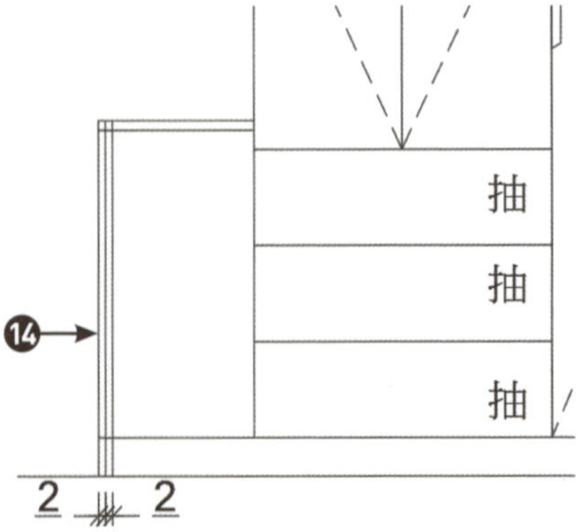

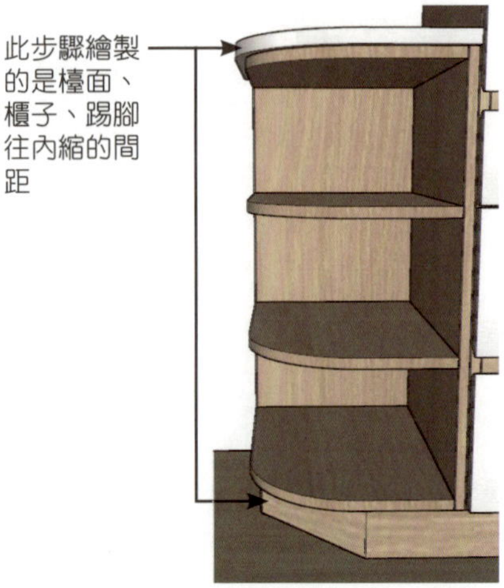

此步驟繪製的是檯面、櫃子、踢腳往內縮的間距

⑮ 修剪後如右圖。

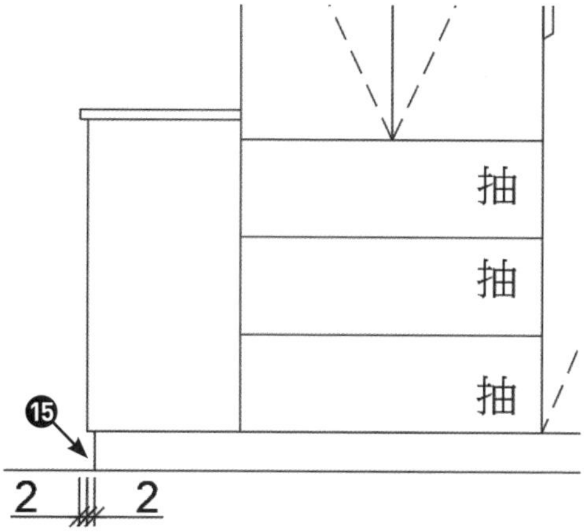

⑯ 繪製如右圖直線，表示板厚。

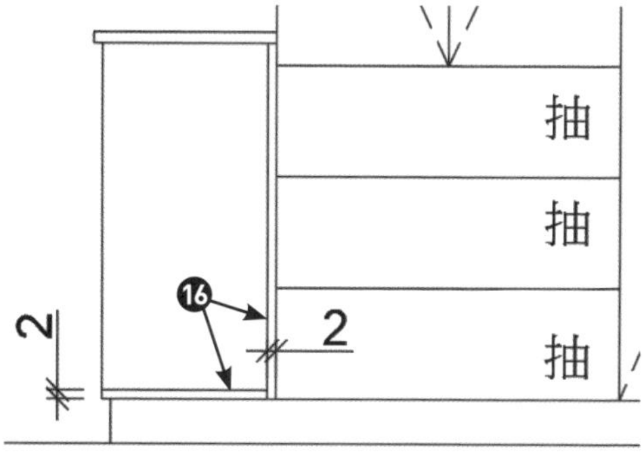

⑰ 往上偏移 24 與 2，完成矮櫃。

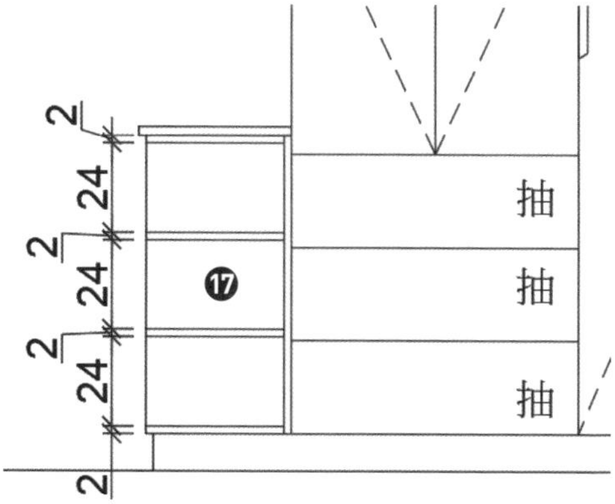

引線標示

1 使用引線指令 (MLD)。

2 點擊第一個抽屜，再點擊引線轉折處，輸入「拍拍手 *3」，拍拍手是壓一下門就會彈開的設計。

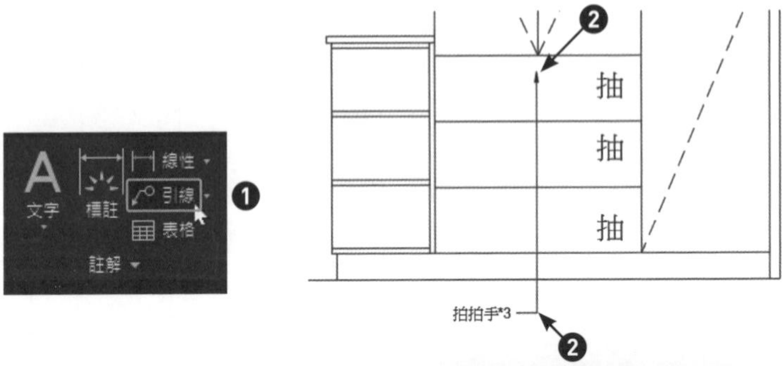

3 選取引線，按滑鼠右鍵 →【 性質 】，可自由選擇箭頭樣式，並調整文字高度。

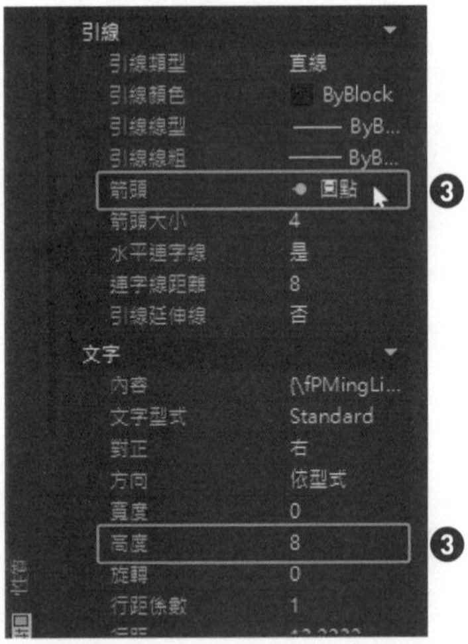

4 使用鏡射指令 (MI)，將引線文字鏡射到右側，選取引線並停留在右圖所示的掣點上 →【 加入引線 】。

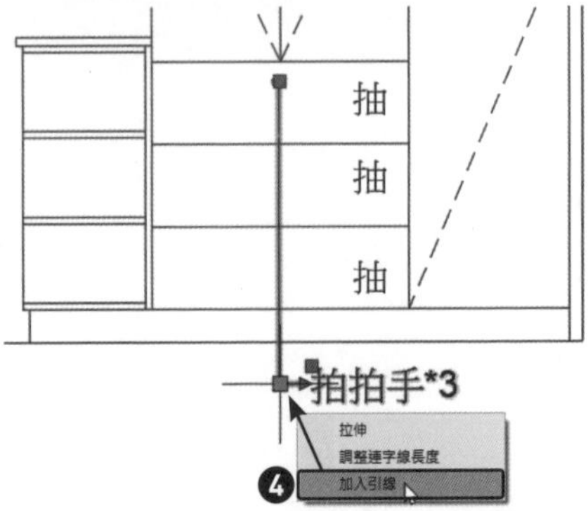

5 點擊第二與第三個抽屜，按 Esc 鍵結束。

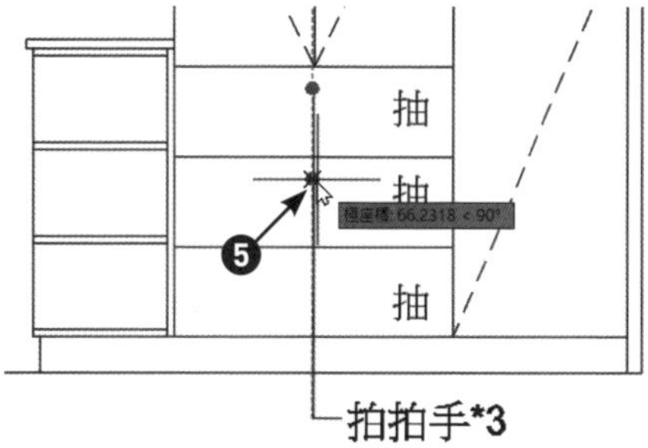

6 完成圖如右。

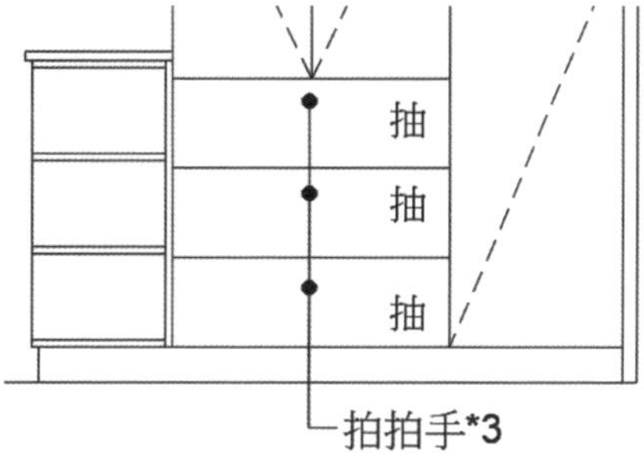

7 使用引線指令 (MLD)，在門板加上另一個引線。

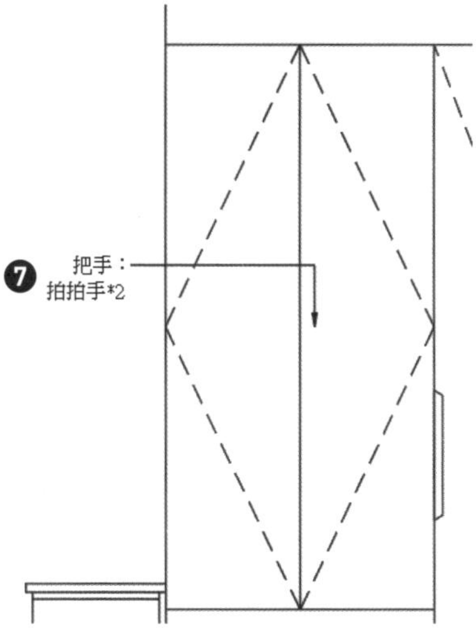

8 選取引線，按滑鼠右鍵 →【性質】，調整箭頭樣式與文字高度，對正設定【左】。

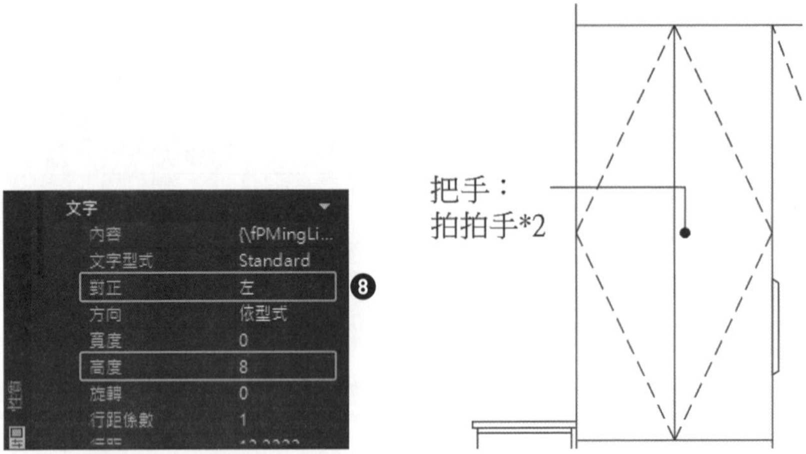

9 複製一份引線到衣櫃外，使用分解指令 (X)，將引線分解為文字與線段，刪除不要的部分，剩下的移動到另一個門板。

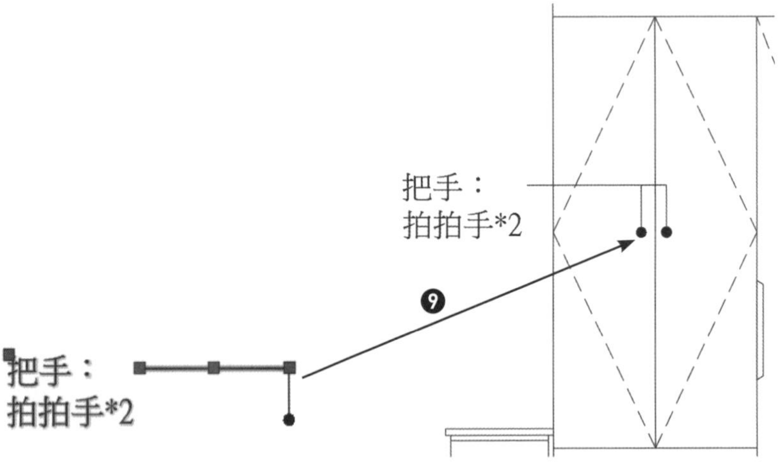

⑩ 將矮櫃線段往右偏移 20。使用線性標註 (DLI)，標註倒角尺寸並左鍵兩下修改文字。

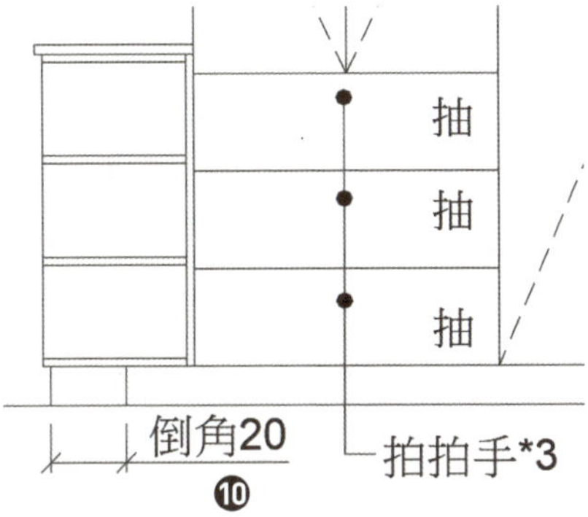

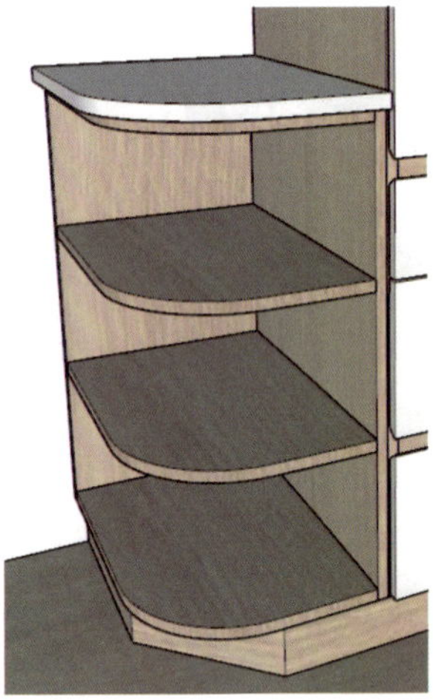

⑪ 在平面圖，可將矮櫃線段往內偏移 2，並標註圓角大小。

⑫ 在門框位置繪製垂直建構線，使用插入圖塊指令 (I)，加入門圖塊，以及開關、插座圖塊。完成衣櫃立面圖，讀者可自行標註尺寸。

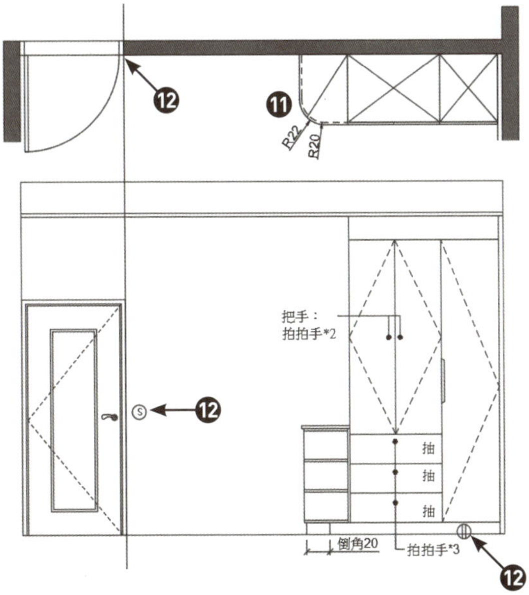

NOTE 若衣櫃要做隱藏的斜把手，門板之間必須留手指能穿過的空隙，才能將門板打開。

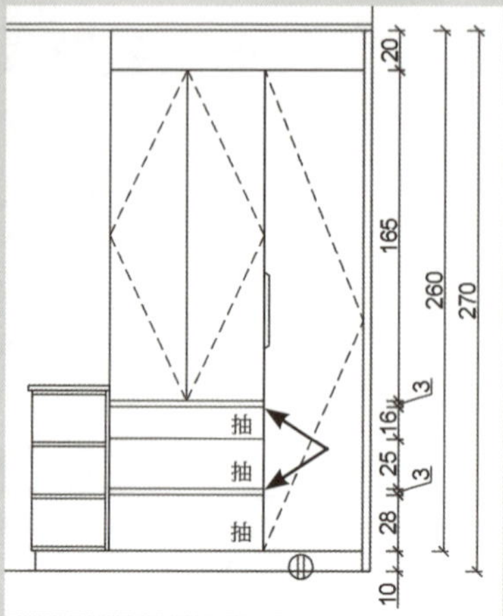

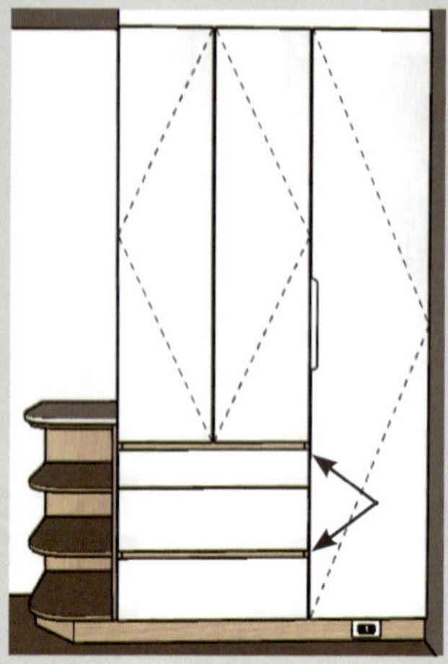

7-7 床頭立面圖

本小節將完成小臥室的床頭立面圖，包括樑的位置、床邊櫃、床架、衣櫃剖立面。

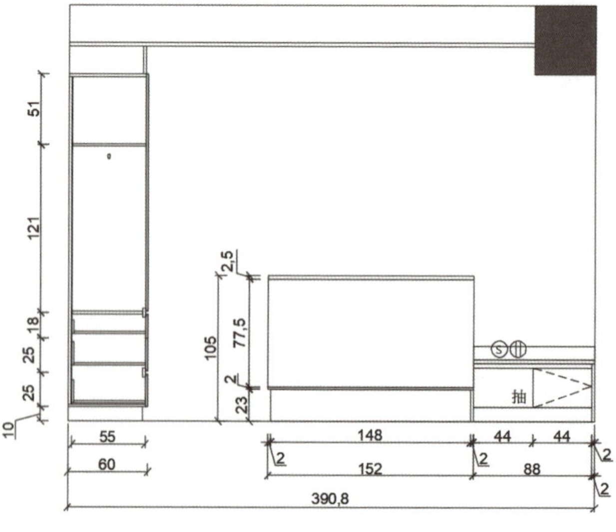

立面結構

1 複製一份平面圖，將平面圖旋轉 180 度，使床在上方。繪製一條水平線，決定繪製立面圖會看到的範圍。

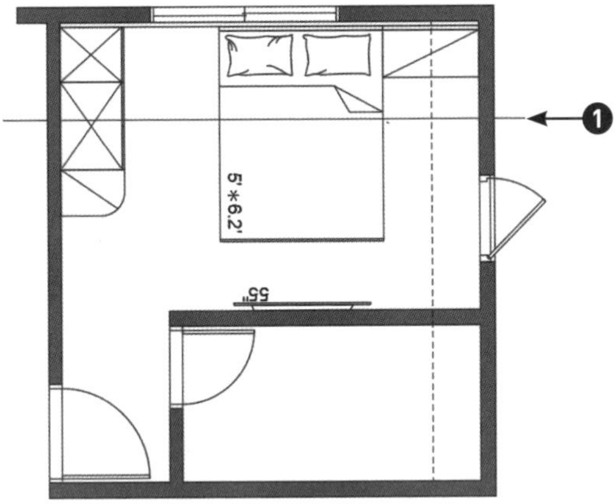

2 將水平線以下的部分修剪或刪除。

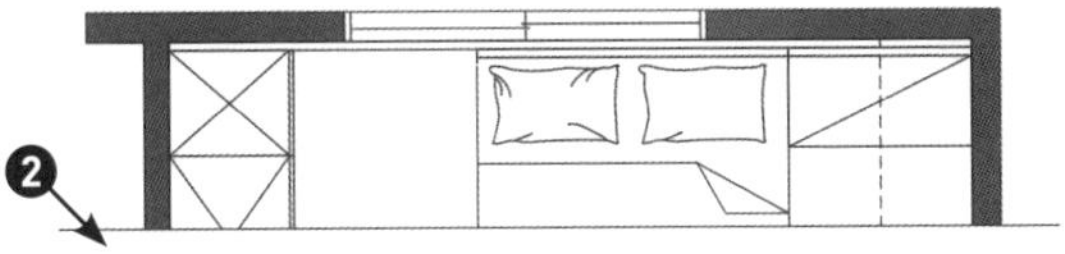

3 使用建構線指令 (XL)，在牆內與樑線 (虛線) 位置繪製三條垂直建構線，抓取臥室的寬度。

4 繪製水平建構線，分別偏移 250 與 300。

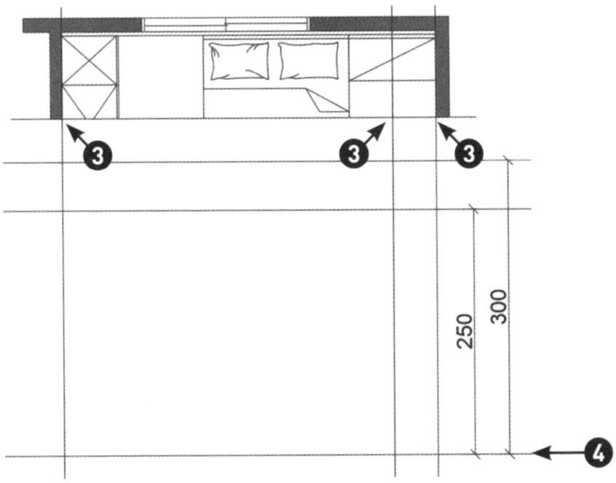

5 修剪超出臥室外的線段，以及樑的位置，使用填充線指令(H)，模式選擇 SOLID 實心，填滿樑。

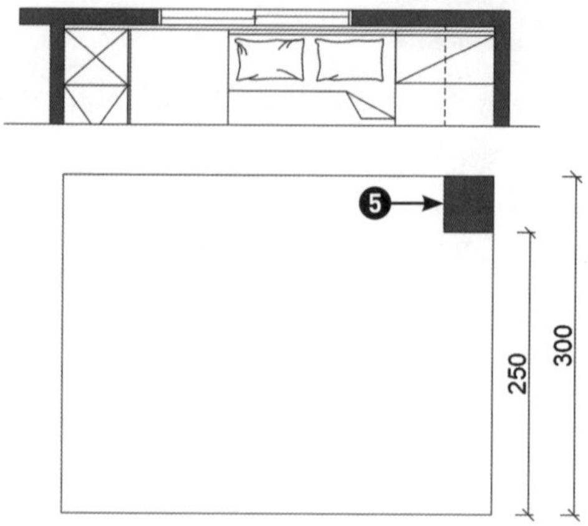

床邊櫃

1 在平面圖的床邊櫃邊緣，繪製垂直建構線，抓到床邊櫃在立面圖上的位置。

2 地板線往上偏移 10、29、3、2.5、10 的距離。

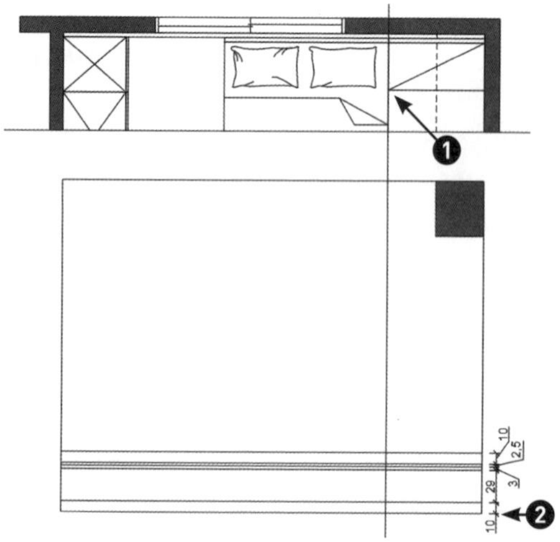

3 修剪如右圖。

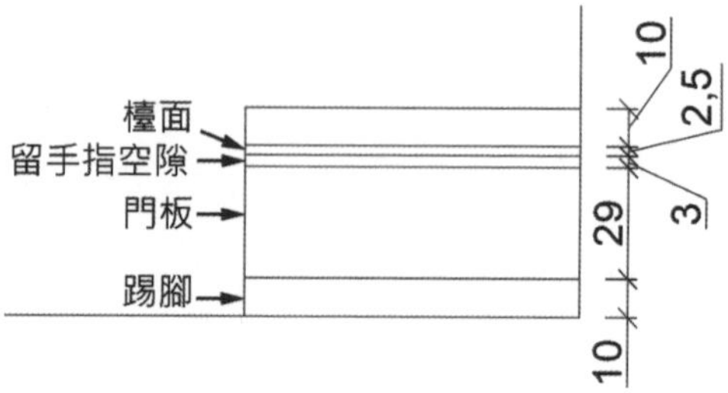

④ 將右側線段往左偏移 2，表示側板，若現場牆面歪斜可以有修改的餘地。

⑤ 修剪後如下右圖。

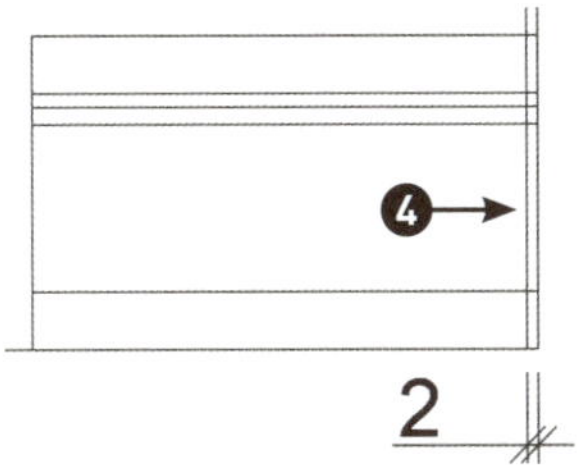

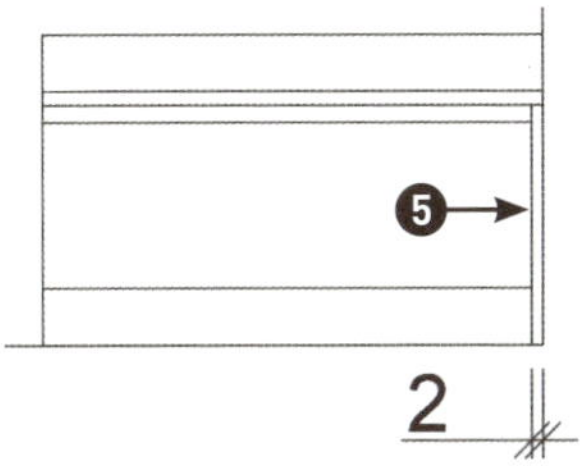

⑥ 在門板中間，繪製直線連接中點至中點，左邊建立「抽」文字表示抽屜，右邊繪製開門方向。並加上開關與插座的圖塊。

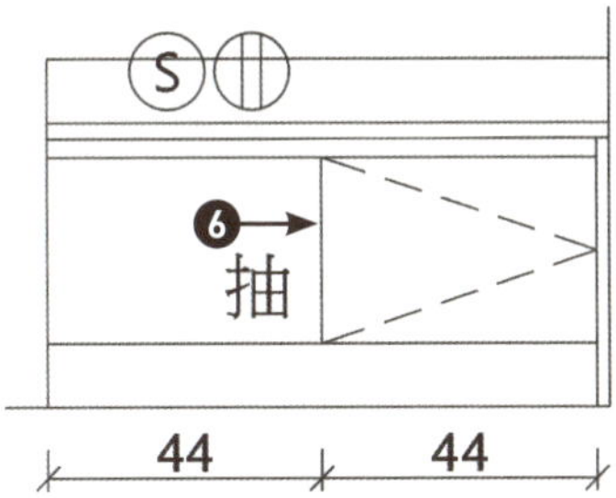

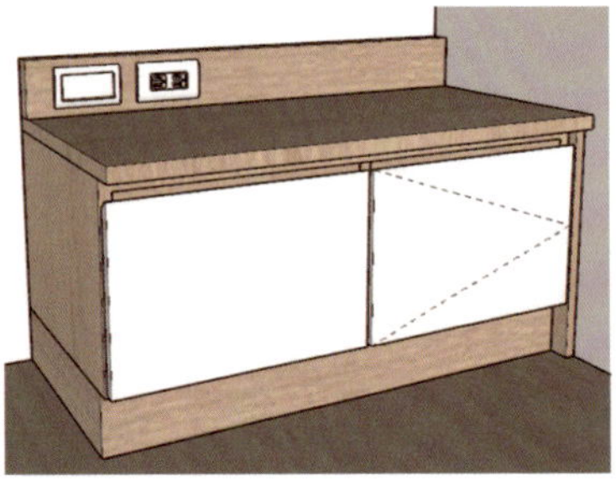

床架

① 在平面圖的床邊緣，繪製垂直建構線。

② 地板線往上偏移 23、2、77.5、2.5 的距離，分別表示床架高、床架頂板、床背板高、床背板頂板。

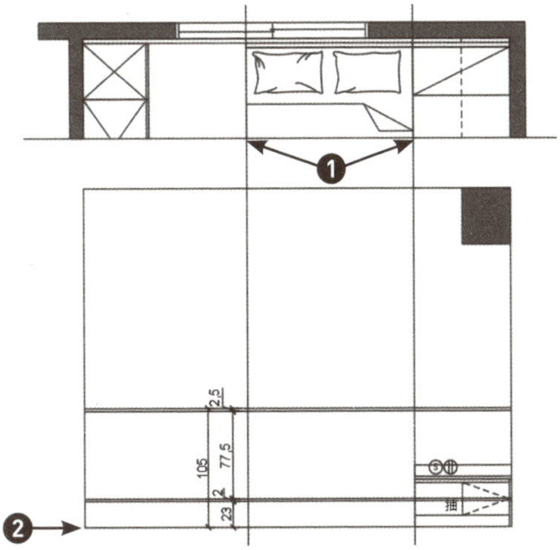

3 除了修剪指令外，可以使用矩形指令 (REC)，在建構線的交點建立矩形。

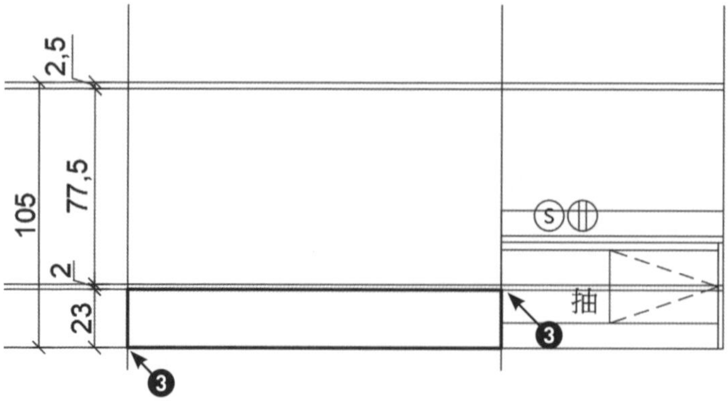

4 繪製其他三個矩形。

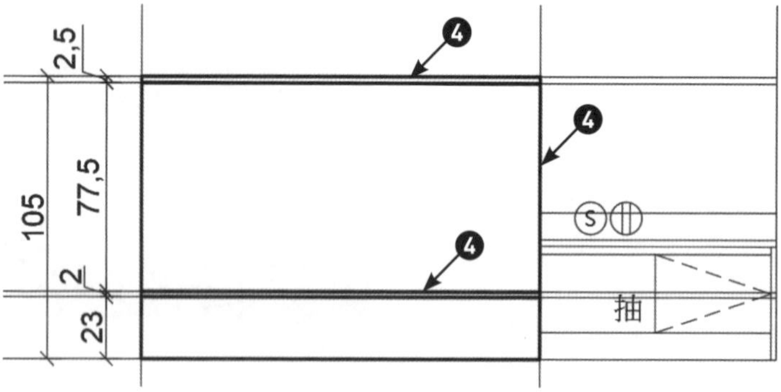

5 選取最下方的矩形，利用中點掣點往內拉伸 2。拉伸完後，刪除建構線。

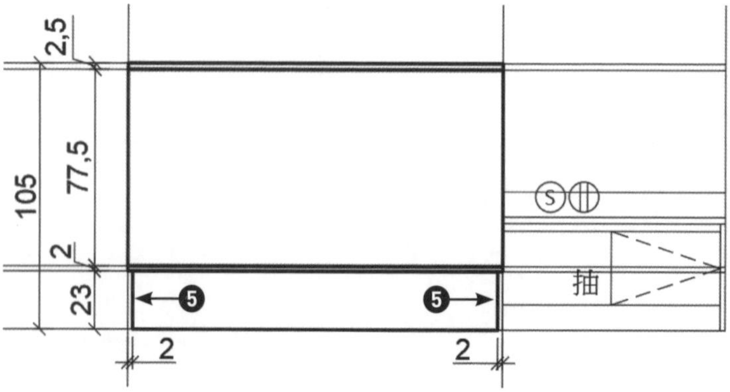

6 3D 示意圖如下。

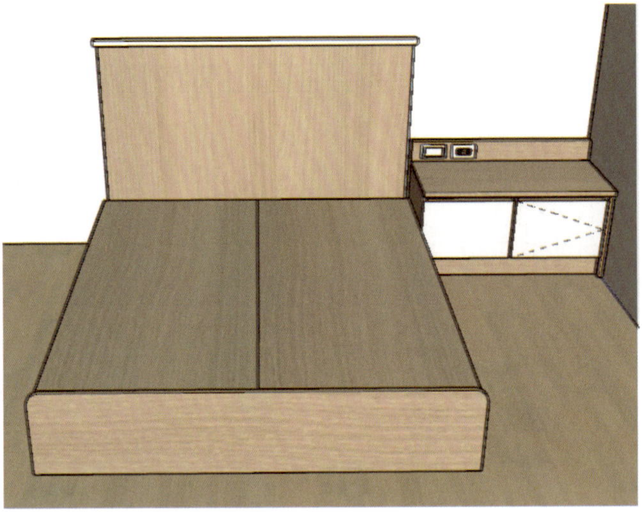

衣櫃剖立面

1 地板線往上偏移 270 與 3，表示天花板線。

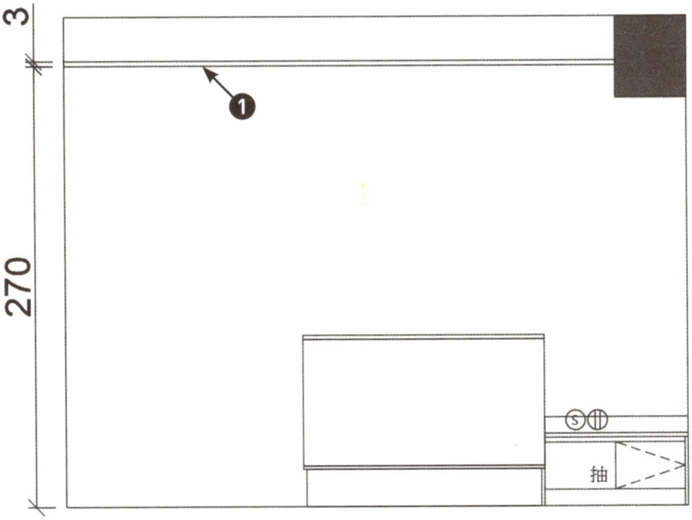

2 在平面圖的衣櫃門板，繪製兩條垂直建構線。將地板線往上偏移 10 與 240，表示踢腳與衣櫃高度。

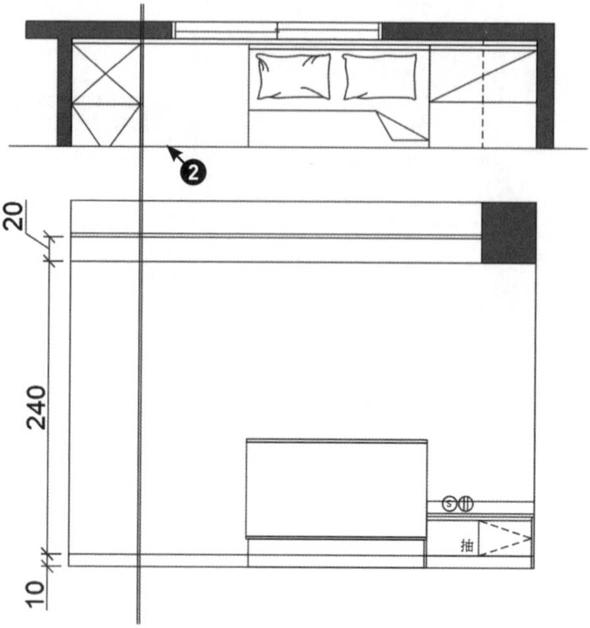

3 修剪如下圖所示。

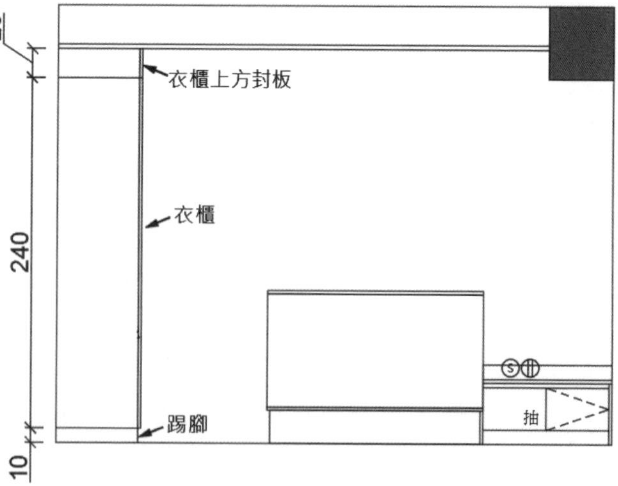

④ 將衣櫃上下與左側線段，往內偏移 2，表示衣櫃板子厚度，左側線段，再往右偏移 0.8 表示櫃子後背板的位置。修剪後如下右圖。

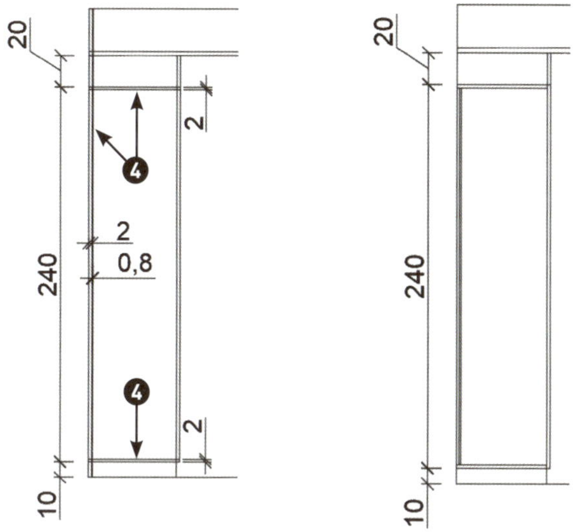

⑤ 將櫃子上下線段修剪，並重新繪製如圖所示的線段，表示上面的封板與下面的踢腳板皆往後退。3D 示意圖如下右圖。

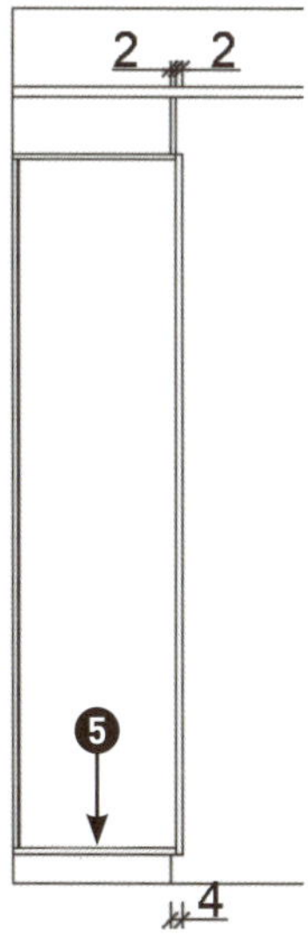

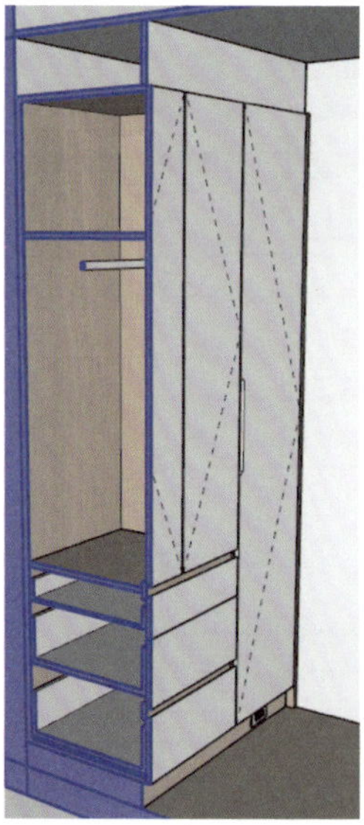

⑥ 抽屜區域較為複雜，請開啟範例檔〈臥室衣櫃剖面 .dwg〉，選取抽屜與門板，按下 Ctrl + C 鍵複製，如下左圖。

⑦ 到臥室圖面按下 Ctrl + V 鍵貼上，並移動到與衣櫃符合，如下右圖。讀者也可直接參考此範例檔來繪製抽屜。

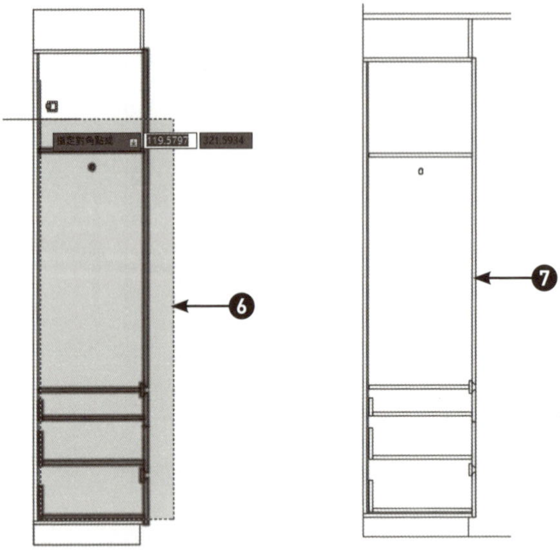

⑧ 完成床頭立面圖後，讀者可自行標註尺寸。下右圖為 3D 渲染效果。

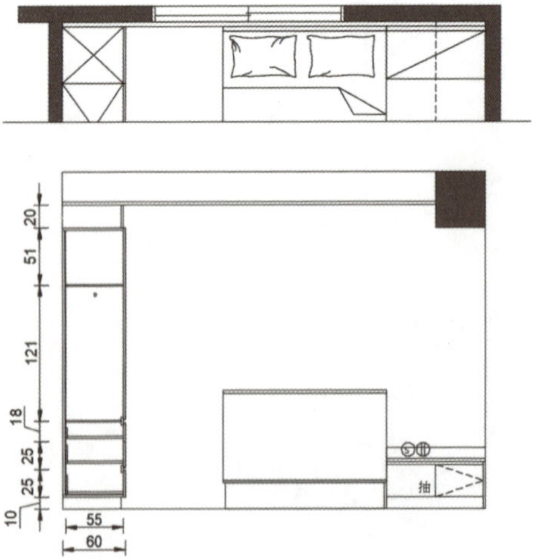

CHAPTER

8 廚房與餐廳

本章以廚房為例，介紹室內設計平面配置圖的畫法，涵蓋餐桌、流理台等廚房必備設備的繪製方式，且提供 3D 空間圖對照，增強室設識圖概念。透過本章介紹與練習，便可以逐步繪製出廚房的平面配置圖與其他室內設計圖面。

- **8-1** 廚房結構圖繪製
- **8-2** 平面配置圖
- **8-3** 天花板圖與燈具圖
- **8-4** 開關迴路圖
- **8-5** 插座配置圖
- **8-6** 廚房立面圖
- **8-7** 餐桌立面圖
- **8-8** 餐廳櫃體

8-1 廚房結構圖繪製

本小節將完成廚房空間的牆面結構、大門、陽台門。

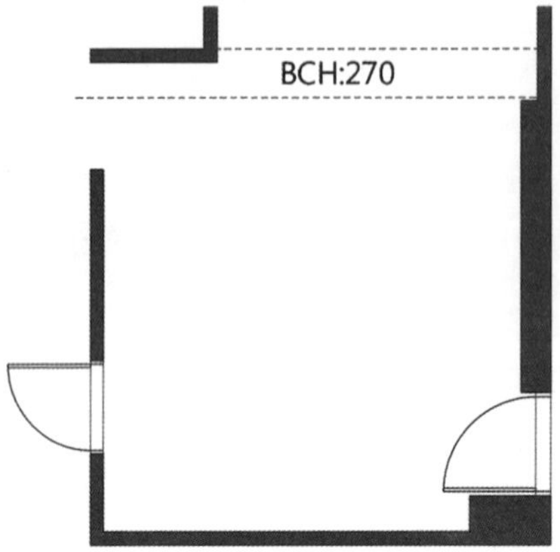

牆線

依照下方尺寸來繪製廚房的牆面結構，可從大門口，以順時針或逆時針的方向來繪製。

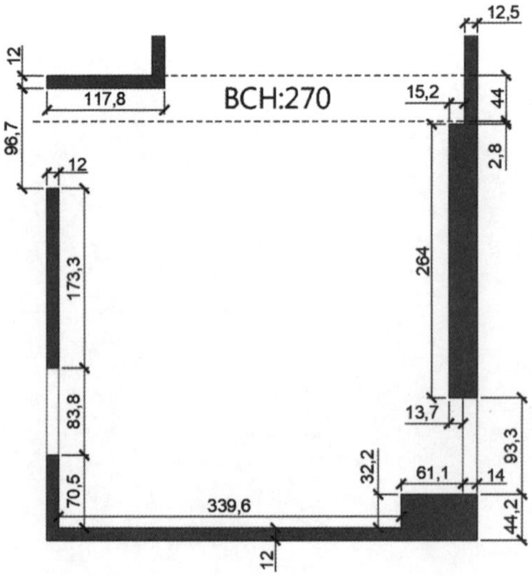

1. 往下繪製長度 93.3 的線段，此為大門寬度。

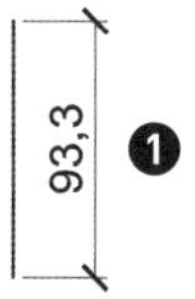

2. 往左繪製 61.1 的線段，往下繪製 32.2，以此方式繼續完成以下牆線。

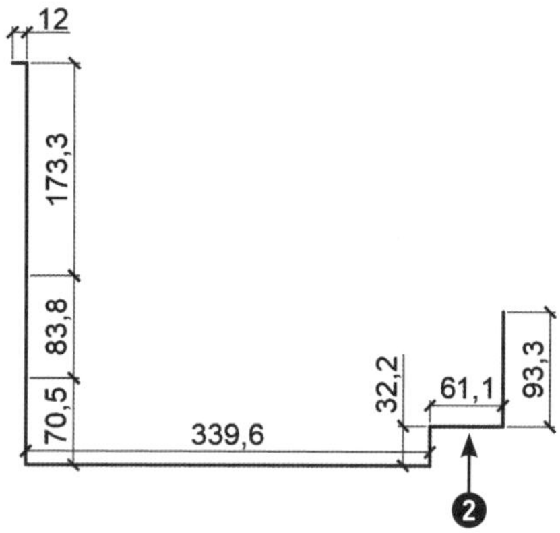

3. 使用偏移指令，將線段往左與往下偏移 12，表現出牆面厚度。

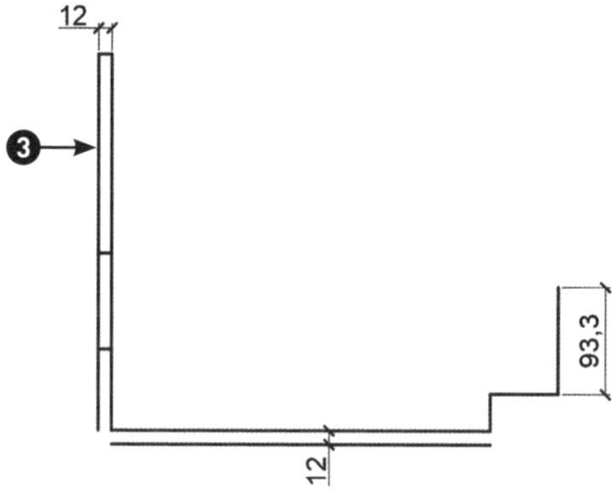

4. 使用直線指令，連接左側牆角的線段，陽台門，以及右側的柱子與門的線段。

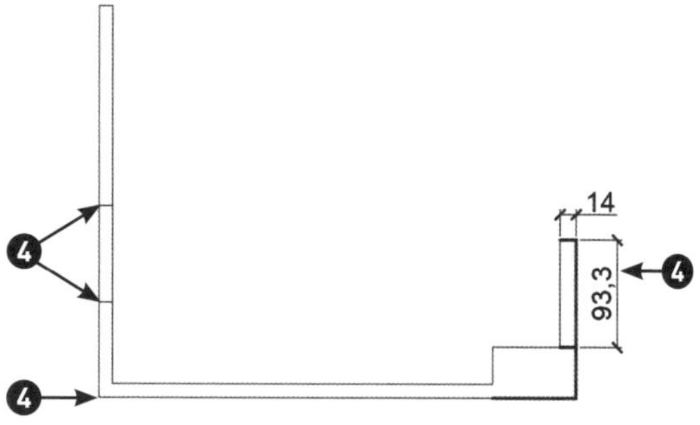

5 往大門口的另一個方向繪製線段。

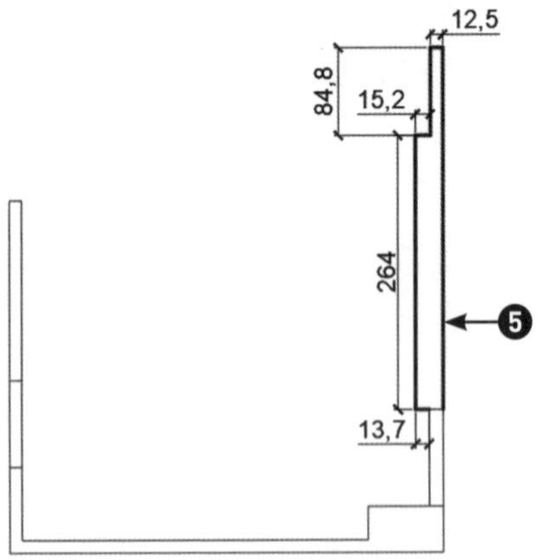

6 從左上角點往上 96.7 的位置，往右畫 117.8 線段，往上畫 50 線段。

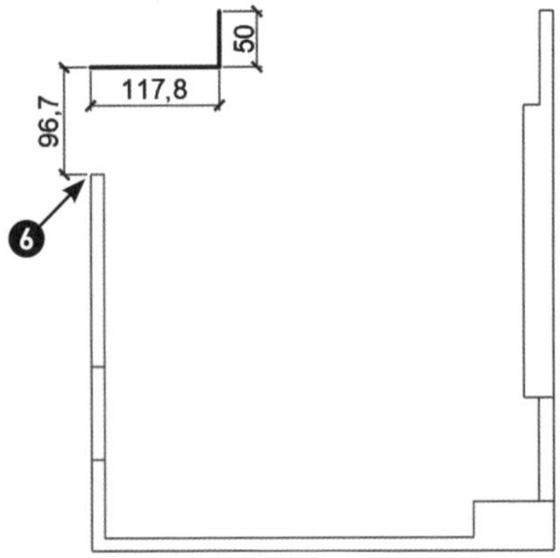

7 將線段往上、往左偏移，封閉開口。

8 從牆角往上 2.8 的位置，往左繪製虛線，再往上偏移 44，表示樑線，建立文字「BCH:270」表示距離地板 270cm。

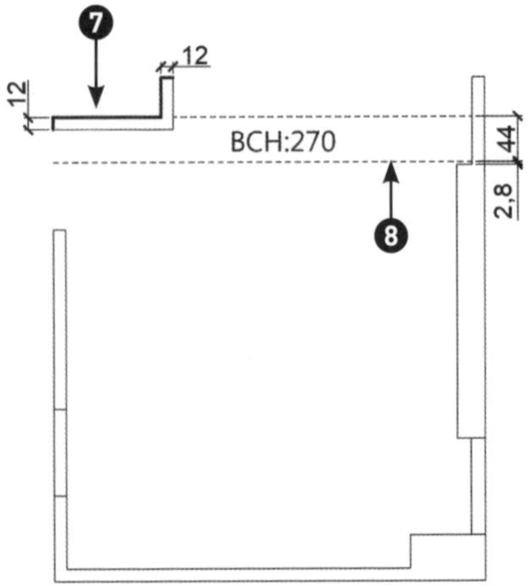

9 使用填充線指令 (H)，選擇 SOLID 樣式，並設定顏色灰色，填滿實心牆面。

10 選取如下圖之三條線，使用刪除指令 (E)，因為牆面還會繼續延伸，上方空間為客廳，左側空間為走廊。

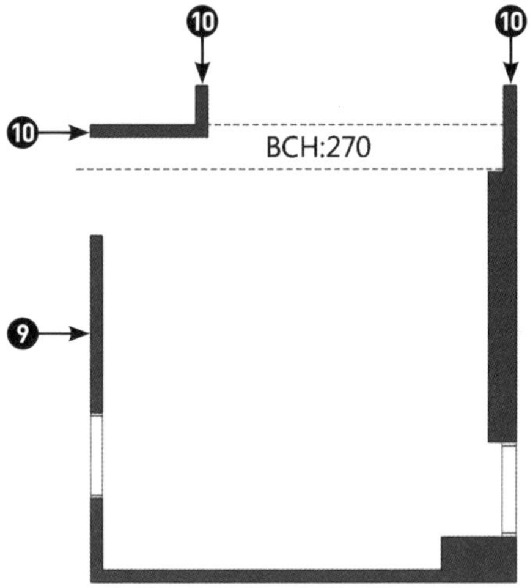

11 參考第 7 章臥室空間，使用相同方式，完成右側大門，與左側陽台門。

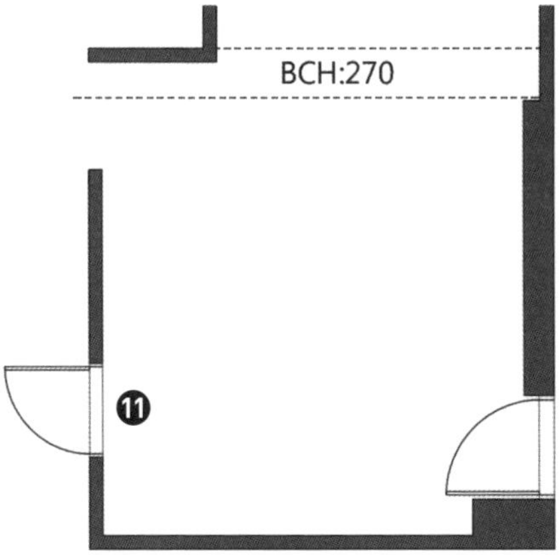

8-2 平面配置圖

本小節將完成廚房的平面配置圖，包括流理臺、瓦斯爐、水槽、冰箱、餐桌的配置。(本書某些圖片的門窗沒有顯示，是為了使圖面簡潔、方便讀者閱讀。)

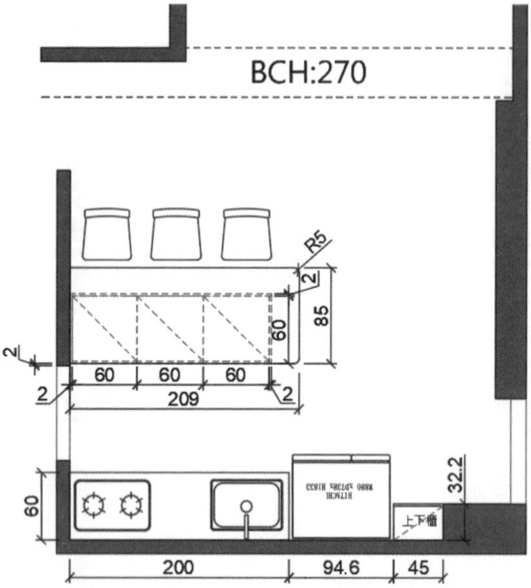

流理臺

① 在左下角繪製寬 200、高 60 矩形流理台。

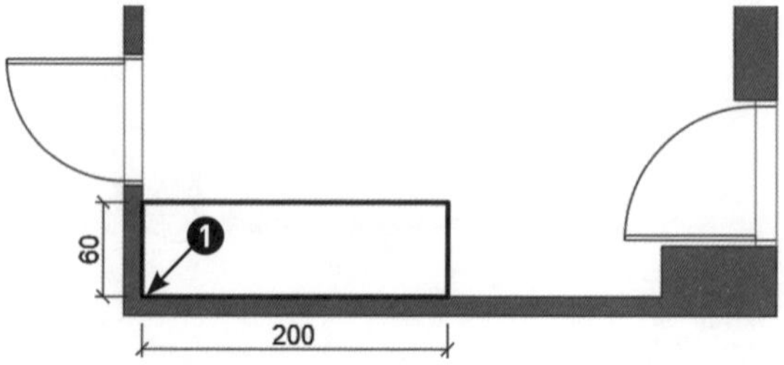

② 點擊【插入】→【資料庫中的圖塊】，選擇範例檔〈廚房圖塊 .dwg〉，可以使用此檔案中所有的圖塊。

③ 若點擊【 】按鈕可以更換檔案。

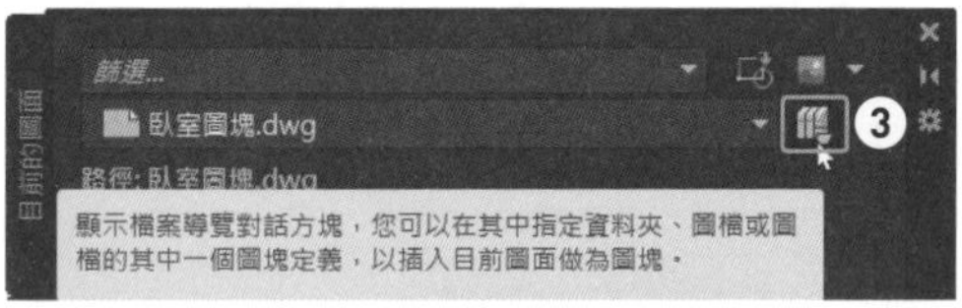

④ 選擇【瓦斯爐】圖塊。

⑤ 放在流理臺上。

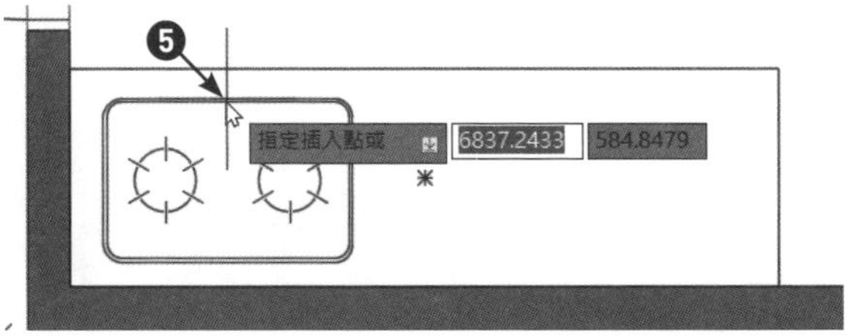

6 再放置水槽與冰箱。

7 利用右下角空間，再建立櫃體，繪製一個寬 45 高 32.2 的矩形。

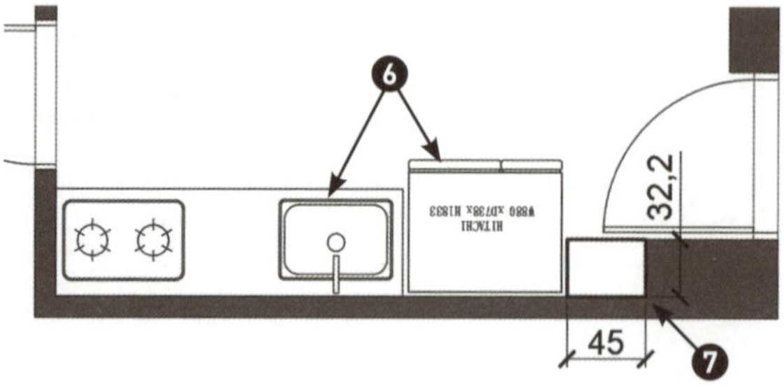

8 使用分解指令 (X)，分解矩形。上方線段往下偏移 2，再繪製斜虛線，表示矮櫃。

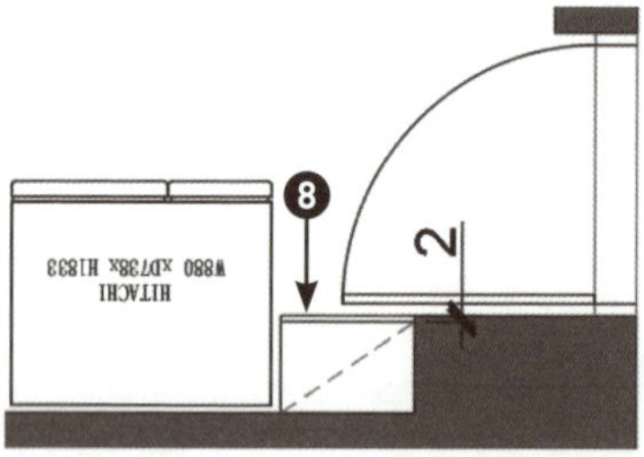

9 3D 示意圖。

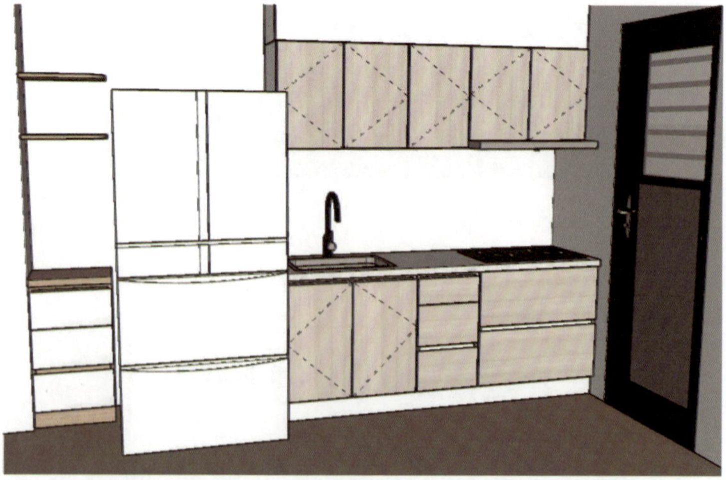

餐桌

1 在陽台門往上 2 的位置，繪製寬 209 高 85 的矩形，並在右側轉角倒圓角，圓角半徑 5，完成餐桌檯面。

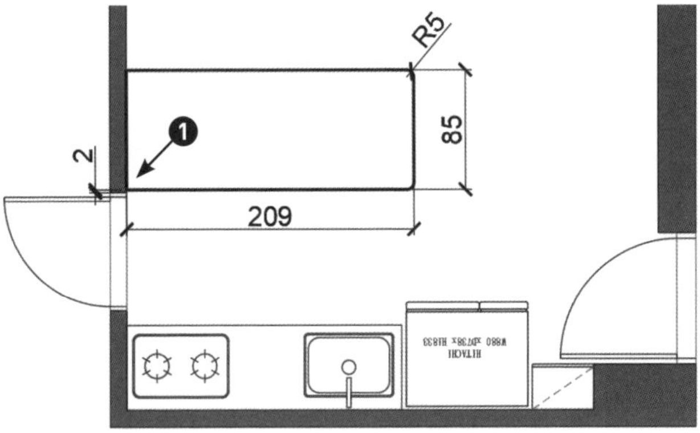

2 線型選擇 HIDDEN 虛線，在餐桌左下角繪製寬 2 高 60 矩形，表示側板。

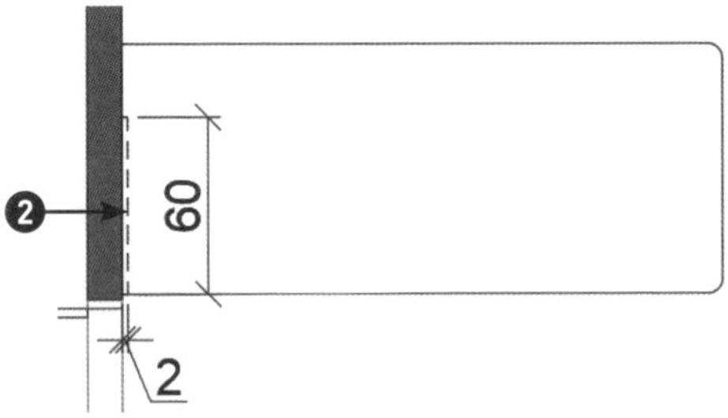

3 繪製寬 60 高 2 矩形表示抽屜門板，寬 60 高 58 矩形表示抽屜深度，再繪製斜線。

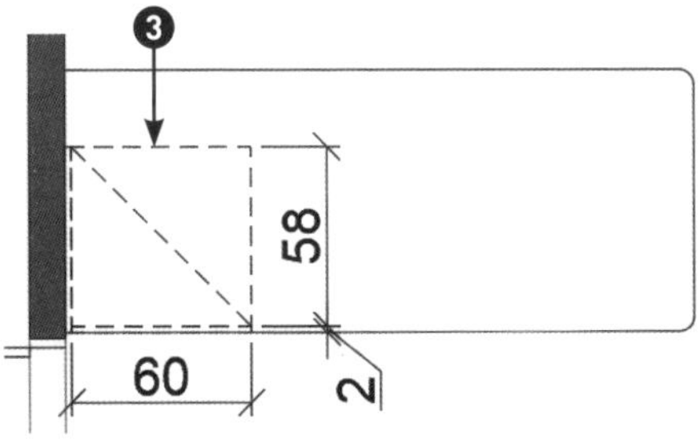

④ 將抽屜與側板往右複製，如下圖。

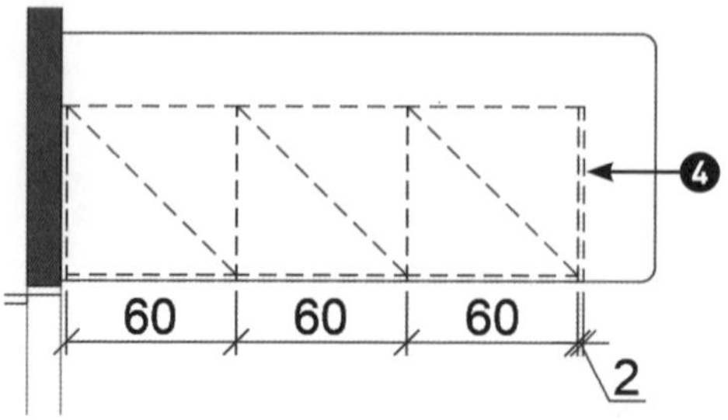

⑤ 在抽屜上方，繪製寬 184 高 2 的矩形背板，遮住抽屜背後。

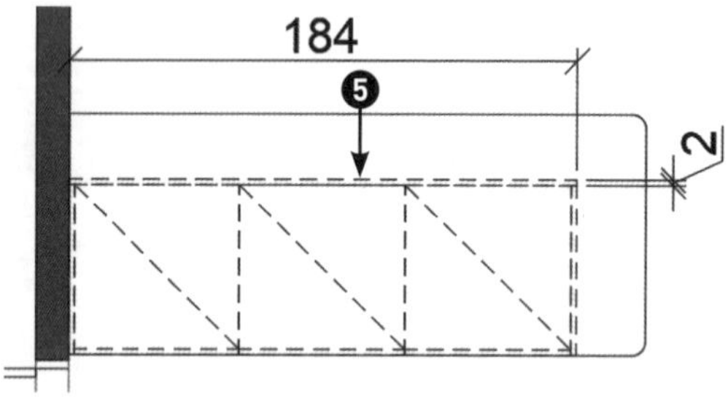

⑥ 再使用插入指令 (I)，插入餐椅圖塊，完成廚房平面圖。

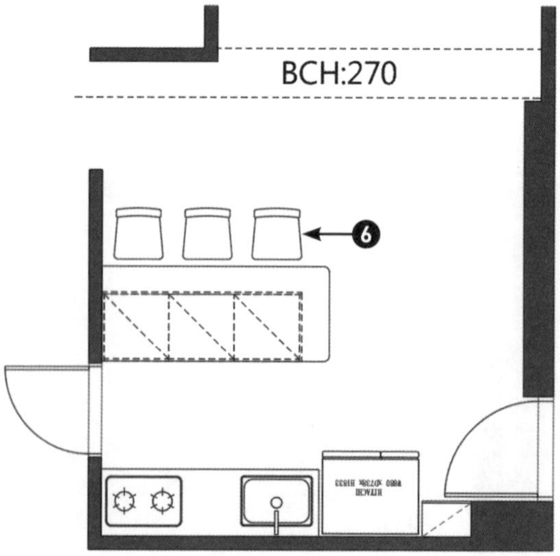

7 3D 示意圖。

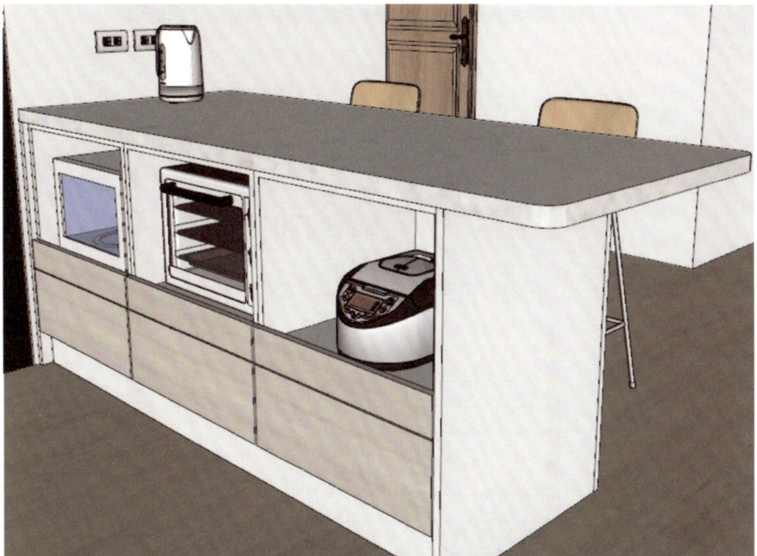

8-3 天花板圖與燈具圖

本小節將完成小臥室的天花板圖，包括天花板造型與天花板高度。

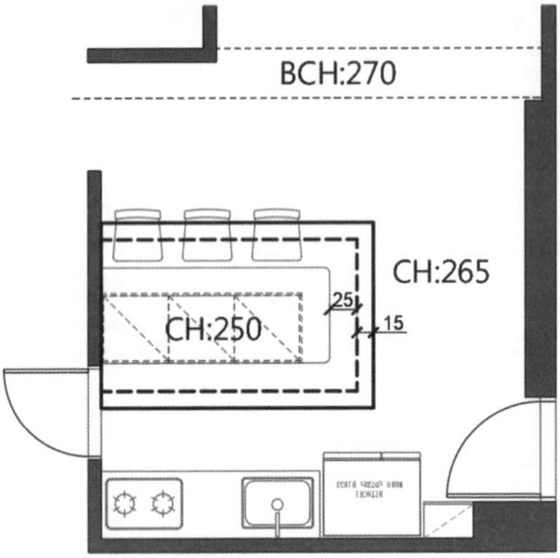

燈具配置圖，包括燈具位置、燈具間距、燈具與牆面距離。

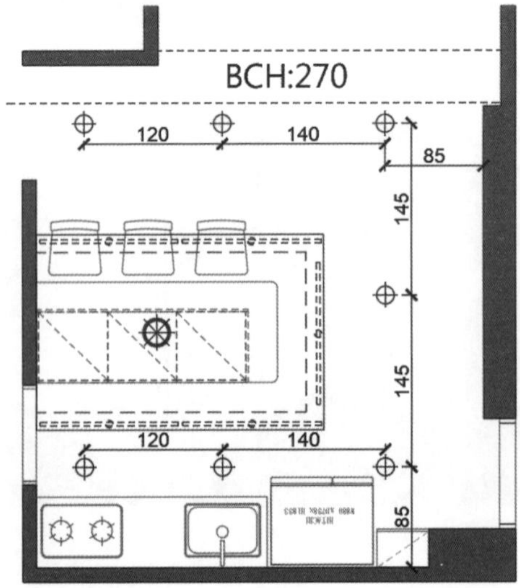

天花板圖

1. 使用偏移指令 (O)，將矩形餐桌往外偏移 25。

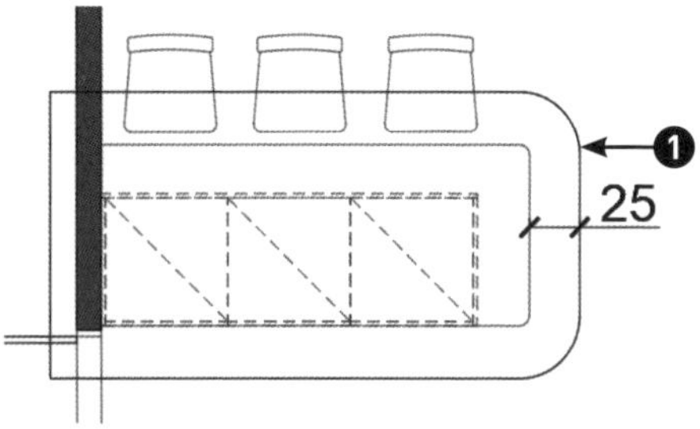

2. 選取偏移的線段，點擊左邊中點，拉伸到牆面。

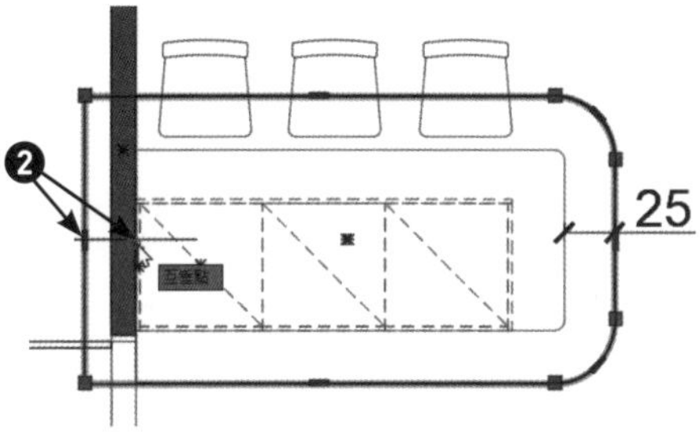

3. 使用圓角指令 (F)，半徑設定為 0，選矩形的兩條邊，使圓角變為直角。

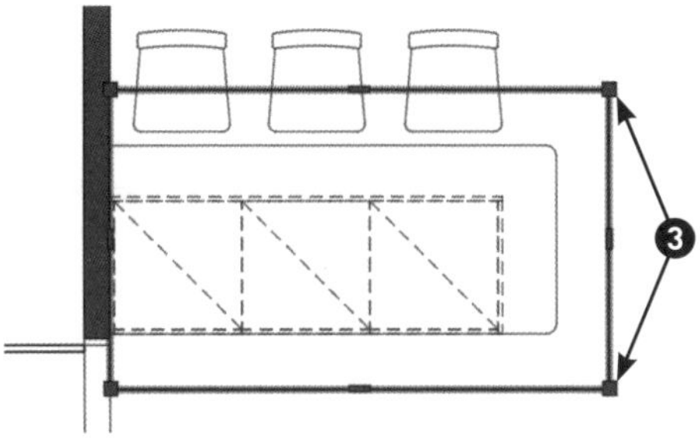

4. 使用偏移指令 (O)，將矩形往外偏移 15，同樣將左邊中點，拉伸到牆面。

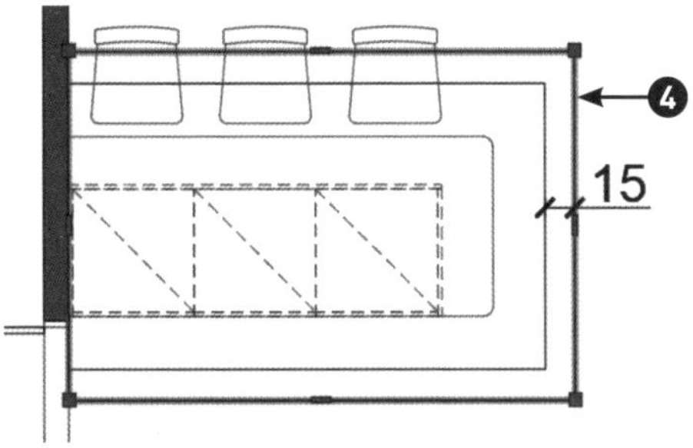

5 將內側矩形的線型設定 HIDDEN 虛線，想像從室內空間中，往上觀察天花板，看得見的天花板造型繪製實線，看不見的則繪製虛線。

6 使用單行文字指令 (DT)，建立文字「CH:250」與「CH:265」標示天花板距離地面的高度。

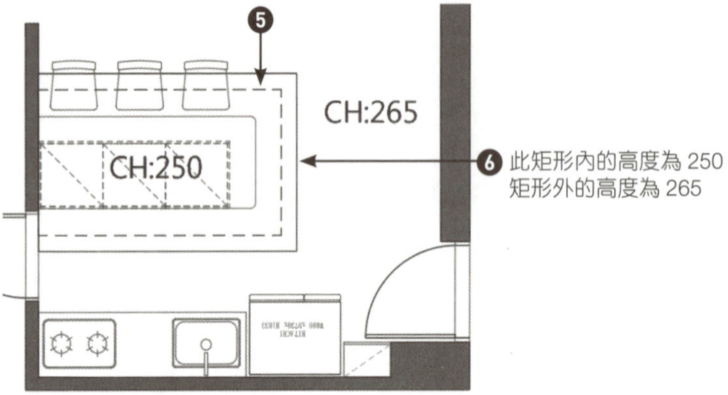

7 3D 示意圖。

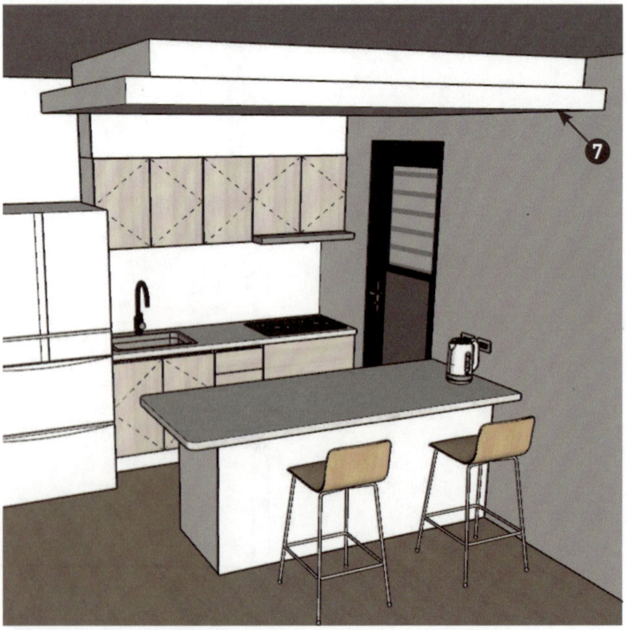

燈具圖

① 使用建構線指令 (XL)，在右側與下方牆面，繪製垂直與水平建構線。

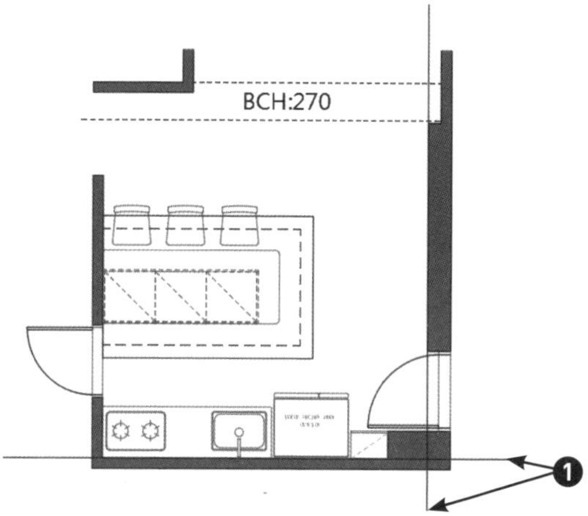

② 使用偏移指令 (O)，將建構線往左偏移 85、140、120，往上偏移 85、145、145。

③ 將上一章節繪製的嵌燈複製到交點上，刪除建構線。

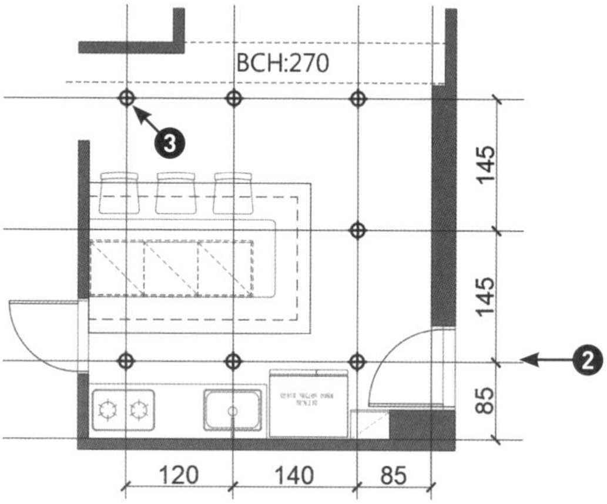

NOTE 也可以重新繪製嵌燈，先繪製半徑 7.5 的圓形，從中心點繪製長度 10 的線段 (如下左圖)，並環形陣列 4 條線段 (如下右圖)。

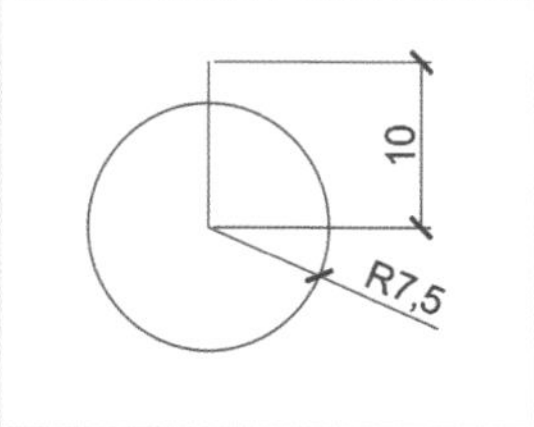

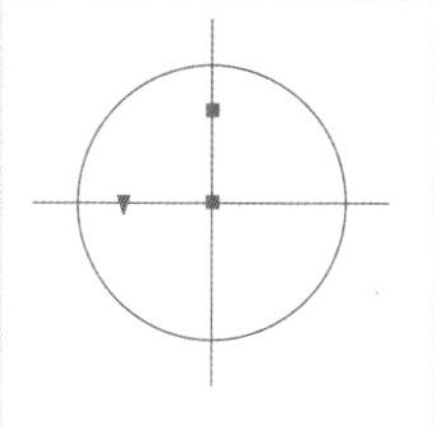

4 繪製三個圓形 (如下左圖)，從中心點繪製長度 15 的線段，並環形陣列 6 條線段，完成吊燈圖示，如下右圖。

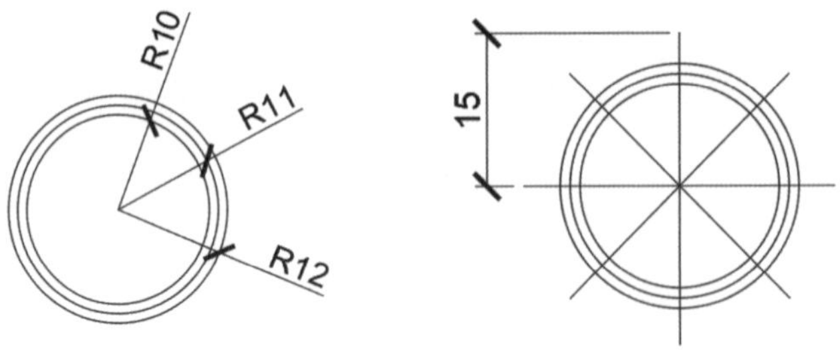

5 使用移動指令 (M)，將吊燈移動到矩形餐桌的幾何中心點。

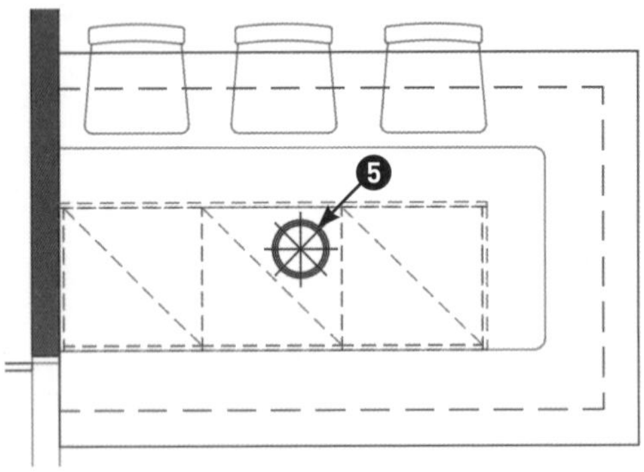

6 繪製寬 120、高 3 的矩形，在矩形中心繪製半徑 3 的圓形，將線型設定為 HIDDEN 虛線，完成燈管圖示。

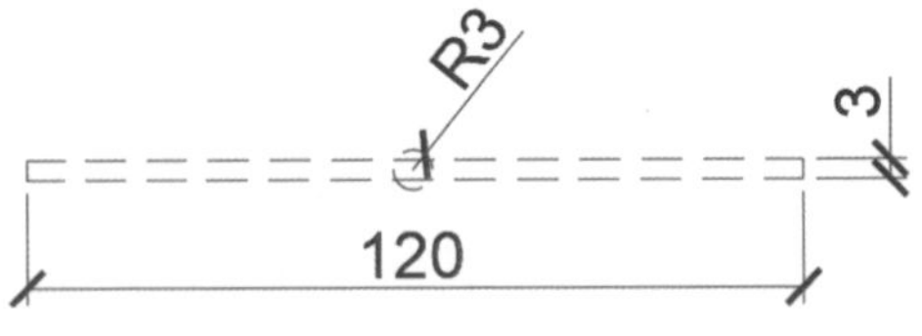

7 使用複製 (CO) 與旋轉指令 (RO)，將燈管放在天花板的凹槽中，並標註燈具間距與到牆面的距離，若圖面沒有標註，就必須在現場與師傅說明清楚。

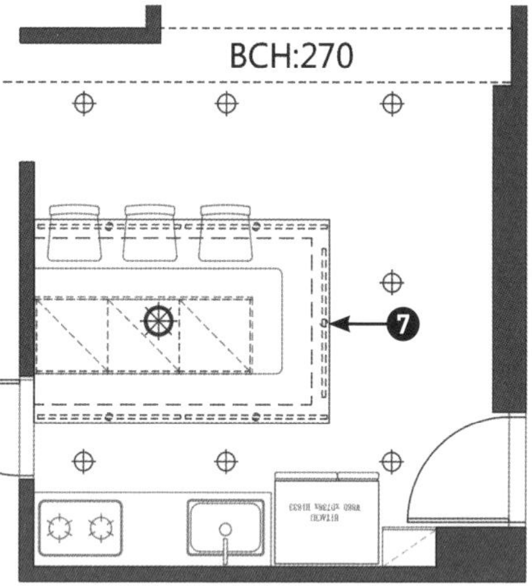

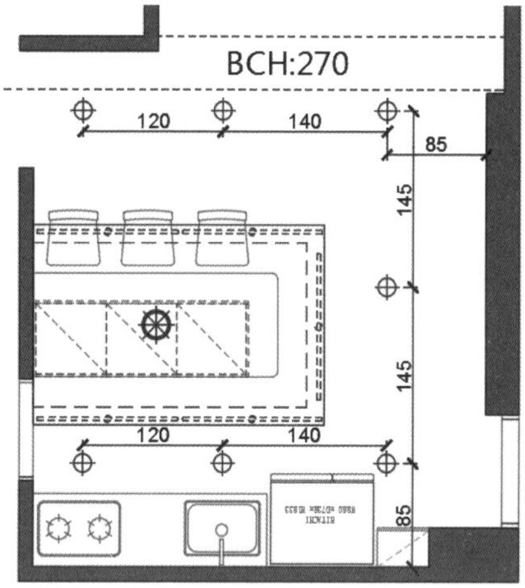

8-4 開關迴路圖

本小節將完成廚房的開關迴路圖，包括開關位置、燈具迴路、圖例表格。

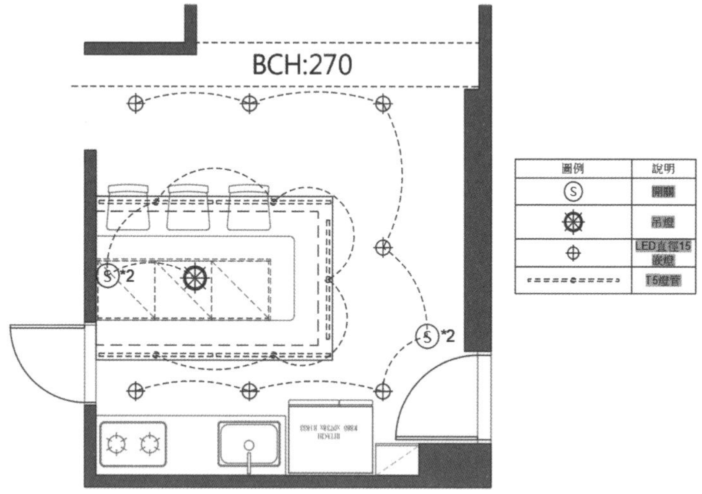

開關與迴路

1 使用插入圖塊指令 (I)，放置開關圖塊，或將臥室空間的開關複製到廚房，若數量大於 1，可在 S 旁加上「*2」的數量。

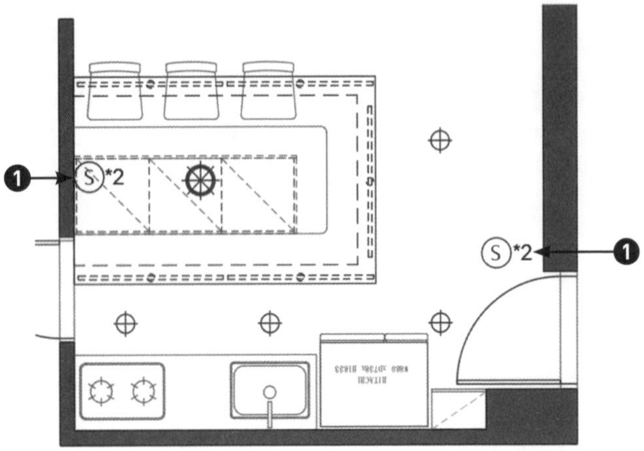

2 使用弧指令 (A)，繪製弧線連接門口的開關到廚房的燈具，再連接門口開關到走廊的燈具，將弧的線型設定為 HIDDEN 虛線。

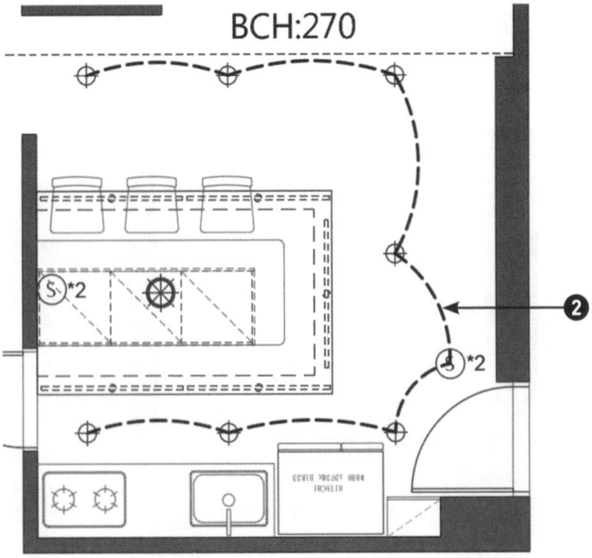

[3] 繪製弧線，連接餐桌開關到吊燈與天花板燈管。

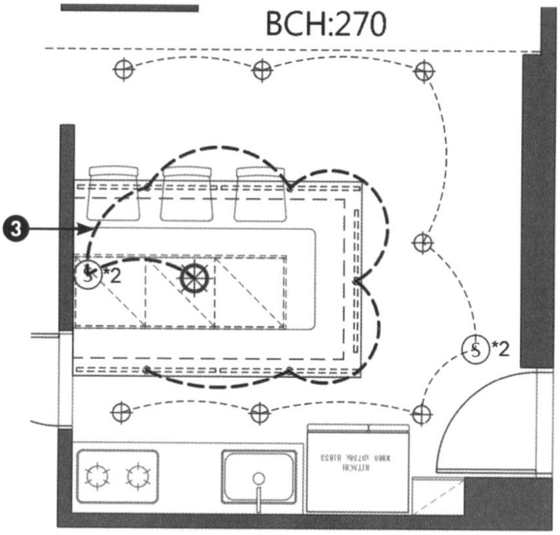

圖例表格

[1] 複製先前製作的圖例表格，選取儲存格，點擊【從下方插入】，加入三列儲存格。

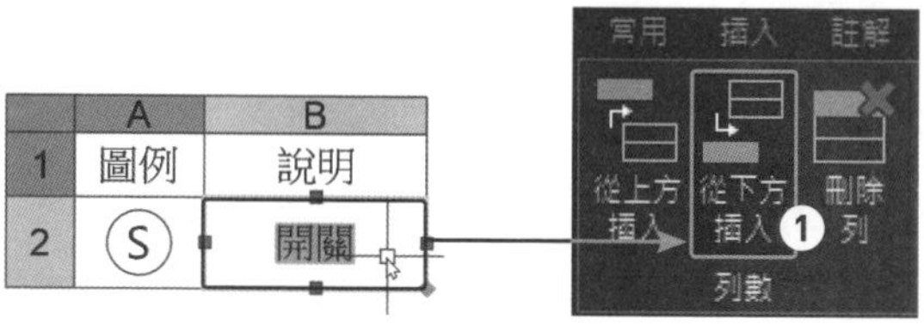

[2] 選取左邊儲存格，點擊【圖塊】。

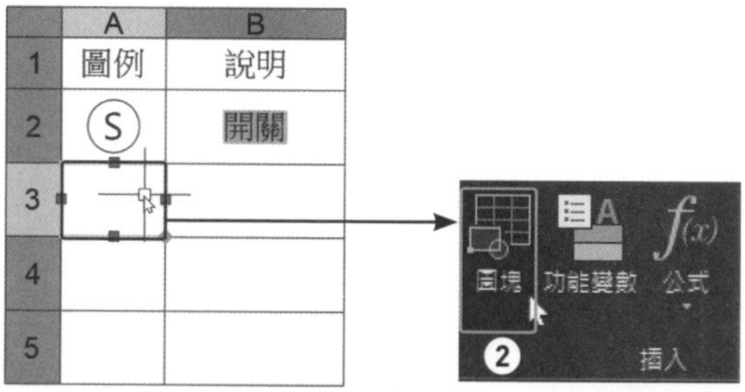

3 名稱選擇「吊燈」圖塊。

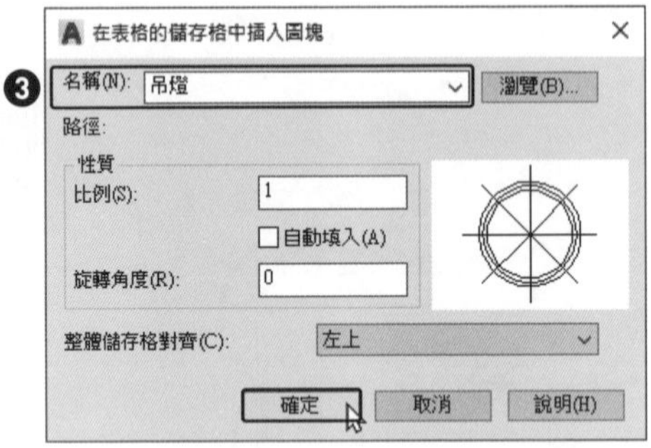

4 選右邊儲存格，點擊【功能變數】。

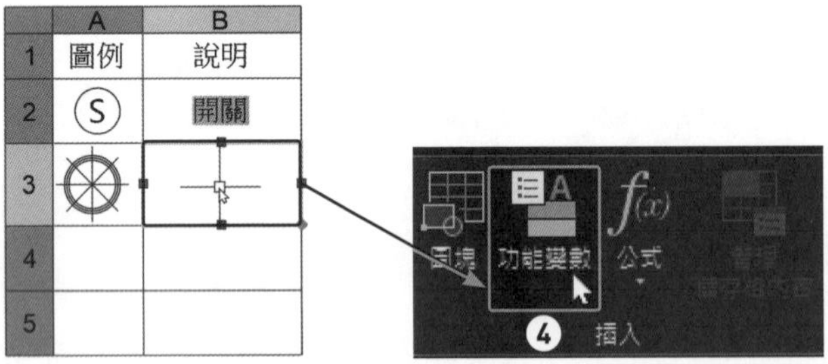

5 功能變數品類選擇【物件】，功能變數名稱【具名物件】，具名物件類型【圖塊】，名稱選擇「吊燈」，按下【確定】就可以取得圖塊的名稱放到表格中。

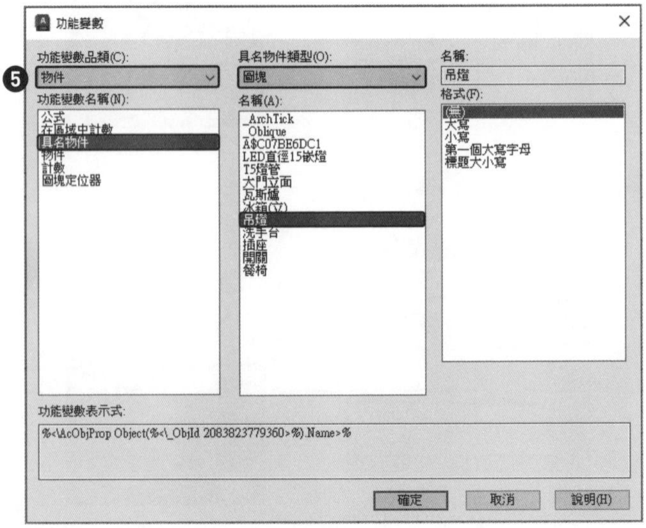

6 完成其他圖例。

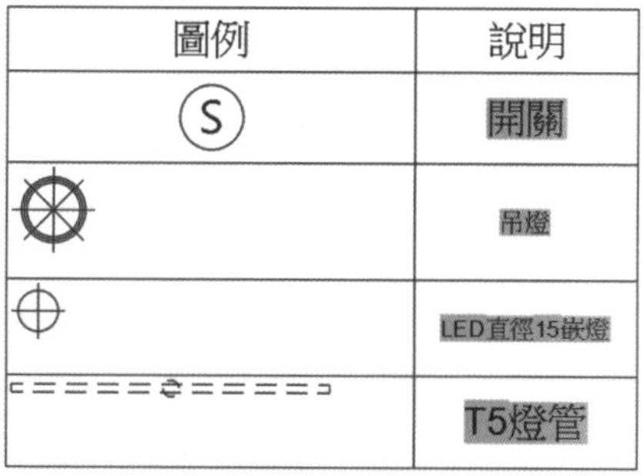
圖例
說明
S
開關
吊燈
LED直徑15嵌燈
T5燈管

7 框選左邊 3 個儲存格，按下右鍵 →【性質】，對齊方式設定【正中】，圖框比例「0.8」。

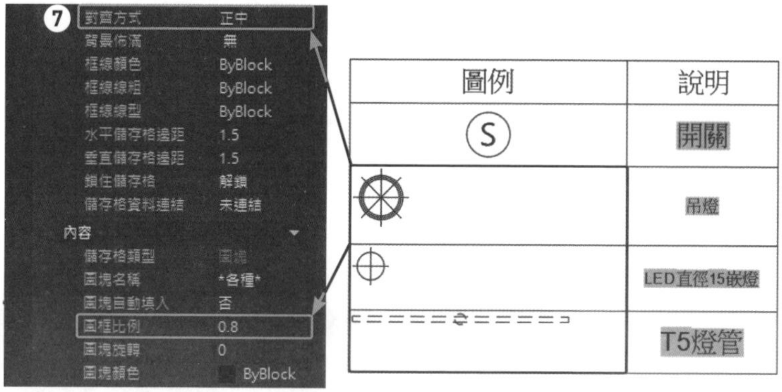

8 框選右邊 3 個儲存格，文字高度設定「8」。

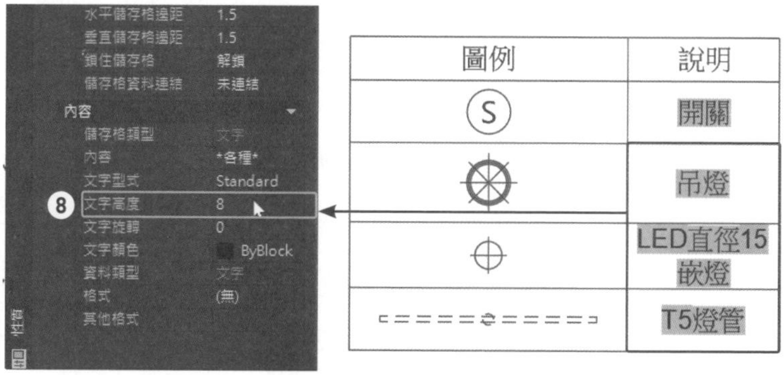

8-5 插座配置圖

本小節將標示廚房的插座位置。

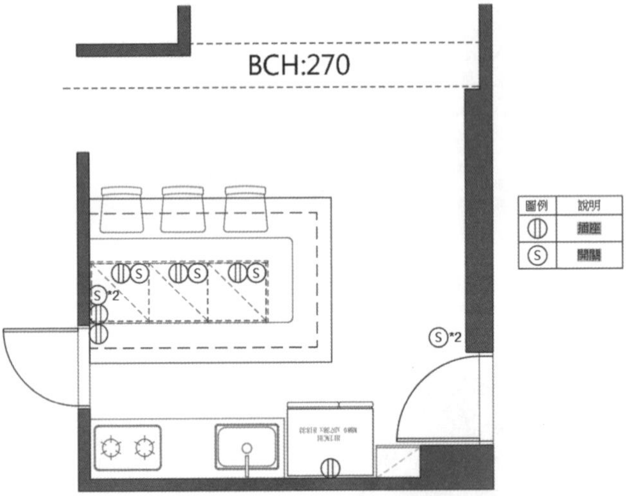

插座位置

1 使用插入指令 (I)，在比例的下拉選單選擇【等比例】，將圖塊比例輸入「0.8」倍。

2 選取【插座】圖塊。

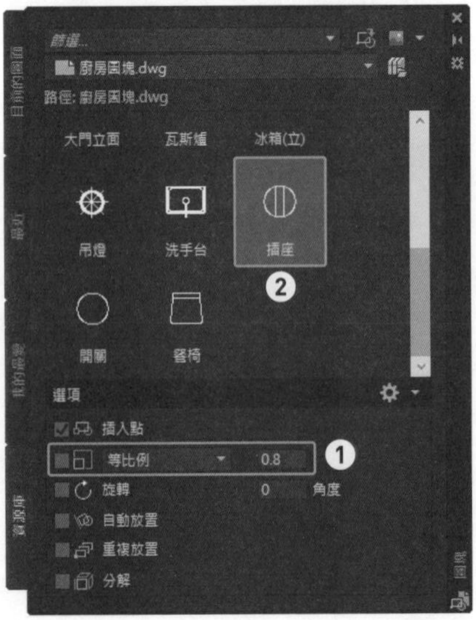

3 放置插座與開關圖塊，餐桌下方抽屜要放置電器，因此準備一組插座與開關。

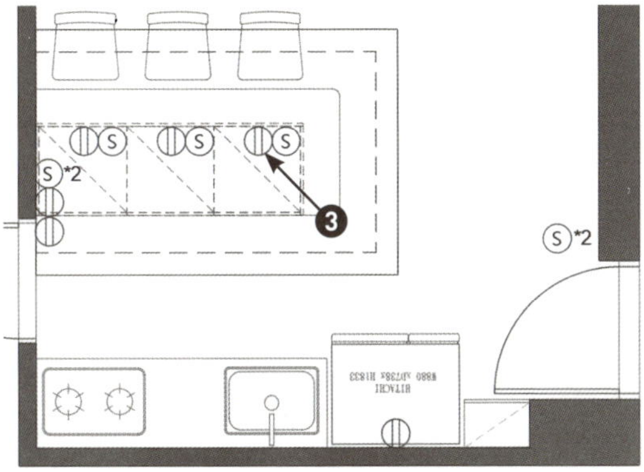

4 記得將圖塊比例設定回 1，使以後插入的圖塊保持原本尺寸。

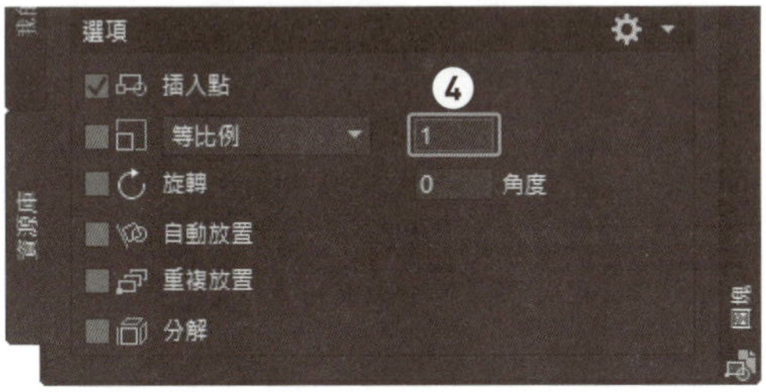

5 3D 示意圖。

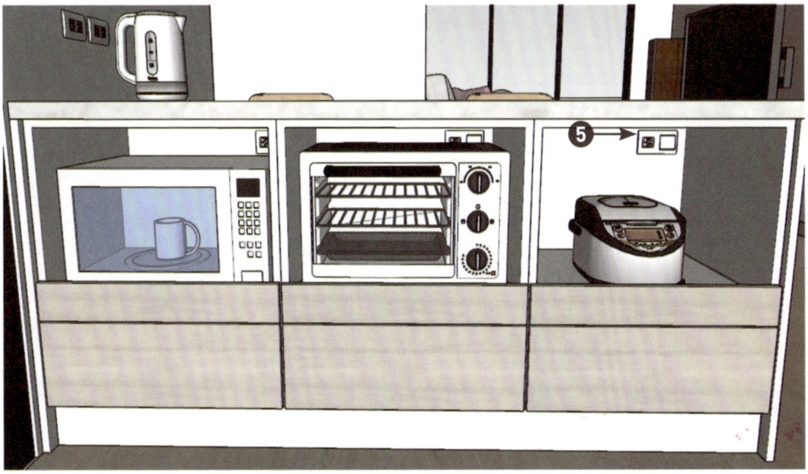

NOTE 除了上述方法，也可以使用比例指令 (SC)，將圖塊縮小 0.8 倍。或選取圖塊後按下右鍵→【性質】，比例 XYZ 改為 0.8。

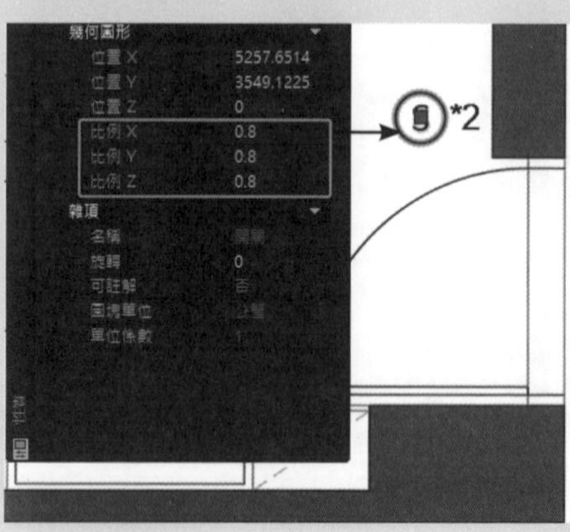

8-6 廚房立面圖

本小節將完成廚房流理台方向的立面圖，包括立面結構、流理臺、吊櫃、置物櫃、冰箱。

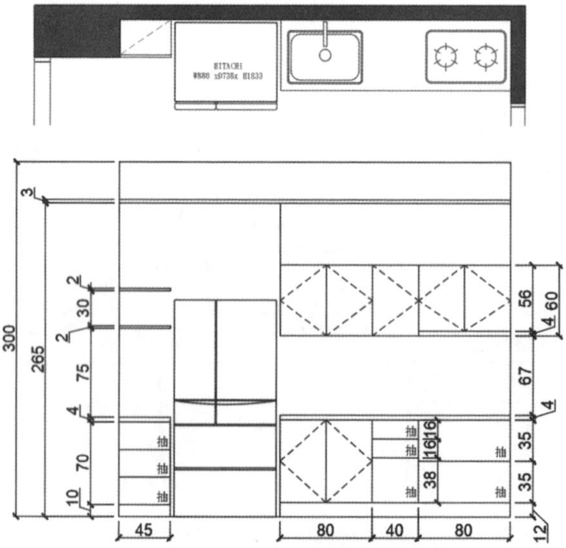

立面結構

1. 複製一份平面圖，使用直線指令 (L)，在流理臺前方繪製水平線，使用修剪指令 (TR)，將上方線段與填充線修剪掉。

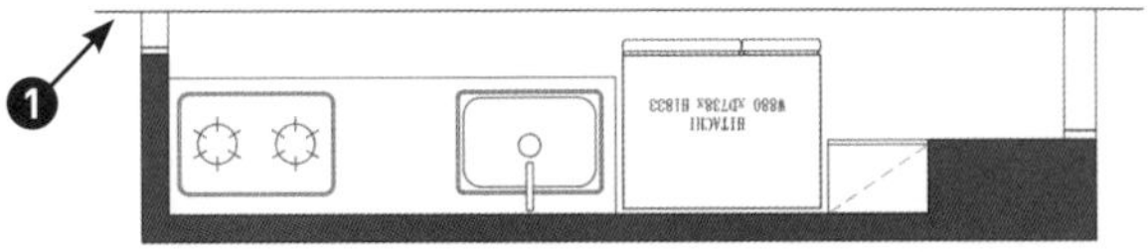

2. 使用旋轉指令 (RO)，將平面圖旋轉 180 度，使我們看的方向與繪製的方向一致，比較容易繪製。

3. 使用建構線指令 (XL)，在牆內繪製兩條垂直建構線，抓取廚房區的寬度。

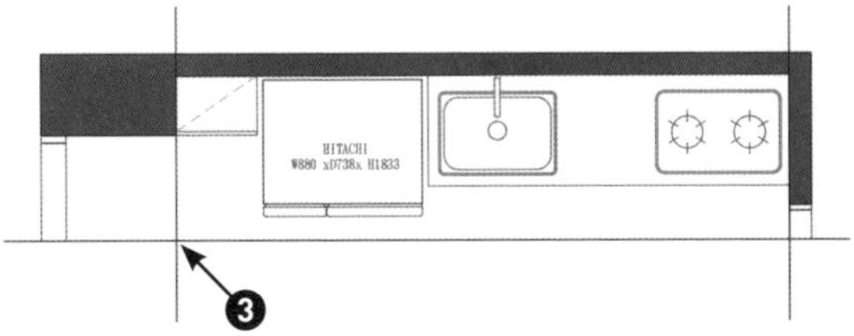

4. 在平面圖下方繪製一條水平線，使用偏移指令 (O)，將水平線往下偏移 300 (樓高線)，再往回偏移 265 與 3 表示天花板。

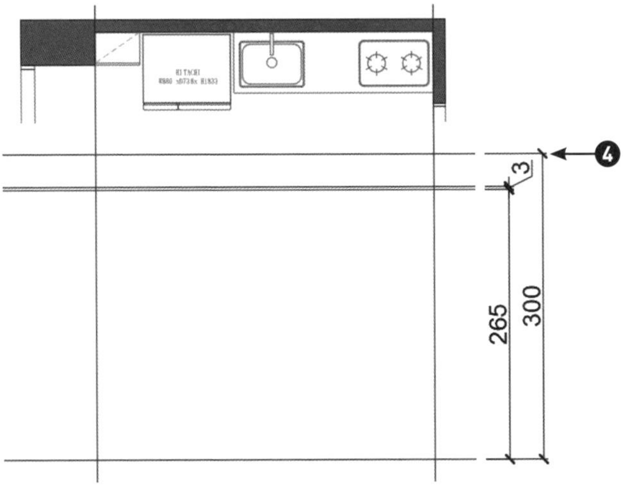

5 修剪後如右圖。

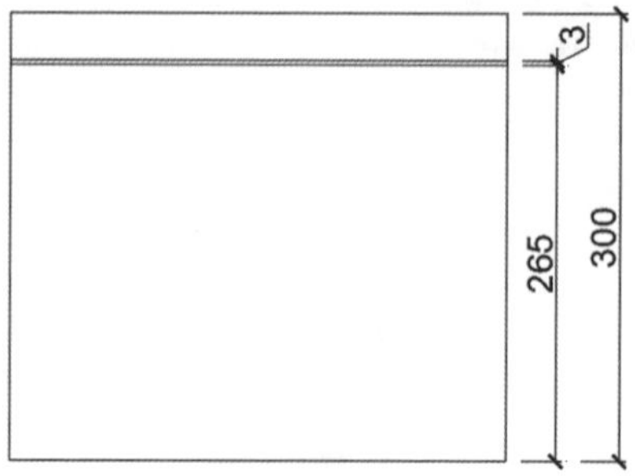

流理臺與吊櫃

1 在流理台左側繪製垂直建構線。

2 將地板往上偏移 12、70、4、67、60。

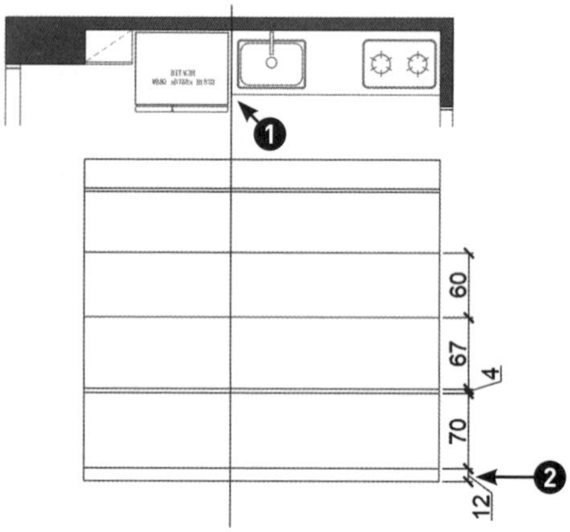

3 修剪後如右圖。

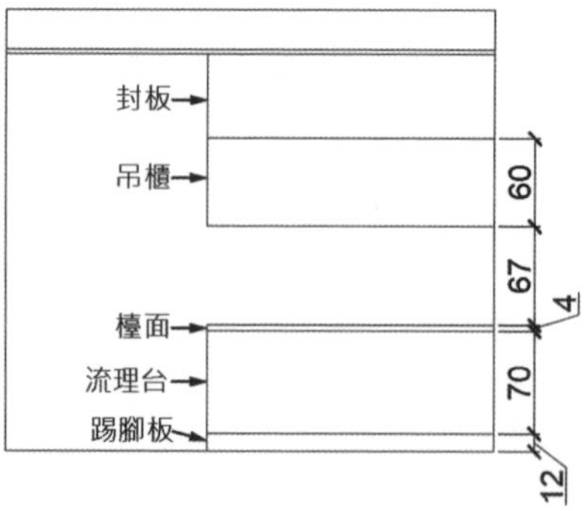

4 在【公用程式】面板 →【點型式 (Ptype)】，選擇圓加打叉的圖示，按下確定。

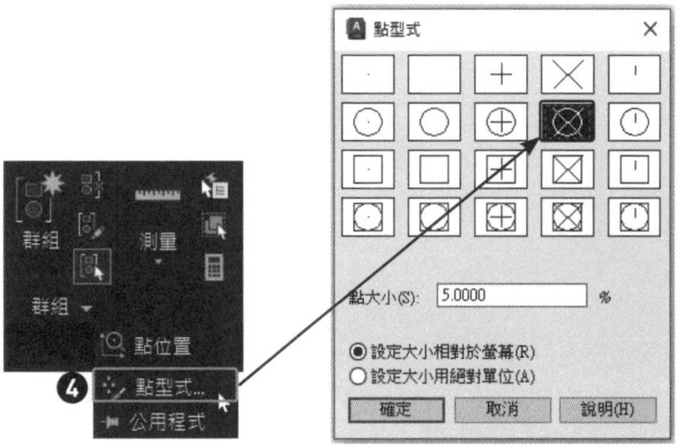

5 使用等分指令 (DIV)，對兩條線等分五份，如下圖。

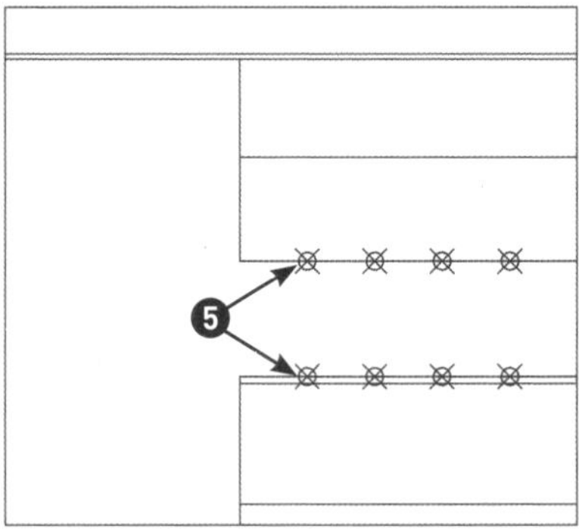

6 使用複製指令 (CO)，將左邊線段往右複製到等分點。

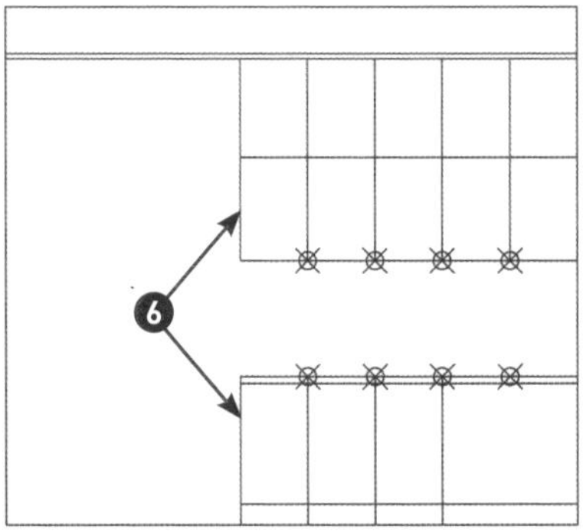

7 修剪後如右圖。

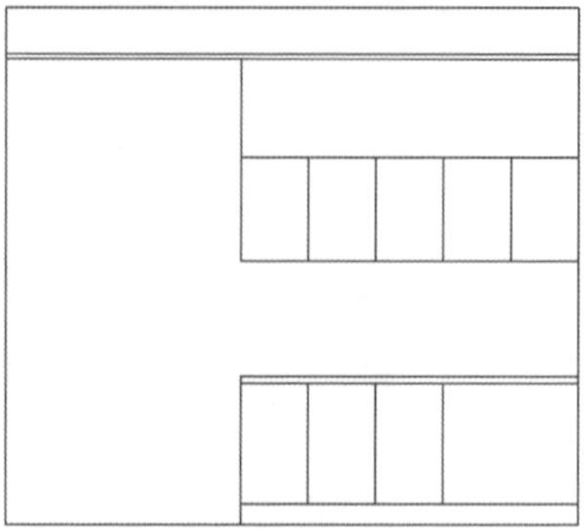

8 繪製線，在流理台分隔出抽屜，在吊櫃畫出抽油煙機位置。

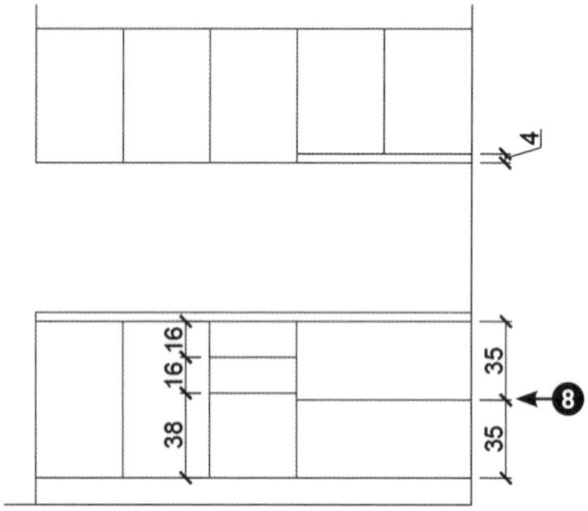

9 使用單行文字指令 (DT)，加上抽屜的文字。繪製開門方向，線型設定為 HIDDEN 虛線。

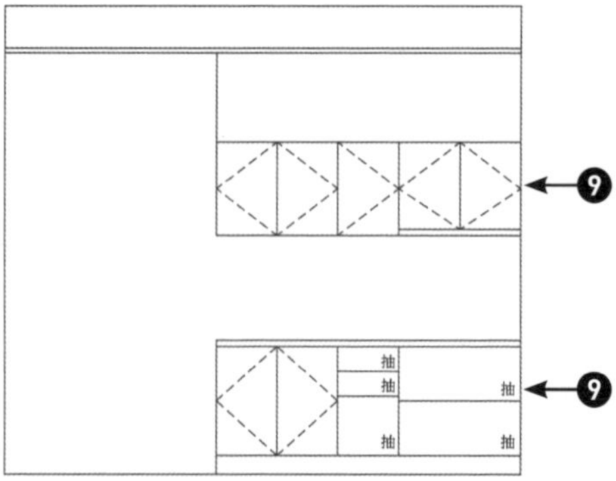

⑩ 3D 示意圖如下圖。

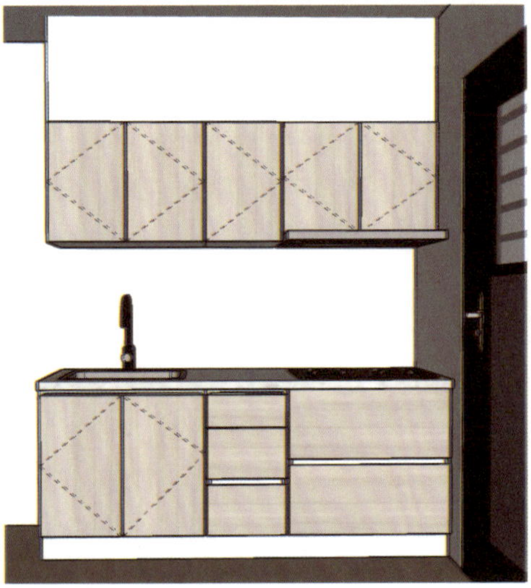

置物櫃

① 在置物櫃右側繪製垂直建構線。

② 將地板往上偏移 10、70、4 表示矮櫃，再往上偏移 75、2、30、2 表示層板。

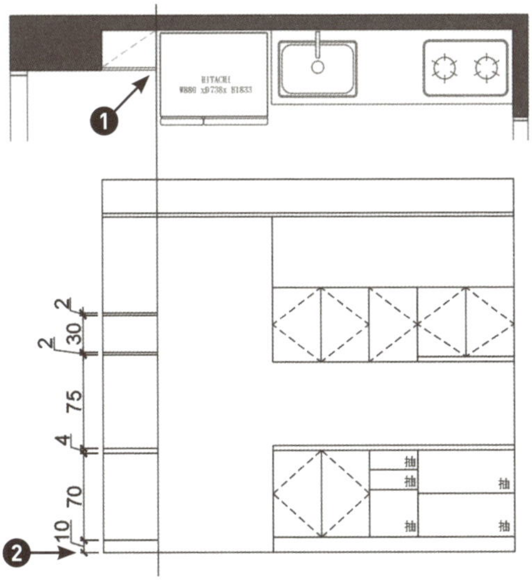

3 修剪後如左圖，3D 示意圖如下右圖。

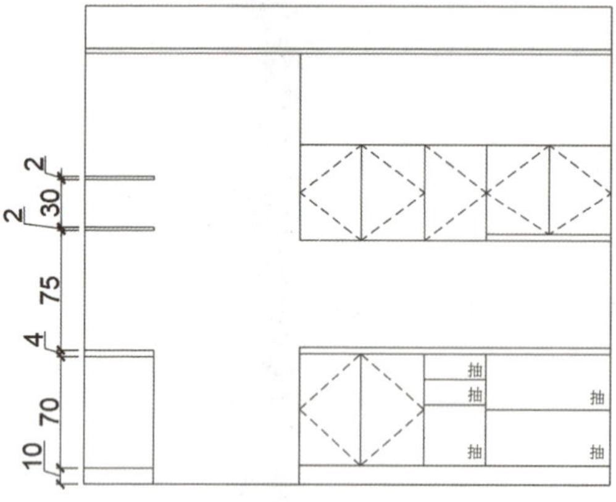

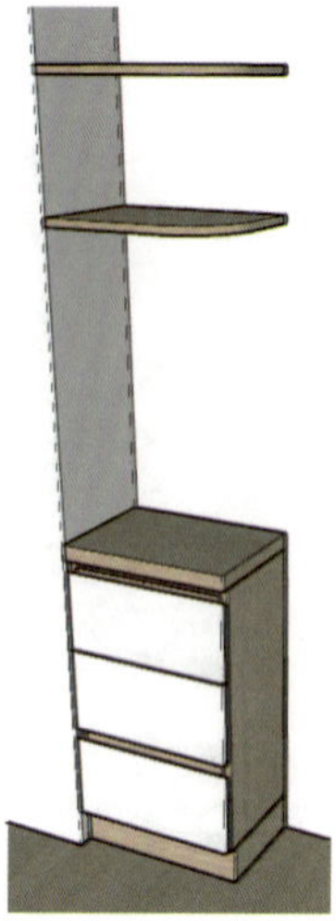

4 在 70 位置繪製一條直線。

5 使用等分指令 (DIV)，等分三份，並加上抽屜文字。

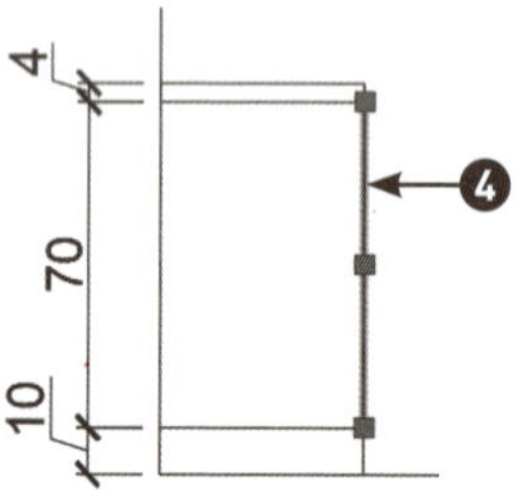

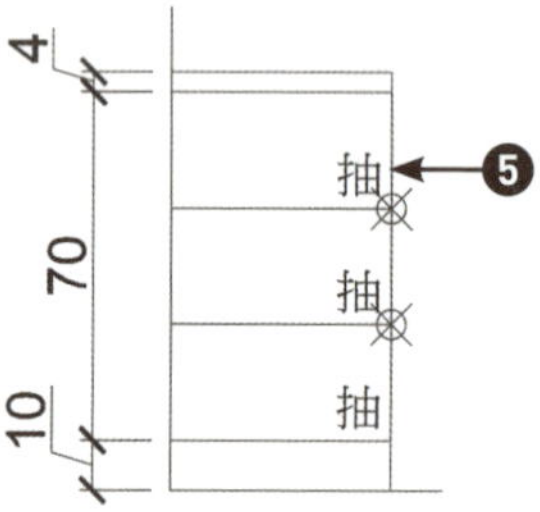

6 在冰箱位置繪製垂直建構線。

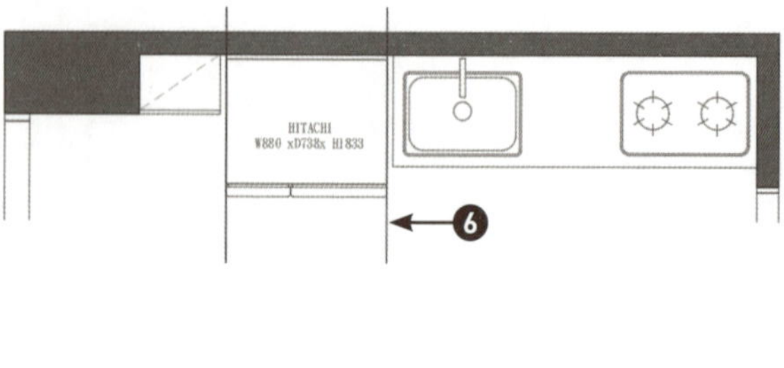

7　使用插入指令 (I)，放置冰箱圖塊，刪除建構線，完成立面圖。

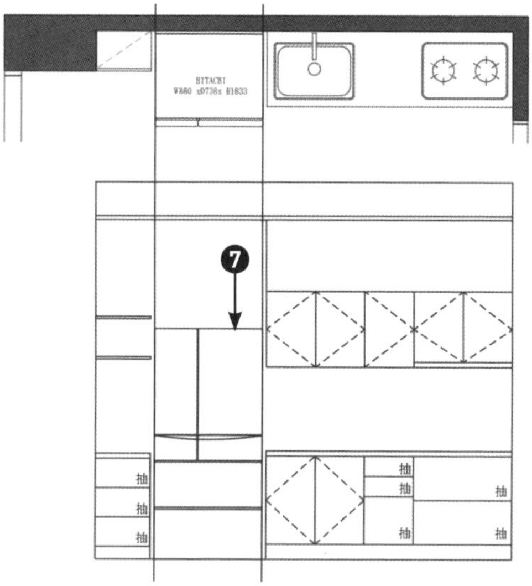

8-7 餐桌立面圖

本小節將完成廚房的餐桌立面圖。

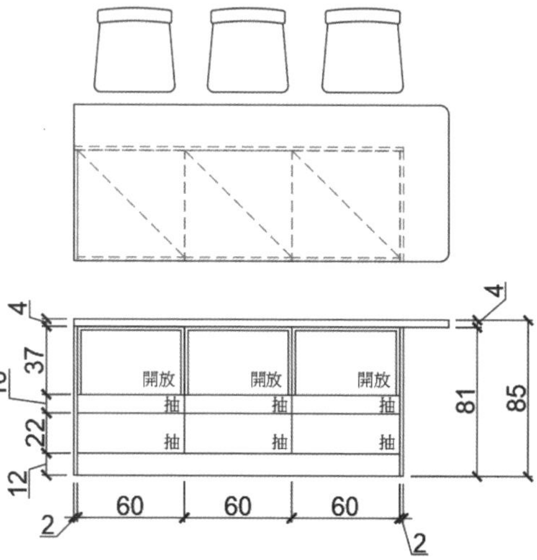

餐桌立面圖

1 複製一份餐桌平面圖。

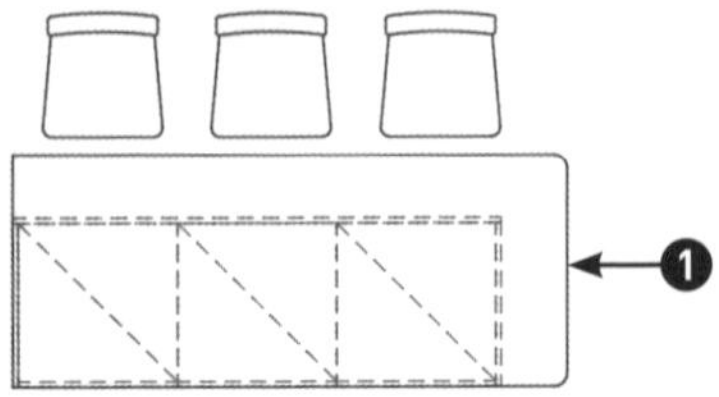

2 在餐桌兩側與抽屜最右側繪製垂直建構線。

3 在下方繪製水平線，並依照尺寸圖來偏移線段。

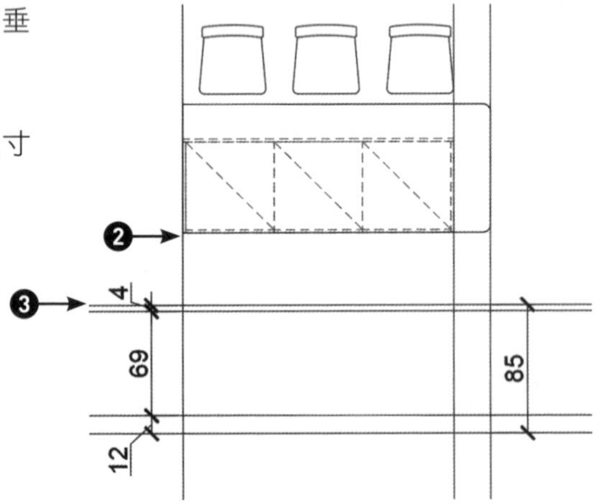

4 修剪後如右圖。

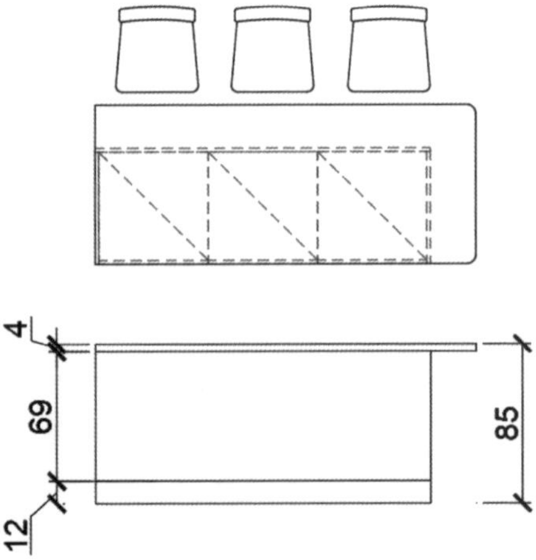

5 在抽屜的分隔線上，繪製垂直建構線。

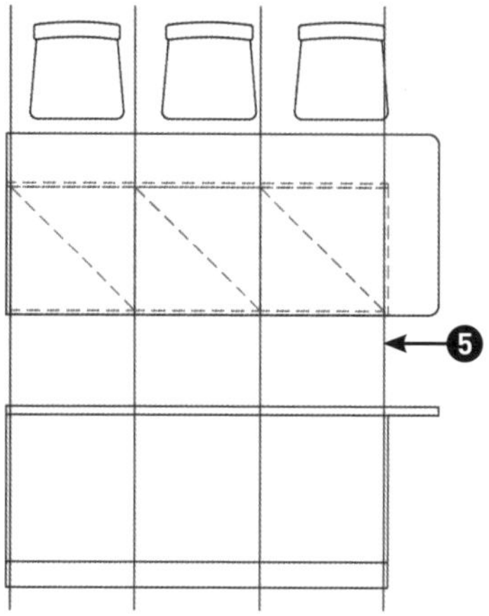

6 修剪後如右圖。

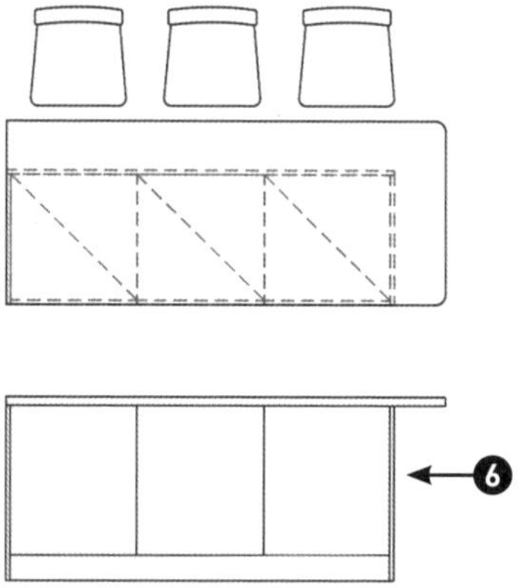

7 繪製水平線段，尺寸如右圖所示，並加上抽屜的文字。

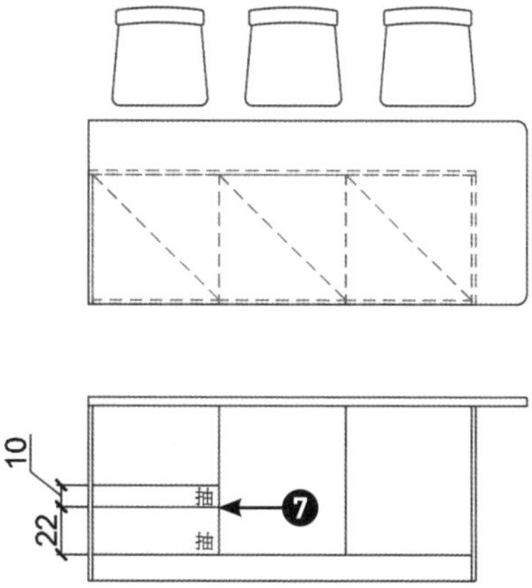

8 使用聚合線指令 (PL)，繪製如下圖之ㄇ型線段。(或繪製三條線段後，使用接合指令 (J) 連接成一條線段。)

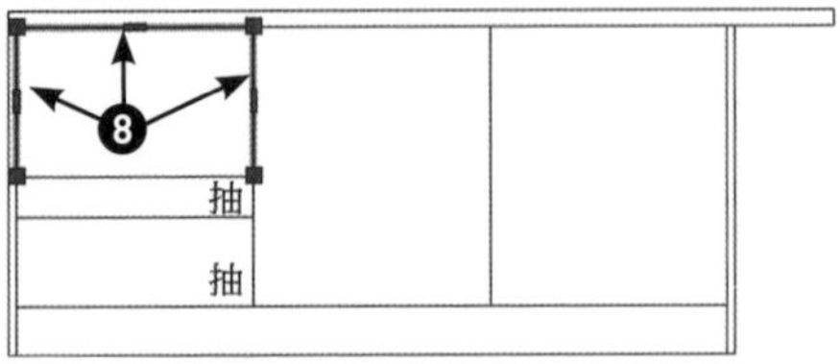

9 將聚合線往內偏移 2，做出板子厚度，並加上「開放」的文字，表示此處無門片。

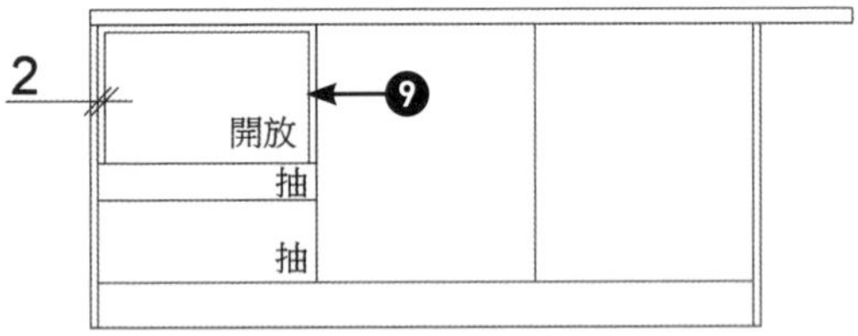

10 抽屜的寬度皆相同，使用複製指令 (CO)，將步驟 7 至 9 完成的線段往右複製。

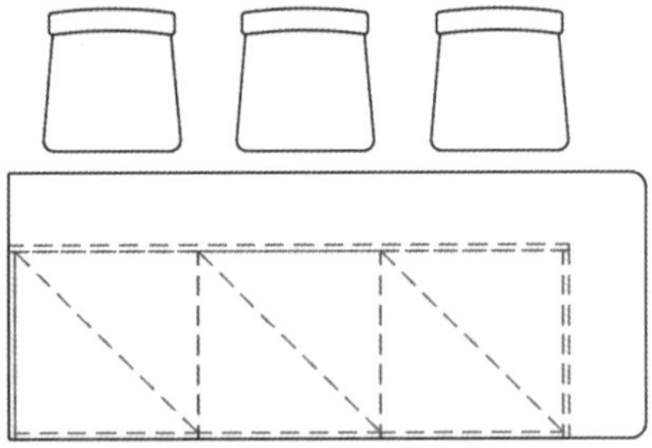

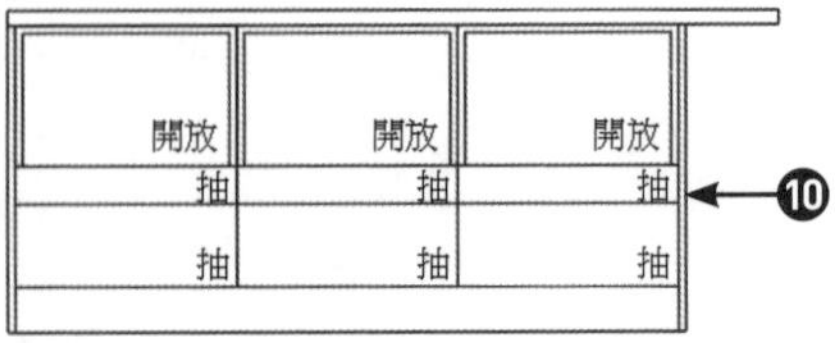

8-8 餐廳櫃體

本小節將完成餐桌區的櫃體之平面圖、插座配置、立面圖。

平面圖：

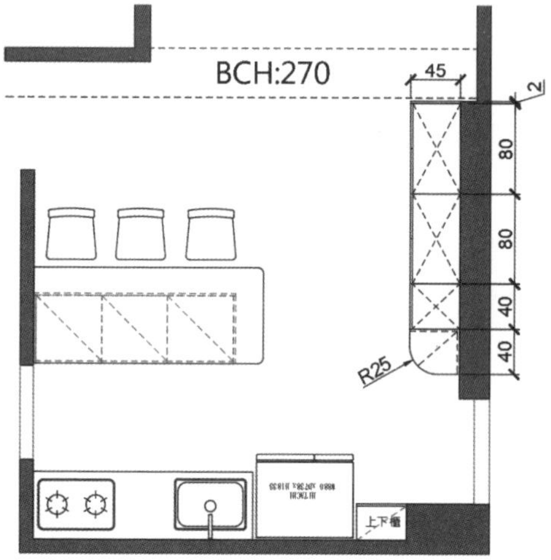

立面圖：

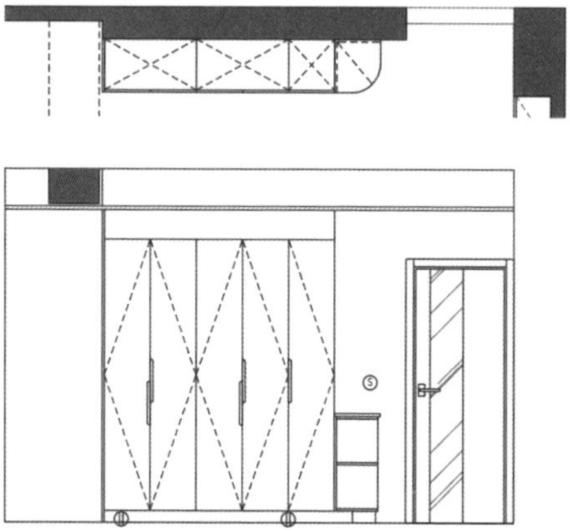

櫃體平面圖

1 找到平面配置圖，在轉角處繪製寬 45 高 2 的矩形，與寬 45 高 80 的矩形。

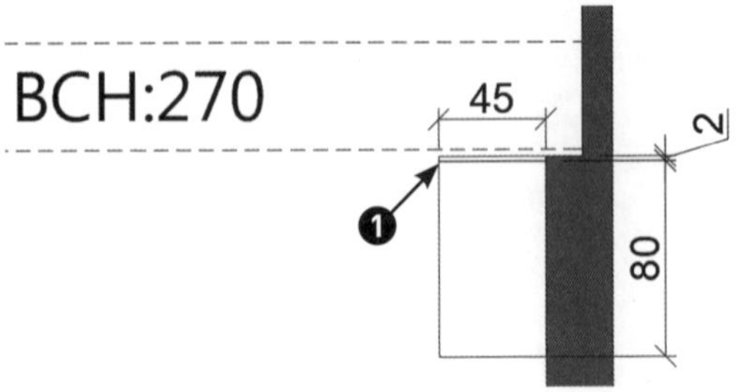

2 將矩形分解，左邊線段往右偏移 2。

3 繪製直線連接中點。

4 繪製打叉虛線，表示高櫃。

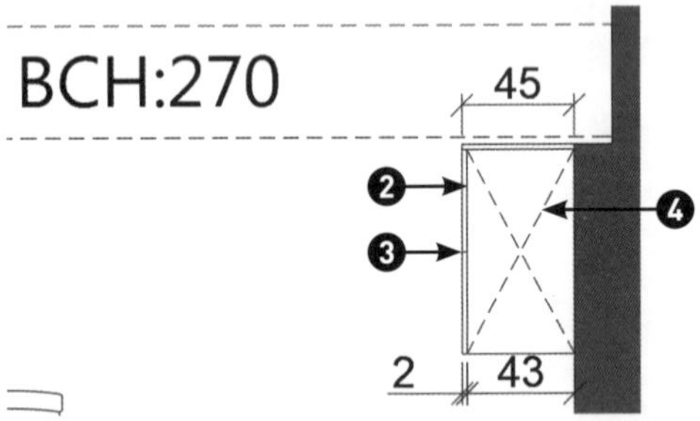

5 將寬 45 高 80 的櫃子往下複製兩個。

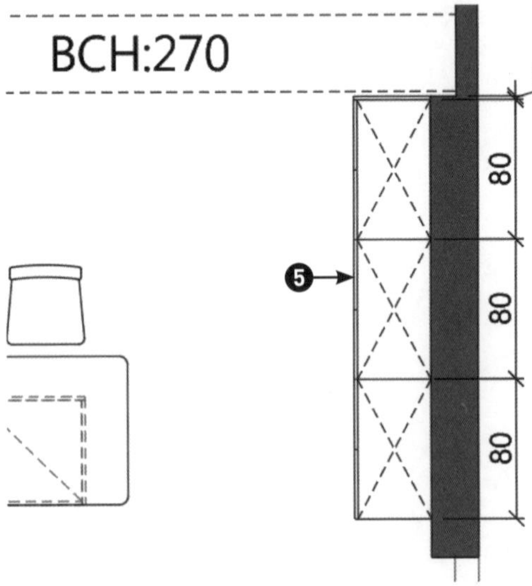

⑥ 使用拉伸指令 (S)，框選櫃體下半部，往上拉伸 40，完成如右圖。

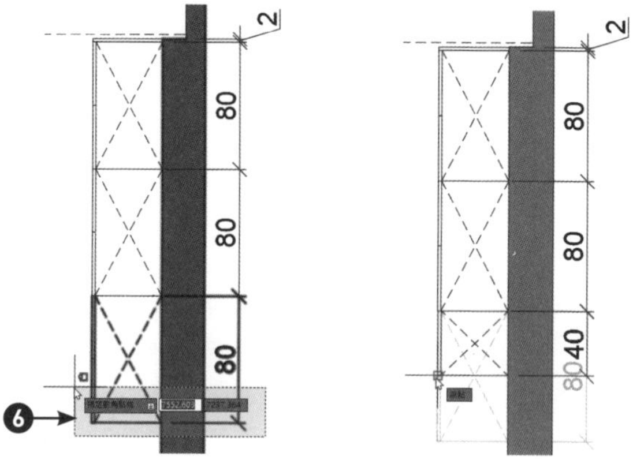

⑦ 繪製寬 45 高 40 的矩形，左下角作半徑 25 的圓角。

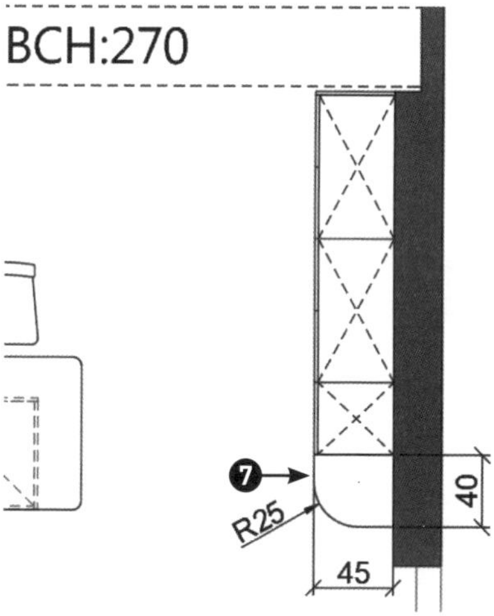

⑧ 將矩形往內偏移 2，線型為 HIDDEN 虛線。

⑨ 使用分解指令 (X)，將虛線分解後，使用延伸指令 (EX)，將虛線延伸到邊緣。

⑩ 繪製斜線表示矮櫃。

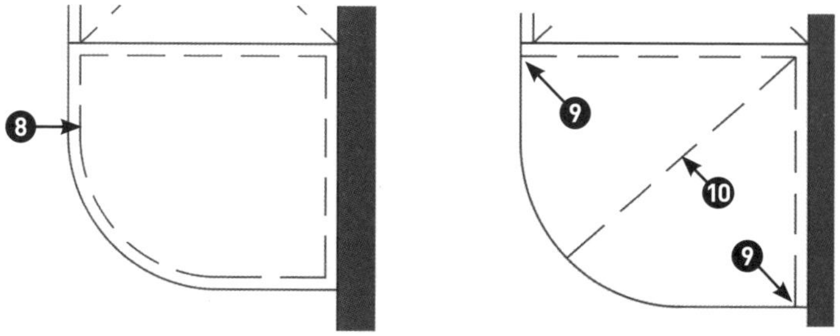

⑪ 找到插座配置圖，在櫃體增加插座。

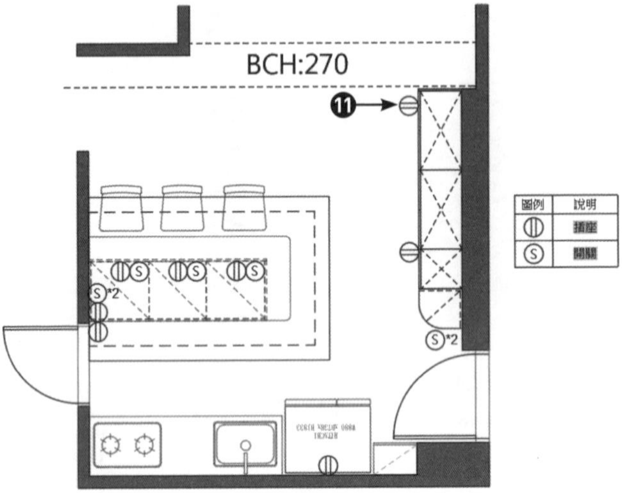

櫃體立面圖

1 複製一份平面圖，修剪成如右圖所示，並旋轉 90 度。

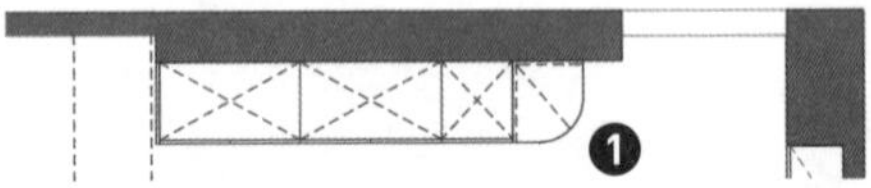

2 在牆面轉角處，繪製垂直建構線。

3 繪製水平線作為地板，並偏移天花板與樓高的高度。

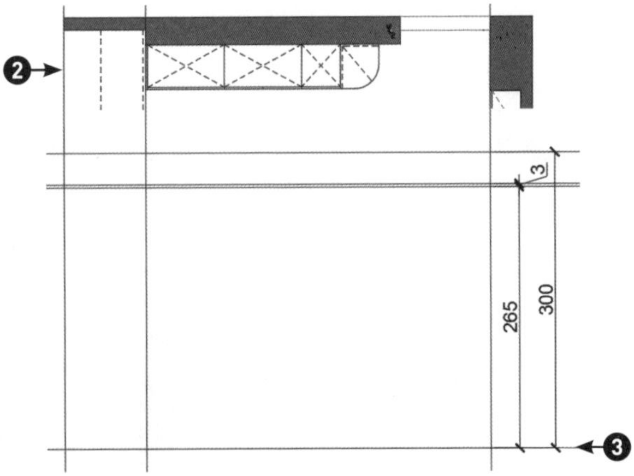

4 修剪後如右圖。

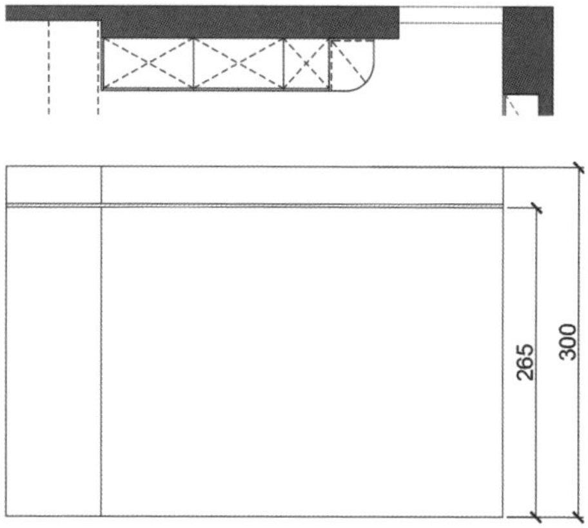

5 在樑的兩側繪製垂直建構線。

6 地板往上偏移 270，表示樑的高度。

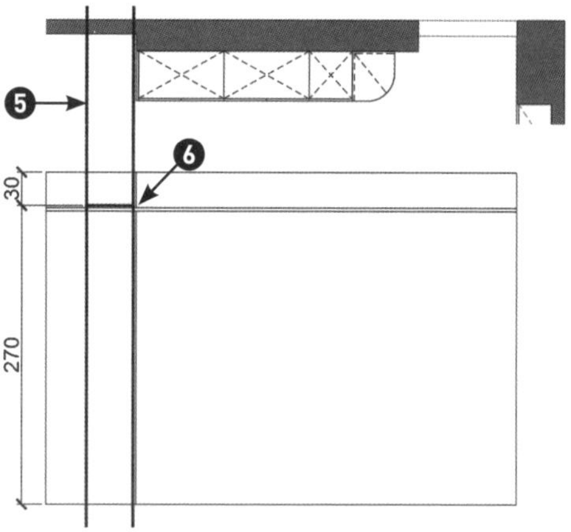

7 修剪後如右圖所示，使用填充線指令 (H)，模式 SOLID，填滿樑，表示這個區域是實心的。

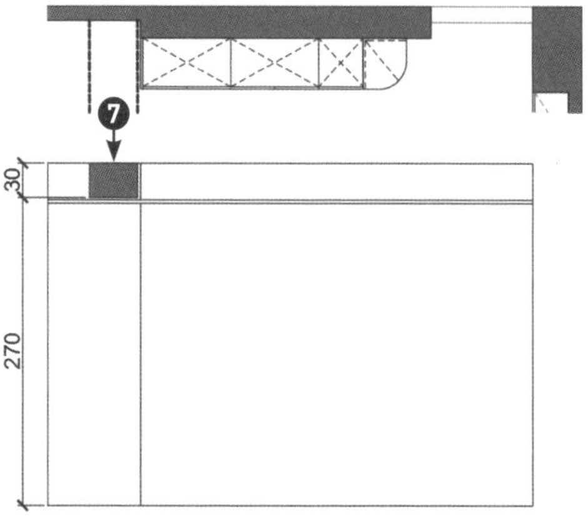

8 在櫃體分隔處繪製垂直建構線。

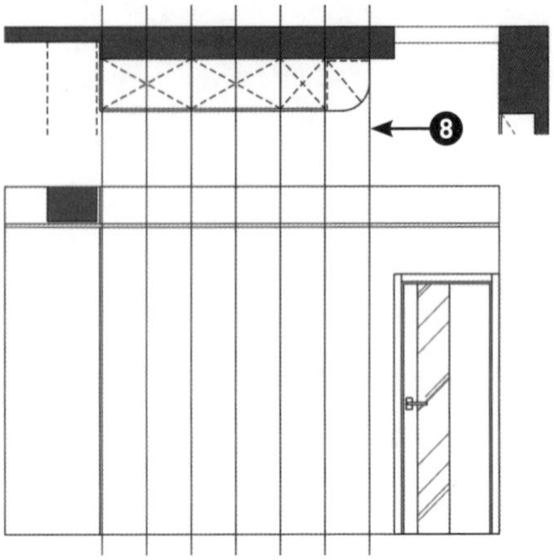

9 距離地板 10 的位置繪製一條水平線作為踢腳板，往上偏移 230 的櫃子高度，230 以上用板子封起來。

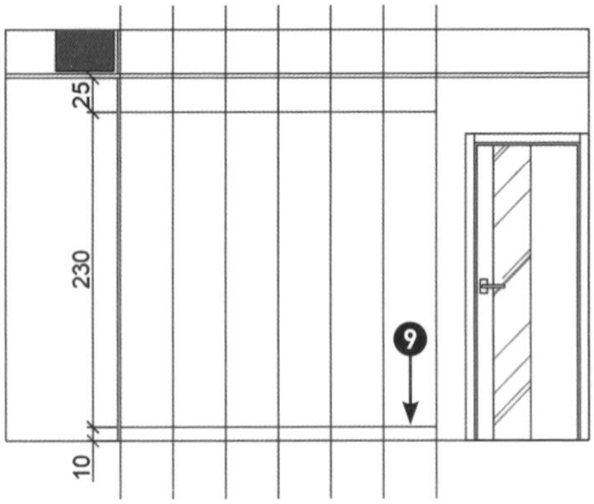

10 修剪後如右圖。

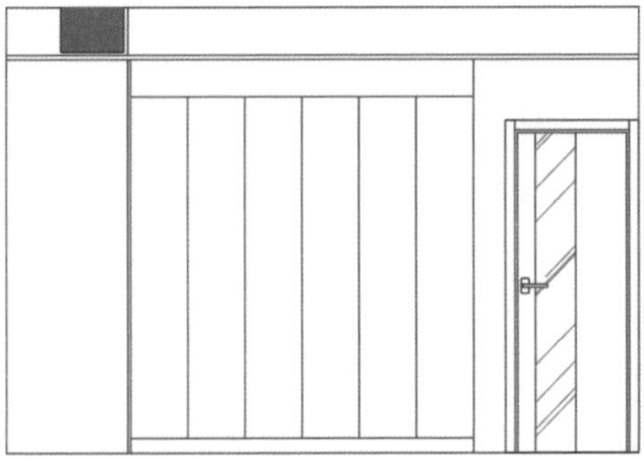

11 繪製寬 2.5 高 38 的矩形，移動矩形中點到 110 的位置。

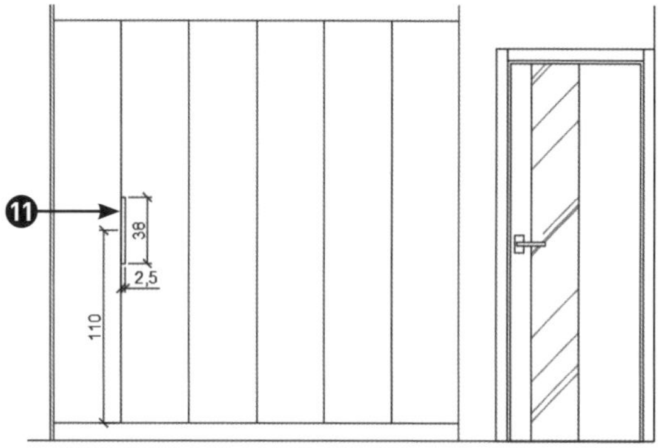

12 將右上角與左上角點，往內拉伸 1.5，完成櫃子把手。

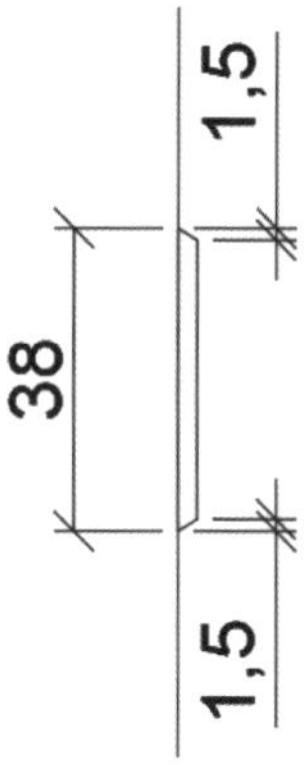

13 將把手往左鏡射，移動左邊把手中點到右邊把手端點。

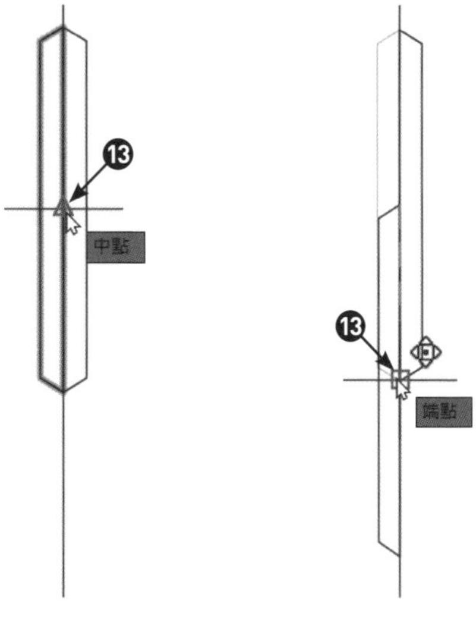

14 使用直線指令 (L)，繪製開門方向。將把手往右複製到其他櫃子。

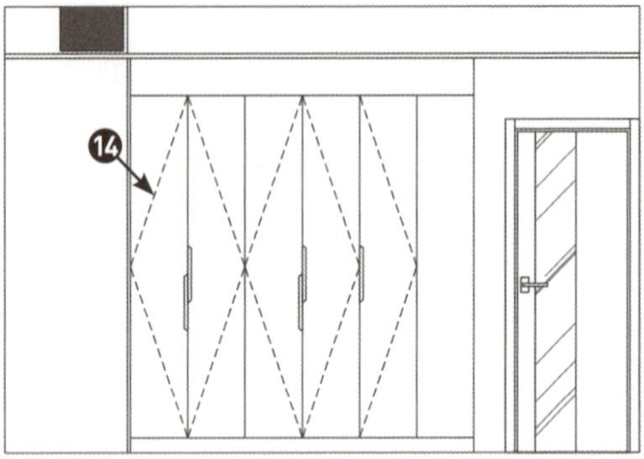

15 從踢腳板往上 80 的位置，繪製一條水平線，再往上偏移 2.5，修剪後如右圖。

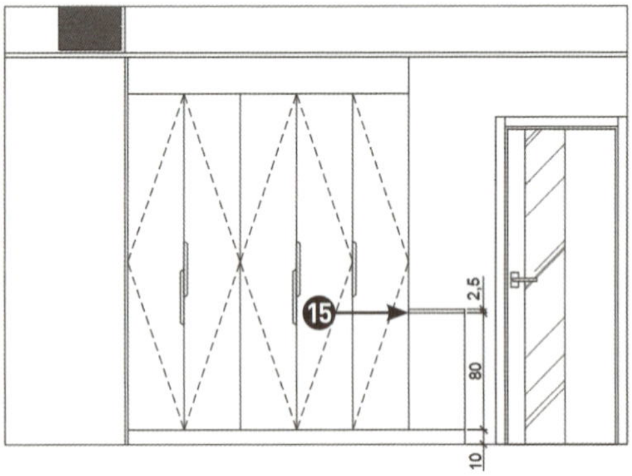

16 3D 示意圖。

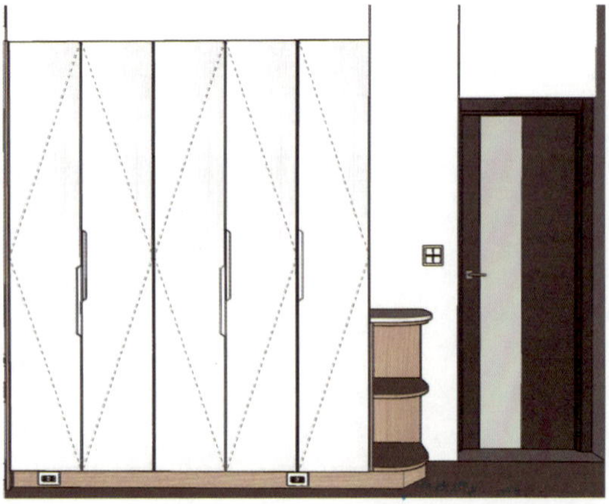

⑰ 使用偏移指令 (O)，將踢腳板往上偏移 2、37、2、37，將矮櫃的左邊線段往右偏移 2，修剪後如右圖。

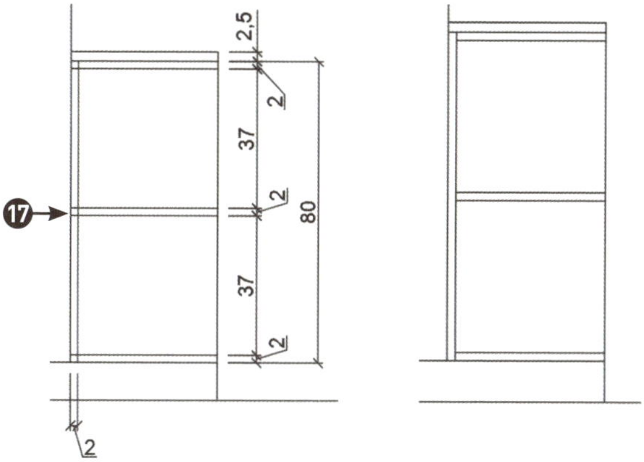

⑱ 矮櫃右邊線段往左偏移 2。

⑲ 下方繪製兩條線，表示踢腳板與倒角線，修剪後如右圖。

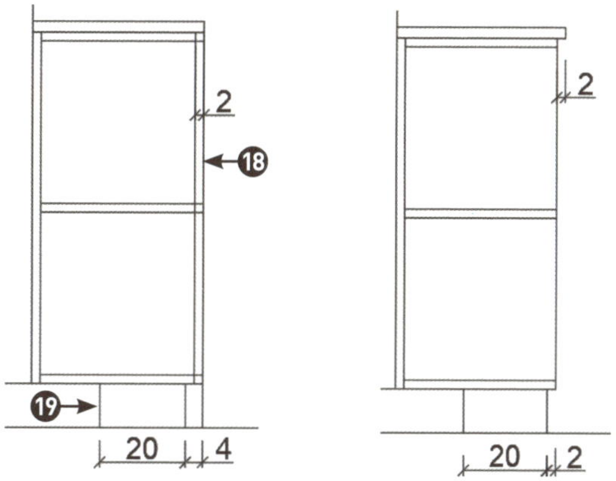

⑳ 3D 示意圖。

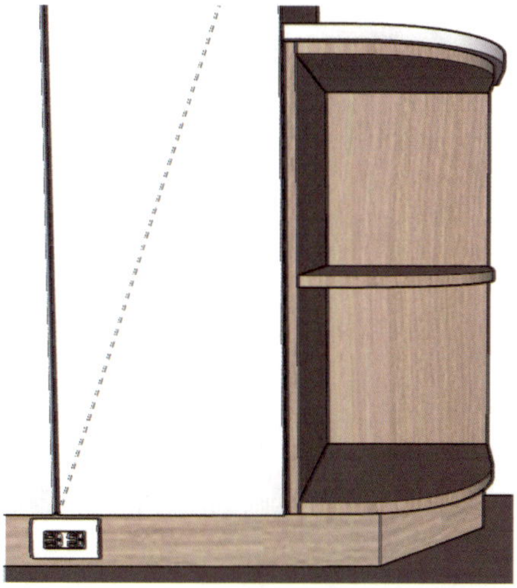

21 使用插入指令 (I)，加上開關與插座的圖塊。

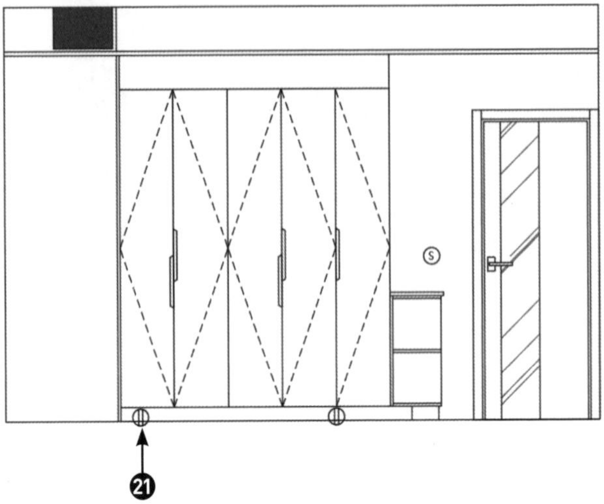

CHAPTER

9 配置出圖

室內配置常常需要設計變更，但因室內圖面類別眾多，一張張分開出圖非常耗時，若使用配置出圖可省去大量時間且易於分類，本章節將介紹快速視窗出圖，以及大量圖面配置出圖的方式。

9-1 視窗出圖

9-2 配置出圖（圖框單位為公釐）

9-3 批次出圖（圖框單位為公分）

9-4 可註解比例

AutoCAD 2024

9-1 視窗出圖

視窗出圖只要選取一個矩形範圍，就可以直接列印，而配置出圖則需要將每一張圖紙設定一個列印的配置設定，但可以一次出多張圖紙。簡單區分就是需要快速列印就使用視窗出圖，但需要一次列印多張圖紙，且很常頻繁修改、列印的話，就可以使用配置出圖。

視窗出圖

<table>
<tr><td>指令</td><td>PLOT</td><td>快捷鍵</td><td>CTRL+P</td><td>圖示</td><td></td></tr>
<tr><td>工具列按鈕</td><td colspan="5">快速存取工具列 → 出圖
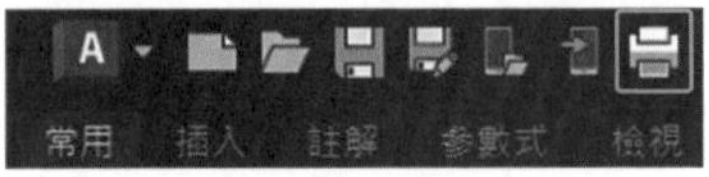
</td></tr>
</table>

準備工作

- 開啟範例檔〈9-1_ex1.dwg〉。

正式操作

1. 若要以 A3 圖紙列印，請繪製寬 420 高 297 的矩形，平面圖會大於 A3 圖紙，需要將圖紙放大。

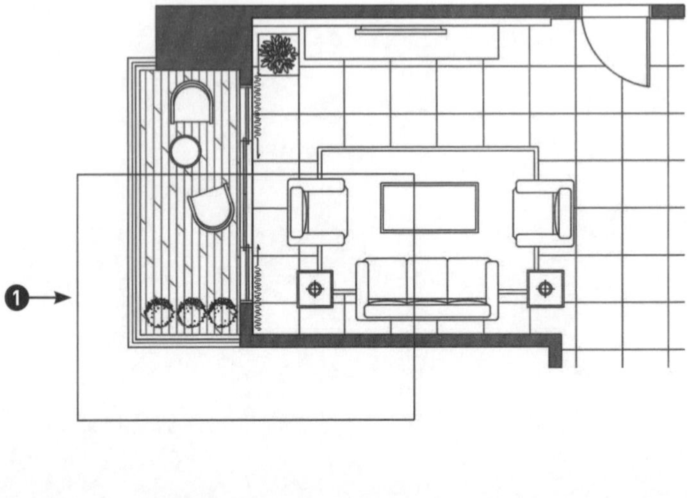

2 使用比例指令，將矩形放大兩倍，這個放大倍數也是列印需要輸入的倍數。

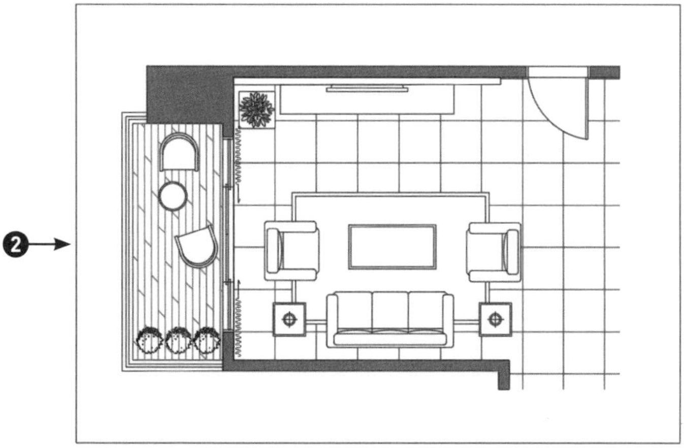

3 先設定印表機為【DWG To PDF.pc3】。

4 再設定圖紙大小【ISO full bleed A3 (420 x 297)】，與步驟 1 繪製的矩形相同尺寸。

5 出圖內容選擇【視窗】。

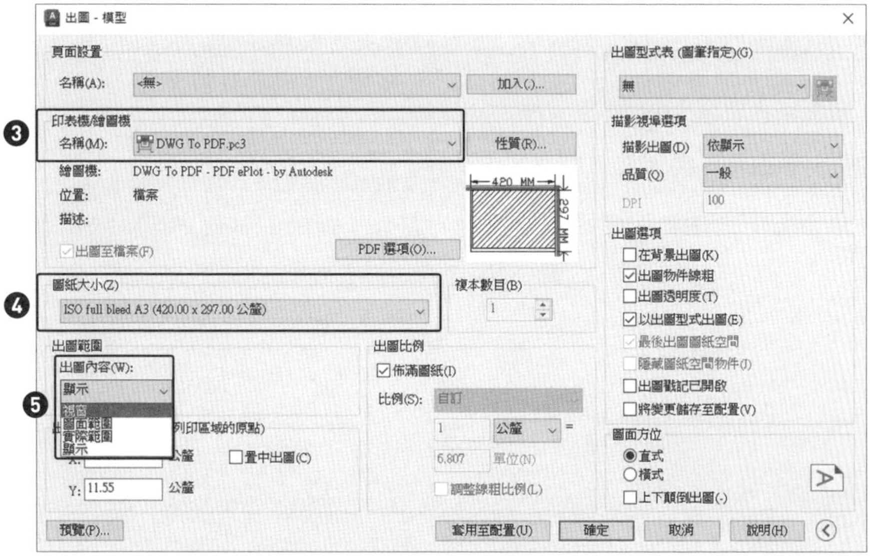

⑥ 點擊矩形的對角點，表示出圖範圍。

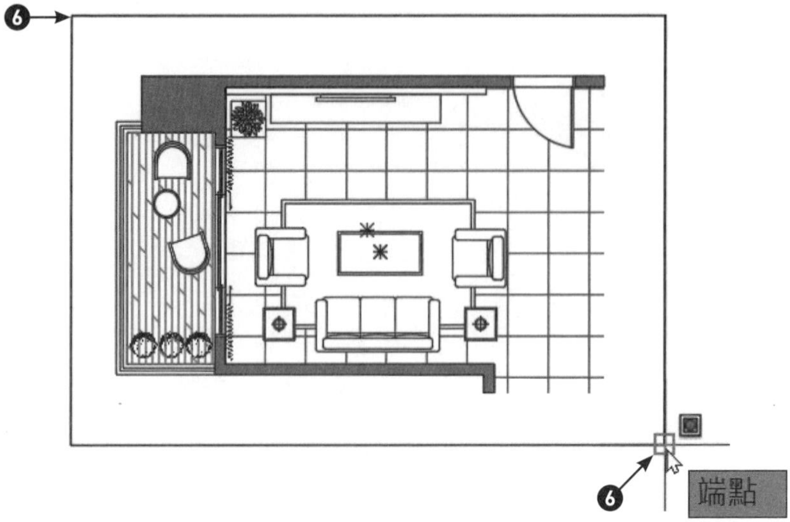

⑦ 點擊【窗選】可以重新設定出圖範圍。

⑧ 勾選【置中出圖】，平面圖會在圖紙中央。

⑨ 取消勾選【佈滿圖紙】，可以自訂比例，因為步驟 2 放大兩倍，此處選擇【1:2】表示在 A3 圖紙上測量 1cm，等於實際平面圖的 2cm。

⑩ 出圖型式表選擇【monochrome.ctb】線段會變成黑色。

⑪ 圖面方位選擇【橫式】。

⑫ 按下【套用至配置】儲存上述設定。點擊【確定】直接列印，或點擊【預覽】。

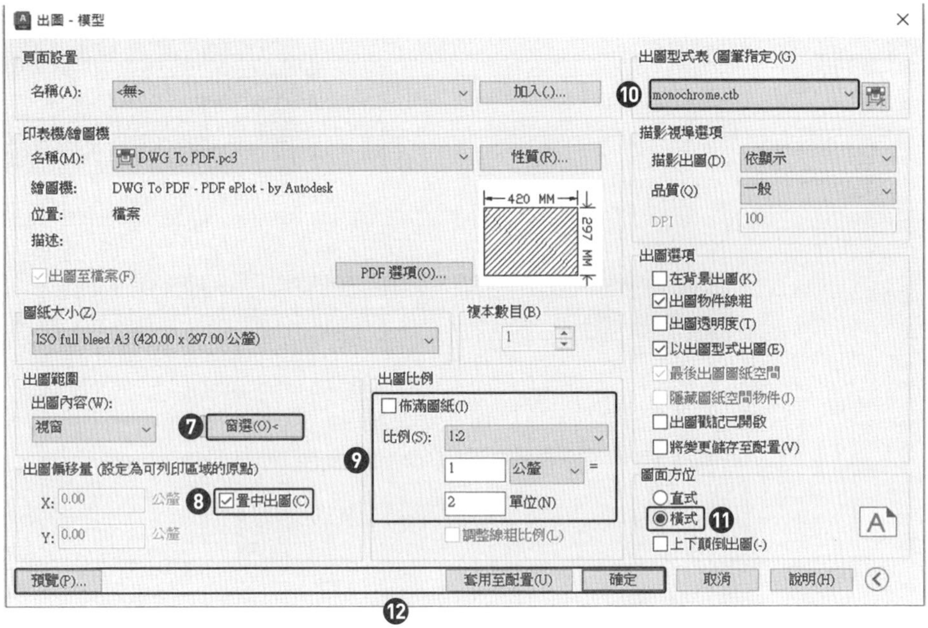

NOTE

使用 monochrome.ctb 出圖型式時，只有性質面板中的索引顏色，以及【更多顏色】中的顏色索引會變成黑色。

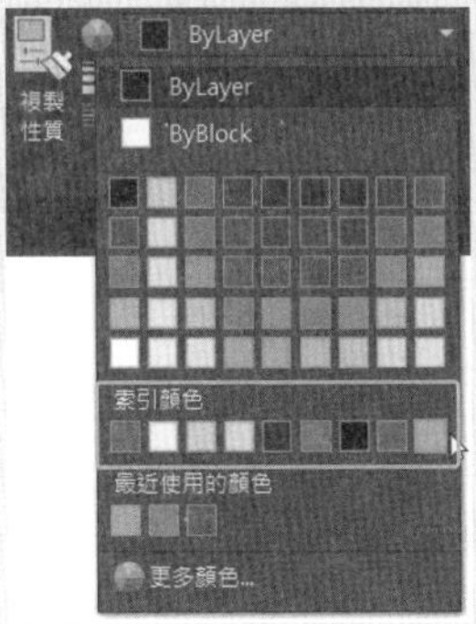

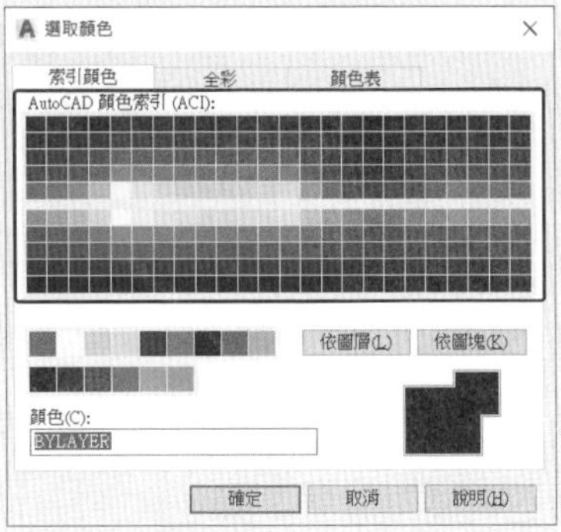

⑬ 點擊【繼續】。

⑭ 預覽出圖畫面後，點擊左上角【出圖】按鈕，選擇要儲存 PDF 的位置。

⑮ 完成圖。

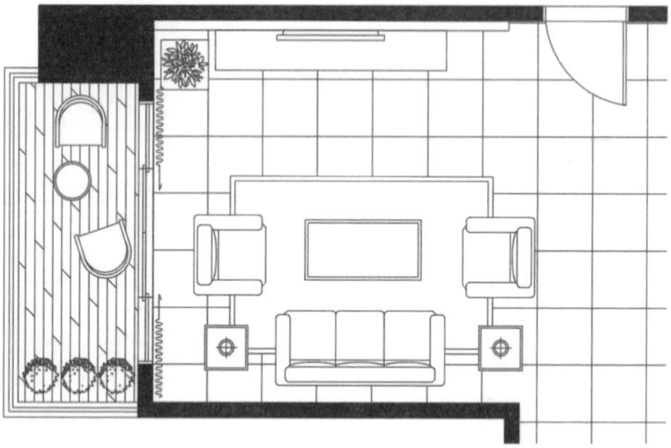

標題欄框

① 可以在圖面中，使用 Table 指令建立表格來記錄圖面資訊，欄數設定「9」，按下【確定】(或是使用直線繪製表格並加上文字)。

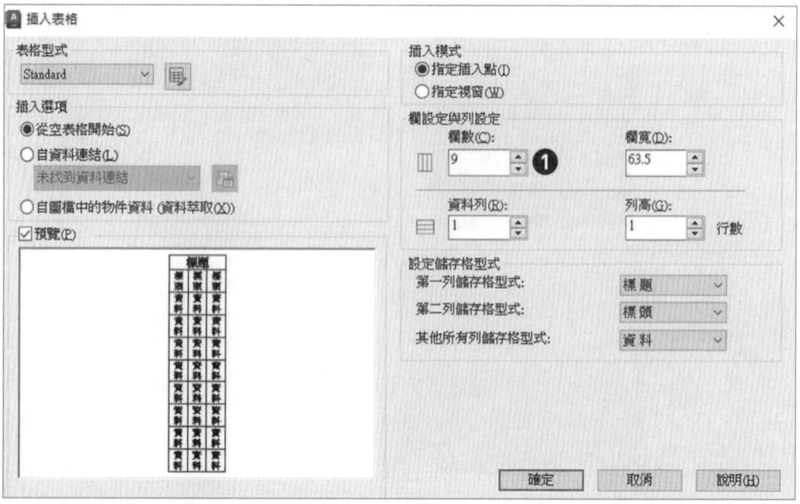

(2) 在任意位置點擊左鍵放置表格，按 Esc 鍵結束編輯，選取最上面的儲存，按【刪除列】刪除一列儲存格。

(3) 框選左側兩個儲存格，點擊【合併儲存格】→【全部合併】。

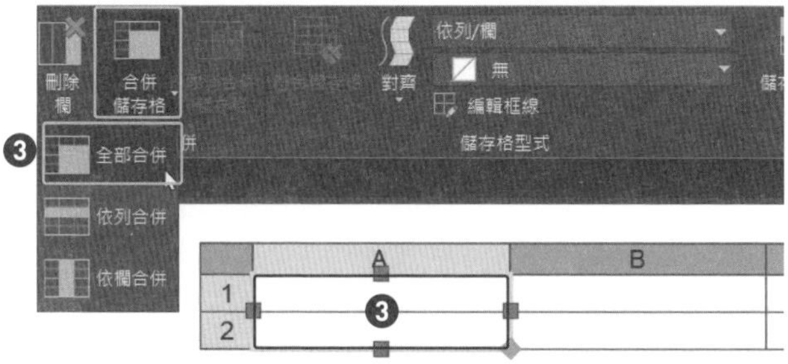

(4) 點擊儲存格兩下加入文字，例如公司名稱、工程名稱、圖名、比例、單位、繪圖者、日期、圖號、備註…等資訊。

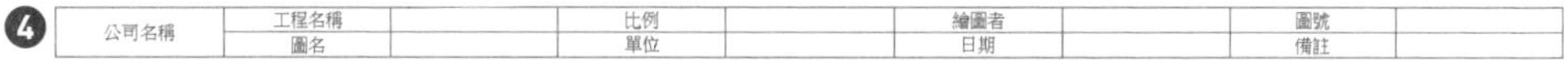

(5) 點擊左上角灰色格子，選取全部儲存格。

(6) 按下右鍵 →【性質】，設定文字高度為「10」。

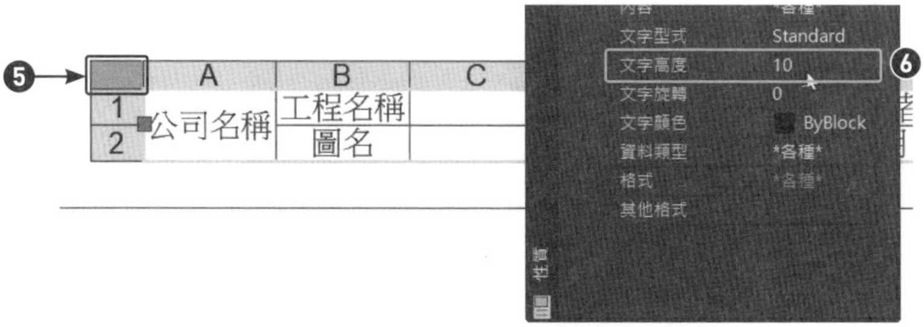

7 選取表格，移動到矩形內，並點擊表格的藍色掣點，調整表格寬度。

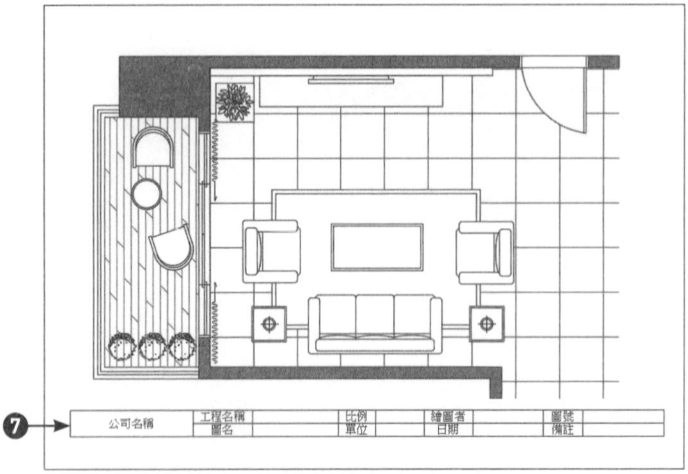

8 有些「/」符號會自動變成日期或分數，需要事先設定再輸入文字。先選取比例右側儲存格，按下右鍵 →【性質】。

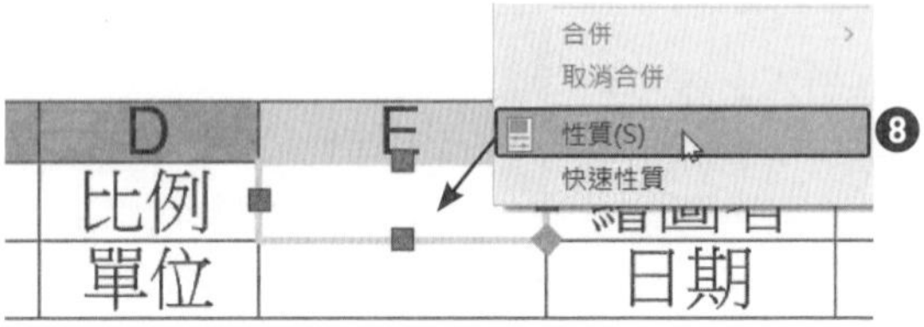

9 資料類型選擇【文字】。

⑩ 比例輸入 1:20。日期輸入 2021/8/16。

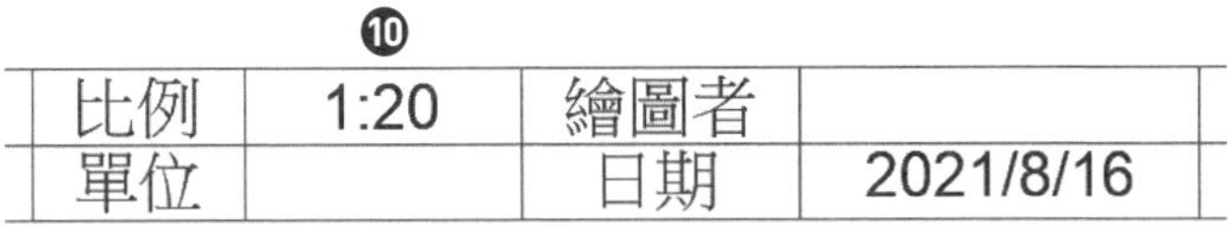

⑪ 選取日期右側儲存格，按下右鍵 →【性質】，有其他日期格式可以選擇。

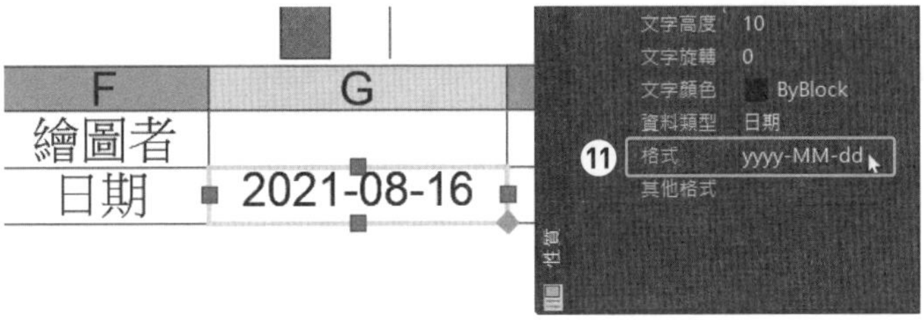

9-2 配置出圖（圖框單位為公釐）

本小節會說明配置出圖的設定，且平面圖的單位為公分，圖框的單位為公釐的情況。

A4 圖紙出圖

準備工作

- 再次開啟範例檔〈9-1_ex1.dwg〉。

正式操作

① 按下滑鼠右鍵，選擇【選項】。

② 進入【顯示】頁籤，勾選【顯示配置與模型頁籤】,【顯示圖紙背景】與【顯示可列印區域】可自由勾選。

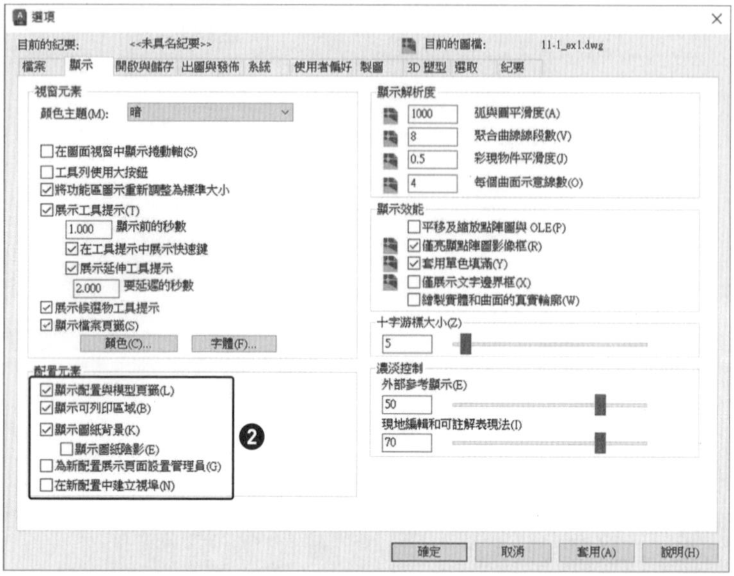

③ 切換到【配置 1】面板，由內而外三個矩形框分別為視埠、可列印區域(虛線)、圖紙。

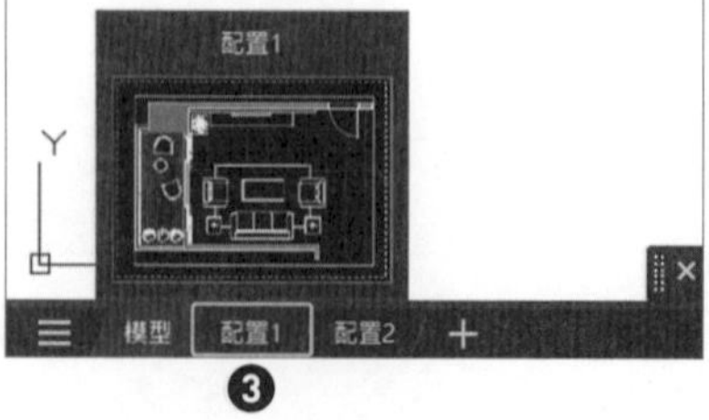

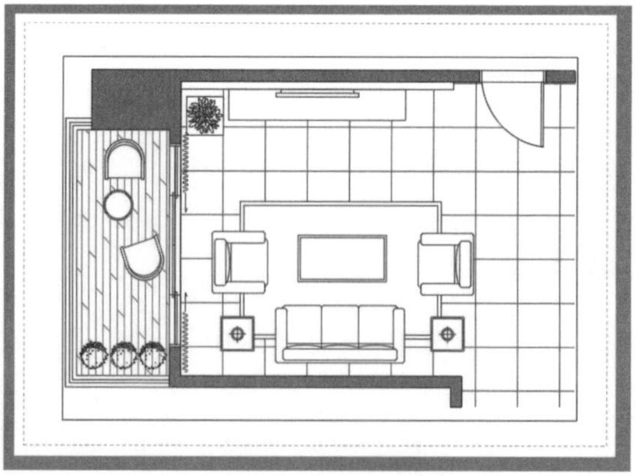

④ 刪除畫面中的矩形視埠框，使畫面全部空白。點擊【快速存取工具列】→【出圖】按鈕或按下「Ctrl + P 鍵」。

⑤ 若出現此視窗，請選擇【繼續為單一圖紙進行出圖】。

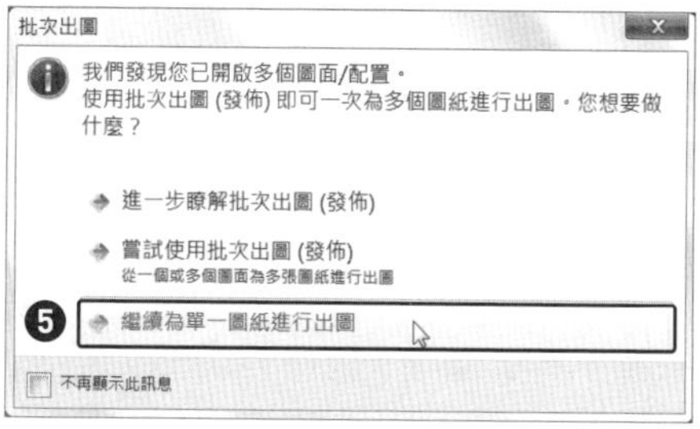

⑥ 指定印表機/繪圖機的名稱為【DWG To PDF.pc3】，此設定可以把 AutoCAD 的圖面列印成 PDF 檔，而 AutoCAD PDF (High Quality Print) 的品質最高。

⑦ 按下【性質】。

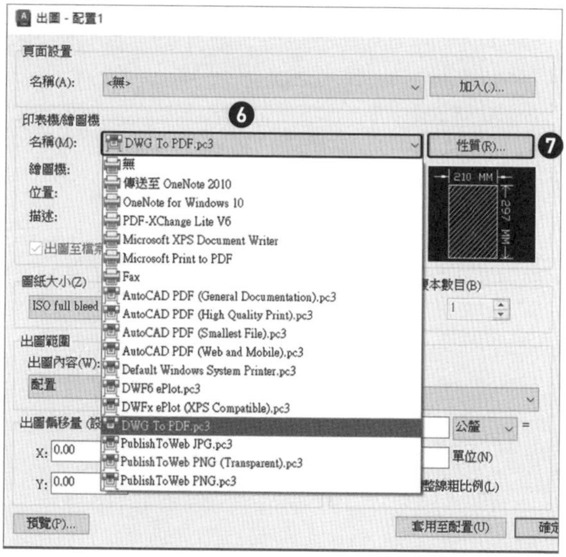

8 展開【使用者定義圖紙大小與校正】後，點擊【修改標準圖紙大小(可印的區域)】，此動作可以調整圖紙上的列印區域。

9 選擇【ISO full bleed A4 (297x 210)】，此圖紙比 ISO A4 的可列印區域還要大一些。

10 按下【修改】。

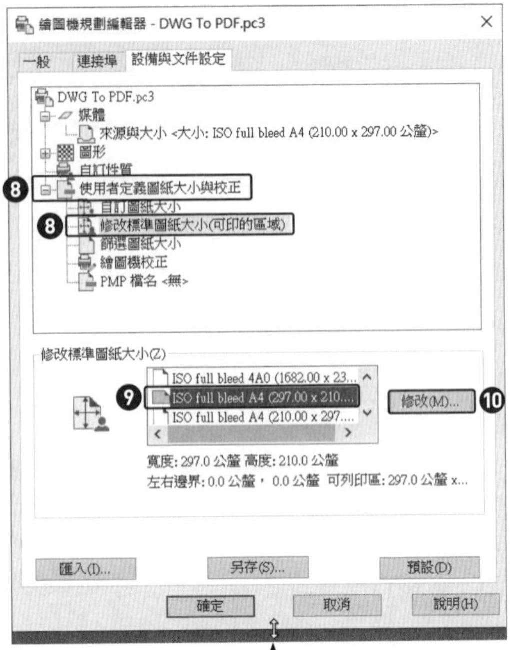

11 上、下、左、右皆設為「0」，來修改列印邊界為「0」，按下【下一步】。

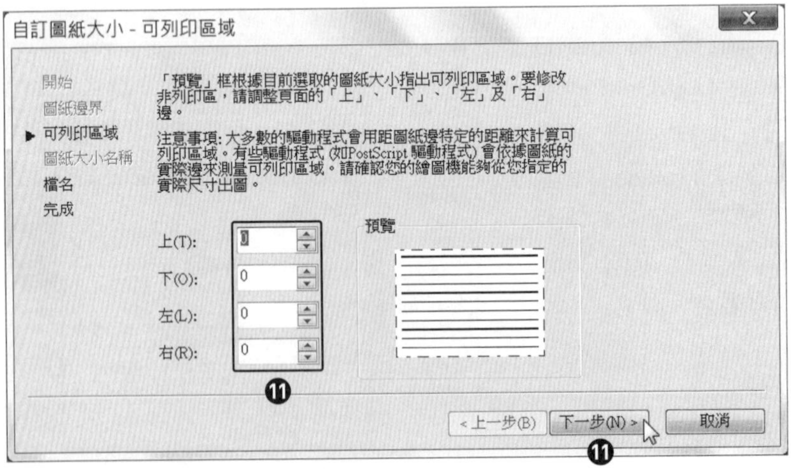

⑫ 按下【下一步】。

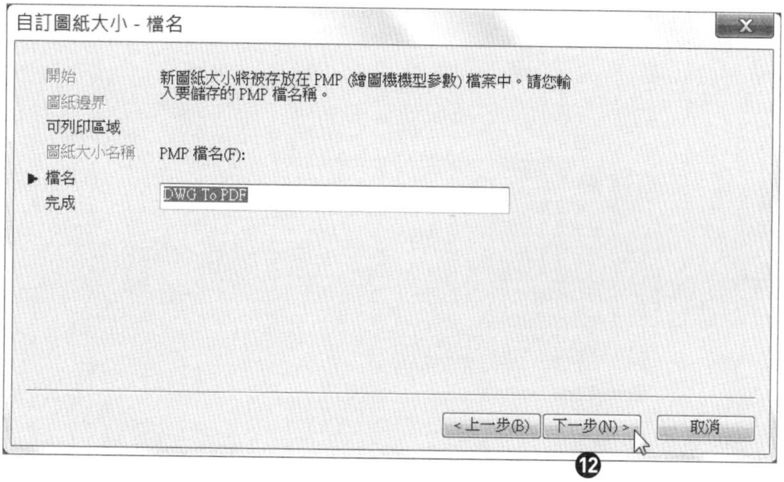

⑬ 按下【完成】。

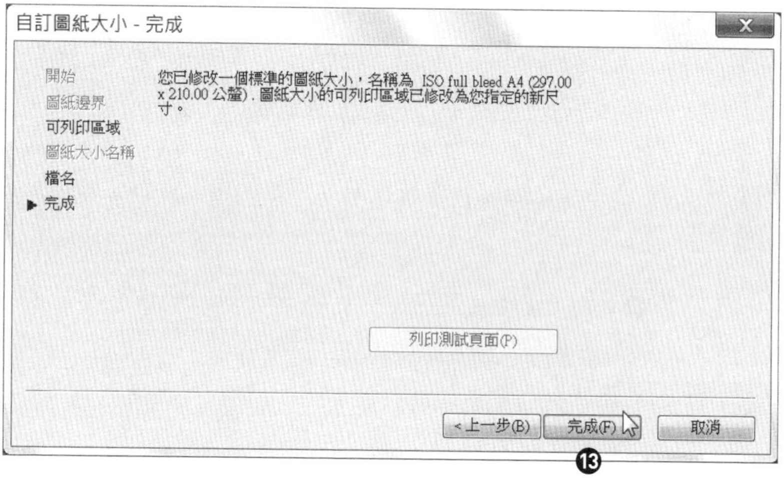

⑭ 按下【確定】。

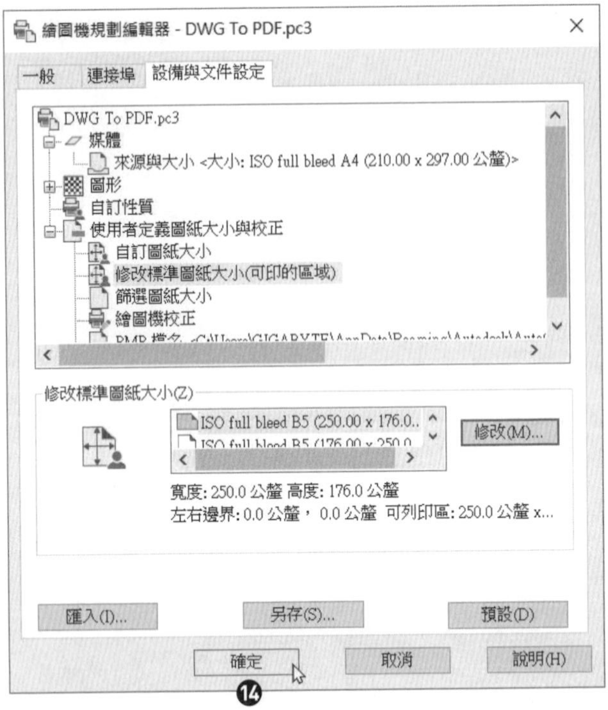

⑮ 按下【確定】。若希望之後開新檔案皆為此設定，可以選擇【儲存變更至下列檔案】。

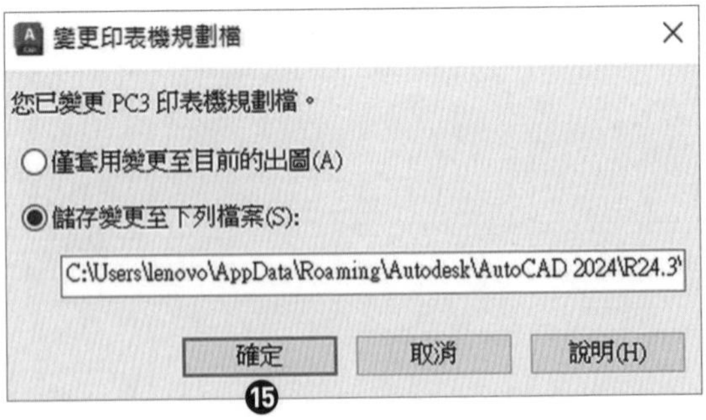

⑯ 指定圖紙大小為【ISO full bleed A4 (297.00 x 210.00 公釐】。

⑰ 出圖內容選擇【配置】，點擊右下角的 ⊙ 方向鍵可顯示【較多選項】或【較少選項】。

⑱ 點擊【PDF 選項】。

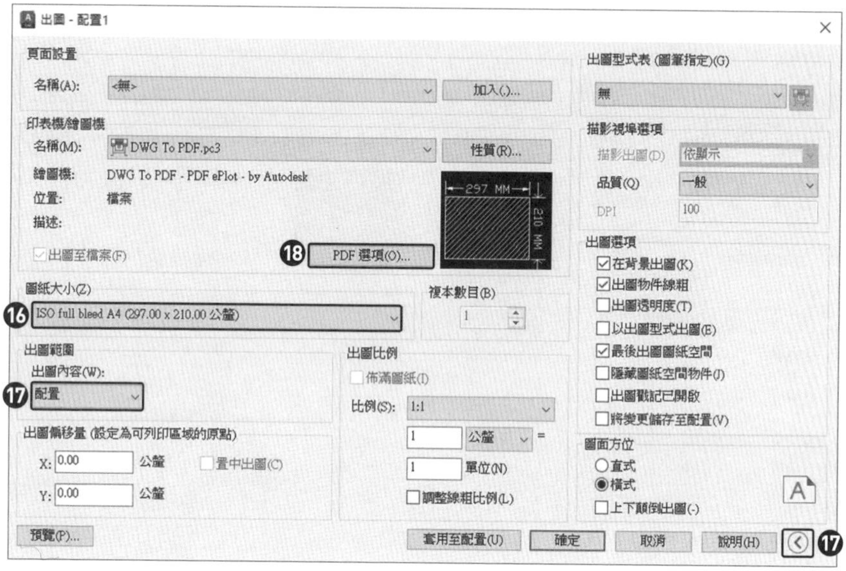

⑲ 可以自訂影像品質。若之後有字體無法列印或字體互相重疊的情況，可以取消勾選【擷取圖面中使用的字體】，勾選【將所有文字轉換為幾何圖形】，可將文字作為圖形來列印。

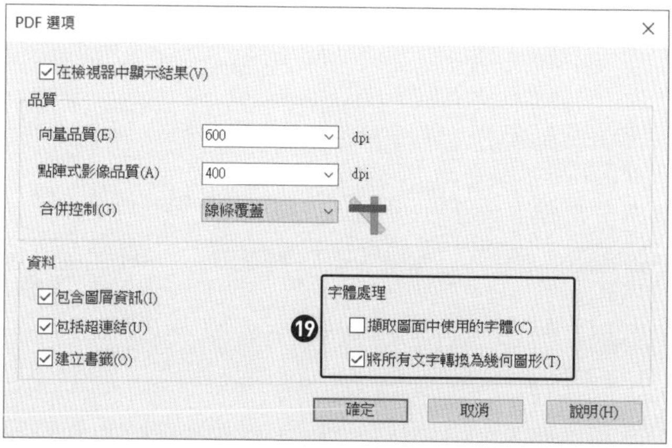

20 在右上方出圖型式，點擊下拉式選單並選擇【monochrome.ctb】(黑白型式)。

21 圖面方位點選【橫式】。

22 設定完成後，點擊【套用至配置】，儲存出圖設定。因為還沒有要列印，點擊【取消】關閉視窗。

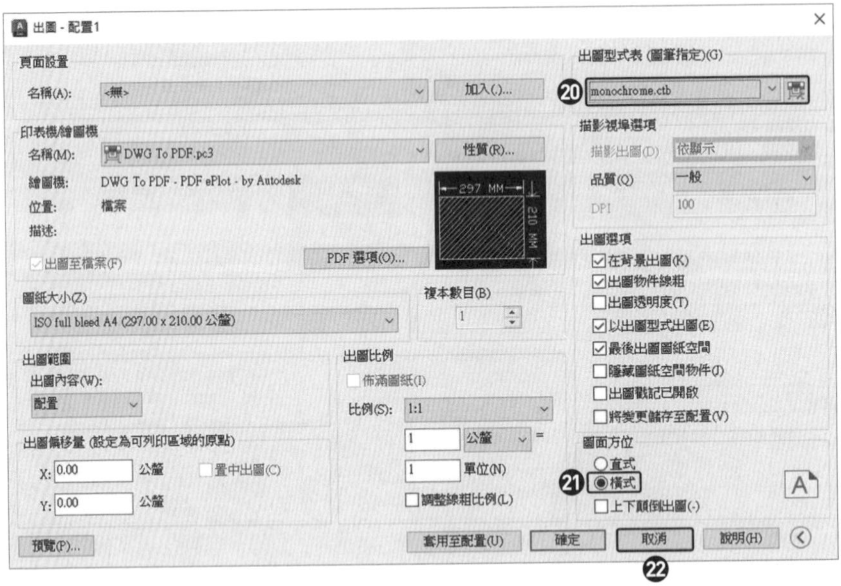

23 點擊【矩形】指令來繪製圖紙範圍。

24 輸入「0,0」，按下 Enter 鍵來決定起點位置為 0,0 原點。

25 輸入「@297,210」，按下 Enter 鍵來決定矩形大小為 A4 尺寸的圖紙大小。

㉖ 點擊【偏移】指令，指定偏移距離為「15」，並且將矩形向內偏移建立一個圖框。

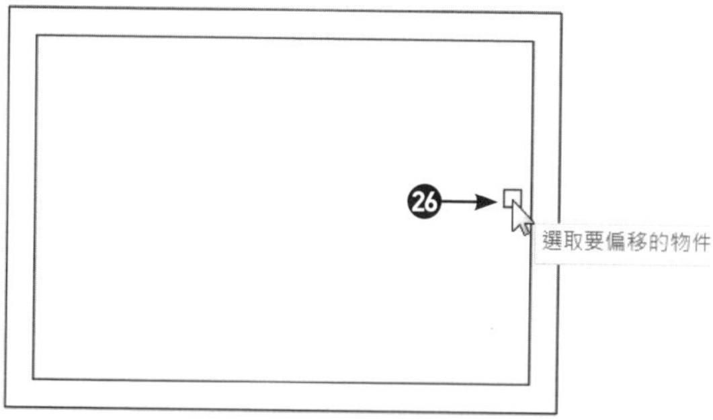

㉗ 在右下角繪製一個圖框的欄位。

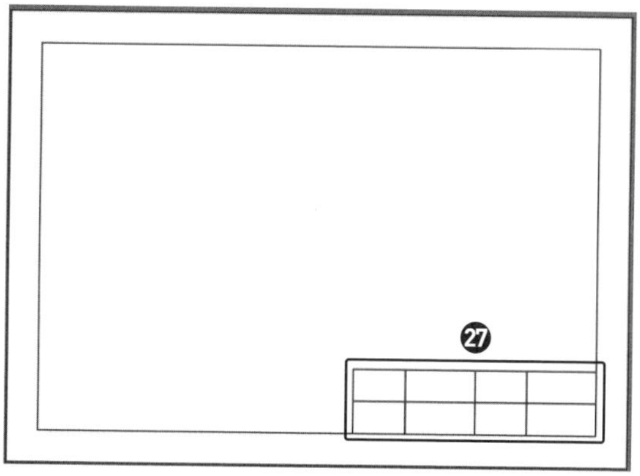

㉘ 輸入「MV」指令，按下 Enter 鍵來執行視埠指令。MV 指令可以建立可列印的視埠。

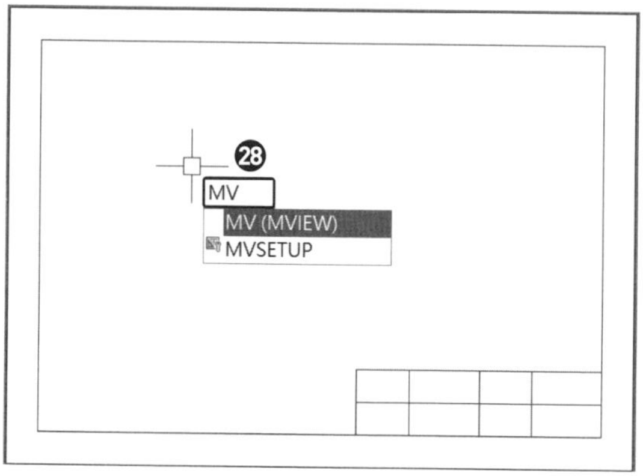

29 指定視埠的第一點。

30 指定視埠的第二點。

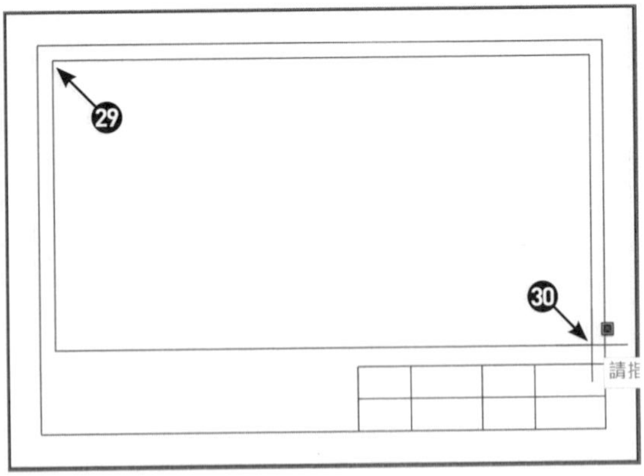

31 左鍵點擊視埠框內兩下，可以進入編輯模式，前後推動滾輪可將圖面放大或縮小，編輯完成後在視埠外側空白處點擊兩下即可離開編輯模式。

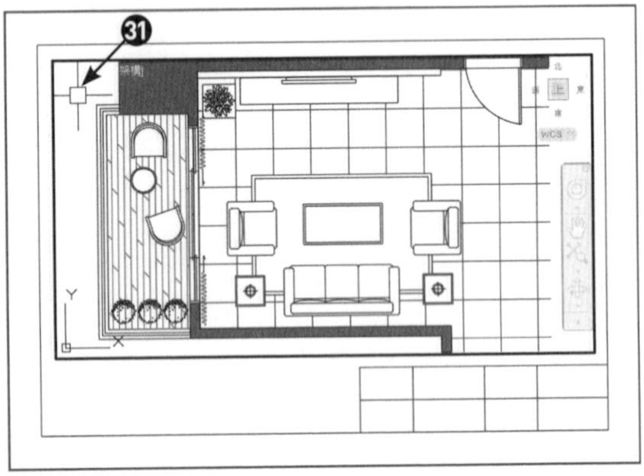

32 在視埠編輯模式中，或是離開編輯模式並選取視埠框後，在下方功能列中點擊視埠比例。

33 點選「1:4」，作為視埠比例大小。通常室內設計使用 cm 公分單位製圖，而步驟 25 使用 mm 公釐繪製圖框，兩者相差 10 倍，因此列印出來的圖紙與實際尺寸比例應為 1:40，也就是在圖紙上測量 1cm，實際寬度為 40cm。

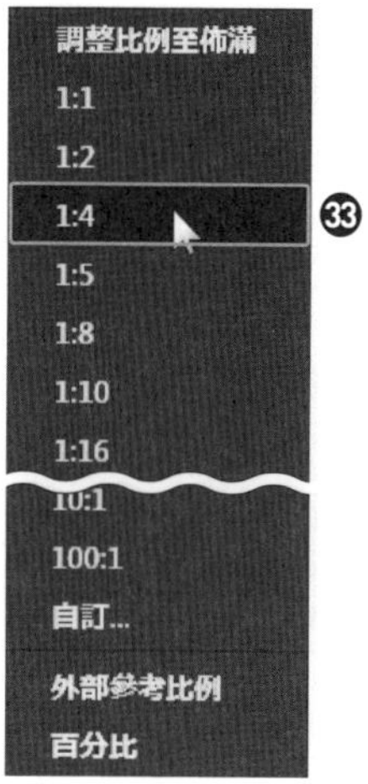

34 按下 Ctrl + P 鍵出圖，再按下【確定】鍵。

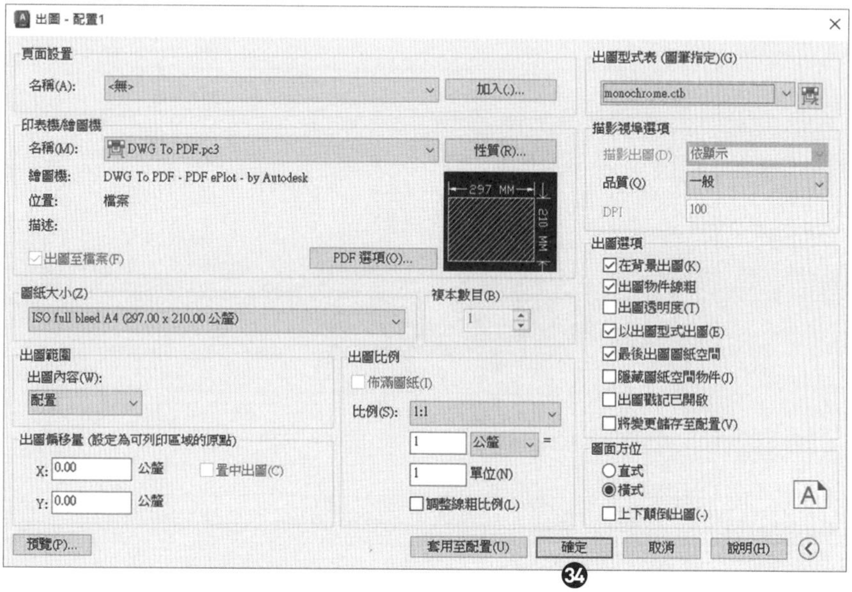

35 指定儲存的位置及檔名後，再按下【儲存】鍵。

36 到儲存位置打開 PDF 檔，即可得完成圖。

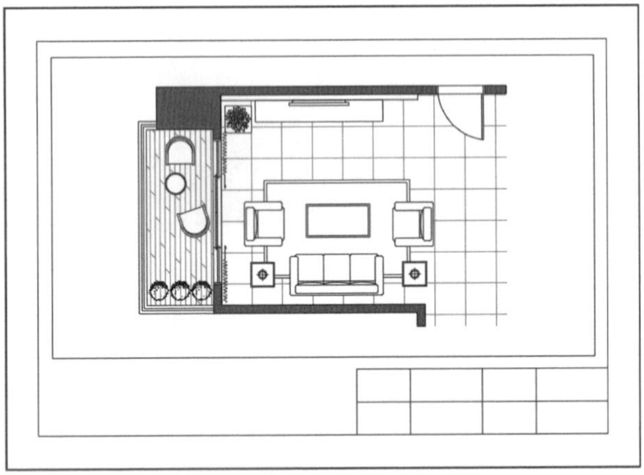

NOTE 如果列印出來的結果有部分未出現，表示圖紙的左下角並不在 0,0 的位置上，應將圖紙移動修正，也可以利用【出圖偏移量】來做微調。

NOTE 圖框為 mm 單位，繪製平面圖使用 cm 單位，若視埠比例 1:3，實際圖面比例會變成 1:30。

視埠的圖層設定

1. 點擊【常用】頁籤→【圖層】面板→【圖層性質】按鈕，建立新圖層命名「視埠」。

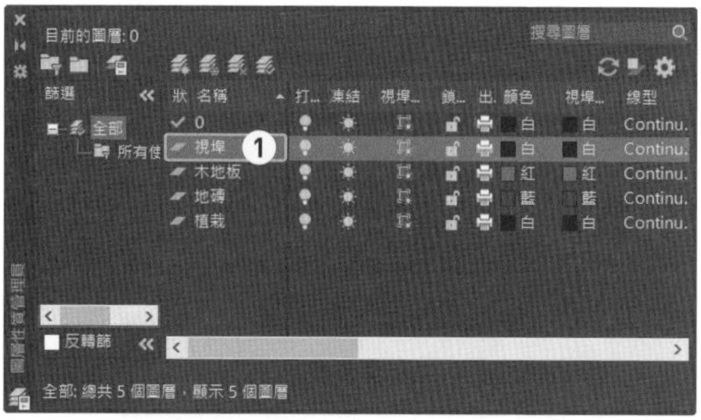

2. 點擊視埠圖層中的【出圖】欄位，此時會出現禁止符號的圖示，表示出圖時將不會出現此圖層的物件。

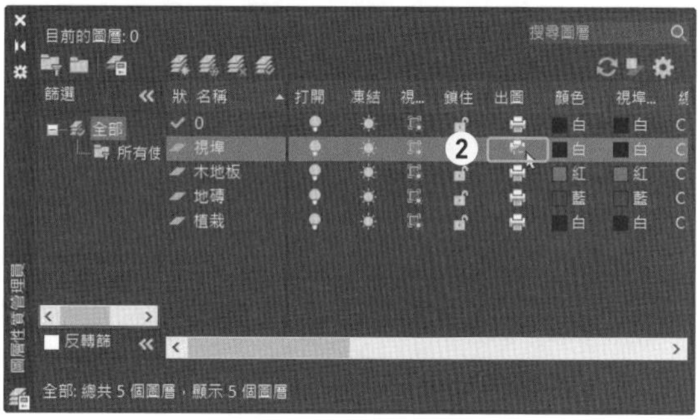

3. 點擊視埠外框與 297 x 210 的矩形。

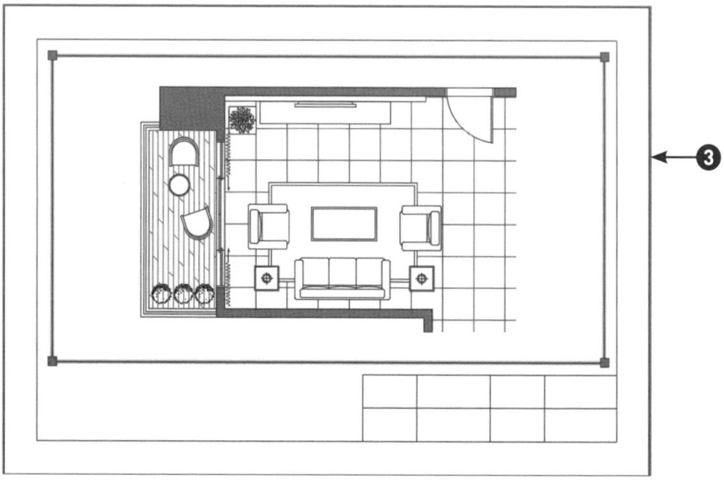

④ 點擊【圖層】的下拉式選單 →【視埠】圖層。

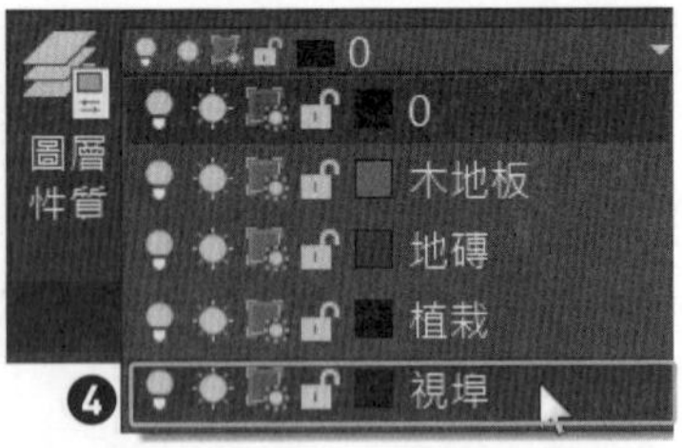

⑤ 按下 Ctrl + P 鍵來出圖，點擊【確定】，指定儲存的位置，此時將不會出現視埠框。

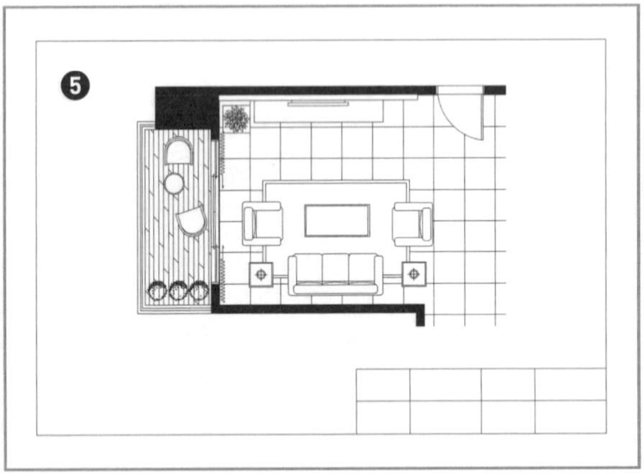

視埠取代

① 在視埠中間點擊左鍵兩下啟用視埠。點擊【常用】頁籤 →【圖層】面板 →【圖層性質】按鈕，點擊木地板的「視埠透明度」。

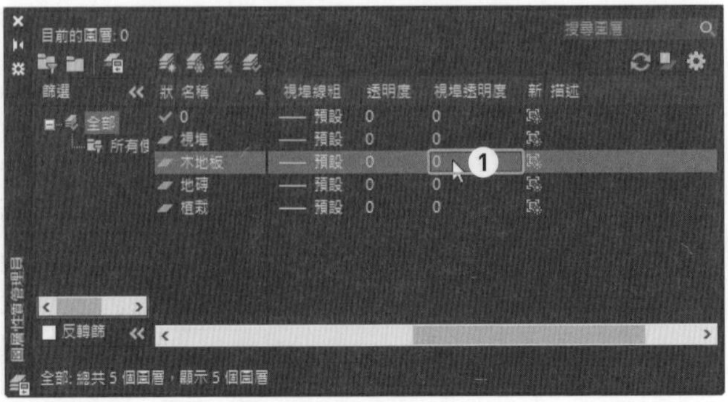

2 將視埠透明度變更為「90」，並按下確定。

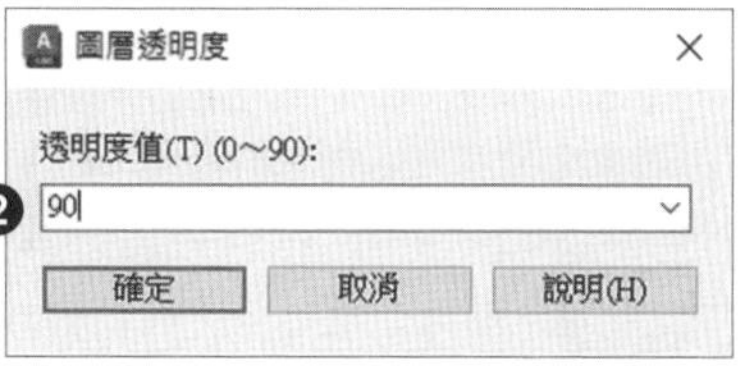

3 點擊地磚的「視埠透明度」，將透明度變更為「90」，並點擊左上打叉按鈕關閉。

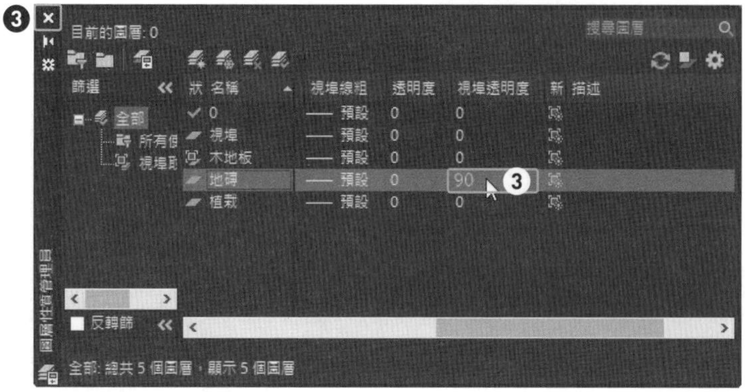

4 完成後只有在目前視埠中，木地板跟地磚的透明度為 90、顏色變淡。按下 Ctrl + P 鍵出圖，勾選【出圖透明度】，點擊【確定】。

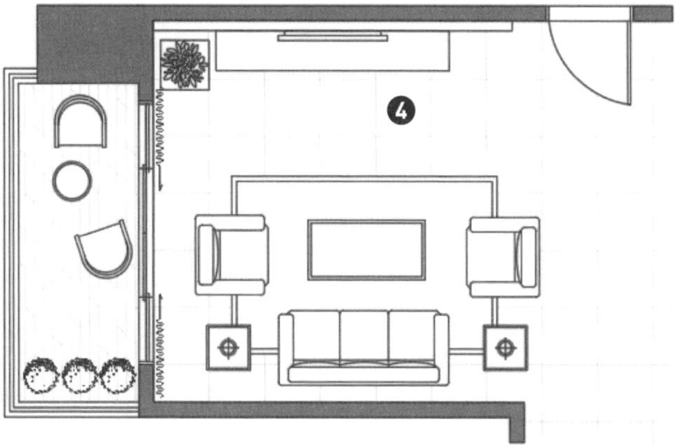

NOTE

視埠取代就是在指定的視埠中，將目前的顏色、透明度…等性質取代掉。從配置回到模型空間後，會發現木地板與地磚的透明度皆沒有變化。

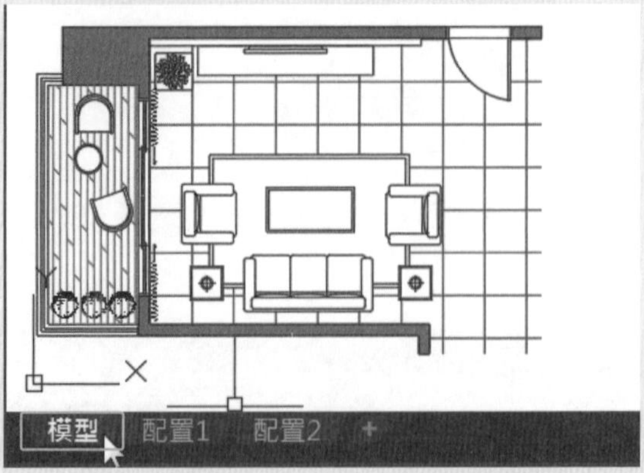

在圖層上按右鍵 → 移除視埠取代 → 所有圖層 → 僅在目前的視埠中，可以移除目前視埠中所有的視埠取代。

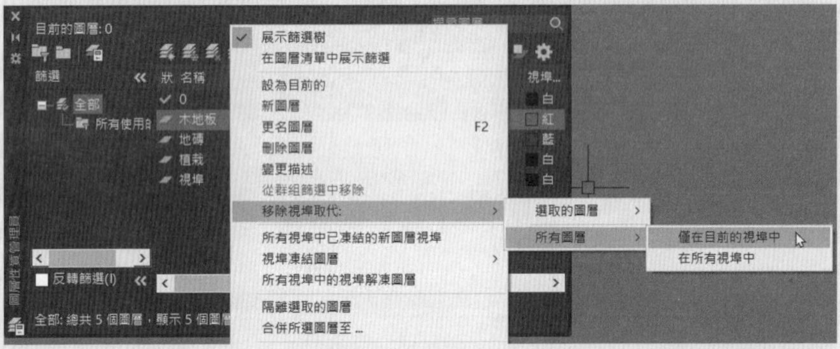

9-3 批次出圖（圖框單位為公分）

本小節說明如何一次大量出圖，且平面圖的單位為公分，圖框的單位為公分的情況。

A3 圖紙出圖

準備工作

- 開啟範例檔〈9-3_ex1.dwg〉。
- 點擊左下角「配置 1」切換至配置 1。

正式操作

1. 點擊【繪製】面板 →【矩形】。

2. 輸入位置座標「0,0」，使矩形從原點開始繪製。

3. 輸入矩形大小「42,29.7」作為 A3 圖紙大小，單位為公分。

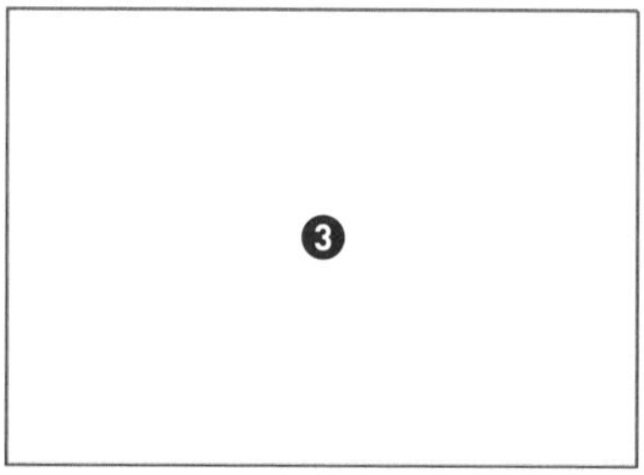

④ 點擊【修改】面板 →【偏移 】。並輸入偏移距離為「1」後點擊 Enter← ，並將矩形往內偏移。作為圖框。

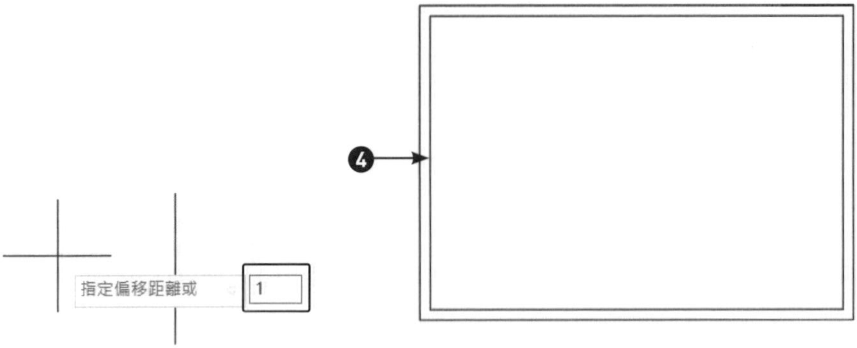

⑤ 點擊【繪製】面板 →【線】。在小矩形右上角往左繪製一條「6」公分的線段。

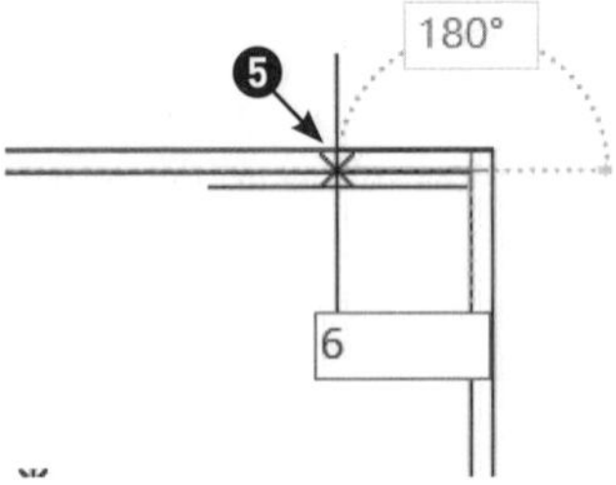

⑥ 垂直往下繪製至與小矩形相交，右側區域用於標示工程名稱、圖名、圖號、設計者…等圖面資訊，左側區域展示設計圖。

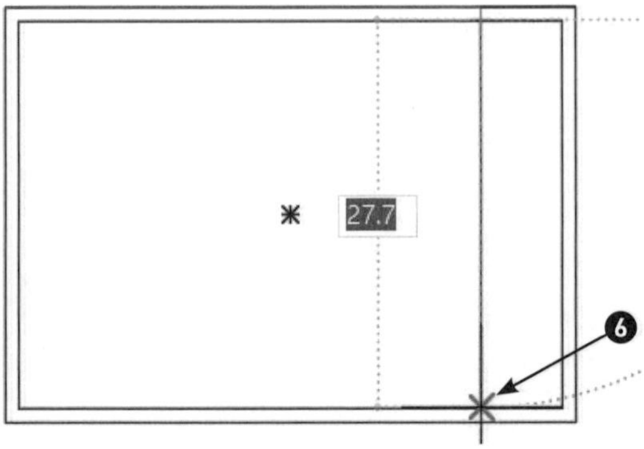

⑦ 輸入【MV】指令建立視埠。點擊小矩形左上角作為第一點，再點擊小矩形右下角作為第二點，即可建立視埠。

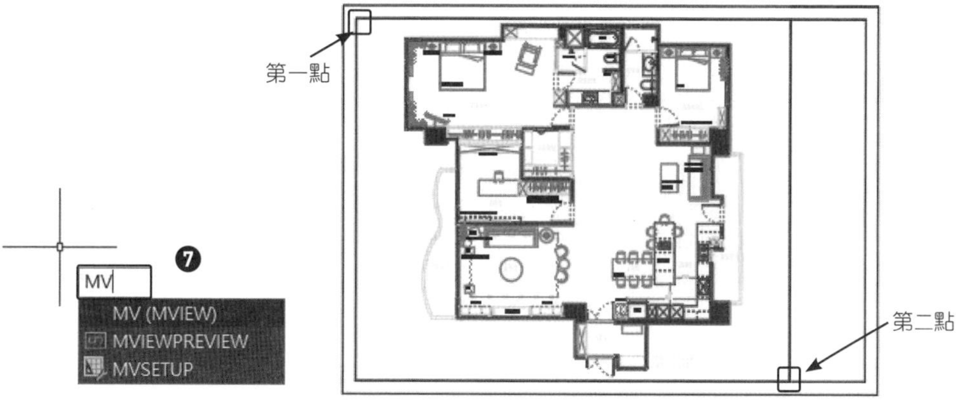

⑧ 選取視埠外框後，點擊右下角狀態列 →【所選視埠的比例 ▾】旁的小按鈕 →【自訂】。

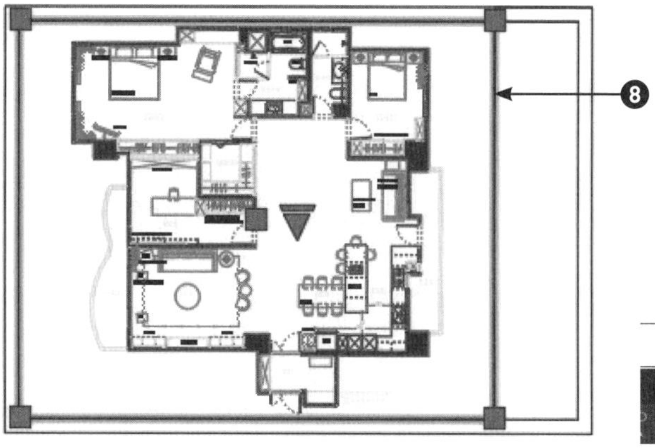

9 選取「1:50」後點擊【加入】，使新加入的比例會在 1:50 之後。

10 將比例名稱設為「1:60」，圖面單位設為「60」。點擊【確定】即可新增比例單位，也就是在圖紙上測量 1cm，實際寬度為 60cm。

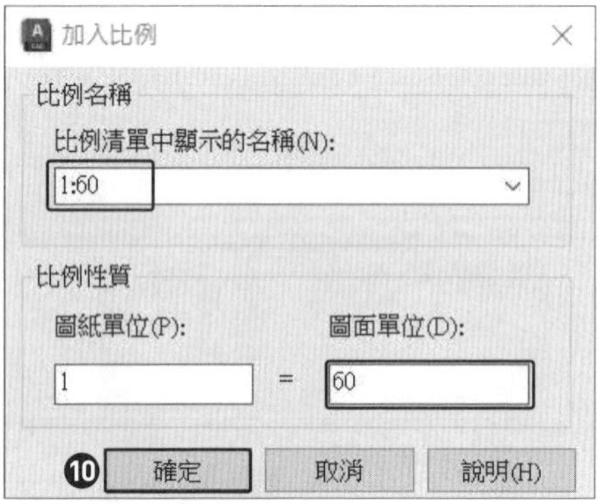

11 點擊右下角狀態列 →【所選視埠的比例 ▾】旁的小按鈕 →【1:60】使視埠比例為 1:60。

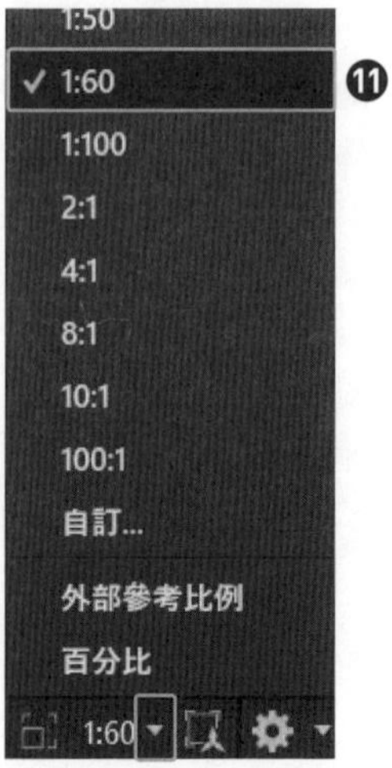

12 設定完比例後可以發現視埠比例大小並未改變太多，即可證明全圖比例為 60。

⓬

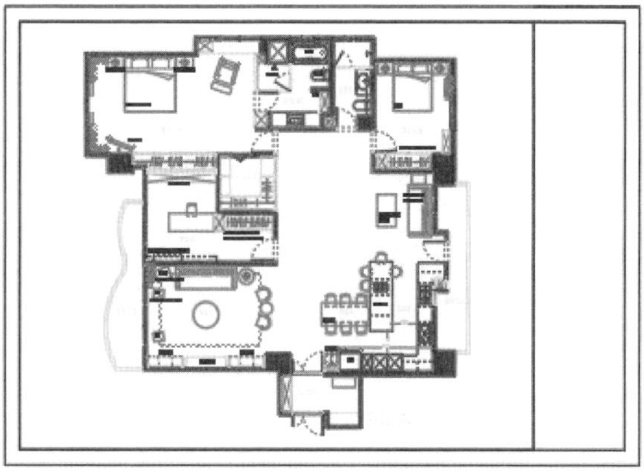

13 複製出三個視埠作為一般住宅、單一空間、單一家具的範例說明。

⓭

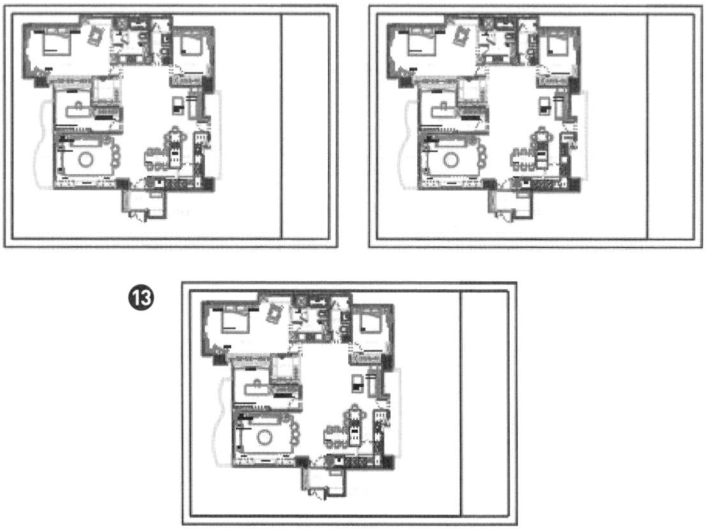

⑭ 選擇第一個視埠，在視埠內點擊兩下可以進入視埠，利用平移及縮放將視埠調整至只看的到下半部，如下圖所示。

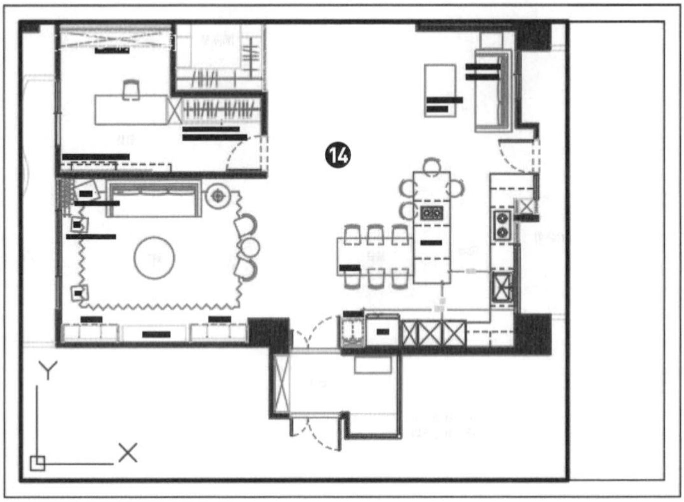

NOTE 視埠為粗黑框時即為進入視埠，點擊視埠外的空白處兩下即可離開視埠。

⑮ 點擊右下角狀態列 →【所選視埠的比例 ▾】旁的小按鈕 →【1:40】使視埠比例為 1:40。

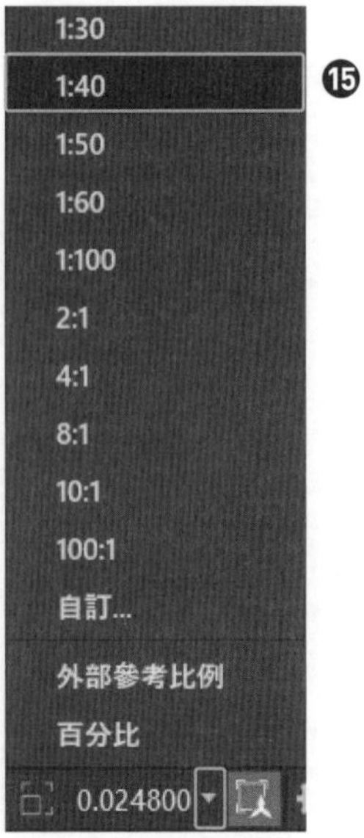

⑯ 設定完比例後，可以發現視埠比例大小並未改變太多，即可證明一般住宅出圖比例為 40。

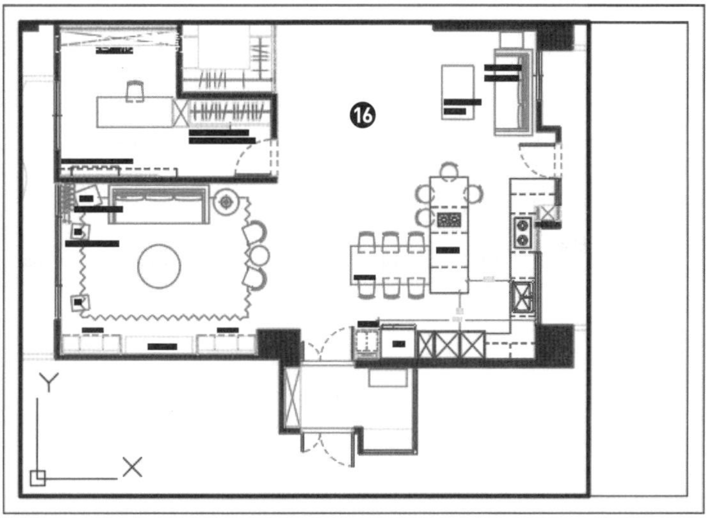

⑰ 選擇第二個視埠，在視埠內點擊兩下可以進入視埠，利用平移以及縮放將視埠調整至只看的到單一空間，如下圖所示為客廳空間。點擊右下角狀態列 →【所選視埠的比例 ▾】旁的小按鈕 →【1:20】使視埠比例為 1:20。

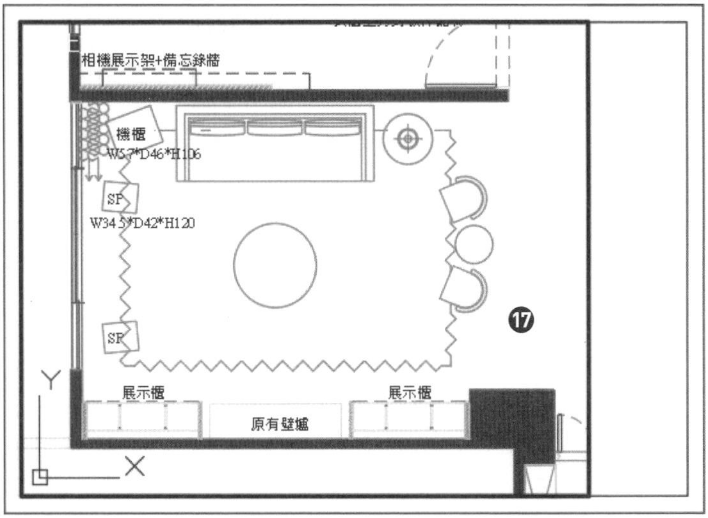

⑱ 設定完比例後可以發現視埠比例大小並未改變太多，即可證明單一空間出圖比例為 20。

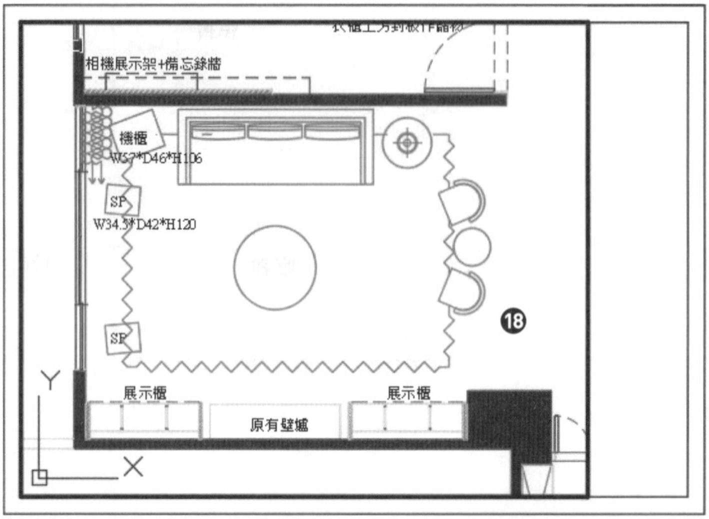

⑲ 選擇第三個視埠，在視埠內點擊兩下可以進入視埠，利用平移以及縮放將視埠調整至只看的到單一家具，如下圖所示為客廳的展示櫃。點擊右下角狀態列 →【所選視埠的比例 ▾】旁的小按鈕 →【1:10】使視埠比例為 1:10。

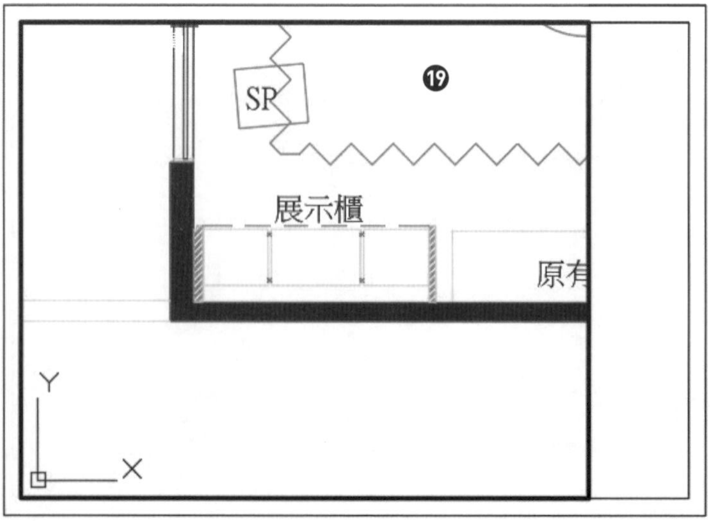

⑳ 設定完比例後，可以發現視埠比例大小並未改變太多，即可證明單一家具出圖比例為 10。

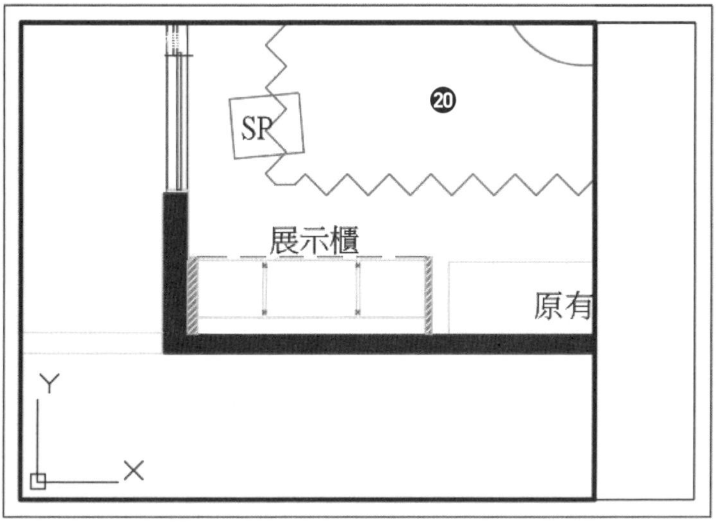

出圖設定

準備工作

- 沿用上一小節製作的視埠。

正式操作

① 點擊左上角快速存取工列的【出圖 】，即可開啟出圖視窗。

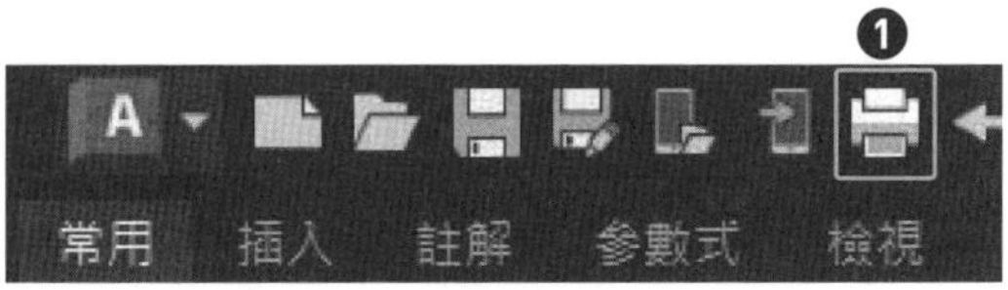

2 將【列表機 / 繪圖機】→【名稱】設為「DWG To PDF.pc3」。

3 【圖紙大小】設為「ISO full bleed A3 (420.00 x 297.00 公釐)」。

4 設定完成後，點擊【套用至配置】儲存這次設定，再點擊【預覽】。

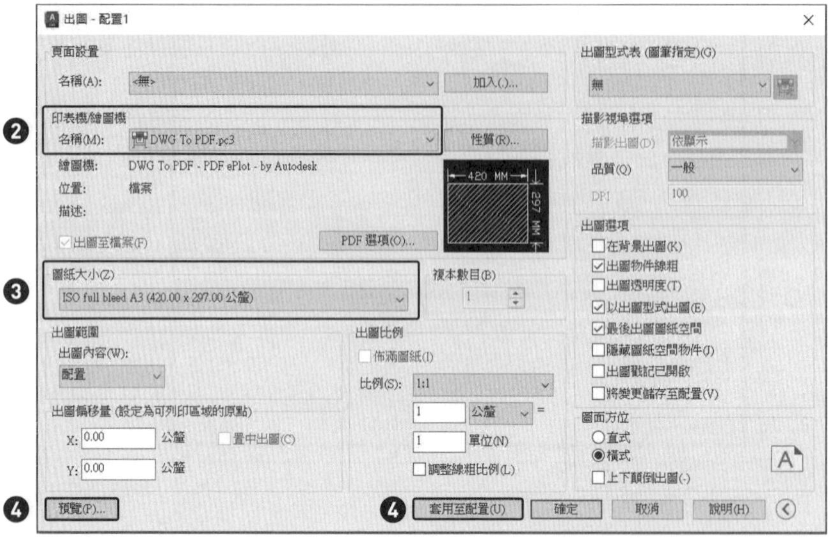

5 預覽後會發現比例是錯誤的，那是因為我們出圖的比例設置錯誤。

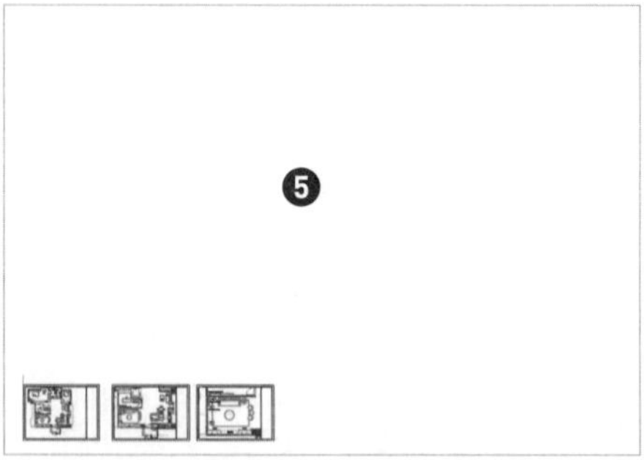

6 點擊右鍵 →【結束】即可離開預覽畫面回到出圖視窗。

⑦ 將【出圖比例】設為「10」。因為先前繪製的 A3 圖框單位為公分，而 10 公釐等於 1 公分。

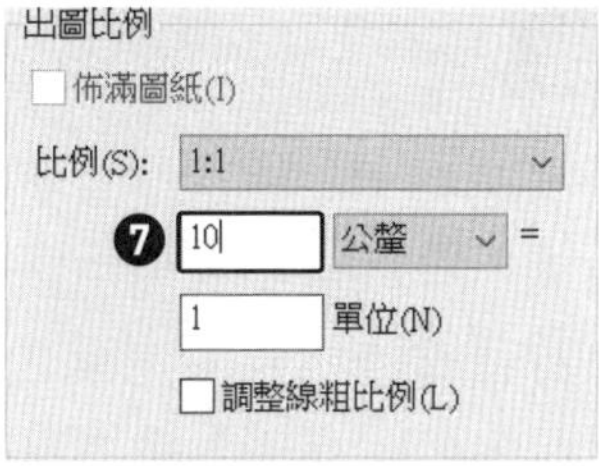

⑧ 點擊預覽可以發現比例是正確的。

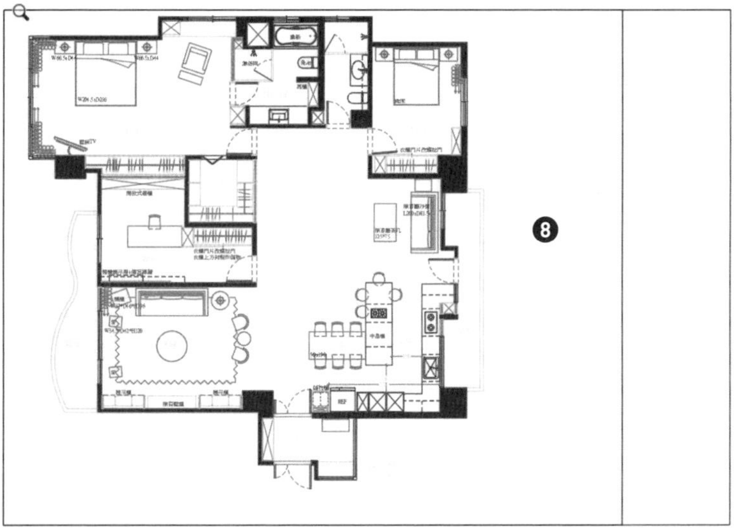

⑨ 在出圖視窗 →【頁面配置】中，點擊加入，可以將剛剛的出圖設定保存起來。

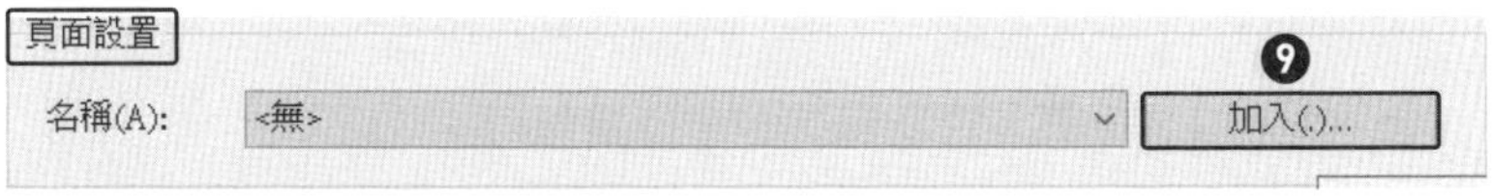

⑩ 輸入名稱，點擊確定即可儲存完成。

批次出圖

① 目前只有配置 1 完成出圖設定，為了節省時間，可以直接複製配置 1 的設定，並將沒有設定過的配置 2 刪除。選取【配置 2】，按下滑鼠右鍵 →【刪除】。

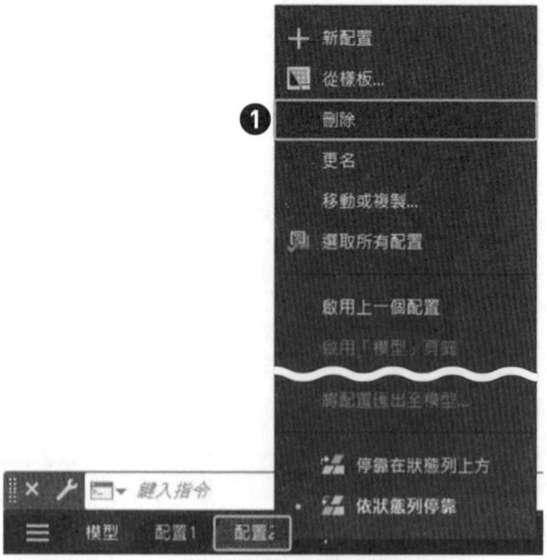

② 選取【配置 1】，按下滑鼠右鍵 →【移動或複製】。

③ 選取【移到最後】，勾選【建立複本】，按下【確定】。

④ 已複製出【配置 1 (2)】。

5. 或是按住 Ctrl 鍵，以滑鼠左鍵拖曳【配置 1】到【配置 1 (2)】後方，也可以複製配置 1。

6. 選取【配置 1】，按住 ⇧Shift 鍵再選取【配置 1 (3)】，一次選取三個配置。
7. 按下滑鼠右鍵 ➜【發佈選取的配置】。

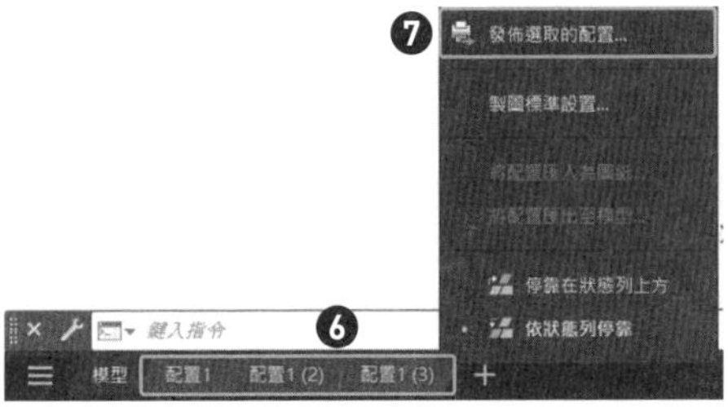

8. 發佈至【在頁面設置中命名的繪圖機】。(若選擇【PDF】則發佈的圖紙會合併為一個 PDF。)
9. 選擇發佈至繪圖機，可點擊【 ... 】選擇要儲存位置。
10. 取消勾選【在背景中發佈】。
11. 點擊【發佈】，列印完成即可在儲存的位置找到 PDF 檔案。

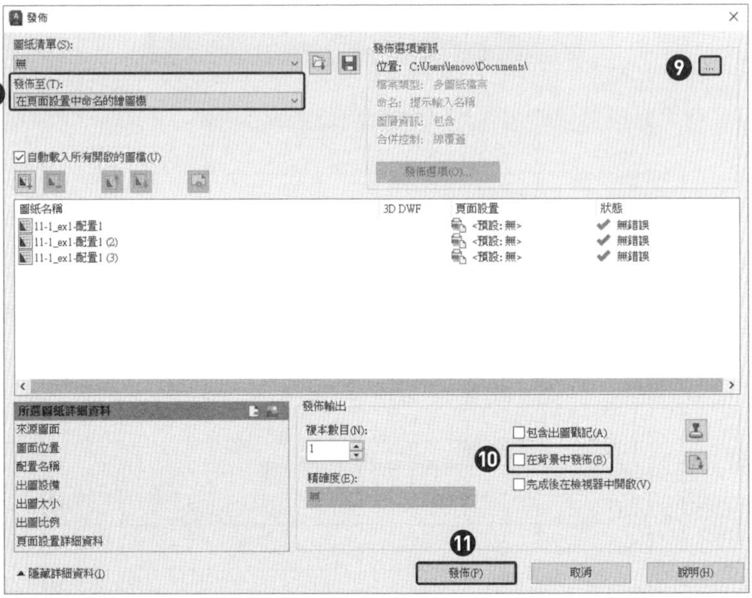

9-4 可註解比例

當同一個圖面，需要使用不同比例出圖時，可以開啟可註解比例的功能。可註解的物件包括文字、填充線、標註等。文字開可註解的目的，是希望當圖面的視埠比例不斷地調整的時候，文字能保持差不多的大小。

可註解比例

準備工作

- 開啟範例檔〈9-4_ex1.dwg〉。

正式操作

1. 在畫面左下角中，點擊【配置 1】。

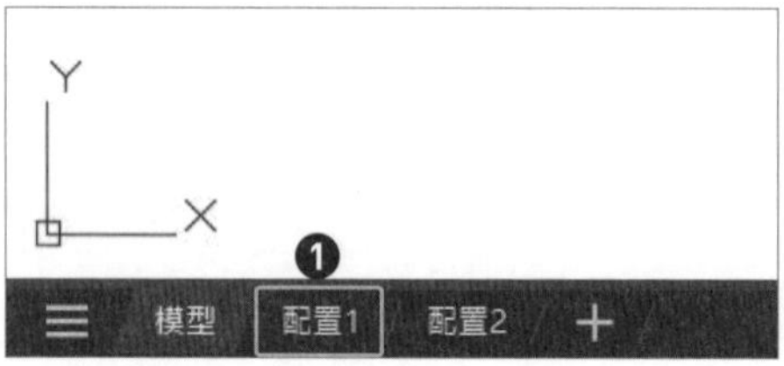

2. 在視埠框內點擊滑鼠兩下，進入修改視埠的畫面中。

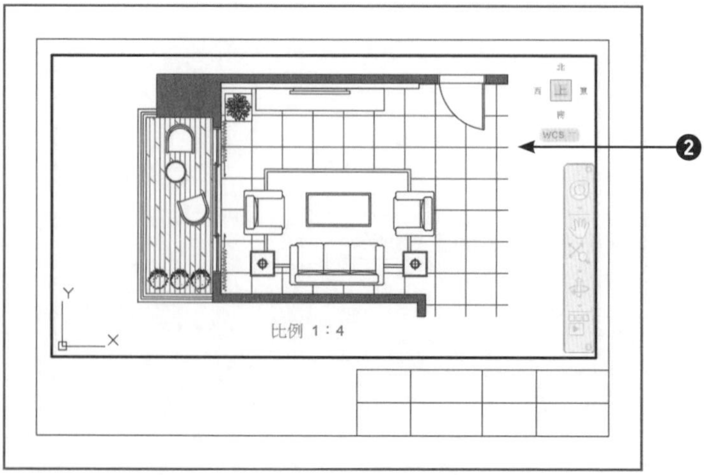

③ 點選文字「比例 1:4」，按下滑鼠右鍵選擇【性質】。

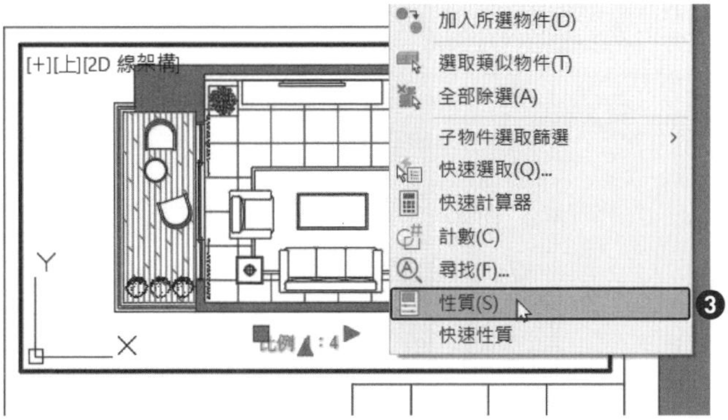

④ 在【可註解】的下拉式選單中點選【是】。

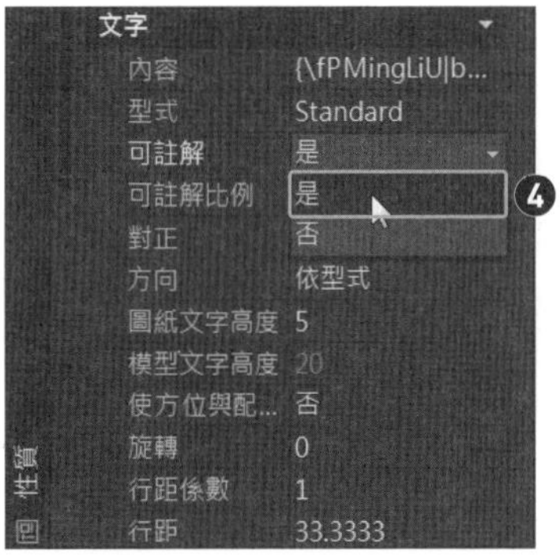

⑤ 在下方狀態列中，將【展示註解物件】與【自動可註解比例】打開。【展示註解物件】一定要開啟，否則可能看不到文字。若【自動可註解比例】沒開，文字不會因為視埠比例而改變大小。

⑥ 點擊下方狀態列的「視埠比例」，並將比例調整為【1:5】。

7 當物件比例變更為 1:5 時，圖面縮小，字體變大。

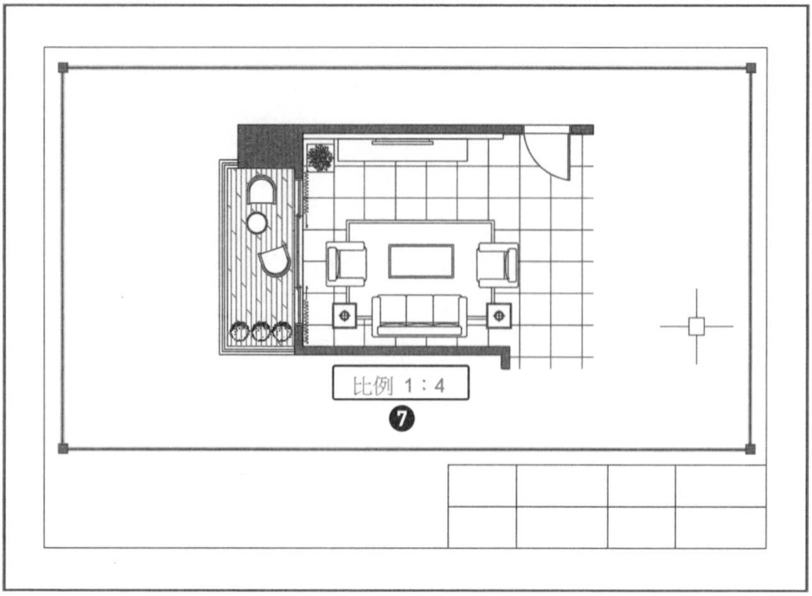

8 當物件比例變更為 1:8 時，圖面縮小，字體變大。

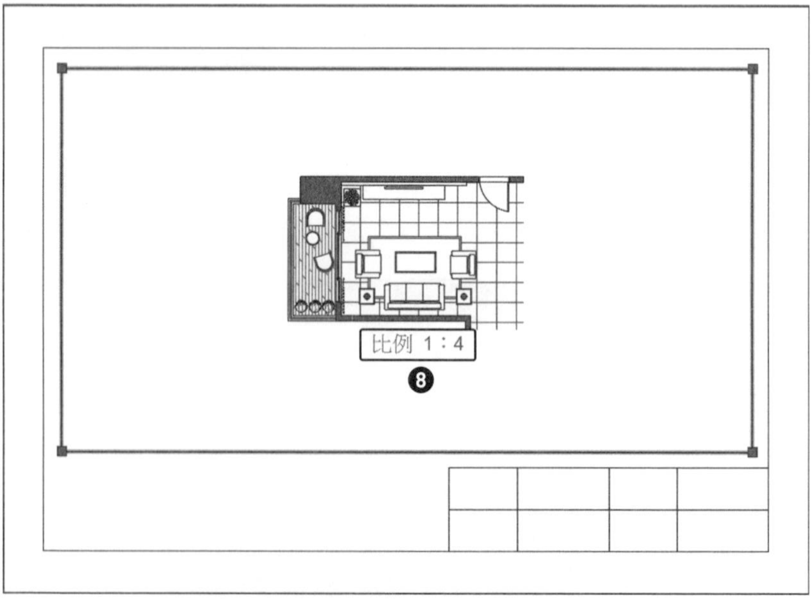

9 完成後將視埠變更為原來的比例 1:4，字體會縮小，此變更只會在配置一的視埠內變更，不影響原來的模型。

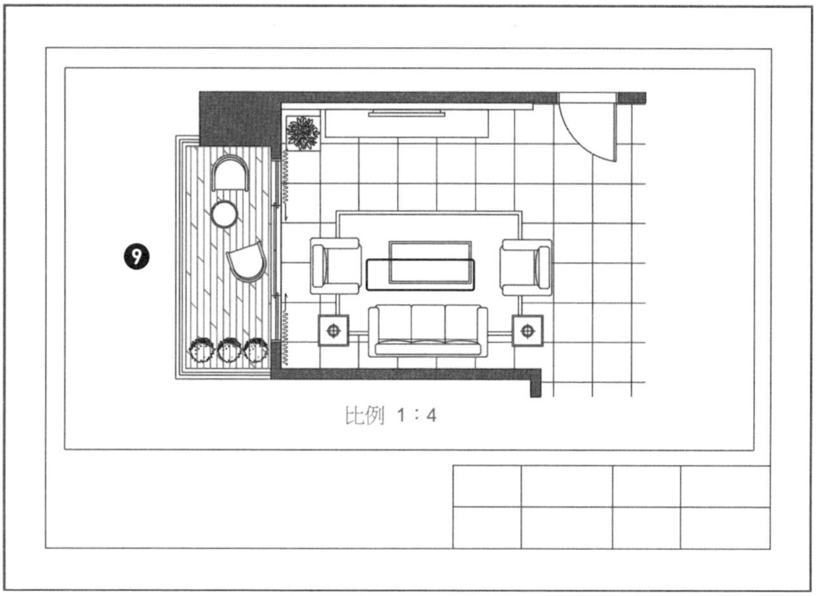

AutoCAD 2024 電腦繪圖與絕佳設計表現--室內設計基礎

作　　者：邱聰倚 / 姚家琦 / 莊云 / 蘇千惠
企劃編輯：石辰蓁
文字編輯：王雅雯
設計裝幀：張寶莉
發 行 人：廖文良

發 行 所：碁峰資訊股份有限公司
地　　址：台北市南港區三重路 66 號 7 樓之 6
電　　話：(02)2788-2408
傳　　真：(02)8192-4433
網　　站：www.gotop.com.tw
書　　號：AEC010900
版　　次：2024 年 08 月初版
　　　　　2025 年 03 月初版二刷
建議售價：NT$580

國家圖書館出版品預行編目資料

AutoCAD 2024 電腦繪圖與絕佳設計表現：室內設計基礎 / 邱聰倚, 姚家琦, 莊云, 蘇千惠著. -- 初版. -- 臺北市：碁峰資訊, 2024.08
面； 公分
ISBN 978-626-324-856-4(平裝)
1.AutoCAD 2024(電腦程式) 2.CST：室內設計 3.CST：電腦繪圖
967.029　　113009709